北京工业大学研究生创新教育系列著作

# 基础代数

姚海楼　平艳茹　编著

科学出版社

北京

# 内 容 简 介

本书从基础代数的基本概念开始，通过基本例子，逐步介绍群、环、模、域的基本概念和基本理论. 全书共分 8 章. 第 1 章首先将全书所用到的集合与映射等基本知识进行简明扼要介绍，然后介绍半群与群、子群与陪集、循环群与变换群及群的同构、正规子群与商群、群同态与同态基本定理、群的直积. 第 2 章介绍环的基本知识，主要内容有环的定义与基本性质，子环、理想与商环，环的同态与同态基本定理，素理想与极大理想、分式环，环的特征与素域，以及环的直和. 第 3 章介绍交换环的因子分解理论，主要内容有唯一分解环、主理想环与欧氏环以及多项式环有关唯一分解性质等. 第 4 章介绍群论的进一步理论，主要内容有群在集合上的作用、$p$-子群与西罗定理、有限交换群、幂零群与可解群. 第 5 章介绍模的基本理论，主要内容有模的定义与基本性质，子模与模同态，模同态的基本定理，本质子模与多余子模，加补与交补，模的根与基座，自由模、投射模与内射模等. 第 6 章介绍了环的进一步理论，主要内容有单环与本原环、环的 Jacobson 根、半单环、阿廷环与诺特环以及局部环. 第 7 章与第 8 章介绍域论与伽罗瓦理论，主要内容包括扩域、分裂域、闭包和正规性、尺规作图问题、有限域、超越基、伽罗瓦理论的基本定理、多项式的伽罗瓦群、分离性、循环扩域和分圆扩域、根扩域和一般 $n$ 次代数方程根的公式求解理论等.

本书是基础代数的入门书籍，可作为数学专业的本科生的近世代数教材与研究生的基础代数教材，也可供相关专业的教师和科研人员参考.

**图书在版编目(CIP)数据**

基础代数/姚海楼，平艳茹编著. —北京：科学出版社，2016.6

北京工业大学研究生创新教育系列著作

ISBN 978-7-03-048969-2

Ⅰ. ①基… Ⅱ. ①姚… ②平… Ⅲ. ①代数-研究生-教材 Ⅳ. ①O15

中国版本图书馆 CIP 数据核字(2016)第 138994 号

责任编辑：钱 俊 胡庆家 / 责任校对：彭 涛

责任印制：张 伟 / 封面设计：蓝正设计

科 学 出 版 社 出版

北京东黄城根北街 16 号

邮政编码：100717

http://www.sciencep.com

北京中石油彩色印刷有限责任公司 印刷

科学出版社发行 各地新华书店经销

*

2016 年 6 月第 一 版 开本：720×1000 B5

2017 年 4 月第二次印刷 印张：23 1/2

字数：452 000

**定价：98.00 元**

(如有印装质量问题，我社负责调换)

# 前　言

现代代数学是以研究数字、文字和更一般元素的代数运算的规律，以及与这些运算适合的公理而定义的各种代数结构(群、环、模、域、代数、格等)的性质为中心问题的.由于代数运算贯穿在任何数学理论和应用数学问题里，且代数结构及其元素的一般性、现代代数学的一般方法和结果渗透到各个不同的数学领域中，现代代数学成为具有新面貌和新内容的充满活力的数学领域.

群、环、模和域是四个基本的代数结构.抽象代数的理论和思想不仅对数学工作者是必要的，也是值得一般的科学工作者借鉴的.本书从第 1 章到第 7 章给出这四个代数结构的基本性质和基本理论.第 8 章较为详细地介绍伽罗瓦理论.希望读者通过对这些内容的学习，能够掌握群、环、模和域这四个代数结构的基本理论.同时，也希望读者通过对抽象的数学对象的了解、认识、理解和把握，养成良好的数学抽象的思维习惯.

本书是按照本科数学专业“近世代数”课程与硕士研究生“基础代数”课程的教学需要来编写的.1.1 节以朴素的集合论知识作为起点，为后面各章节提供必要的集合论的预备知识.1.2 节到第 4 章给出通常“近世代数”课程的群、环、域的基本理论，内容比较丰富，如果按每周 3～4 学时全部讲授完，显然不可能.教师可根据教学时间等具体情况进行选择，同时要求学生增大阅读量.群的学习不仅要掌握一些基本概念，更要掌握群的结构理论.有限群的西罗定理是研究有限群结构的重要工具，所以，这些内容应该是必读的.而且这部分内容在第 8 章讨论域的伽罗瓦理论时也是必不可少的工具.因此，第 4 章围绕有限群的结构展开讨论，较为详细地介绍西罗定理、有限交换群结构定理、有限群的轨道公式、幂零群与可解群等.模是域上线性空间在一般环上的推广.由于表示论的兴起，模的作用越来越重要，现在已经成为数学领域特别是代数学领域的重要研究工具.同时，模论本身也是一个重要研究领域，有许多重要问题有待研究解决.因此，许多高校的数学专业特别是代数学方向的研究生或是单独开设模论课程，或是在相关课程里加入模论的基本内容.所以，第 5 章较为详细地介绍模的基本理论.特别地，为更好地学习模这部分内容，借助向量空间的概念与模的概念作比较，以便让学生有直观的认识；用一定篇幅介绍子模的加补和交补及其性质，以及本质子模和多余子模，并尽可能地在展开内容讨论时应用它们，以便于学生学习掌握.第 6 章介绍环的现代理论，主要内容包括环的 Jacobson 根和若干特殊环诸如半单环、局部环与诺特环等，并以模为工具对它们进行刻画.第 7 章介绍域扩张的基本理论，并通过域的代数扩张理论解决古希腊三大几何问题. 第 8 章较为详细地介绍伽罗瓦理论. 通过对伽罗瓦理论的学习,学生了解抽象代数的产生及发展的历史渊源和发展动力,进而掌握群、环、域之间的联系以及深邃的伽罗瓦思想. 建议可根据实际情况选取第 4 章(或第 5 章)到第 8 章适当章节作为研究生“基础代数”课程的内容.

本书配置一些例题和习题,相当一部分是对教学重点的理解和补充. 这对学生掌握课程内容和灵活应用是很有帮助的.

本书可作为抽象代数学的本科生与研究生课程教材. 本书的编写参照了一些相关文献,精选了一些内容,并结合了自己的多年教学经验,书中的许多定理和命题的证明尽可能深入浅出,用尽可能最简单的方法给出. 所以,本书也可作为自学教材. 本书适合数学专业本科生、研究生及数学爱好者学习使用. 通过本书的学习,读者能较为系统地打下抽象代数学的理论基础,为数学的其他分支领域特别是代数学领域的学习提供方便.

本书的主要内容由编著者近十余年来在北京工业大学讲授代数学专业研究生的“基础代数”课程和本科生的“近世代数”课程的讲稿整理而成.

由于编著者知识有限,书中疏漏及不妥之处在所难免,敬请读者批评指正.

编著者

2015 年 10 月

北京工业大学

# 目　　录

# 符　号　表

| | |
|---|---|
| $\mathbb{N}$ | 自然数集 |
| $\mathbb{Z}$ | 整数集($\mathbb{Z}^+$ 表示正整数集) |
| $\mathbb{Q}$ | 有理数域 |
| $\mathbb{R}$ | 实数域 |
| $\mathbb{C}$ | 复数域 |
| $\lvert A\rvert$ | 集合 $A$ 的元素个数;集合 $A$ 的基数或势 |
| $\infty$ | 无穷大 |
| $\varnothing$ | 空集 |
| $\subseteq$ | 包含于 |
| $\in$ | 属于 |
| $\notin$ | 不属于 |
| $\subsetneq$ | 包含于且不等于 |
| $\supseteq$ | 包含 |
| $\cap$ | 集合交 |
| $\cup$ | 集合并 |
| $\mathcal{P}(A)$或 $2^A$ | 集合 $A$ 的幂集 |
| $U-A$ | $A$ 在 $U$ 中的差集 |
| $\aleph_0$ | 全体自然数集$\mathbb{N}$ 的势(读作阿列夫零) |
| $\aleph$ | 全体实数集的势(读作阿列夫) |
| $A\leqslant G$ | $A$ 是群 $G$ 的子群 |
| $[G:A]$ | 子群 $A$ 在群 $G$ 的指数即 $A$ 在群 $G$ 中的陪集个数 |
| $H\trianglelefteq G$ | $H$ 是群 $G$ 的正规子群 |
| $I\trianglelefteq R$ | $I$ 是环 $R$ 的理想 |
| $a\mid b$ | $a$ 整除 $b$ |
| $a\nmid b$ | $a$ 不整除 $b$ |
| $\Leftrightarrow$ | 当且仅当 |
| $\Leftrightarrow:$ | 表示“定义为” |
| $\deg f(x)$ | 多项式 $f(x)$的次数 |
| $A\leqslant M$ 或 $A\hookrightarrow M$ | $A$ 是模 $M$ 的子模 |
| $\vee$ | 表示“或者”,格的并运算 |

| | |
|---|---|
| $\wedge$ | 表示"并且",格的交运算 |
| $A \overset{*}{\hookrightarrow} M$ | 子模 $A$ 是模 $M$ 的本质子模(大子模) |
| $A \overset{\circ}{\hookrightarrow} M$ | 子模 $A$ 是模 $M$ 的多余子模(小子模) |
| $A^{\cdot} \hookrightarrow M$ | 子模 $A$ 在模 $M$ 内的加补 |
| $A' \hookrightarrow M$ | 子模 $A$ 在模 $M$ 内的交补 |
| $\Rightarrow$ | 表示"蕴涵"或者"必要性" |
| $\Leftarrow$ | 表示 "充分性" |
| i. e. | 表示 "亦即" |
| $\exists$ | 存在 |
| $\forall$ | 任意一个 |
| $a \equiv b(\mathrm{mod}\, n)$ | $a$ 与 $b$ 模 $n$ 同余 |
| $o(a)$ | 元素 $a$ 的周期或阶 |
| $\cong$ | 同构于 |

# 第1章　群　　论

抽象代数的主要研究对象是各种各样的代数系统，即具有一些代数运算的集合. 其中最简单的是具有一个二元代数运算的代数系统，本章将要介绍的群，就是一个这样的代数系统. 群的理论是近代数学的一个重要分支，它在物理学、化学、信息学等领域都有着广泛的应用.

本章主要介绍群的基本理论. 1.1 节介绍集合与映射等基本知识，为后面内容的介绍做准备. 1.2 节介绍半群与群及其基本性质. 1.3 节介绍子群与陪集. 1.4 节介绍循环群与变换群以及群的同构. 循环群与变换群是两类最常见的群. 1.5 节介绍群的正规子群和商群. 1.6 节介绍群的同态基本定理等内容. 1.7 节介绍群的内外直积概念及基本性质.

## 1.1　集合与映射

### 1.1.1　集合的概念

集合是数学中最基本的概念之一，没有确切的定义. 一般地，由具有某种特定性质的具体的或抽象的事物全体组成一个集合(set)，简称集，其中的成员称作这个集合的元素(element). 例如，自然数全体就是一个集合，称为自然数集. 每个自然数就称为自然数集的元素.

集合一般用大写英文字母 $A,B,C,\cdots$ 表示，集合中的元素用小写英文字母 $a,b,c,\cdots$ 表示.

对集合 $A$ 来说，某一事物 $x$ 若是集合 $A$ 的元素，就称 $x$ 属于 $A$，记为 $x\in A$；若 $x$ 不是 $A$ 的元素，即 $x$ 不属于 $A$，记为 $x\notin A$；二者必居其一.

集合的表示方法通常有两种：一种是直接列出所有的元素，如 $A=\{1,2,3\}$；另一种是规定元素所具有的性质 $P$ 来表示，如 $A=\{x|x$ 具有性质 $P\}$.

一个集合 $A$ 的元素个数用 $|A|$ 表示. 当 $A$ 中的元素个数有限时，称 $A$ 为有限集(finite set)；否则，就称 $A$ 为无限集(infinite set). 用 $|A|=\infty$ 表示 $A$ 为无限集，用 $|A|<\infty$ 表示 $A$ 为有限集.

如果集合 $A$ 中的元素都是集合 $B$ 中的元素，则称 $A$ 为 $B$ 的子集(subset)，记为 $A\subseteq B$，读作 $A$ 包含在 $B$ 中，或记作 $B\supseteq A$，读作 $B$ 含有 $A$. 显然，$A\subseteq A$. 不含有任何元素的集合称为空集(empty set 或 null set)，记为 $\varnothing$. 例如，

$$A=\{x|x \text{ 为实数}, x^2+1=0\}$$

是一个空集. 如果 $A\subseteq B$, 且 $B$ 中有一个元素不属于 $A$, 称 $A$ 是 $B$ 的真子集(proper set).

集合 $A$ 与集合 $B$ 称为相等的, 记为 $A=B$, 如果它们含有相同的元素. 所以, $A=B$ 当且仅当 $A\supseteq B$ 且 $B\supseteq A$.

由集合 $A$ 的所有子集构成的集合称为 $A$ 的幂集(power set), 记作 $\mathcal{P}(A)$ 或 $2^A$. 例如, 若 $A=\{1,2,3\}$, 则

$$\mathcal{P}(A)=\{\varnothing,\{1\},\{2\},\{3\},\{1,2\},\{1,3\},\{2,3\},A\}.$$

当 $|A|<\infty$ 时, $\mathcal{P}|(A)|$ (即 $\mathcal{P}(A)$ 中元素个数)正好是 $2^{|A|}$. 事实上, 设 $|A|=n$, 则 $A$ 的含有 $k$ 个元素的子集共有 $C_n^k$ 个, 于是, $A$ 的所有子集个数为

$$C_n^0+C_n^1+\cdots+C_n^k+\cdots+C_n^n=2^n=2^{|A|}.$$

### 1.1.2 集合的运算

设 $A$ 与 $B$ 是两个集合. 由 $A$ 与 $B$ 的一切元素所组成的集合称为 $A$ 与 $B$ 的并集(union set), 记为 $A\cup B$. 所有既属于 $A$ 又属于 $B$ 的元素组成的集合称为 $A$ 与 $B$ 的交集(intersection set), 记为 $A\cap B$.

完全类似地可以定义任意多个集合的并集与交集. 设 $\{A_i \mid i\in I\}$ 是任意一组集合, 其中 $i$ 是集合的指标, 它在某个固定指标集 $I$ 中变化, 由一切 $A_i(i\in I)$ 的所有元素组成的集称为这组集合的并集, 记为 $\bigcup\limits_{i\in I}A_i$; 同时属于每个集合 $A_i(i\in I)$ 的所有元素组成的集合, 称为这组集合的交集, 记为 $\bigcap\limits_{i\in I}A_i$. 注意, 在组成若干个集合的并集时, 同时是两个或两个以上的集合所公有的元素在并集中只算作一个. 当 $A\cap B=\varnothing$ 时, 称 $A$ 与 $B$ 不交(disjoint); 当 $A\cap B\neq\varnothing$ 时, 称 $A$ 与 $B$ 相交. 对于集合 $A$ 与 $B$, 属于 $A$ 而不属于 $B$ 的元素所构成的集合称为 $A$ 与 $B$ 的差集(difference set), 记为 $A-B$ 或 $A\backslash B$; 称 $A\Delta B=(A-B)\cup(B-A)$ 为 $A$ 与 $B$ 的对称差集(symmetric set). 如果 $A$ 是集合 $U$ 的子集, 则 $A$ 在 $U$ 中的差集称为 $A$ 在 $U$ 中的余集(complementary set), 记为 $A'$, 即 $A'=U-A$.

容易证明, 集合的并与交运算有下面一些性质:

(1) $A\cup A=A$, $A\cap A=A$; (并与交的幂等律)

(2) $A\cup\varnothing=A$; (空集是加法的零元)

(3) $A\cup B=B\cup A$, $A\cap B=B\cap A$; (交换律)

(4) $A\cup(B\cup C)=(A\cup B)\cup C$,
$A\cap(B\cap C)=(A\cap B)\cap C$; (结合律)

(5) $A\cup(B\cap C)=(A\cup B)\cap(A\cup C)$,
$A\cap(B\cup C)=(A\cap B)\cup(A\cap C)$; (分配律)

(6) $A\cap(A\cup B)=A$, $A\cup(A\cap B)=A$; (吸收律)

(7) 若 $A\subseteq C$, 则 $A\cup(B\cap C)=(A\cup B)\cap C$; (模律)

(8) $(A\cup B)'=A'\cap B'$，$(A\cap B)'=A'\cup B'$； （德·摩根律）

(9) $(A')'=A$；

(10) $(A-B)\cap C=(A\cap C)-(B\cap C)$. （减法分配律）

设 $S$ 是任意一个集，$\{A_i|i\in I\}$ 是 $S$ 中的一组子集，则有

(11) $S-\bigcup\limits_{i\in I}A_i=\bigcap\limits_{i\in I}(S-A_i)$；

(12) $S-\bigcap\limits_{i\in I}A_i=\bigcup\limits_{i\in I}(S-A_i)$.

**证明** 记 $S-\bigcup\limits_{i\in I}A_i$ 为 $P$，$\bigcap\limits_{i\in I}(S-A_i)$ 为 $Q$. 下面证明 $P=Q$.

设 $x\in P$，按定义有 $x\in S$ 而且 $x\notin\bigcup\limits_{i\in I}A_i$. 因此，对每个 $i\in I$，$x\notin A_i$，有 $x\in S-A_i(i\in I)$，即 $x\in Q$. 这就是说，凡 $P$ 中的元素都属于 $Q$，所以 $P\subseteq Q$.

反过来，设 $x\in Q$，则对任何 $i\in I$，有 $x\in S-A_i$，即 $x\in S$，而且 $x\notin A_i(i\in I)$. 因此，$x\notin\bigcup\limits_{i\in I}A_i$，所以 $x\in S-\bigcup\limits_{i\in I}A_i=P$. 这就是说，凡 $Q$ 中的元素必属于 $P$，所以 $Q\subseteq P$. 综合起来就得到 $P=Q$.

性质(12)的证明是类似的.

### 1.1.3 映射

映射是函数概念的推广，描述了两个集合的元素之间的关系.

**定义 1.1.1** 设 $A$ 与 $B$ 是两个集合，$A$ 到 $B$ 的一个映射(map)是指一个法则，它使 $A$ 中每一个元素 $a$ 都有 $B$ 中一个确定的元素 $b$ 与之对应. 如果映射 $f$ 使 $B$ 中元素 $b$ 与 $A$ 中元素 $a$ 对应，就记为 $f(a)=b$. 元素 $b$ 称为 $a$ 在 $f$ 下的像(image). 集合 $A$ 称为 $f$ 的定义域(domain)，集合 $B$ 称为 $f$ 的上域(codomain). 当 $A=B$ 时，也称 $A$ 到 $A$ 的映射为 $A$ 到自身的变换(transformation). 通常用记号 $f:A\to B$ 或 $A\xrightarrow{f}B$ 表示 $f$ 是 $A$ 到 $B$ 的一个映射. 记号 $f:x\mapsto f(x)$ 表示映射 $f$ 所规定的元素之间的具体对应关系. 对于集合 $A$ 到集合 $B$ 的两个映射 $f$ 与 $g$，如果对 $A$ 中每一个元素 $a$ 都有 $f(a)=g(a)$，则称它们是相等的，记为 $f=g$.

**例 1.1.1** 设 $A$ 是全体整数的集合，$B$ 为全体奇数的集合，定义

$$f(n)=2n+1\quad(n\in A),$$

则 $f$ 是 $A$ 到 $B$ 的一个映射.

**例 1.1.2** 设 $A=B=\mathbb{R}$（实数集合），对应法则 $g$ 定义为 $x\mapsto x^5$，它是熟知的初等函数，这是从 $\mathbb{R}$ 到 $\mathbb{R}$ 的一个映射.

**例 1.1.3** 设 $A$ 是数域 $\mathbb{F}$ 上的 $n$ 阶矩阵的集合，定义 $h:M\mapsto\det M$($M$ 的行列式)，$M\in A$，这是 $A$ 到数域 $\mathbb{F}$ 的一个映射.

**例 1.1.4** 设 $A$ 是数域 $\mathbb{F}$ 上的 $n$ 阶矩阵的集合，定义 $S(a)=aE$，$a\in\mathbb{F}$，$E$ 是单位矩阵，这是 $\mathbb{F}$ 到 $A$ 的一个映射.

**例 1.1.5** 设 $A$ 与 $B$ 是两个非空集合，$b_0$ 是 $B$ 中的一个固定元素，定义 $f$：

$a\mapsto b_0$,即把 $A$ 中元素都映射到 $b_0$,这是 $A$ 到 $B$ 的一个映射.

**例 1.1.6** 设 $A$ 是一个非空集合,定义 $f:a\mapsto a, a\in A$,即把 $A$ 中的每个元素映射到它自身,称为集合 $A$ 的恒等映射,或单位映射,记为 $I_A$. 在不引起混淆时,也可简记为 $I$.

设 $f$ 与 $g$ 分别是集合 $A$ 到 $B$ 与集合 $B$ 到 $C$ 的映射,乘积(product)(或称为映射的复合(composition)) $gf$ 定义为

$$(gf)(a)=g(f(a)) \quad (a\in A),$$

即相继施行 $f$ 与 $g$ 的结果,$gf$ 是 $A$ 到 $C$ 的一个映射. 例如,例 1.1.3 与例 1.1.4 中映射的乘积 $Sh$ 就把每个 $n$ 阶矩阵 $M$ 映射到数量矩阵$(\det M)E$. 它是数域 $\mathbb{F}$ 上全体矩阵的集合到自身的一个映射. 显然,对集合 $A$ 到 $B$ 的映射 $f$,均有 $I_Bf=fI_A=f$.

**定理 1.1.1** 设有映射 $f:A\to B$ 与 $g:B\to C, h:C\to D$,则有 $h(gf)=(hg)f$.

**证明** 对任意元素 $a\in A$,有

$$h(gf)(a)=h[gf(a)]=h[g(f(a))]=(hg)(f(a))=[(gh)f](a),$$

所以 $h(gf)=(hg)f$.

**定义 1.1.2** 设 $f$ 是集合 $A$ 到 $B$ 的一个映射,

(1) 如果对任意 $a_1, a_2\in A$ 且 $a_1\neq a_2$,均有 $f(a_1)\neq f(a_2)$,则称 $f$ 是一个单射(injection 或 injective map).

(2) 如果对任意 $b\in B$,均有 $a\in A$ 使 $f(a)=b$,则称 $f$ 是一个满射(surjection 或 surjective map).

(3) 如果 $f$ 既是单射又是满射,则称 $f$ 是一个双射(bijection 或 bijective map)(或一一对应(one one correspondence)).

(4) 如果 $A=B$,双射 $f$ 称为一一变换(one one transformation);如果 $A=B$ 是有限集合,双射 $f$ 称为置换(permutation).

例如,例 1.1.1 的映射 $f$ 是一个单射,也是满射,从而是一个双射. 例 1.1.3 的映射 $h$ 是一个满射,但不是单射. 对于映射 $\sigma:A\to B$,其中 $A=\{1,2,3\}, B=\{1,2,3,4\}$,而 $\sigma(i)=i+1, i=1,2,3$,则 $\sigma$ 是单射,但不是满射.

设 $f$ 是集合 $A$ 到 $B$ 的一个映射,$S$ 是 $A$ 的一个子集,记 $f(S)=\{f(x)\mid x\in S\}$,它是 $B$ 的一个子集,称为子集 $S$ 在 $f$ 作用下的像(image),$f(A)$称为 $f$ 的像,记为 $\mathrm{Im}f$. 因而有 $f:A\to B$ 是满射当且仅当 $f(A)=B$.

反过来,如果 $T$ 是 $B$ 的子集,记 $f^{-1}(T)=\{x\in A\mid f(x)\in T\}$,则它是 $A$ 的一个子集,称为子集 $T$ 在 $f$ 下的全原像(inverse image). 元素 $b\in B$ 的全原像记作 $f^{-1}(b)$,它有可能是一个空集. 因此,$f:A\to B$ 是单射当且仅当对任意 $b\in f(A)$有 $|f^{-1}(b)|=1$;或者 $f:A\to B$ 是单射当且仅当对任意 $b\in B$ 有 $|f^{-1}(b)|\leqslant 1$.

若两个集合 $A$ 与 $B$ 之间存在一个双射,则称 $A$ 与 $B$ 是对等的或等势的(equipotent). 如果一个无限集与自然数集 $\mathbb{N}$ 是对等的,则称之为可列集(denumerable set). 有限集与可列集统称为可数集(countable set). 不是可数集的集合称为不可数集(uncountable set). 自然数集$\mathbb{N}$的势记为$\aleph_0$(读作阿列夫零). 全体实数构成的集合的势记为$\aleph$(读作阿列夫).

**定义 1.1.3** 设$f:A\to B$,

(1) 如果存在映射$g:B\to A$使$gf=I_A$,就称$g$为$f$的左逆映射(left inverse map).

(2) 如果存在映射$h:B\to A$使$fh=I_B$,就称$h$为$f$的右逆映射(right inverse map).

(3) 如果$f$同时有左逆与右逆,则称$f$是可逆的(invertible).

**注 1.1.1** 对于(3),$f$的左逆映射与右逆映射是相等的,称为$f$的逆映射(inverse),记为$f^{-1}$. 事实上,如果$gf=I_A$, $fh=I_B$,则对于$b\in B$,有

$$g(b)=gI_B(b)=gfh(b)=(gf)h(b)=I_A(h(b))=h(b),$$

所以有$g=h$.

如果$f$只有左逆或右逆,则$f$不一定是可逆的. 下面定理给出了$f$可逆的充要条件,证明从略.

**定理 1.1.2** 设$f:A\to B$,则有下列结论:

(1) $f$有左逆当且仅当$f$是单射;

(2) $f$有右逆当且仅当$f$是满射;

(3) $f$可逆当且仅当$f$是双射.

### 1.1.4 偏序集与 Zorn 引理

设$A$与$B$是任意两个集合,利用$A$与$B$构造一个新的集合. 令

$$A\times B=\{(a,b)\mid a\in A,b\in B\},$$

称$A\times B$为$A$与$B$的笛卡儿积(Cartesian product).

两个集合的笛卡儿积可推广到$n$个集合上去,设$A_1,A_2,\cdots,A_n$是任意$n$个集合,

$$\{(a_1,a_2,\cdots,a_n)\mid a_i\in A_i,i=1,2,\cdots,n\}$$

称为$A_1,A_2,\cdots,A_n$的笛卡儿积,记为$A_1\times A_2\times\cdots\times A_n$,也可写成$\prod_{i=1}^{n}A_i$.

**定义 1.1.4** 设$S$是一个非空集合,$S\times S$到$S$的一个映射$f$称为$S$的一个代数运算(algebraic operation)或二元运算(binary operation),即对于$S$中任意两个元素$a,b$,通过$f$唯一地确定一个$c\in S$: $f(a,b)=c$,常记为$a\circ b=c$.

**注 1.1.2** 由于$(a,b)$,$(b,a)$一般是$S\times S$中不同的元素,故$a\circ b$未必等于$b\circ a$.

下面把代数运算概念推广一下,定义$n$元运算概念.

**定义 1.1.5** 设$S$是一个非空集合,$n$是自然数,$S\times S\times\cdots\times S$($n$个$S$的笛卡儿积)到$S$的映射$f$称作$S$的一个$n$元代数运算($n$-ary algebraic operation).

例如，在整数集合$\mathbb{Z}$中，整数的加法与乘法是两个二元代数运算，减法也是一个二元运算，取负元是$\mathbb{Z}$的一个一元运算.

**定义 1.1.6** 设$A$与$B$是任意两个非空集合，$A\times B$的子集$R$称作$A$与$B$间的一个二元关系(binary relation). 当$(a,b)\in R$时，就称$a$与$b$具有关系$R$，记为$aRb$；当$(a,b)\notin R$时，就称$a$与$b$不具有关系$R$，记为$aR'b$.

由于对任意$a\in A,b\in B,(a,b)$或在$R$中，或不在$R$中，故$aRb$或$aR'b$二者有一个或仅有一个情形成立.

例如，设$A=B=\mathbb{Z}$，令$R=\{(a,b)\mid a,b\in\mathbb{Z},a\mid b\}$，则子集$R$是一个二元关系，即整除是整数集合$\mathbb{Z}$上的一个二元关系；再如，设$m\in\mathbb{Z}$是正整数，则

$$R_m=\{(a,b)\mid a,b\in\mathbb{Z},m\mid(a-b)\}$$

也是$\mathbb{Z}$上的一个二元关系. 再例如，如果$f:A\to B$是一个映射(或称函数). 则$f$的图像(graph)是关系$R=\{(a,f(a))\mid a\in A\}$. 如果$f$是一个映射，则$R$有特殊性质：

$A$的每一个元素恰好是$R$中一个序对的第一个分量. (1.1.1)

反之，$A\times B$上满足性质(1.1.1)的任一个关系确定唯一映射(或函数)，其图像是$R$. 因为这时只要定义$f(a)=b$即可，而$(a,b)$是$R$中第一个分量为$a$的唯一序对. 因此，在集合论中，习惯上将映射(函数)等同于它的图像.

**定义 1.1.7** 设$R$是集合$A$上的二元关系，

(1) 如果对于所有$a\in A$，均有$aRa$，则称$R$具有反身性(reflectivity)；

(2) 如果对于所有$a,b\in A$，当$aRb$时，恒有$bRa$，则称$R$具有对称性(symmetry)；

(3) 如果对于所有$a,b,c\in A$，当$aRb,bRc$时，恒有$aRc$，则称$R$具有传递性(transitivity)；

(4) 如果对于所有$a,b\in A$，当$aRb$且$bRa$时，恒有$a=b$，则称$R$具有反对称性(anti-symmetry).

在代数上，具有反身性、对称性、传递性的关系$R$特别重要，称这种关系为等价关系，常用符号“$\sim$”表示.

**定义 1.1.8** 集合$A$上的一个二元关系“$\sim$”称为$A$的一个等价关系(equivalent relation)，如果“$\sim$”适合以下条件：

(1) 对任意$a\in A$，有$a\sim a$；

(2) 对任意$a,b\in A$，若$a\sim b$，则$b\sim a$；

(3) 对任意$a,b,c\in A$，若$a\sim b$且$b\sim c$，则$a\sim c$.

当$a\sim b$时，就称$a$与$b$是等价的(equivalent). 上面整数集合$\mathbb{Z}$上的关系$R_m$就是一个等价关系.

设$S$是任一个非空集合，$S$的一个二元关系，如果适合反身性、反对称性和传递性，就称为$S$上的一个偏序关系(partially ordered relation)，通常用符号“$\leqslant$”表

示,即"$\leqslant$"是 $S$ 上一个二元关系,适合:

(1) 对任意 $x\in S$,有 $x\leqslant x$;

(2) 对任意 $x,y\in S$,有 $x\leqslant y$ 且 $y\leqslant x$, 则 $x=y$;

(3) 对任意 $x,y,z\in S$,有 $x\leqslant y$ 且 $y\leqslant z$, 则 $x\leqslant z$.

**定义 1.1.9** 具有偏序关系$\leqslant$的集合 $S$,记为$(S,\leqslant)$,称为偏序集(partially ordered set 或 po-set).

**例 1.1.7** 取 $S=\mathbb{R}$ (实数集合),"$\leqslant$"表示实数间的小于或等于关系,则$(S,\leqslant)$是一个偏序集.

**例 1.1.8** 取 $S=\mathbb{Z}^+$(正整数集合),"$\leqslant$"表示两个整数间的整除关系,即$m\leqslant n$当且仅当$m\mid n$,则$(S,\leqslant)$是一个偏序集.

对于一个偏序集 $S$,任取 $x,y\in S$,未必有 $x\leqslant y$ 或 $y\leqslant x$,换句话说,$S$ 中任意两个元素未必是可比较的. 如例 1.1.8 的正整数集合$\mathbb{Z}^+$,3 与 5 就不能比较,因为$3\nmid 5$,且 $5\nmid 3$.

$S$ 的一个偏序关系"$\leqslant$",如果适合:

($*$) 对任意 $x,y\in S$,均有 $x\leqslant y$,或者 $y\leqslant x$,则称"$\leqslant$"是一个顺序关系或全序关系(ordered relation).

**定义 1.1.10** 具有顺序关系的集合$(S,\leqslant)$称作有序集或全序集(ordered set or totally ordered set).

注意,例 1.1.7 中的$(S,\leqslant)$是有序集,而例 1.1.8 的$(S,\leqslant)$不是有序集.

设$(S,\leqslant)$是一个偏序集,若 $x\leqslant y$,但 $x\neq y$,则记为 $x<y$.

偏序集 $S$ 的元素 $m$ 称为 $S$ 的一个最小(大)元(the least (biggest) element),如果对任意 $x\in S$,均有 $m\leqslant x(x\leqslant m)$;$S$ 的元素 $l$ 称为 $S$ 的一个极小(大)元(minimal(maximal) element),如果对任意 $x\in S$,只要 $x\leqslant l(l\leqslant x)$就有 $x=l$.

注意最小(大)元与极小(大)元的区别,若 $S$ 有最小元,则只能有一个,而 $S$ 可能有若干个极小元. 对最大元与极大元亦是如此.

如果偏序集$(S,\leqslant)$的每个非空子集都有最小元素,则称$(S,\leqslant)$是良序集(well ordered set).

有时,我们需要偏序集$(S,\leqslant)$的子集的上(下)界概念.

设 $T$ 是偏序集$(S,\leqslant)$的子集,$S$ 的元素 $b$ 称为 $T$ 的一个上(下)界(upper (lower) bound),如果对任意 $x\in T$,有 $x\leqslant b(b\leqslant x)$.

注意 $T$ 可能没有上(下)界,也可能有多个上(下)界. $T$ 的上(下)界未必在 $T$ 中.

$T$ 的一个上界 $b$ 称为最小上界(the least upper bound),如果对于 $T$ 的任意上界 $c$,均有 $b\leqslant c$. 类似地,可以定义 $T$ 的最大下界(the biggest lower bound).

注意 $T$ 未必有最小上界,如果有的话,则只能有一个.

下面介绍 Zorn 引理,在讨论元素无限的代数系统时常常用到. 我们将它看成公理,不再加以论证.

**Zorn 引理** 设$(S,\leqslant)$是一个非空偏序集,它的任一非空有序子集都有上界,则 $S$ 含有极大元.

下面举例说明 Zorn 引理的应用.

**例 1.1.9** 数域$\mathbb{F}$上的任意向量空间 $V$ 均有基.

**证明** 为证明向量空间 $V$ 的子集 $B$ 是 $V$ 的一个基,必须证明 $B$ 满足以下两个条件:

(1) $B$ 是 $V$ 的一组生成元;

(2) $B$ 中任意有限多个向量均在$\mathbb{F}$上线性无关.

设 $S$ 表示 $V$ 的一个生成元集,$\mathcal{P}$ 表示 $S$ 的一切线性无关子集组成的集合,则对于集合的包含关系作成一个偏序集. 我们将证明,$\mathcal{P}$ 含有一个极大元. 为此,由 Zorn 引理,只需证 $\mathcal{P}$ 的任一个有序子集都有上界. 设 $L$ 是 $\mathcal{P}$ 的一个有序子集,$L=\{A_i \mid i\in I\}$,我们说,$A=\bigcup\limits_{i\in I}A_i$ 是 $L$ 的一个上界. 按照上界的定义,需证:①对任意 $A_i$,有 $A_i\subseteq A$;②$A\in\mathcal{P}$. ①是显然的,因 $A$ 是所有 $A_i$ 的并集. 下面证明②,即 $A$ 是线性无关的. 如果不是这样,则存在 $u_1,u_2,\cdots,u_n\in A$ 使得 $u_1,u_2,\cdots,u_n$ 在$\mathbb{F}$上线性相关. 设 $u_i\in A_{j_i}$,因 $L$ 是有序集,故 $L$ 中任意两个元 $A_i$ 与 $A_j$ 均是可比较的,从而存在 $A_m\in L$ 使得 $A_{j_i}\subseteq A_m$, $i=1,2,\cdots,n$. 这就导致 $A_m$ 含有一组线性相关的向量,与 $\mathcal{P}$ 的取法相矛盾. 所以,$A$ 是线性无关向量组,即 $A\in\mathcal{P}$. 由 Zorn 引理,$\mathcal{P}$ 含有极大元 $B$. 我们断言,$B$ 是一个生成元集. 任取 $x\in S$,如果 $x$ 不能用 $B$ 的有限多个元素线性表示,则 $B'=B\cup\{x\}$ 仍是线性无关的,这与 $B$ 是 $\mathcal{P}$ 的极大无关组矛盾. 这个矛盾表明 $B$ 是 $V$ 的一个基.

### 1.1.5 集合的分类与等价关系

**定义 1.1.11** 如果把一个集合 $A$ 分成若干个称作类(class)的子集,使得 $A$ 的每个元素属于且只属于同一个类,则这些类的全体称作集合 $A$ 的一个分类(classification)或划分(partition).

集合分类与集合的等价关系之间的联系可由下面两个定理给出.

**定理 1.1.3** 集合 $A$ 之间的等价关系$\sim$确定 $A$ 的一个分类.

**证明** 利用给定的等价关系构造 $A$ 的一个分类. 同 $A$ 的一个固定元素 $a$ 等价的元素均放在一起,构成一个子集,记作$[a]$,即$[a]=\{x\mid x\in A, x\sim a\}$. 我们断言:这样得到的子集全体是 $A$ 的一个分类. 证明分如下三步:

(1) 若 $a\sim b$,则$[a]=[b]$. 事实上,如果 $a\sim b$,由等价关系的定义及$[a]$和$[b]$的定义,若 $c\in[a]$,则 $c\sim a$,从而 $c\sim b$,故 $c\in[b]$. 因此,$[a]\subseteq[b]$. 由于 $b\sim a$,故类似可得$[b]\subseteq[a]$. 所以,$[a]=[b]$.

(2) $A$ 的每个元素只能属于一个类. 事实上，如果 $a\in[b]$，$a\in[c]$，则由$[b]$与$[c]$的定义知，$a\sim b$，$a\sim c$. 于是有 $b\sim c$. 因此由(1)知$[b]=[c]$.

(3) $A$ 的每个元素的确属于某一个类，这是因为 $a\in[a]$.

所以，等价关系～确定 $A$ 的一个分类.

**定理 1.1.4** 集合 $A$ 的一个分类确定 $A$ 的元素之间的一个等价关系.

**证明** 利用集合的分类作一个等价关系. 规定 $a\sim b$ 当且仅当 $a$ 与 $b$ 在同一个类里. 这样规定的～显然是 $A$ 的元素间的一个关系. 下面证明它是一个等价关系.

(1) 显然，$a$ 与 $a$ 在同一个类里，故 $a\sim a$.

(2) 如果 $a$ 与 $b$ 在一个类里，则显然 $b$ 与 $a$ 也在同一个类里，故 $a\sim b\Rightarrow b\sim a$.

(3) 如果 $a$ 与 $b$ 在一个类里，$b$ 与 $c$ 在一个类里，由分类定义知，$a$ 与 $c$ 也在同一个类里. 于是，$a\sim b$，$b\sim c\Rightarrow a\sim c$.

**定义 1.1.12** 如果一个集合有一个分类，则每个类里的任一个元素称为这个类的代表(元)(representative). 刚好由每一个类的一个代表(元)构成的集合称作完全代表元集(complete set of representatives)或全体代表团(whole group of representatives).

**例 1.1.10** 设 $A$ 为全体整数集合$\mathbb{Z}$. 任取整数 $m>0$，规定 $aRb\Leftrightarrow m\mid(a-b)$. 前面已经讲过. 这是一个等价关系. 这个等价关系确定的类称为模 $m$ 的同余类，记作 $a\equiv b(\mathrm{mod}m)$. 这个等价关系确定 $A$ 的一个分类，称这样的类为模 $m$ 的剩余类(residue class). 易知

$$\begin{aligned}
&[0]=\{\cdots,-2m,-m,0,m,2m,\cdots\},\\
&[1]=\{\cdots,-2m+1,-m+1,0,m+1,2m+1,\cdots\},\\
&\vdots\\
&[m-1]=\{\cdots,-m-1,-1,m-1,2m-1,3m-1,\cdots\}.
\end{aligned}$$

通常用 $0,1,\cdots,m-1$ 来表示这 $m$ 个类的全体代表元.

1.1.6 小节介绍集合的基数(或称集合的势)，内容有些难度，主要是为第 7 章和第 8 章的一些定理的证明做预备知识. 所以，初学者可以先将这部分内容跳过去，待学习第 7 章和第 8 章的内容时再回过头来阅读这部分内容.

### 1.1.6 集合的基数

**定义 1.1.13** 设 $A$ 与 $B$ 是集合，如果存在一个从 $A$ 到 $B$ 的双射，则称 $A$ 与 $B$ 是对等的，或者是等势的(equipotent). 记作 $A=_cB$.

由于一个双射的逆映射及两个双射的合成映射仍是双射，故有下面结果.

**定理 1.1.5** 对任意集合 $X,Y,Z$，有

(1) $X=_cX$；

(2) 如果 $X =_c Y$，则 $Y =_c X$；

(3) 如果 $X =_c Y, Y =_c Z$，则 $X =_c Z$.

此外，还有下面一个性质，虽非基本，但很重要. 其证明留作习题.

(4) 设 $\{A_\lambda | \lambda \in \Lambda\}$ 与 $\{B_\lambda | \lambda \in \Lambda\}$ 为两族集，$\Lambda$ 是它们的指标集. 设对每一个 $\lambda \in \Lambda$，$A_\lambda =_c B_\lambda$，而且集族 $\{A_\lambda | \lambda \in \Lambda\}$ 中任两个集互不相交，即 $A_\lambda \cap A_\mu = \varnothing$ $(\lambda \neq \mu, \lambda, \mu \in \Lambda)$，以及 $\{B_\lambda | \lambda \in \Lambda\}$ 中任两个集也互不相交，那么，有 $\left(\bigcup_{\lambda \in \Lambda} A_\lambda\right) =_c \left(\bigcup_{\lambda \in \Lambda} B_\lambda\right)$.

**定义 1.1.14** 我们将对等的集合归于同一类，不对等的集合不属于同一类. 对这样的每类集合予以一个记号，称这个记号是这类集合中每个集合的基数(cardinal number)或势(cardinality). 集合 $A$ 的基数记为 $|A|$.

因此，任何对等的集合具有相同的基数或势，而不对等的集合，其基数或势不同. 规定有限集合 $A$ 中所含元素个数就是有限集合 $A$ 的基数或势. 自然数集合 $\mathbb{N}$ 的基数为 $\aleph_0$，即 $|\mathbb{N}| = \aleph_0$，全体实数集合的基数为 $\aleph$，即 $|\mathbb{R}| = \aleph$.

**定义 1.1.15** 如果存在一个从集合 $A$ 到集合 $B$ 的单映射，则称 $A$ 的基数不大于 $B$ 的基数，记为 $A \leqslant_c B$，或者 $|A| \leqslant |B|$. 如果 $A \leqslant_c B$，并且 $A \neq_c B$，即存在从集合 $A$ 到集合 $B$ 的单映射，但不存在从 $A$ 到 $B$ 的双射，则称 $A$ 的基数(或势)小于 $B$ 的基数(或势)，记为 $A <_c B$，或者 $|A| < |B|$.

**定理 1.1.6**(Bernstein 定理) 如果 $A \leqslant_c B$，且 $B \leqslant_c A$，则 $A =_c B$.

**证明** 由于 $A \leqslant_c B$，故存在单射 $f: A \to B$；由于 $B \leqslant_c A$，故存在单射 $g: B \to A$. 因此，$gf: A \to A$ 为单射. 令 $A_1 = g(B)$，$A_2 = gf(A)$. 易见 $g: B \to A_1$ 与 $gf: A \to A_2$ 均是双射，即有 $B =_c A_1$，$A =_c A_2$. 并且，$A_2 = gf(A) = g(f(A)) = g(B) = A_1 \subset A$. 于是定理得证，如果证明了下述断言：

$$\text{若 } A_2 \subset A_1 \subset A \text{，且 } A =_c A_2 \text{，则 } A_1 =_c A.$$

由于 $A =_c A_2$，可令 $h: A \to A_2$ 为一个双射，并归纳地定义 $h^1 = h$，

$$h^i = h \circ h^{i-1}: A \to A_i \quad (i = 2, 3, \cdots).$$

令 $C_1 = \bigcup_{i=1}^{\infty} h^i(A - A_1) \subset A_2$，$C = (A - A_1) \cup C_1$. 由于

$$\begin{aligned} h(C) &= h(A - A_1) \cup h(C_1) \\ &= h(A - A_1) \cup h\left(\bigcup_{i=1}^{\infty} h^i(A - A_1)\right) \\ &= h(A - A_1) \cup \left(\bigcup_{i=1}^{\infty} h^{i+1}(A - A_1)\right) \\ &= \bigcup_{i=1}^{\infty} h^i(A - A_1) = C_1, \end{aligned}$$

所以 $C = (A - A_1) \cup h(C)$.

定义 $\varphi: A \to A_1$ 使 $\varphi|_C = h|_C$，$\varphi|_{(A-C)} = i$，其中 $i: A - C \to A_1$ 为包含映射，即对任 $a \in A - A_1$，$i(a) = a \in A_1$. $\varphi$ 为双射，这是因为：

(1) $h(C)\cap i(A-C)=\varnothing$(由于 $h(C)=C_1\subset C$);

(2) $h(C)\cup i(A-C)=C_1\cup(A-C)$

$$=C_1\cup(A_1\cap(A-h(C)))$$
$$=(C_1\cup A_1)\cap(C_1\cup(A-h(C)))$$
$$=A_1\cap A=A_1.$$

于是,由定义有 $A_1=_c A$.

**定理 1.1.7** 对任意集合 $X,Y,Z$,有

(1) $X\leqslant_c X$;

(2) 如果 $X\leqslant_c Y,Y\leqslant_c X$,则 $X=_c Y$;

(3) 如果 $X\leqslant_c Y,Y\leqslant_c Z$,则 $X\leqslant_c Z$.

**证明** (1)与(3)是显然的,而(2)即为定理 1.1.6.

**定理 1.1.8** 如果 $A$ 是一个集合,$P(A)$是它的幂集,则 $A<_c P(A)$.

**证明** 显然,$\varphi: a\to\{a_1\}$定义了从 $A$ 到 $P(A)$内的一个单射. 于是,$A\leqslant_c P(A)$. 如果存在双射 $f:A\to P(A)$,则对某个 $a_0\in A$, $f(a_0)=B$,这里 $B=\{a\in A\mid a\notin f(a)\}\subset A$. 但这产生了一个矛盾:$a_0\in B$ 且 $a_0\notin B$. 所以,$A\neq_c P(A)$. 因此,$A<_c P(A)$.

**定义 1.1.16** 与全体自然数的集合$\mathbb{N}$对等的集合称为可列集,也称可数无限集(countably infinite set).

**定理 1.1.9** 无限集必与它的一个真子集对等.

**证明** 首先证明在任何一个无限集 $A$ 中,一定能取出一列元素 $a_0,a_1,a_2,\cdots$. 事实上,在 $A$ 中任取一个元素,记为 $a_0$,集 $A-\{a_0\}$显然不空. 因为 $A$ 是无限集,这时再从 $A-\{a_0\}$中取一个元素 $a_1$,同样 $A-\{a_0,a_1\}$不空. 可以继续下去,将从 $A$ 中取出一列元素 $a_0,a_1,a_2,\cdots$,记余集 $\overline{A}=A-\{a_n\mid n=0,1,2,\cdots\}$. 在 $A$ 中取出真子集

$$\{a_1,a_2,\cdots\}\cup\overline{A}=A^*.$$

今作 $A$ 与 $A^*$ 之间的映射 $\varphi$:

$$\varphi(a_i)=a_{i+1}\quad(i=0,1,2,\cdots),$$
$$\varphi(x)=x\quad(x\in A^*).$$

显然,$\varphi$ 是 $A$ 到 $A^*$ 的双射.

由定理 1.1.9 的证明可得如下结论.

**推论 1.1.1** 无限集必含有一个可列集.

**定义 1.1.17** 令 $\alpha$ 与 $\beta$ 是两个基数,$\alpha$ 与 $\beta$ 的和记为 $\alpha+\beta$,定义为基数 $|A\cup B|$,其中 $A$ 与 $B$ 是不相交集,且$|A|=\alpha$, $|B|=\beta$. $\alpha$ 与 $\beta$ 的积,记为 $\alpha\beta$,定义为基数$|A\times B|$.

**定理 1.1.10** 所有基数的集合按序关系"$\leqslant$"构成一个全序集. 如果 $\alpha$ 与 $\beta$ 是基数,则下列必有一个成立:

$$\alpha<\beta,\quad \alpha=\beta,\quad \beta<\alpha \quad (\text{三分律(trichotomy law)}).$$

**证明** 由定理 1.1.5 知，“$\leqslant$”是一个偏序关系. 令 $\alpha$ 与 $\beta$ 是基数，且 $A$ 与 $B$ 是使得 $|A|=\alpha$ 与 $|B|=\beta$ 的两个集合. 利用 Zorn 引理证明关系“$\leqslant$”是所有基数的集合上的全序关系(i. e. $\alpha\leqslant\beta$ 或者 $\beta\leqslant\alpha$). 不妨设 $A$ 与 $B$ 均是非空的. 令

$$\Gamma=\{(X,f)\mid X\subset A, f: X\to B \text{ 为单射}\},$$

$\Gamma$ 显然是非空的. 事实上，任取 $a\in A$ 以及 $b\in B$，令 $f:\{a\}\ni a\mapsto b\in B$，则 $f$ 是 $\{a\}$ 到 $B$ 的单射，从而 $(\{a\},f)\in\Gamma$，故 $\Gamma\neq\varnothing$. 规定 $(X_1,f_1)\leqslant(X_2,f_2)$ 当且仅当 $X_1\subseteq X_2$ 且 $f_2|X_1=f_1$. 容易验证“$\leqslant$”是 $\Gamma$ 中的偏序关系. 设 $\{(X_i,f_i)\mid i\in I\}$ 是 $\Gamma$ 中的全序链，令 $X=\bigcup\limits_{i\in I}X_i$，定义 $f: X\to B$ 为 $f(x)=f_i(x)(x\in X_i)$. 这个 $f$ 是定义良好的. 事实上，任取 $x\in\bigcup\limits_{i\in I}X_i$，如果 $x\in X_i$，并且 $x\in X_j$，则因 $X_i\subseteq X_j$ 或 $X_j\subseteq X_i$ 必有一个成立，不妨设 $X_i\subseteq X_j$. 于是，$f_i(x)=f_j(x)$. 因此，$f(x)$ 是定义良好的. 进一步，假设 $x,y\in X$ 且 $f(x)=f(y)$. 由于 $\{(X_i,f_i)\mid i\in I\}$ 是全序链，故不妨设 $x,y$ 均属于某个 $X_i$，从而有 $f_i(x)=f_i(y)$. 又因为 $f_i$ 是单的，故 $x=y$. 所以 $f$ 是单射即有 $(X,f)\in\Gamma$. 显然，$(X,f)$ 是 $\{(X_i,f_i)\mid i\in I\}$ 在 $\Gamma$ 中的一个上界. 根据 Zorn 引理，$\Gamma$ 中存在极大元 $(X,g)$. 我们断言 $X=A$ 或者 $\operatorname{Im}g=B$. 因为：如果这个断言不成立，我们会找到 $a\in A-X$ 和 $b\in B-\operatorname{Im}g$，定义映射 $h: X\cup\{a\}\to B$ 为 $h(x)=g(x)$，如果 $x\in X$；而 $h(a)=b$. 由于 $g$ 是单的，故 $(X\cup\{a\},h)\in\Gamma$，且 $(X,g)<(X\cup\{a\},h)$，这与 $(X,g)$ 的极大性矛盾. 所以，$X=A$，从而 $|A|\leqslant|B|$ 或者 $\operatorname{Im}g=B$，从而单射 $B\xrightarrow{g^{-1}}X\subset A$ 表明 $|B|\leqslant|A|$ (i. e. $B\leqslant_c A$). 由定义 1.1.15 和定理 1.1.6 知三分律成立.

**定理 1.1.11** 如果 $A$ 是无限集，$F$ 是有限集，则 $|A\cup F|=|A|$，即 $A\cup F=_c A$. 特别地，$\alpha+n=\alpha$，其中 $\alpha$ 是无限基数，$n$ 是自然数(为有限基数).

**证明** 不妨设 $A\cap F=\varnothing$. 否则，可用 $F-A$ 代替 $F$. 如果 $F=\{b_1,b_2,\cdots,b_n\}$，$D=\{x_i\mid i\in\mathbb{N}^*\}$ 是 $A$ 的一个可列集(推论 1.1.1)，定义 $f: A\to A\cup F$ 如下：

$$f(x)=\begin{cases} b_i, & x=x_i,\quad 1\leqslant i\leqslant n,\\ x_{i-n}, & x=x_i,\quad i>n,\\ x, & x\in A-D,\end{cases}$$

易知 $f$ 是双射. 于是，$A=_c A\cup F$，从而 $A\cup F=_c A$.

**定理 1.1.12** 如果 $\alpha$ 与 $\beta$ 是基数使得 $\beta\leqslant\alpha$，且 $\alpha$ 是无限的，则 $\alpha+\beta=\alpha$.

**证明** 只需证明 $\alpha+\alpha=\alpha$ 就够了，因为 $\alpha\leqslant\alpha+\beta=\alpha+\alpha=\alpha$，再利用定理 1.1.6 (Bernstein 定理)就有 $\alpha+\beta=\alpha$. 设 $A$ 是一个集合，且 $|A|=\alpha$. 令

$$\Gamma=\{(X,f)\mid X\subset A, f: X\times\{0,1\}\to X \text{ 为双射}\}.$$

在 $\Gamma$ 中规定 $(X_1,f_1)\leqslant(X_2,f_2)$ 当且仅当 $X_1\subseteq X_2$ 且 $f_2|X_1=f_1$. 容易验证“$\leqslant$”是 $\Gamma$ 中的偏序关系. 从而 $(\Gamma,\leqslant)$ 给出一个偏序集. 与定理 1.1.10 的证明类似，易证 $\Gamma$ 满足 Zorn 引理的条件. 还应该证明 $\Gamma\neq\varnothing$. 为此，由推论 1.1.1，无限集合 $A$ 含有

一个可列集,设为 $D$. 不妨设 $D=\{a_0,a_1,a_2,\cdots\}$,令 $f(a_n,0)=a_{2n}$, $f(a_n,1)=a_{2n+1}$,则易见 $f$ 是 $D\times\{0,1\}$ 到 $D$ 的双射. 因此,$(D,f)\in\Gamma$. 故 $\Gamma\neq\varnothing$. 于是,由Zorn 引理知,$\Gamma$ 中存在极大元$(C,g)$.

显然,$C_0=\{(c,0)\mid c\in C\}$,$C_1=\{(c,1)\mid c\in C\}$是不相交的集合,并且$|C_0|=|C_1|=|C|$与 $C\times\{0,1\}=C_0\cup C_1$. 映射 $g:C\times\{0,1\}\to C$ 是双射. 所以,由定义 1.1.17,有

$$|C|=|C\times\{0,1\}|=|C_0\cup C_1|=|C_0|+|C_1|=|C|+|C|.$$

为完成证明,还需证明$|C|=\alpha$. 如果 $A-C$ 是无限的,由推论 1.1.1 知,它含有一个可列子集 $B$. 同上面一样,有双射 $\varphi:B\times\{0,1\}\to B$. 将 $\varphi$ 与 $g$ 联合起来,我们可构造双射 $h:(C\cup B)\times\{0,1\}\to C\cup B$ 使得$(C,g)<(C\cup B,h)\in\Gamma$. 这与$(C,g)$的极大性矛盾. 所以,$A-C$ 一定是有限的. 由于 $A$ 是无限的,且 $A=C\cup(A-C)$,故 $C$ 也一定是无限的,因此,由定理 1.1.11,$|C|=|C\cup(A-C)|=|A|=\alpha$.

**定理 1.1.13** 如果 $\alpha$ 与 $\beta$ 是基数使得 $0\neq\beta\leqslant\alpha$,且 $\alpha$ 是无限的,则 $\alpha\beta=\alpha$. 特别地,$\alpha\aleph_0=\alpha$. 如果 $\beta$ 是有限的,则$\aleph_0\beta=\aleph_0$.

**证明** 由于 $\alpha\leqslant\alpha\beta\leqslant\alpha\alpha$,同定理 1.1.12 的证明一样,只需证明 $\alpha\alpha=\alpha$ 就足够了. 设 $A$ 是一个集合,且$|A|=\alpha$. 令

$$\Gamma=\{f:X\times X\to X \text{ 为双射}, X \text{ 是 } A \text{ 的无限子集}\}.$$

首先要验证 $\Gamma\neq\varnothing$. 因 $A$ 是无限集,故由推论 1.1.1,$A$ 含有可列集 $D$. 由于$|D|=|\mathbb{N}|=|\mathbb{N}^*|$,不妨设 $D=\{d_1,d_2,d_3,\cdots\}$. 令 $f:D\times D\to D$ 为 $f(d_m,d_n)=d_{2^{m-1}(2n-1)}$. 易证 $f$ 是双射. 故 $f\in\Gamma$. 因此 $\Gamma\neq\varnothing$. 在 $\Gamma$ 中规定 $f_1\leqslant f_2$ 当且仅当 $X_1\subseteq X_2$ 且 $f_2|X_1=f_1$. 容易验证"$\leqslant$"是 $\Gamma$ 中的偏序关系. 从而$(\Gamma,\leqslant)$给出一个偏序集. 利用 Zorn 引理可证 $\Gamma$ 中存在一个极大元 $g:B\times B\to B$. 由 $g$ 的定义,$|B||B|=|B\times B|=|B|$. 为完成证明,还需证明$|B|=|A|=\alpha$.

假设$|A-B|>|B|$. 由定义 1.1.15,存在 $A-B$ 的子集使$|C|=|B|$. 于是,$|C|=|B|=|B\times B|=|B\times C|=|C\times B|=|C\times C|$,这些子集显然是互不相交的. 因此,由定义 1.1.17 和定理 1.1.12,有

$$\begin{aligned}|(B\cup C)\times(B\cup C)|&=|(B\times B)\cup(B\times C)\cup(C\times B)\cup(C\times C)|\\&=|B\times B|+|B\times C|+|C\times B|+|C\times C|\\&=(|B|+|B|)+(|C|+|C|)\\&=|B|+|C|=|B\cup C|.\end{aligned}$$

从而存在双射$(B\cup C)\times(B\cup C)\to(B\cup C)$. 这与 $g$ 在 $\Gamma$ 中是极大的矛盾. 所以,由定理 1.1.12 知,$|A-B|\leqslant|B|$和$|B|=|A-B|+|B|=|(A-B)\cup B|=|A|=\alpha$.

**定理 1.1.14** 令 $A$ 是一个集合,对每个正整数 $n$,令 $A^n=A\times A\times\cdots\times A$($n$ 个因子),

(1) 如果 $A$ 是有限的,则 $|A^n|=|A|^n$;如果 $A$ 是无限的,则 $|A^n|=|A|$.

(2) $\left|\bigcup_{n\in\mathbb{N}^*}A^n\right|=\aleph_0|A|$.

**证明** (1) 如果 $A$ 是有限的,(1)的证明是平凡的. 如果 $A$ 是无限的,可利用归纳法证得. 这是因为由定理 1.1.13,$n=2$ 时,$|A^2|=|A|$.

(2) 集合 $A^n(n>1)$是相互不相交的. 如果 $A$ 是无限的,由(1)对每个 $n$,存在双射 $f_n:A^n\to A$. 于是,$f:A^n\ni u\mapsto(n,f_n(u))$给出了双射 $\bigcup_{n\in\mathbb{N}^*}A^n\to\mathbb{N}^*\times A$. 所以,有

$$\left|\bigcup_{n\in\mathbb{N}^*}A^n\right|=|\mathbb{N}^*\times A|=|\mathbb{N}^*||A|=\aleph_0|A|.$$

如果 $A=\varnothing$,(2)是显然成立的. 所以,假设 $A$ 是非空的且是有限的. 因此,每个 $A^n$ 是非空的. 易证 $\aleph_0=\left|\mathbb{N}^*\right|\leqslant\left|\bigcup_{n\in\mathbb{N}^*}A^n\right|$. 进一步,每个 $A^n$ 是有限的,故对每个 $n$,存在单射 $g_n:A^n\to\mathbb{N}^*$. 于是,$A^n\ni u\mapsto(n,g_n(u))$定义了单射 $\bigcup_{n\in\mathbb{N}^*}A^n\to\mathbb{N}^*\times\mathbb{N}^*$. 所以,由定理 1.1.13,有

$$\left|\bigcup_{n\in\mathbb{N}^*}A^n\right|\leqslant|\mathbb{N}^*\times\mathbb{N}^*|=|\mathbb{N}^*|=\aleph_0.$$

再由定理 1.1.6(Bernstein 定理),有 $\left|\bigcup_{n\in\mathbb{N}^*}A^n\right|=\aleph_0$. 但 $\aleph_0=\aleph_0|A|$,这是因为 $A$ 是有限的(定理 1.1.4).

**推论 1.1.2** 如果 $A$ 是无限集,$F(A)$是 $A$ 的所有有限集构成的集合,则

$$|F(A)|=|A|.$$

**证明** 由 $a\mapsto\{a\}$定义的映射 $A\to F(A)$是单的,所以 $|A|\leqslant|F(A)|$. 对 $A$ 的每个 $n$ 元子集 $S$,选取$(a_1,a_2,\cdots,a_n)\in A^n$ 使得 $S=\{a_1,a_2,\cdots,a_n\}$,这就定义了单射 $F(A)\to\bigcup_{n\in\mathbb{N}^*}A^n$. 所以,由定理 1.1.13 和定理 1.1.14,有

$$|F(A)|\leqslant\left|\bigcup_{n\in\mathbb{N}^*}A^n\right|=\aleph_0|A|=|A|.$$

于是,由定理 1.1.6(Bernstein 定理)知 $|F(A)|=|A|$.

## 习 题 1.1

1. 设 $f$ 是集合 $A$ 到集合 $B$ 的一个映射,$S\subseteq A$,举例说明 $f^{-1}(f(S))=S$ 是否成立.

2. 设 $|A|<\infty$,令 $f$ 是集合 $A$ 上的一个变换,证明如下三个叙述等价:

(1) $f$ 是单射;

(2) $f$ 是满射;

(3) $f$ 是双射.

3. 证明:$(0,1)$与$(-\infty,+\infty)$等势.

4. 设 $f$ 是集合 $A$ 到集合 $B$ 的一个映射,$a,b\in A$,规定关系"$\sim$":

$$a\sim b\Leftrightarrow f(a)=f(b).$$

证明:$\sim$是 $A$ 的一个等价关系.

5. 在有理数集$\mathbb{Q}$中,规定关系"$\sim$":

$$a\sim b\Leftrightarrow a-b\in\mathbb{Z}.$$

证明:$\sim$是$\mathbb{Q}$的一个等价关系,并求出所有等价类.

6. 举一个偏序集$(S,\leqslant)$但不是有序集的例子.

7. 证明:一个偏序集$(S,\leqslant)$如果有最大元,则只能有一个.

8. 证明:有限偏序集的每一个非空子集均含有极小元.

9. 设偏序集$(\mathbb{Z}^+,\leqslant)$是按整数的整除关系作成的偏序集,$T=\{1,2,3,\cdots,10\}$,求 $T$ 的上界,下界. 问 $T$ 有没有最小上界? 最大下界?

10. 设 $A$ 是一个非空集合,$A$ 的幂集 $2^A$ 按集合的包含关系作成一个偏序集$(2^A,\leqslant)$,证明:$(2^A,\leqslant)$既有最大元,也有最小元. 问$(2^A\setminus\{\varnothing\},\leqslant)$有没有最小元? 找出它的所有极小元.

11. 证明:

(1) 所有整数的集合$\mathbb{Z}$是可列集;

(2) 所有有理数的集合$\mathbb{Q}$是可列集.

12. 证明:可列集的无限子集是可列集.

13. 证明:全体实数集合$\mathbb{R}$不是可列集,i. e. $\aleph_0<|\mathbb{R}|$.

14. 如果 $A,\widetilde{A},B,\widetilde{B}$ 是集合,使得$|A|=|\widetilde{A}|$和$|B|=|\widetilde{B}|$,则$|A\times B|=|\widetilde{A}\times\widetilde{B}|$. 如果 $A\cap B=\varnothing=\widetilde{A}\cap\widetilde{B}$,则$|A\cup B|=|\widetilde{A}\cup\widetilde{B}|$. 所以,基数的乘法和加法是定义良好的.

15. 对所有基数 $\alpha,\beta$ 和 $\gamma$,证明:

(1) $\alpha+\beta=\beta+\alpha$ 与 $\alpha\beta=\beta\alpha$(交换律);

(2) $(\alpha+\beta)+\gamma=\alpha+(\beta+\gamma)$与$(\alpha\beta)\gamma=\alpha(\beta\gamma)$(结合律);

(3) $\alpha(\beta+\gamma)=\alpha\beta+\alpha\gamma$ 与$(\alpha+\beta)\gamma=\alpha\gamma+\beta\gamma$(分配律);

(4) $\alpha+0=\alpha$ 与 $\alpha 1=\alpha$;

(5) 如果 $\alpha\neq 0$,则不存在 $\beta$ 使得 $\alpha+\beta=0$;如果 $\alpha\neq 1$,则不存在 $\beta$ 使得 $\alpha\beta=1$. 所以,基数的减法和除法是不可能定义的.

16. 如果 $I$ 是无限集合,对每个 $i\in I$,$A_i$ 是有限集,证明:$\left|\bigcup\limits_{n\in\mathrm{N}^*}A^n\right|\leqslant|I|$.

17. 令 $\alpha$ 是一个固定的基数,对每个 $i\in I$,$A_i$ 是一个集合且$|A_i|=\alpha$,证明:

$$\left|\bigcup_{n\in\mathrm{N}^*}A^n\right|\leqslant|I|\alpha.$$

18. 如果 $\alpha,\beta$ 是基数,定义 $\alpha^\beta$ 为所有映射 $B\to A$ 构成的集合的基数,这里 $A,B$

是集合且使得$|A|=\alpha$，$|B|=\beta$. 证明：

(1) $\alpha^\beta$ 与集合$A$，$B$的选取无关；

(2) $\alpha^{\beta+\gamma}=(\alpha^\beta)(\alpha^\gamma)$，$(\alpha\beta)^\gamma=(\alpha^\gamma)(\beta^\gamma)$，$\alpha^{\beta\gamma}=(\alpha^\beta)^\gamma$；

(3) 如果$\alpha\leqslant\beta$，则$\alpha^\gamma\leqslant\beta^\gamma$；

(4) 如果$\alpha$，$\beta$是有限的，且$\alpha>1$，$\beta>1$，而$\gamma$是无限的，则$\alpha^\gamma=\beta^\gamma$；

(5) 对每一个有限基数$n$，$\alpha^n=\alpha\times\alpha\times\cdots\times\alpha$($n$个因子)，则$\alpha^n=\alpha$当且仅当$\alpha$是无限的；

(6) 如果$P(A)$是集合$A$的幂集，则$|P(A)|=2^{|A|}$.

## 1.2 半群与群

本节介绍半群的概念及半群的基本性质，然后通过半群引进群的概念，并给出半群为群的充分必要条件.

### 1.2.1 半群

**定义 1.2.1** 设$S$是一个非空集合，如果$S$上存在一个二元运算“$\circ$”满足结合律，即对于$S$中的元素$a$，$b$，$c$，均有$(a\circ b)c=a\circ(b\circ c)$，则称$S$是一个半群(semigroup)，记为$(S,\circ)$.

如果$S$中存在一个元素$e$使对任意$a\in S$，有$e\circ a=a\circ e=a$，则称$e$是$S$的单位元. 这时称$S$为幺半群(monoid)或有单位元的半群(semigroup with a unit element). 如果$S$的二元运算满足交换律，即对于任意$a$，$b\in S$成立$a\circ b=b\circ a$，则称$(S,\circ)$为可换半群(commutable semigroup)或者交换半群(commutative semigroup).

**例 1.2.1** 用$\mathbb{N}$表示自然数集，则数的加法是$\mathbb{N}$的一个结合运算，0是其单位元，故$(\mathbb{N},+)$是一个幺半群. 类似地，数的乘法也是$\mathbb{N}$的一个结合运算，1是其单位元. 故$(\mathbb{N},\cdot)$也是一个幺半群. 这两个半群均是可换的.

**例 1.2.2** 设$A$是一个非空集合，$A$到$A$的一切变换的集合$\mathcal{L}(A)$，关于变换的乘法作成一个半群$(\mathcal{L}(A),\circ)$. 一般地，当$|A|\geqslant 2$时，这是一个非可换半群. 事实上，若$A=\{a_1,a_2,\cdots\}$，令$f:a_1\mapsto a_1$，$a_2\mapsto a_1$，$a_i\mapsto a_i(i\geqslant 3)$；$g:a_1\mapsto a_1$，$a_2\mapsto a_1$，$a_i\mapsto a_i(i\geqslant 3)$，则容易验证$f\circ g\neq g\circ f$. 所以，这时$(\mathcal{L}(A),\circ)$是非可换半群，而恒等变换是其单位元.

### 1.2.2 半群的基本性质

**定义 1.2.2** 设$(S,\circ)$是一个半群，

(1) 如果$S$有元素$e_L$使对任$a\in S$成立$e_L\circ a=a$，则称$e_L$为左单位元(left unit element)；

(2) 如果 $S$ 有元素 $e_R$ 使对任 $a\in S$ 成立 $a\circ e_R=a$,则称 $e_R$ 为右单位元(right unit element).

**定理 1.2.1**　如果半群 $S$ 有左单位元 $e_L$ 和右单位元 $e_R$,则 $e_L=e_R=e$ 为 $S$ 的单位元.进一步,$S$ 的单位元是唯一的.

**证明**　一方面,由于 $e_L$ 是左单位元,故 $e_L\circ e_R=e_R$;另一方面,由于 $e_R$ 是右单位元,故 $e_L\circ e_R=e_L$.因此,$e_L=e_R$,从而为 $S$ 的单位元.

如果 $S$ 有两个单位元 $e_1$ 与 $e_2$,则 $e_1=e_1\circ e_2=e_2$.故 $S$ 的单位元是唯一的.

**定义 1.2.3**　设$(S,\circ)$是一个半群,$a\in S$,$e$ 是单位元.

(1) 如果存在 $a_L^{-1}$ 使 $a_L^{-1}\circ a=e$,则称 $a_L^{-1}$ 为 $a$ 的左逆元(left inverse element);

(2) 如果存在 $a_R^{-1}$ 使 $a\circ a_R^{-1}=e$,则称 $a_R^{-1}$ 为 $a$ 的右逆元(right inverse element).

**定理 1.2.2**　如果幺半群 $S$ 中元素 $a$ 有左逆元 $a_L^{-1}$ 和右逆元 $a_R^{-1}$,则 $a_L^{-1}=a_R^{-1}=a^{-1}$,且逆元是唯一的.

**证明**　因 $a_L^{-1}=a_L^{-1}\circ e=a_L^{-1}\circ(a\circ a_R^{-1})=(a_L^{-1}\circ a)\circ a_R^{-1}=ea_R^{-1}=a_R^{-1}$,故 $a_L^{-1}=a_R^{-1}=a^{-1}$.

设 $a_1$ 与 $a_2$ 都是 $a$ 的逆元,则 $a_1=a_1\circ e=a_1\circ(a\circ a_2)=(a_1\circ a)\circ a_2=e\circ a_2=a_2$.所以,$a$ 的逆元是唯一的.

为写起来方便,今后在写两个元素乘积时,可把 $a\circ b$ 写为 $ab$.在半群里,可逆的元素也称为正则元(regular element).

容易验证 $a$ 的逆元有以下性质:

(1) $(a^{-1})^{-1}=a$;

(2) 如果 $a,b$ 可逆,则 $ab$ 也可逆,且$(ab)^{-1}=b^{-1}a^{-1}$.

**定理 1.2.3**　在半群$(S,\circ)$中,任取 $n(n\geqslant 3)$个元素 $a_1,a_2,\cdots,a_n$,只要不改变元素次序,则任一计算方法所得结果相同.

**证明**　引入符号 $\prod\limits_{i=1}^{n}a_i$ ,表示 $a_1,a_2,\cdots,a_n$ 按顺序依次计算,即

$$\prod_{i=1}^{n}a_i=(((a_1a_2)a_3)\cdots a_{n-1})a_n.$$

利用归纳法,证明 $n$ 个元素的任一计算方法所得结果都等于 $\prod\limits_{i=1}^{n}a_i$ .

当 $n=3$ 时,由结合律知结论成立.

假定对 $k<n$,结论成立.考虑 $n$ 的情形.

$n$ 个元素的任一计算方法,最后一步总是归结为 $uv$,这里 $u$ 表示 $m$ 个元 $a_1$, $a_2,\cdots,a_m$ 的计算结果,$v$ 表示 $n-m$ 个元 $a_{m+1},\cdots,a_n$ 的计算结果,$1\leqslant m<n$.由归

纳假定,$u=\prod_{i=1}^{m}a_i$ ,$v=\prod_{j=1}^{n-m}a_{m+j}$ . 只要证明 $uv=\prod_{i=1}^{n}a_i$ 即可.

$$uv=\Big(\prod_{i=1}^{m}a_i\Big)\Big(\prod_{j=1}^{n-m}a_{m+j}\Big)=\Big(\prod_{i=1}^{m}a_i\Big)\Big(\Big(\prod_{j=1}^{n-m-1}a_{m+j}\Big)a_n\Big)=\Big(\prod_{i=1}^{n-1}a_i\Big)a_n=\prod_{i=1}^{n}a_i.$$

这就是说,$n$ 个元的任一计算结果均等于依次计算所得结果 $\prod_{i=1}^{n}a_i$,从而任一计算结果相同.

在半群$(S,\circ)$中,用符号 $a^n$ 表示 $S$ 中 $n$ 个元的计算结果,其中 $n$ 是正整数. 亦即

$$a^n=aa\cdots a\quad(\text{共 } n \text{ 个}).$$

这样,在 $S$ 中指数算律成立. 即,对于任意正整数 $m,n$,任意 $a\in S$,有

$$a^ma^n=a^{m+n}\quad \text{及}\quad (a^m)^n=a^{mn}.$$

类似定理 1.2.3,我们有下面的定理.

**定理 1.2.4**　在可换半群$(S,\circ)$中,任意 $n$ 个元 $a_1,a_2,\cdots,a_n$ 的积 $a_1a_2\cdots a_n$ $(n\geqslant 2)$可以任意交换次序,所得结果都相同.

**证明**　对 $n$ 用归纳法. 当 $n=2$ 时,结论成立. 假设对 $n-1$,结论成立. 看 $n$ 的情形.

设 $i_1,i_2,\cdots,i_n$ 是 $1,2,\cdots,n$ 的一个排列,则 $a_{i_1}a_{i_2}\cdots a_{i_n}$ 中一定有一个足码,例如,$i_j$ 是 $n$,则

$$\begin{aligned}a_{i_1}\cdots a_{i_j}\cdots a_{i_n}&=(a_{i_1}\cdots a_{i_{j-1}})[a_{i_j}(a_{i_{j+1}}\cdots a_{i_n})]\\&=(a_{i_1}\cdots a_{i_{j-1}})[(a_{i_{j+1}}\cdots a_{i_n})a_{i_j}]\\&=[(a_{i_1}\cdots a_{i_{j-1}})(a_{i_{j+1}}\cdots a_{i_n})]a_{i_j}\\&=(a_{i_1}\cdots a_{i_n})a_{i_j}=a_1a_2\cdots a_n.\end{aligned}$$

在可换半群$(S,\circ)$中,还有一条指数算律,即

$$(ab)^n=a^nb^n$$

成立. 此处 $n$ 是正整数,$a,b$ 是 $S$ 中任意元.

设$(S,\circ)$是一个半群,$S_1$ 是 $S$ 的非空子集,若 $S$ 的二元运算$\circ$限制在 $S_1$ 上,是 $S_1$ 的二元运算,则称 $S_1$ 对$\circ$封闭(close),即对任意 $a,b\in S_1$,有 $a\circ b\in S_1$.

**定义 1.2.4**　如果半群$(S,\circ)$的子集 $S_1$ 关于$\circ$作成一个半群,则称 $S_1$ 是 $S$ 的一个子半群(subsemigroup).

容易看出,$S$ 的非空子集 $S_1$ 只要对$\circ$封闭,则$(S_1,\circ)$作成 $S$ 的子半群. 这是因为 $S_1$ 的元均在 $S$ 中,而 $S$ 的元对$\circ$适合结合律,故 $S_1$ 对$\circ$也适合结合律.

同样,如果$(S,\circ)$是可换半群,则其子半群$(S_1,\circ)$也是可换半群.

有单位元 $e$ 的半群$(S,\circ)$的一切可逆元(也称 $S$ 的正则元)作成的集合 $U$ 是

$(S,\circ)$的一个半群. 因为 $e\in U$,故 $U$ 不空;再者,由 $a,b\in U$ 可得 $a\circ b\in U$. 因为 $(ab)^{-1}=b^{-1}a^{-1}$,故 $ab$ 可逆. 所以,$U$ 对$\circ$封闭,并且 $U$ 中每一元均可逆. 这个具有特殊性质的 $U$ 就是 1.2.3 小节要介绍的群的例子.

### 1.2.3　群

**定义 1.2.5**　一个幺半群$(G,\circ)$称为一个群(group),如果 $G$ 中每个元均可逆.

换言之,群是具有一个二元运算的集合,并且适合以下条件:

(1) 结合律成立,即如果 $a,b,c\in G$,则$(ab)c=a(bc)$;

(2) $G$ 中存在一个元 $e$ 使对任意 $a\in G$ 成立 $ea=ae=a$;

(3) 对 $G$ 中任意元 $a$,存在 $a^{-1}\in G$ 使 $aa^{-1}=a^{-1}a=e$.

如果$|G|<\infty$,则称 $G$ 是有限群(finite group);如果$|G|=\infty$,则称 $G$ 是无限群(infinite group). $G$ 中元素个数$|G|$称为群 $G$ 的阶或秩(order of group).

当群 $G$ 的运算满足交换律时,称 $G$ 为交换群(commuative group)或阿贝尔群(Abel group).

于是,由群的定义,对于任意幺半群 $S$,我们总可以谈起 $S$ 的子群,即 $S$ 的一切可逆元作成的群. 如例 1.2.2 的$(\mathcal{L}(A),\circ)$的可逆元是 $A$ 的一切可逆变换全体作成$(\mathcal{L}(A),\circ)$的一个子群,称作 $A$ 的一一变换群,用符号 $E(A)$表示. 这个群在群论中占有重要地位. 后面我们会证明任一个群均可用某个集合的一一变换作成的群来表示它.

整数集合$\mathbb{Z}$、有理数集合$\mathbb{Q}$、实数集合$\mathbb{R}$、复数集合$\mathbb{C}$关于数的加法均作成群,并且是交换群.

用$\mathbb{Q}^*$表示一切非零有理数作成的集合,同样,$\mathbb{R}^*$,$\mathbb{C}^*$分别表示一切非零实数,非零复数作成的集合,则$(\mathbb{Q}^*,\cdot)$,$(\mathbb{R}^*,\cdot)$,$(\mathbb{C}^*,\cdot)$对于数的乘法作成群,且也都是交换群.

**例 1.2.3**　$\mathbb{Z}_n=\{\overline{0},\overline{1},\cdots,\overline{n-1}\}$是整数模 $n$ 的同余类集合,在$\mathbb{Z}_n$中定义加法(称为模 $n$ 的加法)为 $\overline{a}+\overline{b}=\overline{a+b}$. 由于同余类的代表元有不同的选择,我们必须验证这样定义的运算结果与代表元的选择无关. 设 $\overline{a_1}=\overline{a_2}$,$\overline{b_1}=\overline{b_2}$,则 $n\mid(a_1-a_2)$,$n\mid(b_1-b_2)$,故 $n\mid[(a_1-a_2)+(b_1-b_2)]$. 于是,$n\mid[(a_1+b_1)-(a_2+b_2)]$. 所以,$\overline{a_1+b_1}=\overline{a_2+b_2}$. 因此,模 $n$ 的加法是$\mathbb{Z}_n$中的一个二元运算. 显然,$\overline{0}$ 是其单位元. 任意$\overline{k}\in\mathbb{Z}_n$,$\overline{n-k}$是其逆元. 所以,$(\mathbb{Z}_n,+)$是群. 为方便,我们有时把同余类记号的上横线去掉,记作$\mathbb{Z}_n=\{0,1,2,\cdots,n\}$. 运算时取模 $n$ 的余数:$a+b(\mathrm{mod}\,n)$. 容易验证$(\mathbb{Z}_n,\cdot)$是幺半群,这里 $\overline{a}\cdot\overline{b}=\overline{ab}$.

**例 1.2.4**　设$\mathbb{Z}_n^*=\{\overline{k}\mid\overline{k}\in\mathbb{Z}_n,(k,n)=1\}$,在$\mathbb{Z}_n^*$中定义乘法为 $\overline{a}\cdot\overline{b}=\overline{ab}$,则$(\mathbb{Z}_n^*,\cdot)$是群.

**例 1.2.5** 设 $G$ 表示$\mathbb{R}$到$\mathbb{R}$的一切形如

$$f(x)=ax+b \quad (a\neq 0;a,b\in\mathbb{R})$$

的变换所成集合,则 $G$ 关于变换的乘法作成一个群. 事实上,用 $f_{a,b}$ 表示 $x\mapsto ax+b$,任取 $f_{a,b},f_{c,d}\in G$,有变换乘法的定义,

$$\begin{aligned}f_{a,b}\circ f_{c,d}&=f_{a,b}(f_{c,d}(x))=f_{a,b}(cx+d)\\&=a(cx+d)+b=acx+(ad+b)\\&=f_{ac,ad+b}(x),\end{aligned}$$

即

$$f_{a,b}\circ f_{c,d}=f_{ac,(ad+b)}.$$

故 $G$ 关于变换乘法封闭. 易见 $f_{1,0}$ 是 $G$ 的单位元,$f_{a,b}^{-1}=f_{a^{-1},-a^{-1}b}$. 所以,$(G,\circ)$是一个群.

**例 1.2.6** 全体 $n$ 次单位根组成的集合

$$U_n=\{x\in\mathbb{C}\mid x^n=1\}$$

关于数的乘法构成一个 $n$ 阶交换群. 这是因为,对任意 $x,y\in U_n$,由于 $x^n=1,y^n=1$,故$(xy)^n=x^ny^n=1$. 因此,$xy\in U_n$. 而数的乘法满足结合律和交换律,所以,$U_n$ 的乘法也满足结合律和交换律. 又因为 $1^n=1$,所以 $1\in U_n$,且对任意 $x\in U_n$,有 $1\cdot x=x\cdot 1=x$. 所以,1 是单位元. 而对于任意 $x\in U_n$,则 $x^{n-1}\in U_n$,所以,$x\cdot x^{n-1}=x^{n-1}\cdot x=1$. 即 $x$ 的逆元为 $x^{n-1}$. 因此,$U_n$ 关于数的乘法构成一个群,称为 $n$ 次单位根群(group of the $n$-th unit roots).

### 1.2.4 半群为群的等价条件

下面给出半群构成群的几个等价命题.

**定理 1.2.5** (1) 半群$(G,\circ)$为群的充要条件是,$G$ 有左单位元 $e$ 使对任意 $a\in G$成立 $ea=a$,且对每个 $a\in G$,$a$ 有左逆元 $a^{-1}$ 使 $a^{-1}a=e$ 成立;

(2) 半群$(G,\circ)$为群的充要条件是,对于任意 $a,b\in G$,方程 $ax=b$ 与 $ya=b$ 在 $G$ 中均有解.

**证明** 首先证明(1). 必要性是显然的,只需证明充分性.

由 $a^{-1}a=e$ 及 $a^{-1}$ 有左逆元 $a'$ 可证 $aa^{-1}=e$. 事实上,由于 $a'a^{-1}=e$,故

$$aa^{-1}=e(aa^{-1})=(a'a^{-1})(aa^{-1})=a'[(a^{-1}a)a^{-1}]=a'(ea^{-1})=a'a^{-1}=e.$$

下面证明 $e$ 是 $G$ 的单位元. 因为对任意 $a\in G$,有

$$ae=a(a^{-1}a)=(aa^{-1})a=ea=a,$$

所以 $G$ 是群.

现在证明(2). 必要性. 因为 $G$ 是群,故对任意 $a\in G$,$a$ 有逆元 $a^{-1}$. 于是,$ax=b$ 有解 $x=a^{-1}b$,而 $ya=b$ 有解 $y=ba^{-1}$.

充分性. 先证 $G$ 有左单位元 $e$. 为此,令 $yb=b$ 的一个解为 $e$,则 $eb=b$. 任取 $a\in$

$G$,因 $bx=a$ 有解 $c$,于是 $ea=e(bc)=(eb)c=bc=a$. 即 $e$ 是 $G$ 的左单位元.

其次,任取 $a\in G$, $ya=e$ 有解 $a'$,即 $a'$ 是 $a$ 的左逆元. 换言之,$G$ 中每个元都有左逆元. 所以,由(1)知 $G$ 是一个群.

对于有限半群,我们有如下结论.

**定理 1.2.6** 有限半群 $(G,\circ)$ 是群的充要条件是左、右消去律均成立,即由 $ax=ay$ 可得 $x=y$,由 $xa=ya$ 可得 $x=y$.

**证明** 必要性. 由于群中每个元都有逆,故任何群(不论有限群还是无限群)消去律都成立.

充分性. 设 $G=\{a_1,a_2,\cdots,a_n\}$,任取 $a\in G$,集合 $G'=\{aa_i\mid i=1,2,\cdots,n\}\subseteq G$. 又因为 $aa_i=aa_j$ 当且仅当 $a_i=a_j$,所以,$|G'|=|G|$. 于是,对任意 $b\in G$ 必有 $a_k\in G$ 使 $aa_k=b$ 成立,即方程 $ax=b$ 有解. 类似可证方程 $ya=b$ 有解. 所以,由定理 1.2.5之(2)知 $G$ 是一个群.

## 习 题 1.2

1. 设 $(S,\circ)$ 是一个半群,证明:$S\times S$ 对于下面规定的结合法"$\circ$"作成一个半群:

$$(a_1,a_2)\circ(b_1,b_2)=(a_1\circ b_1,a_2\circ b_2),$$

当 $S$ 有单位元时,证明:$S\times S$ 也有单位元;当 $S$ 是群时,$S\times S$ 也是群.

2. 设 $S$ 是一个半群,$a,b\in S$, $b$ 是正则元,且 $ab=ba$,证明:$ab^{-1}=b^{-1}a$.

3. 设 $S$ 是一个半群,且左、右消去律均成立,证明:$S$ 是可换半群当且仅当对任意 $a,b\in S$, $(ab)^2=a^2b^2$ 成立.

4. 证明:半群 $(G,\circ)$ 为群的充要条件是:$G$ 有右单位元 $e$ 使 $ae=a$ 对任何 $a\in G$ 成立,且对每个 $a\in G$, $a$ 有右逆元 $a^{-1}$ 使 $aa^{-1}=e$ 成立.

5. 设 $S$ 是一个幺半群,$e$ 为单位元,证明:$b$ 是 $a$ 的逆元当且仅当 $aba=a$ 和 $ab^2a=e$.

6. 证明:如果群 $G$ 的每一个元 $a$ 都适合 $a^2=e$,则 $G$ 是交换群.

7. 设 $G$ 是一个群,$a,b,c\in G$,证明:方程 $xaxba=xbc$ 在 $G$ 中有且仅有一个解.

8. 设 $G$ 是一个群,$a,b\in G$,证明:$(a^{-1}ba)^k=a^{-1}ba$ 当且仅当 $b^k=b$.

9. 设 $G$ 是一个群,$u$ 是 $G$ 中取定的元,在 $G$ 中规定结合法"$\circ$"如下:

$$a\circ b=au^{-1}b,$$

证明:$(G,\circ)$ 是一个群.

10. 设 $G=(\mathbb{Z},+)$,在 $G$ 中规定结合法"$\circ$"如下:

$$a\circ b=a+b-2,$$

证明:$(G,\circ)$ 是一个群.

# 1.3 子群与陪集

在进行群的研究时,常常要了解群的某些子集的性质. 特别令人感兴趣的是群的这样一些子集:它本身按群的运算也构成群. 这就是我们要介绍的群的子群的概念. 同时,还要在此介绍与子群相关的一个重要概念——子群的陪集. 子群的陪集是研究群的一个重要工具. 本节也对子群的陪集及其基本性质进行讨论,然后利用这些性质给出群论的一个重要定理——拉格朗日定理及其证明. 子群的陪集概念还为本章后面给出的正规子群和商群的概念做好准备.

## 1.3.1 子群定义及其性质

**定义 1.3.1** 群$(G,\circ)$的非空子集 $H$,如果对于 $G$ 的运算作成群,则称 $H$ 为 $G$ 的一个子群(subgroup). 用 $H\leqslant G$ 表示 $H$ 是 $G$ 的子群.

对半群$(S,\circ)$而言,$S$ 与其子半群 $S_1$ 可能有不同的单位元,但对于群 $G$,则不会出现这种情况,即 $G$ 的单位元也是其子群 $H$ 的单位元.

**定理 1.3.1** 设 $H$ 是群 $G$ 的一个子群,则 $H$ 的单位元 $e_H$ 也是 $G$ 的单位元 $e$;如果 $a\in H$,则 $a$ 在 $G$ 中的逆元就是 $a$ 在 $H$ 中的逆元.

**证明** 由于 $e_He=e_H=e_He_H$,故由消去律就得到 $e_H=e$.

设 $a\in H$,$a$ 在 $G$ 中的逆元为 $a^{-1}$,$a$ 在 $H$ 中的逆元为 $a'$,则 $aa^{-1}=e=aa'$. 于是,由消去律得 $a^{-1}=a'$.

下面讨论群 $G$ 的非空子集作成群的条件.

**定理 1.3.2** 设 $H$ 是群 $G$ 的一个非空子集,则 $H$ 作成 $G$ 的子群的充要条件是:

(1) $H$ 对 $G$ 的乘法封闭;

(2) 如果 $a\in H$,则 $a^{-1}\in H$.

**证明** 充分性. 如果非空子集 $H$ 满足条件(1)与(2),则由条件(1)知 $H$ 是子半群. 因 $H$ 非空,故存在 $a\in H$. 由条件(2)知 $a^{-1}\in H$. 再根据条件(1),有 $e=aa^{-1}\in H$. 即 $H$ 有单位元,且每个元都有逆元. 所以,$H$ 是 $G$ 的一个子群.

必要性. 设 $H$ 是 $G$ 的一个子群,则(1)显然成立. 由定理 1.3.1,如果 $a\in H$,则 $a$ 在 $G$ 中的逆元就是 $a$ 在 $H$ 中的逆元 $a^{-1}$. 所以,$a^{-1}\in H$.

**注 1.3.1** 定理 1.3.2 的条件可以合并为条件(3),即 $H$ 为 $G$ 的子群当且仅当对任意 $a,b\in H$,有 $a^{-1}b\in H$(或者等价地,$H$ 为 $G$ 的子群当且仅当对任 $a,b\in H$,有 $ab^{-1}\in H$).

事实上,由(1)与(2)知(3)成立. 反之,若(3)成立. 因为 $H$ 非空,故存在 $a\in H$. 于是,$e=aa^{-1}\in H$. 故 $a^{-1}=a^{-1}e\in H$. 任取 $a,b\in H$,则 $ab=(a^{-1})^{-1}b\in H$.

对任意群 $G$,群 $G$ 本身及只含有单位元 $e$ 的子集 $H=\{e\}$ 是 $G$ 的子群. 这两个子群称为群 $G$ 的平凡子群(trivial subgroup). 群 $G$ 的其他子群称为 $G$ 的非平凡子群(nontrivial subgroup);群 $G$ 的不等于它自身的子群称为 $G$ 的真子群(proper subgroup),用 $H<G$ 表示 $H$ 是 $G$ 的真子群.

**例 1.3.1** 设 $m$ 为一个固定的整数,令 $H=\{mz\mid z\in\mathbb{Z}\}$,则 $H$ 为整数加群 $\mathbb{Z}$ 的子群. 这个子群称为由 $m$ 所生成的子群,记作 $m\mathbb{Z}$ 或 $\langle m\rangle$.

**例 1.3.2** 用 $GL_n(\mathbb{F})$ 表示数域 $\mathbb{F}$ 上所有 $n$ 阶可逆矩阵关于矩阵乘法构成的群. 同时记 $SL_n(\mathbb{F})=\{A\in GL_n(\mathbb{F})\mid \det A=1\}$,则 $SL_n(\mathbb{F})$ 是 $GL_n(\mathbb{F})$ 的子群.

**例 1.3.3** 设 $G$ 为群,令 $C(G)=\{g\in G\mid gx=xg,任意\ x\in G\}$,则 $C(G)$ 是 $G$ 的子群,称之为群 $G$ 的中心(centre).

例 1.3.1～例 1.3.3 用定理 1.3.2 可直接验证所给定的子集是子群.

关于群 $G$ 的子群,还有如下性质.

**定理 1.3.3** 设 $G$ 是一个群,$H_1,H_2$ 是 $G$ 的任意子群,有

(1) $H_1\cap H_2$ 是 $G$ 的子群;

(2) $H_1\cup H_2$ 是 $G$ 的子群当且仅当 $H_1\subseteq H_2$ 或 $H_2\subseteq H_1$;

(3) $H_1H_2$ 是 $G$ 的子群当且仅当 $H_1H_2=H_2H_1$,这里 $H_1H_2=\{h_1h_2\mid h_1\in H_1,h_2\in H_2\}$.

**证明** (1)与(2)的证明留给读者完成,下面给出(3)的证明.

必要性. 任意 $ab\in H_1H_2$,由 $H_1H_2$ 是子群知 $(ab)^{-1}\in H_1H_2$. 因而可表示为 $(ab)^{-1}=a_1b_1$. 由此得 $ab=(a_1b_1)^{-1}=b_1^{-1}a_1^{-1}\in H_2H_1$. 所以,$H_1H_2\subseteq H_2H_1$. 反之,任意 $ba\in H_2H_1$,$(ba)^{-1}=a^{-1}b^{-1}\in H_1H_2$. 由于 $H_1H_2$ 是子群,故 $ba\in H_1H_2$. 于是,$H_2H_1\subseteq H_1H_2$. 所以,$H_1H_2=H_2H_1$.

充分性. 对任意 $a_1b_1,a_2b_2\in H_1H_2$,有 $(a_1b_1)^{-1}(a_2b_2)=b_1^{-1}a_1^{-1}a_2b_2=b_1^{-1}a'b_2$(其中 $a'=a_1^{-1}a_2\in H_1$). 由于 $H_1H_2=H_2H_1$,故对于 $b_1^{-1}a'\in H_2H_1$,存在 $a''\in H_1$,$b'\in H_2$ 使得 $b_1^{-1}a'=a''b'$. 于是,有 $(a_1b_1)^{-1}(a_2b_2)=b_1^{-1}a'b_2=a''b'b_2=a''b''\in H_1H_2$(其中 $b''=b'b_2\in H_2$). 由注 1.3.1 知,$H_1H_2$ 是 $G$ 的子群.

**注 1.3.2** 群 $G$ 的任意(有限或无限)多个子群 $\{H_i\mid i\in I\}$ 的交集 $\bigcap\limits_{i\in I}H_i$ 是 $G$ 的子群,但两个子群的并不一定是 $G$ 的子群. 反例如下.

**例 1.3.4** 令 $G=(\mathbb{Z},+)$,取 $H_1=\{2x\mid x\in\mathbb{Z}\}$ 与 $H_2=\{3x\mid x\in\mathbb{Z}\}$. 二者均是 $G=(\mathbb{Z},+)$ 的子群,但 $H=H_1\cup H_2=\{2x_1,3x_2\mid x_1x_2\in\mathbb{Z}\}$ 不是 $G$ 的子群. 因为,$2\in H_1,3\in H_2$,但 $2+3=5$ 既不是 2 的倍数,也不是 3 的倍数,故 $2+3\notin H$. 因此,$H$ 对于加法不封闭,所以,$H$ 不是 $G$ 的子群.

### 1.3.2 生成子群

设 $S$ 是群 $G$ 的一个非空子集. 令 $M$ 表示 $G$ 中所有包含 $S$ 的子群所构成的集

合,即

$$M=\{H\text{ 是 }G\text{ 的子群}\mid S\subseteq H\}.$$

显然,$G$ 包含 $S$. 所以,$G\in M$,从而 $M$ 非空. 令 $K=\bigcap_{H\in M}H$,则 $K$ 是 $G$ 的子群,称之为群 $G$ 的由子集 $S$ 所生成的子群(subgroup generated by $S$),简称为生成子群(generating subgroup),记作$\langle S\rangle$,即$\langle S\rangle=\bigcap\{H\mid S\subseteq H,H$ 为 $G$ 的子群$\}$. 子集 $S$ 称为$\langle S\rangle$的生成元组(a set of generators).

如果 $S=\{a_1,a_2,\cdots,a_r\}$为有限集,则记$\langle S\rangle=\langle a_1,a_2,\cdots,a_r\rangle$.

关于生成子群中的元素形式与生成子群的特征,有如下定理.

**定理 1.3.4** 设 $S$ 是群 $G$ 的非空子集,则

(1) $\langle S\rangle$是 $G$ 的含 $S$ 的最小子群;

(2) $\langle S\rangle=\{a_1^{l_1}a_2^{l_2}\cdots a_k^{l_k}\mid a_i\in S,l_i=\pm1,k\in\mathbb{Z}^+\}$.

**证明** (1) 设 $H$ 是 $G$ 的子群. 如果 $S\subseteq H$ 由于$\langle S\rangle$是所有包含 $S$ 的子群的交集,所以,$\langle S\rangle\subseteq H$,且 $S\subseteq\langle S\rangle$. 故(1)得证.

(2) $\langle S\rangle$是包含 $S$ 的子群,所以对任意的 $a\in S,a^{-1}\in\langle S\rangle$. 从而对任意的 $a_i\in S$ 及任意的 $l_i=\pm1(i=1,2,\cdots,k)$,

$$a_1^{l_1}a_2^{l_2}\cdots a_k^{l_k}\in\langle S\rangle.$$

令 $T=\left\{a_1^{l_1}a_2^{l_2}\cdots a_k^{l_k}\mid a_i\in S,l_i=\pm1,k\in\mathbb{Z}^+\right\}$,则 $T\subseteq\langle S\rangle$.

现证 $T=\langle S\rangle$. 因为形式为 $a_1^{l_1}a_2^{l_2}\cdots a_k^{l_k}$ 的元素的乘积仍为这一形式,所以,$T$ 对乘法封闭. 又每个这种形式的元素的逆也是这种形式的元素,所以 $T$ 中每个元素的逆元仍在 $T$ 中,从而 $T$ 是 $G$ 的子群. 又显然 $S\subseteq T$,所以有$\langle S\rangle\subseteq T$. 于是,$\langle S\rangle=T$,从而(2)得证.

**例 1.3.5** 当 $S$ 只含有群 $G$ 的元素 $a$ 时,由于 $a^{l_1}a^{l_2}\cdots a^{l_k}=a^{\sum_{i=1}^{k}l_i}$,故

$$\langle a\rangle=\{a^r\mid r\in\mathbb{Z}\}.$$

这种由一个元素 $a$ 生成的子群称为由 $a$ 生成的循环子群(cyclic subgroup).

**例 1.3.6** 如果 $S=\{a,b\}$,且 $ab=ba$,则$\langle a,b\rangle=\{a^mb^n\mid m,n\in\mathbb{Z}\}$.

### 1.3.3 元素的周期

**定义 1.3.2** 设 $G$ 是群,$a\in G$,使 $a^n=e$ 成立的最小正整数 $n$ 称为元素 $a$ 的周期(period)或阶(order),记为 $o(a)$. 如果没有这样的正整数存在,则称 $a$ 的周期是无限的.

显然,根据定义,$G$ 的单位元的周期为 1. 在加群中,$a^n=e$ 变为 $na=0$. 因此,在$(\mathbb{Z}_m,+)$中元素的阶都是有限的. 例如,$\mathbb{Z}_6=\{0,1,2,3,4,5\}$中,$o(1)=6$,$o(2)=3$,$o(3)=2$.

**定理 1.3.5** 设 $G$ 是群，$a\in G$，则 $a^m=e$ 当且仅当 $o(a)\mid m$.

**证明** 必要性. 设 $o(a)=n$，由带余除法得 $m=pn+r$，其中 $0\leqslant r<n$. 于是有 $a^m=a^{pn+r}=a^r=e$. 但因 $n$ 是使 $a^m=e$ 的最小正整数，故 $r=0$，即 $m=pn$. 所以，$n\mid m$，即 $o(a)\mid m$.

充分性. 如果 $o(a)\mid m$，即 $n\mid m$，则 $m=kn$. 于是 $a^m=(a^n)^k=e^k=e$.

关于元素的周期，还有如下重要结论：

(1) 有限群中每一元素的周期都是有限的，但无限群中不一定存在无限周期的元素. 例如，复数域中所有单位根构成的乘法群中的每个元素都是有限阶的.

(2) 设 $G$ 是群，$a,b\in G$，$o(a)=m$，$o(b)=n$. 如果 $(m,n)=1$ 且 $ab=ba$，则 $o(ab)=mn$.

事实上，设 $o(ab)=k$，因为 $(ab)^{mn}=a^{mn}b^{mn}=e$，故由定理 1.3.5 知 $k\mid mn$. 另一方面，因 $(ab)^{km}=b^{km}=e$，故 $n\mid km$. 又因为 $(m,n)=1$，所以得 $n\mid k$. 同理可得 $m\mid k$. 因而 $mn\mid k$. 于是得 $o(ab)=mn$.

(3) 设 $G$ 是群，如果除单位元外，其他所有元素的周期均是 2，则 $G$ 是阿贝尔群.

事实上，由 $a^2=e$ 得 $a=a^{-1}$. 对于任意 $a,b\in G$，有 $ab\in G$ 且 $(ab)^2=e$. 因此，$ab=(ab)^{-1}=b^{-1}a^{-1}=ba$. 所以，$G$ 是阿贝尔群.

### 1.3.4 子群的陪集

**定义 1.3.3** 设 $(G,\cdot)$ 是一个群，$H$ 为 $G$ 的子群，$a$ 为 $G$ 中任意元素，则

$$a\cdot H=\{ah\mid h\in H\}$$

称为 $H$ 的一个左陪集(left coset)，$H\cdot a=\{ha\mid h\in H\}$ 称为 $H$ 的一个右陪集(right coset).

当 $G$ 是可换群时，子群 $H$ 的左陪集与右陪集是相等的.

**例 1.3.7** 设 $G=(\mathbb{Z},+)$ 为整数加群，$H=\{km\mid k\in\mathbb{Z}\}$，则 $H$ 是 $G$ 的子群. 因为 $G$ 是可换的，$H$ 的左陪集与右陪集相等. 它们是

$$\begin{aligned}
&0+H=H=\{km\mid k\in\mathbb{Z}\},\\
&1+H=\{1+km\mid k\in\mathbb{Z}\},\\
&\qquad\qquad\vdots\\
&m-1+H=\{m-1+km\mid k\in\mathbb{Z}\},\\
&m+H=\{m+km\mid k\in\mathbb{Z}\}=\{km\mid k\in\mathbb{Z}\}=0+H.
\end{aligned}$$

每个陪集正好与一个同余类相对应. 由这个例子可看出，一个陪集的表现形式不唯一. 例如，$0+H$ 与 $m+H$ 是相同的. 一般来说，陪集 $aH$ 称为以 $a$ 为代表元的陪集，同一个陪集可以有不同的代表元. 关于子群的陪集，有如下结果.

**定理 1.3.6** 设 $H$ 为群 $G$ 的子群，$a,b\in G$，则

(1) $a\in aH$；

(2) $aH=H$ 当且仅当 $a\in H$；

(3) $aH$ 为子群当且仅当 $a\in H$；

(4) $aH=bH$ 当且仅当 $a^{-1}b\in H$；

(5) $aH$ 与 $bH$ 或者完全相同，或者无公共元素即交为空集；

(6) $|aH|=|bH|$.

**证明** (1) $a=ae\in aH$.

(2) 如果 $aH=H$，则因为 $a\in aH$，所以 $a\in H$. 反之，如果 $a\in H$，则 $a^{-1}\in H$，从而 $aH\subseteq H\cdot H=H$. 于是，$H=(aa^{-1})H=a(a^{-1}H)\subseteq aH$. 所以，$aH=H$.

(3) 设 $aH$ 为子群. 因为 $a\in aH$，故 $a^{-1}\in aH$. 于是，$e=aa^{-1}\in aH$，从而存在 $h\in H$ 使 $e=ah$. 所以，$a=eh^{-1}=h^{-1}\in H$. 反过来，如果 $a\in H$，则 $aH=H$ 为子群.

(4) 如果 $aH=bH$，则 $a^{-1}bH=a^{-1}aH=H$，从而由(2)知 $a^{-1}b\in H$. 反之，如果 $a^{-1}b\in H$，则又由(2)得 $a^{-1}bH=H$. 于是

$$aH=a(a^{-1}b)H=(aa^{-1})bH=ebH=bH.$$

(5) 设 $aH\cap bH\neq\varnothing$. 任取 $g\in aH\cap bH$，则存在 $h_1,h_2\in H$ 使 $ah_1=g=bh_2$. 从而 $aH=a(h_1H)=(ah_1)H=(bh_2)H=b(h_2H)=bH$.

(6) 考察映射 $\sigma: aH\to bH, ah\mapsto bh$，易知 $\sigma$ 为一一对应. 所以，$|aH|=|bH|$.

**例 1.3.8** 设

$$G=GL_2(\mathbb{R}),\quad H=\left\{\begin{pmatrix}a & b\\ c & d\end{pmatrix}\middle| a,b,c,d\in\mathbb{R}, ad-bc=1\right\}.$$

由于 $g_1H=g_2H$ 当且仅当 $g_1^{-1}g_2\in H$，当且仅当 $\det g_1=\det g_2$，即两个矩阵只要它们的行列式相等，它们的左陪集就相同，所以在行列式相同的矩阵中，可取一个最简单的矩阵. 例如，取 $\begin{pmatrix}r & 0\\ 0 & 1\end{pmatrix}$，$r\neq 0$ 作为代表元. 于是，$H$ 的全部左陪集为

$$\left\{\begin{pmatrix}r & 0\\ 0 & 1\end{pmatrix}H\middle| r\in\mathbb{R}^*=\mathbb{R}\backslash 0\right\}.$$

子群 $H$ 的左、右陪集 $aH$ 和 $Ha$ 在一般情况下不一定相等，但在左陪集的集合 $\{aH|a\in G\}$ 与右陪集的集合 $\{Ha|a\in G\}$ 之间可建立一一对应关系.

**定理 1.3.7** 设 $G$ 是群，$H$ 为 $G$ 的子群. 令 $S_L=\{aH|a\in G\}$，$S_R=\{Ha|a\in G\}$，则存在从 $S_L$ 到 $S_R$ 的双射.

**证明** 首先，从 $S_L$ 到 $S_R$ 建立一个对应：

$$\varphi: aH\to Ha^{-1}.$$

由于陪集的表现形式不唯一，因此要验证这个对应是映射. 事实上，因为 $a_1H=a_2H$ 当且仅当 $a_1^{-1}a_2\in H$，所以，$Ha_1^{-1}a_2=H$，即 $Ha_1^{-1}=Ha_2^{-1}$. 于是，$\varphi$ 是映射，且是单射(这是因为：若 $a_1H\neq a_2H$，则 $a_1^{-1}a_2\notin H$，故 $Ha_1^{-1}a_2\neq H$，从而 $Ha_1^{-1}\neq$

$Ha_2^{-1}$,即 $\varphi(a_1H)\neq\varphi(a_2H)$). 又任意 $Ha\in S_R$,取 $a^{-1}H\in S_L$,则 $\varphi(a^{-1}H)=Ha$. 所以,$\varphi$ 也是满射.

所以,集合 $S_L$ 到 $S_R$ 是等势的. 当它们是有限集合时,左陪集个数与右陪集个数是相等的,即 $|S_L|=|S_R|$,称为 $H$ 在 $G$ 中的指数(index).

**定义 1.3.4** 设 $G$ 是群,$H$ 为 $G$ 的子群. $H$ 在 $G$ 中的左(右)陪集个数(有限或无限)称为是 $H$ 在 $G$ 中的指数,记为 $[G:H]$.

当 $G$ 是有限群时,子群的阶数与指数也都是有限的. 它们有以下关系.

**定理 1.3.8** (拉格朗日定理(Lagrange's theorem)) 设 $G$ 是有限群,$H$ 为 $G$ 的子群,则 $|G|=|H|[G:H]$.

**证明** 设 $[G:H]=m$,于是存在 $a_1,\cdots,a_m\in G$,使 $G=\bigcup\limits_{i=1}^{m}a_iH$ 且 $a_iH\cap a_jH=\varnothing(i\neq j)$,而每一个陪集的元素个数均为 $|a_iH|=|H|$. 所以

$$|G|=\sum_{i=1}^{m}|a_iH|=m|H|=|H|[G:H].$$

由拉格朗日定理,可以得到下面的推论.

**推论 1.3.1** 设 $G$ 是有限群,则 $G$ 中每个元素的周期都是 $|G|$ 的因子.

**证明** 因为 $G$ 的元素 $a$ 的周期就是 $\langle a\rangle$ 的阶,而 $\langle a\rangle$ 的阶是 $|G|$ 的因子,所以 $a$ 的周期是 $|G|$ 的因子.

**推论 1.3.2** 设 $G$ 是有限群,$|G|=n$,则对于任意元素 $a\in G$,有 $a^n=e$.

**证明** 设 $a$ 的周期为 $d$,则有正整数 $n_1$ 使 $n=dn_1$. 于是有

$$a^n=a^{dn_1}=(a^d)^{n_1}=e^{n_1}=e.$$

令 $A$ 与 $B$ 是群 $G$ 的子群,$A$ 与 $B$ 的乘积 $AB=\{ab|a\in A,b\in B\}$. 如果 $A$ 与 $B$ 为有限子群,关于 $AB$ 中的元素个数,有如下结论.

**定理 1.3.9** 设 $G$ 是群,$A$ 与 $B$ 为 $G$ 的两个有限子群,则

$$|AB|=\frac{|A||B|}{|A\cap B|}.$$

**证明** 令 $D=A\cap B$,则 $D$ 是 $A$ 的子群,而 $A=\bigcup\limits_{a\in A}aD$,又 $AB=\bigcup\limits_{a\in A}aB$. 设

$$S_1=\{aB|a\in A\},\quad S_2=\{aD|a\in A\}.$$

作 $S_1$ 到 $S_2$ 的对应关系 $f:aB\mapsto aD$. 因为 $a_1B=a_2B$ 当且仅当 $a_1^{-1}a_2\in B$,当且仅当 $a_1^{-1}a_2\in A\cap B$,从而当且仅当 $a_1D=a_2D$. 所以,$f$ 是 $S_1$ 到 $S_2$ 的映射且是单射. 显然,$f$ 也是满射. 故有

$$|S_1|=|S_2|=[A:D]=\frac{|A|}{|D|}.$$

所以

$$|AB|=|S_1||B|=\frac{|A||B|}{|D|}=\frac{|A||B|}{|A\cap B|}.$$

## 习　题　1.3

1. 证明：在一个有限群里，周期大于 2 的元的个数一定是偶数.

2. 证明：如果 $G$ 是阶为偶数的有限群，则在 $G$ 里，周期为 2 的元的个数一定是奇数.

3. 证明：如果 $G$ 是有限群，则 $G$ 里每个元素的周期均是有限的.

4. 在 $\mathbb{Z}_{10}$ 中，令 $H=\{\overline{2},\overline{4},\overline{6},\overline{8}\}$，证明：$H$ 关于剩余类的乘法构成群. $H$ 是 $(\mathbb{Z}_{10},\cdot)$ 的子群吗？为什么？

5. 设 $G=GL_2(\mathbb{R})$，$H=\{A\in G\mid \det(a)$ 是 3 的幂$\}$. 证明：$H$ 是 $G$ 的子群.

6. 设 $G$ 是交换群，$m$ 是固定的整数. 令 $H=\{a\in G\mid a^m=e\}$，证明：$H$ 是 $G$ 的子群.

7. 设 $H$ 是 $G$ 的子群，证明：对任意的 $g\in G$，集合 $gHg^{-1}=\{ghg^{-1}\mid h\in H\}$ 是 $G$ 的子群.

8. 设 $a$ 是群 $G$ 的元素，定义 $a$ 在 $G$ 中的中心化子(centerlizer)为

$$C(a)=\{g\in G\mid ga=ag\}.$$

证明：$C(a)$ 是 $G$ 的子群.

9. 设 $G$ 是群，证明：$C(G)=\bigcap_{a\in G}C(a)$（即 $G$ 的中心是所有形如 $C(a)$ 的子群的交集）.

10. 设 $H$ 是群 $G$ 的子群，定义 $H$ 在 $G$ 中的中心化子为

$$C(H)=\{g\in G\mid ga=ag,\ \forall a\in H\}.$$

证明：$C(H)$ 是 $G$ 的子群.

11. 设 $H$ 是群 $G$ 的子群，定义 $H$ 在 $G$ 中的正规化子(normalizer)为

$$N(H)=\{g\in G\mid gHg^{-1}=H\}.$$

证明：$C(H)$ 是 $G$ 的子群.

12. 设 $a\in G$，证明 $a$ 与 $a^{-1}$ 有相同的周期.

13. 设 $H$ 是群 $G$ 的非空有限子集，证明：$H$ 是 $G$ 的子群的充分必要条件是 $H$ 关于 $G$ 的运算封闭.

14. $G=\{2^m3^n\mid m,n\in\mathbb{Z}\}$，证明：$G$ 关于数的乘法作成群.

15. 设 $G=(\mathbb{Z},+)$ 为整数加群，$S=\{2,3\}$，问 $S$ 生成的子群 $\langle S\rangle=$？令 $S_1=\{4,6\}$，问 $\langle S\rangle=$？

16. 设 $G$ 是一个非交换群，$[G:1]>2$，证明：$G$ 中存在不相同的元素 $a,b$ 使得 $ab=ba$，且 $a,b$ 均不是单位元.

17. 设 $S$ 是群 $G$ 的非空子集，证明：$G$ 中与 $S$ 的每个元素均可交换的元素构成 $G$ 的子群.

18. 设 $G=(\mathbb{Z},+)$ 为整数加群，令 $m,n\in\mathbb{Z}$，$d=(m,n)$ 为 $m,n$ 的最大公因数，

证明：$\langle m,n\rangle=\langle d\rangle$.

19. 设 $H$ 是群 $G$ 的有限子集，证明：$H$ 是 $G$ 的子群的充分必要条件是，对任何 $a,b\in H$，有 $ab\in H$.

## 1.4　循环群与变换群及群的同构

本节主要介绍两种类型的群：循环群和变换群. 它们对于读者加深对群的理解，熟悉群的运算与性质大有益处.

### 1.4.1　循环群

**定义 1.4.1**　设 $G$ 是一个群，如果存在元素 $a\in G$ 使得 $G=\langle a\rangle$，则称 $G$ 为一个循环群(cyclic group)，并称 $a$ 为 $G$ 的一个生成元(generating element or generator). 当 $G$ 的元素个数无限，即 $|G|=\infty$ 时，称 $G$ 为无限循环群(infinite cyclic group)；当 $G$ 的元素个数为 $n$，即 $|G|=n$ 时，称 $G$ 为 $n$ 阶循环群(cyclic group of order $n$).

由循环群的定义，很容易得到如下结论：

(1) $\langle a^{-1}\rangle=\langle a\rangle$；

(2) 如果 $G$ 是有限群，则 $G=\langle a\rangle$ 当且仅当 $|G|=o(a)$；

(3) 如果 $G$ 是无限循环群，则 $G=\{e,a,a^{-1},a^2,a^{-2},a^3,a^{-3},\cdots\}$，且对 $k,l\in\mathbb{Z}$，由 $a^k=a^l$ 必可推出 $k=l$；

(4) 如果 $G$ 是 $n$ 阶循环群，则 $G=\{e,a,a^2,\cdots,a^{n-1}\}$，且对 $k,l\in\mathbb{Z}$，$a^k=a^l$ 当且仅当 $n\mid(k-l)$.

**例 1.4.1**　$G=(\mathbb{Z},+)$ 是一个循环群，这是因为 $G=\langle 1\rangle$. 由于对任意正整数 $n$，均有 $n\cdot 1\neq 0$，故生成元的周期为无限.

**例 1.4.2**　设 $U_n$ 表示 $n$ 次单位根所成集合，$n$ 是取定的正整数，即 $U_n=\left\{\mathrm{e}^{\frac{2k\pi}{n}\mathrm{i}}\,\middle|\,k=0,1,\cdots,n-1\right\}$，则 $U_n$ 关于数的乘法作成一个群. 令 $\varepsilon=\mathrm{e}^{\frac{2\pi}{n}\mathrm{i}}$，则 $U_n=\langle\varepsilon\rangle$，即 $U_n$ 是生成元为 $\varepsilon$ 的循环群. 由于 $\varepsilon^n=1$，而 $k<n$ 时，$\varepsilon^k\neq 1$，故 $\varepsilon$ 的周期为 $n$. 即 $U_n$ 是 $n$ 阶循环群. 而且，取任一个 $n$ 次单位根 $\varepsilon^l$，且 $(n,l)=1$，则 $\varepsilon^l$ 也是 $U_n$ 的一个生成元.

**例 1.4.3**　设 $m$ 为正整数，则模 $m$ 剩余类加群

$$\mathbb{Z}_m=\{0,1,2,\cdots,m-1\}=\langle 1\rangle.$$

所以，$\mathbb{Z}_m$ 是 $m$ 阶循环群.

### 1.4.2　群的同构

**定义 1.4.2**　设 $(G,\cdot)$ 与 $(\overline{G},\circ)$ 是两个群，如果存在 $G$ 到 $\overline{G}$ 上的双射 $f$，并且

保持群运算,即对任意 $a,b\in G$,成立 $f(a\cdot b)=f(a)\circ f(b)$,则称 $f$ 是 $G$ 到 $\overline{G}$ 上的同构映射(isomorphism).

如果两个群 $G$ 与 $\overline{G}$ 之间存在同构映射,则称这两个群是同构的(isomorphic),即作 $G\cong\overline{G}$.

**例 1.4.4** 设 $G=(\mathbb{R}^+,\times)$ 为一切正实数对于数的乘法作成的群,$G'=(\mathbb{R},+)$ 为一切实数对于数的加法作成的群. 对任意 $x\in G$,令 $\varphi:x\mapsto \ln x$,则 $\varphi$ 是 $G$ 到 $G'$ 的一个双射,并且对任意 $x,y\in G$,有 $\varphi(xy)=\ln(xy)=\ln x+\ln y=\varphi(x)+\varphi(y)$,即 $\varphi$ 是 $G$ 到 $G'$ 的一个同构映射.

$\ln x$ 是以超越数 e 为底的 $x$ 的对数. 如果取 $\varphi(x)$ 为 $\log_2 x$,或 $\varphi(x)=\log_{10}x$,以及其他对数,则得到 $G$ 到 $G'$ 的不同同构映射. 由此可见,两个群之间可以存在多个甚至无限多个同构映射.

**定理 1.4.1** 设 $\varphi:G\to\overline{G}$ 为群 $G$ 到 $\overline{G}$ 的一个同构映射,并且 $\varphi(a)=\overline{a}(a\in G)$,令 $e$ 为 $G$ 的单位元,则 $\langle\overline{e}\rangle=\varphi^{(e)}$ 是 $\overline{G}$ 的单位元,并且 $(\overline{a})^{-1}=\varphi(a^{-1})=\overline{a^{-1}}$.

**证明** 由于 $e$ 是 $G$ 的单位元,则对任意 $a\in G$,有 $ae=ea=a$. 于是,$\varphi(a)\varphi(e)=\varphi(e)\varphi(a)=\varphi(a)$,即 $\overline{ae}=\overline{ea}=\overline{a}$. 因为 $\varphi$ 是 $G$ 到 $\overline{G}$ 的满射,故当 $a$ 遍历 $G$ 的所有元素时,$\overline{a}=\varphi(a)$ 就遍历 $\overline{G}$,从而 $\overline{e}$ 是 $\overline{G}$ 的单位元.

又由 $a\overline{a}^{-1}=e$ 得 $\overline{a}\,\overline{a^{-1}}=\overline{e}$,故 $\overline{a}\,\overline{a^{-1}}=\overline{e}$,即 $\overline{a^{-1}}=\overline{a}^{-1}$.

有了同构映射的概念,可以证明:若把同构的群看成一样的,则循环群仅有 $(\mathbb{Z},+)$ 与 $(U_n,\cdot)$ 两类.

**定理 1.4.2** 设 $G$ 是循环群,生成元为 $a$,即 $G=\langle a\rangle$,

(1) 若 $a$ 的周期无限,则 $G\cong(\mathbb{Z},+)$;

(2) 若 $a$ 的周期为 $n$,则 $G\cong(U_n,\cdot)$.

**证明** (1) 设 $a$ 的周期无限,则对于任意整数 $m$,只要 $m\neq 0$,就有 $a^m\neq e$. 这时,若 $m_1\neq m_2$,则 $a^{m_1}\neq a^{m_2}$. 这是因为:若 $a^{m_1}=a^{m_2}$,则 $a^{m_1-m_2}=e$,从而 $m_1-m_2=0$,即 $m_1=m_2$.

令 $f:a^k\mapsto k$,下面证明 $f$ 是 $G$ 到 $(\mathbb{Z},+)$ 的双射且保持运算.

对于任意 $x\in G$,有 $k\in\mathbb{Z}$ 使 $x=a^k$,故 $f(x)=k\in(\mathbb{Z},+)$,即 $f(x)$ 由 $x$ 唯一确定. 因此,$f$ 是 $G$ 到 $(\mathbb{Z},+)$ 的一个映射.

任取 $x,y\in G$,如果 $x\neq y$,且 $x=a^{m_1}$,$y=a^{m_2}$,则有 $m_1\neq m_2$,从而 $f(x)\neq f(y)$,即 $f$ 是 $G$ 到 $(\mathbb{Z},+)$ 的单射.

任取 $k\in(\mathbb{Z},+)$,则 $x=a^k\in G$ 且 $f(x)=k$,即 $f$ 是 $G$ 到 $(\mathbb{Z},+)$ 的满射.

最后,设 $x,y\in G$,$x=a^{m_1}$,$y=a^{m_2}$,则 $xy=a^{m_1+m_2}$. 于是,$f(xy)=m_1+m_2=f(x)+f(y)$,即 $G$ 到 $(\mathbb{Z},+)$ 的同构映射.

(2) 因为 $a$ 的周期为 $n$,故 $a^0=e,a,a^2,\cdots,a^{n-1}$ 是 $G=\langle a\rangle$ 中 $n$ 个不同的元素. 事实上,若 $a^i=a^j$,$0\leqslant i<j<n$,则 $a^{j-i}=e$,此处 $0<j-i<n$,与 $a$ 周期为 $n$ 矛盾. 其

次,我们证明 $G$ 中只有这 $n$ 个元. 因为,对任意整数 $m$,均存在 $q,r$ 使 $m=nq+r$, $0\leqslant r<n$,所以 $a^m=a^{nq+r}=(a^n)^q a^r=a^r$.

令 $f:a^k\mapsto e^{\frac{2k\pi}{n}i},k=0,1,\cdots,n-1$,则 $f$ 是 $G$ 到 $U_n$ 的双射. 并且,$f(a^k\circ a^l)=f(a^{k+l})e^{\frac{2(k+l)\pi}{n}i}=e^{\frac{2k\pi}{n}i}\cdot e^{\frac{2l\pi}{n}i}=f(a^k)\cdot f(a^l)=a^{\frac{2(k+l)\pi}{n}i}=a^{\frac{2k\pi}{n}i}\cdot a^{\frac{2l\pi}{n}i}=f(a^k)\cdot f(a^l)$,即 $f$ 是 $G$ 到 $U_n$ 的同构映射.

我们把生成元周期无限的循环群称为无限循环群;生成元周期有限的循环群称为有限循环群(finite cyclic group). 因此,根据定理 1.4.2,任一无限循环群基本上都可看作整数加群,而任一 $n$ 阶循环群基本上都可看作是一切 $n$ 次单位根作成的乘群. 所以,掌握了这两类群,就等于把一切循环群都搞清楚了.

**例 1.4.5** 无限循环群 $G$ 有且仅有两个生成元 .

事实上,由于 $G\cong(\mathbb{Z},+)$,只需证$(\mathbb{Z},+)$有且只有两个生成元. 易见,1 或 $-1$ 是$(\mathbb{Z},+)$的两个生成元. 这是因为对任意 $k\in\mathbb{Z}$,均有 $k=(\pm k)(\pm 1)$. 除此之外,若还有不同于 $\pm1$ 的生成元 $a$,则 $1=na$,这与 $a\neq\pm1$ 矛盾.

设 $n$ 是正整数,记 $\varphi(n)=|\{r|(r,n)=1,r\in\mathbb{N}\}|$,称 $\varphi(n)$为欧拉函数.

**例 1.4.6** 设 $G=\langle a\rangle$为 $n$ 阶循环群,则 $G$ 恰有 $\varphi(n)$个生成元,且 $a^r$ 是 $G$ 的生成元当且仅当$(n,r)=1$.

事实上,由 $G$ 中元素周期定义知 $o(a^r)=\dfrac{n}{(n,r)}$,从而有 $a^r$ 为 $G$ 的生成元当且仅当 $o(a^r)=n$;当且仅当$\dfrac{n}{(n,r)}=n$;当且仅当$(n,r)=1$. 故由欧拉函数定义知 $G$ 的生成元个数恰为 $\varphi(n)$.

**例 1.4.7** 求$\mathbb{Z}_{12}$的全部生成元.

**解** 因为$\mathbb{Z}_{12}=\langle 1\rangle$,故 $r=r\cdot 1$ 是$\mathbb{Z}_{12}$的生成元当且仅当$(r,12)$,且 $0<r<12$. 由此得$\mathbb{Z}_{12}$的全部生成元为 1,5,7,11.

**定理 1.4.3** 循环群 $G=\langle a\rangle$的子群 $H$ 也是循环群.

**证明** 若 $H=\{e\}$,则 $H=\langle e\rangle$,即 $H$ 是循环群. 假设 $H\neq\{e\}$,故 $H$ 含有某些 $a^k,k\neq0$. 当 $a^k\in H$ 时,有 $a^{-k}=(a^k)^{-1}\in H$,从而 $H$ 含有 $a$ 的某些正整数幂. 令 $A=\{k|k\geqslant1,k\in\mathbb{Z},a^k\in H\}$,则 $H$ 显然不空,从而有最小整数,设为 $r$. 我们断言 $H=\langle a^r\rangle$. 事实上,任取 $a^l\in H$,假定 $r\nmid l$,则 $l=qr+s,0<s<r$. 于是有 $a^l=(a^r)^q a^s$,从而 $a^s\in H$,进而 $s\in A$. 但 $s<r$,这与 $r$ 为最小者相矛盾. 所以,对任意 $a^l\in H$,均有 $r|l$,即 $a^l=(a^r)^q$. 所以,$H=\langle a^r\rangle$.

关于群的同构,有如下一个定理.

**定理 1.4.4** 设$(G,\circ)$是一个群,$G'$是一个有二元运算 $\cdot$ 的集合. 如果 $f$ 是从 $G$ 到 $G'$的双射,且保持运算,即 $f(a\circ b)=f(a)\cdot f(b)$,则$(G',\circ)$也是一个群,并且 $G\cong G'$.

**证明** 首先证明$(G',\circ)$是一个半群,即证明 $\cdot$ 适合结合律:对任意 $a',b',c'\in$

$G'$，成立等式$(a'\cdot b')\cdot c'=a'\cdot(b'\cdot c')$. 由于 $f$ 是从 $G$ 到 $G'$ 的双射，所以存在 $a,b,c\in G$ 使得 $f(a)=a'$，$f(b)=b'$，$f(c)=c'$. 但我们有

$$f((a\circ b)\circ c)=f(a\circ b)\cdot f(c)=(f(a)\cdot f(b))\cdot f(c)=(a'\cdot b')\cdot c',$$

$$f(a\circ(b\circ c))=f(a)\cdot f(b\circ c)=f(a)\cdot(f(b)\cdot f(c))=a'\cdot(b'\cdot c'),$$

而 $G$ 中结合律成立即等式$(a\circ b)\circ c=a\circ(b\circ c)$成立，故 $f((a\circ b)\circ c)=f(a\circ(b\circ c))$，从而等式$(a'\cdot b')\cdot c'=a'\cdot(b'\cdot c')$成立，即$(G',\circ)$是一个半群.

其次，设 $e$ 是 $G$ 的单位元，令 $f(e)=e'$. 我们断言 $e'$ 是 $G'$ 的单位元. 事实上，任意 $x'\in G'$，则存在 $x\in G$ 使得 $f(x)=x'$ 成立. 但 $ex=xe=x$，故 $f(ex)=f(xe)=f(x)$，从而 $f(e)f(x)=f(x)f(e)=f(x)$，即有 $e'x'=x'e'=x'$. 所以，$e'$ 是 $G'$ 的单位元.

最后，任取 $a'\in G'$，则存在 $a\in G$ 使得 $a'=f(a)$成立，从而 $f(a^{-1})=b'\in G'$，并且 $a'\cdot b'=b'\cdot a'=e'$成立，故 $a'$ 在 $G'$ 中有逆元 $b'$，即$(G',\circ)$是一个群，并且$G\cong G'$.

### 1.4.3 变换群

现在介绍另一个重要类型的群——变换群.

给定一个非空集合 $A$，$A$ 到自身的所有映射(称之为变换)构成的集合 $\mathcal{L}(A)$关于映射的乘法$\circ$作成一个有单位元的幺半群$(\mathcal{L}(A),\circ)$. 这个半群的一切可逆元全体 $E(A)$是$(\mathcal{L}(A),\circ)$的一个子群，称为 $A$ 的一一变换群. $E(A)$由 $A$ 到 $A$ 的一切双射所组成.

**定义 1.4.3** 非空集合 $A$ 的所有一一变换关于变换的乘法所作成的群，称为 $A$ 的一一变换群，用符号 $E(A)$表示. $E(A)$的子群称为变换群(group of transformation).

当 $A$ 是有限集时，例如，设 $A=\{1,2,\cdots,n\}$，则 $A$ 的一一变换可表示成 $n$ 次置换的形式. 例如，若 $f,g$ 是 $A$ 的两个一一变换，$f(j)=i_j$，$g(i)=k_j$，$j=1,2,\cdots,n$，则 $f$ 与 $g$ 可表示成下述 $n$ 次置换的形式：

$$f=\begin{pmatrix}1 & 2 & \cdots & n\\ i_1 & i_2 & \cdots & i_n\end{pmatrix},\quad g=\begin{pmatrix}1 & 2 & \cdots & n\\ k_1 & k_2 & \cdots & k_n\end{pmatrix}.$$

这时，按照映射乘法定义，应有

$$\begin{aligned}f\circ g&=\begin{pmatrix}1 & 2 & \cdots & n\\ i_1 & i_2 & \cdots & i_n\end{pmatrix}\circ\begin{pmatrix}1 & 2 & \cdots & n\\ k_1 & k_2 & \cdots & k_n\end{pmatrix}\\ &=\begin{pmatrix}k_1 & k_2 & \cdots & k_n\\ j_1 & j_2 & \cdots & j_n\end{pmatrix}\begin{pmatrix}1 & 2 & \cdots & n\\ k_1 & k_2 & \cdots & k_n\end{pmatrix}\\ &=\begin{pmatrix}1 & 2 & \cdots & n\\ j_1 & j_2 & \cdots & j_n\end{pmatrix}.\end{aligned}$$

**定义 1.4.4** 设 $\sigma$ 是一个 $n$ 次置换，如果存在 1 到 $n$ 间的 $r$ 个不同的数 $i_1$，$i_2,\cdots,i_r$ 使

$$\sigma(i_1)=i_2,\sigma(i_2)=i_3,\cdots,\sigma(i_{r-1})=i,\sigma(i_r)=i_1,$$

并且 $\sigma$ 保持其余的元素不变,则称 $\sigma$ 是一个长度为 $r$ 的循环置换(cyclic permutation),简称 $r$-循环($r$-cycle),记作 $\sigma=(i_1i_2\cdots i_r)$. 当 $r=2$ 时,称 2-循环为对换(transposition).

显然,根据循环置换定义,1-循环$(a)$就是恒等变换,并且显然有$(1)=(2)=\cdots=(n)$. 由定义还知道,循环的表示不是唯一的. 例如,置换

$$\sigma=\begin{pmatrix}1 & 2 & 3 & 4 & 5 & 6 & 7 & 8\\ 2 & 4 & 3 & 7 & 5 & 6 & 1 & 8\end{pmatrix}$$

可分别表示为 $\sigma=(1247)=(2417)=(4712)=(7124)$.

**定义 1.4.5** 设 $\sigma=(i_1i_2\cdots i_r)$与 $\tau=(j_1j_2\cdots j_s)$是两个循环,如果

$$i_k\neq j_l\quad(k=1,2,\cdots,r;l=1,2,\cdots,s),$$

则称 $\sigma$ 与 $\tau$ 是两个不相交的循环.

**例 1.4.8** 设$\sigma=\begin{pmatrix}1 & 2 & 3 & 4 & 5 & 6 & 7\\ 3 & 7 & 5 & 2 & 1 & 6 & 4\end{pmatrix}$,则 $\sigma$ 可写成$\sigma=(135)(274)(6)$,其中 6 是不动点,可略去. 于是,$\sigma$ 可表示为 $\sigma=(135)(274)$,是两个不相交循环之积. 因为这两个循环不相交,次序可以任意.

**定理 1.4.5** 设 $\sigma$ 是任一个 $n$ 次置换,则

(1) $\sigma$ 可分解为不相交的循环的乘积:$\sigma=\tau_1\tau_2\cdots\tau_k$. 若不计因子的次序,则分解式是唯一的.

(2) $\sigma$ 的周期$o(\sigma)=[l_1,l_2,\cdots,l_k]$($l_1,l_2,\cdots,l_k$ 的最小公倍数),其中 $l_i$ 是$\tau_i$ 的长度.

**证明** 首先证明分解式的存在性. 从$\{1,2,\cdots,n\}$中任选一个数作为 $i_1$,一次求出 $\sigma(i_1)=i_2,\sigma(i_2)=i_3,\cdots$,直至这个序列中第一次出现重复,这个第一次出现重复的数必是 $i_1$,即存在 $i_{l_1}$ 使 $\sigma(i_{l_1})=i_1$. 否则,若第一次重复出现 $\sigma(i_{l_1})=i_k(1<k<l_1)$,则同时有 $\sigma(i_{k-1})=i_k$,且 $i_{k-1}\neq i_{l_1}$,这与 $\sigma$ 是双射矛盾. 于是,得到循环 $\tau_1=(i_1i_2\cdots i_{l_1})$. 然后再取 $j_1\notin\{i_1,i_2,\cdots,i_{l_1}\}$,重复以上过程可得 $\tau_2=(j_1j_2\cdots j_{l_2})$,且有映射定义可知 $\tau_2$ 与 $\tau_1$ 无公共元素,如此下去,直至每一个元素都在某一循环中,因而得到定理中的分解式.

其次证明分解式的唯一性. 先把分解式中的 1-循环去掉,它们对应于 $\sigma$ 的不动点,由 $\sigma$ 唯一确定,因而在分解式中的元素都是动点. 如果 $\sigma$ 有两种分解式使某个 $i$ 在不同的循环中,则存在 $k$ 使$\sigma(k)$有两个不同的像,这与 $\sigma$ 是映射矛盾.

最后求 $\sigma$ 的周期. 设 $o(\sigma)=d$. 由于 $\tau_i$ 之间不相交,$\sigma^d=\tau_1^d\tau_2^d\cdots\tau_k^d=1$,必有 $\tau_i^d=1(i=1,2,\cdots,k)$. 所以,$l_i\mid d(i=1,2,\cdots,k)$,因而 $d$ 是 $l_1,l_2,\cdots,l_k$ 的公倍数. 又由周期的定义知,$d$ 是 $l_1,l_2,\cdots,l_k$ 的最小公倍数.

进一步地,还有如下置换的对换分解定理.

**定理 1.4.6** 任何一个 $n$ 次置换 $\sigma$ 可分解为对换之积：$\sigma=\pi_1\pi_2\cdots\pi_r$，其中 $\pi_i(i=1,2,\cdots,r)$是对换，且对换的个数 $r$ 的奇偶性由 $\sigma$ 唯一确定，与分解方法无关.

**证明** 首先证对换分解的存在性. 可把任一个循环用如下方法表为对换之和：

$$(i_1,i_2,\cdots,i_{l_1})=(i_1,i_l)(i_1,i_{l-1})\cdots(i_1,i_2),$$

而每一个置换可表示为循环之积，因而也可表示为对换之积. 显然，这样的分解式不是唯一的.

其次证明分解式中对换个数 $r$ 的奇偶性和唯一性. 设 $\sigma$ 为任一 $n$ 次置换，并设 $\sigma$ 已表为 $s$ 个不相交循环的乘积. 令 $N(\sigma)=(-1)^{n-s}$. 由定理 1.4.5 知，$N(\sigma)$由 $\sigma$ 唯一确定.

设$(ab)$是任一对换，考察乘积$(ab)\sigma$.

如果 $a,b$ 处于 $\sigma$ 的同一个循环 $\tau_1=(ac_1c_2\cdots c_kbd_1d_2\cdots d_h)$中，通过计算，有

$$(ab)\sigma=(ac_1c_2\cdots c_k)(bd_1d_2\cdots d_h)\tau_2\tau_3\cdots\tau_s.$$

从而 $N((ab)\sigma)=(-1)^{n-s-1}=-N(\sigma)$.

如果 $a,b$ 分别处于 $\sigma$ 的两个循环 $\tau_1=(ac_1c_2\cdots c_k)$与 $\tau_2=(bd_1d_2\cdots d_h)$中，则通过计算，有

$$(ab)\sigma=(ac_1c_2\cdots c_kbd_1d_2\cdots d_h)\tau_3\tau_4\cdots\tau_s.$$

从而 $N((ab)\sigma)=(-1)^{n-s+1}=-N(\sigma)$.

设 $\sigma$ 可分别表为 $h$ 个对换和 $k$ 个对换的乘积：

$$\sigma=(a_1b_1)(a_2b_2)\cdots(a_hb_h)=(c_1d_1)(c_2d_2)\cdots(c_kd_k),$$

则

$$N(\sigma)=N(\sigma\cdot 1)=N((a_1b_1)(a_2b_2)\cdots(a_hb_h)\cdot(1))=(-1)^hN((1))=(-1)^h.$$

同理 $N(\sigma)=(-1)^k$. 因此，$(-1)^h=(-1)^k$. 所以，$h$ 与 $k$ 的奇偶性相同.

**定义 1.4.6** 可表示成偶数个对换的乘积的置换称为偶置换(even permutation)；可表示成奇数个对换的乘积的置换称为奇置换(odd permutation).

由定义容易得到：

(1) 任意两个偶(奇)置换之积是偶置换；

(2) 一个偶(奇)置换的逆置换是一个偶(奇)置换.

称所有 $n$ 次置换关于置换乘法作成的群为 $n$ 次置换群(group of permutation with degree $n$)或 $n$ 次对称群(symmetric group of degree $n$)，记作 $S_n$. 所有 $n$ 次偶置换作成 $S_n$ 的子群，称为 $n$ 次交代群或 $n$ 次交错群(alternate group of degree $n$)，记为 $A_n$.

变换群在群论中占有特殊地位. 因为就同构而言，每一个抽象群都可看作是一个变换群.

**定理 1.4.7** (凯莱定理(Cayley's theorem)) 任何群 $G$ 都与一个变换群同

构，任一个有限群 $G$ 都同构于一个置换群.

**证明** 任取 $a\in G$，作集合 $G$ 的变换如下：

$$f_a: x\mapsto ax \quad (\text{任意 } x\in G),$$

则 $f_a$ 是 $G$ 的一一变换. 事实上，因为 $ax=b$ 在 $G$ 中有解，所以对于任意 $b\in G$，存在 $x\in G$ 使得 $f_a(x)=b$. 即 $f_a$ 是 $G$ 到 $G$ 的一个满射. 又由 $x_1\neq x_2$ 可得 $ax_1\neq ax_2$，故 $f_a$ 是 $G$ 到 $G$ 的一个单射，从而 $f_a$ 是 $G$ 的一一变换. 对任意 $a,b\in G$，由于 $(f_a\circ f_b)(x)=f_a(f_b(x))=f_a(bx)=a(bx)=(ab)x=f_{ab}(x)$，故 $f_a\circ f_b=f_{ab}$. 即 $G'=\{f_a\mid a\in G\}$ 关于映射的合成是封闭的. 令 $\varphi: a\mapsto f_a$，设 $a\neq b$，则存在 $x\in G$ 使得 $ax\neq bx$. 于是，$f_a(x)\neq f_b(x)$，即 $f_a\neq f_b$. 所以，$\varphi$ 是 $G$ 到 $G'$ 的单射.

又 $\varphi(ab)=f_{ab}=f_a\circ f_b=\varphi(a)\circ\varphi(b)$，由定理 1.4.4 知，$G'$ 是一个群，且 $G\cong G'$，即 $G$ 同构于集合 $G$ 上的一个变换群.

当 $G$ 是有限时，$G'$ 是一个置换群，从而可得定理的后半部分.

**例 1.4.9** 证明 $S_n=\langle(12),(13),\cdots,(1n)\rangle$.

**证明** 显然，$\langle(12),(13),\cdots,(1n)\rangle\subseteq S_n$. 反之，只需证明任 $\sigma\in S_n$，$\sigma$ 可表为某些 $(1i)$，$2\leqslant i\leqslant n$ 的乘积.

首先，由定理 1.4.7，$\sigma$ 可表为对换的乘积：$\sigma=(i_1j_1)(i_2j_2)\cdots(i_sj_s)$.

其次，将每个对换 $(ij)$ 用 $(1i)$ 来表示：设 $i\neq 1, j\neq 1$，于是，$(ij)=(1i)(1j)(1i)$. 所以，$\sigma$ 可表为某些 $(1i)$，$2\leqslant i\leqslant n$ 的乘积.

**例 1.4.10** 设 $K_4=\{e,a,b,c\}$，$K_4$ 中的运算"$\circ$"由乘法表 1.4.1 给出.

**表 1.4.1**

| $\circ$ | $e$ | $a$ | $b$ | $c$ |
|---|---|---|---|---|
| $e$ | $e$ | $a$ | $b$ | $c$ |
| $a$ | $a$ | $e$ | $c$ | $b$ |
| $b$ | $b$ | $c$ | $e$ | $a$ |
| $c$ | $c$ | $b$ | $a$ | $e$ |

不难验证 $(K_4,\circ)$ 中元素"$\circ$"满足结合律，$e$ 是单位元，每个元素的逆元为：$e^{-1}=e$，$a^{-1}=a, b^{-1}=b, c^{-1}=c$. 因此，$(K_4,\circ)$ 是一个群，称之为克莱因四元群(Klein four group).

对于上面给出克莱因四元群 $(K_4,\circ)$，找出一个置换群与 $K=K_4$ 同构.

由定理 1.4.6 的证明知，置换群 $G'=\{f_g\mid g\in K, f_g(x)=gx, \text{任意 } x\in K\}$ 与 $K$ 是同构的，$G'$ 的各个元素如下：

$$f_e=\begin{pmatrix} e & a & b & c \\ e & a & b & c \end{pmatrix}=(1), \quad f_a=\begin{pmatrix} e & a & b & c \\ a & e & c & b \end{pmatrix}=(ea)(bc),$$

$$f_b=\begin{pmatrix} e & a & b & c \\ b & c & e & a \end{pmatrix}=(eb)(ac), \quad f_c=\begin{pmatrix} e & a & b & c \\ c & b & a & e \end{pmatrix}=(ec)(ab).$$

用$\{1,2,3,4\}$代替$\{e,a,b,c\}$，则$K\cong\{(1),(12)(34),(13)(24),(14)(23)\}$.

**例 1.4.11** 设$X=\{0,1,2,\cdots,n-1\}$为正$n(n\geqslant 3)$边形的顶点集合，且按逆时针方向排列(图 1.4.1)，将正多边形绕中心$O$沿逆时针方向旋转$\frac{2\pi}{n}$角度，则顶点$i$变到原顶点$i+1(\mathrm{mod}\, n)$的位置，故这个旋转是$X$上的一个变换，记作$\rho_1$，则$\rho_1$可表示为

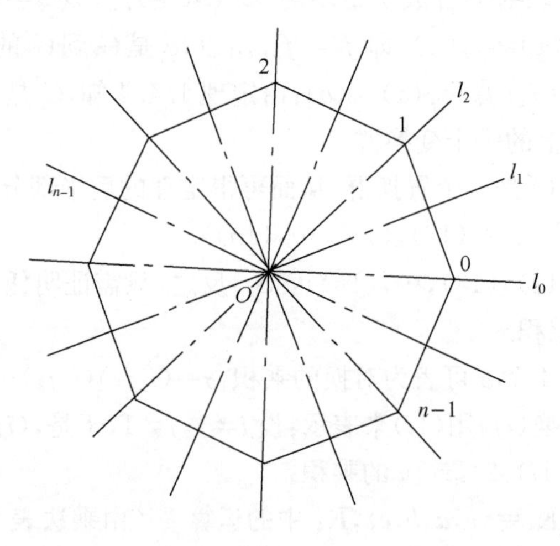


图 1.4.1

$$\rho_1=\begin{pmatrix} 0 & 1 & 2 & \cdots & n-1 \\ 1 & 2 & 3 & \cdots & 0 \end{pmatrix}.$$

旋转$\frac{2k\pi}{n}$角度的变换记作$\rho_k$，则$\rho_k$可表示为

$$\rho_k=\begin{pmatrix} 0 & 1 & 2 & \cdots & n-1 \\ k & k+1 & k+2 & \cdots & k+n-1 \end{pmatrix},$$

这里$k=0,1,2,\cdots,n-1$. 其中加法为模$n$的加法且取值在 0 到$n-1$之间(下同)，$\rho_0$为单位变换，$\rho_k$为

$$\rho_k(i)=k+i, \quad i=0,1,\cdots,n-1.$$

另一类变换为绕对称轴翻转$\pi$角度，称这类变换为反射或翻转. 由于这样的对称轴共有$n$个，记过顶点$O$的轴为$l_0$，过边$(0,1)$中点的轴为$l_1,\cdots,l_{n-1}$. 相应的反射变换记作$\pi_0,\pi_1,\cdots,\pi_{n-1}$，例如，

$$\pi_0=\begin{pmatrix} 0 & 1 & 2 & \cdots & n-1 \\ 0 & n-1 & n-2 & \cdots & 1 \end{pmatrix}.$$

容易证明 $\pi_k(i)=k+n-i$，其中加减法为模 $n$ 的加减法.

由此可证明以下的运算关系：

$$\rho_k=\rho_1^k,\quad \pi_k^2=1,\quad \rho_k^{-1}=\rho_{n-k},\quad \pi_k^{-1}=\pi_k,$$

$$\rho_k\rho_l=\rho_{k+l},\quad \rho_k\pi_l=\pi_{k+l},\quad \pi_k\rho_l=\pi_{k-l},\quad \pi_k\pi_l=\rho_{k-l},$$

其中下标的加减法均为模 $n$ 的加减法.

令 $D_n=\{\rho_k,\pi_k\mid k=0,1,2,\cdots,n-1\}$，则 $D_n$ 对变换的乘法是封闭的，有单位元 $\rho_0$. 每个元素有逆元. 所以 $D_n$ 是群，此群称为二面体群(dihedral group).

## 习 题 1.4

1. 证明：循环群是可换群.

2. 设 $G$ 是 6 阶循环群，找出 $G$ 的一切生成元，并找出 $G$ 的所有子群.

3. 证明：整数加群 $(\mathbb{Z},+)$ 与偶数加群同构.

4. 找出整数加群 $\mathbb{Z}$ 和剩余类群 $\mathbb{Z}_{12}$ 中的全部子群.

5. 找出 $S_3$ 的所有子群.

6. 设 $G$ 是置换群，证明：若 $G$ 中存在奇置换，则 $G$ 中奇置换的个数与偶置换的个数相同.

7. 设元素 $a$ 生成阶为 $n$ 的循环群 $G$，证明：如果 $(r,n)=1$，则 $a^r$ 也生成 $G$. 这里 $d=(r,n)$ 是 $r$ 和 $n$ 的最大公因子.

8. 证明：如果 $G$ 是阶为 $n$ 的循环群，$k$ 为正整数且 $k\mid n$，则 $G$ 恰有一个阶为 $k$ 的子群.

9. 证明：实数集 $\mathbb{R}$ 上可以写成 $f_{a,b}(x)=ax+b$（其中 $a,b$ 为有理数，$a\neq 0$）形式的变换作成一个变换群. 这个群是否为交换群？

10. 证明：一个变换群的单位元一定是恒等变换.

11. 把 $S_3$ 的所有的元写成不相连的循环置换的乘积.

12. 证明：一个 $k$-循环置换的周期是 $k$.

13. 证明：(1) 两个不相连的循环置换可以交换；

(2) $(i_1i_2\cdots i_k)^{-1}=(i_ki_{k-1}\cdots i_1)$.

14. 证明：无限循环群的子群除 $\{e\}$ 外均为无限循环群.

15. 证明：$S_n$ 可由循环 $(123\cdots n)$ 和 $(12)$ 生成.

16. 证明：任意 2 阶群与乘法群 $\{1,-1\}$ 同构.

17. 设 $G$ 是群，任意 $a,b\in G$，证明：$G$ 是交换群当且仅当映射 $f:x\mapsto x^{-1}$ 是 $G$ 的同构.

18. 设 $G$ 是群，规定映射：

$$f:x\mapsto axa^{-1},\quad \forall x\in G.$$

证明：$f$ 是 $G$ 到 $G$ 的同构映射（称为由 $a$ 导出的内自同构(inner automorphism)）.

19. 设 $G$ 是群,用 $\mathrm{Inn}(G)$ 表示 $G$ 的所有内自同构的集合,用 $\mathrm{Aut}(G)$ 表示 $G$ 的所有自同构的集合.

(1) 证明:$\mathrm{Aut}(G)$ 关于变换的乘法构成群. 这个群称为 $G$ 的自同构群.

(2) 证明:$\mathrm{Inn}(G)$ 是 $\mathrm{Aut}(G)$ 的子群.

(3) 如果 $G$ 的中心 $C(G)=\{e\}$,证明:$G$ 与 $\mathrm{Inn}(G)$ 同构.

## 1.5 正规子群与商群

对于群 $G$ 的任意子群 $H$,我们已经看到,如果 $a$ 是 $G$ 的任一元素,则左陪集 $aH$ 一般来说未必等于右陪集 $Ha$. 因此,对于所有 $a\in G$,使等式 $aH=Ha$ 成立的子群具有特别重要意义. 这种子群称为正规子群(normal subgroup),也称为不变子群(invariant subgroup). 由正规子群又可以定义一种新的群——商群(quotient group).

### 1.5.1 正规子群

**定义 1.5.1** 设 $H$ 是群 $G$ 的子群. 如果对任意 $a\in G$,都有 $aH=Ha$,则称 $H$ 是 $G$ 的正规子群或不变子群,即为 $H\trianglelefteq G$. 用 $H\triangleleft G$ 表示 $H$ 是 $G$ 的正规子群(proper normal subgroup).

显然,$\{e\}$ 和 $G$ 本身是 $G$ 的两个正规子群,称它们是 $G$ 的平凡正规子群,如果 $G$ 是交换群,则 $G$ 的任意子群均是 $G$ 的正规子群. 如果 $G$ 只有平凡的正规子群,且 $G\neq\{e\}$,则称群 $G$ 为单群(simple group).

**注 1.5.1** 定义中 $aH=Ha$ 仅仅表示集合 $aH$ 与 $Ha$ 相等,并不表示由 $aH=Ha$ 可推出 $ah=ha$ 对 $H$ 中所有元素 $h$ 都成立. $aH=Ha$ 应理解为:对任意的 $h\in H$,存在 $h'\in H$ 使得 $ah=h'a$.

**例 1.5.1** 在 $S_3$ 中,设子群 $H=\{(1),(123),(132)\}$,这时,容易计算,有 $(1)H=H=H(1)$,$(12)H=\{(12),(23),(13)\}$,$H(12)=\{(12),(23),(13)\}$,所以,$(12)H=H(12)$. 同样可得 $(123)H=H=H(123)$,$(132)H=H=H(132)$,$(23)H=(12)H=H(23)$,$(13)H=(12)H=H(13)$. 所以,对每个元素 $a\in S_3$,都有 $aH=Ha$. 从而 $H$ 是 $S_3$ 的一个正规子群.

但对于 $H_1=\{(1),(12)\}$,由于 $(13)H_1\neq H_1(13)$,故 $H_1$ 不是 $S_3$ 的正规子群.

**例 1.5.2** 指数为 2 的子群必是正规子群.

事实上,设 $G$ 为群,$H$ 为 $G$ 的子群且 $[G:H]=2$. 任取 $a\in G\backslash H$,则 $aH\cap H=\varnothing$,$G=H\cup aH=H\cup Ha$. 由陪集性质知 $aH=G\backslash H=Ha$. 所以,$H\trianglelefteq G$.

判断 $G$ 的一个子群 $H$ 是不是正规子群,除按定义外,还有如下几种方法.

**定理 1.5.1** 设 $H$ 是群 $G$ 的子群,则下面四个条件等价:

(1) $H$ 是 $G$ 的正规子群;

(2) 对任意 $a\in G$,有 $aHa^{-1}=H$;

(3) 对任意 $a\in G$,有 $aHa^{-1}\subseteq H$;

(4) 对任意 $a\in G$,任意 $h\in H$,有 $aha^{-1}\in H$.

**证明** (1)⇒(2). 因 $H$ 是正规子群,故对于任意 $a\in G$,有 $aH=Ha$. 于是,$aHa^{-1}=(aH)a^{-1}=(Ha)a^{-1}=H(aa^{-1})=He=H$. 即(2)成立.

(2)⇒(3). 对任意 $a\in G$,$aHa^{-1}=H$,从而 $aHa^{-1}\subseteq H$.

(3)⇒(4). 由于 $aHa^{-1}\subseteq H$,故对任意 $a\in G$,任意 $h\in H$,有 $aha^{-1}\in H$.

(4)⇒(1). 设 $aha^{-1}\in H$,故对任意 $h\in H$,存在 $h_1\in H$ 使得 $aha^{-1}=h_1$. 于是,$ah=h_1a$,从而 $aH\subseteq Ha$. 另一方面,任取 $ha\in Ha$,则 $a^{-1}ha\in H$. 故存在 $h_1\in H$ 使得 $a^{-1}ha=h_1$. 从而 $ha=ah_1$. 故 $ha\in aH$,亦即对任意 $a\in G$,有 $aH=Ha$. 所以,$H$ 是 $G$ 的正规子群.

**例 1.5.3** 令

$$G=\left\{\begin{pmatrix} r & s \\ 0 & 1 \end{pmatrix}\middle| r,s\in\mathbb{Q},r\neq 0\right\},$$

则 $G$ 对矩阵乘法作成一个群. 令

$$H=\left\{\begin{pmatrix} 1 & t \\ 0 & 1 \end{pmatrix}\middle| t\in\mathbb{Q}\right\},$$

则 $H$ 是 $G$ 的正规子群. 事实上,任取 $\begin{pmatrix} r & s \\ 0 & 1 \end{pmatrix}\in G$,则

$$\begin{pmatrix} r & s \\ 0 & 1 \end{pmatrix}^{-1}=\begin{pmatrix} r^{-1} & -r^{-1}s \\ 0 & 1 \end{pmatrix}.$$

对任意 $\begin{pmatrix} 1 & t \\ 0 & 1 \end{pmatrix}\in H$,有

$$\begin{pmatrix} r & s \\ 0 & 1 \end{pmatrix}\begin{pmatrix} 1 & t \\ 0 & 1 \end{pmatrix}\begin{pmatrix} r & s \\ 0 & 1 \end{pmatrix}^{-1}=\begin{pmatrix} r & rt+s \\ 0 & 1 \end{pmatrix}^{-1}\begin{pmatrix} r^{-1} & -r^{-1}s \\ 0 & 1 \end{pmatrix}=\begin{pmatrix} 1 & rt \\ 0 & 1 \end{pmatrix}\in H.$$

故 $H$ 是 $G$ 的正规子群. 读者也可用正规子群定义验证 $H\trianglelefteq G$.

令

$$K=\left\{\begin{pmatrix} 1 & n \\ 0 & 1 \end{pmatrix}\middle| n\in\mathbb{Z}\right\},$$

则易证 $K$ 是 $H$ 的子群,并且对任意 $\begin{pmatrix} 1 & t \\ 0 & 1 \end{pmatrix}\in H$,$\begin{pmatrix} 1 & n \\ 0 & 1 \end{pmatrix}\in K$,有

$$\begin{pmatrix} 1 & t \\ 0 & 1 \end{pmatrix}\begin{pmatrix} 1 & n \\ 0 & 1 \end{pmatrix}=\begin{pmatrix} 1 & n \\ 0 & 1 \end{pmatrix}\begin{pmatrix} 1 & t \\ 0 & 1 \end{pmatrix},$$

故 $K$ 是 $H$ 的正规子群. 但 $K$ 不是 $G$ 的正规子群. 事实上,取

$$\begin{pmatrix} 1 & 1 \\ 0 & 1 \end{pmatrix}\in K,\quad \begin{pmatrix} \frac{1}{2} & 1 \\ 0 & 1 \end{pmatrix}\in G,$$

则

$$\begin{pmatrix}\frac{1}{2} & 1\\ 0 & 1\end{pmatrix}\begin{pmatrix}1 & 1\\ 0 & 1\end{pmatrix}\begin{pmatrix}\frac{1}{2} & 1\\ 0 & 1\end{pmatrix}^{-1}=\begin{pmatrix}1 & \frac{1}{2}\\ 0 & 1\end{pmatrix}\notin K,$$

故 $K$ 不是 $G$ 的正规子群. 这个例子表明,$G$ 的正规子群 $H$ 的正规子群未必是 $G$ 的正规子群. 正规子群还有如下性质.

**定理 1.5.2** 设 $G$ 是一个群,有

(1) 如果 $A\trianglelefteq G, B\trianglelefteq G$,则 $A\cap B\trianglelefteq G, AB\trianglelefteq G$;

(2) 如果 $A\trianglelefteq G$,$B$ 是 $G$ 的子群,即 $B\leqslant G$,则 $A\cap B\trianglelefteq B, AB\leqslant G$;

(3) 如果 $A\trianglelefteq G, B\trianglelefteq G$,且 $A\cap B=\{e\}$,则对任意 $a\in A, b\in B$,有 $ab=ba$.

**注 1.5.2** 由例 1.5.3 知(取 $A=K, B=H$),(2)中的 $A\cap B$ 不一定是 $G$ 的正规子群.

**证明** (1) 对任意 $g\in G, c\in A\cap B$,如果 $A\trianglelefteq G, B\trianglelefteq G$,则 $gcg^{-1}\in A, gcg^{-1}\in B$. 故 $gcg^{-1}\in A\cap B$,从而 $A\cap B\trianglelefteq G$.

现在证明 $AB\trianglelefteq G$. 先证 $AB\leqslant G$. 由于 $A\trianglelefteq G$,故 $AB=BA$,从而由子群的性质知 $AB\leqslant G$.

其次,证明 $AB\trianglelefteq G$. 对任意 $g\in G, ab\in AB$,有 $gabg^{-1}=(gag^{-1})(gbg^{-1})=a_1b_1\in AB$,故 $AB\trianglelefteq G$.

(2) 对任意 $b\in B$,任意 $a\in A\cap B$,有 $a\in A$ 且 $a\in B$. 由于 $A\trianglelefteq G$,故 $bab^{-1}\in A$. 又因为 $B\leqslant G$,故 $bab^{-1}\in B$. 所以,$bab^{-1}\in A\cap B$,从而 $A\cap B\trianglelefteq G$.

对于结论 $AB\leqslant G$,证明如下:

因为 $A\trianglelefteq G$,所以对于任意 $g\in G$,有 $gA=Ag$,从而对任意 $a\in A$,存在 $a'\in A$ 使 $ga=a'g$. 于是,任取 $ab, a_1b_1\in AB$,有 $(ab)(a_1b_1)=a(ba_1)b_1=a(a'_1b)b_1=(aa'_1)(bb_1)\in AB$. 又 $(ab)^{-1}=b^{-1}a^{-1}=a''b^{-1}\in AB$,即 $AB\leqslant G$.

(3) 对任意 $a\in A, b\in B$,考察元素 $aba^{-1}b^{-1}$. 一方面,

$$aba^{-1}b^{-1}=(aba^{-1})b^{-1}\in B;$$

另一方面,

$$aba^{-1}b^{-1}=a(ba^{-1}b^{-1})\in A,$$

所以,$aba^{-1}b^{-1}\in A\cap B$. 于是,$aba^{-1}b^{-1}=e$,即 $ab=ba$.

**注 1.5.3** 群 $G$ 中形式为 $aba^{-1}b^{-1}$ 的元素称为 $a, b$ 的换位子(commutator). 由 $G$ 中所有换位子生成的子群称为 $G$ 的换位子群(subgroup of commutators).

### 1.5.2 商群

正规子群的基本特点是,它的每一个左陪集与相应的右陪集完全一致. 因此,对于群 $G$ 的正规子群 $H$,可不必区分它的左陪集 $aH$ 与右陪集 $Ha$,而直接称 $aH$ 或 $Ha$

为它的一个陪集. 用 $G/H$ 表示它的所有陪集的集合,即 $G/H=\{aH|a\in G\}$.

定义由 $H$ 决定的 $G$ 中元素之间的等价关系 $\sim_H$ 为

$$a\sim_H b\Leftrightarrow a^{-1}b\in H.$$

如果用同余号表示,则为

$$a\sim_H b\Leftrightarrow a\equiv b(\mathrm{mod}H).$$

每一个陪集记作 $\bar{a}=aH$,称为模 $H$ 的一个同余类,因而 $G/H$ 又可表示为

$$G/H=\{\bar{a}|a\in G\}.$$

下面规定 $G/H$ 的运算,使 $G/H$ 关于给定运算构成群.

对任意 $aH,bH\in G/H$,定义 $(aH)\cdot(bH)=(ab)H$. 我们验证这是 $G/H$ 上一个二元运算. 即 $aH$ 与 $bH$ 的乘积 $(ab)H$ 同陪集代表元 $a$ 与 $b$ 的选取无关. 事实上,设 $a_1H=aH,b_1H=bH$,则 $a_1H\cdot b_1H=(a_1b_1)H=a_1(b_1H)=a_1(bH)=(a_1H)b=(aH)b=a(Hb)=(ab)H=(aH)\cdot(bH)$. 因此,上面定义的乘法是 $G/H$ 的一个代数运算.

**定理 1.5.3**　设 $G$ 是群,$H\trianglelefteq G$,则 $G/H=\{aH|a\in G\}$ 关于乘法 $(aH)\cdot(bH)=(ab)H$ 构成一个群. 这个群称为群 $G$ 关于正规子群 $H$ 的商群(quotient group or factor group),仍记为 $G/H$.

**证明**　乘法的合理性及封闭性前面已证. 下面证明乘法满足结合律.

对任意 $a,b,c\in G$,有

$$\begin{aligned}(aH)\cdot(bH)\cdot cH&=(ab)H\cdot cH=((ab)\cdot c)H\\&=(a\cdot(bc))H=aH\cdot(bc)H\\&=aH\cdot(bH\cdot cH).\end{aligned}$$

容易验证 $eH$ 是 $G/H$ 的乘法的单位元. 而对于任意的 $aH\in G$,有 $aH\in G/H$,有 $a^{-1}H\in G/H$,并且 $(a^{-1}H)(aH)=(a^{-1}a)H=eH,(aH)(a^{-1}H)=(aa^{-1})H=eH$,即 $a^{-1}H$ 为 $aH$ 的逆元. 所以,$G/H$ 是一个群.

关于商群 $G/H$,下面这些结论是显然的,请读者自己验证.

(1) 商群 $G/H$ 的单位元为 $eH(=H)$;

(2) $aH$ 在 $G/H$ 中的逆元为 $a^{-1}H$;

(3) 如果 $G$ 是交换群,则 $G/H$ 也是交换群;

(4) 有限群 $G$ 的商群的阶是 $G$ 的阶的因子.

**例 1.5.4**　在整数加群 $(\mathbb{Z},+)$ 中,$H=\langle m\rangle$ 是正规子群,$\mathbb{Z}$ 关于 $H$ 的商群为

$$\mathbb{Z}/H=\mathbb{Z}/\langle m\rangle=\{n+\langle m\rangle|n\in\mathbb{Z}\}=\{\bar{0},\bar{1},\cdots,\overline{m-1}\}=(\mathbb{Z}_m,+),$$

即整数模 $m$ 的同余类群.

**例 1.5.5**　在 $S_3$ 中,设 $H=\{(1),(123),(132)\}$,由例 1.5.1 知 $H\trianglelefteq S_3$,而商群 $G/H$ 含有两个元素,$(1)H$ 与 $(12)H$. 因此,$G/H=\{(1)H,(12)H\}$.

下面给出一个单群的例子.

**定理 1.5.4** 交错群 $A_n$ 是单群当且仅当 $n\neq 4$.

在给出证明之前,需要先给出两个预备引理. 回忆:如果 $\tau$ 是 2-循环(置换),则 $\tau^2=(1)$,从而 $\tau^{-1}=\tau$.

**引理 1.5.1** 令 $r,s$ 是 $\{1,2,\cdots,n\}$ 中两个不同元素,则 $A_n(n\geqslant 3)$ 由 3-循环 $\{(rsk)\mid 1\leqslant k\leqslant n,k\neq r,s\}$ 生成.

**证明** 设 $n>3$($n=3$ 的情形是显然的). $A_n$ 的每个元素均是形如 $(ab)(cd)$ 或 $(ab)(ac)$ 的项的乘积,这里 $a,b,c,d$ 是 $\{1,2,\cdots,n\}$ 中不同元素. 由于 $(ab)(cd)=(acb)(acd)$ 和 $(ab)(ac)=(acb)$,故 $A_n$ 由所有 3-循环的集合生成. 任一个 3-循环均形如 $(rsa)$,$(ras)$,$(rab)$,$(sab)$ 或 $(abc)$,这里 $a,b,c$ 是不同的元素,且 $a,b,c\neq r,s$. 因为 $(ras)=(ras)^2$,$(rab)=(rsb)(rsa)^2$ 和 $(abc)=(rsa)^2(rsb)^2(rsa)$,故 $A_n$ 由 $\{(rsk)\mid 1\leqslant k\leqslant n,k\neq r,s\}$ 生成.

**引理 1.5.2** 如果 $N$ 是 $A_n(n\geqslant 3)$ 的正规子群,并且 $N$ 含有 3-循环,则

$$N=A_n.$$

**证明** 如果 $(rsc)\in N$,则对任意的 $k\neq r,s,c$,有

$$(rsk)=(rs)(ck)(rsc)^2(ck)(rs)=[(rs)(ck)](rsc)^2[(rs)(ck)]^{-1}.$$

因此,由引理 1.5.1 知 $N=A_n$.

**定理 1.5.4 的证明** $A_1=(1)$,而 $A_3$ 是 3 阶的单循环群. 易证

$$\{(1),(12)(34),(13)(24),(14)(23)\}$$

是 $A_4$ 的正规子群. 如果 $n\geqslant 3$,$N$ 是 $A_n$ 的非平凡正规子群. 我们通过考虑下面可能的情形证明 $N=A_n$.

**情形 1** $N$ 含有 3-循环,故由引理 1.5.2 知 $N=A_n$.

**情形 2** $N$ 含有元素 $\sigma$,而 $\sigma$ 是不相交循环之积,其中至少有一个循环的长度 $r\geqslant 4$. 因此,$\sigma=(a_1a_2\cdots a_r)\tau$(不相交的). 令 $\delta=(a_1a_2a_3)\in A_n$,则由 $N$ 是正规子群知 $\sigma^{-1}(\delta\sigma\delta^{-1})\in N$. 但

$$\begin{aligned}\sigma^{-1}(\delta\sigma\delta^{-1})&=\tau^{-1}(a_1a_ra_{r-1}\cdots a_2)(a_1a_2a_3)(a_1a_2\cdots a_r)\tau(a_1a_3a_2)\\&=(a_1a_3a_r)\in N.\end{aligned}$$

所以,由引理 1.5.2 知 $N=A_n$.

**情形 3** $N$ 含有元素 $\sigma$,而 $\sigma$ 是不相交循环之积,其中至少有两个循环的长度是 3. 因此,$\sigma=(a_1a_2a_3)(a_3a_5a_6)\tau$(不相交的). 令 $\delta=(a_1a_2a_4)\in A_n$,则同上面一样,$N$ 含有

$$\begin{aligned}\sigma^{-1}(\delta\sigma\delta^{-1})&=\tau^{-1}(a_4a_6a_5)(a_1a_3a_2)(a_1a_2a_4)(a_1a_2a_3)(a_4a_5a_6)\tau(a_1a_4a_2)\\&=(a_1a_4a_2a_6a_3).\end{aligned}$$

因此,由情形 2 知 $N=A_n$.

**情形 4** $N$ 含有元素 $\sigma$,而 $\sigma$ 是一个 3-循环和一些 2-循环之积. 比如,$\sigma=(a_1a_2a_3)\tau$(不相交的),其中 $\tau$ 是不相交 2-循环之积. 于是,$\sigma^2\in N$,且

$$\sigma^2=(a_1a_2a_3)\tau(a_1a_2a_3)\tau=(a_1a_2a_3)^2=(a_1a_2a_3).$$

因此,由情形2知 $N=A_n$.

**情形5** $N$ 中每个元素是(偶数个)2-循环的乘积. 令 $\sigma\in N$,且

$$\sigma^2=(a_1a_2)(a_3a_4)\tau \quad (不相交的).$$

令 $\delta=(a_1a_2a_3)\in A_n$,则同上面一样,有 $\sigma^{-1}(\delta\sigma\delta^{-1})\in N$. 现在,

$$\begin{aligned}\sigma^{-1}(\delta\sigma\delta^{-1})&=\tau^{-1}(a_3a_4)(a_1a_2)(a_1a_2a_3)(a_3a_4)\tau(a_1a_3a_2)\\&=(a_1a_3)(a_2a_4).\end{aligned}$$

因为 $n\geqslant5$,故存在元素 $b\in\{1,2,\cdots,n\}$,其不同于 $a_1a_2a_3a_4$. 由于 $\xi=(a_1a_3b)\in A_n$ 和 $\zeta=(a_1a_3)(a_2a_4)\in N$,故 $\zeta(\xi\zeta\xi^{-1})\in N$. 但

$$\zeta(\xi\zeta\xi^{-1})=(a_1a_3)(a_2a_4)(a_1a_3b)(a_1a_3)(a_2a_4)(a_1ba_3)=(a_1a_3b)\in N,$$

因此,由引理5.1.2知 $N=A_n$.

由于上面列出了所有可能情形,故 $A_n$ 没有真的正规子群. 所以,$A_n$ 是单群.

## 习 题 1.5

1. 设 $G$ 是一个循环群,$N$ 是 $G$ 的子群,证明:$G/N$ 也是循环群.

2. 设 $H$ 是 $G$ 的子群,$a,b\in G$,证明以下六个条件等价:

(1) $b^{-1}a\in H$;　(2) $a^{-1}b\in H$;　(3) $b\in aH$;

(4) $a\in bH$;　(5) $aH=bH$;　(6) $aH\cap bH\neq\varnothing$.

3. 设 $H$ 是 $G$ 的子群,$N(H)$ 表示 $H$ 的正规化子(定义见习题1.3中的习题11),证明:$H$ 是 $G$ 的正规子群当且仅当 $G=N(H)$.

4. 设 $H_1,H_2,N$ 是 $G$ 的正规子群,且 $H_1\subset H_2$,证明:$H_1N$ 是 $H_2N$ 的正规子群.

5. 设群 $G$ 的正规子群 $H$ 的阶是2,证明:$G$ 的中心 $C(G)$ 包含 $H$.

6. 设 $G$ 是群,证明:指数是2的子群一定为 $G$ 的正规子群.

7. 设 $G$ 含有8个元:

$$\pm\begin{pmatrix}1&0\\0&1\end{pmatrix},\quad \pm\begin{pmatrix}\mathrm{i}&0\\0&-\mathrm{i}\end{pmatrix},\quad \pm\begin{pmatrix}1&0\\-1&0\end{pmatrix},\quad \pm\begin{pmatrix}0&\mathrm{i}\\\mathrm{i}&0\end{pmatrix},\quad \mathrm{i}^2=-1.$$

证明:$G$ 关于方阵乘法作成一个群,并且 $G$ 的每一个子群都是正规子群.

8. 设 $U$ 表示一切单位根作成的乘法群,证明:$\mathbb{Q}/\mathbb{Z}$ 与 $U$ 同构.

9. 设 $G$ 为有理数域上的 $n$ 阶可逆矩阵作成的乘法群,$H=\{A\mid A\in G,|A|=1\}$,证明:$H$ 是 $G$ 的正规子群.

10. 设 $A,B$ 是 $G$ 的子群,$C$ 是由 $A\cup B$ 生成的子群,证明:如果 $B$ 是 $C$ 的正规子群,则 $C=AB$.

11. 举例说明,如果 $H$ 是 $K$ 的正规子群,$K$ 是 $G$ 的正规子群,则 $H$ 不一定是 $G$ 的正规子群.

12. 设 $G$ 是群,$H$ 是 $G$ 的子群,证明:$H$ 是 $G$ 的正规子群当且仅当对任意的 $a,b\in G$,如果 $ab\in H$,则 $ba\in H$.

13. 设 $G$ 是群,$H$ 是 $G$ 的子群,证明:$H$ 是 $G$ 的正规子群当且仅当对 $G$ 的任意内自同构 $f$,都有 $f(H)\subseteq H$.

14. 证明:群 $G$ 的中心 $C(G)$ 是 $G$ 的正规子群.

15. 设 $G$ 是群,$H$ 是 $G$ 的正规子群,且 $[G:H]=m$. 证明:对每个 $a\in G$,均有 $a^m\in H$.

16. 设 $C(G)$ 是群 $G$ 的中心,且商群 $G/C$ 是循环群,证明:$G$ 是交换群.

17. 设 $H,K$ 是群 $G$ 的两个正规子群,证明:若 $H\cap K=\{e\}$,则对任意 $h\in H$,$k\in K$,有 $hk=kh$.

18. 设 $G$ 是群,证明:$G$ 的内自同构群 $\mathrm{Inn}(G)$ 是 $G$ 的自同构群的正规子群.

19. 给出对称群 $S_4$ 的一切非平凡的正规子群及相应的商群.

20. 设 $G$ 是交换群,证明:$G$ 的所有周期有限的元素构成的集合 $H$ 是 $G$ 的正规子群,且商群 $G/H$ 的元素除单位元外,其余元素(如果有的话)的周期都是无限的.

21. 设 $G$ 是群,$a,b\in H$. 称 $[a,b]=a^{-1}b^{-1}ab$ 为 $a,b$ 的换位子. $G$ 中所有换位子生成的子群称为 $G$ 的换位子群,记作 $[G,G]$. 证明:

(1) $[G,G]$ 是 $G$ 的正规子群;

(2) 商群 $G/[G,G]$ 是交换群;

(3) 如果 $N\lhd G$,且 $G/N$ 为交换群,则 $[G,G]<N$.

## 1.6 群同态与同态基本定理

本节介绍群的同态概念. 它描述了两个群的某种相似性,与群的同构一样,群同态保持了群的运算,但不要求群的元素之间是一一对应的. 因此,群同态可以看作群同构的自然推广. 通过群同态,我们能够了解一个群、它的商群以及它的同态像之间的联系. 因此,群同态是研究群的重要工具.

### 1.6.1 群同态

**定义 1.6.1** 设 $G$ 与 $G'$ 是两个群,$f$ 是 $G$ 到 $G'$ 的映射. 如果对于任意元素 $a,b\in G$,均有 $f(ab)=f(a)f(b)$,则称 $f$ 是 $G$ 到 $G'$ 的一个同态映射(homomorphism),简称同态.

如果 $G$ 到 $G'$ 的同态映射 $f$ 是满射,则称 $f$ 是满同态(surjective homomorphism). 这时,记为 $G\sim G'$.

如果 $G$ 到 $G'$ 的同态映射 $f$ 是单射,则称 $f$ 是单同态(injective homomorphism).

用 $\mathrm{Im}f=f(G)$ 表示 $G$ 在 $f$ 作用下的同态像. 若 $T\subseteq G'$, 用 $f^{-1}(T)$ 表示子集 $T$ 全原像, 即 $f^{-1}(T)=\{a\mid a\in G, f(a)\in T\}$.

**例 1.6.1** 设 $G$ 与 $G'$ 是两个群, 对任意 $x\in G$, 令 $f: x\mapsto e'$, 这里 $e'$ 是 $G'$ 的单位元, 则 $f$ 是 $G$ 到 $G'$ 的一个映射, 并且, 对任意 $x, y\in G$, 有 $f(xy)=e'=e'e'=f(x)f(y)$, 即 $f$ 是 $G$ 到 $G'$ 的同态映射. 这时 $f(G)=\{e'\}$.

**注 1.6.1** 这个同态映射是任意两个群之间都存在的, 称为零同态(zero homomorphism). 这是因为它把 $G$ 中的任一元素都映为零元(如果把 $G'$ 的运算用加法表示的话).

**例 1.6.2** 设 $G=GL_n(\mathbb{R})$, $G'=\mathbb{R}^*$ (即非零实数全体, 群运算为数的乘法), 令 $f: A\mapsto |A|$, 则易证 $f$ 是 $G$ 到 $G'$ 的满射, 并且

$$f(AB)=|AB|=|A||B|=f(A)f(B).$$

故 $f$ 是满同态.

**例 1.6.3** 设 $H$ 是群 $G$ 的正规子群, 令 $f: H\mapsto G/H$ 为 $a\mapsto aH$, 则 $f$ 是满射; 另一方面, 对任意 $a, b\in G$, 有 $f(ab)=(ab)H=(aH)(bH)=f(a)f(b)$. 故 $f$ 是 $G$ 到其商群的满同态. 这个同态常称为 $G$ 到 $G/H$ 的自然满同态.

**例 1.6.4** 设 $G=(\mathbb{Z}, +)$, $G'=(\mathbb{R}, +)$, 作映射 $f: x\mapsto -x$, 对任意 $x_1, x_2\in\mathbb{Z}$, 则 $f(x_1+x_2)=-(x_1+x_2)=(-x_1)+(-x_2)=f(x_1)+f(x_2)$. 所以, $f$ 是 $G$ 到 $G'$ 的同态. 显然, $f$ 是单同态.

**例 1.6.5** 设 $H$ 是群 $G$ 的一个子群, 令 $f: H\to G$ 为 $h\mapsto h$, 则 $f$ 是 $H$ 到群 $G$ 的一个单同态.

**定理 1.6.1** 设 $f$ 是群 $G$ 到群 $G'$ 的同态, 则群 $G$ 的单位元 $e$ 的像 $f(e)$ 是 $G'$ 的单位元; 群 $G$ 的元素 $a$ 的逆元 $a^{-1}$ 的像 $f(a^{-1})$ 是 $f(a)$ 的逆元; 并且 $G$ 的子群 $H$ 在 $f$ 下的像 $f(H)=\{f(a)\mid a\in H\}$ 是 $G'$ 的子群, 且 $H\sim f(H)$. 如果 $H\trianglelefteq G$, 则

$$f(H)\trianglelefteq f(G).$$

**证明** 首先, $e\in H$, 故 $f(e)\in f(H)$. 对于任意 $a\in H$, 由 $ea=a=ae$ 知 $f(e)f(a)=f(a)=f(a)f(e)$. 故当 $a$ 遍历 $H$ 时, $f(a)$ 遍历 $f(H)$, 故 $f(e)$ 是 $f(H)$ 的单位元. 设 $e'$ 是群 $G'$ 的单位元, 则有 $f(e)f(e)=f(e^2)=f(e)=f(e)e'$. 由消去律知 $f(e)=e'$ 为 $G'$ 的单位元.

其次, 由 $a\in H$ 知 $a^{-1}\in H$, 故 $f(a)f(a^{-1})=f(aa^{-1})=f(e)$, 从而 $f(a^{-1})\in f(H)$. 于是, $f(a^{-1})$ 是 $f(a)$ 的逆元.

最后, 任取 $f(a), f(b)\in f(H)$, 这里 $a, b\in H$, 则由 $a, b\in H$ 知 $f(ab)\in f(H)$. 但 $f(ab)=f(a)f(b)$. 所以, $f(H)$ 是 $G'$ 的子群. 又由于 $f$ 是 $H$ 到 $f(H)$ 的满射, 故 $H\sim f(H)$. 进一步, 任取 $f(a)\in f(G)$, $f(h)\in f(H)$, 这里 $a\in G, h\in H$. 由于 $H\trianglelefteq G$, 故 $aha^{-1}\in H$. 从而 $f(a)f(h)f(a)^{-1}=f(a)f(h)f(a^{-1})=f(aha^{-1})$

$\in f(H)$,所以,$f(H)\lhd f(G)$.

**定义 1.6.2** 设 $f$ 是群 $G$ 到群 $G'$ 的一个同态,令 $K=\{a\mid a\in G, f(a)=e'\}=f^{-1}(e')$,称 $K$ 为同态 $f$ 的核(kernel),记作 $\mathrm{Ker}f$. 这里 $e'$ 为群 $G'$ 的单位元.

**定理 1.6.2** 设 $f$ 是群 $G$ 到群 $G'$ 的同态,有

(1) 如果 $N$ 是 $f(G)$ 的子群,则 $f^{-1}(N)$ 是 $G$ 的子群;

(2) 如果 $N$ 是 $f(G)$ 的正规子群,则 $f^{-1}(N)$ 是 $G$ 的正规子群.

**证明** (1) 任取 $a,b\in f^{-1}(N)$,则 $f(a),f(b)\in N$,从而 $f(ab)=f(a)f(b)\in N$,即 $ab\in f^{-1}(N)$. 又 $a\in f^{-1}(N)$,有 $f(a)\in N$,于是 $f(a^{-1})=f(a)^{-1}\in N$,即 $a^{-1}\in f^{-1}(N)$. 所以,$f^{-1}(N)$ 是 $G$ 的子群.

(2) 对任意 $a\in G, h\in f^{-1}(N)$,由 $H\lhd f(G)$ 知,$f(aha^{-1})=f(a)f(h)f(a)^{-1}\in N$. 故 $aha^{-1}\in f^{-1}(N)$. 所以,$f^{-1}(N)\lhd G$.

由定理 1.6.2 知群 $G$ 到群 $G'$ 的同态 $f$ 的核是 $G$ 的子群. 进一步,有如下结论.

**定理 1.6.3** 设 $f$ 是群 $G$ 到群 $G'$ 的同态,令 $K=\mathrm{Ker}f$,有

(1) $f$ 的核 $\mathrm{Ker}f$ 是 $G$ 的正规子群;

(2) 对任意 $a'\in \mathrm{Im}f$,如果 $f(a)=a'$,则 $f^{-1}(a')=aK$;

(3) $f$ 是单同态当且仅当 $\mathrm{Ker}f=\{e\}$.

**证明** (1) 我们已经知道 $\mathrm{Ker}f$ 是 $G$ 的子群. 于是,对任意 $a\in G$ 及任意 $h\in K=\mathrm{Ker}f$,有 $f(aha^{-1})=f(a)f(h)f(a^{-1})=f(a)f(a^{-1})=f(e)$,故 $aha^{-1}\in K=\mathrm{Ker}f$,从而 $f$ 的核 $\mathrm{Ker}f$ 是 $G$ 的正规子群.

(2) 对任意 $h\in K=\mathrm{Ker}f$,有 $f(ah)=f(a)f(h)=a'$,故 $ah\in f^{-1}(a')$,因而 $aK\subseteq f^{-1}(a')$;反之,对任意 $x\in f^{-1}(a')$,有 $f(x)=a'$,即 $f(x)=f(a)$,而 $f(a)^{-1}f(x)=f(e)$. 于是,$a^{-1}x\in K$,因而 $x\in aK$,故 $f^{-1}(a')\subseteq aK$. 所以,$f^{-1}(a')=aK$.

(3) $f$ 是单同态当且仅当对任意 $a'\in f(G)$,有

$$|f^{-1}(a')|=1\Leftrightarrow |aK|=1\Leftrightarrow |K|=1\Leftrightarrow K=\{e\}.$$

### 1.6.2 群的同态基本定理及同构定理

下面给出群论的一个重要定理——同态基本定理.

**定理 1.6.4**(同态基本定理(fundamental theorem of homomorphism)) 设 $f$ 是群 $G$ 到群 $G'$ 的满同态,令 $K=\mathrm{Ker}f$,有

(1) $G/K\cong G'$;

(2) 设 $\pi$ 是 $G$ 到 $G/K$ 的自然满同态,则存在 $G/K$ 到 $G'$ 的同构 $\sigma$ 使 $f=\sigma\circ\pi$.

同态基本定理可看成下面更具一般性定理的直接结果.

**定理 1.6.5** 设 $f$ 是群 $G$ 到群 $G'$ 的满同态,$H$ 是 $G$ 的正规子群,且 $H\subseteq\mathrm{Ker}f$,则存在 $G/H$ 到 $G'$ 的满同态 $f_*$ 使得 $f=f_*\circ\pi$,这里 $\pi$ 是 $G$ 到 $G/H$ 的自然满同态. 并

且，具有上述性质的 $f_*$ 是唯一的. 进一步，$f_*$ 是同构当且仅当 $H=\mathrm{Ker}f$.

**证明** 令 $G/H$ 到 $G'$ 的映射 $f_*$ 为 $f_*(aH)=f(a)$（对任意 $aH\in G/H$）. 由 $aH=bH$ 可得 $ab^{-1}\in H$，而 $H\subseteq \mathrm{Ker}f$，故 $f(a^{-1}b)=f(e)$，从而 $f(a)=f(b)$. 这就说明 $f_*$ 的像 $f(a)$ 与陪集 $aH$ 的代表元选取无关. 所以，$f_*$ 为 $G/H$ 到 $G'$ 的一个映射. 显然，$f_*$ 是满映射.

设 $aH,bH\in G/H$，则

$$f_*(aH\cdot bH)=f_*(abH)=f(ab)=f(a)f(b)=f_*(aH)f_*(bH).$$

因此，$f_*$ 是 $G/H$ 到 $G'$ 的满同态.

令 $\pi$ 是 $G$ 到 $G/K$ 的自然满同态，则对任意 $a\in G$，有 $\pi(a)=aH$. 因 $f_*$ 是 $G/H$ 到 $G'$ 的满同态，故 $f_*\circ\pi$ 为 $G$ 到 $G'$ 的满同态. 并且，对任意 $a\in G$，有

$$f_*\circ\pi(a)=f_*(\pi(a))=f_*(aH)=f(a).$$

所以 $f=f_*\circ\pi$.

现在证明 $f_*$ 的唯一性. 若还有 $f_1:G/H\to G'$ 使得 $f=f_1\circ\pi$，则对任意 $a\in G$，有 $(f\circ\pi)(a)=(f_*\pi)(a)$，即 $f_1(\pi(a))=f_*(\pi(a))$. 于是，有 $f_1(aH)=f_*(aH)$. 当 $a$ 跑遍 $G$ 时，$aH$ 就跑遍 $G/H$. 因此有 $f_1=f_*$. 这就证明了 $f_*$ 的唯一性.

下面证明 $f_*$ 是同构当且仅当 $H$ 是 $f$ 的核 $\mathrm{Ker}f$.

首先，设 $H=\mathrm{Ker}f$. 因 $f(a)=f(e)$ 当且仅当 $a\in H$，故 $\mathrm{Ker}f_*=\{aH\mid f(a)=f(e)\}=\{H\}$. 所以，根据定理 1.6.3(3)，$f_*$ 是单同态，从而为 $G/H$ 到 $G'$ 的同构映射.

其次，设 $f_*$ 是 $G/H$ 到 $G'$ 的同构映射，则 $\mathrm{Ker}f_*=\{H\}$. 设 $a\in\mathrm{Ker}f$，则 $f(a)=f(e)$. 于是，$f_*(aH)=f(e)$，从而 $aH\in\mathrm{Ker}f_*$，即 $aH=H$，亦即 $a\in H$. 这就证明了 $\mathrm{Ker}f\subseteq H$. 但已知 $H\subseteq\mathrm{Ker}f$. 所以，$H=\mathrm{Ker}f$.

**例 1.6.6** 设 $G=GL_n(\mathbb{P})$ 是数域 $\mathbb{P}$ 上的线性群，$H=\{A\in G\mid |A|=1\}$，$G'=(\mathbb{P}^*,\cdot)$，此处 $\mathbb{P}^*=\mathbb{P}\setminus\{0\}$，用同态基本定理证明 $G/H\cong G'$.

**证明** 作映射 $f:G\to G'$ 为 $A\mapsto|A|$. 对任意 $A,B\in G$，有

$$f(AB)=|AB|=|A||B|=f(A)f(B).$$

故 $f$ 是 $G$ 到 $G'$ 的同态.

对任意 $a\in\mathbb{P}^*$，令

$$A=\begin{pmatrix} a & 0 & 0 & \cdots & 0\\ 0 & 1 & 0 & \cdots & 0\\ 0 & 0 & 0 & \cdots & 1\end{pmatrix},$$

则 $f(A)=a$. 因此，$f$ 是 $G$ 到 $G'$ 的满射，因而 $f$ 是满同态. 它的核

$$\mathrm{Ker}f=\{A\in G\mid f(A)=|A|=1\}=H.$$

所以，由同态基本定理得 $G/H\cong G'$.

由这个例子可知，利用群同态基本定理证明群的同构，一般有以下几步：

(1) 建立群 $G$ 到群 $G'$ 的元素之间的对应 $f$，并证明 $f$ 为 $G$ 到 $G'$ 的映射；

(2) 证明 $f$ 为 $G$ 到 $G'$ 的满映射；

(3) 证明 $f$ 为 $G$ 到 $G'$ 的同态；

(4) 计算 $f$ 的核 $\mathrm{Ker}f$；

(5) 应用群同态基本定理得 $G/\mathrm{Ker}f \cong G'$.

群同态基本定理是群论中最重要的定理之一，许多涉及群的同态或同构问题，需要用这个定理解决. 下面看几个例子及一些定理.

**定理 1.6.6** 设 $f$ 是群 $G$ 到群 $G'$ 的满同态，$K=\mathrm{Ker}f$，$A=\{H \mid H\leqslant G, K\leqslant H\}$，$A'$ 是 $G'$ 的所有子群的集合，则 $\varphi: H\mapsto f(H)$ 是 $A$ 到 $A'$ 的双射，且保持偏序关系"$\leqslant$"，即 $H_1\leqslant H_2$ 时，有 $f(H_1)\leqslant f(H_2)$. 进一步，$f(H)\trianglelefteq G'$ 当且仅当 $H\trianglelefteq G$.

**证明** 因 $H$ 是 $G$ 的子群，故 $f(H)$ 是 $G'$ 的子群，从而 $\varphi: H\mapsto f(H)$ 是 $A$ 到 $A'$ 的一个映射. 任取 $H'\in A'$，令 $H=f^{-1}(H')=\{x \mid x\in G, f(x)\in H'\}$，则 $H$ 是 $G$ 的含 $K$ 的子群. 事实上，任取 $a,b\in H$，则 $f(a), f(b)\in H'$. 于是，$f(ab)=f(a)f(b)\in H'$，从而 $ab\in H$，即 $H$ 关于群 $G$ 的乘法封闭. 对任意 $a\in H$，则 $f(a)\in H'$，从而 $f(a^{-1})=fa^{-1}\in H'$. 于是，$a^{-1}\in H$，即 $H$ 是 $G$ 的子群. 任取 $k\in \mathrm{Ker}f$，则 $f(k)=e'\in H'$，故 $k\in H$，从而 $K\leqslant H$，即 $H$ 是 $G$ 的含 $K$ 的子群，亦即 $k\leqslant H$. 因此，$\varphi$ 是 $A$ 到 $A'$ 的满射.

由于 $A$ 中任意 $H$ 均包含 $\mathrm{Ker}f$，故通过计算可得 $f^{-1}(f(H))=H$. 设 $H_1, H_2$ 是 $A$ 中两个元，如果 $f(H_1)=f(H_2)$，则 $f^{-1}(f(H_1))=f^{-1}(f(H_2))$，从而 $H_1=H_2$，即 $\varphi$ 是 $A$ 到 $A'$ 的双射.

设 $H$ 是 $G$ 的正规子群，$f(H)=H'$，任取 $a'\in H, x'\in G'$，则存在 $x\in G, a\in H$ 使得 $f(x)=x', f(a)=a'$. 由于 $xax^{-1}\in H$，故 $f(xax^{-1})\in H'$，从而

$$f(x)f(a)f(x^{-1})=x'a'x'^{-1}\in H'.$$

因此，$H'$ 是 $G'$ 的正规子群.

另一方面，若 $f(H)=H'$，则 $f^{-1}(f(H))=f^{-1}(H')=H$，即 $H$ 是正规子群 $H'$ 的完全原像. 任取 $a\in G, h\in H$，由 $H'\trianglelefteq G'$ 知 $f(a)f(h)f(a)^{-1}\in H'$，从而 $f(aha^{-1})\in H'$. 因此，有 $aha^{-1}\in f^{-1}(H')=f^{-1}(f(H))=H$，故 $H$ 是 $G$ 的正规子群.

由定理 1.6.6，容易得到如下两个结论.

**推论 1.6.1** 设 $N$ 是 $G$ 的正规子群，则 $G/N$ 的任一子群均有形式 $H/N$，这里 $H$ 是 $G$ 的含有 $N$ 的子群，并且，对于 $G$ 的含有 $N$ 的不同子群 $H_1, H_2$，$H_1/N$ 与 $H_2/N$ 是 $G/N$ 的不同子群. 进一步，$H/N$ 是 $G/N$ 的正规子群当且仅当 $H(\supseteq N)$ 是 $G$ 的正规子群.

**推论 1.6.2** (第二同构定理(second isomorphism theorem)) 设 $f$ 是群 $G$ 到 $G'$ 的满同态，$H$ 是 $G$ 的含有 $\mathrm{Ker}f$ 的正规子群，则 $f(H)=H'$ 是 $G'$ 的正规子群，且

$G/H \cong G'/H'$.

**定理 1.6.7**(第三同构定理(third isomorphism theorem)) 设 $H$ 与 $K$ 是群 $G$ 的两个正规子群,则 $HK, H \cap K$ 都是 $G$ 的正规子群,且 $HK/K \cong H/H \cap K$.

**证明** 前面已经证明 $HK$ 与 $H \cap K$ 均是 $G$ 的正规子群(定理 1.5.2),因 $K \trianglelefteq G$,故 $K \leqslant HK$,从而 $K$ 是 $HK$ 的正规子群. 于是,$HK/K$ 是 $G/K$ 的子群. 又因 $H \cap K$是的正规子群,故 $H/H \cap K$ 是商群.

任取 $h \in H$,则 $hK \in HK/K$,且 $hK$ 由 $h$ 唯一确定. 令 $f: h \mapsto hK$,则 $f$ 是 $H$ 到 $HK/K$ 的映射. 由于 $HK/K$ 的每一个元素也具有 $hK$ 的形式,故 $f$ 是 $H$ 到 $HK/K$的满射. 易见 $f$ 是 $H$ 到 $HK/K$ 的满同态. 下面证明 $\mathrm{Ker}f = H \cap K$. 因为 $\mathrm{Ker}f = \{h \mid h \in H, f(h) = K\}$,而 $x \in H \cap K$,故 $f(x) = xK = K$,从而 $H \cap K \subseteq \mathrm{Ker}f$. 另一方面,任意取 $x \in \mathrm{Ker}f$,则 $f(x) = xK = K$. 于是,$x \in H \cap K$,即 $\mathrm{Ker}f = H \cap K$. 由同态基本定理有 $H/H \cap K \cong HK/K$.

**例 1.6.7** 设 $H$ 与 $K$ 是群 $G$ 的两个正规子群,且 $H \supseteq K$,则

$$G/H \cong G/K/H/K.$$

**证明** 令 $f$ 为 $G$ 到 $G/K$ 的自然满同态. 因 $H \supseteq K$,故 $f(H) = H/K$. 由于 $H$ 是 $G$ 的正规子群,由定理 1.6.6 知 $H/K$ 是 $G/K$ 的正规子群. 因为 $H \supseteq \mathrm{Ker}f$,又有 $f^{-1}(f(H)) = H$,应用推论 1.6.2 即第二同构定理就得到了

$$G/H \cong G/K/H/K.$$

**例 1.6.8** 在 $S_4$ 中,令 $H = \{(1),(12)(34),(13)(24),(14)(32)\}$,则 $S_4/H \cong S_3$.

**证明** 我们已经知道 $H \trianglelefteq S_4, S_3 \leqslant S_4$,故 $H \cap S_3, HS_3$ 是 $H \cap S_3$ 的子群. 但 $H \cap S_3 = \{(1)\}$,故由定理 1.3.9 知,$|HS_3| = \dfrac{|H||S_3|}{|H \cap S_3|}$. 因此,$|HS_3| = 24$,即 $S_4 = HS_3$. 由第三同构定理即定理 1.6.7 知

$$HS_3/H \cong S_3/S_3 \cap H \cong S_3,$$

即 $S_4/H \cong S_3$.

**例 1.6.9** 设 $G$ 与 $G'$ 分别是阶数为 $m$ 与 $n$ 的循环群,证明 $G \sim G'$ 当且仅当$n \mid m$.

**证明** 必要性. 设 $f$ 是 $G$ 到 $G'$ 的满同态,由同态基本定理,$G' \cong G/\mathrm{Ker}f$. 由于 $G'$ 的阶数为 $n$,故 $G/\mathrm{Ker}f$ 的阶数也是 $n$,即 $G$ 含有子群 $\mathrm{Ker}f$. 于是,$[G : \mathrm{Ker}f] = n$. 但$[G : 1] = [G : \mathrm{Ker}f][\mathrm{Ker}f : 1]$. 这里 1 表示只有单位元的子群. 故 $m = n[\mathrm{Ker}f : 1]$. 于是 $n \mid m$.

充分性. 设 $n \mid m, G = \langle a \rangle, G' = \langle b \rangle$. 令 $f: a^k \mapsto b^k$,则 $f$ 是 $G$ 到 $G'$ 的映射. 事实上,如果 $a^k = a^l$,则 $a^{k-1} = e$,即 $m \mid (k-1)$,从而 $n \mid (k-1)$. 于是,$b^{k-1} = e$,即 $b^k = b^l$. 这就是说,对于 $G$ 的每一个元,不论其表示方法如何,在 $f$ 下确定唯一的像. 故 $f$

是$G$到$G'$的映射. 任取$x'\in G'$,则$x'$有形式$x'=b^l$. 于是,$f(a^l)=a^l$. 故$f$是$G$到$G'$的满射. 容易验证$f$是$G$到$G'$的同态,从而$G\sim G'$.

### 1.6.3 群的自同态与自同构

本小节最后讨论一下群$G$到自身的同态映射.

$G$到$G$的同态映射$f$称作$G$的一个自同态(endomorphism). $G$的全部自同态的集合通常用符号 End$G$表示,它是$(\mathcal{L}(G),\circ)$的一个有单位元的子半群. End$G$中的可逆元是$G$的同构映射. 这是因为,如果$f\in \mathrm{End}G$,且存在$g\in \mathrm{End}G$使$f\circ g=g\circ f=I_G$,则$f$是$G$到$G$的双射,从而为同构映射,称$f$为$G$的一个自同构(automorphism). 因此,$G$的所有自同构的集合 Aut$G$作成 End$G$的一个子群,称作$G$的自同构群(group of automorphisms).

在群$G$中,取定一个元素$a$,定义$G$上一个变换$\sigma_a:G\to G$为:对任意$x\in G$,$\sigma_a(x)=axa^{-1}$,则$\sigma_a$是$G$上一个自同构,称为$G$的一个内自同构(inner-antomorphism). $G$上全体内自同构作成一个群,称作$G$的内自同构群(group of Inner-antomorphisms),记作 Inn$G$,即 $\mathrm{Inn}G=\{\sigma_a\,|\,a\in G$,对任$x\in G,\sigma_a(x)=axa^{-1}\}$. 关于内自同构群,有以下定理.

**定理 1.6.8** 群$G$的所有内自同构作成的群 Inn$G$是 Aut$G$的正规子群,且$\mathrm{Inn}G\cong G/C$,其中$C$为$G$的中心,即$C=\{a\,|\,a\in G$,对任意$x\in G,ax=xa\}$.

**证明** 由定义知 Inn$G$是 Aut$G$的子群. 对任意$f\in \mathrm{Aut}G$,任意$\sigma_a\in \mathrm{Inn}G$,有$(f\sigma_a f^{-1})(x)=f\sigma_a(f^{-1}(x))=f(af^{-1}(x)a^{-1})=f(a)xf(a)^{-1}=\sigma_{f(a)}(x)$. 故$f\sigma_a f^{-1}=\sigma_{f(a)}\in \mathrm{Inn}G$. 因此,Inn$G$是 Aut$G$的正规子群.

令$G$到 Inn$G$的映射$\varphi$为$\varphi:a\mapsto\sigma_a$,容易证明这是一个满射,且$\varphi(ab)=\sigma_{ab}$,而对任意元素$x\in G$,$\sigma_{ab}(x)=abx(ab)^{-1}=a(bxb^{-1})a^{-1}=\sigma_a\sigma_b(x)$,故$\varphi(ab)=\sigma_{ab}=\sigma_a\sigma_b=\varphi(a)\varphi(b)$. 所以,$G\sim \mathrm{Inn}G$. 进一步,$\varphi$的核 $\mathrm{Ker}\varphi=\{a\,|\,a\in G,\sigma_a=1\}=\{a\,|\,a\in G$,对任$x\in G,axa^{-1}=x\}=C$. 由基本定理得$G/C\cong \mathrm{Inn}G$.

## 习　题　1.6

1. 证明:循环群$G$的同态像是循环群.

2. 设$G$是无限循环群,$G'$是任意循环群,证明:$G$与$G'$同态.

3. 设$G=\{A\,|\,A\in \mathbb{Q}^{n\times n},|A|\neq 0\}$,$G$对方阵乘法作成群. 证明:$f:A\mapsto |A|$是$G$到$(\mathbb{R}^*,\cdot)$的同态映射,找出$f(G)$,Ker$f$. 这里$\mathbb{Q}$与$\mathbb{R}$分别为有理数域和实数域.

4. $G$是正有理数作成的乘法群,$a\in G$,$a=2^n\dfrac{q}{p}$,$p,q$是奇数,令$\varphi:a\mapsto n$,证明:$\varphi$是$G$到$(\mathbb{Z},+)$的同态映射,找出$\varphi(G)$,Ker$\varphi$.

5. 设$G$是可换群,$k$是取定的正整数,令$\psi:a\mapsto a^k$,证明:$\psi$是$G$的自同态映射，找出 $\mathrm{Im}\psi$，$\mathrm{Ker}\psi$.

6. 设 $f$ 是群 $G$ 到群 $G'$ 的满同态，$\mathrm{Ker}f=K$，$H$ 是 $G$ 的子群，证明：$f^{-1}(f(H))=HK$.

7. 设 $G=(\mathbb{Z},+)$，$G'=(a)$ 是 6 阶循环群，令 $\varphi: n\mapsto a^n$，证明：$\varphi$ 是 $G$ 到 $G'$ 的满同态. 找出 $G$ 的所有子群，在 $\varphi$ 下的像为 $(a^2)$；找出 $G$ 的所有子群，在 $\varphi$ 下的像为 $(a^3)$.

8. 设 $G$ 是群，$G$ 的子群仅有有限多个. $\psi$ 是 $G$ 到自身的满同态映射. 证明：$\psi$ 是 $G$ 的一个自同构.

9. 设 $f$ 是群 $G$ 到群 $G'$ 的满同态，$H$ 是 $G$ 的正规子群，证明：$f(H)$ 是 $G'$ 的正规子群. 举例说明当同态映射 $f$ 不是满射时，$f(H)$ 不一定是 $G'$ 的正规子群.

10. 设 $C$ 是 $\mathbb{R}$ 上全体连续函数关于函数的加法作成的子群，对 $f(x)\in C$，令

$$\varphi(f(x))=\int_0^x f(t)\,\mathrm{d}t.$$

证明：$\varphi$ 是 $C$ 到自身的同态映射，找出 $\varphi(G)$，$\mathrm{Ker}\varphi$.

11. 求 $\mathbb{Z}$ 到 $\mathbb{Z}_n$ 的所有同态映射.

12. 求 $\mathbb{Z}_n$ 到 $\mathbb{Z}$ 的所有同态映射.

13. 求 $\mathbb{Z}_4$ 到 $\mathbb{Z}_6$ 的所有同态映射.

14. 设 $k$ 是 $m$ 的正因子. 证明：

$$\mathbb{Z}_m/\langle\bar{k}\rangle\cong\mathbb{Z}_k.$$

15. 设 $\mathrm{Inn}(G)$ 是群 $G$ 的内自同构群，$C(G)$ 是 $G$ 的中心，证明：

$$\mathrm{Inn}(G)\cong G/C(G).$$

16. 设 $H$，$K$ 均是群 $G$ 的正规子群，证明：

$$G/HK\cong G/H/HK/H.$$

# 1.7 群的直积

群的直积是群论的重要概念，也是研究群的结构与构造的工具之一. 利用群的直积，可将若干个较小的群组合成一个大群，也可将一个大群分解成一些较小的群的直积. 本节主要讨论群的直积及其基本性质.

## 1.7.1 群的外直积

**定义 1.7.1** 设 $G_1$ 与 $G_2$ 是两个群，$G_1$ 与 $G_2$ 的笛卡儿积 $G_1\times G_2=\{(a_1,a_2)\mid a_1\in G_1,a_2\in G_2\}$ 关于乘法 $(a_1,a_2)(b_1,b_2)=(a_1b_1,a_2b_2)$ 作成的群称为 $G_1$ 与 $G_2$ 的外直积(external direct product)，仍记为 $G_1\times G_2$.

**注 1.7.1** (1) 如果 $G_1$ 的单位元为 $e_1$，$G_2$ 的单位元为 $e_2$，则 $G_1\times G_2$ 的单位元为 $(e_1,e_2)$；

(2) 对任意 $(a_1,a_2)\in G_1\times G_2$，则 $(a_1,a_2)$ 的逆元为 $(a_1^{-1},a_2^{-1})$；

(3) 当 $G_1$ 与 $G_2$ 都是有限群时,则 $G_1\times G_2$ 也是有限群,且 $|G_1\times G_2|=|G_1||G_2|$;

(4) 容易证明 $G_1\times G_2$ 为可换群当且仅当 $G_1$ 与 $G_2$ 均是可换群.

**例 1.7.1** 设 $G=\{e,a\}$ 为 2 阶循环群,则 $G\times G$ 含有四个元,即 $G\times G=\{(e,e),(e,a),(a,e),(a,a)\}$. 由于

$$(e,a)(e,a)=(e,e),\quad (a,e)(a,e)=(e,e),\quad (a,a)(a,a)=(e,e),$$

故 $G\times G$ 与克莱因四元群同构.

**例 1.7.2** 用 $C_n$ 表示 $n$ 阶循环群,则 $C_3\times C_5=C_{15}$.

**证明** 由于 $C_3\times C_5$ 含有 15 个元素,故只需证明 $C_3\times C_5$ 里存在一个周期是 15 的元素即可. 设 $C_3=\langle a\rangle$, $C_5=\langle b\rangle$, 则 $(a,b)^{15}=(a^{15},b^{15})=(e_1,e_2)$. 设 $(a,b)$ 的周期为 $k$, 则 $k|15$. 易知, $k\neq 1,3,5$, 故 $k=15$.

**注 1.7.2** 设 $p$ 与 $q$ 是互素的素数,可证 $C_p\times C_q=C_{pq}$. 更一般地,对任意正整数 $s$ 与 $t$, 只要 $(s,t)=1$, 恒有 $C_s\times C_t=C_{st}$.

在外直积 $G_1\times G_2$ 中,令 $G_1'=\{(x,e_2)\mid x\in G_1\}$, $G_2'=\{(e_1,y)\mid y\in G_2\}$, 则容易验证 $G_1'$ 与 $G_2'$ 都是 $G_1\times G_2$ 的正规子群,并且 $G_1\cong G_1'$, $G_2\cong G_2'$. 任取 $(x,y)\in G_1\times G_2$, 则 $(x,y)=(x,e_2)(e_1,y)$, 其中 $(x,e_2)\in G_1'$, $(e_1,y)\in G_2'$. 反之,设 $(x,y)=(x',e_2)(e_1,y')$, 则 $(x',e_2)=(x,e_2)$, $(e_1,y')=(e_1,y)$. 这就表明 $G_1\times G_2=G_1'G_2'$, 并且 $G_1\times G_2$ 中每一元素均表示成 $G_1'$ 与 $G_2'$ 的元素的积,且表示法是唯一的.

这个事实的逆命题也成立,定理如下.

**定理 1.7.1** 设 $G$ 有两个正规子群 $G_1$ 与 $G_2$ 使得 $G$ 的每一个元素都可表为 $G_1$ 与 $G_2$ 的元素的积,而且表示法是唯一的,则 $G\cong G_1\times G_2$.

**证明** 由于 $G_1$ 与 $G_2$ 是群 $G$ 的正规子群,故 $G_1G_2$ 是 $G$ 的一个子群. 由于 $G$ 中每个元素均可表为 $G_1$ 与 $G_2$ 的元素的积,故 $G_1G_2=G$. 作 $G_1$ 与 $G_2$ 的外直积 $G_1\times G_2$. 令 $f:(x,y)\mapsto xy$, 则 $f$ 是 $G_1\times G_2$ 到 $G$ 的一个映射. 由于 $G$ 中元素写为 $G_1$ 与 $G_2$ 的元素之积的表示法的唯一性,即由 $xy=x'y'$ 可得 $x=x'$, $y=y'$. 所以, $f$ 是 $G_1\times G_2$ 到 $G$ 的一个单射. 又由 $a\in G=G_1G_2$ 知 $a=xy$, 其中 $x\in G_1$, $y\in G_2$, 故 $f((x,y))=xy=a$, 从而 $f$ 是 $G_1\times G_2$ 到 $G$ 的一个满射.

下面证明 $f$ 保持群运算. 为此,需要证明对任意 $x\in G_1$, $y\in G_2$, 均成立 $xyx^{-1}y^{-1}\in G_1\cap G_2$.

事实上,由于 $xyx^{-1}y^{-1}=(xyx^{-1})y^{-1}\in G_2$ 与 $xyx^{-1}y^{-1}=x(yx^{-1}y^{-1})\in G_1$, 故 $xyx^{-1}y^{-1}\in G_1\cap G_2$. 又由于 $G$ 中每个元素均可表为 $G_1$ 与 $G_2$ 的元素的积,且表示法唯一,而这个条件表明 $G_1\cap G_2=\{e\}$. 这是因为,若 $a\in G_1\cap G_2$, 则 $a=a\cdot e=e\cdot a$, 故 $a=e$. 因此,有 $xyx^{-1}y^{-1}=e$, 从而 $xy=yx$. 于是,对任意 $xx'\in G_1$, $yy'\in G_2$, 有 $f((x,y)(x'y'))=f(xx',yy')=xx'yy'=xy'xy'=f((x,y))f((x'y'))$. 即 $f$ 是 $G_1\times G_2$ 到 $G$ 的一个同构映射.

根据定理 1.7.1, 可得内直积的概念如下.

### 1.7.2 群的内直积

**定义 1.7.2** 设$G_1$与$G_2$是群$G$的正规子群，且$G$的每个元都可以表为$G_1$与$G_2$的元的积，并且表示法是唯一的，则称$G$是$G_1$与$G_2$的内直积(internal direct product).

**定理 1.7.2** 设$G_1$与$G_2$是群$G$的子群，则$G$是$G_1$与$G_2$的内直积当且仅当下列条件成立：

(1) $G=G_1G_2$;

(2) $G_1\cap G_2=\{e\}$;

(3) 任$a\in G_1, b\in G_2$，有$ab=ba$.

**证明** 如果$G$是$G_1$与$G_2$的内直积，显然，(1)成立. 任取$a\in G_1\cap G_2$，则$a=a\cdot e=e\cdot a$. 由$G$中每个元素均可表为$G_1$与$G_2$的元素的积的表示法唯一性知$a=e$，即(2)成立. 由于$G$是$G_1$与$G_2$的内直积，故$G_1\trianglelefteq G, G_2\trianglelefteq G$. 于是，对任意$a\in G_1, b\in G_2$，与定理1.7.1中的证明类似，由

$$aba^{-1}b^{-1}=a(ba^{-1}b^{-1})\in G_1 \quad 及 \quad aba^{-1}b^{-1}=(aba^{-1})b^{-1}\in G_2$$

知$aba^{-1}b^{-1}=e$，即$ab=ba$.

反之，设$G$有两个子群$G_1$与$G_2$满足条件(1)，(2)和(3). 任取$x\in G, a\in G_1$，则$x=x_1x_2$，这里$x_1\in G_1, x_2\in G_2$. 于是，

$$xax^{-1}=(x_1x_2)a(x_1x_2)^{-1}=x_1(x_2ax_2^{-1})x_1^{-1}=x_1(ax_2x_2^{-1})x_1^{-1}=x_1ax_1^{-1}\in G_1,$$

从而$G_1\trianglelefteq G$. 类似可证$G_2\trianglelefteq G$. 由$G=G_1G_2$知$G$中任一元素可表为$G_1$与$G_2$的元素的积. 下面证明表示法是唯一的. 若$g=a_1b_1=a_2b_2$，这里$a_1, a_2\in G_1, b_1, b_2\in G_2$，故$a_2^{-1}a_1=b_2b_1^{-1}\in G_1\cap G_2=\{e\}$. 于是，由$a_2^{-1}a_1=e$知$a_1=a_2$；由$b_2b_1^{-1}=e$知$b_1=b_2$. 这就表明了表示法是唯一的. 由定义1.7.2知$G$是$G_1$与$G_2$的内直积.

**例 1.7.3** 设$G=\langle a\rangle$，其中$a$的周期为$pq$，且$(p,q)=1$. 令$G_1=\langle a^p\rangle, G_2=\langle a^q\rangle$，则$G$是$G_1$与$G_2$的内直积.

**证明** 由于$(p,q)=1$，故存在$s,t$使$ps+qt=1$，从而有$a=(a^p)^s(a^q)^t$. 于是，$G=G_1G_2$. 如果任取$x\in G_1\cap G_2$，则$x$的周期$k$是$p$的因数，又是$q$的因数，从而$k\mid(p,q)$. 因此，$k=1$. 即$G_1\cap G_2=\{e\}$. 又$G$是可换群，故定理1.7.2的条件(3)显然成立，所以，$G$是$G_1$与$G_2$的内直积.

关于群$G$表为两个子群$G_1$与$G_2$的内直积，我们还有如下定理.

**定理 1.7.3** 设$G_1$与$G_2$是群$G$的子群，则$G$是$G_1$与$G_2$的内直积的充分必要条件是：

(1) $G$中每个元可唯一表为$G_1$与$G_2$中的元的积，即$g=ab$，其中$a\in G_1$，$b\in G_2$;

(2) $G_1$中任意元与$G_2$中任意元可交换，即对任$a\in G_1, b\in G_2$，有$ab=ba$.

**证明** 必要性. 如果$G$是$G_1$与$G_2$的内直积，则条件(1)显然成立. 只需证明

条件(2)成立即可. 对任意 $a\in G_1$, $b\in G_2$, 考虑元素 $g=aba^{-1}b^{-1}$. 由于 $G_1\trianglelefteq G$, $G_2\trianglelefteq G$, 故 $g=a(ba^{-1}b^{-1})\in aG_1=G_1$, 同时, $g=(aba^{-1})b^{-1}\in G_2b^{-1}=G_2$. 因此, $g\in G_1\cap G_2$. 再由定理 1.7.2 的条件(2)知 $g=e$, 从而 $aba^{-1}b^{-1}=e$. 即有 $ab=ba$.

充分性. 只需证明 $G_1\trianglelefteq G$, $G_2\trianglelefteq G$ 即可. 由(1)知 $G=G_1G_2$, 故对任意 $a\in G_1$, 任 $g=g_1g_2\in G=G_1G_2$, 有 $gag^{-1}=g_1g_2ag_2^{-1}g_1^{-1}=g_1ag_2g_2^{-1}g_1^{-1}=g_1ag_1^{-1}\in G_1$. 因此, $G_1\trianglelefteq G$. 同理可证 $G_2\trianglelefteq G$. 所以, 由内直积的定义即知 $G$ 是 $G_1$ 与 $G_2$ 的内直积.

### 1.7.3 群的外直积与内直积的一致性

关于群的内直积与外直积, 我们有如下定理.

**定理 1.7.4** 如果群 $G$ 是正规子群 $G_1$ 与 $G_2$ 的内直积, 则 $G_1\times G_2\cong G$; 反之, 如果群 $G=G_1\times G_2$, 则存在 $G$ 的正规子群 $G_1'$ 与 $G_2'$, 且 $G_1$ 与 $G_1'$ 同构, $G_2$ 与 $G_2'$ 同构, 使得 $G$ 是 $G_1'$ 与 $G_2'$ 的内直积.

**证明** 如果群 $G$ 是正规子群 $G_1$ 与 $G_2$ 的内直积, 定义映射 $f: G_1\times G_2\to G$, $(a,b)\mapsto ab$ (任意 $(a,b)\in G_1\times G_2$). 由于 $G=G_1G_2$, 故 $f$ 是满射. 又由定理 1.7.3 知, $G$ 中元表为 $ab$ 形式的表示法是唯一的, 故 $f$ 是单射. 对任意 $(a_1,b_1)$, $(a_2,b_2)\in G_1\times G_2$, 因 $G_1$ 中的元素与 $G_2$ 中的元素可交换, 故

$$\begin{aligned}f((a_1,b_1)(a_2,b_2))&=f(a_1a_2,b_1b_2)=(a_1a_2)(b_1b_2)\\&=(a_1b_1)(a_2b_2)=f(a_1b_1)f(a_2,b_2).\end{aligned}$$

所以, $f$ 是同构映射, 从而 $G_1\times G_2\cong G$.

如果 $G=G_1\times G_2$, 令 $G_1'=\{(a_1,e_2)\mid a_1\in G_1\}$, $G_2'=\{(e_1,a_2)\mid a_2\in G_2\}$, 则容易验证 $G_1'$ 与 $G_2'$ 均是 $G$ 的正规子群, 且对任意 $(a_1,a_2)\in G$, 有 $(a_1,a_2)=(a_1,e_2)(e_1,a_2)\in G_1'G_2'$. 这个表示法也具有唯一性, 且对任意的 $(a_1,e_2)\in G_1'$, $(e_1,a_2)\in G_2'$, 有 $(a_1,e_2)(e_1,a_2)=(a_1,a_2)=(e_1,a_2)(a_1,e_2)$. 所以, 由定理 1.7.3 知 $G$ 是 $G_1'$ 与 $G_2'$ 的内直积. 而 $f: a_1\mapsto(a_1,e_2)$ 与 $f: a_2\mapsto(e_1,a_2)$ 分别为 $G_1$ 到 $G_1'$ 与 $G_2$ 到 $G_2'$ 的同构映射.

**注 1.7.3** (1) 对于群的内直积和外直积, 一定要注意外直积 $G=G_1\times G_2$ 中的群 $G_1$ 与 $G_2$ 一般不是 $G$ 里的子群, 故有"外直积"之称, 而内直积 $G=G_1G_2$ 中的 $G_1$ 与 $G_2$ 都是 $G$ 的子群. 从定理 1.7.4 中可看到, 内直积和外直积的概念本质上是一致的. 所以, 有时候我们可不对内直积和外直积加以区别, 而统称为群的直积 (direct product of groups).

(2) 内直积概念属于结构理论, 外直积属于构造理论, 从定理 1.7.4 知二者是互通的.

### 1.7.4 多个群的外直积与内直积

外直积的概念容易推广到 $n$ 个群的情形.

**定义 1.7.3** 设 $G_1, G_2, \cdots, G_n$ 是 $n$ 个群. 笛卡儿积 $G_1 \times G_2 \times \cdots \times G_n$ 关于乘法

$$(a_1, a_2, \cdots, a_n)(b_1, b_2, \cdots, b_n) = (a_1 b_1, a_2 b_2, \cdots, a_n b_n)$$

作成的群称为 $G_1, G_2, \cdots, G_n$ 的外直积,仍记为 $G_1 \times G_2 \times \cdots \times G_n$.

设 $G_i$ 的单位元为 $e_i (i=1,2,\cdots,n)$,则 $G=G_1 \times G_2 \times \cdots \times G_n$ 的单位元为$(e_1, e_2, \cdots, e_n)$. $(a_1, a_2, \cdots, a_n)^{-1} = (a_1^{-1}, a_2^{-1}, \cdots, a_n^{-1})$,当 $G_i$ 均为有限群时,

$$|G| = |G_1| \times |G_2| \times \cdots \times |G_n|.$$

令 $f_i: a_i \mapsto (e_1, \cdots, e_{i-1}, a_i, e_{i+1}, \cdots, e_n)$,则 $f_i$ 是$G_i$ 到$G$ 的一个单同态,令$G_i' = f_i(G_i)$,则 $G_i'$是$G$ 的正规子群. 同时,$G_i \cong G_i'$, $i=1,2,\cdots,n$. 并且,$G$ 的每一个元都可唯一表为$G_1', G_2', \cdots, G_n'$的元的积. 类似于定理 1.7.1,我们有如下定理.

**定理 1.7.5** 设群 $G$ 有 $n$ 个正规子群$G_1, G_2, \cdots, G_n$,使得 $G$ 的每一个元都可唯一表为$G_1, G_2, \cdots, G_n$ 的元的积,则 $G \cong G_1 \times G_2 \times \cdots \times G_n$.

**证明** 由于 $G$ 的每一个元都可唯一表为 $G_1, G_2, \cdots, G_n$ 的元的积,可证对任意 $a_i \in G_i, a_j \in G_j$,这里 $i \neq j$,有 $a_i a_j = a_j a_i$. 事实上,因为

$$a_i a_j a_i^{-1} a_j^{-1} = (a_i a_j a_i^{-1}) a_j^{-1} = a_i (a_j a_i^{-1} a_j^{-1}) \in G_i \cap G_j,$$

而对 $x \in G_1 \cap G_2$,有

$$x = e \cdots \overset{i}{x} \cdots \overset{j}{e} \cdots e = e \cdots \overset{i}{e} \cdots \overset{j}{x} \cdots e,$$

从而 $x=e$. 即 $G_1 \cap G_2 = \{e\}$. 所以,$a_i a_j a_i^{-1} a_j^{-1} = e$,从而 $a_i a_j = a_j a_i$.

令 $\overline{G} \cong G_1 \times G_2 \times \cdots \times G_n$, $f: (a_1, a_2, \cdots, a_n) \mapsto a_1 a_2 \cdots a_n$,则 $f$ 是$\overline{G}$ 到$G$ 的双射,且

$$\begin{aligned} f((a_1, a_2, \cdots, a_n)(b_1, b_2, \cdots, b_n)) &= a_1 b_1 a_2 b_2 \cdots a_n b_n = a_1 a_2 \cdots a_n b_1 b_2 \cdots b_n \\ &= f(a_1, a_2, \cdots, a_n) f(b_1, b_2, \cdots, b_n), \end{aligned}$$

即 $\overline{G} \cong G$.

内直积的概念也可推广到 $n$ 个正规子群的情形.

**定义 1.7.4** 设 $G_1, G_2, \cdots, G_n$ 是群$G$ 的$n$ 个正规子群,且 $G$ 的每一个元都可唯一表为$G_1, G_2, \cdots, G_n$ 的元的积,则称 $G$ 是$G_1, G_2, \cdots, G_n$ 的内直积.

与两个子群的情形一样,也有如下定理.

**定理 1.7.6** 设 $G_1, G_2, \cdots, G_n$ 是群$G$ 的$n$ 个子群,则 $G$ 是$G_1, G_2, \cdots, G_n$ 的内直积当且仅当下面条件成立:

(1) $G = G_1 G_2 \cdots G_n$;

(2) $G_i \cap \left( \prod\limits_{\substack{j=1 \\ j \neq i}}^{n} G_j \right) = \{e\}$;

(3) 对任意 $a_i \in G_i, a_j \in G_j$,这里 $i \neq j$,有 $a_i a_j = a_j a_i$.

证明留作练习.

**定理 1.7.7** 如果群 $G$ 是$n$ 个子群$G_1, G_2, \cdots, G_n$ 的内直积,则 $G$ 同构于$G_1$,

$G_2,\cdots,G_n$ 的外直积.

证明留作练习.

与笛卡儿积情形一样,直积概念也可推广到无限多个群上. 令 $\{G_\alpha \mid \alpha\in A\}$ 是一簇群,指标集 $A$ 是任意的,可数集或不可数集均可以. 令 $G$ 表示笛卡儿积 $\prod\limits_{\alpha\in A} G_\alpha$,即

$$G=\{f\mid f: A\to \bigcup_{\alpha\in A} G_\alpha, f(\alpha)\in G_\alpha\},$$

规定 $(f\cdot g)(\alpha)=f(\alpha)\cdot g(\alpha)$,则 $G$ 关于这样规定的运算作成一个群,称 $G$ 为 $\{G_\alpha \mid \alpha\in A\}$ 的直积,记为 $G=\prod\limits_{\alpha\in A} G_\alpha$.

直观地看,$G=\{(\cdots,a_\alpha,\cdots)\mid a_\alpha\in G_\alpha, \forall\alpha\in A\}$,$G$ 的运算为

$$(\cdots,a_\alpha,\cdots)(\cdots,b_\alpha,\cdots)=(\cdots,a_\alpha b_\alpha,\cdots).$$

$G$ 的单位元 $e=(\cdots,e_\alpha,\cdots)$,$e_\alpha$ 是 $G_\alpha$ 的单位元,令

$$N=\{f\mid f\in G,\text{除有限多个 }\alpha\text{ 外,对所有 }\alpha\in A, f(\alpha)=e_\alpha\},$$

则 $N$ 是 $G$ 的正规子群.

当诸 $G_\alpha$ 是均加法群时,$\prod\limits_{\alpha\in A} G_\alpha$ 的子群

$$N=\{f\mid f\in G,\text{除有限多个 }\alpha\text{ 外,对所有 }\alpha\in A, f(\alpha)=e_\alpha\}$$

通常用和的符号表示,记作 $\bigoplus\limits_{\alpha\in A} G_\alpha$. 对有限个加群来说,恒有 $\prod\limits_{\alpha\in A} G_\alpha=\bigoplus\limits_{\alpha\in A} G_\alpha$. 例如,加群 $G_1,G_2,\cdots,G_n$ 的直积通常记作直和,记为

$$G=G_1\oplus G_2\oplus\cdots\oplus G_n.$$

**例 1.7.4** 设 $G$,$G_\alpha(\alpha\in A)$ 是群,$g_\alpha(\alpha\in A)$ 是 $G$ 到 $G_\alpha$ 的群同态. 任取 $x\in G$,令

$$f_x: \alpha\mapsto g_\alpha(x),\quad \alpha\in A,$$

则 $f_x\in\prod\limits_{\alpha\in A} G_\alpha$,且 $\prod\limits_{\alpha\in A} g_\alpha: x\mapsto f_x$ 是 $G$ 到 $\prod\limits_{\alpha\in A} G_\alpha$ 的一个同态.

事实上,$f_x$ 是 $A$ 到 $\bigcup\limits_{\alpha\in A} G_\alpha$ 的一个映射,按照直积的定义,$f_x\in\prod\limits_{\alpha\in A} G_\alpha$. 另一方面,

$$f_{xy}(\alpha)=g_\alpha(xy)=g_\alpha(x)g_\alpha(y)=f_x(\alpha)\cdot f_y(\alpha),$$

所以,

$$\prod_{\alpha\in A} g_\alpha(xy)=f_{xy}(\alpha)=f_x(\alpha)\cdot f_y(\alpha)=\prod_{\alpha\in A} g_\alpha(x)\cdot\prod_{\alpha\in A} g_\alpha(y),\quad \forall x,y\in G.$$

亦即,$\prod\limits_{\alpha\in A} g_\alpha$ 是 $G$ 到 $\prod\limits_{\alpha\in A} G_\alpha$ 的一个同态.

## 习 题 1.7

1. $G=G_1\times G_2$,$H$ 是 $G_1$ 的正规子群,证明:$H$ 也是 $G$ 的正规子群.

2. 设群 $G$ 是其子群 $A$,$B$ 的(内)直积,$N$ 是 $A$ 的正规子群,证明:$G/N=$

$A/N \times B$.

3. 设 $A,B$ 是群 $G$ 的正规子群,且 $G=AB$,证明:$G/A\cap B\cong A/A\cap B\times B/A\cap B$.

4. 设 $A,B,C$ 是三个群,且 $A\times B\cong A\times C$,问是否有 $B\cong C$?

5. 证明:或否定$\mathbb{Z}\oplus\mathbb{Z}$ 是循环群.

6. 在$\mathbb{Z}_{12}\oplus\mathbb{Z}_4\oplus\mathbb{Z}_{15}$中求一个 9 阶子群.

7. 设$\mathbb{R}^*$是所有非零实数构成的乘法群,$\mathbb{R}^+$是所有正实数构成的乘法群. 证明:$\mathbb{R}^*$是$\mathbb{R}^+$与子群$\{-1,1\}$的内直积.

8. 设群 $G=G_1\times G_2$,证明:存在 $G$ 到 $G_1$ 的同态映射 $f$,使得

$$\mathrm{Ker}f\cong G_2,\quad \mathrm{Im}f\cong G_1.$$

9. 证明:复数加群$\mathbb{C}$ 同构与$\mathbb{R}\oplus\mathbb{R}$.

10. 设群 $G_1$ 同构于群 $K_1$,群 $G_2$ 同构于群 $K_2$,证明:$G_1\times G_2=K_1\times K_2$.

11. 设群 $G=G_1\times G_2\times\cdots\times G_n$,每个 $a_i$ 是 $G_i$ 中的有限阶元素,证明:

$$o(a_1,a_2,\cdots,a_n)=[o(a_1),o(a_2),\cdots,o(a_n)].$$

12. 群 $G=G_1G_2\cdots G_n$ 是其子群 $G_1,G_2,\cdots,G_n$ 的内直积. 证明:

(1) 对任意 $i\neq j$,$G_i$ 中的元素与 $G_j$ 中的元素可交换;

(2) 如果 $g_1g_2\cdots g_n=g_1'g_2'\cdots g_n'$,其中 $g_i,g_i'\in G_i$,$i=1,2,\cdots,n$,则对每个 $i$,都有 $g_i=g_i'$.

# 第 2 章　环　与　域

第 1 章介绍了群的基本理论. 群是一类具有一种代数运算的代数系统. 现在介绍具有两种代数运算的代数系统,就是环与域. 在数学、物理及工程技术等领域,我们经常会碰到这种具有两种运算的代数系统——环与域. 2.1 节介绍环的定义与基本性质. 2.2 节介绍环的理想与商环. 2.3 节介绍环的同态与同态基本定理. 2.4 节介绍环的素理想与极大理想以及分式环. 2.5 节介绍环的特征与素域. 2.6 节介绍环的直和概念及其基本性质.

## 2.1　环的定义与基本性质

整数集合上有两种运算:加法和乘法. 整数集 $\mathbb{Z}$ 对于数的加法构成一个交换群,对于数的乘法构成一个幺半群,并且乘法对加法满足分配律. 因此,按照下面给出的环的定义,整数集合在数的加法与乘法运算下构成一个环. 类似整数环,我们还见过多项式环、数环、数域、数域上的矩阵环等.

### 2.1.1　环和域的定义

**定义 2.1.1**　设 $R$ 是一个非空集合,如果在 $R$ 上定义了两种运算"+"(称为加法)和"·"(称为乘法),并且满足下面条件:

(R1) $(R,+)$ 是一个可换群,其单位元记作 0,称为零元;

(R2) $(R,\cdot)$ 是一个半群;

(R3) 乘法对加法的分配律成立:对任意 $a,b,c\in R$,有

$$a\cdot(b+c)=a\cdot b+a\cdot c \text{与} (b+c)\cdot a=b\cdot a+c\cdot a,$$

则称 $(R,+,\cdot)$ 是一个环(ring). 如果环 $R$ 满足

(R4) $(R,\cdot)$ 是一个幺半群,其单位元记作 $e$,就称 $R$ 是一个有单位元 $e$ 的环(ring with a nuit element).

如果环 $R$ 满足

(R5) 乘法交换律:对任意 $a,b\in R$,有 $a\cdot b=b\cdot a$,则称 $R$ 是一个交换环(commutative ring)或可换环(commutable ring).

**注 2.1.1**　设环 $R$ 有单位元 $e$,对元素 $a\in R$,若存在 $b\in R$ 使得 $a\cdot b=b\cdot a=e$,则称 $a$ 是 $R$ 的可逆元(inversible element)或单位(unit),并称 $b$ 是 $a$ 的逆元(inverse element). 易见,若 $a$ 可逆,则 $a$ 的逆元是唯一的.

**定义 2.1.2**　设 $F$ 是一个有单位元 $e$ 的交换环. 如果 $F$ 中任意非零元 $a$ 关于乘法有逆元,即存在 $a^{-1}\in F$ 使得 $aa^{-1}=e$,则称 $F$ 为一个域(field).

**例 2.1.1**　整数集$\mathbb{Z}$对于通常数的加法与乘法构成一个有单位元的交换环,而有理数集$\mathbb{Q}$,实数集$\mathbb{R}$,复数集$\mathbb{C}$对于通常数的加法与乘法构成域,单位元均为数1. 以后,我们把数集关于数的加法与乘法作成的环称为数环(ring of numbers). 例如,$\mathbb{Z}[\mathrm{i}]=\{a+b\mathrm{i}\mid a,b\in\mathbb{Z}\}(\mathrm{i}^2=-1)$关于数的加法与乘法作成环. 所以,$\mathbb{Z}[\mathrm{i}]$是一个数环,通常称为高斯整数环(Gaussian integral ring).

**例 2.1.2**　元素为整数的一切 $n$ 阶方阵所成集合$\mathbb{Z}^{n\times n}$关于方阵的加法与乘法作成一个环. 同样,$\mathbb{Q}^{n\times n}$,$\mathbb{R}^{n\times n}$与$\mathbb{C}^{n\times n}$关于方阵的加法与乘法都作成环. 一般地,设 $A$ 是一个数环,$A^{n\times n}$也作成一个环,称为 $A$ 上的方阵环.

**例 2.1.3**　设 $m>1$ 是整数,则$\mathbb{Z}$的模 $m$ 剩余类集$\mathbb{Z}_m=\{\bar{0},\bar{1},\cdots,\overline{m-1}\}$关于剩余类的加法和乘法构成有单位元 $\bar{1}$ 的交换环,称为模 $m$ 剩余类环(residue class ring).

事实上,我们已经知道$(\mathbb{Z}_m,+)$是一个加法群,而$(\mathbb{Z}_m,\cdot)$是一个乘法半群,且 $\bar{1}$ 是单位元,只需验证一下分配律:对任意 $\bar{a},\bar{b},\bar{c}\in\mathbb{Z}_m$,

$$\bar{a}\cdot(\bar{b}+\bar{c})=\bar{a}\cdot(\overline{b+c})=\overline{a\cdot(b+c)}=\overline{a\cdot b+a\cdot c}=\overline{a\cdot b}+\overline{a\cdot c}=\bar{a}\cdot\bar{b}+\bar{a}\cdot\bar{c}.$$

同理可得 $(\bar{b}+\bar{c})\cdot\bar{a}=\bar{b}\cdot\bar{a}+\bar{c}\cdot\bar{a}$.

所以,$(\mathbb{Z}_m,+,\cdot)$构成有单位元的交换环.

**例 2.1.4**　设 $R$ 是一个有单位元的交换环,$x$ 为 $R$ 上的一个未定元(定义见后面)或字母,

$$R[x]=\{a_0+a_1x+\cdots a_nx^n\mid a_i\in R,n\in\mathbb{N}\}$$

是系数在 $R$ 上的一元多项式的集合. 按通常多项式的加法和乘法定义 $R[x]$中的加法和乘法,则 $R[x]$构成一个有单位元的交换环.

**例 2.1.5**　设 $R=\{0\}$,规定 $0+0=0$,$0\cdot0=0$,则 $R$ 构成环,称为零环(zero ring). 零环是唯一的一个有单位元且单位元等于零的环,并且零元也可逆的环. 零环太简单了,意义不大,今后在对环讨论时,将其排除在外.

**例 2.1.6**　设$(A,+)$是任一加群,规定乘法如下:对任意 $a,b\in A$,$a\cdot b=0$,则$(A,+)$作成一个环. 通常也称之为零环. 这样的环意义也不大,因为这时$(A,+,\cdot)$的结构主要取决于加群$(A,+)$的结构.

**例 2.1.7**　令 $C[0,1]$是定义在闭区间$[0,1]$上的所有连续函数的集合. 对 $f$,$g\in C[0,1]$,规定函数的加法为:对任意 $x\in[0,1]$,$(f+g)(x)=f(x)+g(x)$;函数的乘法为:对任意 $x\in[0,1]$,$(fg)(x)=f(x)g(x)$,则 $C[0,1]$作成一个有单位元 $E$ 的交换环,这里 $E$ 为函数 $E(x)=1$(任意 $x\in[0,1]$),零元为零函数 0,即 $0(x)=0$(任意 $x\in[0,1]$).

### 2.1.2 环的基本性质

由于一个环 $R$ 首先是一个加群，所以加法结合律与交换律成立. 对于加群 $(R,+)$，存在零元 0，即任意 $a\in R$，$0+a=a$，且存在 $-a\in R$ 使 $a+(-a)=0$. 其次，环 $R$ 对乘法是一个半群，乘法满足结合律以及乘法对加法满足分配律. 由这些运算定律可推得环 $R$ 的一些常用运算性质.

**定理 2.1.1** 设 $R$ 是一个环，$a,b\in R$，则

(1) $a\cdot 0=0\cdot a=0$;

(2) $-(-a)=a$;

(3) $a\cdot(-b)=(-a)\cdot b=-ab$;

(4) $(-a)\cdot(-b)=ab$;

(5) $x+a=a\Rightarrow x=0$;

(6) $a+x=0\Rightarrow x=-a$;

(7) $a+b=a+c\Rightarrow b=c$.

**证明** (1) 因为 $a\cdot 0+a\cdot 0=a\cdot(0+0)=a\cdot 0=a\cdot 0+0$，故由加法消去律得 $a\cdot 0=0$. 同理可证 $0\cdot a=0$.

(2) 因为 $-a$ 是 $a$ 的负元，即 $a+(-a)=0$，故 $a$ 也是 $-a$ 的负元，即 $-(-a)=a$.

(3) 因为 $a\cdot(-b)+a\cdot b=a\cdot(-b+b)=a\cdot 0=0$，所以，$a\cdot(-b)$ 是 $a\cdot b$ 的负元. 因此，$a\cdot(-b)=-ab$. 同理可证 $(-a)\cdot b=-ab$.

(4) 由(3)得 $(-a)\cdot(-b)=-(a\cdot(-b))=-(-ab)=ab$.

(5)～(7)由加群运算性质可得证.

利用环 $R$ 中加法与乘法运算的性质，还可证明下面一些法则成立.

(8) 移项法则：对任意 $a,b,c\in R$，有

$$a+b=c\Leftrightarrow a=c-b;$$

(9) 乘法对减法满足分配律：对任意 $a,b,c\in R$，有

$$a(b-c)=ab-ac \quad 与 \quad (b-c)a=ba-ca;$$

倍数法则(multiple law)：对任意的 $m,n\in\mathbb{Z}$，$a,b\in R$，有

(10) $ma+na=(m+n)a$;

(11) $m(a+b)=ma+mb$;

(12) $m(na)=(mn)a$;

(13) $m(ab)=(ma)b=a(mb)$.

指数法则(index law)：对任意的 $m,n\in\mathbb{N}^*=\mathbb{N}-\{0\}$，$a,b\in R$，有

(14) $(a^m)^n=a^{mn}$;

(15) $a^m\cdot a^n=a^{m+n}$.

**注 2.1.2** 如果元素 $a$ 是不可逆的，则 $a^0$ 与 $a^{-n}(n>0)$ 通常是没有意义的. 同

时，当 $ab\neq ba$ 时，等式 $(ab)^n=a^nb^n$ 一般也不成立.

广义分配律(generalized distributive law)：

(16) 设 $a\in R$，则对 $R$ 的元素 $b_i(i=1,2,\cdots,n)$，有

$$a\Big(\sum_{i=1}^{n}b_i\Big)=\sum_{i=1}^{n}ab_i,\quad \Big(\sum_{i=1}^{n}b_i\Big)a=\sum_{i=1}^{n}b_ia;$$

(17) 设 $a_i,b_j\in R(i=1,2,\cdots,n;j=1,2,\cdots,m)$，则

$$\Big(\sum_{i=1}^{n}a_i\Big)\Big(\sum_{j=1}^{m}b_j\Big)=\sum_{i=1}^{n}\sum_{j=1}^{m}a_ib_j.$$

容易证明，当 $a,b\in R$ 且 $ab=ba$ 时，二项式定理成立，即

(18) $(a+b)^n=\sum\limits_{k=0}^{n}C_n^ka^kb^{n-k}$，其中 $C_n^k=\dfrac{n!}{k!(n-k)!}$.

以上环中的计算规则与我们熟悉的初等代数中数字的计算规则是一致的. 但是，并不是数字的计算规则都适用于环. 例如，在初等代数中解方程时，经常要用到"$ab=0\Rightarrow a=0$ 或 $b=0$"，这条在环中就未必成立. 例如，在整数环上的二阶方阵环 $\mathbb{Z}^{2\times2}$ 中，$\begin{pmatrix}0&1\\0&0\end{pmatrix}\neq0$，$\begin{pmatrix}1&0\\0&0\end{pmatrix}\neq0$，但 $\begin{pmatrix}0&1\\0&0\end{pmatrix}\begin{pmatrix}1&0\\0&0\end{pmatrix}=0$. 又如，在 $\mathbb{Z}_4$ 中，$\overline{2}\neq0$，但 $\overline{2}\cdot\overline{2}=0$. 因此，对于环中这样的元素，称之为零因子(zero divisor).

**定义 2.1.3** 设 $R$ 是一个环，$a\in R$. 若存在非零元 $b\in R$ 使得 $ab=0(ba=0)$，则称 $a$ 是环 $R$ 的一个左(右)零因子(left(right)zero divisor).

**注 2.1.3** (1) 若 $R\neq\{0\}$，则 $R$ 的零元即是 $R$ 的左零因子，也是右零因子. 但这个零因子意义不大. 因此，以后若无附加说明，说到零因子时均指非零的零因子，把这样的零因子称为非平凡零因子，把 $R$ 的零元称为平凡零因子.

(2) 若 $R$ 有左零因子，则 $R$ 也有右零因子. 事实上，如果 $a$ 是环 $R$ 的一个左零因子，则 $a\neq0$，且存在非零元 $b\in R$，使 $ab=0$，从而 $b$ 是 $a$ 的一个右零因子.

(3) 如果 $R$ 的元素既是左零因子，又是右零因子，则称之为零因子.

**定理 2.1.2** 如果环 $R$ 中没有左零因子，则环 $R$ 中乘法消去律成立. 即有

$$a\neq0,\quad ab=ac\Rightarrow b=c;$$
$$a\neq0,\quad ba=ca\Rightarrow b=c.$$

反之，若 $R$ 中乘法消去律成立，则 $R$ 中没有左(右)零因子.

**证明** 假设环 $R$ 中没有左零因子. 设 $a\neq0$，且 $ab=ac$，则 $ab-ac=a(b-c)=0$，故 $b-c=0$，从而 $b=c$. 因为 $R$ 中没有非平凡的左零因子，故 $R$ 中也没有非平凡右零因子. 于是，由 $ba-ca=(b-c)a=0$ 知 $b-c=0$，即 $b=c$.

反之，如果 $R$ 中乘法消去律成立，而 $a\neq0$，$ab=0$，则 $ab=a0$. 于是，$b=0$. 即 $R$ 中任意非零元都不是零因子.

### 2.1.3 整环和除环

**定义 2.1.4** 一个不含零因子的交换环称作整环(integral ring). 一个不含零因子的带有单位元的交换环称作整域(integral domain).

对于一个至少含有两个元素的环 $R$,若其一切非零元素所组成集合 $R^*$ 作成 $(R,\cdot)$的子群,则称 $R$ 是一个除环(division ring)(或称为斜域(skew field)或体(division)).

**注 2.1.4** (1) 交换的除环显然是一个域;

(2) 对于除环 $R$,由于 $R^*$ 对乘法封闭,故除环没有零因子.

所有数环都是整环,也是整域. 数域上的多项式环也是整环且是整域. $\mathbb{Q},\mathbb{R},\mathbb{C}$ 是域.

在环$(R,+,\cdot)$中,若乘法半群$(R,\cdot)$有单位元,则只能有一个. 因此,在有单位元的环 $R$ 中,单位元是唯一的. 今后用 1 表示环的唯一单位元. 设 $R$ 是有单位元的环,若 $1=0$,则 $R=\{0\}$. 事实上,对任意 $a\in R$,均有 $a=a\cdot 1=a\cdot 0=0$. 因此,若 $R$ 是有单位元的环,则 $R$ 不仅含有一个元,从而 $1\neq 0$.

一个除环 $R$ 一定有单位元. 事实上,$R^*$ 是$(R,\cdot)$的子群,故 $R^*$ 存在单位元 1. 对任意 $a\in R^*$,均有 $a\cdot 1=1\cdot a=a$,而不属于 $R^*$ 的元素只有零元. 在环中,$0\cdot 1=1\cdot 0=0$,故 $R^*$ 的单位元也是整个环 $R$ 的单位元.

**例 2.1.8** 一个有单位元的有限整环是一个域.

**证明** 设 $R$ 是一个有单位元的有限整环. 任取 $a\in R^*$,能证 $a^{-1}$ 存在即可. 考虑 $R$ 到 $R$ 的映射 $f:x\mapsto ax$,此处 $x$ 是 $R$ 的任意元. 由于 $R$ 中的乘法消去律成立,故 $x_1\neq x_2\Rightarrow ax_1\neq ax_2$. 设 $R$ 含有 $n$ 个元素,则 $f(R)=\{ax\mid x\in R\}$ 也含有 $n$ 个元素. 故 $f(R)=R$. 即 $f$ 是 $R$ 到 $R$ 的一个双射,从而存在 $x\in R$ 使 $ax=1$,即 $x=a^{-1}$.

下面来看域中一些计算规则.

设 $F$ 是一个域. 对任意的 $a,b\in F,b\neq 0$,则方程 $bx=a$ 有唯一解:$x=b^{-1}a$. 与数的情形类似,这个解也写成商的形式,即 $b^{-1}a=\dfrac{a}{b}$.

在域中,商具有如下性质:

(1) 若 $b\neq 0,d\neq 0$,则 $\dfrac{a}{b}=\dfrac{c}{d}$ 当且仅当 $ad=bc$;

(2) 若 $b\neq 0,d\neq 0$,则 $\dfrac{a}{b}\pm\dfrac{c}{d}=\dfrac{ad\pm bc}{bd}$;

(3) 若 $b\neq 0,d\neq 0$,则 $\dfrac{a}{b}\cdot\dfrac{c}{d}=\dfrac{ac}{bd}$;

(4) 若 $b\neq 0,c\neq 0,d\neq 0$,则

$$\frac{a/b}{c/d}=\frac{ad}{bc}.$$

**证明**　若 $ad=bc$，两端同乘 $b^{-1}d^{-1}$，得 $ab^{-1}=cd^{-1}$；反之，若 $\frac{a}{b}=\frac{c}{d}$，则 $ab^{-1}=cd^{-1}$，故 $ad=bc$. 所以，(1)成立.

由于

$$\begin{aligned}\frac{a}{b}\pm\frac{c}{d}&=b^{-1}a\pm d^{-1}c=b^{-1}d^{-1}(ad)\pm b^{-1}d^{-1}(bc)\\&=b^{-1}d^{-1}(ad\pm bc)\\&=(bd)^{-1}(ad\pm bc)=\frac{ad\pm bc}{bd},\end{aligned}$$

故(2)成立.

又

$$\frac{a}{b}\cdot\frac{c}{d}=b^{-1}a\cdot d^{-1}c=b^{-1}d^{-1}(ac)=(bd)^{-1}(ac)=\frac{ac}{bd},$$

即(3)成立.

$$\frac{a}{b}/\frac{c}{d}=\frac{b^{-1}a}{d^{-1}c}=(d^{-1}c)^{-1}(b^{-1}a)=dc^{-1}b^{-1}a=(bc)^{-1}(da)=\frac{ad}{bc},$$

即(4)成立.

下面来看一个有限域的例子.

**例 2.1.9**　当 $p$ 是素数时，模 $p$ 的剩余类环$\mathbb{Z}_p$是一个域.

**证明**　显然，$\mathbb{Z}_p$是一个含有 $p$ 个元素的交换环，且有单位元. 如果能证明$\mathbb{Z}_p$不含零因子，则$\mathbb{Z}_p$是一个有限整环，从而由例 2.1.8 知$\mathbb{Z}_p$是一个域.

设 $a$ 是$\mathbb{Z}_p$的一个零因子，于是，存在非零元 $b\in\mathbb{Z}_p$使得 $ab=0$. 因 $b\neq0$，故$p\nmid b$. 又 $ab=0$，故 $p|ab$，从而 $p|a$. 于是，$a=0$. 这就是说，$\mathbb{Z}_p$的零因子 $a$ 只能是 0，从而$\mathbb{Z}_p$是整环. 于是，$\mathbb{Z}_p$是一个域.

下面给出除环不是域的例子.

**例 2.1.10**　设 $H$ 是实数域$\mathbb{R}$上四维向量空间. 其一组基为(1,0,0,0)，(0,1,0,0)，(0,0,1,0)，(0,0,0,1)，分别用 $e,i,j,k$ 来表示. 于是，$H$ 中的一般元素为

$$a_0e+a_1i+a_2j+a_3k$$

的形状. $(H,+)$是一个加群. 对 $H$ 的基向量乘法规定见表 2.1.1.

**表 2.1.1**

| · | $e$ | $i$ | $j$ | $k$ |
|---|---|---|---|---|
| $e$ | $e$ | $i$ | $j$ | $k$ |
| $i$ | $i$ | $-e$ | $k$ | $-j$ |
| $j$ | $j$ | $-k$ | $-e$ | $i$ |
| $k$ | $k$ | $j$ | $-i$ | $-e$ |

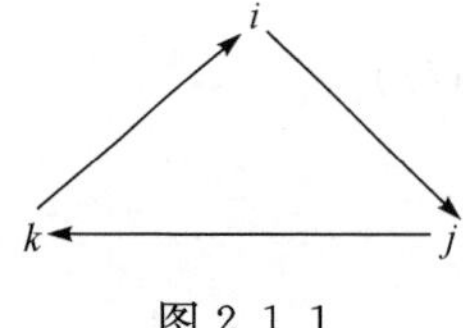

图 2.1.1

即 $e$ 作为乘法的单位元，而 $i,j,k$ 按照图 2.1.1 的顺序. 相邻两个乘积按箭头顺序等于第三个，与箭头顺序相反则等于第三个的负元.

利用基向量乘法规定 $H$ 的乘法. 设 $\alpha=a_0e+a_1i+a_2j+a_3k,\beta=b_0e+b_1i+b_2j+b_3k$. 设想乘法对加法适合分配律，并且对任意 $s,t\in\{e,i,j,k\},a,b\in\mathbb{R}$，均有 $(as)(bt)=(ab)(st)$. 于是，$\alpha$ 与 $\beta$ 的乘积

$$\alpha\beta=(a_0e+a_1i+a_2j+a_3k)(b_0e+b_1i+b_2j+b_3k)$$

可展成 16 项的和，这是 $H$ 中唯一确定的向量. 再利用基向量的乘法规则，将 $\alpha\beta$ 用基向量表示，即

$$\begin{aligned}\alpha\beta&=(a_0e)(b_0e)+(a_0e)(b_1i)+(a_0e)(b_2j)+(a_0e)(b_3k)+\cdots+(a_3k)(b_3k)\\&=(a_0b_0-a_1b_1-a_2b_3-a_3b_3)e+(a_0b_1+a_1b_0+a_2b_3-a_3b_2)i\\&\quad+(a_0b_2+a_2b_0+a_3b_1-a_1b_3)j+(a_0b_3+a_3b_0+a_1b_2-a_2b_1)k.\end{aligned}$$

不难验证，这样规定的 $H$ 的乘法适合结合律，故 $(H,\cdot)$ 是一个半群，且有单位元 $e$. 乘法对加法适合分配律，即 $(H,+,\cdot)$ 是一个有单位元的环. 按照通常规定，$e$ 记为 1. 由于 $ij=-ji$，故 $H$ 不是交换环.

$(H,+)$ 的零元是零向量，故对于任一非零向量 $\alpha=a_0\cdot 1+a_1i+a_2j+a_3k$，均有

$$\Delta=a_0^2+a_1^2+a_2^2+a_3^2\neq 0.$$

通过具体计算，得

$$\alpha^{-1}=\frac{a_0}{\Delta}\cdot 1-\frac{a_1}{\Delta}i-\frac{a_2}{\Delta}j-\frac{a_3}{\Delta}k,$$

即 $(H,+,\cdot)$ 是一个除环，但不是域. 我们通常称这个除环为四元数除环（或四元数体）(quaternion division).

在四元数除环 $H$ 中，方程 $ix=k,yi=k$ 有不同的解：$x=i,y=-j$. 由此可见，在除环中，方程 $ax=b(a\neq 0)$ 的解，不能像域中那样表示成商的形式，因为 $a^{-1}b$ 与 $ba^{-1}$ 一般是不同的.

## 习　题　2.1

1. 如果一个环 $R$ 对加法来说作成一个循环群，证明：$R$ 是交换环.

2. 证明：$\mathbb{Z}[\sqrt{2}]=\{a+b\sqrt{2}\mid a,b\in\mathbb{Z}\}$关于数的加法和乘法作成一个整环.

3. 证明：$\mathbb{Z}[\mathrm{i}]=\{a+b\mathrm{i}\mid a,b\in\mathbb{Z},\mathrm{i}$ 是虚数单位$\}$关于数的加法和乘法作成一个整环.

4. 在$\mathbb{Z}_5$中，找出每一个非零元的逆元.

5. 在$\mathbb{Z}_{15}$中，找出方程 $x^2-1=0$ 的全部根.

6. 设 $E$ 是加群$(G,+)$的自同态环，$H$ 是 $G$ 的一个子群，证明：$E_H=\{f\mid f\in E, f(H)\subseteq H\}$是 $E$ 的一个子环.

7. 设$(A,+,\cdot)$是一个环，对 $A$ 到 $A$ 的环同态全体 $A^A$ 规定加法和乘法：任取$f,g\in A^A$，$a\in A$，令$(f+g)(a)=f(a)+g(a)$，$(f\cdot g)(a)=f(a)\cdot g(a)$. 证明：$(A^A,+,\cdot)$是一个环.

8. 在环 $R$ 中，如果 $a,b\in R$，计算$(a+b)^3=?$

9. 环 $R$ 中满足 $x^2=x$ 的元素称为幂等元(idempotent element)；满足 $x^n=0$，$n\in\mathbb{Z}^+$的元素称为幂零元(nilpotent element). 证明在一个整环中，除零元外没有其他幂零元，除零元和单位元外没有其他幂等元.

10. 找出 $M_n(\mathbb{Z})$中的幂零元和幂等元.

11. 设环 $R$ 中元素 $u$ 有右逆，证明下列条件等价：

(1) $u$ 有多于 1 个右逆；

(2) $u$ 不是可逆元；

(3) $u$ 是左零因子.

12. 证明具有单位元 1 的环 $R$ 中元素 $u$ 可逆的充要条件是以下两个条件之一成立：

(1) $uvu=1, vu^2v=1$；

(2) $uvu=1$，且 $v$ 是唯一满足此条件的元素.

13. 证明：除环的中心 $C_R=\{a\mid ax=xa,\forall x\in R\}$是一个域.

14. 设 $R$ 是无零因子环，$S$ 是 $R$ 的子环，且$|S|>1$. 证明：当 $S$ 有单位元时，$S$ 的单位元就是 $R$ 的单位元.

15. 证明：含有单位元 1 但不含有零因子的有限非零环是除环.

16. 设 $R$ 是有单位元 1 的交换环，$x$ 是 $R$ 的幂零元，证明：$1-x$ 是 $R$ 的一个可逆元.

17. 在有单位元 1 的环 $R$ 中，令 $a,b\in R$，证明：如果 $1-ab$ 可逆，则 $1-ba$ 可逆.

18. 求出$\mathbb{Z}_{18}$的所有可逆元和零因子.

19. 设 $R$ 是有单位元 1 的无零因子环. 证明：如果 $ab=1$，则 $ba=1$.

20. 对四元数体 $H$ 中任意元素 $x=a+bi+cj+dk$，这里 $a,b,c,d$ 是实数，定义 $x$ 的共轭元为 $\bar{x}=a-bi-cj-dk$. 证明：

(1) 对任意 $y,z\in H$，$\overline{y+z}=\bar{y}+\bar{z}$，$\overline{y\cdot z}=\bar{z}\cdot\bar{y}$，$\bar{\bar{y}}=y$；

(2) $x \cdot \bar{x}=\bar{x} \cdot x=a^2+b^2+c^2+d^2 \geqslant 0$.

21. 在四元数体 $H$ 中,对任意 $x\in H$,称 $\mathcal{N}(x)=x\cdot\bar{x}$ 为 $x$ 的范数. 证明:对任意 $x,y\in H$,

(1) $\mathcal{N}(x)=\mathcal{N}(\bar{x})$;

(2) $\mathcal{N}(ax)=a^2\mathcal{N}(x)$, $a\in\mathbb{R}$;

(3) $\mathcal{N}(xy)=\mathcal{N}(x)\mathcal{N}(y)$.

22. (华罗庚)设 $a,b$ 是有单位元 1 的环 $R$ 中的元素,且 $a,b,ab-1$ 可逆,证明 $a-b^{-1}$ 与 $[(a-b^{-1})^{-1}-b^{-1}]^{-1}$ 可逆,且有等式 $[(a-b^{-1})^{-1}-b^{-1}]^{-1}=aba-a$.

23. 设 $R$ 是一个无非零的幂零元的交换环,$x,y\in R$. 证明:如果存在 $a,b\in\mathbb{Z}^+$,且 $(a,b)=1$,使得 $x^a=y^a$, $x^b=y^b$,则 $x=y$.

24. 设 $R$ 是整环,证明 $R[x]$ 也是整环.

25. (Kaplansky) 证明:如果环 $R$ 中元素 $u$ 有多于一个的右逆,则 $u$ 有无穷多个右逆元.

## 2.2 子环、理想与商环

本节介绍环的子环、理想与商环等基本概念. 子环、理想及商环同群里的子群、正规子群及商群类似,是研究环论的主要工具,同时也是环论里要研究的主要内容.

### 2.2.1 子环

**定义 2.2.1** 设 $(R,+,\cdot)$ 是一个环,$S$ 是 $R$ 的一个非空子集. 如果 $S$ 关于 $R$ 的运算即加法和乘法运算构成环,则称 $S$ 为 $R$ 的一个子环(subring),也称 $R$ 是 $S$ 的扩环(extension ring).

子整环、子除环、子域的概念同样定义.

由定义可知,如果 $S$ 是 $R$ 的子环,则 $(S,+)$ 是 $(R,+)$ 的子加群. 因此,$R$ 的零元 0 就是 $S$ 的零元. $S$ 中元素 $a$ 在 $R$ 中的负元 $-a$ 就是 $a$ 在 $S$ 中的负元.

与子群类似,判断一个环的非空子集是否构成环,不必按环的定义逐条验证. 我们有如下判别定理.

**定理 2.2.1** 设 $R$ 是一个环,$S$ 是 $R$ 的一个非空子集,则 $S$ 是 $R$ 的子环的充分必要条件是:

(1) 对任意元素 $a,b\in S$,有 $a-b\in S$;

(2) 对任意元素 $a,b\in S$,有 $ab\in S$.

**证明** 必要性. 因为 $S$ 是环,故由环的定义知 $S$ 满足条件(1)和(2).

充分性. 若 $S$ 满足条件(1)和(2),则“+”与“·”都是 $S$ 的代数运算. 由(1)知

$(S,+)$构成一个群，从而$(S,+)$是一个加群，即 $S$ 满足环的定义的条件(R1). 由(2)知$(S,\cdot)$构成一个半群，从而 $S$ 满足环的定义的条件(R2). 由于 $S$ 的运算就是 $R$ 的运算，故 $S$ 也满足环的定义的条件(R3). 因此，$(S,+,\cdot)$构成 $R$ 的子环.

**例 2.2.1** 由子环的定义立即可知，环 $R$ 以及由一个元素$\{0\}$所构成的集合关于 $R$ 的运算都构成 $R$ 的子环. 这两个子环称为环 $R$ 的平凡子环(trivial subring).

**例 2.2.2** 求$\mathbb{Z}_{18}$的所有子环.

**解** 设 $I$ 为$\mathbb{Z}_{18}$的任一子环，则 $I$ 是$\mathbb{Z}_{18}$的子加群. 由于$(\mathbb{Z}_{18},+)$是循环群以及循环群的子群仍是循环的，故 $I=\langle\bar{r}\rangle$. 再由群的拉格朗日定理知 $\bar{r}$ 的可能取值为 $\bar{0},\bar{1},\bar{2},\bar{3},\bar{6},\bar{9}$，即$\mathbb{Z}_{18}$有 6 个子加群，$I_1=\langle\bar{0}\rangle$，$I_2=\langle\bar{1}\rangle=\mathbb{Z}_{18}$，$I_3=\langle\bar{2}\rangle=\{\bar{0},\bar{2},\bar{4},\bar{6},\bar{8},\overline{10},\overline{12},\overline{14},\overline{16}\}=\bar{2}\,\mathbb{Z}_{18}$，$I_4=\langle\bar{3}\rangle=\{\bar{0},\bar{3},\bar{6},\bar{9},\overline{12},\overline{15}\}=\bar{3}\,\mathbb{Z}_{18}$，$I_5=\langle\bar{6}\rangle=\{\bar{0},\bar{6},\overline{12}\}=\bar{6}\,\mathbb{Z}_{18}$，$I_6=\langle\bar{9}\rangle=\{\bar{0},\bar{9}\}=\bar{9}\,\mathbb{Z}_{18}$. 进一步，可以验证它们都是$\mathbb{Z}_{18}$的子环. 所以，$\mathbb{Z}_{18}$共有 6 个子环：$\{0\}$，$\mathbb{Z}_{18}$，$\bar{2}\,\mathbb{Z}_{18}$，$\bar{3}\,\mathbb{Z}_{18}$，$\bar{6}\,\mathbb{Z}_{18}$，$\bar{9}\,\mathbb{Z}_{18}$.

**例 2.2.3** 设 $R$ 为环，证明 $C(R)=\{r\in R\mid rs=sr$，任意 $s\in R\}$为环 $R$ 的一个子环. 这个子环称为环 $R$ 的中心.

**证明** 对任意的 $x\in R$，有 $0\cdot x=0=x\cdot 0$，所以，$0\in C(R)$，从而 $C(R)$是 $R$ 的一个非空子集.

对任意的 $a,b\in C(R)$，$x\in R$，有

$$(a-b)x=ax-bx=xa-xb=x(a-b)$$

与

$$(ab)x=a(bx)=a(xb)=(ax)b=(xa)b=x(ab).$$

所以 $a-b,ab\in C(R)$，从而由定理 2.2.1 知 $C(R)$是 $R$ 的子环.

容易证明：环 $R$ 的两个子环 $S_1$ 与 $S_2$ 的交集 $S_1\cap S_2$ 是 $R$ 的一个子环. 一般地，设$\{S_\alpha\}_{\alpha\in\Lambda}$是 $R$ 的子环族，则$\bigcap\limits_{\alpha\in\Lambda}S_\alpha$ 仍是 $R$ 的子环.

任取 $R$ 的一个非空子集 $T$，则 $R$ 中总存在子环含有 $T$，例如，环 $R$ 本身就是一个这样的环. 令$\{S_\alpha\mid\alpha\in\Lambda\}$是 $R$ 中含有 $T$ 的所有子环的族. 于是，$\bigcap\limits_{\alpha\in\Lambda}S_\alpha$ 是 $R$ 的含有 $T$ 的最小子环，称这个子环为 $R$ 的由 $T$ 生成的子环(subring generated by $T$)，通常记为$[T]$.

下面讨论$[T]$由哪些元素组成. 任取 $t_1,t_2,\cdots,t_n\in T$，则$\pm t_1t_2\cdots t_n\in[T]$，从而 $\sum\pm t_1t_2\cdots t_n\in[T]$. 另一方面，易见$\left\{\sum\pm t_1t_2\cdots t_n\,\middle|\,t_i\in T\right\}$作成 $R$ 的一个子环，故

$$[T]=\left\{\sum\pm t_1t_2\cdots t_n\,\middle|\,t_i\in T\right\}.$$

特别地，取 $T=\{a\}$，则 $[T]=\left\{\sum\limits_{i=1}^{m}n_ia^i\,\middle|\,n_i\in\mathbb{Z}\right\}$.

设 $F$ 是一个域，$S$ 是 $F$ 的一个非空子集，则 $F$ 中含有 $S$ 的所有子域的交集是 $F$ 的一个子域. 这是 $F$ 中含有 $S$ 的最小子域，称之为 $F$ 中由 $S$ 生成的子域.

设 $S$ 是域 $F$ 的一个子环，则 $F$ 中由 $S$ 生成的子域为集合 $\{ab^{-1} \mid a,b\in S, b\neq 0\}$.

### 2.2.2 理想

我们在第 1 章看到正规子群在群的研究中起的作用. 在环的研究中，理想的作用就相当于正规子群在群论中的作用.

**定义 2.2.2** 设 $R$ 为环，$I$ 为 $R$ 的非空子集，如果 $I$ 满足

(1) $I$ 是 $R$ 的一个子环；

(2) 对任意的 $r\in I, s\in R$，有 $rs, sr\in I$，

则称 $I$ 为环 $R$ 的一个理想(ideal)，记作 $I\trianglelefteq R$. 如果 $I\subsetneq R$，则称 $I$ 为环 $R$ 的一个真理想(proper ideal).

**注 2.2.1** (1) 由理想与子环定义可知，如果 $I$ 为环 $R$ 的一个理想，则 $I$ 必为环 $R$ 的一个子环.

(2) $\{0\}$ 与 $R$ 本身显然都是环 $R$ 的理想，称之为环 $R$ 的平凡理想(trivial ideal).

(3) 如果上述定义的(2)变为只有 $sr\in I$，则称 $I$ 为环 $R$ 的一个左理想(left ideal)；如果(2)变为只有 $rs\in I$，则称 $I$ 为环 $R$ 的一个右理想(right ideal).

(4) 环 $R$ 的非空子集 $I$ 作成 $R$ 的一个理想当且仅当

(a) 对任意的 $a,b\in I$，有 $a-b\in I$；

(b) 对任意的 $a\in I, r\in R$，有 $ra, ar\in I$.

(5) 设 $I$ 与 $J$ 是环 $R$ 的理想，令 $I+J=\{a+b \mid a\in I, b\in J\}$. 易证 $I+J$ 是环 $R$ 的一个理想. 进一步，可证多个理想 $\{I_\alpha\}_{\alpha\in\Lambda}$ 的和 $\sum I_\alpha = \{a_1+a_2+\cdots+a_n \mid a_j \in I_j, j\in\Lambda\}$ 仍是环 $R$ 的理想.

**例 2.2.4** 在整数环 $\mathbb{Z}$ 中，$I=\{2n \mid n\in\mathbb{Z}\}$，则 $I$ 是 $\mathbb{Z}$ 的一个理想. 取定 $a\in\mathbb{Z}$，则 $J_a=\{an \mid n\in\mathbb{Z}\}$ 也作成 $\mathbb{Z}$ 的一个理想.

**例 2.2.5** 在数域 $\mathbb{F}$ 上的多项式环 $\mathbb{F}[x]$ 中，令 $I$ 表示一切常数项为 0 的多项式全体，则 $I$ 作成一个理想.

**例 2.2.6** 设 $\mathbb{F}$ 为数域，令 $R=M_2(\mathbb{F})$. 设

$$L=\left\{\begin{pmatrix} a & 0 \\ b & 0 \end{pmatrix} \middle| a,b\in\mathbb{F}\right\}, \quad H=\left\{\begin{pmatrix} a & b \\ 0 & 0 \end{pmatrix} \middle| a,b\in\mathbb{F}\right\},$$

则不难验证 $L$ 是 $R$ 的左理想，$H$ 是 $R$ 的右理想.

与子环的情形相似，容易证明，环 $R$ 的两个理想 $I$ 与 $J$ 的交集 $I\cap J$ 仍是环 $R$ 的一个理想. 更一般地，设 $\{I_\alpha\}_{\alpha\in\Lambda}$ 是环 $R$ 的理想族，则 $\bigcap\limits_{\alpha\in\Lambda} I_\alpha$ 仍是环 $R$ 的理想. 令 $T$ 是 $R$ 的一个非空子集，设 $\{I_\alpha\}_{\alpha\in\Lambda}$ 表示环 $R$ 中一切包含 $T$ 的理想(这样的理想一定

存在. 例如,$R$ 就算其中之一),称理想 $\bigcap_{\alpha\in\Lambda} I_\alpha$ 为环 $R$ 中由 $T$ 生成的理想(ideal generated by $T$),用符号$(T)$表示,简称生成理想(generating ideal). 特别地,当 $T=\{a\}$ 时,$(T)$即为由 $a$ 生成的理想,称为环 $R$ 中由元素 $a$ 生成的理想,记为$(a)$,并称之为主理想(principal ideal). 当 $T=\{a_1,a_2,\cdots,a_n\}$时,$(T)$记为$(a_1,a_2,\cdots,a_n)$.

一个自然问题是:$(T)$由 $R$ 中哪些元素组成? 我们断言:

$$(T)=\left\{\sum x_i \,\middle|\, x_i\in(t_i),t_i\in T\right\}.$$

事实上,令

$$I=\left\{\sum x_i \,\middle|\, x_i\in(t_i),t_i\in T\right\},$$

则 $I$ 是一个理想,且 $T\subseteq I$,故$(T)\subseteq I$. 另一方面,对任意 $t_i\in T$,$(t_i)\subseteq T$,故 $\sum x_i\in(T)$,此处 $x_i\in(t_i)$. 于是,有 $I\subseteq T$,即$(T)=I$.

下面的定理详细地描述了主理想的组成元素.

**定理 2.2.2**　设 $R$ 为环,$a\in R$,则

(1) $(a)=\left\{\sum_{i=1}^{n} x_iay_i+xa+ay+ma \,\middle|\, x_i,y_i,x,y\in R,n\in\mathbb{N}^*,m\in\mathbb{Z}\right\}$;

(2) 如果 $R$ 是有单位元的环,则

$$(a)=\left\{\sum_{i=1}^{n} x_iay_i \,\middle|\, x_i,y_i,\in R,n\in\mathbb{N}\right\};$$

(3) 如果 $R$ 是交换环,则

$$(a)=\{xa+ma\,|\,x\in R,m\in\mathbb{Z}\};$$

(4) 如果 $R$ 是有单位元的交换环,则

$$(a)=aR=\{ar\,|\,r\in R\}.$$

**证明**　设(1)中等式右边为 $I$,易知 $I$ 为 $R$ 的理想. 因为 $a=1\cdot a\in I(1\in\mathbb{Z})$,所以,$I$ 为包含 $a$ 的理想,从而$(a)\subseteq I$. 又因为$(a)$必包含所有形如 $xay,xa,ay$ 与 $ma(x,y\in R,m\in\mathbb{Z})$的元素的和,所以,$(a)\supseteq I$. 因此,$(a)=I$.

(2) 如果 $R$ 有单位元 1,则 $ma=(m1)a1(m\in\mathbb{Z})$,$xa=xa1$,$ay=1ay$ 都是形如 $xay$ 的元素,所以

$$(a)=\left\{\sum_{i=1}^{n} x_iay_i \,\middle|\, x_i,y_i,x,y\in R,n\in\mathbb{N}\right\}.$$

(3) 如果 $R$ 是交换环,则 $xay=xya$,$ay=ya$,从而

$$\sum_{i=1}^{n} x_iay_i+xa+ay+ma=\sum_{i=1}^{n} x_iy_ia+xa+ya+ma=x'a+ma\quad(x'\in R).$$

所以$(a)=\{xa+ma\,|\,x\in R,m\in\mathbb{Z}\}$.

(4) 如果 $R$ 是有单位元的交换环,则 $ma=(m1)a$,所以,$(a)=aR=\{ar\,|\,r\in R\}$.

### 2.2.3 商环

设$R$是环,$I$是$R$的理想,则$I$是加群$(R,+)$的正规子群. 考虑加法商群$R/I=\{a+I\mid a\in R\}$. 记$\bar{a}=a+I$,则$R/I$中元素的加法为:任取$\bar{a},\bar{b}\in R/I$,有

$$\bar{a}+\bar{b}=(a+I)+(b+I)=(a+b)+I.$$

对任意$\bar{a},\bar{b}\in R/I$,利用$R$中乘法规定$R/I$中元素的乘法,即$\bar{a}\cdot\bar{b}=\overline{ab}$. 这里用代表元规定陪集的运算. 需要证明运算结果与代表元选取无关. 即若$\bar{a}=\overline{a_1}$,$\bar{b}=\overline{b_1}$,则$\overline{ab}=\overline{a_1b_1}$. 事实上,由于$a-a_1$,$b-b_1\in I$,故存在$x_1,y_1\in I$使得$a=a_1+x_1$,$b=b_1+y_1$,于是

$$a_1b_1=(a+x_1)(b+y_1)=ab+x_1b+ay_1+x_1y_1=ab+x_3,$$

这里$x_3=x_1b+ay_1+x_1y_1\in I$. 因此,$a_1b_1-ab\in I$,故$\overline{ab}=\overline{a_1b_1}$. 从而$R/I$中规定的乘法是合理的.

容易验证$R/I$中乘法结合律,乘法对加法的分配律都成立. 所以,$R/I$是一个环. 这个环称为$R$关于$I$的商环(quotient ring).

**定义 2.2.3** 设$R$是环,$I$是$R$的一个理想,$R$作为加群关于$I$的商群$R/I$对于乘法$\bar{a}\cdot\bar{b}=\overline{ab}$(这里$(a,b\in R)$)所作成的环,称为$R$关于$I$的商环,仍记为$R/I$. 商环$R/I$也称为$R$关于$I$的剩余类环(residue class ring).

由商环的定义容易推出如下结论.

**定理 2.2.3** 设$R$是环,$I$是$R$的一个理想,则

(1) $\bar{0}=I$为$R/I$的零元;

(2) 如果$R$有单位元1,且$1\notin I$,则$\bar{1}=1+I$为$R/I$的单位元;

(3) 如果$R$是交换环,则$R/I$也是交换环.

**例 2.2.7** 设$n\in\mathbb{Z}$,$n>1$,则$\mathbb{Z}/(n)=\{\bar{a}=a+(n)\mid a=0,1,2,\cdots,n-1\}$,且$\bar{a}+\bar{b}=\overline{a+b}$,$\bar{a}\cdot\bar{b}=\overline{a\cdot b}$. 因此,$\mathbb{Z}$对$(n)$的商环就是$\mathbb{Z}$关于模$n$的剩余类环,即$\mathbb{Z}/(n)=\mathbb{Z}_n$. 由此可知,$\mathbb{Z}/(n)$为域的充分必要条件是$n$为素数.

**例 2.2.8** 设$\mathbb{F}[x]$为数域$\mathbb{F}$上的多项式环,$p(x)=a_0+a_1x+\cdots+a_nx^n\ (a_n\neq 0)$是$\mathbb{F}$上的多项式,令$H=(p(x))=\{f(x)p(x)\mid f(x)\in\mathbb{F}[x]\}$,则$\mathbb{F}[x]$关于$H$的商环为

$$\begin{aligned}\mathbb{F}[x]/(p(x))&=\{r(x)+(p(x))\mid r(x)\in\mathbb{F}[x],\deg r(x)<n\}\\&=\{\overline{r(x)}\mid r(x)\in\mathbb{F}[x],\deg r(x)<n\}\\&=\{\overline{b_0+b_1x+\cdots+b_{n-1}x^{n-1}}\mid b_i\in\mathbb{F}\}.\end{aligned}$$

**定理 2.2.4** 设$F$是一个域,$F^{n\times n}$表示$F$上一切$n$阶方阵的集合,则$F^{n\times n}$对方阵的加法与乘法作成环,此环称为$F$上$n$阶方阵环,$F^{n\times n}$的理想只有零理想及$F^{n\times n}$本身.

**证明** 设$I$是$F^{n\times n}$的一个理想,于是,$I$中存在$\alpha\neq 0$. 设$\alpha=(a_{ij})$,且$a_{kl}\neq 0$,这

里 $1 \leqslant k \leqslant n, 1 \leqslant l \leqslant n$. 用符号 $E_{ij}$ 表示第 $i$ 行第 $j$ 列位置的元素为 1 其余位置的元素为 0 的方阵，则 $a_{kl}^{-1} E_{ik} \alpha E_{lj} = E_{ij} \in I, i, j = 1, 2, \cdots, n$. 任取 $(x_{ij}) \in F^{n \times n}$，有 $(x_{ij}) = \sum_{i,j} x_{ij} E_{ij} \in I$，即 $F^{n \times n} = I$. 亦即，$F^{n \times n}$ 的非零理想只有 $F^{n \times n}$ 本身.

**注 2.2.2**　如果定理 2.2.4 中的域 $F$ 换成除环 $D$，结论也成立，即 $D^{n \times n}$ 对方阵的加法与乘法作成环，此环称为 $D$ 上 $n$ 阶方阵环，$D^{n \times n}$ 的理想只有零理想及 $D^{n \times n}$ 本身.

如果一个环 $R$ 的非零理想只有 $R$ 本身，就称 $R$ 为单环(simple ring). 因此，域 $F$ 上 $n$ 阶方阵环是一个单环；同样，除环 $D$ 上 $n$ 阶方阵环也是一个单环.

## 习　题　2.2

1. 证明：交换环的幂零元全体作成一个子环(幂零元的定义见习题 2.1 的第 9 题).

2. 设 $S$ 是域 $F$ 的一个环，证明：$S$ 是子域当且仅当对任意 $a \in S, a \neq 0$，均有 $a^{-1} \in S$.

3. 证明：环 $R$ 的中心是 $R$ 的一个交换子环.

4. 设 $F$ 是数域，

(1) 如果 $F \subseteq \mathbb{R}$，证明 $R = \{a + bi + cj + dk \mid a, b, c, d \in F\} \subseteq H$ 是四元数除环的子除环.

(2) 如果取 $F = \mathbb{C}$，问这样的 $R$ 还是环吗？还是除环吗？

5. 设 $I, J$ 是环 $R$ 的理想，令

$$IJ = \left\{ \sum_{i=1}^{n} x_i y_i \,\middle|\, n, x_i \in \mathbb{Z}^+, I, y_i \in J \right\}.$$

证明：$IJ$ 是 $R$ 的理想，且 $IJ \subseteq I \cap J$.

6. 举例说明，一个没有零因子的环 $R$，其剩余类环可能有零因子.

7. 设 $I, J$ 是环 $R$ 的理想，证明 $I \cap J, I + J$ 均是 $R$ 的理想. 在整数环 $\mathbb{Z}$ 中确定

$$(m) \cap (n), \quad (m) + (n) \quad 与 \quad (m)(n).$$

8. 确定环 $\mathbb{Z}_n$ 中的所有理想.

9. 证明：$M_n(\mathbb{Z})$ 不是单环，并确定环 $M_n(\mathbb{Z})$ 中的所有理想.

10. 设 $L$ 是环 $R$ 的左理想，证明：$L$ 的左零化子 $N = \{x \mid x \in R, xL = 0\}$ 是环 $R$ 的理想.

11. 证明：有单位元的环 $R$ 是除环当且仅当 $R$ 没有非零真左理想.

12. 证明：有理数域是所有复数 $a + b\mathrm{i}$ ($a, b$ 是有理数) 作成的域 $\mathbb{Q}(\mathrm{i})$ 的唯一的真子域.

13. 设 $S$ 是环 $R$ 的子环,$I$ 是 $R$ 的理想,且 $I\subseteq S$. 证明:

(1) $S/I$ 是 $R/I$ 的子环;

(2) 若 $S$ 是 $R$ 的理想,则 $S/I$ 是 $R/I$ 的理想.

14. 设 $S=\left\{\begin{pmatrix} a & b \\ 0 & d \end{pmatrix} \middle| a,b,d\in\mathbb{R}\right\}$,找出 $S$ 的所有理想.

15. 设 $R$ 是一个环,$I,J$ 是 $R$ 的两个理想,令 $[I:J]=\{x\in R \mid xJ\subseteq I\}$. 证明:$[I:J]$ 是 $R$ 的理想.

16. 设 $R$ 是一个交换环,$X$ 是 $R$ 的非空子集,令

$$\mathrm{Ann}(X)=\{r\in R \mid rx=0, \forall\, x\in X\}.$$

证明 $\mathrm{Ann}(X)$ 是 $R$ 的理想.

17. 设 $R$ 是一个交换环,$I$ 是 $R$ 的理想. 令 $\sqrt{I}=\{r\in R \mid$ 存在 $n\in\mathbb{Z}^+$,使得 $r^n\in I\}$. 证明:$\sqrt{I}$ 是 $R$ 的理想.

18. 设 $R$ 是一个交换环,$I$ 是 $R$ 的理想,证明:$\sqrt{\sqrt{I}}=\sqrt{I}$.

19. 设 $R=\mathbb{Z}[\mathrm{i}]$ 为高斯整环,$I=(1+\mathrm{i})$,求商环 $\mathbb{Z}[\mathrm{i}]/I$.

20. 设 $R$ 是环,$I$ 是 $R$ 的理想. 求 $R/I=$?

(1) $R=\mathbb{Z}[x]$,$I=(x^2+1)$;

(2) $R=\mathbb{Z}[\mathrm{i}]$,$I=(\mathrm{i}+2)$;

(3) $R=\left\{\begin{pmatrix} a & b \\ 0 & c \end{pmatrix} \middle| a,b,c\in\mathbb{Z}\right\}$,$I=\left\{\begin{pmatrix} 0 & 2x \\ 0 & 0 \end{pmatrix} \middle| x\in\mathbb{Z}\right\}$.

21. 设 $R$ 是一个环且含有幂等元 $e$,即成立 $e^2=e$. 证明:$L=\{x-xe \mid x\in R\}$ 是 $R$ 的一个左理想.

22. 设 $F$ 是一个域,问多项式环 $F[x]$ 的主理想 $(x^2)$ 含有哪些元? $F[x]/(x^2)$ 含有哪些元?

23. 设 $A_i$ 是环 $R$ 的理想,$i=1,2,3,\cdots$,并且 $A_1\subseteq A_2\subseteq A_3\subseteq\cdots$,证明:$A=\bigcup\limits_{i=1}^{\infty}A_i$ 是 $R$ 的一个理想.

## 2.3　环的同态与同态基本定理

通常通过两个途径对环进行研究:一个途径就是从环的本身特点、环的结构方面对环进行研究讨论,像前面两节讨论的那样;还有一种途径是从一个环到另一个环的相互关系中了解环的性质. 而环与环的联系通过环的同态来实现. 与群的相应内容类似,本节介绍环的同态和同态基本定理以及环的挖补定理. 如果读者对群的

相应内容掌握得比较好,对本节内容的学习应该是轻松的.

### 2.3.1 环的同态

**定义 2.3.1** 设 $R$ 与 $R'$ 为两个环,$f$ 是集合 $R$ 到 $R'$ 的映射. 如果对任意元素 $a,b\in R$,有

$$f(a+b)=f(a)+f(b) \quad 与 \quad f(a\cdot b)=f(a)\cdot f(b),$$

则称 $f$ 是环 $R$ 到 $R'$ 的一个同态映射(homomorphism).

进一步,如果 $f$ 是单射,则称 $f$ 是单同态(monomorphism);如果 $f$ 是满射,则称 $f$ 是满同态(epimorphism). 此时,称环 $R$ 与 $R'$ 同态,记作 $f:R\sim R'$ 或 $R\overset{f}{\sim}R'$. 如果 $f$ 既是单同态,又是满同态,则称 $f$ 是同构映射(isomorphism),简称同构. 这时,称环 $R$ 与 $R'$ 同构,记作 $f:R\cong R'$ 或 $R\overset{f}{\cong}R'$. 与群同构类似,环的同构是环之间的一个等价关系,并且同构的环有完全相同的代数性质.

环 $R$ 到自身的同态,称为 $R$ 的自同态(endomorphism),环 $R$ 到自身的同构称为环 $R$ 上的自同构(automorphism). 环 $R$ 上的自同构全体按映射的合成运算构成一个群,称为环 $R$ 上的自同构群(group of automorphisms),记作 $\mathrm{Aut}R$.

**例 2.3.1** 设 $R=\mathbb{Z}$ ,$R'=\mathbb{Z}_m$. 对于任意 $a\in R$,令 $\mathbb{Z}\to\mathbb{Z}_m$ ,$a\mapsto\bar{a}$,则 $f$ 是 $\mathbb{Z}$ 到 $\mathbb{Z}_m$ 的满映射. 又对任意 $a,b\in\mathbb{Z}$ ,有 $f(a+b)=\overline{a+b}=\bar{a}+\bar{b}=f(a)+f(b)$,$f(ab)=\overline{ab}=\bar{a}\,\bar{b}=f(a)f(b)$,从而 $f$ 是 $\mathbb{Z}$ 到 $\mathbb{Z}_m$ 的满同态.

**例 2.3.2** 设 $R$ 与 $R'$ 为两个环,对任意 $x\in R$,定义 $f(x)=0'$,则 $f$ 是 $R$ 到 $R'$ 的一个同态,且同态像为 $f(R)=\{0'\}$. 这个同态称为零同态,任两个环之间都存在这样的零同态.

**例 2.3.3** 设 $R$ 为任一个环,$S$ 为 $R$ 的子环,对任意 $s\in S$,令 $f:s\mapsto s$,则 $f$ 是 $S$ 到 $R$ 的单同态.

**例 2.3.4** 对于整数环 $\mathbb{Z}$ 的多项式环 $\mathbb{Z}[x]$,对任意 $\varphi(x)\in\mathbb{Z}[x]$,令 $f$: $\varphi(x)\mapsto\varphi(0)$,则 $f$ 是 $\mathbb{Z}[x]$ 到 $\mathbb{Z}$ 的满射. 易证

$$f(\varphi(x)+\psi(x))=f(\varphi(x))+f(\psi(x)), \qquad f(\varphi(x)\psi(x))= f(\varphi(x))f(\psi(x)),$$

故 $f$ 是 $\mathbb{Z}[x]$ 到 $\mathbb{Z}$ 的满同态,即 $\mathbb{Z}[x]\overset{f}{\sim}\mathbb{Z}$ .

**例 2.3.5** 设 $R$ 是任一个环,$I$ 为 $R$ 的理想,令 $f:a\mapsto\bar{a}$ 是商环 $R/I$ 中 $a$ 所在的剩余类(即陪集),则 $f$ 是 $R$ 到 $R/I$ 的满同态,即 $R\sim R/I$,这个同态称为自然同态.

**例 2.3.6** 设 $R$ 是高斯整数环,即一切形如 $a+b\mathrm{i}(a,b\in\mathbb{Z})$ 的复数(称为高斯整数)作成的数环. 令 $I=(1+\mathrm{i})$,问 $R/I$ 都由哪些元素所组成. 为此,首先,搞清楚 $I$ 由哪些元素组成. 由于 $R$ 是有单位元的交换环,故 $I$ 由一切形如 $(x+y\mathrm{i})(1+\mathrm{i})=(x-y)+(x+y)\mathrm{i}$ 的复数所组成,此处 $x,y\in\mathbb{Z}$. 注意到 $x-y$,$x+y$ 只能同时为奇

数或同时为偶数，而且，对于任一高斯整数 $a+b\mathrm{i}$，只要 $a,b$ 的奇偶性相同，则方程组

$$\begin{cases}x-y=a,\\ x+y=b\end{cases}$$

恒有整数解，即 $a+b\mathrm{i}\in I$. 因此，$I$ 由一切高斯整数 $a+b\mathrm{i}$ 所组成，此处 $a,b$ 的奇偶性相同. 由此可见，对任意 $a+b\mathrm{i}\in R$，只要 $a,b$ 的奇偶性相同，恒有 $a+b\mathrm{i}\equiv 0(I)$. 所以，$R/I=\{\bar{0},\bar{1}\}$，从而 $R/I$ 是仅含有两个元素的域，即 $R/I\cong\mathbb{Z}_2$.

### 2.3.2 同态的基本性质

通过环同态的定义，容易证得下面的定理.

**定理 2.3.1** 设 $f$ 是环 $R$ 到 $R'$ 的同态，则

(1) $f(0_R)=0_{R'}$；

(2) 对任意 $n\in\mathbb{Z}, a\in R$，有 $f(na)=nf(a)$；

(3) 对任意 $n\in\mathbb{Z}^+, a\in R$，有 $f(a^n)=(f(a))^n$.

**定理 2.3.2** 设 $R$ 与 $R'$ 都是有单位元的环，1 与 $1'$ 分别是它们的单位元，$f$ 是 $R$ 到 $R'$ 的同态，有

(1) 如果 $f$ 是满同态，则 $f(1)=1'$；

(2) 如果 $R'$ 为无零因子环，且 $f(1)\neq 0$，则 $f(1)=1'$；

(3) 如果 $f(1)=1'$，则对 $R$ 的任一单位 $u$，$f(u)$ 是 $R'$ 的单位，且 $(f(u))^{-1}=f(u^{-1})$.

**证明** (1) 由于 $f$ 是满同态，故对任 $a'\in R'$，存在 $a\in R$ 使得 $f(a)=a'$. 由于

$$f(1)a'=f(1)f(a)=f(1a)=f(a)=a'$$

与

$$a'f(1)=f(a)f(1)=f(a1)=f(a)=a',$$

所以，$f(1)$ 是单位元. 由单位元的唯一性知 $f(1)=1'$.

(2) 令 $r'=f(1)$，则 $r'\neq 0$，从而

$$r'1'=r'=f(1)=f(1\cdot 1)=f(1)f(1)=r'f(1).$$

因 $R'$ 为无零因子环，故消去律成立. 在上式两边消去 $r'$ 得，$1'=f(1)$.

(3) 设 $u$ 为 $R$ 的任一单位，则

$$1'=f(1)=f(u\cdot u^{-1})=f(u)f(u^{-1}),$$

$$1'=f(1)=f(u^{-1}\cdot u)=f(u^{-1})f(u).$$

所以，$f(u)$ 是 $R'$ 的单位，且 $(f(u))^{-1}=f(u^{-1})$.

**定义 2.3.2** 设 $f$ 是环 $R$ 到环 $R'$ 的同态，令 $K=\{a\mid f(a)=0, a\in R\}$，称 $K$ 为同态 $f$ 的核，记为 $\mathrm{Ker}f$.

**定理 2.3.3** 设 $f$ 是环 $R$ 到 $R'$ 的同态，则 $\mathrm{Ker}f$ 为环 $R$ 的理想.

**证明** 对 $R$ 的零元 0，由于 $f(0)=0'\in R'$，故 $0\in\mathrm{Ker}f$. 因此 $\mathrm{Ker}f\neq\varnothing$. 对任

意 $a,b\in \mathrm{Ker}f$, $r\in R$, 有 $f(a-b)=f(a)-f(b)=0-0=0$ 和 $f(ra)=f(r)\cdot f(a)=f(r)\cdot 0=0$, 以及 $f(ar)=f(a)\cdot f(r)=0\cdot f(r)=0$. 故 $a-b, ra, ar\in \mathrm{Ker}f$, 所以, $\mathrm{Ker}f$ 为 $R$ 的理想.

### 2.3.3 环同态基本定理

本小节叙述几个与群论相应的定理. 证明思路和方法与群论中相应定理的证明是相似的, 故不作证明. 读者可自行给出这些定理的证明.

**定理 2.3.4** (环同态基本定理(the fundamental theorem of ring homomorphism)) 设 $f$ 是环 $R$ 到环 $R'$ 的满同态, $K=\mathrm{Ker}f$, 则

(1) $R/K\cong R'$;

(2) $\sigma: r+K\mapsto f(r)$ 是商环 $R/K$ 到 $R'$ 的同构映射, 设 $\pi$ 是 $R$ 到 $R/K$ 的自然同态: $\pi(r)=r+K$ (任 $r\in R$), 则 $f=\sigma\circ\pi$.

同群论的情况类似, 环的同态基本定理可以推广到更一般的情形如下面的定理.

**定理 2.3.5** 设 $f$ 是环 $R$ 到环 $R'$ 的同态, $I$ 是环 $R$ 的理想且包含在 $f$ 的核 $K=\mathrm{Ker}f$ 里, 则有唯一的环同态 $\sigma: R/I\to R'$ 使得对所有 $r\in R$, 有 $\sigma(r+K)=f(r)$, 且 $\mathrm{Im}\sigma=\mathrm{Im}f$ 与 $\mathrm{Ker}\sigma=\mathrm{Ker}f$. $\sigma$ 是同构当且仅当 $f$ 是环 $R$ 到环 $R'$ 的满同态且 $I=\mathrm{Ker}f$. 进一步, 如果设 $\pi$ 是 $R$ 到 $R/I$ 的自然同态: $\pi(r)=r+I$ (任 $r\in R$), 则 $f=\sigma\circ\pi$.

**定理 2.3.6** (子环对应定理(the corresponding theorem for subrings)) 设 $f$ 是环 $R$ 到环 $R'$ 的满同态, $K=\mathrm{Ker}f$, $S$ 是 $R$ 中所有包含 $K$ 的子环的集合, $S'$ 是 $R'$ 中所有子环的集合, 则映射 $\varphi: H\mapsto f(H)$ 是 $S$ 到 $S'$ 的双射.

**注 2.3.1** 如果把子环换成理想, 这个定理的结论也成立.

**定理 2.3.7** (商环同构定理(isomrophism theorem of quotient rings)) 设 $f$ 是环 $R$ 到环 $R'$ 的满同态, $K=\mathrm{Ker}f$, $I$ 是 $R$ 的一个理想且 $I\supseteq K$, 则

$$R/I\cong R'/f(I)(\cong R/K/I/K).$$

**定理 2.3.8** (环第二同构定理( the second isomorphism theorem of rings)) 设 $R$ 是环, $S$ 是其子环, $I$ 是 $R$ 的理想, 则

$$(S+I)/I\cong S/S\cap I.$$

### 2.3.4 扩环定理

在环论的学习和研究中还经常用到下面的结论.

**定理 2.3.9** (环的扩张定理(extending ring theorem)) 设 $\overline{S}$ 与 $R$ 是两个没有公共元素的环, $\overline{f}$ 是环 $\overline{S}$ 到环 $R$ 的单同态, 则存在一个与环 $R$ 同构的环 $S$ 以 $\overline{S}$ 为其子环, 以及由环 $S$ 到 $R$ 的同构映射 $f$ 使 $f|_{\overline{S}}=\overline{f}$.

**证明** 令 $S=(R-\overline{f}(\overline{S}))\cup\overline{S}$. 对任意 $x\in S$, 规定

$$f(s)=\begin{cases}\overline{f}(x), & x\in\overline{S},\\ x, & x\notin S,\end{cases}$$

则 $f$ 是 $S$ 到 $R$ 的映射且 $f|_{\overline{S}}=\overline{f}$. 又由 $\overline{S}$ 与 $R$ 没有公共元素知 $f$ 是 $S$ 到 $R$ 的一一映射.

对任意的 $x,y\in S$,规定

$$x+y=f^{-1}(f(x)+f(y)),$$
$$x\cdot y=f^{-1}(f(x)\cdot f(y)).$$

易知,这样定义的加法与乘法是 $S$ 的代数运算.

由环的定义直接验证可知$(S,+,\cdot)$是环,且对任意 $x,y\in S$,有 $f(x+y)=f(x)+f(y)$与 $f(x\cdot y)=f(x)\cdot f(y)$,所以,$f$ 是 $S$ 到 $R$ 的环同态. 又因为 $f$ 是一一对应,故 $f$ 是环同构映射 $f:S\cong R$.

由 $S$ 的定义知 $\overline{S}$ 是 $S$ 的非空子集,且对任意的 $x,y\in\overline{S}$,有

$$x\underset{S}{+}y=f^{-1}\left(f(x)\underset{R}{+}f(y)\right)=f^{-1}\left(\overline{f}(x)+\overline{f}(y)\right)$$
$$=f^{-1}\left(\overline{f}(x\underset{\overline{S}}{+}y)\right)=f^{-1}\left(f(x\underset{\overline{S}}{+}y)\right)=x\underset{\overline{S}}{+}y.$$

同理可证 $x\underset{S}{\cdot}y=x\underset{\overline{S}}{\cdot}y$. 因此,$S$ 的加法与乘法在 $\overline{S}$ 上的限制就是环 $\overline{S}$ 的加法与乘法. 所以,$\overline{S}$ 为 $S$ 的子环.

**注 2.3.2** 定理 2.3.9 也称作挖补定理(theorem of taking out and patching).

**定理 2.3.10** 设 $R$ 是一个没有单位元的环,则存在一个有单位元的环 $R'$ 使 $R$ 为 $R'$ 的子环.

**证明** 令 $S'=\{(n,x)\mid n\in\mathbb{Z},x\in R\}$,对任意的$(n,x),(m,y)\in S'$,规定

$$(n,x)+(m,y)=(n+m,x+y),$$
$$(n,x)\cdot(m,y)=(nm,ny+mx+xy).$$

利用环的定义可验证 $S'$关于这样定义的加法和乘法构成一个环.

对任意$(n,x)\in S'$,有

$$(n,x)\cdot(1,0)=(n\cdot 1,n0+1x+x0)=(n,x),$$
$$(1,0)\cdot(n,x)=(1\cdot n,1x+n0+0x)=(n,x),$$

即$(1,0)$是 $S'$的单位元. 所以,$S'$是有单位元的环.

对任意的 $x\in R$,令 $f(x)=(0,x)$,则 $f$ 是 $R$ 到 $S'$的映射. 容易验证 $f$ 是 $R$ 到 $S'$的单同态. 显然,$R$ 到 $S'$没有公共元素,从而由挖补定理知,存在 $R$ 的扩环 $R'$使 $R'\cong S'$. 因 $S'$是有单位元的环,所以 $R'$也是有单位元的环.

## 习 题 2.3

1. 设 $f$ 是从环 $R$ 到环 $R'$ 的满同态,证明:如果 $R$ 是交换环,则 $R'$也是交

换环.

2. 设 $R$ 是整数环$\mathbb{Z}$上的二阶方阵环 $M_2(\mathbb{Z})$, $I$ 是元素为偶数的所有二阶方阵所成集合. 证明: $I$ 是 $R$ 的一个理想. 问 $R/I$ 含有多少元素?

3. 证明$(3)/(6)$是$\mathbb{Z}/(6)$的理想,且

$$\mathbb{Z}/(6)\Big/(3)/(6)\cong\mathbb{Z}/(3).$$

4. 证明:高斯整数环$\mathbb{Z}[\mathrm{i}]$同构于$\mathbb{Z}[x]/(x^2+1)$.

5. 找出整数环$\mathbb{Z}$到自身的所有同态映射,并求出每一同态的核.

6. 找出环$\mathbb{Z}_2$到$\mathbb{Z}$的所有同态映射.

7. 设环 $R$ 的子环仅有有限多个, $f$ 是环 $R$ 到自身的满同态,证明: $f$ 是环 $R$ 的一个自同构.

8. 设 $f(x)\in\mathbb{R}[x]$, $f(x)=a_0+a_1x+\cdots+a_nx^n$, 令 $\varphi: f(x)\mapsto a_0$. 证明: $\varphi$ 是 $\mathbb{R}[x]$到$\mathbb{R}$的满同态,求 $\mathrm{Ker}\varphi=$? $\mathbb{R}[x]/\mathrm{Ker}\varphi$ 与怎样的环同构?

9. 找出环$\mathbb{Q}[\sqrt{2}]$的所有自同构.

10. 令 $f$ 是从环 $R$ 到环 $R'$ 的满同态,证明:

(1) 如果 $S$ 是 $R$ 的子环,则 $f(S)$也是 $R'$的子环;

(2) 如果 $I$ 是 $R$ 的理想,则 $f(I)$也是 $R'$的理想;

(3) 如果 $S'$是 $R'$的子环,则 $f^{-1}(S')$也是 $R$ 的子环;

(4) 如果 $I'$是 $R'$的理想,则 $f^{-1}(I')$也是 $R$ 的理想.

11. 设 $I$ 与 $J$ 是环 $R$ 的两个理想,且 $I+J=R, I\cap J=\{0\}$. 证明: $R/I\cong J$.

12. 令 $f$ 是从环 $R$ 到环 $R'$ 的满同态, $I$ 与 $J$ 分别是环 $R$ 和 $R'$ 的理想. 证明:如果 $f(I)=J$ 且 $\mathrm{Ker}f\subseteq I$, 则有环同构 $R/I\cong R'/J$.

13. 设 $R$ 是整数环$\mathbb{Z}$. 对任意 $a,b\in R$, 规定:

$$a\oplus b=a+b+1,\quad a*b=ab+a+b.$$

(1) 证明: $(R,\oplus,*)$是一个环;

(2) 证明: $(R,\oplus,*)$与整数环$(\mathbb{Z},+,\cdot)$同构.

14. 如果 $m$ 与 $n$ 是不同的正整数,证明: $m\mathbb{Z}$ 与 $n\mathbb{Z}$ 是不同构的环.

15. 设 $m$ 与 $n$ 是不同的正整数,给出存在$\mathbb{Z}_m$到$\mathbb{Z}_n$的非零环同态的条件.

## 2.4 素理想与极大理想、分式环

由环的同态基本定理知,任意环 $R$ 的同态像 $R'$ 均同构于 $R$ 的商环. 因此,如果我们找出 $R$ 的所有理想,就得到了 $R$ 的所有同态像. 环 $R$ 的同态像即 $R$ 的商环在一定程度上继承了环 $R$ 的一些性质,同时也产生了一些新的特点. 这就使我们联想到对环 $R$ 的理想进行一些限制,则可能构造出具有不同特点的商环来. 本节研

究 $R$ 的同态像即商环为整环或域的情形,即研究 $R$ 中哪些理想 $I$ 使 $R/I$ 为整环或域? 为讨论方便,本节的环 $R$ 均为交换环.

### 2.4.1 素理想

**定义 2.4.1** 设 $R$ 为交换环,$R$ 的真理想 $P$ 称为 $R$ 的素理想(prime ideal),如果对任意 $a,b\in R$,若 $ab\in P$,则 $a\in P$ 或 $b\in P$.

**例 2.4.1** 设 $R$ 为整数环 $\mathbb{Z}$,$p$ 是素数,$P=(p)$,则 $P$ 是 $R$ 的素理想. 事实上,设 $a,b\in\mathbb{Z}$,$ab\in P$,则 $ab\in(p)$,即 $p|ab$. 于是,$p|a$ 或 $p|b$,从而 $a\in P$ 或 $b\in P$.

**例 2.4.2** 找出 $\mathbb{Z}_{18}$ 的所有素理想.

**解** $\mathbb{Z}_{18}$ 总共有 6 个理想 $\{0\}$,$\mathbb{Z}_{18}$,$(2)$,$(3)$,$(6)$,$(9)$. 显然,$\mathbb{Z}_{18}$ 不是 $\mathbb{Z}_{18}$ 的素理想. 又因为 $2\cdot 3=6\in(6)$,而 $2,3\notin(6)$,所以,$(6)$ 也不是素理想.

同理可证 $\{0\}$ 和 $(9)$ 都不是 $\mathbb{Z}_{18}$ 的素理想.

考察 $(3)$. 设 $a,b\in\mathbb{Z}_{18}$,$ab\in(3)$,则在 $\mathbb{Z}_{18}$ 中,$ab=r\cdot 3$. 所以在 $\mathbb{Z}$ 中,$3|ab$. 于是,因 3 是素数,故 $3|a$ 或 $3|b$,从而 $a\in(3)$ 或 $b\in(3)$. 因此,$(3)$ 是 $\mathbb{Z}_{18}$ 的素理想.

同理可证 $(2)$ 也是 $\mathbb{Z}_{18}$ 的素理想. 因此,$\mathbb{Z}_{18}$ 的素理想为 $(2)$ 与 $(3)$.

**定理 2.4.1** 设 $R$ 是交换环,$I$ 是 $R$ 的理想,则 $R/I$ 是整环当且仅当 $I$ 是 $R$ 的素理想.

**证明** 如果 $I$ 是 $R$ 的素理想,假设在 $R/I$ 中,$(a+I)(b+I)=I$,则 $ab\in I$. 于是,$a\in I$ 或 $b\in I$,即 $a+I=I$ 或 $b+I=I$. 因此,$R/I$ 中没有零因子. 故 $R/I$ 是一个整环.

反之,如果 $R/I$ 是整环,对任意 $a,b\in R$,有 $ab\in I$. 由于 $(a+I)(b+I)=ab+I=I$,故 $a+I=I$ 或 $b+I=I$. 所以,$a\in I$ 或 $b\in I$,从而 $I$ 是 $R$ 的素理想.

**例 2.4.3** 设 $F$ 是一个域,则 $(x)$ 是 $F[x]$ 的素理想.

事实上,$F[x]/(x)\cong F$,而 $F$ 是域,不含零因子,从而为整环. 故 $F[x]/(x)$ 为整环. 因此,$(x)$ 是 $F[x]$ 的素理想.

### 2.4.2 极大理想

**定义 2.4.2** 设 $R$ 是交换环,$R$ 的真理想 $M\neq R$ 称为 $R$ 的一个极大理想(maximal ideal),如果 $M$ 真包含于 $R$ 的理想 $H$,则 $H=R$.

换言之,如果 $M\subsetneq H$ 且 $H\trianglelefteq R$,就有 $H=R$,则称 $M$ 称为 $R$ 的一个极大理想.

**注 2.4.1** 对非交换环,极大理想也这样定义 .

**例 2.4.4** $\mathbb{Z}_{18}$ 的极大素理想是 $(2)$ 与 $(3)$.

**例 2.4.5** 设 $F$ 是一个域,则 $(x)$ 是 $F[x]$ 的一个极大理想.

**证明** 设 $H$ 是 $F[x]$ 的理想,且真包含 $(x)$. 于是,存在

$$f(x)=a_0x^n+\cdots+a_{n-1}x+a_n\in H \quad 且 \quad a_n\neq 0.$$

令 $f_1(x)=a_0x^n+\cdots+a_{n-1}x$，则 $f_1(x)\in(x)$，从而 $a_n=f(x)-f_1(x)\in H$. 因此，$a_n^{-1}a_n=1\in H$. 故 $H=F[x]$，即 $(x)$ 是 $F[x]$ 的极大理想.

同样可证例 2.4.1 中的 $(p)$ 是整数环 $\mathbb{Z}$ 的极大理想.

**例 2.4.6** 设 $R=2\mathbb{Z}$，则 $I=4\mathbb{Z}$ 为 $R$ 的理想，且为 $R$ 的极大理想.

**证明** 设 $J$ 为 $R$ 的任一理想且 $I\subsetneq J\subseteq R$，则存在 $a\in J$ 且 $a\notin I$. 令 $a=2b$，则 $2\nmid b$，所以，$(4,a)=2$，从而存在 $u,v\in\mathbb{Z}$ 使得 $au+4v=2$. 由此得 $2\in J$. 所以，$J=2\mathbb{Z}=R$，从而 $I$ 为 $R$ 的极大理想(事实上，对任意 $2n\in R$，如果 $n$ 为偶数 $2m$，则 $2n=4m\in I\subseteq J$；如果 $n$ 为奇数 $2m+1$，则 $2n=4m+2\in J$. 因此，$R=2\mathbb{Z}\subseteq J$. 从而 $J=2\mathbb{Z}=R$).

又因为 $2\notin I$，但 $2\cdot 2=4\in I$，所以 $I$ 不是 $R$ 的素理想.

**定理 2.4.2** 设 $R$ 是有单位元 1 的交换环，$I$ 为 $R$ 的理想，则 $I$ 是 $R$ 的极大理想当且仅当 $R/I$ 是域.

**证明** 设 $R/I$ 为域，则 $R/I\neq\{0\}$. 所以，$I\neq R$. 设 $J$ 为 $R$ 的任一真包含 $I$ 的理想，则有 $a\in J$ 但 $a\notin I$，从而 $\bar{a}\neq\bar{0}$. 因为 $R/I$ 为域，存在 $\bar{b}\in R/I$ 使得 $\bar{a}\bar{b}=\bar{1}$，于是，$1\in ab+I\subseteq J$，从而 $J=R$. 所以，$I$ 为 $R$ 的极大理想.

反之，如果 $I$ 是 $R$ 的极大理想，则 $R/I\neq\{0\}$. 因 $R$ 是有单位元 1 的交换环，所以 $R/I$ 也有单位元且是交换的. 对任意 $\bar{a}\in R/I$，若 $\bar{a}\neq\bar{0}$，即 $a\notin I$，则 $I$ 真包含于 $(a)+I\trianglelefteq R$. 所以，$(a)+I=R$. 因此，$1\in(a)+I$. 故存在 $r\in R,b\in I$ 使 $1=ar+b$. 于是 $\bar{1}=\overline{ar+b}=\overline{ar}=\bar{a}\cdot\bar{r}$. 即 $\bar{a}$ 可逆. 所以 $R/I$ 为域.

**注 2.4.2** 类似地，对一般非交换环，可以证明：$I$ 是环 $R$ 的极大理想当且仅当 $R/I$ 是单环.

**推论 2.4.1** 设 $R$ 是有单位元 1 的交换环，则 $R$ 的每个极大理想都是素理想.

**证明** 若 $I$ 是 $R$ 的极大理想，由定理 2.4.2 知 $R/I$ 是域，从而 $R/I$ 为整环. 再由定理 2.4.1 知，$I$ 是 $R$ 的素理想.

**注 2.4.3** 如果减弱推论的条件，结论就不一定成立了. 如例 2.4.6 中，$4\mathbb{Z}$ 是 $2\mathbb{Z}$ 的极大理想，但不是 $2\mathbb{Z}$ 的素理想. 另一方面，一个素理想也不一定是极大理想. 例如，在整数环 $\mathbb{Z}$ 中，$I=\{0\}$ 是素理想，但不是 $\mathbb{Z}$ 的极大理想.

一个自然的问题是：对于交换环 $R$(未必有单位元)的极大理想 $M$，应加上什么条件才能使 $R/M$ 为一个域？我们说，只要加上"对任意元素 $a\notin M$，均有 $a^2\notin M$"即可. 事实上，对于 $a\notin M$，令 $M'=\{m+ax\mid m\in M,x\in R\}$，则 $M'$ 是 $R$ 的含有 $M$ 的理想，$a^2\in M'$ 但 $a^2\notin M$，故 $M'\supset M$. 由 $M$ 的极大性知 $M'=R$. 故对于任意 $b\in R$，存在 $m\in M,x\in R$，使得 $m+ax=b$，即 $b+M=(a+M)(x+M)$. 故 $R/M$ 是一个域.

**例 2.4.7** 设 $R=2\mathbb{Z}$ 是全体偶数构成的环，$M=(6)$，则 $M$ 是 $R$ 的极大理想，且若 $a\notin M$，则 $a^2\notin M$，故 $R/(6)$ 是一个域. 事实上，$R/(6)=2\mathbb{Z}/(6)=\{\bar{0},\bar{2},\bar{4}\}$，而 $\mathbb{Z}/(3)\cong\{\bar{0},\bar{1},\bar{2}\}$. 故 $R/(6)=\mathbb{Z}/(3)$ 为域.

### 2.4.3　分式环

设$R$是有单位元1的交换环,是否存在$R$的一个扩环$\overline{R}$使得$R$中每个不是零因子的元素$a$在环$\overline{R}$中均有逆元?本小节讨论这个问题.下面所考虑的要比这个问题再广一些.

**定义 2.4.3**　设$R$是有单位元1的交换环.$R$的子集$S$称为$R$的一个乘法集(multiplicative set),如果$1\in S$且对任意$a,b\in S$,有$ab\in S$.

**注 2.4.4**　实际上,$S$是$(R,\cdot)$的幺子半群.

设$S$为环$R$的乘法集.在集合$R\times S$上定义如下二元关系$\sim$:对$(a,s)$,$(b,t)\in R\times S$,$(a,s)\sim(b,t)$当且仅当存在$u\in S$使得$u(at-bs)=0$.

这是一个等价关系.事实上,自反性和对称性是容易验证的.下面验证传递性,设$(a,s)\sim(b,t)$,$(b,t)\sim(c,u)$,则存在$v,w\in S$使得$v(at-bs)=0$,$w(bu-ct)=0$.于是

$$\begin{aligned}tvw(au-cs)&=tvwau-tvwcs=tvwau-vuwbs-tvwcs+vuwbs\\&=vwu(at-bs)-svw(bu-ct)=0-0=0,\end{aligned}$$

而$tvw\in S$,这是因为$t,v,w\in S$,则$(a,s)\sim(c,u)$.

用$\dfrac{a}{s}$表示$(a,s)\in R\times S$所在的等价类.用$S^{-1}R$表示$R\times S$的全部等价类组成的集合.在$S^{-1}R$上定义加法和乘法如下:

$$\frac{a}{s}+\frac{b}{t}=\frac{at+bs}{st},\quad \frac{a}{s}\cdot\frac{b}{t}=\frac{ab}{st},$$

其中$s,t\in S$,从而$st\in S$.下面证明这样定义的运算与等价类$\dfrac{a}{s}$和$\dfrac{b}{t}$中代表元的选取无关.对于加法,若$\dfrac{a}{s}=\dfrac{a_1}{s_1}$,$\dfrac{b}{t}=\dfrac{b_1}{t_1}$,则

$$\frac{at+bs}{st}=\frac{a_1t_1+b_1s_1}{s_1t_1}.$$

事实上,由于$\dfrac{a}{s}=\dfrac{a_1}{s_1}$,故存在$u\in S$使得$u(as_1-a_1s)=0$;又由于$\dfrac{b}{t}=\dfrac{b_1}{t_1}$,故存在$v\in S$使得$v(bt_1-b_1t)=0$.于是

$$uv[(at+bs)s_1t_1-(a_1t_1+b_1s_1)st]=(as_1-a_1s)utt_1v+(bt_1-b_1t)vss_1u=0.$$

所以,有等式

$$\frac{at+bs}{st}=\frac{a_1t_1+b_1s_1}{s_1t_1}.$$

对于乘法也可类似证明定义的合理性.

利用环的定义容易验证：$S^{-1}R$ 对于这样的加法与乘法构成具有单位元$\frac{1}{1}$的交换环，$\frac{0}{1}$为其零元.

称 $S^{-1}R$ 是环 $R$ 关于乘法集 $S$ 的分式环(ring of fractions).

映射 $f:R\to S^{-1}R, a\mapsto\frac{a}{1}(a\in R)$是环同态. 一般来说，$f$ 不是单射，即 $\mathrm{Ker}f$ 不一定为 0. 下面定理是刻画 $\mathrm{Ker}f$ 的.

**定理 2.4.3** $\mathrm{Ker}f=\{a\in R \mid 存在\ s\in S\ 使得\ sa=0\}$.

**证明** 若 $a\in\mathrm{Ker}f$，则$\frac{a}{1}=\frac{0}{1}$. 于是，存在 $s\in S$ 使 $s(a\cdot 1-0\cdot 1)=0$，即$sa=0$.

反之，若 $a\in R$，且存在 $s\in S$ 使 $sa=0$，则在 $S^{-1}R$ 中，

$$f(a)=\frac{a}{1}=\frac{a}{1}\cdot\frac{s}{s}=\frac{as}{s}=\frac{0}{s}=\frac{0}{1}.$$

因此，$a\in\mathrm{Ker}f$.

**推论 2.4.2** $f:R\to S^{-1}R, a\mapsto\frac{a}{1}(a\in R)$是单同态当且仅当 $S$ 中没有元素是 $R$ 的零因子.

根据这个推论，若取 $S=\{a\in R \mid a\ 不是\ R\ 的零因子, a\neq 0\}$，则这时 $f:R\to S^{-1}R$，$a\mapsto\frac{a}{1}(a\in R)$是单同态. 因此，由挖补定理，存在一个与 $S^{-1}R$ 同构的环 $\overline{R}$ 且 $R$ 为 $\overline{R}$ 的子环. 显然，$S$ 中的元素 $s$，对应的 $f(s)=\frac{s}{1}$在 $S^{-1}R$ 中有逆. 因此，$s$ 在 $\overline{R}$ 中有逆元，而这时，$R\times S$ 中的等价关系"$(a,s)\sim(b,t)\Leftrightarrow$存在 $u\in S$ 使得 $u(at-bs)=0$"就变为"$(a,s)\sim(b,t)\Leftrightarrow at=bs$".

进一步，我们有如下结论.

**定理 2.4.4** 设 $R$ 为整环，取 $S=\{a \mid a\in R, a\neq 0\}$，则 $S^{-1}R$ 是一个域，称之为 $R$ 的商域(quotient field).

**定理 2.4.5** 设 $\varphi:R\to B$ 是环同态，$S$ 为 $R$ 的一个乘法集，且 $\varphi(S)\subseteq U(B)$($B$ 的单位群，即 $B$ 的所有可逆元构成的乘法群)，则存在唯一的环同态 $h:S^{-1}R\to B$ 使得图 2.4.1 是交换的，即 $hf=\varphi\left(这里\ f:R\to S^{-1}R, a\mapsto\frac{a}{1}(a\in R)\right)$.

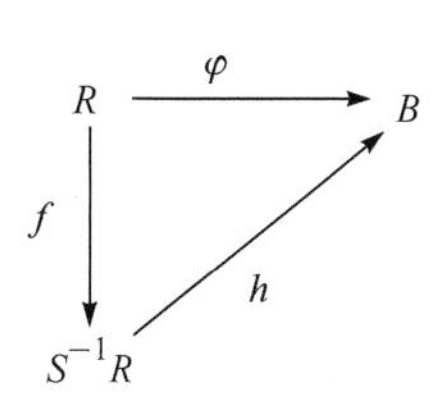

图 2.4.1

**证明** 先证明这样环同态 $h:S^{-1}R\to B$ 是存在的. 令

$$h: S^{-1}R \to B, \frac{a}{s} \mapsto \varphi(a)\varphi(s)^{-1},$$

其中$\frac{a}{s} \in S^{-1}R$. 由于$s \in S$,故$\varphi(s) \in U(B)$为单位. 因此,我们断言$h$的定义是合理的,即若$\frac{a}{s} = \frac{a'}{s'} \in S^{-1}R$,则

$$\varphi(a)\varphi(s)^{-1} = \varphi(a')\varphi(s')^{-1}.$$

事实上,由$\frac{a}{s} = \frac{a'}{s'}$知,存在$u \in S$使$u(as' - a's) = 0$. 于是,

$$\varphi(u)(\varphi(a)\varphi(s') - \varphi(a')\varphi(s)) = 0.$$

由于$\varphi(u) \in U(B)$可逆,所以$\varphi(a)\varphi(s') = \varphi(a')\varphi(s)$. 又因为$\varphi(s), \varphi(s') \in U(B)$,故$\varphi(a)\varphi(s)^{-1} = \varphi(a')\varphi(s')^{-1}$. 容易验证$h$为环同态,并且对每个$a \in R$, $hf(a) = \varphi(a)\varphi(1)^{-1} = \varphi(a)$,从而$hf = \varphi$.

其次证明$h$是唯一的. 设$h: S^{-1}R \to B$为环同态,并且$hf = \varphi$,则对每个$a \in R$均有

$$h\left(\frac{a}{1}\right) = hf(a) = \varphi(a),$$

从而对每个$s \in S$均有

$$h\left(\frac{1}{s}\right) = h\left(\frac{s}{1}\right)^{-1} = \varphi(s)^{-1}.$$

于是,对每个$\frac{a}{s} \in S^{-1}R$,均有

$$h\left(\frac{a}{s}\right) = h\left(\frac{a}{1} \cdot \frac{1}{s}\right) = h\left(\frac{a}{1}\right)h\left(\frac{1}{s}\right) = \varphi(a)\varphi(s)^{-1}.$$

这就证明了$h$的唯一性.

设$P$是环$R$的任一个素理想,且$S = R - P$. 由$P \neq R$知$1 \notin P$,从而$1 \in S$. 由$a, b \in S$可知$a \notin P, b \notin P$,从而$ab \notin P$. 因此,$S = R - P$是$R$的乘法集. 通常对于$S = R - P$,$P$为素理想情形,将$S^{-1}R$记为$R_P$,称之为环$R$在$P$处的局部化(localization). 例如,$R = \mathbb{Z}$为整数环,$P = (p)$,这里$p$为$\mathbb{Z}$中素数,则

$$\mathbb{Z}_{(p)} = S^{-1}R = \left\{ \frac{a}{b} \,\middle|\, a, b \in \mathbb{Z}, (p, b) = 1 \right\},$$

亦即,在$\mathbb{Z}_{(p)}$中,每个与$p$互素的整数均可作为分母. 这已经相当接近于$\mathbb{Z}$的商域——有理数域$\mathbb{Q}$了.

**定理 2.4.6** 设$P$是有单位元1的交换环$R$的素理想,则

$$M = \left\{ \frac{a}{s} \,\middle|\, a \in P, s \in R - P \right\}$$

是 $R_P$ 的唯一极大理想.

**证明** 利用理想的定义验证 $M$ 是 $R_P$ 的理想. 下面证明 $M=R_P-U(R_P)$. 这里 $U(R_P)$ 为 $R_P$ 的所有单位构成的单位群. 首先注意到, 如果 $\frac{a}{s}=\frac{b}{t}\in R_P$, 则 $a\in P\Leftrightarrow b\in P$, 从而"$a\in P$"这个性质与 $\frac{a}{s}$ 的代表元 $a\in R$ 和 $s\in S$ 的选取无关.

若 $\frac{a}{s}\in U(R_P)(a\in R, s\in R-P)$, 则有 $\frac{b}{t}\in R_P$ 使得 $\frac{ab}{st}=\frac{1}{1}$. 于是有 $u\in R-P$ 使得 $u(ab-st)=0$, 即 $u(ab)=stu$. 由于 $s,t,u$ 均不属于 $P$, 故 $stu$ 也不属于 $P$, 即 $uab\notin P$. 于是, $a\notin P$, 即 $a\in R-P$. 反之, 若 $\frac{a}{s}\in R_P$ 并且 $a,s\in R-P$, 则 $\frac{s}{a}\in R_P$. 于是由 $\frac{a}{s}\cdot\frac{s}{a}=\frac{1}{1}$ 可知 $\frac{a}{s}\in U(R_P)$. 这就证明了

$$U(R_P)=\left\{\frac{a}{s}\in R_P\,\middle|\, s,a\in R-P\right\},$$

从而

$$R_P-U(R_P)=\left\{\frac{a}{s}\in R_P\,\middle|\, s\in R-P, a\in P\right\}.$$

由于 $P$ 是素理想, 故 $1\notin P$. 于是, 任意 $s\in R-P$, 则 $\frac{1}{s}\notin M$. 所以, $M$ 是 $R_P$ 的真理想.

又由于 $R=P\cup(R-P)$, 所以, 若 $M'$ 是 $R_P$ 的真包含 $M$ 的理想, 则存在 $\frac{t}{s}\in M'$ 但 $\frac{t}{s}\notin M$. 即 $t\notin P$. 于是 $t\in R-P$, 从而 $\frac{t}{s}$ 是 $R_P$ 的单位. 因此, $M'=R_P$. 即 $M$ 是 $R_P$ 的极大理想. 如果 $R_P$ 还有另一个极大理想 $M_1\neq M$, 则 $M+M_1=R_P$. 于是, 存在 $\frac{a}{s}\in M$ 与 $\frac{b}{t}\in M_1$ 使得

$$\frac{a}{s}+\frac{b}{t}=\frac{1}{1},$$

从而

$$\frac{b}{t}=\frac{1}{1}-\frac{a}{s}=\frac{s-a}{s}.$$

由于 $a\in P, s\in R-P$, 即 $s\notin P$, 故 $s-a\notin P$. 于是, $\frac{s-a}{s}\in U(R_P)$. 所以, $\frac{b}{t}\in U(R_P)$ 为单位, 从而 $M_1=R_P$. 这与 $M_1$ 是 $R_P$ 的极大理想矛盾. 故 $M_1=M$. 即 $M$ 是 $R_P$ 的

唯一极大理想.

**注 2.4.5** 称只有一个极大理想的非零交换环为局部环(local ring). 因此,如果 $P$ 是交换环 $R$ 的素理想,则 $R_P$ 是局部环.

## 习 题 2.4

1. 设 $R$ 是一个交换环,$P$ 是 $R$ 的一个真理想,证明:$P$ 是 $R$ 的素理想当且仅当对 $R$ 的任意两个理想 $I$ 和 $J$,若 $IJ\subseteq P$,则 $I\subseteq P$ 或 $J\subseteq P$.

**注 2.4.6** 一般地,这个充要条件在非交换环的情况下作为素理想的定义.

2. 设 $R=\mathbb{Z}[x,y]$,证明:$(x,y)$ 与 $(x,y,2)$ 是 $R$ 的素理想.

3. 在 $R=\mathbb{Z}[x]$ 中,证明:$(x,n)$ 是极大理想当且仅当 $n$ 为素数.

4. 设 $R$ 是一个有单位元的环,$A$ 是 $R$ 的一个真理想,证明:存在 $R$ 的一个极大理想 $M$ 使得 $A\subseteq M$.

5. 设 $R$ 是一个偶数环,$p$ 是素数,问 $(2,p)$ 是不是极大理想? 是不是素理想?

6. 设 $R$ 是一个非零环,证明:环 $R$ 的零理想为素理想当且仅当 $R$ 是一个无零因子环.

7. 令 $R=\left\{\dfrac{n}{m}\,\middle|\, m,n\in\mathbb{Z},且 m 是奇数\right\}$. 证明:$R$ 有唯一的极大理想.

8. 证明:$(\sqrt{2})$ 是环 $\mathbb{Z}(\sqrt{2})=\{a+b\sqrt{2}\mid a,b\in\mathbb{Z}\}$ 的极大理想.

9. 在 $R=\mathbb{Z}[x]$ 中,设 $I=\{f(x)\in\mathbb{Z}[x]\mid f(0)是偶数\}$,证明:

(1) $I=(2,x)$;

(2) $I$ 为 $R$ 的极大理想.

10. 设 $R=\left\{\begin{pmatrix}a & b\\ 0 & d\end{pmatrix}\,\middle|\, a,b,d\in\mathbb{R}\right\}$,找出 $R$ 的极大理想与素理想.

11. 设

$$R=\left\{\begin{pmatrix}a & 0\\ c & d\end{pmatrix}\,\middle|\, a,b,d\in\mathbb{R}\right\},\quad I=\left\{\begin{pmatrix}a & 0\\ c & 0\end{pmatrix}\,\middle|\, a,c\in\mathbb{R}\right\}.$$

证明:$R$ 关于矩阵的加法和乘法构成一个环,且 $I$ 是 $R$ 的一个极大理想.

12. 设 $m,n\in\mathbb{Z}^+$,$m\mid n$,$\mathbb{Z}_m=\{\bar{k}\mid k=0,1,\cdots,m-1\}$,$\mathbb{Z}_n=\{h\mid h=0,1,\cdots,n-1\}$,令 $\varphi:\mathbb{Z}_n\to\mathbb{Z}_m$,$a\mapsto\bar{a}$,证明 $\varphi$ 是 $\mathbb{Z}_n$ 到 $\mathbb{Z}_m$ 的同态映射,并求 $\mathrm{Ker}\varphi$,$\mathbb{Z}_n/\mathrm{Ker}\varphi$.

13. 设 $R$ 是一个有单位元的有限交换环,证明 $R$ 的每一个素理想都是极大理想.

14. 设 $R$ 是一个交换环,$I$ 和 $J$ 为 $R$ 的两个理想,且 $I\subseteq J$,证明:如果 $J/I$ 是 $R/I$ 的素理想,则 $J$ 是 $R$ 的素理想.

15. 设 $R$ 是域,证明:$R$ 的分式域就是 $R$ 自身.

16. 求整环 $\mathbb{Z}[\mathrm{i}]$ 与 $\mathbb{Z}[x]$ 以及偶数环的分式域.

17. 设 $R$ 是一个有单位元的交换环,$I$ 为 $R$ 的真理想,证明:如果 $R$ 的每个不在 $I$ 中的元素都可逆,则 $I$ 是 $R$ 的唯一的极大理想.

18. 设 $R_1$ 和 $R_2$ 是有单位元的整环,它们的商域分别为 $F_1$ 和 $F_2$. 证明:如果 $f:R_1\to R_2$ 是一个同构,则 $f$ 可拓广为 $F_1\cong F_2$.

# 2.5 环的特征与素域

本节讨论环的特征和素域. 域的特征是域的一个重要特性,具有不同特征的域在结构上有很大不同.

## 2.5.1 环的特征

**定义 2.5.1** 设 $R$ 为环,如果存在最小的正整数 $n$ 使得对环 $R$ 的所有的元素 $a$,均有 $na=0$,则称 $n$ 为环 $R$ 的特征(characteristic). 如果这样的正整数不存在,则称环 $R$ 的特征为 0. 环 $R$ 的特征一般记为 $\mathrm{Char}R$.

**注 2.5.1** 显然,令 $m=\mathrm{Sup}\{a$ 作为加群的周期$\mid a\in R\}$. 当 $m<\infty$ 时,$m=\mathrm{Char}R$;当$m=\infty$时,$\mathrm{Char}R=0$.

由定义容易验证,如果 $R$ 是一个数环,则 $\mathrm{Char}R=0$.

**例 2.5.1** 设$\mathbb{Z}_m$是整数模 $m$ 的剩余类环,则对每个 $\bar{n}\in\mathbb{Z}_m$,有 $m\bar{n}=\overline{mn}=\bar{0}$. 而对于任何正整数 $k<m$,有 $k\bar{1}=\bar{k}\neq\bar{0}$. 因此,$\mathrm{Char}\mathbb{Z}_m=m$.

类似地,可证明对于$\mathbb{Z}_m$上的一元多项式环$\mathbb{Z}_m[x]$,也有 $\mathrm{Char}\mathbb{Z}_m[x]=m$.

**定理 2.5.1** 如果环 $R$ 里不存在零因子,则 $R$ 的所有非零元对加法来说的周期是相同的.

**证明** 如果环 $R$ 的每个非零元的周期都是无限大,则定理的结论显然成立. 如果 $a$ 与 $b$ 是环 $R$ 的任两个非零元,设 $a$ 的周期是有限正整数 $n$,由环的基本性质知 $0=(na)b=a(nb)$. 由于 $R$ 无零因子,且 $a\neq 0$,故 $nb=0$. 因此,$b$ 的周期$\leqslant a$ 的周期.

同样可证明 $a$ 的周期$\leqslant b$ 的周期. 于是,$a$ 的周期等于 $b$ 的周期.

**注 2.5.2** 如果环 $R$ 有零因子,结论就不一定成立. 反例如下.

**例 2.5.2** 设 $G_1=\langle b\rangle$与 $G_2=\langle c\rangle$是两个循环群,$b$ 的周期是无限的即无穷大,$c$ 的周期为整数 $n$. $G_1$ 与 $G_2$ 均为交换群,故它们的代数运算用"+"来表示. 用加群符号,有 $G_1=\{hb\mid h\in\mathbb{Z}\}$,$hb=0$ 当且仅当 $h=0$;$G_2=\{kc\mid k\in\mathbb{Z}\}$,而 $kc=0$ 当且仅当 $n\mid k$. 作集合 $R=\{(hb,kc)\mid hb\in G_1,kc\in G_2\}$,规定 $R$ 的加法为

$$(h_1b,k_1c)+(h_2b,k_2c)=(h_1b+h_2b,k_1c+k_2c).$$

显然,$R$ 对于这个加法构成一个加群. 再规定 $R$ 的一个乘法为

$$(h_1b,k_1c)\cdot(h_2b,k_2c)=(0,0),$$

则 $R$ 显然作成一个环，元素 $(b,0)$ 对于加法的周期为 $\infty$，但 $(0,c)$ 的周期为 $n$.

进一步，有如下结论.

**定理 2.5.2** 设环 $R$ 没有零因子且 $\mathrm{Char}R=n$ 为有限正整数，则 $n$ 是素数.

**证明** 如果 $n$ 不是素数，设 $n=n_1n_2$，故 $n\nmid n_1$，$n\nmid n_2$. 于是，对于环 $R$ 的非零元 $a$，有 $n_1a\neq 0$，$n_2a\neq 0$. 但 $(n_1a)(n_2a)=(n_1n_2)a^2=0$. 这与环 $R$ 没有零因子的条件矛盾.

对于域或除环，定义其特征为将域或除环看作环时的特征.

**推论 2.5.1** 整环、除环以及域的特征或为 0，或为素数 $p$.

在特征为 $p$ 的交换环中，一个很有趣的算律为

$$(a+b)^p=a^p+b^p.$$

事实上，由二项式定理有

$$(a+b)^p=a^p+\mathrm{C}_p^1a^{p-1}b+\cdots+\mathrm{C}_p^{p-1}ab^{p-1}+b^p,$$

而 $\mathrm{C}_p^i$ 是 $p$ 的倍数，从而就得到要证的公式. 类似可证 $(a-b)^p=a^p-b^p$.

**定理 2.5.3** 设环 $R$ 有单位元 1，如果 1 关于加法的周期为无穷大，则 $\mathrm{Char}\,R=0$. 如果 1 关于加法的周期为正整数 $n$，则 $\mathrm{Char}R=n$.

**证明** 如果 1 关于加法的周期为无穷大，由特征定义即知 $\mathrm{Char}R=0$. 如果 1 关于加法的周期为正整数 $n$，则 $n1=0$. 而且 $n$ 是满足这一性质的最小正整数. 对于环 $R$ 的任意元素 $a$，有

$$na=n(1\cdot a)=(n1)\cdot a=0\cdot a=0.$$

因此，$\mathrm{Char}R=n$.

**定理 2.5.4** 设环 $R$ 有单位元 1，则映射 $f:\mathbb{Z}\to R(f(n)=n1)$ 是环 $\mathbb{Z}$ 到 $R$ 的同态.

证明留作练习.

**推论 2.5.2** 设环 $R$ 有单位元 1，若 $\mathrm{Char}R=n>0$，则环 $R$ 包含一个同构于环 $\mathbb{Z}_n$ 的子环. 若 $\mathrm{Char}R=0$，则环 $R$ 包含一个同构于环 $\mathbb{Z}$ 的子环.

**证明** 令 $R'=\{m1\mid m\in\mathbb{Z}\}$，则 $R'$ 显然是 $R$ 的一个子环. 如果 $\mathrm{Char}R=n>0$，则 $n\in\mathrm{Ker}f$. 另一方面，对任意的 $m\in\mathrm{Ker}f$，存在 $q,r\in\mathbb{Z}$ 使得 $m=qn+r$，$0\leqslant r<n$，则有 $0=f(m)=m1=(qn+r)1=q(n1)+r1=r1$. 由定理 2.5.4 知 $r=0$. 所以，$\mathrm{Ker}f\leqslant(n)$. 于是，$\mathrm{Ker}f=(n)$. 由环同态基本定理知：$\mathbb{Z}_n\cong R'$.

如果 $\mathrm{Char}R=0$，则 $f$ 为单射. 因此，$R'$ 同构于 $\mathbb{Z}$.

### 2.5.2 素域

**定理 2.5.5** 设 $F$ 是域，若 $\mathrm{Char}F=0$，则 $F$ 包含一个与有理数域同构的子域；若 $\mathrm{Char}F=p$ 为素数，则 $F$ 包含一个与 $\mathbb{Z}_p$ 同构的子域.

**证明** 记域 $F$ 的单位元为 $e$. 于是，$F$ 包含所有 $ne(n\in\mathbb{Z})$. 令 $R'=\{me\mid m\in\mathbb{Z}\}$，

则定理 2.5.4 中定义的映射 $f$ 是整数环$\mathbb{Z}$到 $R'$的一个满同态.

(1) 若 $\mathrm{Char}F=0$,则 $f$ 为单同态. 因此,$f$ 是一个同构,即有$\mathbb{Z}\cong R'$. 令

$$F'=\{ne(me)^{-1}\mid m,n\in\mathbb{Z},m\neq 0\}.$$

容易验证 $F'$为 $F$ 的子域. 将$\mathbb{Z}$到 $R'$的环同构扩充为有理数域$\mathbb{Q}$到 $F'$的环同态.

$$f':\frac{n}{m}\mapsto(ne)(me)^{-1},\quad n,m\in\mathbb{Z},\quad m\neq 0, \tag{2.5.1}$$

如果$\frac{n}{m}=\frac{n_1}{m_1}$,则 $nm_1=n_1m$,从而$(ne)(m_1e)=(n_1e)(me)$. 所以

$$(ne)(me)^{-1}=(n_1e)(m_1e)^{-1}.$$

因此,由式(2.5.1)所定义的 $f'$是映射,且 $f'|_{\mathbb{Z}}=f$. 容易证明 $f'$是从$\mathbb{Q}$到 $F'$的满同态. 但由于 $\mathrm{Ker}f$ 是域$\mathbb{Q}$的理想,而显然 $f'\neq 0$. 所以,$\mathrm{Ker}f'=\{0\}$. 即 $f'$是域同构. 于是,$F$ 中存在一个与$\mathbb{Q}$同构的子域 $F'$.

(2) 若 $\mathrm{Char}F=p$ 为素数,则由推论 2.5.2,$F$ 含有一个与$\mathbb{Z}_p$同构的子环. 由于 $p$ 为素数,故$\mathbb{Z}_p$是域.

有理数域$\mathbb{Q}$和模 $p$ 剩余类域$\mathbb{Z}_p$显然都不含真子域. 对于这样的域,称之为素域.

**定义 2.5.2** 如果域 $F$ 不含任何真子域,则称 $F$ 为素域(prime field).

由定理 2.5.5 知:一个素域或与有理数域同构,或与$\mathbb{Z}_p$同构. 因此,定理 2.5.5 的另一个形式如下.

**定理 2.5.6** 令 $F$ 是一个域,若 $\mathrm{Char}F=0$,则 $F$ 包含一个与有理数域同构的素域;若 $\mathrm{Char}F=p$ 为素数,则 $F$ 包含一个与$\mathbb{Z}_p$同构的素域.

## 习 题 2.5

1. 设 $F$ 是一个有四个元的域,证明:

(1) $F$ 的特征为 2;

(2) $F$ 的不是 0 和 1 的两个元都适合方程 $x^2=x+1$.

2. 证明:有限环的特征是一个整数.

3. 求商环$\mathbb{Z}[\mathrm{i}]/(1+\mathrm{i})$的特征.

4. 求商环$\mathbb{Z}[x]/(x,5)$的特征.

5. 设 $R$ 是一个有单位元的交换环,并且 $\mathrm{Char}R=p$ 为素数. 如果 $a,b\in R$,证明:对所有整数 $n\geqslant 0$,成立$(a\pm b)^{p^n}=a^{p^n}\pm b^{p^n}$.

6. 设 $R$ 是一个有单位元的交换环,并且 $\mathrm{Char}R=p$ 为素数. 映射 $f:R\to R$ 由 $r\mapsto r^p$给出. 证明:$f$ 是一个环同态.

**注 2.5.3** 这个环同态称为 Frobenius 同态.

# 2.6 环的直和

环的直和概念同群的直积概念类似,是研究环结构与环构造的有力工具.本节介绍环的直和概念及其基本性质.

## 2.6.1 环的外直和

**定义 2.6.1** 设 $R_1,R_2,\cdots,R_n$ 是 $n(\geqslant 2)$ 个环,它们的笛卡儿积

$$R=\prod_{i=1}^{n} R_i=\{(r_1,r_2,\cdots,r_n)\mid r_i\in R_i,i=1,2,\cdots,n\}$$

关于加法:

$$(r_1,r_2,\cdots,r_n)+(s_1,s_2,\cdots,s_n)=(r_1+s_1,r_2+s_2,\cdots,r_n+s_n)$$

与乘法:

$$(r_1,r_2,\cdots,r_n)\cdot(s_1,s_2,\cdots,s_n)=(r_1s_1,r_2s_2,\cdots,r_ns_n)$$

作成环,称为 $R_1,R_2,\cdots,R_n$ 的外直和(external direct sum),记为

$$R=R_1\coprod R_2\coprod\cdots\coprod R_n=\coprod_{i=1}^{n} R_i.$$

**注 2.6.1** (1) $\coprod_{i=1}^{n} R_i$ 的零元为$(0,0,\cdots,0)$,$(r_1,r_2,\cdots,r_n)$ 的负元为

$$(-r_1,-r_2,\cdots,-r_n);$$

(2) 若 $R_i$ 有单位元 $1_{R_i}$,这里 $i=1,2,\cdots,n$,则$(1_{R_1},1_{R_2},\cdots,1_{R_n})$是 $\coprod_{i=1}^{n} R_i$ 的单位元;

(3) 若 $R_i$ 均为交换环,这里 $i=1,2,\cdots,n$,则 $\coprod_{i=1}^{n} R_i$ 也为交换环.

**例 2.6.1** 设

$$R_1=\mathbb{Z}/(3)=\{\bar{0},\bar{1},\bar{2}\},\quad R_2=\mathbb{Z}/(4)=\{\tilde{0},\tilde{1},\tilde{2},\tilde{3}\},$$

则 $R_1\coprod R_2$ 是交换环,零元为$(\bar{0},\tilde{0})$,单位元为$(\bar{1},\tilde{1})$.

**例 2.6.2** 如果 $R_1=R_2$ 是实数域(环),则 $R_1\coprod R_2$ 同构于复数域(环)

$$\mathbb{C}=\{a+b\mathrm{i}\mid a,b\in\mathbb{R}\}.$$

## 2.6.2 环的内直和

令 $R_i'=\{(0,\cdots,0,r_i,0,\cdots,0)\mid r_i\in R_i\}(i=1,2,\cdots,n)$,则 $R_i'$是 $R$ 的子环,并且,对任意 $a\in R,a=(a_1,a_2,\cdots,a_n)$,有

$$(a_1,\cdots,a_i,\cdots,a_n)(0,\cdots,0,r_i,0,\cdots,0)=(0,\cdots,0,a_ir_i,0,\cdots,0),$$

$$(0,\cdots,0,r_i,0,\cdots,0)(a_1,\cdots,a_i,\cdots,a_n)=(0,\cdots,0,r_ia_i,0,\cdots,0),$$

即 $R_i'$ 是 $R$ 的一个理想.

令 $f_i: r_i \mapsto (0,\cdots,0,r_i,0,\cdots,0)$，则易知 $f_i$ 是 $R_i$ 到 $R_i'$ 的同构映射. 如果把 $r_i$ 与 $(0,\cdots,0,r_i,0,\cdots,0)$ 等同起来，则 $R$ 的每一个元均可表为 $R_1,R_2,\cdots,R_n$ 的元的和，且表示法是唯一的. 这是因为

$$(r_1,r_2,\cdots,r_n)=(r_1,0,\cdots,0)+(0,r_2,\cdots,0)+\cdots+(0,0,\cdots,r_n)=r_1+r_2+\cdots+r_n.$$

假设 $(r_1,r_2,\cdots,r_n)=s_1+s_2+\cdots+s_n$，则

$$\begin{aligned}s_1+s_2+\cdots+s_n &=(s_1,0,\cdots,0)+(0,s_2,\cdots,0)+\cdots+(0,0,\cdots,s_n)\\&=(s_1,s_2,\cdots,s_n)=(r_1,r_2,\cdots,r_n).\end{aligned}$$

于是，$r_i=s_i$，$i=1,2,\cdots,n$.

从上面的讨论知，$R_1,R_2,\cdots,R_n$ 的直和 $R$ 含有 $n$ 个理想 $R_i'$，分别与 $R_i$ 同构，$i=1,2,\cdots,n$. 并且，如果将 $R_i$ 与 $R_i'$ 同一化，则 $R$ 的每一个元均可表为 $R_1,R_2,\cdots,R_n$ 的元的和，且表示法是唯一的.

反过来，若一个环 $R$ 含有 $n$ 个理想 $R_1,R_2,\cdots,R_n$，并且 $R$ 的每一个元均可表为 $R_1,R_2,\cdots,R_n$ 的元的和，且表示法是唯一的，则 $R$ 与 $\prod\limits_{i=1}^{n} R_i$ 同构.

事实上，由于 $R_i$ 是 $R$ 的理想，这里 $i=1,2,\cdots,n$，故它们的和 $\sum\limits_{i=1}^{n}R_i$ 还是 $R$ 的理想. 又由于 $R\subseteq \sum\limits_{i=1}^{n}R_i$，故 $R=\sum\limits_{i=1}^{n}R_i$. 设 $R'=\prod\limits_{i=1}^{n}R_i$，$r'\in R'$，则 $r'=(r_1,r_2,\cdots,r_n)$，令

$$f:(r_1,r_2,\cdots,r_n)\mapsto r_1+r_2+\cdots+r_n,$$

则 $f$ 是 $R'$ 到 $R$ 的满射. 这是因为：对任意 $r\in R$，则存在 $r_i\in R_i(i=1,2,\cdots,n)$ 使 $r=r_1+r_2+\cdots+r_n$. 故有 $f(r_1,r_2,\cdots,r_n)=r$.

由于 $R$ 的每一个元均可表为 $R_1,R_2,\cdots,R_n$ 的元的和，且表示法唯一，故 $f$ 是 $R'$ 到 $R$ 的单射. 这是因为：如果 $f(r_1,r_2,\cdots,r_n)=f(s_1,s_2,\cdots,s_n)$，则有

$$r_1+r_2+\cdots+r_n=s_1+s_2+\cdots+s_n=r\in R.$$

因 $r$ 的表示法是唯一的，故 $r_i=s_i(i=1,2,\cdots,n)$. 所以

$$(r_1,r_2,\cdots,r_n)=(s_1,s_2,\cdots,s_n).$$

下面证明 $f$ 是 $R'$ 到 $R$ 的同构映射. $f$ 保持加法运算是显然的，所以，只证 $f$ 保持乘法运算即可. 首先验证，对任 $r_i\in R_i$，$r_j\in R_j(i\neq j)$，则 $r_i\cdot r_j=0$. 这是因为 $R_i\trianglelefteq R$，$R_j\trianglelefteq R$，故 $r_i\cdot r_j\in R_i\cap R_j$. 于是，$R$ 中的零元有表示法：$0=0+0+\cdots+0=0+\cdots+r_ir_j+\cdots+(-r_ir_j)+\cdots+0$. 由于 $R$ 中的每一个元均可表为 $R_1,R_2,\cdots,R_n$ 的元的和，且表示法唯一，故 $r_i\cdot r_j=0$. 我们有

$$f((r_1,r_2,\cdots,r_n)\cdot(s_1,s_2,\cdots,s_n))=f(r_1s_1,r_2s_2,\cdots,r_ns_n)=r_1s_1+r_2s_2+\cdots+r_ns_n,$$

而

$$f(r_1,r_2,\cdots,r_n)\cdot f(s_1,s_2,\cdots,s_n)=(r_1+r_2+\cdots+r_n)\cdot(s_1+s_2+\cdots+s_n)$$
$$=r_1s_1+r_2s_2+\cdots+r_ns_n.$$

所以，$f$ 保持乘法运算，即 $R'\cong R$.

**定义 2.6.2** 如果环 $R$ 的子环 $R_1,R_2,\cdots,R_n$ 满足条件：

(1) $R_1,R_2,\cdots,R_n$ 均是 $R$ 的理想；

(2) $R$ 中的每一个元均可表为 $R_1,R_2,\cdots,R_n$ 的元的和，且表示法唯一，

则称 $R$ 是子环 $R_1,R_2,\cdots,R_n$ 的内直和(internal direct sum)，记为

$$R=R_1\oplus R_2\oplus\cdots\oplus R_n=\bigoplus_{i=1}^{n}R_i.$$

**注 2.6.2** 把两种意义的直和均用符号 $\bigoplus\limits_{i=1}^{n}R_i$ 表示，不会引起混乱. 这是因为，就同构意义讲，二者本质上是一致的.

**定理 2.6.1** 环 $R$ 是其子环 $R_1,R_2,\cdots,R_n$ 的内直和当且仅当下列条件成立：

(1) $R_i\trianglelefteq R(i=1,2,\cdots,n)$；

(2) $R=R_1+R_2+\cdots+R_n$；

(3) $R_i\cap\sum\limits_{j=1,j\neq i}^{n}R_j=\{0\}(i=1,2,\cdots,n)$.

**证明** 如果 $R=\bigoplus\limits_{i=1}^{n}R_i$，则条件(1)与(2)显然成立. 任取 $r\in R_i\cap\sum\limits_{j=1,j\neq i}^{n}R_j$，则 $r_i\in R_i$，且 $r=r_1+\cdots+r_{i-1}+r_{i+1}+\cdots+r_n$. 于是

$$0=0+\cdots+0+0+0+\cdots+0=r_1+\cdots+r_{i-1}+(-r)+r_{i+1}+\cdots+r_n.$$

因此，$r=0$，即 $R_i\cap\sum\limits_{j=1,j\neq i}^{n}R_j=\{0\}$.

反过来，若 $R_i\cap\sum\limits_{j=1,j\neq i}^{n}R_j=\{0\}$，设 $r=r_1+r_2+\cdots+r_n=s_1+s_2+\cdots+s_n$ 是 $R$ 的元的两种表示法，则 $0=(r_1-s_1)+(r_2-s_2)+\cdots+(r_n-s_n)$. 于是

$$r_i-s_i=-[(r_1-s_1)+\cdots+(r_{i-1}-s_{i-1})+(r_{i+1}-s_{i+1})+\cdots+(r_n-s_n)]$$
$$\in R_i\cap\sum_{j=1,j\neq i}^{n}R_j=\{0\},$$

从而 $r_i=s_i$，$i=1,2,\cdots,n$. 再由(2)知 $R$ 中的每一个元均可表为 $R_1,R_2,\cdots,R_n$ 的元的和，且表示法是唯一的. 又由于 $R_i\trianglelefteq R\ (i=1,2,\cdots,n)$，故 $R$ 是其子环 $R_1,R_2,\cdots,R_n$ 的内直和.

**例 2.6.3** 设 $R=\mathbb{Z}/(6)=\{0,1,2,3,4,5\}$，则 $R$ 含有子环 $R_1'=\{0,3\}$ 与 $R_2'=\{0,2,4\}$. 易知 $R_1'$ 与 $R_2'$ 均是 $R$ 的理想. $R_1'+R_2'$ 是 $R$ 的子环，且由 $3\in R_1'$，$4\in R_2'$ 可得 $3+4=1\in R_1'+R_2'$，从而 $R=R_1'+R_2'$. 又因为 $R_1'\cap R_2'=\{0\}$，所以，$R=R_1'\oplus R_2'$.

### 2.6.3 任意多个环的直积与直和

下面考虑任意多个环的直和.

设$\{R_\alpha | \alpha \in I\}$是环的集合，指标集 $I$ 是任意的，可以是可数集，也可以是不可数集. 作集合$\{R_\alpha | \alpha \in I\}$的笛卡儿积，即

$$\overline{R} = \{f | f: I \to \bigcup_{\alpha \in I} R_\alpha, f(\alpha) \in R_\alpha\}.$$

规定：$(f+g)(\alpha) = f(\alpha) + g(\alpha)$，$(f \cdot g)(\alpha) = f(\alpha) \cdot g(\alpha)$，则 $\overline{R}$ 关于这样规定的加法与乘法运算构成一个环，称之为$\{R_\alpha | \alpha \in I\}$的直积(direct product)，记为 $\overline{R} = \prod_{\alpha \in I} R_\alpha$.

令 $R = \{f | f \in \overline{R}$，除有限多个 $\alpha$ 外，对所有 $\alpha$，$f(\alpha) = 0\}$，则 $R$ 构成$\overline{R}$ 的一个子环，称这个环为$\{R_\alpha | \alpha \in I\}$的直和(direct sum)，记为 $R = \bigoplus_{\alpha \in I} R_\alpha$.

**注 2.6.3** (1) 对有限多个环来说，不需要直积概念.

(2) 对指标集 $I$ 为无限的情形，区分直积与直和. 直积都是外部的，而直和区分为内直和与外直和. 这是因为：对无限多个子环 $R_\alpha$ 来说，$\sum R_\alpha$ 的意义是

$$\left\{ \sum r_\alpha \middle| r_\alpha \in R_\alpha \text{，且除有限多个 } \alpha \text{ 外，对所有 } \alpha, r_\alpha = 0 \right\}.$$

就同构意义讲，内直和与外直和是一致的.

**定理 2.6.2** 设环 $R$ 是其子环 $R_1, R_2, \cdots, R_n$ 的直和，$A_i \trianglelefteq R_i$，则 $A = A_1 + A_2 + \cdots + A_n$ 是 $R$ 的理想且 $A = A_1 \oplus A_2 \oplus \cdots \oplus A_n$.

**证明** 首先证明 $A_i \trianglelefteq R (i = 1, 2, \cdots, n)$. 对任意 $r \in R$，则 $r = r_1 + \cdots + r_i + \cdots + r_n$. 任取 $a_i \in A_i$，则有 $ra_i = r_1 a_i + \cdots + r_i a_i + \cdots + r_n a_i$. 又因 $j \neq i$ 时，$r_j a_i = 0$，故有 $ra_i = r_i a_i \in A_i$. 同理可证 $a_i r = a_i r_i \in A_i$，即 $A_i \trianglelefteq R$. 因为 $A_i \subseteq A$，故 $A$ 含有理想 $A_1$，$A_2, \cdots, A_n$，并且有 $A = A_1 + A_2 + \cdots + A_n$. $A$ 中的每一个元都是 $R$ 中的元，由于 $R$ 是其子环 $R_1, R_2, \cdots, R_n$ 的直和，故 $A$ 中的每一个元均可表为 $A_1, A_2, \cdots, A_n$ 的元的和，且表示法是唯一的. 所以 $A = A_1 \oplus A_2 \oplus \cdots \oplus A_n$.

**定理 2.6.3** 设环 $R$ 是其子环 $R_1, R_2, \cdots, R_n$ 的直和，则存在 $R$ 到 $R_i$ 的同态 $f_i$，且有性质：

(1) $f_i \circ f_j = 0 (i \neq j)$，这里 0 为零同态；

(2) $f_i \circ f_i = f_i$；

(3) $f_1 + \cdots + f_n = I_R$，这里 $I_R$ 为 $R$ 的恒等同构.

**证明** 因为 $r \in R$，故 $r = r_1 + \cdots + r_i + \cdots + r_n$，其中 $r_i \in R_i$. 由于 $r$ 的表示法是唯一的，故 $r_i$ 由 $r$ 唯一确定. 令 $f_i: r \mapsto r_i$，则 $f_i$ 是 $R$ 到 $R_i$ 的满映射. 进一步，易知 $f_i$ 是 $R$ 到 $R_i$ 的满同态. 任取 $r_j \in R_j (j \neq i)$，则 $r_j = 0 + \cdots + r_j + \cdots + 0$. 于是，$f_i(r_j) = 0$，从而 $i \neq j$ 时，$f_i \circ f_j(r) = f_i(f_j(r)) = f_i(r_j) = 0$. 因此，$f_i \circ f_j$ 是 $R$ 到 $R$

的零同态,即 $f_i \circ f_j = 0 (i \neq j)$. 又对任意 $r \in R$, $f_i \circ f_i(r) = f_i(f_i(r)) = f_i(r_i) = r_i = f_i(r)$. 所以, $f_i \circ f_i = f_i$.

按照同态映射加法的定义,有

$$(f_1 + \cdots + f_n)(r) = f_1(r) + \cdots + f_n(r) = r_1 + \cdots + r_n = I_R(r).$$

于是, $f_1 + \cdots + f_n = I_R$.

如果环 $R$ 能表为其子环 $R_1, R_2, \cdots, R_n$ 的直和,则 $R$ 的元素的加法与乘法运算完全由其诸子环 $R_i$ 的加法与乘法来决定:如果

$$r = r_1 + r_2 + \cdots + r_n, \quad s = s_1 + s_2 + \cdots + s_n,$$

则 $r + s = (r_1 + s_1) + (r_2 + s_2) + \cdots + (r_n + s_n)$, $rs = r_1 s_1 + r_2 s_2 + \cdots + r_n s_n$.

由此可见, $R$ 的结构可以用较 $R$ 简单的 $R_i$ 的结构来研究. 这样,就可使问题简化. 因此,直和是研究环的一个重要工具.

**定理 2.6.4** 设环 $R$ 是其子环 $R_1$ 与 $S_1$ 的直和,而 $S_1$ 是其子环 $R_2$ 与 $R_3$ 的直和,则

$$R = R_1 \oplus S_1 = R_1 \oplus R_2 \oplus R_3.$$

证明留作练习.

**定理 2.6.5** 设环 $R$ 具有有限特征 $n$,而 $n = p_1^{r_1} p_2^{r_2} \cdots p_m^{r_m}$ 是 $n$ 的既约分解, $r_i \geqslant 1$, $p_1, \cdots, p_m$ 是互素的素数,则存在 $R$ 的子环 $R_i$ $(i = 1, 2, \cdots, m)$,使得

$$R = R_1 \oplus R_2 \oplus \cdots \oplus R_m,$$

且 $R_i$ 具有有限特征 $p_i^{r_i}$.

**证明** 因为 $(p_1^{r_1}, p_2^{r_2}, \cdots, p_m^{r_m}) = 1$,故存在整数 $k$ 与 $l$ 使得

$$k p_1^{r_1} + l p_2^{r_2} + \cdots + p_m^{r_m} = 1.$$

任取 $x \in R$,则有

$$x = 1 \cdot x = k p_1^{r_1} x + l p_2^{r_2} \cdots p_m^{r_m} x. \tag{2.6.1}$$

令 $S_1 = \{k p_1^{r_1} x \mid x \in R\}$, $R_1 = \{l p_2^{r_2} \cdots p_m^{r_m} x \mid x \in R\}$. 易证 $S_1$ 与 $R_1$ 均是 $R$ 的理想,且 $p_2^{r_2} \cdots p_m^{r_m} S_1 = 0$, $p_1^{r_1} R_1 = 0$. 故 $S_1$ 的特征 $\leqslant p_2^{r_2} \cdots p_m^{r_m}$, $R_1$ 的特征 $\leqslant p_1^{r_1}$.

式(2.6.1)表明 $R = R_1 + S_1$. 任取 $z \in R_1 \cap S_1$,则存在 $u, v \in R$ 使 $z = k p_1^{r_1} u = l p_2^{r_2} \cdots p_m^{r_m} v$. 又因为 $p_1^{r_1} p_2^{r_2} \cdots p_m^{r_m} u = 0$,故

$$k p_1^{r_1} u = (k p_1^{r_1})^2 u + k l p_1^{r_1} p_2^{r_2} \cdots p_m^{r_m} u = (k p_1^{r_1})^2 u.$$

同理, $l p_2^{r_2} \cdots p_m^{r_m} u = (l p_2^{r_2} \cdots p_m^{r_m})^2 u$,故 $k p_1^{r_1} z = (k p_1^{r_1})^2 u = k l p_1^{r_1} p_2^{r_2} \cdots p_m^{r_m} v = 0$,从而 $k p_1^{r_1} u = 0$. 于是, $z = 0$,即 $R_1 \cap S_1 = \{0\}$. 故 $R = R_1 \oplus S_1$.

用同样方法对 $S_1$ 进行讨论,又可分 $S_1$ 为两个子环的直和. 继续下去,第 $m-1$ 步,即得

$$R = R_1 \oplus R_2 \oplus \cdots \oplus R_m,$$

此处 $R_i$ 的特征 $\leqslant p_i^{r_i}$.

如果 $R_i$ 的特征为 $n_i$，则 $n_1n_2\cdots n_mR=0$，故 $n_1n_2\cdots n_m\geqslant n$. 于是，$R_i$ 的特征为 $p_i^{r_i}$，$i=1,2,\cdots,m$.

### 2.6.4 中国剩余定理

下面介绍一下中国剩余定理，也称孙子定理.

令 $A$ 是环 $R$ 的一个理想，$a,b\in R$. 元素 $a$ 称为与元素 $b$ 模 $A$ 同余(congruence)，记为 $a\equiv b(\mathrm{mod}A)$，如果 $a-b\in A$. 因此

$$a\equiv b\ (\mathrm{mod}A)\Leftrightarrow a-b\in A\Leftrightarrow a+A=b+A.$$

由于 $R/A$ 是环，所以

$$a_1\equiv a_2(\mathrm{mod}A)\text{与 }b_1\equiv b_2\ (\mathrm{mod}A)$$
$$\Rightarrow a_1+b_1\equiv a_2+b_2(\mathrm{mod}A)\text{ 与 }a_1b_1\equiv a_2b_2(\mathrm{mod}A).$$

**定理 2.6.6** (中国剩余定理(Chinese remainder theorem)) 令 $A_1,A_2,\cdots,A_n$ 是环 $R$ 的理想，使得对所有 $i$，有 $R^2+A_i=R$，而对所有 $i\neq j$，有 $A_i+A_j=R$，则存在 $b\in R$ 使得

$$b\equiv b_i(\mathrm{mod}A_i),\quad i=1,2,\cdots,n.$$

进一步，$b$ 模下面的理想

$$A_1\cap A_2\cap\cdots\cap A_n$$

关于同余是唯一确定的.

**注 2.6.4** 如果环 $R$ 有单位元，则 $R^2=R$，因此，对 $R$ 的每个理想 $A$，均有 $R^2+A=R$.

**证明** 因为 $A_1+A_2=R$ 与 $A_1+A_3=R$，故

$$\begin{aligned}R^2&=(A_1+A_2)(A_1+A_3)=A_1^2+A_1A_3+A_2A_1+A_2A_3\\&\subset A_1+A_2A_3\subset A_1+A_2\cap A_3.\end{aligned}$$

因此，由于 $R=A_1+R^2$，所以

$$R=A_1+R^2\subset A_1+(A_1+(A_2\cap A_3))=A_1+(A_2\cap A_3)\subset R.$$

所以，$R=A_1+(A_2\cap A_3)$. 归纳假设

$$R=A_1+(A_2\cap A_3\cap\cdots\cap A_{k-1}),$$

则有

$$R^2=(A_1+(A_2\cap A_3\cap\cdots\cap A_{k-1}))(A_1+A_k)\subset A_1+(A_2\cap A_3\cap\cdots\cap A_k).$$

因此，得

$$R=R^2+A_1\subset A_1+(A_2\cap A_3\cap\cdots\cap A_k)\subset R.$$

所以，$R=A_1+(A_2\cap A_3\cap\cdots\cap A_k)$. 于是就有

$$R=A_1+(A_2\cap A_3\cap\cdots\cap A_n)=A_1+(\bigcap_{i\neq 1}A_i).$$

类似的讨论可证明对每个 $k=1,2,\cdots,n$，有 $R=A_k+(\bigcap_{i\neq k}A_i)$. 因此，对每个 $k$，存在

元素 $a_k\in A_k$ 与 $r_k\in\bigcap_{i\neq k}A_i$ 使得 $b_k=a_k+r_k$. 进一步,对 $i\neq k$,有

$$r_k\equiv b_k(\mathrm{mod}A_k)\quad 与\quad r_k\equiv 0(\mathrm{mod}A_i).$$

令 $b=r_1+r_2+\cdots+r_n$,在用本定理前面的注可证明对每个 $i$,有 $b\equiv b_i(\mathrm{mod}A_i)$. 因此,对所有 $i$,$b-c\in A_i$. 所以,$b-c\in\bigcap_{i=1}^{n}A_i$ 和 $b\equiv c_i(\mathrm{mod}\bigcap_{i=1}^{n}A_i)$.

**推论 2.6.1** 令 $m_1,m_2,\cdots,m_n$ 是正整数,使得对 $i\neq j$,$(m_i,m_j)=1$ 成立. 如果 $b_1,b_2,\cdots,b_n$ 是任意的正整数,则同余方程组

$$x\equiv b_1(\mathrm{mod}m_1),x\equiv b_2(\mathrm{mod}m_2),\cdots,x\equiv b_n(\mathrm{mod}m_n)$$

有整数解,并且这个解关于模 $m=m_1m_2\cdots m_n$ 是唯一确定的.

**证明** 令 $A_i=(m_i)$,则 $\bigcap_{i=1}^{n}A_i=(m)$. 容易验证 $(m_i,m_j)=1$ 蕴涵着 $A_i+A_j=\mathbb{Z}$. 然后又用定理 2.6.6 即可得证.

**推论 2.6.2** 如果 $A_1,A_2,\cdots,A_n$ 是环 $R$ 的理想,则存在环单同态

$$\theta:R/(A_1\cap\cdots\cap A_n)\to R/A_1\times R/A_2\times\cdots\times R/A_n.$$

如果对所有 $i$,有 $R^2+A_i=R$,而对所有 $i\neq j$,有 $A_i+A_j=R$,则 $\theta$ 是环同构.

**证明** 设 $\pi_k:R\to R/A_k$ 是典型满同态($k=1,2,\cdots,n$),利用这些 $\pi_k$,作映射

$$\theta_1:R\to R/A_1\times R/A_2\times\cdots\times R/A_n,$$

其中 $\theta_1(r)=(r+A_1,\cdots,r+A_n)$. 任意验证 $\theta_1$ 是一个环同态. 显然 $\mathrm{Ker}\theta_1=A_1\cap\cdots\cap A_n$. 所以,$\theta_1$ 诱导出一个环单同态 $\theta:R/(A_1\cap\cdots\cap A_n)\to R/A_1\times R/A_2\times\cdots\times R/A_n$(定理 2.3.5). 映射 $\theta$ 不是满的(见习题 2.6 中的第 12 题). 然而,如果定理 2.6.6的假设被满足,且$(b_1+A_1,\cdots,b_n+A_n)\in R/A_1\times R/A_2\times\cdots\times R/A_n$,则存在$b\in R$使得对所有 $i$,$b\equiv b_i(\mathrm{mod}A_i)$. 因此,$\theta(b+\bigcap_i A_i)=(b+A_1,\cdots,b+A_n)=(b_1+A_1,\cdots,b_n+A_n)$. 所以 $\theta$ 是满同态.

## 习 题 2.6

1. 令 $\varphi:\mathbb{R}[x]\to\mathbb{C}\times\mathbb{C}$ 是由 $\varphi(x)=(1,\mathrm{i})$ 和 $\varphi(r)=(r,r)$,$r\in\mathbb{R}$ 定义的同态,确定 $\varphi$ 的核与像.

2. $\mathbb{Z}/(6)$与$\mathbb{Z}/(2)\coprod\mathbb{Z}/(3)$同构吗? $\mathbb{Z}/(8)$与$\mathbb{Z}/(2)\coprod\mathbb{Z}/(4)$同构吗?

3. 设 $F_1$ 与 $F_2$ 是两个域,令 $R=F_1\oplus F_2$,找出 $R$ 的一切理想.

4. 设 $R_1$ 与 $R_2$ 是两个有单位元的环,$A_1$ 与 $A_2$ 分别是 $R_1$ 与 $R_2$ 的理想,证明:$A=A_1\oplus A_2$是 $R=R_1\oplus R_2$ 的理想,且 $R$ 的任一理想均有上述形式.

5. 设 $A$ 是$R$ 的理想,且 $A$ 有单位元,证明:$R$ 有理想 $A'$存在,使得

$$R=A\oplus A'.$$

6. 设环 $R=R_1\oplus R_2$,证明:$R_i(i=1,2)$的任意自同构都可扩为 $R$ 到 $R_i$ 的满同态.

7. 设$A$是$R$的一个理想，如果$A$的任一自同构都可扩为$R$到$A$的满同态，证明：$R$中存在理想$A'$使得$R=A\oplus A'$.

8. 设$R_1$与$R_2$是两个整环，问$R=R_1\oplus R_2$是否为整环？

9. 设$R=\mathbb{Z}/(3^2\cdot 5)$，将$R$表成其子环的直和.

10. 环$R$的一个元素$e$称为幂等元，如果$e^2=e$. $R$中心里的一个元素称为中心元(central element). 如果$e$是环$R$的中心幂等元，且$R$有单位元$1_R$，证明：

(1) $1_R-e$是中心幂等元；

(2) $eR$与$(1_R-e)R$均是$R$的理想，并且$R=eR\oplus(1_R-e)R$.

11. 环$R$的幂等元$e_1,e_2,\cdots,e_n$成为正交幂等的(othorgonal idempotent)，如果$e_ie_j=0(i\neq j)$. 如果$R,R_1,\cdots,R_n$均是带有单位元的环，证明下列条件等价：

(1) $R=R_1\amalg R_2\amalg\cdots\amalg R_n$；

(2) $R$含有一组正交幂等元$\{e_1,e_2,\cdots,e_n\}$使得$e_1+e_2+\cdots+e_n=1_R$且对每个$i$，$e_iR\cong R_i$；

(3) $R=A_1\oplus A_2\oplus\cdots\oplus A_n$，这里$A_i$是$R$的理想使得$A_i\cong R_i$.

12. 如果环$R=\mathbb{Z}$，$A_1=(6)$与$A_2=(4)$，则推论2.6.2中映射$\theta:R/(A_1\cap A_2)\to R/A_1\times R/A_2$不是满的.

# 第 3 章　交换环的因子分解理论

在整数环里有一个重要定理即整数唯一分解定理：若不计因子的次序，每一个大于 1 的正整数可唯一分解为素数的乘积. 由于数论中许多结论都基于这个定理，所以这是一个非常重要的基本定理. 我们的问题是：能否把这个定理推广到一般的环上，特别是整环上，答案是否定的. 如果给整环加上一些条件，这种推广能够部分做到. 本章主要讨论这个问题.

## 3.1　唯一分解环

要想在一个整环里讨论因子分解，首先需要把整数环的整除、素数、因数与倍数等概念推广到一般的整环上去.

### 3.1.1　素元与既约元

**定义 3.1.1**　设 $R$ 是交换环，非零元 $a\in R$ 称为整除元素 $b\in R$，记为 $a|b$，如果存在 $x\in R$ 使得 $b=ax$. 这时也称 $a$ 是 $b$ 的因子(divisor). 如果 $a$ 不是 $b$ 的因子，则称 $b$ 不能被 $a$ 整除，或 $a$ 不整除 $b$，记为 $a\nmid b$. 元素 $a,b$ 称为相伴的(associated)，记为 $a\sim b$，如果 $a|b$ 且 $b|a$.

**注 3.1.1**　(1) 如果 $a$ 是环 $R$ 的元素，$u$ 为 $R$ 的单位，则 $u$ 与 $au$ 均是 $a$ 的因子. 这两类因子统称为 $a$ 的平凡因子(trivial divisor). $a$ 的非平凡因子(如果存在的话)称为 $a$ 的真因子(proper divisor).

(2) $R$ 中元素的相伴关系是等价关系.

**例 3.1.1**　$R=\mathbb{Z}$ 为整数环，则 1 与 $-1$ 均是单位，5 只有平凡因子 $\pm1$ 与 $\pm5$，12 有真因子 $\pm2,\pm3,\pm4,\pm6$.

**例 3.1.2**　在高斯环 $\mathbb{Z}[\mathrm{i}]=\{a+b\mathrm{i}\mid a,b\in\mathbb{Z}\}$ 中，$5=(2+\mathrm{i})(2-\mathrm{i})$，故 $(2+\mathrm{i})|5$，但 $\frac{3}{1+\mathrm{i}}=\frac{3}{2}(1-\mathrm{i})\notin\mathbb{Z}[\mathrm{i}]$，所以，$(1+\mathrm{i})\nmid3$.

关于整除的所有命题用主理想语言表达是很方便的，则有如下定理.

**定理 3.1.1**　设 $R$ 是有单位元的交换环，$a,b,u\in R$，则有

(1) $a|b\Leftrightarrow b\in(a)$；

(2) $a$ 与 $b$ 相伴 $\Leftrightarrow(a)=(b)$；

(3) $u$ 是单位 $\Leftrightarrow u|r$(对所有 $r\in R$)$\Leftrightarrow(u)=R$；

(4) $a$ 是 $b$ 的真因子 $\Leftrightarrow (b) \subsetneq (a) \subsetneq R$;

(5) 关系"$a$ 与 $b$ 相伴"是 $R$ 上的等价关系;

(6) 如果 $a=br$,其中 $r\in R$ 为单位,则 $a$ 与 $b$ 相伴. 如果 $R$ 为整环,则反过来也成立.

证明留作练习.

**定义 3.1.2** 设 $R$ 是有单位元的交换环,$c\in R$ 称为既约元(irreducible element),如果

(1) $c$ 是非零元且不是单位;

(2) 若 $c=ab$,则 $a$ 或 $b$ 为单位.

$p\in R$ 称为素元(prime element),如果

(1) $p$ 是非零元且不是单位;

(2) 若 $p|ab$,则 $p|a$ 或 $p|b$.

**例 3.1.3** 如果 $p$ 是素数,则 $p$ 与 $-p$ 均是 $\mathbb{Z}$ 中的既约元与素元. 在环 $\mathbb{Z}_6$ 中,易知 2 是素元,但 $2\in\mathbb{Z}_6$ 不是既约元,因为 $2=2\cdot 4$,而 2 与 4 均不是 $\mathbb{Z}_6$ 中的单位(它们甚至是零因子).

**例 3.1.4** 在 $\mathbb{Z}[\sqrt{-3}]=\{a+b\sqrt{-3}\,|\,a,b\in\mathbb{Z}\}$ 中,2 是既约元,但不是素元.

**证明** 设 $\alpha=a+b\sqrt{-3}\in\mathbb{Z}[\sqrt{-3}]$,令 $N(\alpha)=a^2+3b^2$,则 $N(\alpha)$ 为正整数. 容易验证对任意 $\alpha,\beta\in\mathbb{Z}[\sqrt{-3}]$,成立 $N(\alpha\beta)=N(\alpha)N(\beta)$.

(1) 断言:2 是既约元.

事实上,设 $2=\alpha\beta$,且 $\alpha$ 不是单位,则由 $N(2)=N(\alpha\beta)$ 知 $4=N(\alpha)N(\beta)$. 故 $N(\alpha)=2$ 或 $N(\alpha)=4$,$N(\beta)=1$. 因为对任意 $\alpha\in\mathbb{Z}[\sqrt{-3}]$,$N(\alpha)\neq 2$,故 $N(\alpha)=4$,$N(\beta)=1$. 从而易知 $\beta$ 为单位. 即 $2\sim\alpha$,因而 2 是既约元.

(2) 断言:2 不是素元.

因为 $2|4$,而 $4=(1+\sqrt{-3})(1-\sqrt{-3})$,所以,$2|(1+\sqrt{-3})(1-\sqrt{-3})$. 但 $\dfrac{1\pm\sqrt{-3}}{2}=\dfrac{1}{2}\pm\dfrac{1}{2}\sqrt{-3}\notin\mathbb{Z}[\sqrt{-3}]$. 所以,2 既不整除 $1+\sqrt{-3}$,也不整除 $1-\sqrt{-3}$. 故 2 不是素元.

同样可知,$1+\sqrt{-3}$ 与 $1-\sqrt{-3}$ 均是既约元,但都不是素元.

环 $R$ 中的素元与既约元分别同 $R$ 中的素理想和极大理想有密切的联系.

**定理 3.1.2** 设 $p$ 与 $c$ 是整环 $R$ 中的非零元素,则

(1) $p$ 为素元 $\Leftrightarrow (p)$ 是素理想;

(2) $c$ 为既约元 $\Leftrightarrow (c)$ 在 $R$ 的全体真主理想所组成的集合 $S$ 中极大;

(3) $R$ 的每个素元均是既约元;

(4) $R$ 中与既约元(或素元)相伴的元素仍是既约元(或素元);

(5) $R$ 中既约元的因子只可能是与它相伴的元素和 $R$ 中的单位.

**证明** (1) 利用素元与素理想定义即可得证.

(2) 如果 $c$ 是既约元,由定理 3.1.1 知 $(c)$ 是 $R$ 的真理想. 如果 $(c)\subseteq(d)$,则 $c=dx$. 由于 $c$ 是既约元,故可知或者 $d$ 是单位,从而 $(d)=R$,或者 $x$ 是单位,从而由定理 3.1.1 知此时 $(c)=(d)$. 于是,$(c)$ 在 $S$ 中是极大的. 反之,如果 $(c)$ 在 $S$ 中极大,由定理 3.1.1 知 $c$ 不是 $R$ 中单位,并且根据假设 $c\neq 0$. 如果 $c=ab$,则 $(c)\subseteq(a)$,从而或者 $(c)=(a)$,或者 $(a)=R$. 在 $(a)=R$ 时,根据定理 3.1.1 知 $a$ 是单位. 在 $(c)=(a)$ 时,$a=cy$,从而 $c=ab=cyb$. 由于 $R$ 是整环,$1=yb$,从而 $b$ 为单位. 因此,$c$ 是既约的.

(3) 如果 $p=ab$,则 $p\mid a$ 或 $p\mid b$. 设 $p\mid a$,则 $px=a$,再由 $p=ab$ 得 $p=ab=pxb$,从而 $1=xb$. 于是,$b$ 是单位.

(4) 如果 $c$ 既约而 $d$ 与 $c$ 相伴,则 $c=du$,其中 $u\in R$ 是单位(定理 3.1.1). 如果 $d=ab$,则 $c=abu$,从而 $a$ 是单位或者 $bu$ 是单位. 但如果 $bu$ 是单位,则 $b$ 也是单位. 因此,$d$ 是既约的.

(5) 如果 $c$ 是既约元,且 $a\mid c$,则 $(c)\subseteq(a)$. 由 (2) 知 $(c)=(a)$ 或者 $(a)=R$. 因此,或者 $a$ 与 $c$ 相伴,或者由定理 3.1.1 推得 $a$ 是单位.

### 3.1.2 唯一因子分解环

由例 3.1.4 知,在一般的整环中,既约元不一定是素元. 但我们知道,在整数环中,每一个既约元均是素元. 因此,在什么样的环中,既约元才是素元? 我们引入下面的概念.

**定义 3.1.3** 有单位元的整环 $R$ 称为唯一因子分解环(unique factorization domain),如果

(1) $R$ 中每个非零非单位的元素 $a$ 可以写成 $a=p_1p_2\cdots p_s$,其中 $p_1,p_2,\cdots,p_s$ 均是既约元;

(2) 上述分解在相伴意义下是唯一的,即,如果 $a=p_1p_2\cdots p_s$,$a=q_1q_2\cdots q_t$ ($p_i$ 与 $q_i$ 均是既约元),则 $s=t$,并且适当交换因子的次序,有 $p_i$ 与 $q_i$ 相伴 $(i=1,2,\cdots,s)$ .

**注 3.1.2** 定义 3.1.3 中(2)蕴涵着在唯一分解环中每个既约元必是素元(见定理 3.1.3),故由定理 3.1.2(3)知既约元与素元在唯一分解环里是一致的. 定义 3.1.3 不是毫无意义的,因为存在这样的整环,其中每个元素均是既约元的有限乘积,但分解式不是唯一的(见例 3.1.6).

**例 3.1.5** 整数环 $\mathbb{Z}$ 是唯一分解环.

**例 3.1.6** 令 $R=\mathbb{Z}[\sqrt{-3}]$,则 $R$ 的每个非零非单位的元素均可以分解为既约元的乘积,但 $R$ 不是唯一分解环.

**证明** (1)设 $\alpha=a+b\sqrt{-3}$ 为 $R$ 中任一非零非单位的元素,对 $N(\alpha)=a^2+$

$3b^2$ 用数学归纳法.

(a) 因 $\alpha$ 是非零非单位的元素,故 $N(\alpha)\geqslant 3$. 如果 $N(\alpha)=3$,则 $\alpha=\pm\sqrt{-3}$既约. 故结论对 $N(\alpha)=3$ 处理.

(b) 假设结论对 $3\leqslant N(\alpha)<n$ 成立,考察 $N(\alpha)=n$ 的情况.

如果 $\alpha$ 既约,则结论成立. 如果 $\alpha$ 可约,则存在 $\beta,\gamma\in R$ 使得 $\alpha=\beta\gamma$,其中 $\beta,\gamma$ 均是 $\alpha$ 的真因子,从而 $N(\beta),N(\gamma)>1$. 因 $N(\alpha)=N(\beta)N(\gamma)$,故 $N(\beta)<N(\alpha)$, $N(\gamma)<N(\alpha)$. 由归纳假设,$\beta$ 与 $\gamma$ 均可分解为 $R$ 的既约元的乘积. 设

$$\beta=p_1p_2\cdots p_s,\quad \gamma=q_1q_2\cdots q_t,$$

其中,$p_i$ 与 $q_j$ 均是既约元,则 $\alpha=p_1p_2\cdots p_sq_1q_2\cdots q_t$. 从而由数学归纳法原理知,$R$ 中每个非零非单位的元素均可分解为既约元的乘积.

(2) 有等式 $4=2\cdot 2=(1+\sqrt{-3})(1-\sqrt{-3})$. 由例 3.1.5 知,$2,1\pm\sqrt{-3}$均是既约元. 因 $2\nmid(1\pm\sqrt{-3})$,故 2 与 $1+\sqrt{-3}$及 $1-\sqrt{-3}$不相伴,从而知 $4=2\cdot 2$ 与 $4=(1+\sqrt{-3})(1-\sqrt{-3})$是 4 的两个不相伴的分解. 所以,$\mathbb{Z}[\sqrt{-3}]$不是唯一分解环.

**注 3.1.3**　环 $R$ 不是唯一分解环并不意味着 $R$ 中不存在唯一因子分解的元素. 例如,在 $R=\mathbb{Z}[\sqrt{-3}]$中,$14=2\cdot(2+\sqrt{-3})(2-\sqrt{-3})$是 14 的唯一因子分解式. 证明留作练习.

**定理 3.1.3**　在唯一分解环 $R$ 中,每个既约元均为素元.

**证明**　设 $p\in R$ 为 $R$ 的既约元. 设 $p\mid ab$,则存在 $c\in R$ 使 $pc=ab$.

(1) 如果 $a,b,c$ 中有一个为单位,则结论显然成立.

(2) 如果 $a,b,c$ 均不为单位,则 $a,b,c$ 分别有分解式:

$$a=q_1q_2\cdots q_s,\quad b=q_{s+1}q_{s+2}\cdots q_{s+t},\quad c=p_1p_2\cdots p_r,$$

其中,$q_i,p_j$ 均为 $R$ 的既约元,故 $pp_1p_2\cdots p_r=q_1q_2\cdots q_sq_{s+1}q_{s+2}\cdots q_{s+t}$. 因为 $R$ 为唯一分解环,则有 $q_i(1\leqslant i\leqslant s+t)$使 $p$ 与 $q_i$ 相伴. 如果 $1\leqslant i\leqslant s$,则 $p\mid a$;如果 $s+1\leqslant i\leqslant s+t$,则 $p\mid b$. 所以,$p$ 是素元.

**定义 3.1.4**　设 $R$ 为整环,$a_1,a_2,\cdots,a_n,\cdots$为 $R$ 中的一列元素(有限或无限). 如果对任意的 $i>1$,$a_i$ 为 $a_{i-1}$ 的真因子,则称此元素列为 $R$ 中的一个真因子链(chain of proper divisors).

**定理 3.1.4**　唯一分解环 $R$ 中的每个真因子链都是有限的.

**证明**　设 $a$ 为环 $R$ 中的任一元素,定义 $a$ 的长度 $l(a)$如下:若 $a$ 是 $R$ 的单位,则规定 $l(a)=0$. 若 $a$ 不是 $R$ 的单位,则 $a$ 有唯一因子分解 $a=p_1p_2\cdots p_s$,这时规定 $l(a)=s$. 易知,若 $b$ 是 $a$ 的真因子,则 $l(b)<l(a)$. 设 $a_1,a_2,\cdots,a_n,\cdots$为 $R$ 中的任一真因子链,则 $l(a_1)>l(a_2)>\cdots>l(a_n)>\cdots$. 由于 $l(a_1)$是一个有限整数,而每个 $l(a_i)$均为正整数,所以,这个下降数列不可能是无限的.

**定理 3.1.5** 整环 $R$ 为唯一分解环的充要条件是：

(1) $R$ 中的每个真因子链都有限；

(2) $R$ 中的每一个既约元为素元.

**证明** 必要性由定理 3.1.3 与定理 3.1.4 可知成立.

下证充分性. 首先证明每个非零非单位的元素都有分解. 用反证法. 假设存在元素 $a\in R$，$a$ 没有分解. 于是，$a$ 可约(否则，$a=p$ 既约，已是 $R$ 的分解). 设 $a=a_1b_1$，其中 $a_1$，$b_1$ 都是 $a$ 的真因子. 因 $a$ 没有分解，则 $a_1$，$b_1$ 中至少有一个没有分解(否则，$a_1$ 与 $b_1$ 的分解式的乘积就是 $a$ 的一个分解式). 不妨设 $a_1$ 没有分解. 重复上述过程，则又可得 $a_1$ 的因子 $a_2$，使 $a_2$ 没有分解. 依次类推，如果已求得 $n$ 个元素 $a_1,a_2,\cdots,a_n$，其中每一个后继元都是它前面元素的真因子，且每一个元素都没有分解. 特别地，由于 $a_n$ 没有分解，则又可求得 $a_n$ 的真因子 $a_{n+1}$，使得 $a_{n+1}$ 没有分解，从而有一个无限的真因子链 $a,a_1,a_2,\cdots,a_n,\cdots$，这与条件(1)矛盾.

其次证明分解的唯一性. 设环 $R$ 的非零非单位的元素 $a$ 有两个分解式

$$a=p_1p_2\cdots p_s=q_1q_2\cdots q_t,$$

其中 $q_i$，$p_j$ 均为 $R$ 的既约元. 对 $s$ 应用数学归纳法.

(a) 当 $s=1$ 时，则 $a=p_1$ 既约. 于是，$t=1$，且 $p_1=q_1$.

(b) 假设结论对 $s-1$ 成立，则因 $p_1\mid a$，所以，$p_1\mid q_1q_2\cdots q_t$. 由于 $p_1$ 是既约元，故由条件(2)知，$p_1$ 为素元. 所以 $p_1$ 必整除 $q_i$ 中的某一个. 适当改变因子的顺序，不妨设 $p_1\mid q_1$，则存在 $c\in R$ 使得 $q_1=cp_1$. 又 $q_1$ 既约，所以 $c$ 为单位，从而有 $p_1p_2\cdots p_s=p_1(cq_2)\cdots q_t$. 由消去律得 $p_2\cdots p_s=(cq_2)\cdots q_t$. 由归纳假设知，$s-1=t-1$，且适当交换因子次序，有 $p_i$ 与 $q_i$ 相伴($i=2,3,\cdots,s$). 又 $p_1$ 与 $q_1$ 相伴已证，故由数学归纳法原理，定理结论得证.

**推论 3.1.1** 如果整环 $R$ 有如下性质：

(1) $R$ 的每个非零非单位的元素 $a$ 都有一个分解 $a=p_1p_2\cdots p_s$($p_i$ 为 $R$ 的既约元)；

(2) $R$ 的每个既约元是素元，

则 $R$ 是唯一分解环.

### 3.1.3 公因子

唯一分解环的另一个重要性质就是最大公因子的存在.

**定义 3.1.5** 环 $R$ 的元素 $c$ 称为元素 $a_1,a_2,\cdots,a_n$ 的公因子(common divisor)，如果 $c$ 能同时整除 $a_1,a_2,\cdots,a_n$. 元素 $a_1,a_2,\cdots,a_n$ 的一个公因子 $d$ 称为 $a_1,a_2,\cdots,a_n$ 的最大公因子(greatest common divisor)，如果 $d$ 能够被 $a_1,a_2,\cdots,a_n$ 的每一个公因子 $c$ 整除.

设 $R$ 是唯一分解环，$a$ 为 $R$ 的非零非单位的元素，则 $a$ 有唯一因子分解. 设 $a$

的所有互不相伴的既约因子为 $p_1, p_2, \cdots, p_s$，则对 $a$ 的任一既约因子 $p$，有 $p_i$ 使 $p$ 与 $p_i$ 相伴. 从而 $a$ 有分解式 $a=\varepsilon p_1^{r_1} p_2^{r_2} \cdots p_s^{r_s}$，这里 $\varepsilon$ 为 $R$ 的单位，$r_1, r_2, \cdots, r_s \in \mathbb{Z}^+$. 这个分解式称为 $a$ 的标准分解式(standard factorization).

**定理 3.1.6**　唯一分解环 $R$ 的两个元素 $a$ 与 $b$ 在 $R$ 里一定有最大公因子. $a$ 与 $b$ 的两个最大公因子 $d$ 与 $d'$ 只能相差一个单位因子：$d'=\varepsilon d$($\varepsilon$ 是单位).

**证明**　如果 $a$ 与 $b$ 之中有一个为 0，不妨设 $a=0$，则 $b$ 显然是一个最大公因子. 若 $a$ 与 $b$ 之中有一个是单位，比如说 $a$ 为单位，则 $a$ 显然是最大公因子.

若 $a$ 与 $b$ 均是非零非单位的元素，这时它们均有标准分解式. 为了方便，取它们的标准分解式如下：

$$a=\varepsilon_a p_1^{h_1} p_2^{h_2} \cdots p_n^{h_n} \quad (\varepsilon_a \text{ 是单位}, h_i \geqslant 0),$$
$$a=\varepsilon_b p_1^{k_1} p_2^{k_2} \cdots p_n^{k_n} \quad (\varepsilon_b \text{ 是单位}, k_i \geqslant 0).$$

令 $l_i=\min\{h_i, k_i\}$ 是 $h_i$ 与 $k_i$ 中较小的一个. 作元素 $d=\varepsilon p_1^{l_1} p_2^{l_2} \cdots p_n^{l_n}$，则 $d \mid a, d \mid b$. 设 $c$ 是 $a$ 与 $b$ 的公因子. 若 $c$ 为单位，则显然 $c \mid d$. 若 $c$ 不是单位，则 $c=p_1' p_2' \cdots p_t'$ ($p_i'$ 是素元 ). 由于 $c \mid a$，故每一个 $p_i' \mid a$. 于是，$p_i'$ 能整除某一个 $p_j$，从而是 $p_j$ 的相伴元. 所以

$$c=\varepsilon_c p_1^{m_1} p_2^{m_2} \cdots p_n^{m_n} \quad (\varepsilon_c \text{ 是单位}, m_i \geqslant 0).$$

但 $c \mid a$，并且 $p_i, p_j$ 互相不是相伴元，因此，$m_i \leqslant h_i$. 同理，由 $c \mid b$ 可得 $m_i \leqslant k_i$. 这就是说，$m_i \leqslant l_i, c \mid d$. 这样，我们证明了最大公因子 $d$ 的存在.

现在假设 $d'$ 也是 $a$ 与 $b$ 的最大公因子，则 $d \mid d', d' \mid d$. 因此，$d'=ud, d=vd'$. 这样，若 $d=0$，$d'$ 也等于 0，故 $d=d'$. 若 $d \neq 0$，则 $uv=1$，即 $u$ 是单位 $\varepsilon$，故 $d'=\varepsilon d$.

应用数学归纳法从定理 3.1.6 可证得如下结论.

**推论 3.1.2**　唯一分解环 $R$ 的 $n$ 个元 $a_1, a_2, \cdots, a_n$ 在 $R$ 中一定有最大公因子. $a_1, a_2, \cdots, a_n$ 的两个最大公因子 $d$ 与 $d'$ 只能相差一个单位因子.

这样，如果 $n$ 个元的某一个最大公因子是单位，则这 $n$ 个元的任何一个最大公因子也是一个单位. 利用这个事实，可在唯一分解环中定义互素概念.

**定义 3.1.6**　唯一分解环 $R$ 中元素 $a_1, a_2, \cdots, a_n$ 称为互素的(relatively prime)，如果它们的最大公因子是单位.

## 习　题　3.1

1. 设 $R$ 是一切形如 $\frac{m}{2^k}$($m$ 是任意整数，$k$ 是非负整数)的有理数所成集合，证明：$R$ 关于数的加法和乘法作成一个有单位元的环，$R$ 的哪些元是单位？哪些元是既约元？

2. 找出高斯整环 $\mathbb{Z}[\mathrm{i}]$ 的所有单位.

3. 设 $\alpha$ 是高斯整环 $\mathbb{Z}[\mathrm{i}]$ 的既约元，证明：$\alpha$ 能且仅能除尽一个素(自然)数 $p$.

4. 证明:如果高斯整环$\mathbb{Z}[\mathrm{i}]$的元素$\alpha=a+b\mathrm{i}$的范数$N(\alpha)=a^2+b^2$为素数(自然数),则$\alpha$是既约元.

5. 找出高斯整环$\mathbb{Z}[\mathrm{i}]$的所有既约元.

6. 设$R$是有单位元的整环,$p$是既约元,证明:理想$(p)$是$R$的非平凡理想.

7. 在$\mathbb{Z}[\sqrt{-5}]$中下列元素哪些是既约元:

$$2,\quad 7,\quad 29,\quad 2-\sqrt{-5},\quad 6+\sqrt{-5}.$$

8. 证明:整环$R$的元素之间的相伴关系是一个等价关系.

9. 设$R$是唯一因子分解整环,$R$的两个元素$a$与$b$是互素的,$c$是$R$的任意元素,如果$a|bc$,证明:$a|c$.

10. 在下列整环$R$中,判别所给元素是否相伴:

(1) $R=\mathbb{Z}[\sqrt{2}]$,$3+\sqrt{2}$与$5+4\sqrt{2}$,$\sqrt{2}$与$4-3\sqrt{2}$;

(2) $R=\mathbb{Z}[\sqrt{5}]$,$2+\sqrt{5}$与$2-\sqrt{5}$,$3-\sqrt{5}$与$7+3\sqrt{5}$.

11. 在$\mathbb{Z}[\mathrm{i}]$中,证明:下列元素既是既约元又是素元:$2+5\mathrm{i},7,3-2\mathrm{i},23$.

12. 在$\mathbb{Z}[\sqrt{-3}]$中,证明:14有唯一分解.

13. 设$d\neq0$,且为无平方因子的整数,证明:在$\mathbb{Z}[\sqrt{d}]$中,每个非零非单位的元素均可以分解为既约元的乘积.

## 3.2 主理想环与欧氏环

本节引进主理想环与欧氏环的概念. 要知道一个整环是否为唯一分解环不是一件容易的事,因为要验证唯一分解环定义里的条件(1)与(2)或者定理 3.1.5 的条件(1)与(2)是否被满足. 一般来说,验证起来是非常困难的. 本节将证明主理想环与欧氏环是唯一分解环,这对认识理解唯一分解环会带来好处.

### 3.2.1 主理想环

**定义 3.2.1** 整环$R$称为主理想(整)环(principal ideal domain),如果$R$的每个理想是主理想.

**例 3.2.1** 整数环$\mathbb{Z}$是主理想环.

**证明** 设$I$是$\mathbb{Z}$的非零理想,则$N=\{|a|\mid 0\neq a\in I\}$是正整数集合$\mathbb{Z}^+$的非空子集. 令其中最小数为$n$,取$a\in I$使得$|a|=n$. 我们断言$I=(a)$. 任取$b\in I$,则由整数整除性知$b=qa+r$,其中$r=0$或者$0<r<|a|$. 由于$r=b-qa\in I$,故由$a$的选取知后一种情况不能出现,即只有$r=0$. 所以,$b=qa\in(a)$. 这就说明了$I$是主理想. 因此,整数环$\mathbb{Z}$是主理想环.

**例 3.2.2** 数域$\mathbb{F}$上的一元多项式环$\mathbb{F}[x]$为主理想环.

**证明**　设 $I$ 是$\mathbb{F}[x]$的非零理想，则 $N=\{\deg f(x)\mid 0\neq f(x)\in I\}$是集合$\mathbb{Z}^+\cup\{0\}$的非空子集. 令其中最小数为 $n$，取 $f(x)\in I$ 使得 $\deg f(x)=n$. 任取 $g(x)\in I$，由多项式的带余除法得 $g(x)=q(x)f(x)+r(x)$，其中 $r(x)=0$ 或者 $0\leqslant\deg r(x)<\deg f(x)$. 由于 $r(x)=g(x)-q(x)f(x)\in I$，故由 $f(x)$的选择知后一种情况不能出现，即只有 $r(x)=0$. 所以，$I=(f(x))$. 因此，$I$ 是主理想，从而$\mathbb{F}[x]$为主理想环.

**例 3.2.3**　$\mathbb{Z}[x]$不是主理想环.

**证明**　只要证明由 2 与 $x$ 生成的理想$(2,x)$不是主理想即可. 一方面，有

$$
\begin{aligned}
(2,x)&=\{f(x)\cdot 2+g(x)\cdot x\mid f(x),g(x)\in\mathbb{Z}[x]\}\\
&=\{f(x)\cdot x+2n\mid f(x)\in\mathbb{Z}[x],n\in\mathbb{Z}\}.
\end{aligned}
$$

所以，$(2,x)\neq\mathbb{Z}[x]$.

另一方面，如果存在 $d(x)\in\mathbb{Z}[x]$，使得$(2,x)=(d(x))$，那么在$\mathbb{Z}[x]$中，$d(x)\mid x$，$d(x)\mid 2$，由 $d(x)\mid 2$ 知，$\deg d(x)=0$. 于是，$d(x)=a\in\mathbb{Z}$. 又 $a\mid x$，所以 $a=\pm 1$，从而$(2,x)=(1)=\mathbb{Z}[x]$. 这与前面的结论冲突，因此，$(2,x)$不是主理想，从而$\mathbb{Z}[x]$不是主理想环.

3.2 节将证明$\mathbb{Z}[x]$是唯一分解环. 例 3.2.3 说明唯一分解环不是主理想环.

**定理 3.2.1**　主理想环 $R$ 的真因子链 $a_1,a_2,\cdots,a_n,\cdots(a_i\in R)$是有限的.

**证明**　我们作主理想$(a_1),(a_2),\cdots,(a_n),\cdots$. 由于 $a_{i+1}$是 $a_i$ 的真因子，故有

$$(a_1)\subsetneq(a_2)\subsetneq(a_3)\subsetneq\cdots\subsetneq(a_n)\subsetneq\cdots.$$

令 $I$ 为这些理想的并集，即 $I=\bigcup\limits_i(a_i)$. 易证 $I$ 为环 $R$ 的理想，从而为 $R$ 的主理想. 设 $I=(d)$. 这个 $d$ 属于 $I$，所以，$d$ 一定属于某个$(a_n)$. 我们断言：这个 $a_n$ 一定是我们的真因子链里的最后一个元素. 否则，若还有一个 $a_{n+1}$，由于 $d\in(a_n)$，$a_{n+1}\in(d)$，则有 $a_n\mid d$，$d\mid a_{n+1}$. 于是，$a_{n+1}=ca_n$. 但因 $a_{n+1}\mid a_n$，故 $a_n=c'a_{n+1}$. 于是，$a_{n+1}=cc'a_{n+1}$. 从而 $1=cc'$，即 $c$ 是一个单位. 这样，$a_{n+1}$与 $a_n$ 相伴，这与 $a_{n+1}$是 $a_n$ 的真因子矛盾. 从而定理结论成立.

**定理 3.2.2**　设 $R$ 为主理想环，$a$ 是 $R$ 的非零非单位的元素，则下列叙述等价：

(1) $a$ 是素元；

(2) $a$ 是既约元；

(3) $(a)$是极大理想；

(4) $(a)$是素理想.

**证明**　(1)⇒(2). 定理 3.1.2 中(3).

(2)⇒(3). 因为 $a$ 不是单位，故$(a)$是 $R$ 的真理想. 设$(a)$真包含在 $R$ 的某个理想 $I$ 中. 由于 $R$ 为主理想环，故存在 $b\in R$ 使得 $I=(b)$. 因此，$a\in(b)$. 这样就存在 $c\in R$使得 $a=bc$. 因为 $a$ 是既约元，所以 $b$ 与 $c$ 之中至少有一个为单位. 由于$(a)$真包含在$(b)$中，故 $a$ 与 $b$ 不是相伴的，从而 $b$ 为单位. 于是，$(b)=R$. 即$(a)$是极大

理想.

(3)⇒(4). 见定理 2.4.2 的推论(推论 2.4.1).

(4)⇒(1). 设 $a|bc$,则 $bc\in(a)$. 由于$(a)$是素理想,故必有 $b\in(a)$或 $c\in(a)$. 于是,有 $a|b$ 或 $a|c$. 所以 $a$ 是素元.

**定理 3.2.3** 主理想环 $R$ 为唯一分解环.

**证明** 由定理 3.2.1 可知,主理想环的每一个真因子链都是有限的. 又由定理 3.2.2,主理想环的既约元均是素元,从而由定理 3.1.5 知,主理想环 $R$ 为唯一分解环.

### 3.2.2 欧氏环

**定义 3.2.2** 整环 $R$ 称为欧几里得环(简称欧氏环)(Euclidean ring),如果存在映射 $\phi:R-\{0\}\to\mathbb{Z}^+\cup\{0\}$使得对任意 $a,b\in R,b\neq 0$,存在 $q,r\in R$,有 $a=bq+r$,其中 $r=0$ 或 $\phi(r)<\phi(b)$.

**注 3.2.1** 定义 3.2.2 中的映射 $\phi$ 通常称为欧氏映射.

**例 3.2.4** (1) 整数环$\mathbb{Z}$是欧氏环. $\mathbb{Z}$的欧氏映射 $\phi$ 就取绝对值;

(2) 域 $F$ 上多项式环 $F[x]$是欧氏环. $F[x]$的欧氏映射 $\phi$ 取为多项式的次数.

**例 3.2.5** 高斯整环$\mathbb{Z}[\mathrm{i}]$是欧氏环.

**证明** 对任意 $a+b\mathrm{i}\in\mathbb{Z}[\mathrm{i}]$,$a+b\mathrm{i}\neq 0$,令 $\phi(a+b\mathrm{i})=N(a+b\mathrm{i})=a^2+b^2$,则 $\phi(a+b\mathrm{i})\in\mathbb{Z}^+$. 设 $\alpha,\beta\in\mathbb{Z}[\mathrm{i}]$,$\beta\neq 0$,在复数域中$\mathbb{C}$,令$\dfrac{\alpha}{\beta}=x+y\mathrm{i}$,$x,y\in\mathbb{Q}$,则存在 $a,b\in\mathbb{Z}$ 使 $|x-a|\leqslant\dfrac{1}{2}$,$|y-b|\leqslant\dfrac{1}{2}$,取 $q=a+b\mathrm{i}$,$r=[(x-a)+(y-b)\mathrm{i}]\beta$,则 $q\in\mathbb{Z}[\mathrm{i}]$,$r=[(x-a)+(y-b)\mathrm{i}]\beta\in\mathbb{Z}[\mathrm{i}]$,且 $\alpha=\beta q+r$. 如果 $r\neq 0$,则 $\phi(r)=N(r)=((x-a)^2+(y-b)^2)N(\beta)\leqslant\left(\dfrac{1}{4}+\dfrac{1}{4}\right)N(\beta)<\phi(\beta)$. 所以,$\mathbb{Z}[\mathrm{i}]$是欧氏环.

下面定理给出了欧氏环与主理想环及唯一分解环之间的关系.

**定理 3.2.4** 任何欧氏环 $R$ 一定是主理想环,从而一定是唯一分解环.

**证明** 设 $I$ 为欧氏环 $R$ 的任意理想,$\phi$ 为欧氏映射.

如果 $I=\{0\}$,则 $I=(0)$是一个主理想.

如果 $I\neq\{0\}$,则由欧氏环的定义知集合 $\Gamma=\{\phi(a)\mid a\in I,a\neq 0\}$是$\mathbb{Z}^+\cup\{0\}$的非空子集,从而 $\Gamma$ 中有最小整数. 设 $0\neq d\in I$ 使 $\phi(d)$最小. 我们断言 $I=(d)$.

显然,$(d)\subseteq I$. 又对任意 $a\in I,a\neq 0$,由于 $d\neq 0$,所以存在 $q,r\in R$,使 $a=dq+r$,其中 $r=0$ 或 $\phi(r)<\phi(d)$,从而 $r=a-dq\in I$. 若 $r\neq 0$,则 $\phi(r)<\phi(d)$,这与 $d$ 的选取矛盾. 故 $r=0$. 于是 $a=dq\in(d)$. 所以,$I\subseteq(d)$. 因而有 $I=(d)$为 $R$ 的主理想,即 $R$ 是主理想环.

**注 3.2.2** 这个定理的逆不成立. 例如,可以证明整环$\mathbb{Z}[\theta]=\{a+b\theta \mid a,b\in\mathbb{Z}\}$,$\theta=\dfrac{1}{2}(1+\sqrt{-19})$,是主理想环,但不是欧氏环(读者感兴趣的话,可看文献[17]).

## 习 题 3.2

1. 证明:主理想环的非零极大理想均是由一个素元生成的.

2. 设 $R$ 是主理想环,$a,b,d\in R$ 且$(a,b)=(d)$,证明:$d$ 是 $a$ 和 $b$ 的一个最大公因子. 因此,$a$ 和 $b$ 的任一个最大公因子 $d'$ 均可写成 $d'=sa+tb$,这里 $s,t\in R$.

3. 设 $R$ 与 $R'$ 是两个主理想环,并且 $R\subseteq R'$,如果 $a,b\in R$,$d$ 是 $a$ 和 $b$ 在 $R$ 里的一个最大公因子,证明:$d$ 也是 $a$ 和 $b$ 在 $R'$ 里的一个最大公因子.

4. 设 $R$ 是主理想环,$p$ 是素元. 证明:$(p)$是素理想.

5. 设 $R$ 是主理想环,$I$ 为 $R$ 的非平凡理想. 证明:

(1) $R/I$ 的每个理想都是主理想,并说明 $R/I$ 是否为主理想环;

(2) $R/I$ 仅有有限多个理想.

6. 设 $R=\left\{\dfrac{a}{2^n} \mid a\in\mathbb{Z},n\in\mathbb{N}\right\}$.

(1) 证明:$R$ 是唯一分解环;

(2) $R$ 是否为主理想环?

(3) $R$ 是否为欧氏环?

7. 设 $F$ 是域,$F[x,y]$是 $F$ 上以 $x,y$ 为二未定元(未定元的存在性证明见定理 3.3.1)的二元多项式环,证明:$F[x,y]$不是主理想环.

8. 证明下列整环均是欧氏环.

(1) $R=\mathbb{Z}[\sqrt{3}]=\{a+b\sqrt{3} \mid a,b\in\mathbb{Z}\}$;

(2) $R=\mathbb{Z}[\sqrt{-2}]=\{a+b\sqrt{-2} \mid a,b\in\mathbb{Z}\}$;

(3) $R=\mathbb{Z}[\sqrt{2}]=\{a+b\sqrt{2} \mid a,b\in\mathbb{Z}\}$.

9. 设 $R$ 是欧氏环,$\phi$ 为欧氏映射,并且满足对任意 $a,b\in R$,$a,b\neq 0$,有 $\phi(b)\leqslant\phi(ab)$. 证明:

(1) $a\in R$ 是单位当且仅当 $\phi(a)=\phi(1_R)$;

(2) 如果 $a\sim b$,则 $\phi(a)=\phi(b)$.

# 3.3 多 项 式 环

本节的主要目的是把数域上的多项式概念推广到有单位元的一般交换环上,并进一步讨论这种多项式的整除、分解理论以及多项式根的概念.

### 3.3.1 多项式环与未定元

设 $R_0$ 是有单位元 1 的交换环，$R$ 是 $R_0$ 的子环，且 $R$ 也含有 $R_0$ 的单位元 1. 任取 $\alpha \in R$，则

$$a_0\alpha^0 + a_1\alpha^1 + \cdots + a_n\alpha^n = a_0 + a_1\alpha + \cdots + a_n\alpha^n \quad (a_i \in R)$$

有意义，是 $R_0$ 的元素.

**定义 3.3.1** $R_0$ 中形如 $a_0 + a_1\alpha + \cdots + a_n\alpha^n (a_i \in R, n \geqslant 0$ 为整数)的元称为 $R$ 上的 $\alpha$ 的一个多项式(polynomial). $a_i$ 称为多项式的系数(coefficient).

我们用 $R[\alpha]$记 $R$ 上的 $\alpha$ 的全体多项式构成的集合. 对于 $m < n$，$a_0 + a_1\alpha + \cdots + a_m\alpha^m = a_0 + a_1\alpha + \cdots + a_m\alpha^m + 0\alpha^{m+1} + \cdots + 0\alpha^n$，所以，考虑 $R[\alpha]$中有限多个多项式时，可设这些多项式的项数都是一样的. 因此，$R[\alpha]$的两个元相加适合以下公式：

$$(a_0 + \cdots + a_n\alpha^n) + (b_0 + \cdots + b_n\alpha^n) = (a_0 + b_0) + \cdots + (a_n + b_n)\alpha^n,$$

$$(a_0 + \cdots + a_m\alpha^m)(b_0 + \cdots + b_n\alpha^n) = c_0 + \cdots + c_{m+n}\alpha^{m+n},$$

其中，$c_k = a_0b_k + a_1b_{k-1} + \cdots + a_kb_0 = \sum_{i+j=k} a_i b_j$.

容易验证，$R[\alpha]$是一个环. $R[\alpha]$显然是 $R_0$ 包含 $R$ 和 $\alpha$ 的最小子环.

**定义 3.3.2** $R[\alpha]$称为是 $R$ 上的 $\alpha$ 的多项式环(ring of polynomials).

对于任意 $\alpha \in R_0$，当系数 $a_0, a_1, \cdots, a_n$ 不全为 0 时，有可能 $a_0 + a_1\alpha + \cdots + a_n\alpha^n = 0$. 例如，当 $\alpha \in R$ 时，取 $a_0 = \alpha$，$a_1 = -1$，则多项式 $a_0 + a_1\alpha = \alpha - \alpha = 0$. 因此有如下概念.

**定义 3.3.3** $R_0$ 中的一个元称为 $R$ 上的一个未定元(indeterminant)，如果对 $R$ 的任一组不全为 0 的元素 $a_0, a_1, \cdots, a_n$，均有 $a_0 + a_1\alpha + \cdots + a_n\alpha^n \neq 0$.

**注 3.3.1** 对于给定的 $R_0$，$R_0$ 不一定含有 $R$ 上的未定元. 反例如下.

**例 3.3.1** 设 $R$ 为整数环$\mathbb{Z}$，$R_0 = \mathbb{Z}[\mathrm{i}]$为高斯整环. 对任意 $\alpha = a + b\mathrm{i} \in R_0 = \mathbb{Z}[\mathrm{i}]$，均有$(a^2 + b^2) + (-2a)\alpha + \alpha^2 = 0$.

由未定元的定义知，环 $R$ 上未定元 $x$ 的多项式(称为一元多项式)的写法

$$f(x) = a_0 + a_1\alpha + \cdots + a_n\alpha^n \quad (a_i \in R)$$

是唯一的. $a_i\alpha^i$ 称为多项式 $f(x)$的 $i$ 次项(term)，$a_i$ 称为 $i$ 次项的系数，$a_0$ 称为常数项(constant term). 如果 $a_n \neq 0$，则称 $a_n$ 为首项系数(leading coefficient).

**定义 3.3.4** 设 $f(x) = a_0 + a_1\alpha + \cdots + a_n\alpha^n (a_n \neq 0)$是环 $R$ 上一元多项式($x$ 为未定元)，则非负整数 $n$ 称为这个多项式的次数(degree). 记为 $\deg f(x) = n$. 规定多项式 0 没有次数.

**定理 3.3.1** 设环 $R$ 是有单位元 1 的交换环，则一定存在环 $R$ 上的一个未定元 $x$，从而 $R$ 上一元多项式 $R[x]$存在.

**证明**　分三步证明这个定理.

(1) 首先利用 $R$ 构造一个新环 $\overline{R}$. 令 $\overline{R}=\{(a_0,a_1,a_2,\cdots)\mid a_i\in R$,仅有有限多个 $a_i\neq 0\}$.

规定元素相等:$(a_0,a_1,a_2,\cdots)=(b_0,b_1,b_2,\cdots)$ 当且仅当 $a_i=b_i(i=0,1,2,\cdots)$.

规定元素加法:$(a_0,a_1,a_2,\cdots)+(b_0,b_1,b_2,\cdots)=(a_0+b_0,a_1+b_1,a_2+b_2,\cdots)$.

规定元素乘法:$(a_0,a_1,a_2,\cdots)(b_0,b_1,b_2,\cdots)=(c_0,c_1,c_2,\cdots)$,
其中

$$c_i=\sum_{i+j=k}a_ib_j\quad(k=0,1,2,\cdots).$$

这也是 $\overline{R}$ 的一个代数运算. 容易验证这个乘法适合交换律.

这个乘法也适合结合律:令

$$(a_0,a_1,a_2,\cdots)(b_0,b_1,b_2,\cdots)=(d_0,d_1,d_2,\cdots),$$
$$[(a_0,a_1,a_2,\cdots)(b_0,b_1,b_2,\cdots)](c_0,c_1,c_2,\cdots)=(e_0,e_1,e_2,\cdots),$$

则根据所规定乘法的定义,

$$d_m=\sum_{i+j=m}a_ib_j,\quad e_n=\sum_{m+k=n}d_mc_k=\sum_{m+k=n}\Big(\sum_{i+j=m}a_ib_j\Big)c_k=\sum_{i+j+k=n}a_ib_jc_k.$$

将 $(a_0,a_1,a_2,\cdots)[(b_0,b_1,b_2,\cdots)(c_0,c_1,c_2,\cdots)]$ 计算一下,可得同样的结果.

所规定的乘法对加法也适合分配律:令

$$(a_0,a_1,a_2,\cdots)[(b_0,b_1,b_2,\cdots)+(c_0,c_1,c_2,\cdots)]=(d_0,d_1,d_2,\cdots),$$

则有

$$d_k=\sum_{i+j=k}a_i(b_j+c_j)=\sum_{i+j=k}a_ib_j+\sum_{i+j=k}a_ic_j.$$

将 $(a_0,a_1,a_2,\cdots)(b_0,b_1,b_2,\cdots)+(a_0,a_1,a_2,\cdots)(c_0,c_1,c_2,\cdots)$ 计算出来,可得同样的结果.

所以,$\overline{R}$ 作成一个交换环. 在环 $\overline{R}$ 里,有等式

$$(a_0,0,0,\cdots)(b_0,b_1,b_2,\cdots)=(a_0b_0,a_0b_1,a_0b_2,\cdots).\tag{3.3.1}$$

因此,可得

$$(1,0,0,\cdots)(b_0,b_1,b_2,\cdots)=(b_0,b_1,b_2,\cdots).$$

故 $\overline{R}$ 有单位元 $(1,0,0,\cdots)$.

(2) 利用 $\overline{R}$ 找到一个包含 $R$ 的环 $S$. 由等式(3.3.1),得

$$(a,0,0,\cdots)(b,0,0,\cdots)=(ab,0,0,\cdots).\tag{3.3.2}$$

由加法定义,得

$$(a,0,0,\cdots)+(b,0,0,\cdots)=(a+b,0,0,\cdots).\tag{3.3.3}$$

由等式(3.3.2)和(3.3.3)知,集合 $S=\{(a,0,0,\cdots)\mid a\in R\}$ 作成 $\overline{R}$ 的一个子环,且映射

$$a \mapsto (a,0,0,\cdots)$$

是 $R$ 到 $S$ 的同构映射. 因为 $R$ 与 $S$ 没有相同元素,由挖补定理知,用 $R$ 代替 $S$,得到一个包含 $R$ 的环 $P$. $P$ 也是有单位元的交换环,并且 $P$ 的单位元就是 $R$ 的单位元 1.

(3) 证明 $P$ 含有 $R$ 上的未定元. 令 $x=(0,1,0,0,\cdots)$,则有

$$x^k=(\overbrace{0,\cdots,0}^{k\text{个}},1,0,0,\cdots). \tag{3.3.4}$$

当 $k=1$ 时,这个式子显然成立. 归纳假设 $k-1$ 时,式(3.3.4)成立. 于是

$$x^k = x \cdot x^{k-1} = (0,1,0,\cdots)(\overbrace{0,\cdots,0}^{k-1\text{个}},1,0,0,\cdots) = \Big(\sum_{i+j=0} a_ib_j, \sum_{i+j=1} a_ib_j, \cdots\Big).$$

但这里只有 $a_1$ 和 $b_{k-1}$ 等于 1,其余 $a_i$, $b_j$ 都等于 0. 所以,除在 $\sum\limits_{i+j=k} a_ib_j$ 这个和里有一项以 $a_1b_{k-1}=1\times1=1$ 外,其余都是 0. 因此,$x^k=(\overbrace{0,\cdots,0}^{k\text{个}},1,0,0,\cdots)$.

现在,如果在环 $P$ 里,

$$a_0+a_1x+\cdots+a_nx^n=0 \quad (a_i\in R),$$

则在 $\overline{R}$ 中,

$$(a_0,0,\cdots)+(a_1,0,\cdots)x+\cdots+(a_n,0,\cdots)x^n=(0,0,\cdots).$$

这样,由等式(3.3.4)与(3.3.1)就有

$$(a_0,a_1,\cdots,a_n,0,\cdots)=(0,0,\cdots).$$

因而

$$a_0=a_1=\cdots=a_n=0.$$

所以,$x$ 是环 $R$ 上的一个未定元.

**定理 3.3.2** 设 $R$ 与 $R'$ 是两个有单位元的交换环,$x$ 与 $y$ 分别是其上的未定元. 若 $R\cong R'$,则 $R[x]\cong R'[y]$.

**证明** 设 $\varphi: R\cong R'$ 为环同构映射. 于是,对任意 $f(x)=a_0+a_1x+\cdots+a_nx^n\in R[x]$,$\overline{\varphi}: R[x]\to R'[y]$ 为映射 $\overline{\varphi}: f(x)\mapsto f(y)=a'_0+a'_1y+\cdots+a'_ny^n$,其中 $a'_i=\varphi(a_i)(i=0,1,2,\cdots,n)$. 容易验证 $\overline{\varphi}$ 为 $R[x]$ 到 $R'[y]$ 的同构映射.

易证下面的定理.

**定理 3.3.3** 设 $R$ 是有单位元的交换环,$x$ 是环 $R$ 上的一个未定元,则有

(1) $R$ 的零元 0 为 $R[x]$ 的零元(即零多项式);

(2) $R$ 的单位元也是 $R[x]$ 的单位元;

(3) $R$ 的单位也是 $R[x]$ 的单位;

(4) 若 $R$ 是无零因子环,则 $R[x]$ 也是无零因子环;

(5) 若 $R$ 是整环,则 $R[x]$ 也是整环.

设 $R$ 是有单位元的交换环,$x$ 是环 $R$ 上的一个未定元,则 $R[x]$ 仍是有单位元的交换环. 因此,假设在 $R[x]$ 上存在未定元 $y$,从而又有 $R[x]$ 上的多项式环

$R[x][y]$,称为环 $R$ 的二元多项式环,记为 $R[x,y]$. 易知,$y$ 也是环 $R$ 上的一个未定元. 于是,可归纳地在 $R$ 上定义以 $x_1,x_2,\cdots,x_n$ 为未定元的 $n$ 元多项式环 $R[x_1,x_2,\cdots,x_n]$(其中 $x_{i+1}$ 是 $R[x_1,\cdots,x_i]$上的未定元,$i=1,2,\cdots,n-1$). 容易证明 $x_1,x_2,\cdots,x_n$ 是 $R$ 上的无关未定元(定义 3.3.5),$R[x_1,x_2,\cdots,x_n]$中元素称为系数在 $R$ 上的多元多项式.

**定义 3.3.5**　设 $R_0$ 与 $R$ 是两个有单位元的交换环,$R\subseteq R_0$ 为 $R_0$ 的子环. $R_0$ 上的 $n$ 个元 $x_1,x_2,\cdots,x_n$ 称为 $R$ 上的无关未定元,如果 $R$ 上任一个关于 $x_1,x_2,\cdots,x_n$ 的多项式都不为零,除非这个多项式的所有系数都等于零.

**定理 3.3.4**　设 $R[x_1,x_2,\cdots,x_n]$与 $R[\alpha_1,\alpha_2,\cdots,\alpha_n]$均为有单位元的交换环 $R$ 上的多项式环,$x_1,x_2,\cdots,x_n$ 为 $R$ 上的无关未定元,$\alpha_1,\alpha_2,\cdots,\alpha_n$ 为 $R$ 上的任意元,则 $R[x_1,x_2,\cdots,x_n]$与 $R[\alpha_1,\alpha_2,\cdots,\alpha_n]$同态.

**证明**　用 $f(x_1,x_2,\cdots,x_n)$ 表示 $R[x_1,x_2,\cdots,x_n]$ 中的元素

$$\sum_{i_1 i_2\cdots i_n} a_{i_1 i_2\cdots i_n} x_1^{i_1},x_2^{i_2},\cdots,x_n^{i_n},$$

用 $f(\alpha_1,\alpha_2,\cdots,\alpha_n)$ 表示 $R[\alpha_1,\alpha_2,\cdots,\alpha_n]$ 中的元素

$$\sum_{i_1 i_2\cdots i_n} a_{i_1 i_2\cdots i_n} \alpha_1^{i_1},\alpha_2^{i_2},\cdots,\alpha_n^{i_n}.$$

令 $\varphi: f(x_1,x_2,\cdots,x_n)\mapsto f(\alpha_1,\alpha_2,\cdots,\alpha_n)$,则 $\varphi$ 为 $R[x_1,x_2,\cdots,x_n]$到 $R[\alpha_1,\alpha_2,\cdots,\alpha_n]$的映射,且为满射. 利用环同态定义可验证 $\varphi$ 是同态. 因此,$\varphi$ 是 $R[x_1,x_2,\cdots,x_n]$到 $R[\alpha_1,\alpha_2,\cdots,\alpha_n]$的满同态.

### 3.3.2　唯一分解环上的多项式

我们已经知道,主理想环与欧氏环均是唯一因子分解环. 由于整数环$\mathbb{Z}$上的一元多项式环不是主理想环,故现在还无法判断$\mathbb{Z}[x]$是否为唯一因子分解环. 但$\mathbb{Z}$是唯一因子分解环,所以,本小节讨论唯一因子分解环上的一元多项式环是否仍为唯一因子分解环. 按照习惯,我们将一个素多项式称为既约(或者不可约)多项式,将一个有真因子的多项式称为可约多项式.

**定义 3.3.6**　设 $R$ 是一个有单位元的交换环,$R[x]$的元素 $f(x)=a_0x^n+a_1x^{n-1}+\cdots+a_n$ 称为是 $R$ 上一个本原多项式(primitive polynomial),如果 $f(x)$的系数的最大公因式 $\gcd(a_0,a_1,\cdots,a_n)$为单位.

**注 3.3.2**　(1) 本原多项式不等于零;

(2) 若本原多项式 $f(x)$可约,则 $f(x)=g(x)h(x)$,这里 $g(x)$与 $h(x)$的次数均大于零,因而均小于 $f(x)$的次数.

**定理 3.3.5** (高斯引理(Gauss lemma))　若 $f(x)=g(x)h(x)$,则 $f(x)$是本原多项式当且仅当 $g(x)$与 $h(x)$均是本原多项式.

**证明** 如果 $f(x)$ 是本原多项式，则显然 $g(x)$ 与 $h(x)$ 均是本原多项式.

反过来，设 $g(x)=a_0+a_1x+\cdots+a_nx^n$ 与 $h(x)=b_0+b_1x+\cdots+b_nx^m$ 分别是 $n$ 次与 $m$ 次的本原多项式. 设

$$f(x)=g(x)h(x)=c_0+c_1x+c_2x^2+\cdots+c_{m+n}x^{m+n},$$

其中 $c_i=\sum_{s+t=k}a_sb_t(k=0,1,2,\cdots,m+n)$. 这里，当 $s>n$ 或 $t>m$ 时，规定 $a_s=0$ 及 $b_t=0$. 反证法. 假设 $f(x)$ 不是本原的，则存在 $R$ 的既约元(也是素元) $p$，使得 $p\mid c_k(k=0,1,2,\cdots,m+n)$. 已知 $\gcd(a_0,a_1,\cdots,a_n)=1,\gcd(b_0,b_1,\cdots,b_m)=1$. 设 $a_0,a_1,\cdots,a_n$ 与 $b_0,b_1,\cdots,b_m$ 中最先一个不能为 $p$ 整除的元素分别为 $a_k$ 与 $b_l$，则

$$c_{k+l}=a_0b_{k+l}+a_1b_{k+l-1}+\cdots+a_{k-1}b_{l+1}+a_kb_l+a_{k+1}b_{l-1}+\cdots+a_{k+l}b_0.$$

因为 $p\mid a_i(i=0,1,\cdots,k-1)$，$p\mid b_j(j=0,1,\cdots,l-1)$，而 $p\nmid a_k$，$p\nmid b_l$，所以 $p\nmid c_{k+l}$. 这与 $p$ 的选取冲突. 因此，$f(x)$ 是本原多项式.

**定理 3.3.6** 令 $F$ 为 $R$ 的商域，$f(x)\in F[x]$，则有如下结论：

(1) $f(x)=rg(x)$，其中 $r\in F$，$g(x)\in F[x]$ 为本原多项式. 进一步，若 $f(x)\in R[x]$，则 $r\in R$.

(2) 若还有 $r_1\in F$ 及本原多项式 $g_1(x)\in R[x]$ 使 $f(x)=r_1g_1(x)$，则 $r^{-1}r_1$ 是 $R$ 的单位.

**证明** (1) 由商域的定义，显然存在非零元 $c\in R$ 使 $cf(x)\in R[x]$. 设

$$cf(x)=a_0x^n+a_1x^{n-1}+\cdots+a_n.$$

令 $\gcd(a_0,a_1,\cdots,a_n)=a$，$b_i=a^{-1}a_i$，则 $b_i\in R$ 且 $\gcd(b_0,b_1,\cdots,b_n)=1$. 令

$$g(x)=b_0x^n+b_1x^{n-1}+\cdots+b_n,$$

则 $g(x)$ 是本原多项式，并且如果取 $r=c^{-1}a$，则 $r\in F$，且 $f(x)=rg(x)$. 进一步，当 $f(x)\in R[x]$ 时，如果取 $c=1$，则 $r=a\in R$.

(2) 设 $r=\dfrac{d}{c}(c,d\in R)$，$r_1=\dfrac{d_1}{c_1}(c_1,d_1\in R)$，且

$$g(x)=a_0x^n+a_1x^{n-1}+\cdots+a_n,\quad a_0\neq 0,$$
$$g_1(x)=b_0x^n+b_1x^{n-1}+\cdots+b_n,\quad b_0\neq 0,$$

则 $c_1dg(x)=cd_1g_1(x)$. 于是，$\gcd(c_1da_0,c_1da_1,\cdots,c_1da_n)$ 与 $\gcd(cd_1b_0,cd_1b_1,\cdots,cd_1b_n)$ 相伴，所以，$c_1d\gcd(a_0,a_1,\cdots,a_n)$ 与 $cd_1\gcd(b_0,b_1,\cdots,b_n)$ 相伴. 由于 $\gcd(a_0,a_1,\cdots,a_n)=1$，$\gcd(b_0,b_1,\cdots,b_n)=1$，故 $c_1d$ 与 $cd_1$ 相伴，从而 $r^{-1}r_1=\dfrac{d}{c}\cdot\dfrac{d_1}{c_1}$ 为 $R$ 的单位.

**定理 3.3.7** 设 $F$ 为 $R$ 的商域，$f(x)\in R[x]$ 为本原多项式，则 $f(x)$ 在 $R[x]$ 中可约当且仅当 $f(x)$ 在 $F[x]$ 中可约.

**证明** 必要性显然. 充分性证明如下.

设 $f(x)$ 在 $F$ 上分解为两个次数较低的多项式的乘积. $f(x)=g(x)h(x)$, $g(x),h(x)\in F[x]$,其中 $0<\deg g(x),\deg h(x)<\deg f(x)$. 令 $g(x)=r_1g_1(x)$, $h(x)=r_2h_1(x)$,其中 $g_1(x)$ 与 $h_1(x)$ 为本原多项式, $r_1,r_2\in F$,则

$$f(x)=r_1r_2g_1(x)h_1(x).$$

因 $g_1(x)$ 与 $h_1(x)$ 都是本原多项式,故 $g_1(x)h_1(x)$ 也是本原多项式. 又 $f(x)$ 是本原多项式,所以, $r_1r_2=u$ 为 $R$ 中的单位,从而 $f(x)=(ug_1(x))(h_1(x))$ 为 $f(x)$ 在 $R[x]$ 中的分解.

**定理 3.3.8** 设 $p(x)$ 为 $R$ 上既约多项式,则 $p(x)$ 或者是 $R$ 的既约元,或者是 $R$ 上的本原既约多项式.

**证明** 若 $p(x)=a\in R$,则由于 $a$ 在 $R[x]$ 中是既约的,所以 $a$ 在 $R$ 上一定是既约的.

若 $p(x)\notin R$,则由于 $p(x)$ 既约,故 $p(x)$ 必是本原多项式,从而 $p(x)$ 为 $R$ 上本原既约多项式.

**定理 3.3.9** $R[x]$ 的次数大于 0 的本原多项式 $f(x)$ 在 $R[x]$ 中有唯一因子分解.

**证明** 首先证明 $f(x)$ 可写成既约多项式的乘积. 如果 $f(x)$ 本身既约,则不用证明什么. 假设 $f(x)$ 可约,由注 3.3.2 知 $f(x)=g(x)h(x)$,其中 $g(x)$ 与 $h(x)$ 均为本原多项式,且 $\deg g(x)<\deg f(x)$ 与 $\deg h(x)<\deg f(x)$. 于是,若 $g(x)$ 与 $h(x)$ 还可约,则可将它们写成次数更小的本原多项式的乘积. 由于 $\deg f(x)$ 是有限整数,故

$$f(x)=p_1(x)p_2(x)\cdots p_r(x), \tag{3.3.5}$$

其中 $p_i(x)(i=1,2,\cdots,r)$ 是本原既约多项式.

如果 $f(x)$ 还有另一种分解

$$f(x)=q_1(x)q_2(x)\cdots q_s(x), \tag{3.3.6}$$

则由定理 3.3.5 知 $q_j(x)(j=1,2,\cdots,s)$ 是既约本原多项式. 由定理 3.3.7, $p_i(x)$ 与 $q_j(x)$ 在 $F[x]$ 里也既约. 这里 $F$ 为 $R$ 的商域. 亦即,式(3.3.5)与(3.3.6)是 $f(x)$ 在 $F[x]$ 中的两种分解,但 $F[x]$ 是唯一因子分解环,所以 $r=s$. 显然, $R$ 的单位是 $R[x]$ 的仅有单位. 于是, $q_i(x)=u_ip_i(x)$,其中 $u_i\in F$. 再由定理 3.3.6(1)知 $u_i\in R$. 因此, $f(x)$ 在 $R[x]$ 中有唯一因子分解.

**定理 3.3.10** 如果 $R$ 是唯一因子分解环,则 $R[x]$ 也是唯一因子分解环.

**证明** 考虑 $R[x]$ 中既不是零也不是单位的多项式 $f(x)$. 如果 $f(x)\in R$,则因 $R$ 是唯一因子分解环, $f(x)$ 显然有唯一因子分解. 如果 $f(x)$ 是本原多项式,由定理 3.3.9, $f(x)$ 也有唯一因子分解. 这样,只需考虑 $f(x)=df_0(x)$, $d$ 不是 $R$ 的单位, $f_0(x)$ 是次数大于零的本原多项式的情形.

这时,因 $d$ 有分解 $d=p_1p_2\cdots p_m$ ($p_i$ 为 $R$ 的素元). $f_0(x)$ 有分解

$$f_0(x)=p_0^{(1)}(x)p_0^{(2)}(x)\cdots p_0^{(r)}(x),$$

其中 $p_0^{(i)}(x)$是既约本原多项式. 所以,$f(x)$在 $R[x]$中有分解:

$$f(x)=p_1p_2\cdots p_m p_0^{(1)}(x)p_0^{(2)}(x)\cdots p_0^{(r)}(x).$$

假设 $f(x)$在 $R[x]$中还有另一种分解 $f(x)=q_1q_2\cdots q_nq_0^{(1)}(x)q_0^{(2)}(x)\cdots q_0^{(t)}(x)$,其中 $q_j\in R,q_0^{(j)}(x)\notin R,q_j$ 与 $q_0^{(j)}(x)$都是 $R[x]$里的既约多项式. 这时,$q_j$ 一定是$R$ 的素元,$q_0^{(j)}(x)$一定是既约本原多项式. 事实上,若 $q_j$ 不是$R$ 的素元,则显然它也不是 $R[x]$里的既约多项式;$q_0^{(j)}(x)$若不是本原多项式,它的系数的最大公因子$d_i$ 显然是它的一个真因子,因而 $q_0^{(j)}(x)$也不是既约多项式. 这样,由定理 3.3.5和定理 3.3.7,有

$$f_0(x)=p_0^{(1)}(x)p_0^{(2)}(x)\cdots p_0^{(r)}(x)=[\varepsilon q_0^{(1)}(x)]q_0^{(2)}(x)\cdots q_0^{(t)}(x), \tag{3.3.7}$$

$\varepsilon$ 是$R$ 的单位. 因而

$$d=p_1p_2\cdots p_m=[\varepsilon^{-1}q_1]q_2\cdots q_n. \tag{3.3.8}$$

式(3.3.7)表示的是本原多项式 $f_0(x)$的两种分解,因而由定理 3.3.9,$t=r$. 而且,我们可设 $q_0^{(i)}(x)=\varepsilon_i p_0^{(i)}(x)$,其中 $\varepsilon_i$ 是$R$ 的单位. 式(3.3.8)表示的是唯一因子分解环$R$ 的元素 $d$ 的两种分解,因而 $n=m$. 而且还可设 $q_i=\varepsilon_i' p_i$,其中 $\varepsilon_i'$是$R$ 的单位. 这样,$R[x]$是唯一因子分解环.

**推论 3.3.1** 域$K$ 上的多项式环$K[x]$是唯一因子分解环.

**推论 3.3.2** 整数环$\mathbb{Z}$上的多项式环$\mathbb{Z}[x]$是唯一因子分解环.

由定理 3.3.10,应用数学归纳法得到如下结论.

**定理 3.3.11** 若$R$ 是唯一因子分解环,则 $R[x_1,x_2,\cdots,x_n]$也是唯一因子分解环. 这里 $x_1,x_2,\cdots,x_n$ 是$R$ 上的无关未定元.

### 3.3.3 因式分解与多项式的根

本小节讨论整环$R$ 上的一元多项式环$R[x]$里的因式分解与多项式的根的关系. 这里的结果均是数域上有关多项式结果的推广.

**定义 3.3.7** 设$R$ 为整环,$R$ 上的元$a$ 称为$R[x]$里的多项式 $f(x)$的一个根(root),如果 $f(a)=0$.

**定理 3.3.12** 设$R$ 为整环,如果$R[x]$里的多项式 $g(x)=a_nx^n+a_{n-1}x^{n-1}+\cdots+a_0$ 的最高次项的系数 $a_n$ 是$R$ 的单位,则 $R[x]$中任意多项式 $f(x)$可写成

$$f(x)=q(x)g(x)+r(x),$$

其中 $q(x),r(x)\in R[x]$,且 $r(x)=0$ 或者 $\deg r(x)<\deg g(x)$.

**证明** 如果 $f(x)=0$ 或者 $\deg f(x)<\deg g(x)=n$,则取 $q(x)=0,r(x)=f(x)$即可. 下面假设

$$f(x)=b_mx^m+b_{m-1}x^{m-1}+\cdots+b_0,$$

其中 $b_m\neq 0,m\geqslant n$. 取$q_1(x)=a_n^{-1}b_mx^{m-n}$,则

$$\begin{aligned}&f(x)-q_1(x)g(x)\\&=b_mx^m+b_{n-1}x^{n-1}+\cdots+b_0-(b_mx^m+a_n^{-1}b_ma_{n-1}x^{n-1}+\cdots)\\&=f_1(x),\end{aligned}$$

其中 $f_1(x)=0$ 或者 $\deg f_1(x)<m$. 如果 $f_1(x)=0$ 或者 $\deg f_1(x)<n$,则取$q(x)=q_1(x)$即可. 如果 $\deg f_1(x)\geqslant n$,用同样方法可得到

$$f_1(x)-q_2(x)g(x)=f(x)-[q_1(x)+q_2(x)]g(x)=f_2(x),$$

其中 $f_2(x)=0$ 或者 $\deg f_2(x)<m-1$. 这样下去,总可得到

$$f(x)=[q_1(x)+q_2(x)+\cdots+q_i(x)]g(x)+f_i(x),$$

其中 $f_i(x)=0$ 或者 $\deg f_i(x)<n$.

**定理 3.3.13**　$a$ 是 $f(x)$的根当且仅当$(x-a)\mid f(x)$.

**证明**　如果$(x-a)\mid f(x)$,则 $f(x)=(x-a)g(x)$,其中 $g(x)\in R[x]$. 于是,$f(a)=(a-a)g(a)=0$,即 $a$ 是 $f(x)$的根.

反之,假设 $a$ 是 $f(x)$的根. 因 $x-a$ 的次数为 1,由定理 3.3.12 知,$f(x)=q(x)(x-a)+r$,其中 $r\in R$. 于是,$f(a)=q(a)(a-a)+r$. 由于 $f(a)=0$,故 $r=0$. 因此,$(x-a)\mid f(x)$.

**定理 3.3.14**　整环 $R$ 的 $k$ 个不同元$a_1,a_2,\cdots,a_k$ 均为多项式 $f(x)$的根当且仅当$(x-a_1)\cdots(x-a_k)\mid f(x)$.

**证明**　如果$(x-a_1)\cdots(x-a_k)\mid f(x)$,则显然 $a_1,a_2,\cdots,a_k$ 均是多项式 $f(x)$的根.

反之,如果 $a_1,a_2,\cdots,a_k$ 均是多项式 $f(x)$的根. 由定理 3.3.13 知,$f(x)=(x-a_1)f_1(x)$. 将 $a_2$ 代入,得 $0=(a_2-a_1)f_1(a_2)$,但 $a_2-a_1\neq 0$,$R$ 是整环,故 $f_1(a_2)=0$. 所以,$a_2$ 是 $f_1(x)$的根,从而 $f_1(x)=(x-a_2)f_2(x)$. 于是,

$$f(x)=(x-a_1)(x-a_2)f_2(x).$$

这样下去,得到 $f(x)=(x-a_1)(x-a_2)\cdots(x-a_k)f_k(x)$,即

$$(x-a_1)\cdots(x-a_k)\mid f(x).$$

**推论 3.3.3**　如果 $\deg f(x)=n$,则 $f(x)$在 $R$ 中至多有 $n$ 个根.

**定义 3.3.8**　整环 $R$ 的元 $a$ 称为 $f(x)$的一个重根(multiple root),如果$(x-a)^k\mid f(x)$,$k$ 是大于 1 的整数.

**定义 3.3.9**　对于多项式 $f(x)=a_nx^n+a_{n-1}x^{n-1}+\cdots+a_0$,称多项式

$$f'(x)=na_nx^{n-1}+(n-1)a_{n-1}x^{n-2}+\cdots+a_1$$

为 $f(x)$的导数(derivative).

同分析中的导数计算规则一样,也有

$$\begin{aligned}&[f(x)\pm g(x)]'=f'(x)\pm g'(x),\\&[f(x)g(x)]'=f(x)g'(x)+f'(x)g(x),\\&[f(x)^t]'=tf(x)^{t-1}f'(x).\end{aligned}$$

**定理 3.3.15**　$f(x)$的一个根 $a$ 是重根当且仅当$(x-a)\mid f'(x)$.

**证明**　如果 $a$ 是 $f(x)$的重根,则 $f(x)=(x-a)^k g(x)$,这里 $k>1$. 于是

$$\begin{aligned} f'(x)&=(x-a)^k g'(x)+k(x-a)^{k-1}g(x)\\ &=(x-a)^{k-1}[(x-a)g'(x)+g(x)]. \end{aligned}$$

故$(x-a)\mid f'(x)$.

反之,如果 $a$ 不是 $f(x)$的重根,则 $f(x)=(x-a)g(x)$,且$(x-a)$不整除$g(x)$. 于是 $f'(x)=(x-a)g'(x)+g(x)$. 故 $f'(a)=g(a)\neq 0$,即$(x-a)$不整除 $f'(x)$.

**推论 3.3.4**　如果 $R[x]$是唯一因子分解环,则

(1) $R$ 的元 $a$ 是 $f(x)$的一个重根当且仅当$(x-a)$整除 $f(x)$与 $f'(x)$的最大公因子;

(2) 如果$(f(x),f'(x))=1$,则 $f(x)$没有重根,即多项式 $f(x)$的根均是单根.

证明留作练习.

**定理 3.3.16**　设 $D$ 是唯一分解整环,其商域为 $F$. 令 $f(x)=\sum_{i=0}^{n}a_ix^i\in D[x]$,如果 $u=c/d\in F$ 是 $f(x)$的根,且 $c$ 与 $d$ 在 $D$ 中是互素的,则 $c$ 整除 $a_0$,$d$ 整除 $a_n$.

**证明**　因为 $f(u)=0$,故有

$$a_0d^n=c\Big(\sum_{i=1}^{n}(-a_i)c^{i-1}d^{n-i}\Big)\text{ 与 }-a_nc^n=\Big(\sum_{i=0}^{n}c^id^{n-i-1}\Big)d.$$

因此,由于 $c$ 与 $d$ 在 $D$ 中是互素的,故由习题 3.1 中第 9 题知,$c$ 整除 $a_0$,$d$ 整除 $a_n$.

**定理 3.3.17**(艾森斯坦判别法(Eisenstein's criterion))　设 $D$ 是唯一分解整环,其商域为 $F$. 如果 $f(x)=\sum_{i=0}^{n}a_ix^i\in D[x]$,且 $\deg f(x)\geqslant 1$,$p$ 是 $D$ 中的既约元使得

$$p\nmid a_n;\quad p\mid a_i,\quad i=0,1,\cdots,n-1;\quad p^2\nmid a_0,$$

则 $f(x)$在 $F[x]$中是既约的. 如果 $f(x)$是本原的,则 $f(x)$在 $D[x]$中是既约的.

**证明**　设 $C(f)$ 为 $f(x)$ 的系数 $a_0,a_1,\cdots,a_n$ 的最大公因子,则 $f(x)=C(f)f_1(x)$,从而 $f_1(x)$在 $D[x]$中是本原的,且 $C(f)\in D$(特别地,如果 $f(x)$是本原的,则 $f(x)=f_1(x)$). 由于 $C(f)$在 $F$ 中为单位,故只要证明 $f_1(x)$在 $F[x]$中是既约的就够了. 由定理 3.3.7,只需证明 $f_1(x)$在 $D[x]$中是既约的.

反证法. 假设 $f_1(x)$在 $D[x]$中是可约的,即 $f_1=gh$ ,其中

$$\begin{aligned} g(x)&=b_rx^r+b_{r-1}x^{r-1}+\cdots+b_0\in D[x],\\ h(x)&=c_sx^s+c_{s-1}x^{s-1}+\cdots+c_0\in D[x], \end{aligned}$$

其中 $\deg g(x)=r\geqslant 1$,$\deg h(x)=s\geqslant 1$. 因为 $p\nmid a_n$,所以 $p$ 不整除 $C(f)$,从而 $f_1(x)=\sum_{i=0}^{n}a_i^*x^i$ 的各系数关于 $p$ 满足与 $f(x)$的各系数相同的整除条件. 由于 $p$

整除 $a_0^*=b_0c_0$，且 $D$ 中每个既约元均是素元，故或者 $p|b_0$，或者 $p|c_0$. 不妨设 $p|b_0$. 因为 $p^2\nmid a_0^*$，故 $p$ 不整除 $c_0$. 现在，必有 $g(x)$ 的每个系数 $b_k$ 不能为 $p$ 整除. 否则，$p$ 将会整除 $gh=f_1$ 的每个系数. 这是不可能的. 令 $k$ 是使

$$p|b_i,\quad i<k,\quad 但\ p\nmid b_k$$

的最小整数，则 $1\leqslant k<r<n$. 由于 $a_k^*=b_0c_k+b_1c_{k-1}+\cdots+b_{k-1}c_1+b_kc_0$，并且 $p|a_k^*$，故 $p$ 一定整除 $b_kc_0$，从而 $p$ 整除 $b_k$ 或者 $p$ 整除 $c_0$. 这是一个矛盾. 所以，$f_1(x)$ 在 $D[x]$ 中一定是既约的.

**例 3.3.2**　如果 $f(x)=2x^5-6x^3+9x^2-15\in\mathbb{Z}[x]$，则令 $p=3$，由艾森斯坦因判别法知 $f(x)$ 在 $\mathbb{Q}[x]$ 和 $\mathbb{Z}[x]$ 中均是既约的.

## 习　题　3.3

1. 假设 $R[x]$ 是整环 $R$ 上的一元多项式环，$f(x)$ 属于 $R[x]$ 但不属于 $R$，并且 $f(x)$ 的最高次项系数是 $R$ 的单位. 证明：$f(x)$ 在 $R[x]$ 里有分解.

2. 如果 $R$ 是有单位元的整环但不是域，证明：$R[x]$ 不是主理想环.

3. 判断下列多项式在 $\mathbb{Q}[x]$ 上是否可约：

(1) $x^4+1$；

(2) $x^p+px+1$，$p$ 是素数；

(3) $x^5+x^3+3x^2-x+1$.

4. 找出 $\mathbb{Z}_3[x]$ 中所有次数不大于 3 的首 1 的既约多项式.

5. 设 $R$ 是唯一因子分解环，$F$ 是 $R$ 的分式域，证明：

(1) $f(x)\in F[x]$，则 $f(x)$ 可表为 $f(x)=rq(x)$，其中 $r\in F$，$q(x)$ 是 $R[x]$ 里的本原多项式；

(2) $f(x)\in R[x]$，如果 $f(x)$ 在 $R[x]$ 上既约，则 $f(x)$ 在 $F[x]$ 上也既约；

(3) $f(x)\in R[x]$ 是首 1 多项式，如果 $g(x)$ 是 $f(x)$ 在 $F[x]$ 中的首 1 多项式因式，则 $g(x)\in R[x]$.

6. 假设 $R=\mathbb{Z}_{16}$，$R[x]$ 里的多项式 $x^2$ 在 $R$ 里有多少根？

7. 假设 $F=\mathbb{Z}_3$，看 $F[x]$ 里多项式 $f(x)=x^3-x$. 证明：对任意 $a\in F$，均有 $f(a)=0$.

8. 设 $R$ 是唯一因子分解环，$f(x),g(x)\in R[x]$，$f(x)=af_1(x)$，$g(x)=bg_1(x)$，$f_1(x)$ 与 $g_1(x)$ 均是本原多项式. 证明：如果 $f(x)|g(x)$，则

$$a|b,\quad f_1(x)|g_1(x).$$

9. 设 $f(x)$ 是具有单位元的整环 $R$ 上正次数的多项式. 证明：

(1) 如果 $\mathrm{Char}R=0$，则 $f'\neq 0$；

(2) 如果 $\mathrm{Char}R=p\neq 0$，则 $f'=0$ 当且仅当 $f$ 是 $x^p$ 的多项式(亦即，$f(x)=a_0+a_px^p+a_{2p}x^{2p}+\cdots+a_{jp}x^{jp}$).

10. 设 $R$ 是唯一因子分解环，而 $f_1(x), f_2(x), \cdots, f_n(x), \cdots$ 是 $R[x]$ 里的本原多项式的序列，并且 $f_{i+1}(x) \mid f_i(x)(i=1,2,\cdots)$，证明：这个序列只能含有有限多个互不相伴的项.

11. 设 $f(x)$ 是 $\mathbb{Z}[x]$ 里首 1 多项式，证明：如果 $f(x)$ 有有理根 $\alpha$，则 $\alpha$ 是整数.

12. 设 $C$ 是唯一因子分解环，且 $c \in R$. 令

$$f(x) = \sum_{i=0}^{n} a_i x^i \in D[x] \quad 与 \quad f(x-c) = \sum_{i=0}^{n} a_i (x-c)^i \in D[x],$$

证明：$f(x)$ 在 $D[x]$ 中是可约的当且仅当 $f(x-c)$ 是既约的.

13. 设 $R$ 是有单位元的交换环，$f(x) = \sum_{i=0}^{n} a_i x^i \in R[x]$，证明：$f(x)$ 是 $R[x]$ 中的单位当且仅当 $a_0$ 是 $R$ 中的单位，$a_1, \cdots, a_n$ 是 $R$ 中的幂零元.

14. 令 $f(x) = \sum_{i=0}^{n} a_i x^i \in \mathbb{Z}[x]$ 有次数 $n$. 假设对某个 $k(0<k<n)$ 和某个素数 $p$：$p \nmid a_n, p \nmid a_k, p \mid a_i (0 \leqslant i \leqslant k-1)$ 以及 $p^2 \nmid a_0$. 证明：$f(x)$ 在 $\mathbb{Z}[x]$ 中有次数至少为 $k$ 的既约因子 $g$.

15. 证明：对每个素数 $p$，分圆多项式 $f(x)=x^{p-1}+x^{p-2}+\cdots+x+1$ 在 $\mathbb{Z}[x]$ 中是既约的.

提示：考察多项式 $f(x)=(x^p-1)/(x-1)$，从而 $f(x+1)=((x+1)^p-1)/x$，利用二项式展开定理与艾森斯坦因判别法证明 $f(x+1)$ 在 $\mathbb{Z}[x]$ 中是既约的.

16. 如果 $F$ 是域，证明：$x$ 与 $y$ 在多项式环 $F[x,y]$ 中是互素的，但

$$F[x,y]=(1_f) \supsetneq (x)+(y).$$

# 第 4 章　群的进一步讨论

第 1 章初步地讨论了群的基本性质. 本章借助第 1 章的理论知识, 可进一步讨论群的一些较为深入的内容. 本章主要内容是群在集合上的作用、有限群的 $p$-子群与西罗(sylow)定理、有限交换群的结构、幂零群与可解群等.

## 4.1　群在集合上的作用

回忆 1.4 节凯莱定理的证明, 我们在那里把群 $G$ 看作它自身的一个变换群. 如果把群 $G$ 作为集合, 这个变换群与 $G$ 的关系可看成其作用在集合 $G$ 上. 具体地说, 设 $H$ 是集合 $G$ 上一一变换群 $\mathcal{L}(G)$ 的子群(或者就看作 $H\cong G$). 任取 $h\in H$, 则 $h$ 看作集合 $G$ 到集合 $G$ 的一一变换, 即对任意 $x\in G$, 有 $h(x)\in G$. 进一步, 把它解释为 $H\times G$ 到 $G$ 的一个运算, 亦即令 $h\cdot x=h(x)$, 则这个运算满足下面条件:

(1) 对任意 $f,h\in H,x\in G$, 有 $f\cdot(h\cdot x)=(fh)\cdot x$;

(2) 对任意 $x\in G,e\in H$ 是恒等元即单位元, 有 $e\cdot x=x$.

### 4.1.1　群在集合上作用的定义

把前面变换群 $H\subseteq\mathcal{L}(G)$ 作用在 $G$ 上的概念引到抽象群上, 则有如下结论.

**定义 4.1.1**　设 $G$ 是一个群, $S$ 是一个非空集合, 如果存在某个法则"$*$"使对每个 $g\in G$ 及 $x\in S$, 通过法则"$*$"有 $S$ 中唯一元素 $y$(记为 $y=g*x$)与它们对应, 并满足

$$(g_1g_2)*x=g_1*(g_2*x)\quad 与\quad e*x=x,$$

其中 $g_1,g_2\in G$ 为任意元, $e\in G$ 是单位元, $x\in S$ 为任意元, 则称法则"$*$"定义了群 $G$ 在集合 $S$ 上的一个作用(action), 或称群 $G$ 作用在集合 $S$ 上($G$ acts on $S$).

为书写方便, 在不会引进混乱时, $g*x$ 常记为 $gx$.

**例 4.1.1**　设 $G$ 是一个群, $H$ 是其子群. 令集合 $S=G$, 对任意 $h\in H,x\in S=G$, 规定

$$h*x=hx,$$

则对任意 $h_1,h_2\in H,x\in S=G$, 有 $h_1*(h_2*x)=h_1(h_2x)=(h_1h_2)x=(h_1h_2)*x$, 并且 $e*x=ex=x$. 所以, 我们就得到了子群 $H$ 在集合 $S=G$ 上的一个作用. $h\in H$ 在 $G$ 上的这个作用常常称为是一个(左)平移. 如果 $K$ 是 $G$ 的另一个子群, $S=\{xK\mid x\in G\}$ 为 $K$ 在 $G$ 中的所有左陪集构成的集合, 则 $H$ 在 $S$ 上的作用由平

移 $h * (xK)=(hx)K$ 给出.

**例 4.1.2** 对称群 $S_n$ 在集合 $I_n=\{1,2,\cdots,n\}$ 上的一个作用由 $\sigma * x=\sigma(x)$ 给出.

**例 4.1.3** 令 $H$ 是群 $G$ 的子群,取集合 $S=G$,对任意 $g\in H,x\in S$,规定 $g(x)=g*x=gxg^{-1}$. 称 $g(x)$ 为群 $G$ 的共轭变换(conjugate transformation). 元素 $gxg^{-1}$ 称为 $x$ 的共轭元(conjugate element). 对任意 $g_1,g_2\in H,x\in S$,有

(1) $(g_1g_2)*x=(g_1g_2)x(g_1g_2)^{-1}=g_1(g_2xg_2^{-1})g_1^{-1}=g_1*(g_2*x)$;

(2) $e*x=exe^{-1}=x$;

因此,$G$ 的共轭变换定义了群 $H$ 在集合 $S=G$ 上的一个作用(称为共轭作用).

**例 4.1.4** 设 $G$ 是一个群,$\Sigma$ 是 $G$ 的所有子群的集合,即

$$\sum=\{H\mid H\leqslant G\}.$$

定义 $G$ 对 $\Sigma$ 的作用为

$$g*H=gHg^{-1}.$$

它满足 $(g_1g_2)*H=(g_1g_2)H(g_1g_2)^{-1}=g_1(g_2Hg_2^{-1})g_1^{-1}=g_1*(g_2*H)$ 与 $e*H=eHe^{-1}=H$. 此作用称为 $G$ 对其子群集的共轭作用.

### 4.1.2 轨道与稳定子群

**定义 4.1.2** 设群 $G$ 作用在集合 $S$ 上,$x\in S$,称 $S$ 的子集 $O_x=\{gx\mid g\in G\}$ 为 $x$ 在群 $G$ 下的轨道(orbit),$x$ 称为轨道的代表元. 如果 $S$ 本身是一个轨道,则称群 $G$ 在集合 $S$ 上的作用是传递的(transitive).

**例 4.1.5** 设 $S=\{1,2,3,4,5,6\}$,$G$ 为由六个置换

$$(1),\quad(12),\quad(356),\quad(365),\quad(12)(356),\quad(12)(365)$$

所组成的群,则 $O_1=\{1,2\}$,$O_3=\{3,5,6\}$,$O_4=\{4\}$.

由轨道的定义易得如下性质:

(1) 如果在 $S$ 中定义二元关系~为:$a\sim b\Leftrightarrow$ 存在 $g\in G$ 使 $ga=b$,则~是 $S$ 中的一个等价关系,且每一个等价类 $\bar{a}$ 就是一个轨道 $O_a$;

(2) $b\in O_a\Leftrightarrow O_a=O_b$,即轨道中任一元素都可以作为代表元.

**定理 4.1.1** 设群 $G$ 作用在集合 $S$ 上,则

(1) 对任意的 $x,y\in S$,$O_x$ 与 $O_y$ 或者完全相同,或者没有公共元;

(2) $S$ 是一些不同轨道的并集

$$S=\bigcup_x O_x,$$

其中 $x$ 取遍不同轨道的代表元;

(3) 如果 $S$ 是有限集,则 $|S|=\sum_{i=1}^{t}|O_{x_i}|$,其中 $x_i$ 是不同轨道的代表元.

**证明**　(1) 设 $O_x \cap O_y \neq \varnothing$. 任取 $z \in O_x \cap O_y$，则存在 $g_1, g_2 \in G$ 使得 $g_1 x = z = g_2 y$. 于是，$y = g_2^{-1} g_1 x \in O_x$. 由此得 $O_y \subseteq O_x$. 同理可证 $O_x \subseteq O_y$. 所以，$O_x = O_y$.

(2) 因对任意 $x \in S$，有 $x \in O_x$，所以，$S = \bigcup_{x \in S} O_x$. 去掉重复的轨道，有(1)便知(2) 成立.

(3) 设 $O_{x_1}, O_{x_2}, \cdots, O_{x_t}$ 为 $S$ 的全部不同的轨道，则 $S = \bigcup_{i=1}^{t} O_{x_i}$. 因为 $O_{x_i} \cap O_{x_j} \neq \varnothing (i \neq j)$，故 $|S| = \sum_{i=1}^{t} |O_{x_i}|$.

设 $g \in G, x \in S$，如果 $gx = x$，则称 $x$ 为 $g$ 的一个不动点(fixed point). 以 $x$ 为不动点的所有群元素的集合记作 $G_x = \{g \mid g \in G, gx = x\}$. $G_x$ 是 $G$ 的子群. 事实上，任 $g_1, g_2, g \in G$，有 $g_1 x = x, g_2 x = x$ 及 $gx = x$，于是，$(g_1 g_2)x = g_1(g_2 x) = g_1 x = x$，以及 $g^{-1}x = x$. 因此，$G_x \subseteq G$.

**定义 4.1.3**　设群 $G$ 作用在集合 $S$ 上，任 $x \in S$，则子群

$$G_x = \{g \mid g \in G, gx = x\}$$

称为 $x$ 的稳定子(stabilizer)，也称为 $x$ 的稳定子群(stable group)，还记为 $\mathrm{Stab}_G x$.

在例 4.1.3 中，群 $G$ 对 $S = G$ 本身的共轭作用为 $g * x = gxg^{-1}$. 任取 $a \in S = G$，则 $O_a = \{g * a \mid g \in G\} = \{gag^{-1} \mid g \in G\}$ 称为 $G$ 中 $x$ 所在共轭类(conjugate class). $\mathrm{Stab}_G x = \{g \mid g \in G, g * a = a\} = \{g \mid g \in G, gag^{-1} = a\} = C_G(a)$ 是 $a$ 在 $G$ 中的中心化子 .

从例 4.1.3 可以看到，为写出轨道和稳定子群的表达式，先写出定义，再将具体的作用代入，即可得到出轨道和稳定子群的具体表达式.

**定理 4.1.2**　设群 $G$ 作用在集合 $S$ 上，任意 $x \in S$，则由 $\phi(gx) = gG_x$ 给出 $O_x$ 到 $G/G_x$ 的映射是双射，从而进一步，当 $|G| < \infty, |S| < \infty$ 时，有 $|G| = |O_x||G_x|$.

**证明**　首先证明 $\phi$ 的定义是良好的. 若 $g_1 x = g_2 x$，则 $g_1^{-1} g_2 x = x$，故 $g_1^{-1} g_2 \in G_x$，从而就有 $g_1 G_x = g_2 G_x$. 因此，$\phi$ 的定义是良好的，即 $\phi$ 为 $O_x$ 到 $G/G_x$ 的映射.

其次，对任意 $gG_x \in G/G_x$，有 $gx \in O_x$，故 $\phi(gx) = gG_x$. 因此，$\phi$ 为 $O_x$ 到 $G/G_x$ 的满射.

最后，设 $g_1 x, g_2 x \in O_x$. 若 $\phi(g_1 x) = \phi(g_2 x)$，即 $g_1 G_x = g_2 G_x$，则 $g_1^{-1} g_2 \in G_x$. 于是，$g_1^{-1} g_2 x = x$，从而 $g_1 x = g_2 x$. 所以，$\phi$ 是 $O_x$ 到 $G/G_x$ 的单射.

综上便知，$\phi$ 是 $O_x$ 到 $G/G_x$ 的双射. 由拉格朗日定理，$|G| = |G_x|[G : G_x]$ 及 $\phi$ 为 $O_x$ 到 $G/G_x$ 的双射(即 $|O_x| = |G/G_x| = [G : G_x]$)得 $|G| = |O_x||G_x|$.

当 $G$ 是有限群时，每个轨道 $O_x$ 仅有有限多个元素，且由上面定理知 $|O_x| = |G/G_x|$，从而由定理 4.1.1 得下面的定理.

**定理 4.1.3** 设有限群 $G$ 作用在集合 $S$ 上，任取 $x\in S$，则有

(1)（轨道公式）$|G|=|O_x||G_x|$；

(2) $|S|=\sum_{i=1}^{t}[G:G_{x_i}]$，其中 $x_i$ 取遍不同轨道的代表元素.

**例 4.1.6** 设 $S=\{1,2,3,4,5\}$，$G=\{(1),(12),(345),(354),(12)(345),(12)(354)\}$，确定 $S$ 在 $G$ 作用的轨道和稳定子群.

**解** $O_{a=1}=O_{a=2}=\{1,2\}$，　$O_{a=3}=O_{a=4}=O_{a=5}=\{3,4,5\}$；

$G_{a=1}=G_{a=2}=\{(1),(345),(354)\}$，　$G_{a=3}=G_{a=4}=V_{a=5}=\{(1),(12)\}$.

显然，它们均满足 $|G|=|O_a||G_a|$.

关于有限群，还有如下结果.

**定理 4.1.4** 设 $G$ 为有限群，则有

$$|G|=|C(G)|+\sum_{x}[G:C(x)],$$

其中 $C(G)=\{x|xg=gx,\forall g\in G\}$ 称为群 $G$ 的中心，$C(x)=\{a\in G|xa=ax\}$ 称为元素 $x$ 的中心化子(见习题 1.3 中第 8 题)，而 $\sum$ 号下标 $x$ 取遍非中心的元素的共轭类的代表元.

**注 4.1.1** 定理中的公式称为有限群的群方程(the equation of a finite group)，它在有限群的研究中具有重要作用.

**证明** 设群 $G$ 共轭作用 $S=G$ 本身. 我们知道

$$O_x=\{g*x|g\in G\}=\{gxg^{-1}|g\in G\}.$$

而

$$G_x=\{g|g\in G,g*x=x\}=\{g|g\in G,gxg^{-1}=x\}$$
$$=\{g|g\in G,gx=xg\}=C(x).$$

于是，由定理 4.1.3 得

$$|G|=\sum_{x}[G:G_x]=|G|=\sum_{x}[G:C(x)] \qquad (4.1.1)$$

其中 $x$ 取遍不同的共轭类的代表元素. 由于

$$[G:C(x)]=1\Leftrightarrow G=C(x)\Leftrightarrow x\in C(G).$$

所以，把式(4.1.1)中值为 1 的项从和号 $\sum$ 中拿到外面来，就得到

$$|G|=|C(G)|+\sum_{x}[G:C(x)].$$

### 4.1.3 伯恩赛德引理

**定义 4.1.4** 设群 $G$ 作用在集合 $S$ 上，$g\in G$，$s\in S$.

(1) 如果 $g*x=x$，则称 $x$ 为 $g$ 的不动元素(fixed element)；$g$ 的全部不动元素的集合称为 $g$ 的不动元集，记为 $F_g$.

(2) 如果对任意 $g\in G$ 都有 $g*x=x$，则称 $x$ 为 $G$ 的不动元素. $G$ 的所有不动元的集合称为 $G$ 的不动元集，记为 $F_G$.

比如，在例 4.1.5 中，我们有 $F_{(1)}=S, F_{(356)}=\{1,2,4\}, F_{(12)}=\{3,4,5,6\}, F_{(12)(356)}=\{4\}$.

**定理 4.1.5** (伯恩赛德引理 (Burnside lemma))　设有限群 $G$ 作用在集合 $S$ 上，则 $S$ 在 $G$ 作用下的轨道个数 $N$ 为

$$N=\frac{1}{|G|}\sum_{g\in G}\chi(g), \tag{4.1.2}$$

其中和式是对每一个群元素求和，而 $\chi(g)$ 表示 $g$ 的不动元的个数，即 $\chi(g)=|F_g|$.

**证明**　对任意 $g\in G, s\in S$，定义

$$\delta_{(g,s)}=\begin{cases}1, & gx=x,\\ 0, & gx\neq x.\end{cases}$$

由定义知，$\chi(g)=|F_g|=\sum_{x\in S}\delta_{(g,x)}$. 于是

$$\sum_{g\in G}\chi(g)=\sum_{g\in G}\Big(\sum_{x\in S}\delta_{(g,x)}\Big)=\sum_{s\in S}\Big(\sum_{g\in G}\delta_{(g,x)}\Big)=\sum_{x\in S}|G_x|.$$

如果 $x\in O_{x_i}$，则 $O_x=O_{x_i}$，从而

$$|G_x|=\frac{|G|}{|O_x|}=\frac{|G|}{|O_{x_i}|}=|G_{x_i}|.$$

所以，如果 $x_1, x_2, \cdots, x_N$ 为 $N$ 个轨道的代表元素，则

$$\sum_{g\in G}\chi(g)=\sum_{x\in S}|G_x|=\sum_{i=1}^{N}|O_{x_i}||G_{x_i}|=\sum_{i=1}^{N}|G|=N|G|.$$

由此得

$$N=\frac{1}{|G|}\sum_{g\in G}\chi(g).$$

## 习　题　4.1

1. 设群 $G$ 作用于集合 $X$ 上，$a\in X$，$G_a$ 为 $a$ 的稳定子群，证明：$G_{g(a)}=gG_ag^{-1}$.

2. 设群 $G$ 作用于集合 $X$ 上，$x\in X$，证明：$G_x=\{g\mid g\in G, gx=x\}$ 为 $G$ 的子群.

3. 设 $G$ 是群，$H$ 是 $G$ 的子群，$X=\{aH\mid a\in G\}$ 为 $H$ 的左陪集的集合，定义 $g\in G$ 对 $aH\in X$ 的作用为 $g(aH)=gaH$，证明其满足定义 4.1.1，并确定轨道和稳定子群.

4. 设 $X=\{1,2,3,4,5,6,7,8\}$，$G$ 是由 $X$ 的六个置换 (1)，(123)(456)，(132)(465)，(78)，(123)(456)(78)，(132)(465)(78) 所组成的子群.

(1) 写出 $X$ 的各元素的稳定子和轨道；

(2) 写出 $G$ 的各元素的不动元素.

5. 设 $G$ 是群，$\Omega$ 是 $G$ 的所有 $k$ 元子集的集合，$k<|G|$，定义 $g\in G$ 对 $K\in\Omega$ 的作用为 $g(K)=gK$，证明其满足定义 4.1.1，$G$ 在 $\Omega$ 是否传递.

6. 设 $G$ 是群，$X$ 是一个有限集合，$G$ 作用于 $X$ 上：$g(x)$ 表示 $g\in G$ 对 $x\in X$ 的作用. 证明：

(1) $g(x)$ 是 $X$ 上的一个置换；

(2) 令 $S_X$ 是 $X$ 上的对称群，则

$$\varphi: g\mapsto g\ (x)\quad (G\to S_X)$$

是 $G$ 到 $S_X$ 上的一个同态，当 $\varphi$ 为单同态时，称 $G$ 对 $X$ 的作用是忠实的(faithful).

7. 设群 $G$ 作用于集合 $X$ 上. 证明：映射

$$\varphi: G\mapsto S_X$$

$$g\mapsto\varphi_g \text{ 使 } \varphi_g(x)=gx,\ \forall\, x\in X$$

为群 $G$ 到 $S_X$ 上的一个群同态. 称此同态为由群 $G$ 到集合 $X$ 上的作用所诱导的同态.

8. 设 $G$ 是群，$X$ 是一个非空集合，$\varphi$ 为群 $G$ 到 $S_X$ 上的任意一个群同态. 证明：对任意的 $g\in G$ 和 $x\in X$，

$$g * x=\varphi(g)(x)$$

定义了群 $G$ 在集合 $X$ 上的一个作用.

9. 令群 $G$ 作用于集合 $X$ 上，且 $|X|\geqslant 2$. 设 $G$ 是传递的，证明：

(1) 对 $x\in X$，$x$ 的轨道 $O_x$ 是 $X$；

(2) 所有稳定化子 $G_x(x\in X)$ 是共轭的；

(3) 如果 $G$ 有性质：$\{g\in G\mid gx=x,\ \forall\, x\in X\}=\langle e\rangle$，且如果 $N\lhd G$ 与对某个 $x\in X$，$N<G_x$，则 $N=\langle e\rangle$；

(4) 对 $x\in X$，$|X|=[G:G_x]$；因此，$|X|$ 整除 $|G|$.

## 4.2 $p$-群与西罗定理

设 $G$ 是有限群，由拉格朗日定理知，对群 $G$ 的任一子群 $H$，均有 $|H|$ 整除 $|G|$. 但逆命题一般不成立. 反例如下.

**例 4.2.1** 群 $A_4$ 不存在 6 阶子群.

事实上，如果 $A_4$ 有一个阶为 6 的子群 $H$，由于 $|A_4|=12$，故 $[A_4:H]=2$. 于是，由例 1.5.2 知，$H$ 为 $A_4$ 的正规子群. 又因为 $|A_4/H|=2$. 故对任意的 $\tau H$，有 $\tau^2H=(\tau H)^2=H$，即 $\tau^2\in H$. 通过计算，

$$\begin{aligned}\Gamma &= \{\tau^2\mid\tau\in A_4\}\\ &=\{(1),(123),(132),(124),(142),(134),(143),(234),(243)\}\end{aligned}$$

有 9 个元素，而 $\Gamma\subseteq H$，这与 $|H|=6$ 矛盾. 故群 $A_4$ 不存在 6 阶子群.

因此,一个自然的问题就出现了:当群 $G$ 的阶 $|G|=n$ 的因子 $m$ 满足什么条件时,群 $G$ 一定有阶为 $m$ 的子群? 其实,这是拉格朗日定理的逆命题. 对此,西罗定理可部分地回答这个问题. 西罗定理同拉格朗日定理一样,是有限群理论中最基本定理之一,它描述了有限群与它的某些子群之间的一些重要联系,而这种联系为讨论有限群的结构提供了重要依据.

### 4.2.1　$p$-群

**引理 4.2.1**　设 $p$ 为素数,如果 $p^n$ 阶群 $H$ 作用在有限集 $S$ 上. 令 $S_0=\{x\in S|hx=x$,对所有 $h\in H\}$,则 $|S|\equiv|S_0|(\bmod p)$.

**证明**　轨道 $O_x$ 恰含有一个元素当且仅当 $x\in S_0$(即 $|O_x|=1\Leftrightarrow x\in S_0$). 因此,$S$ 可写为不交并 $S=S_0\cup O_{x_1}\cup\cdots\cup O_{x_n}$. 对每个 $i$,有 $|O_{x_i}|>1$. 因此,$|S|=|S_0|+|O_{x_1}|+\cdots+|O_{x_n}|$. 因为对每个 $i$,$|O_{x_i}|=[H:H_{x_i}]$整除 $|H|p^n$,故有 $p$ 整除 $|O_{x_i}|$. 所以,$|S|\equiv|S_0|(\bmod p)$.

**定理 4.2.1** (柯西定理(Cauchy's theorem))　设 $G$ 是有限群,$p$ 是素数,如果 $p$ 整除 $|G|$,则 $G$ 含有一个阶为 $p$ 的元素.

**证明**　令 $S$ 为群 $G$ 中元素的 $p$ 元组集合 $S=\{(a_1,a_2,\cdots,a_p)|a_i\in G,a_1a_2\cdots a_p=e\}$,其中 $e$ 是 $G$ 的单位元. 由于 $a=(a_1a_2\cdots a_{p-1})^{-1}$ 是唯一确定的,故 $|S|=n^{p-1}$,这里 $|G|=n$. 由于 $p|n$,故 $|S|\equiv 0(\bmod p)$. 令群 $\mathbb{Z}_p$ 通过循环置换作用在集合 $S$ 上,亦即,对 $k\in\mathbb{Z}_p$,$k(a_1,a_2,\cdots,a_p)=(a_{k+1},a_{k+2},\cdots,a_p,a_1,\cdots,a_k)$. 利用"群中 $ab=e$ 蕴涵着 $ba=(a^{-1}a)(ba)=a^{-1}(ab)a=e$"的事实可证得 $(a_{k+1},a_{k+2},\cdots,a_p,a_1,\cdots,a_k)\in S$. 由于在 $\mathbb{Z}_p$ 中,群运算用"+"符号,故 $0,k,k'\in\mathbb{Z}_p$. 对任意 $x\in S$,可验证 $0x=x$,且 $(k+k')x=k(k'x)$. 所以,$\mathbb{Z}_p$ 在集合 $S$ 上的定义是良好的.

现在,$(a_1,a_2,\cdots,a_p)\in S_0$ 当且仅当 $a_1=a_2=\cdots=a_p$. 显然,$(e,e,\cdots,e)\in S_0$. 因此,$|S_0|\neq 0$. 由引理 4.2.1 知,$0\equiv|S|\equiv|S_0|(\bmod p)$. 因为 $|S_0|\neq 0$,故 $S_0$ 中至少有 $p$ 个元素. 亦即,存在 $a\neq e$ 使得 $(a,a,\cdots,a)\in S_0$,从而 $a^p=e$. 因为 $p$ 是素数,故 $o(a)=p$.

**定义 4.2.1**　设 $G$ 是有限群,如果 $G$ 的阶为某个素数 $p$ 的方幂 $p^k(k\geqslant 1)$,则称 $G$ 为 $p$-群($p$-group).

**定义 4.2.2**　设 $G$ 是有限群,$P$ 是 $G$ 的一个 $p^n$ 阶子群(这里 $p$ 为素数,$n\geqslant 1$),如果 $p^{n+1}$ 不整除 $|G|$,则称 $P$ 是 $G$ 的一个西罗 $p$-子群(sylow $p$-group).

**定理 4.2.2**　有限群 $G$ 是 $p$-群当且仅当 $|G|$ 是 $p$ 的方幂.

**证明**　如果有限群 $G$ 是 $p$-群,且 $q$ 是整除 $|G|$ 的素数,由定理 4.2.1(柯西定理)知,群 $G$ 含有一个阶为 $q$ 的元素. 由于 $G$ 的每个元素的阶都是 $p$ 的方幂,故 $q=p$. 因此,$|G|$ 是 $p$ 的方幂.

反之,由拉格朗日定理(定理 1.3.8)立即可得,有限群 $G$ 是 $p$-群.

**定理 4.2.3** 非平凡有限 $p$-群 $G$ 的中心 $C(G)$ 所含元素多于一个，即 $|C(G)|>1$.

**证明** 考虑群 $G$ 的群(类)方程 $|G|=|C(G)|+\sum[G:C(x_i)]$. 由于每个 $[G:C(x_i)]>1$，且整除 $|G|=p^n(n>1)$，故 $p$ 整除每个 $[G:C(x_i)]$，且 $p$ 整除 $|G|$，从而 $p$ 整除 $|C(G)|$. 故 $C(G)$ 至少含有 $p$ 个元素.

**引理 4.2.2** 如果 $H$ 是有限群 $G$ 的 $p$-子群，则

$$[N_G(H):H]\equiv[G:H](\mathrm{mod}\,p).$$

这里 $N_G(H)$ 是子群 $H$ 在 $G$ 中的正规化子(见习题 1.3 中的第 4 题).

**证明** 令 $S$ 是 $H$ 在 $G$ 中的左陪集构成的集合. 令 $H$ 通过(左)平移作用在集合 $S$ 上(即 $h*(xH)=(hx)H$)，则 $|S|=[G:H]$，并且

$$xH\in S_0\Leftrightarrow hxH=xH\Leftrightarrow xHx^{-1}=H\Leftrightarrow x\in N_G(H).$$

这里 $S_0$ 同引理 4.2.1 中的 $S_0$. 所以，$|S_0|$ 是陪集 $xH$ 满足 $x\in N_G(H)$ 的个数. 亦即，$|S_0|=[N_G(H):H]$. 由引理 4.2.1 知

$$[N_G(H):H]=|S_0|=|S|\equiv[G:H](\mathrm{mod}\,p).$$

**定理 4.2.4** 如果 $H$ 是有限群 $G$ 的 $p$-子群，且 $p|[G:H]$，则 $N_G(H)\neq H$.

**证明** $0\equiv[G:H]\equiv[N_G(H):H](\mathrm{mod}\,p)$. 因为在任一情形下，$[N_G(H):H]\geqslant1$，我们一定有 $[N_G(H):H]>1$. 所以，$N_G(H)\neq H$.

### 4.2.2 西罗定理

本小节主要介绍三个西罗定理. 这三个西罗定理是研究有限群的有力工具.

**定理 4.2.5** (西罗第一定理(first Sylow theorem)) 设 $G$ 是阶为 $p^nm$ 的有限群，这里 $n\geqslant1$，$p$ 为素数，且 $(p,m)=1$，则对每个 $1\leqslant k\leqslant n$，$G$ 含有阶 $p^k$ 的子群，而且进一步，$G$ 的每个阶为 $p^k(k<n)$ 的子群在某个阶为 $p^{k+1}$ 的子群中是正规的.

**证明** 对 $|G|$ 应用数学归纳法证明第一个结论. 当 $|G|=p$ 时，结论显然成立. 归纳假设结论对于阶小于 $|G|$ 的群成立. 考察群方程

$$|G|=|C(G)|+\sum_{i=1}^{t}[G:C(x_i)],$$

其中 $x_1,x_2,\cdots,x_t$ 为非中心元素的所有共轭类的代表元.

(1) 如果 $p$ 整除 $|C(G)|$，则由柯西定理知，$C(G)$ 有周期为 $p$ 的元素，设为 $a$. 因 $a\in C(G)$，所以 $H=\langle a\rangle$ 为 $G$ 的正规子群，则有 $|G/H|<|G|$，且 $p^{k-1}$ 整除 $|G/H|$. 由归纳假设，$G/H$ 有 $p^{k-1}$ 阶子群，设为 $\bar{Q}$. 令 $Q=\{g\in G|gH\in\bar{Q}\}$，则 $Q$ 为 $G$ 的子群，且 $G/H=\bar{Q}$，从而 $Q|=|H||\bar{Q}|=p^k$.

(2) 如果 $p$ 不整除 $|C(G)|$，因 $p$ 整除 $|G|$，故存在 $x_i$ 使 $p$ 不整除 $[G:C(x_i)]$，从而 $p^k$ 整除 $|C(x_i)|$. 又 $[G:C(x_i)]>1$，所以 $|C(x_i)|<|G|$. 由归纳假设，$C(x_i)$ 是阶为 $p^k$ 的子群. 它是 $G$ 的阶为 $p^k$ 的子群.

所以，由归纳法原理知第一个结论成立. 下面证明第二个结论.

设 $H$ 为 $G$ 的阶为 $p^k(1\leqslant k<n)$ 的子群，则 $p$ 整除 $[G:H]$. 由引理 4.2.2 与定理 4.2.4，$H$ 在 $N_G(H)$ 中是正规的，且 $H\neq N_G(H)$，从而

$$1<|N_G(H)/H|=[N_G(H):H]\equiv[G:H]\equiv 0(\mathrm{mod}\,p).$$

因此，$p$ 整除 $|N_G(H)/H|$. 再由柯西定理知，$N_G(H)/H$ 含有一个阶为 $p$ 的子群. 由于 $N_G(H)/H$ 中每个子群均有形式 $H_1/H$，这里 $H_1$ 是 $N_G(H)$ 的含有 $H$ 的子群. 由于 $H\lhd N_G(H)$，故 $H\lhd H_1$. 所以，$|H_1|=|H||H_1/H|=p^k\cdot p=p^{k+1}$.

由这个定理很容易得到下面推论，证明留作习题.

**推论 4.2.1**　令 $G$ 是阶为 $p^nm$ 的有限群，这里 $p$ 为素数，$n\geqslant 1$，且 $(p,m)=1$. 设 $H$ 为 $G$ 的 $p$-子群，则

(1) $H$ 是 $G$ 的西罗 $p$-子群当且仅当 $|H|=p^n$；

(2) 西罗 $p$-子群的每个共轭子群是西罗 $p$-子群；

(3) 如果 $G$ 的西罗 $p$-子群 $Q$ 是唯一的，则 $Q$ 在 $G$ 中是正规的.

**定理 4.2.6** (西罗第二定理(second Sylow theorem))　如果 $H$ 是有限群 $G$ 的 $p$-子群，$Q$ 是 $G$ 的西罗 $p$-子群，则存在 $x\in G$ 使得 $H<xQx^{-1}$. 特别地，$G$ 的任意两个西罗 $p$-子群是共轭的.

**证明**　令 $S$ 是 $Q$ 的在 $G$ 中全体左陪集所组成的集合，$H$ 通过左平移作用在 $S$ 上，即对任意 $h\in H$，$x\in G$，有

$$h*(xQ)=hxQ.$$

由引理 4.2.1 知 $|S_0|=|S|\equiv[G:Q](\mathrm{mod}\,p)$，但 $p$ 不整除 $[G:Q]$. 所以，$|S_0|\neq 0$，且存在 $xQ\in S_0$. 于是

$$\begin{aligned} xQ\in S_0 &\Leftrightarrow hxQ=xQ(\forall h\in H)\\ &\Leftrightarrow x^{-1}hx\in Q(\forall h\in H)\\ &\Leftrightarrow x^{-1}Hx<Q\Leftrightarrow H<xQx^{-1}. \end{aligned}$$

如果 $H$ 是 $G$ 的西罗 $p$-子群，则 $|H|=|Q|=|xQx^{-1}|$. 因此，$H=xQx^{-1}$.

**定理 4.2.7** (西罗第三定理(third Sylow theorem))　有限群 $G$ 的西罗 $p$-子群的个数 $k_p$ 是 $|G|$ 的因子，且有形式 $k_p=kp+1$(对某个 $k\geqslant 0$).

**证明**　令 $S$ 是 $G$ 中全部西罗 $p$-子群的集合.

(1) 定义群 $G$ 在 $S$ 上的作用：$a*Q=aQa^{-1}$，任意 $a\in G$，$Q\in S$. 由西罗第二定理知，$S=O_Q$，其中 $Q$ 为 $G$ 的任一个西罗 $p$-子群，而 $|O_Q|=[G:G_Q]$，所以，

$$k_p\,||G|.$$

(2) 设 $Q'$ 是 $G$ 的任一固定的西罗 $p$-子群. 定义 $Q'$ 在 $S$ 上的作用为

$$g*Q=gQg^{-1}\quad(\text{任意 } g\in Q',Q\in S),$$

则有 $|S|=|F'_Q|+\sum\limits_{i=1}^{t}[Q':Q'_{Q_i}]$，其中 $Q_1,Q_2,\cdots,Q_t$ 为在 $Q'$ 作用下除不动元素外的所有共轭类的代表元.

由于 $|Q'|=p^n$，所以，$p|[G:Q'_{Q_i}]$. 另一方面，设 $Q\in F_Q'$，则对任意的 $x\in Q'$，

$xQx^{-1}=Q$. 所以,$Q'\subseteq N_G(Q)$(见习题 1.3 中的第 9 题). 而 $N_G(Q)<G$,所以,$N_G(Q)$中西罗 $p$-子群的阶数不可能大于 $p^n$. 由此可知 $Q$ 与 $Q'$都是 $N_G(Q)$的西罗 $p$-子群,从而由西罗第二定理知,存在 $x\in N_G(Q)$使 $Q'=xQx^{-1}=Q$. 由此得 $F_Q{}'=\{Q'\}$. 所以,$k_p=|S|$有形式 $k_p=kp+1$.

**推论 4.2.2** 设有限群 $G$ 的阶 $|G|=p^nm\,(n\geqslant 1)$,其中 $p$ 为素数,且$(p,m)=1$,则 $G$ 的西罗 $p$-子群的个数 $k_p\,|\,m$.

**证明** 注意在定理 4.2.7 的证明(1)中,$G_Q=N_G(Q)$且 $p^n\,||\,N_G(Q)|$. 所以,$[G:N_G(Q)]\,|\,m$. 又因 $k_p=|S|=[G:N_G(Q)]$. 所以,$k_p\,|\,m$.

**例 4.2.2** 设有限群 $G$ 的阶为 35,则 $G$ 是循环群.

**证明** 由于 $35=5\cdot 7$,由西罗第一定理,$G$ 有西罗 5-子群和西罗 7-子群. 设 $H$ 与 $K$ 分别为 $G$ 的西罗 5-子群与西罗 7-子群,则$|H|=5$ 与$|K|=7$,从而 $H$ 与 $K$ 均是循环群. 设 $H=\langle a\rangle$,$K=\langle b\rangle$,则 $o(a)=5$,$o(b)=7$. 另一方面,由推论 4.2.2,有 $k_5\,|\,7$,且 $k_5\equiv 1(\text{mod}5)$,得 $k_5=1$. 所以,$H$ 为 $G$ 的唯一的西罗 5-子群. 同理可证,$K$ 也是 $G$ 的唯一的西罗 7-子群. 从而它们都是 $G$ 的正规子群(推论 4.2.1(3)). 易知 $H\cap K=\{e\}$. 所以,对任意的 $h\in H$ 与 $k\in K$,有 $hk=kh$(见习题 1.5 中的第 17 题). 特别地,有 $ab=ba$,由此得 $o(ab)=5\cdot 7=35$. 从而 $G=\langle ab\rangle$为循环群.

**定理 4.2.8** 设 $G$ 是有限交换群,$|G|=p_1^{\alpha_1}p_2^{\alpha_2}\cdots p_n^{\alpha_n}$,其中诸 $p_i$ 是素数,则有 $G\cong Q_{p_1}\times Q_{p_2}\times\cdots\times Q_{p_n}$,这里 $Q_{p_i}$是 $G$ 的西罗 $p_i$-子群.

**证明** 由西罗第一定理,$G$ 中存在 $Q_{p_i}$,$i=1,2,\cdots,n$,$G$ 是交换群,故每一个 $Q_{p_i}$ 均是 $G$ 的正规子群,又 $Q_{p_i}\cap\prod\limits_{j\neq i}Q_{p_j}=\{e\}$,且$\left|\prod\limits_{i=1}^{n}Q_{p_i}\right|=p_1^{\alpha_1}p_2^{\alpha_2}\cdots p_n^{\alpha_n}$. 故有

$$G\cong Q_{p_1}\times Q_{p_2}\times\cdots\times Q_{p_n}.$$

## 习 题 4.2

1. 设 $P$ 是群 $G$ 的 $p$-西罗子群,$H$ 是 $G$ 的正规子群,且$[G:H]$与 $G$ 互素,证明:$P\subseteq H$.

2. 证明:35 阶群一定是循环群.

3. 设有限群 $G$ 的阶数为 $np$,$p$ 是素数,$n<p$,证明:$G$ 包含阶数为 $p$ 的正规子群.

4. 设 $p$ 与 $q$ 是素数,证明:$pq$ 阶群不是单群.

5. 确定 $S_4$ 的不同的西罗子群的个数.

6. 证明:145 阶群一定是循环群.

7. 设 $p$ 是素数,$p$ 整除 $G$ 的阶数,$N\lhd G$ 且 $p$ 与 $G/N$ 的阶数互素,证明:$N$ 包含所有的 $p$-西罗子群.

8. 设 $G$ 是有限群，$S_p$ 是 $G$ 的 $p$-西罗子群，$N$ 是 $G$ 的正规子群，证明：$S_p \cap N$ 是 $N$ 的 $p$-西罗子群.

9. 设 $S$ 是 $G$ 的 $p$-西罗子群，$N(S)=\{x \mid x\in G, xSx^{-1}=S\}$ 不是 $S$ 的正规化子，$H$ 是 $G$ 的含有 $N(S)$ 的子群，证明：$H$ 的正规化子 $N(H)=H$.

10. 设有限群 $G$ 是 $p$ 群，$C$ 是 $G$ 的中心，证明：$[G:C]=1$ 或 $[G:C]\geqslant p^2$.

11. 设有限群 $G$ 是 $p$ 群，如果 $G$ 的指数为 $p$ 的子群仅有一个，证明：$G$ 是循环群.

12. 设有限群 $G$ 是 $p$ 群，$G$ 的阶数为 $p^n$，$H$ 是 $G$ 的 $p^{n-1}$ 阶子群，证明：$H$ 是 $G$ 的正规子群.

13. 确定所有阶数为 8 的群.

14. 设 $S_p$ 是有限群 $G$ 的 $p$-西罗子群，$N$ 是 $G$ 的正规子群，证明：$S_pN/N$ 是 $G/N$ 的 $p$-西罗子群.

15. 设 $S_p$ 是有限群 $G$ 的 $p$-西罗子群，$N(S_p)$ 表示 $S_p$ 的正规化子，证明：

(1) 含于 $N(S_p)$ 的 $S_p$ 的共轭子群只有一个；

(2) $N(S_p)=N(N(S_p))$.

16. 设 $S_p$ 是有限群 $G$ 的 $p$-西罗子群，$K$ 与 $L$ 是 $S_p$ 的子集，适合下面条件：

(1) $\forall a\in S_p: a^{-1}Ka=K, a^{-1}La=L$；

(2) 存在 $b\in G: L=b^{-1}Kb$.

证明：存在 $c\in N(S_p)$ 使得 $L=c^{-1}Kc$.

17. 设有限群 $G$ 的阶数为 $p^2q$，其中 $p$ 与 $q$ 是互异素数，证明：$G$ 含有一个正规子群 $H$，且 $H$ 是西罗子群.

18. 证明：200 阶群必含有正规子群 $H$，且 $H$ 是西罗子群.

## 4.3　有限交换群

由定理 4.2.8 知，每一个有限群 $G$ 均可分解成西罗子群的直积. 下面将证明，每一西罗子群，如果不是循环群，我们还可以将其进一步进行分解. 最后，可将有限群 $G$ 分解成不可分解的循环子群的直积，并且群 $G$ 的结构由这些循环子群唯一确定.

### 4.3.1　有限交换群的结构

**定义 4.3.1**　群 $G$ 称为是不可分解的(indecomposable)，如果 $G$ 中不存在真子群 $G_1$ 与 $G_2$ 使 $G=G_1\times G_2$.

**例 4.3.1**　设 $G=\langle a\rangle$ 是无限循环群，则 $G$ 是不可分解群.

**证明**　只要能证明 $G$ 的任两个真子群的交均不是仅含有一个单位元的子群即可.

由于 $G$ 的每个子群均是循环的，设 $A$ 与 $B$ 是 $G$ 的两个真子群，则 $A=\langle a^m\rangle$,

$B=\langle a^n\rangle$. 于是，$A\cap B=\langle a^k\rangle$，此处 $k$ 是 $m$ 与 $n$ 的最小公倍数. 故 $A\cap B\neq\{e\}$.

**例 4.3.2** 设 $G$ 是有限循环群，则 $G$ 是不可分解的当且仅当 $|G|$ 是某个素数 $p$ 的幂.

**证明** 设 $G=\langle a\rangle$，如果 $|G|$ 含有两个或两个以上的素因子，由定理 4.2.8 知，$G$ 可分解为其西罗子群的直积. 反之，如果 $|G|=p^s$，$A$ 与 $B$ 是 $G$ 的两个真子群，则 $A=\langle a^{p^r}\rangle$，$B=\langle a^{p^t}\rangle$，这里 $r<s$，$t<s$. 于是 $A\cap B\neq\{e\}$，故 $G$ 是不可分解群.

**定义 4.3.2** 设 $n$ 是一个正整数，

(1) 如果 $n$ 可表示为 $n=p_1^{\alpha_1}p_2^{\alpha_2}\cdots p_s^{\alpha_s}$，其中各 $p_i(i=1,2,\cdots,s)$ 是素数，不要求互异，$\alpha_i\geqslant 1$，则称 $\{p_1^{\alpha_1},p_2^{\alpha_2},\cdots,p_s^{\alpha_s}\}$ 为 $n$ 的一个初等因子组(a set of elementary divisors)；

(2) 如果 $n$ 可表示为 $n=h_1h_2\cdots h_r$，且 $h_i\mid h_{i+1}(i=1,2,\cdots,R-1)$，则称 $\{h_1,h_2,\cdots,h_r\}$ 是 $n$ 的一个不变因子组(a set of invariant divisors).

**注 4.3.1** 初等因子组中的素数可以有相同的，不变因子组中的整数也可以有相同的. 例如，$2^5$ 的初等因子组有 $\{2^5\}$，$\{2^1,2^4\}$，$\{2^2,2^3\}$，$\{2,2,2^3\}$，$\{2,2^2,2^2\}$，$\{2,2,2,2^2\}$，$\{2,2,2,2,2\}$；$2^5$ 的不变因子组与初等因子组相同. 但是，一般情况下两者是不同的，例如，12 的初等因子组有 $\{2^2,3\}$，$\{2,2,3\}$，但它的不变因子组为 $\{12\}$ 与 $\{2,6\}$.

**定理 4.3.1** (初等因子定理(elementary divisor theorem)) 设 $G$ 是有限交换群，$|G|=n>1$，则 $G$ 可表示为不可分解群的直积

$$G=G_1\times G_2\times\cdots\times G_s,$$

其中 $G_i$ 是阶数为素数幂 $p_i^{\alpha_i}$ 的循环群，$\{p_1^{\alpha_1},p_2^{\alpha_2},\cdots,p_s^{\alpha_s}\}$ 为 $|G|=n$ 的某一个初等因子组，也称为群 $G$ 的初等因子组.

群 $G$ 的任两种分解为不可分解群的初等因子组均相同.

**证明** 先证定理的第一部分. 根据定理 4.2.8，不失一般性，可考虑 $|G|=p^\alpha$. 如果 $G$ 是循环群，结论显然成立. 设 $G$ 不是循环群. $G$ 中元素的最大周期为 $p^\beta$，$\beta<\alpha$.

对 $\beta$ 进行归纳证明.

当 $\beta=1$ 时，$G$ 除单位元外，其余 $p^\alpha-1$ 个元的周期均为 $p$. 取 $a_1\in G$，$a_1\neq 1$，则 $\langle a_1\rangle$ 是阶数为 $p$ 的循环群，取 $a_2\notin\langle a_1\rangle$，则 $\langle a_1\rangle\cap\langle a_2\rangle=\{e\}$. 故 $G$ 含有子群 $\langle a_1\rangle\times\langle a_2\rangle$. 如果 $\alpha=2$，则 $G=\langle a_1\rangle\times\langle a_2\rangle$. 如果 $\alpha>2$，则存在 $a_3\notin\langle a_1\rangle\times\langle a_2\rangle$. $G$ 含有子群 $\langle a_1\rangle\times\langle a_2\rangle\times\langle a_3\rangle$. 如此下去，第 $\alpha$ 次，即可得到 $G$ 的直积分解.

假定对 $\beta-1$，$G$ 可分解为不可分解群的直积. 我们看 $\beta$ 的情形. 令 $K=\{x^p\mid x\in G\}$，则 $K$ 是 $G$ 的一个子群. 并且，$K$ 中元素的最大周期为 $p^{\beta-1}$. 由归纳假设，$K=K_1\times K_2\times\cdots\times K_r$，其中 $K_i=\langle a_i\rangle$，$a_i$ 的周期为 $p^{t_i}$.

设 $a_i=b_i^p$，则 $b_i$ 的周期为 $p^{t_i+1}$. 下面证明 $\langle b_1\rangle$，$\langle b_2\rangle$，$\cdots$，$\langle b_r\rangle$ 的积也是直积. 为

此,只证若 $b_1^{x_1}b_2^{x_2}\cdots b_r^{x_r}=e$,则 $b_1^{x_1}=b_2^{x_2}=b_r^{x_r}=e$ 即可. 若 $p\mid x_i$, $i=1,2,\cdots,r$,则 $b_1^{x_1}b_2^{x_2}\cdots b_r^{x_r}=b_1^{y_1}b_2^{y_2}\cdots b_r^{y_r}=e$. 此处 $x_i=py_i$, $i=1,2,\cdots,r$. 但由 $K$ 中单位元表示法的唯一性可知,若 $a_1^{y_1}=a_2^{y_2}=a_r^{y_r}=e$,则成立 $b_1^{x_1}=b_2^{x_2}=b_r^{x_r}=e$. 事实上,若存在 $i$ 使 $p\nmid x_i$,不妨设 $p\nmid x_1$,则由 $b_1^{x_1}b_2^{x_2}\cdots b_r^{x_r}=e$ 得 $(b_1^p)^{x_1}(b_2^p)^{x_2}\cdots(b_r^p)^{x_r}=e^p=e$. 于是, $a_1^{x_1}a_2^{x_2}\cdots a_r^{x_r}=e$. 但由 $p\nmid x_1$ 知 $a_1^{x_1}\neq e$,矛盾. 此矛盾表明,若 $b_1^{x_1}b_2^{x_2}\cdots b_r^{x_r}=e$,则一定有 $b_1^{x_1}=b_2^{x_2}=b_r^{x_r}=e$. 即 $G$ 含有子群 $\langle b_1\rangle\times\langle b_2\rangle\times\cdots\times\langle b_r\rangle$,并且 $\langle b_i\rangle$ 的阶数为 $p^{t_i+1}$.

如果 $H=\langle b_1\rangle\times\langle b_2\rangle\times\cdots\times\langle b_r\rangle$ 是 $G$ 的真子群,则存在 $c_1\in G$, $c_1\notin H$. 但 $c_1^p=d^1\in K$,故 $d_1^{-1}\in K$. 设

$$a_1^{-1}=a_1^{l_1}a_2^{l_2}\cdots a_r^{l_r}=(b_1^{l_1}b_2^{l_2}\cdots b_r^{l_r})^p=g_1^p,$$

其中 $g_1\in H$,而 $(c_1g_1)^p=c_1^pg_1^p=d_1d_1^{-1}=e$. 故 $c_1g_1$ 的周期至多为 $p$,但 $c_1g_1\neq e$(若 $c_1g_1=e$,则 $c_1\in H$),故 $c_1g_1$ 的周期为 $p$. 由于 $c_1g_1$ 的 $k$ 次幂($k<p$)不属于 $H$,故有 $\langle c_1g_1\rangle\cap H=\{e\}$,从而 $G$ 含有子群 $\langle b_1\rangle\times\langle b_2\rangle\times\cdots\times\langle b_r\rangle\times\langle c_1g_1\rangle=H_1$. 如果继续下去,即可得出 $G$ 的不可分解子群的直积分解

$$G=\langle b_1\rangle\times\langle b_2\rangle\times\cdots\times\langle b_r\rangle\times\langle c_1g_1\rangle\times\langle c_2g_2\rangle\times\cdots\times\langle c_sg_s\rangle,$$

其中 $\langle b_i\rangle$ 是 $p^{t_i+1}$ 阶循环群 $(i=1,2,\cdots,r)$, $\langle c_jg_j\rangle$ 是 $p$ 阶循环群 $(j=1,2,\cdots,s)$. 于是,定理的第一部分证完.

现在证明定理的第二部分. 与第一部分相似,仍考虑 $|G|=p^\alpha$. 考虑 $G$ 的两种分解

$$G=\langle a_1\rangle\times\langle a_2\rangle\times\cdots\times\langle a_r\rangle=\langle b_1\rangle\times\langle b_2\rangle\times\cdots\times\langle b_s\rangle.$$

初等因子组分别为 $\{n_1,n_2,\cdots,n_r\}$ 与 $\{m_1,m_2,\cdots m_s\}$, $m_j$, $n_l$ 都是素数 $p$ 的方幂,并且有 $m_j\mid |G|$, $n_l\mid |G|$. 不妨假设 $n_1\geqslant n_2\geqslant\cdots\geqslant n_r$, $m_1\geqslant m_2\geqslant\cdots\geqslant m_s$. 我们设 $n_1=m_1$, $n_2=m_2$, $\cdots$, $n_{i-1}=m_{i-1}$, $n_i\neq m_i$,不妨设 $n_i>m_i$. 令 $H=\{x^{m_i}\mid x\in G\}$,则 $H$ 是 $G$ 的一个子群,且

$$H=\langle a_1^{m_i}\rangle\times\langle a_2^{m_i}\rangle\times\cdots\times\langle a_r^{m_i}\rangle=\langle b_1^{m_i}\rangle\times\langle b_2^{m_i}\rangle\times\cdots\times\langle b_s^{m_i}\rangle.$$

由于 $b_1$ 的周期为 $m_1$,而每一个 $m_j$ 都是素数 $p$ 的方幂,故 $m_j\mid m_1$. 即 $b^{m_j}$ 的周期为 $\dfrac{m_1}{m_j}$. 于是,$H$ 的第二种直积分解中子群的阶数分别为

$$\frac{m_1}{m_j},\frac{m_2}{m_j},\cdots,\frac{m_j}{m_j},\cdots.$$

同理,$H$ 的第二种直积分解中子群的阶数分别为

$$\frac{n_1}{m_j},\frac{n_2}{m_j},\cdots,\frac{n_j}{m_j},\cdots.$$

这样,就导致 $H$ 有两种不同的阶数,矛盾. 此矛盾表明,$G$ 的两种分解的初等因子组相同.

由定理 4.3.1 立得如下结果.

**推论 4.3.1** 两个有限交换群同构当且仅当它们有相同的初等因子组.

**例 4.3.3** 确定所有 8 阶交换群.

**解** 因为 $8=2^3$,故初等因子组有以下几种可能:$\{2^3\}$,$\{2^2,2\}$,$\{2,2,2\}$,故 8 阶交换群就同构意义来说,只有三个,即 $C_8, C_4\times C_2, C_2\times C_2\times C_2$.

**引理 4.3.1** 设群 $G=H_1\times H_2\times\cdots\times H_r$,其中 $H_i$ 是阶数为 $p_i^{\alpha_i}$ 的循环群,当 $i\neq j$ 时,$p_i$ 与 $p_j$ 是互异的素数,则 $G$ 为阶数 $\prod\limits_{i=1}^{r} p_i^{\alpha_i}$ 的循环群. 反之,若 $G$ 为阶数 $\prod\limits_{i=1}^{r} p_i^{\alpha_i}$ 的循环群,其中 $p_1,p_2,\cdots,p_r$ 是互异的素数,则 $G=H_1\times H_2\times\cdots\times H_r$,其中 $H_i$ 是阶数为 $p_i^{\alpha_i}$ 的循环群.

**证明** 仅对 $r=2$ 的情形证明. 因为利用数学归纳法,$r$ 为任意自然数的情形,不过是重复 $r=2$ 的过程.

设 $G=\langle a\rangle\times\langle b\rangle$, $o(a)=p_1^{\alpha_1}$, $o(b)=p_2^{\alpha_2}$,则 $(ab)^{p_1^{\alpha_1}p_2^{\alpha_2}}=a_1^{p^{\alpha_1}}{}^{p_2^{\alpha_2}}b^{p_1^{\alpha_1}p_2^{\alpha_2}}=e^{p_2^{\alpha_2}}e^{p_1^{\alpha_1}}=e$,故 $ab$ 的周期 $k$ 是 $p_1^{\alpha_1}p_2^{\alpha_2}$ 的因数. 另一方面,$(ab)^k=a^kb^k=e$. 故 $a^k=b^k=e$,从而 $p_1^{\alpha_1}\mid k$, $p_2^{\alpha_2}\mid k$. 所以,$k=p_1^{\alpha_1}p_2^{\alpha_2}$,即 $G=\langle ab\rangle$.

反之,设 $G=\langle x\rangle$, $o(x)=p_1^{\alpha_1}p_2^{\alpha_2}$,令 $a=x^{p_2^{\alpha_2}}$, $b=x^{p_1^{\alpha_1}}$,则 $o(a)=p_1^{\alpha_1}$, $o(b)=p_2^{\alpha_2}$. 令 $H=\langle a\rangle\cap\langle b\rangle$,则 $|H|\mid p_1^{\alpha_1}$, $|H|\mid p_2^{\alpha_2}$,从而 $|H|=1$,即 $\langle a\rangle\cap\langle b\rangle=\{e\}$. 故 $G=\langle a\rangle\times\langle b\rangle$,其中 $\langle a\rangle$ 的阶数为 $p_1^{\alpha_1}$,$\langle b\rangle$ 的阶数为 $p_2^{\alpha_2}$.

**定理 4.3.2**(不变因子定理(invariant divisor theorem)) 设 $G$ 是有限交换群,$|G|=n>1$,则 $G$ 可表示为

$$G=H_1\times H_2\times\cdots\times H_r,$$

其中 $\{h_1,h_2,\cdots,h_r\}$ 为 $n$ 的某一个不变因子组,$H_i\neq\{e\}$ 为 $h_i$ 阶循环群,假设 $G$ 还有另一分解

$$G=K_1\times K_2\times\cdots\times K_s,$$

$K_i\neq\{e\}$ 为 $k_i$ 阶循环群,$\{k_1,k_2,\cdots,k_s\}$ 为 $n$ 的不变因子组,则有

$$r=s,\quad k_i=h_i\quad(i=1,\cdots,r).$$

**证明** 由定理 4.3.1,设 $G$ 有不可分解群的直积分解 $G=G_1\times G_2\times\cdots\times G_m$,$G$ 的初等因子组为

$$\{p_1^{\alpha_{11}},p_1^{\alpha_{12}},\cdots,p_1^{\alpha_{1i_1}},\cdots,p_l^{\alpha_{l1}},p_l^{\alpha_{l2}},\cdots,p_l^{\alpha_{li_l}}\}.$$

对每一素数 $p_i$,取出现在初等因子组中的最高次方幂,设为 $p_i^{\alpha_i}$,相应于 $p_i^{\alpha_i}$ 的直积因子为 $G_i$,则 $H_r=\prod G_i$ 是一个循环群,其阶数为 $\prod p_i^{\alpha_i}$. 用同样方法,取初等因子组中剩下的最高方幂,作 $H_{r-1}$. 这样,我们就有 $H_1,H_2,\cdots,H_{r-1},H_r$ 均为循

环群，其阶数 $h_i$ 具有性质 $h_i \mid h_{i+1}, i=1,\cdots,r-1$，从而得出定理要求的分解.

下面证明不变因子组的唯一性.

设 $G$ 还有另一分解 $G=K_1\times K_2\times\cdots\times K_s$. 我们将每一 $K_i$ 进行分解，使 $K_i$ 成为阶数为不同素数幂的循环群的直积. 由定理 4.3.1，这些素数幂的全体组成 $G$ 的初等因子组. 由 $k_i \mid k_{i+1}$，可知 $k_s$ 是初等因子组中所有整数的最小公倍数. 将初等因子组中每一素数的最高次幂都取出来，剩下整数的最小公倍数就是 $k_{s-1}$，如此下去，可见 $\{k_1,k_2,\cdots,k_s\}$ 由 $G$ 的初等因子组唯一确定. 故 $r=s, k_i=h_i, i=1,\cdots,r$.

**注 4.3.2**　这里的证明实质上就是线性代数上关于初等因子组与不变因子组的证明.

由定理 4.3.2 得如下结论.

**推论 4.3.2**　两个有限可换群同构当且仅当它们有相同的不变因子组.

**例 4.3.4**　设 $G$ 是有限可换 $p$-群，且 $G$ 仅有一个指数为 $p$ 的子群，则 $G$ 是循环群.

**证法一**　用初等因子定理. 设 $G$ 的初等因子组为 $\{p_1^{\alpha_1},p_2^{\alpha_2},\cdots,p_n^{\alpha_n}\}$. 若 $n=1$，则 $G$ 是循环群，结论成立. 若 $n>1$，则 $G=H_1\times H_2\times\cdots\times H_n$，其中 $H_i\neq\{e\}$ 为 $p^{r_i}$ 阶循环群. 令 $K_i\neq\{e\}$ 是指数为 $p$ 的子群，则 $G_i=H_1\times\cdots\times H_{i-1}\times H_{i+1}\times\cdots\times H_n$ 是 $G$ 的指数为 $p$ 的子群，$i=1,2,\cdots,n$，与 $G$ 的指数为 $p$ 的子群仅有一个矛盾.

**证法二**　用不变因子定理. 若 $G$ 的不变因子组不仅含有一个元素，则不变因子组为 $\{p_1^{\alpha_1},p_2^{\alpha_2},\cdots,p_n^{\alpha_n}\}$，$r_i\leqslant r_{i+1}, i=1,2,\cdots,n-1$. 用上面方法，得出矛盾.

### 4.3.2　有限生成阿贝尔群

**定义 4.3.3**　设 $G$ 是一个群，如果 $G$ 中存在一个子集 $S$，使得 $G=\langle S\rangle$，即 $G$ 中每一个元素都可表为如下形式：

$$s_{i_1}^{\varepsilon_{i_1}} s_{i_2}^{\varepsilon_{i_2}} \cdots s_{i_m}^{\varepsilon_{i_m}} \quad (\varepsilon_{i_j}=\pm 1; s_{i_j}\in S),$$

则称 $G$ 是一个具有生成元集 $S$ 的群. 如果 $S$ 是有限集，则称 $G$ 是有限生成群.

**例 4.3.5**　$G=S_3\times\langle a_2\rangle\times\langle a_3\rangle$，$a_2$ 的周期为 6，$a_3$ 的周期为无限，则 $G$ 是一个无限群，具有有限生成元. $\{(12),(13),a_2,a_3\}$ 是一个生成元集，$\{(12),(13),a_2^2,a_2^3,a_3\}$ 也是它的一个生成元集.

**定义 4.3.4**　设 $G$ 是一个可换群，$S$ 是 $G$ 的一个生成元集，如果对于 $S$ 中任意元素 $s_1,s_2,\cdots,s_n$，由 $s_1^{m_1}s_2^{m_2}\cdots s_n^{m_n}=e$ 恒有 $s_i^{m_i}e, i=1,2,\cdots,n$，这里 $m_i$ 是任意整数，则称 $S$ 是 $G$ 的一个基.

**例 4.3.6**　设 $G=\langle a\rangle$ 是 6 阶循环群，则 $\{a\}$ 与 $\{a^2,a^3\}$ 均是 $G$ 的基. $\{a\}$ 为基是明显的. 我们证明 $\{a^2,a^3\}$ 是 $G$ 的基. 首先，$a=(a^2)^{-1}a^3$，故 $\{a^2,a^3\}$ 是 $G$ 的生成元集. 若 $(a^2)^{m_1}(a^3)^{m_2}=e$，则 $[(a^2)^{m_1}(a^3)^{m_2}]^3=a^{9m_2}=e$，故 $6\mid 9m_2$，从而 $m_2=2k$. 于是，$(a^3)^{m_2}=e$，故 $(a^2)^{m_1}=e$，即 $\{a^2,a^3\}$ 是 $G$ 的一个基.

**例 4.3.7** 设 $G$ 是克莱因四元群,即 $G=\{e,a,b,ab\}$,则 $\{a,b\}$,$\{a,ab\}$,$\{b,ab\}$ 均是 $G$ 的基.

**引理 4.3.2** 设 $S=\{a_1,a_2,\cdots,a_n\}$ 是交换群 $G$ 的一个生成元集,$m_1,m_2,\cdots,m_n$ 是互素的整数(即 $m_1,m_2,\cdots,m_n$ 的最大公因数为 1),则在 $G$ 中可选择一组新的生成元集 $\{b_1,b_2,\cdots,b_n\}$ 使 $b_1=a_1^{m_1}a_2^{m_2}\cdots a_n^{m_n}$.

**证明** 令 $|m|=|m_1|+|m_2|+\cdots+|m_n|$,对 $m$ 进行归纳证明. 当 $|m|=1$ 时,命题显然成立. 假设对一切自然数 $m'<m$ 成立. 看 $m$ 的情形. 因 $m>1$,故 $m_1,m_2,\cdots,m_n$ 中至少存在两个整数不为零(否则,$m_1,m_2,\cdots,m_n$ 的最大公因数为 1). 不妨设 $|m_1|>|m_2|>0$,于是,$|m_1+m_2|$ 或 $|m_1-m_2|$ 中一定有一个小于 $|m_1|$. 设前一情形成立,则

$$|m_1+m_2|+|m_2|+\cdots+|m_n|<m.$$

这时,取 $G$ 的生成元集 $\{a_1,a_1^{-1}a_2,a_3,\cdots,a_n\}$. 由归纳假设,存在 $G$ 的另一生成元集 $\{b_1,b_2,\cdots,b_n\}$,具有性质 $b_1=a_1^{m_1+m_2}(a_1^{-1}a_2)^{m_2}\cdots a_n^{m_n}=a_1^{m_1}a_2^{m_2}\cdots a_n^{m_n}$. 即引理成立. 设 $|m_1-m_2|<|m_1|$,则 $|m_1-m_2|+|m_2|+\cdots+|m_n|<m$. 这时,取 $G$ 的生成元集 $\{a_1,a_1a_2,\cdots,a_n\}$. 同样,同样引理结论成立.

**定理 4.3.3** 任意有限生成交换群 $G$ 均有一个基 $\{b_1,b_2,\cdots,b_n\}$,具有性质:

(1) $b_1,b_2,\cdots,b_h(h\leqslant k)$ 的周期有限,且 $o(b_i)\mid o(b_{i+1})$,$i=1,2,\cdots,h-1$;

(2) $b_{h+1},\cdots,b_k$ 的周期无限.

**证明** 设 $G$ 的所有生成元集中含有生成元个数最少的集有 $n$ 个生成元. 把所有含有 $n$ 个生成元的集按字典排法排列起来:即对于每一生成元集均按生成元的周期大小排列,使周期较小的排在前面. 如果有周期无限的,则排在周期有限的后面. 对于两个生成元集,假定每一个都已按上面顺序排好:即对于 $\{a_1,a_2,\cdots,a_n\}$ 与 $\{b_1,b_2,\cdots,b_n\}$,若 $o(a_1)=o(b_1)$,$o(a_2)=o(b_2)$,$\cdots$,$o(a_{i-1})=o(b_{i-1})$,而 $o(a_i)<o(b_i)$,则规定 $\{a_1,a_2,\cdots,a_n\}$ 排在 $\{b_1,b_2,\cdots,b_n\}$ 的前面. 这样,我们可以取所有含有 $n$ 个元的生成元集中排在最前面者,可能这样的生成元集不止一个,设 $B=\{a_1,a_2,\cdots,a_n\}$ 是具有这样性质的一个. 下面证明 $B$ 是 $G$ 的一个基. 按照定义,需要证明:若 $a_1^{k_1}a_2^{k_2}\cdots a_n^{k_n}=e$,则 $a_i^{k_i}=e$,$i=1,2,\cdots,n$. 假定不是这样,设由 $a_1^{k_1}a_2^{k_2}\cdots a_n^{k_n}=e$,有 $a_1^{k_1}=a_2^{k_2}=\cdots=a_{j-1}^{k_{j-1}}=e$,而 $a_j^{k_j}\neq e$,$j\geqslant 1$. 于是,$0<k_j<|a_j|$.

设 $k$ 为 $k_j,k_{j+1},\cdots,k_n$ 的最大公因子,即 $k_i=k_{m_i}$,$i=j,j+1,\cdots,n$,以及 $m_j,m_{j+1},\cdots,m_n$ 互素. 令 $G_1$ 为由 $a_j,a_{j+1},\cdots,a_n$ 生成的 $G$ 的子群,即 $\{a_j,a_{j+1},\cdots,a_n\}$ 是交换群 $G_1$ 的一个生成元集,$m_j,m_{j+1},\cdots,m_n$ 是互素的整数. 由引理 4.3.2,在 $G_1$ 中存在另一生成元集 $\{b_j,b_{j+1},\cdots,b_n\}$ 使得 $b_j=a_j^{m_j}a_{j+1}^{m_{j+1}}\cdots a_n^{m_n}$. 于是,我们得到 $G$ 的一个生成元集 $\{a_1,a_2,\cdots,a_{j-1},b_j,\cdots,b_n\}$,其中 $b_j^k=(a_j^{m_j}a_{j+1}^{m_{j+1}}\cdots a_n^{m_n})^k=a_j^{m_jk}a_{j+1}^{m_{j+1}k}\cdots a_n^{m_nk}=a_j^{k_j}a_{j+1}^{k_{j+1}}\cdots a_n^{k_n}=e$,但 $k\leqslant k_j<o(a_j)$,故有 $o(b_j)\leqslant k<o(a_j)$,这与我们对 $\{a_1,a_2,\cdots,a_n\}$ 的选择相矛盾. 此矛盾表明 $\{a_1,a_2,\cdots,a_n\}$ 确为 $G$ 的一个基.

设 $a_1,a_2,\cdots,a_l$ 的周期均为有限，而 $a_{l+1},a_{l+2},\cdots,a_n$ 的周期均为无限. 令 $H$ 表示 $G$ 中一切周期有限的元素所组成的集合. 我们断言，$H$ 是 $G$ 的一个子群，并且成立 $H=\langle a_1\rangle\times\langle a_2\rangle\times\cdots\times\langle a_l\rangle$. 事实上，任取 $x,y\in H$，则存在整数 $m_1,m_2$ 使得 $x^{m_1}=e,y^{m_2}=e$. 于是，$(xy)^{m_1m_2}=e$. 即 $xy$ 是周期有限的元素，从而 $xy\in H$. 又 $x$ 与 $x^{-1}$ 有相同的周期，故 $x\in H$，从而 $x^{-1}\in H$. 即 $H$ 是 $G$ 的子群. 易见 $\langle a_1\rangle\times\langle a_2\rangle\times\cdots\times\langle a_l\rangle\subseteq H$. 反之，任取 $x\in H$，设 $x$ 的周期为 $s$，则 $x=a_1^{m_1}a_2^{m_2}\cdots a_l^{m_l}\cdots a_n^{m_n}$，$x^s=e$. 于是，我们有 $a_1^{sm_1}a_2^{sm_2}\cdots a_l^{sm_l}\cdots a_n^{sm_n}=e$，故 $a_l^{sm_l}=a_{l+1}^{sm_{l+1}}=\cdots=a_n^{sm_n}=e$，但 $a_{l+1}$，$a_{l+2},\cdots,a_n$ 的周期均为无限，故 $m_{l+1}=m_{l+2}=\cdots=m_n=0$，亦即 $x=a_1^{m_1}a_2^{m_2}\cdots a_l^{m_l}$，从而 $x\in\langle a_1\rangle\times\langle a_2\rangle\times\cdots\times\langle a_l\rangle$. 于是，$H=\langle a_1\rangle\times\langle a_2\rangle\times\cdots\times\langle a_l\rangle$.

由定理 4.3.2，$H=\langle b_1\rangle\times\langle b_2\rangle\times\cdots\times\langle b_h\rangle$，且 $o(b_i)\mid o(b_{i+1})$，$i=1,2,\cdots,h-1$. 令 $b_{h+1}=a_{l+1},\cdots,b_k=a_n$，这里 $k=n-(l-h)$，则 $\{b_1,\cdots,b_h,b_{h+1}\cdots,b_k\}$ 是 $G$ 的一个生成元集，满足定理的要求.

**定义 4.3.5**　令 $F_n=\langle a_1\rangle\times\langle a_2\rangle\times\cdots\times\langle a_n\rangle$，其中 $\langle a_i\rangle$ 是无限循环群，$i=1$，$2,\cdots,n$. 称与 $F_n$ 同构的群 $F$ 为 $n$ 个生成元的自由交换群(free commutative group with $n$ generating elements).

**引理 4.3.3**　设 $A,B$ 是两个同构的交换群，且 $A=H\times\langle a\rangle$，$B=K\times\langle b\rangle$，其中 $\langle a\rangle$ 与 $\langle b\rangle$ 是无限循环群，则 $H\cong K$.

**证明**　设 $\varphi$ 是 $A$ 到 $B$ 上的同构映射，$\varphi(H)=H_1$，$\varphi(a)=a_1$，则 $B=K\times\langle b\rangle=H_1\times\langle a\rangle$，因此，只需证 $K\cong H_1$ 即可. 由于 $K$ 与 $H_1$ 是交换群 $B$ 的两个子群，故 $KH_1$ 是 $B$ 的子群，且

$$KH_1/H_1\cong K/K\cap H_1.$$

但 $B/H_1\cong\langle a_1\rangle$，而 $B/H_1\supseteq KH_1/H_1$，故 $K/K\cap H_1$ 同构于无限循环群 $B/H_1$ 的子群，或 $K/K\cap H_1=\{e\}$，或 $K/K\cap H_1$ 是无限循环群. 类似地，有 $H_1/H_1\cap K$ 是无限循环群.

若 $K/K\cap H_1=\{e\}$，$H_1/H_1\cap K=\{e\}$，则 $K=K\cap H_1=H_1$. 从而引理成立.

若 $K/K\cap H_1$ 是无限循环群，则存在 $u\in K$ 使得 $K/K\cap H_1=\langle\bar{u}\rangle$. 我们断言：$\langle u\rangle\cap(K\cap H_1)=\{e\}$. 事实上，$\langle\bar{u}\rangle$ 是无限循环群，故对于任意非零整数 $k$，$\bar{u}^k\neq\bar{e}$，即 $u^k\notin K\cap H_1$. 设 $x\neq e$，$x\in\langle u\rangle\cap(K\cap H_1)$，则 $x\in u^k$，且 $x\in K\cap H_1$，与 $u^k\notin K\cap H_1$ 矛盾. 此矛盾表明 $\langle u\rangle\cap(K\cap H_1)=\{e\}$. 又任取 $x\in K$，则 $\bar{x}\in\langle\bar{u}\rangle$. 于是，$\bar{x}=\bar{u}^k$，从而 $x\in u^k(K\cap H_1)$. 故 $K=\langle u\rangle(K\cap H_1)$，即

$$K=\langle u\rangle\times(K\cap H_1)\tag{4.3.1}$$

另一方面，$B=K\times\langle b\rangle$，故

$$B=(K\cap H_1)\times\langle u\rangle\times\langle b\rangle=H_1\times\langle a_1\rangle.$$

但 $(K\cap H_1)\subseteq H_1$，故

$$H_1\times\langle a_1\rangle/K\cap H_1\cong H_1/K\cap H_1\times\langle a_1\rangle,$$

从而

$$H_1/K\cap H_1\times\langle a_1\rangle\cong\langle u\rangle\times\langle b\rangle.$$

前面已经证明 $K/K\cap H_1$ 或为 $\{e\}$，或为无限循环群，但若 $K/K\cap H_1=\{e\}$，则有 $\langle a_1\rangle\cong\langle u\rangle\times\langle b\rangle$，矛盾. 此矛盾表明 $K/K\cap H_1=\langle\bar{v}\rangle$，$v\in H_1$，$\langle\bar{v}\rangle$ 是无限循环群，与前面证明的情形一样，有

$$H=\langle v\rangle\times(K\cap H_1),\tag{4.3.2}$$

但 $\langle v\rangle\cong\langle u\rangle$，由式(4.3.1)与(4.3.2)得 $K\cong H$.

由引理 4.3.3 可得下面的定理.

**定理 4.3.4** 两个有限生成的自由交换群同构的充分必要条件是生成元个数相同.

**定理 4.3.5**（分解唯一性定理(unique factorization theorem)） 设 $G$ 是有限生成的交换群，若

$$G=\langle b_1\rangle\times\cdots\times\langle b_h\rangle\times\langle b_{h+1}\rangle\times\cdots\times\langle b_n\rangle,\tag{4.3.3}$$

$$G=\langle c_1\rangle\times\cdots\times\langle c_k\rangle\times\langle c_{k+1}\rangle\times\cdots\times\langle c_m\rangle,\tag{4.3.4}$$

其中 $o(b_i)$ 有限，且 $o(b_{i-1})\mid o(b_i)$，$i=1,2,\cdots,h$；$o(b_j)$ 无限，$j=h+1,\cdots,n$；同样地，$o(c_i)$ 有限，且 $o(c_{i-1})\mid o(c_i)$，$i=1,2,\cdots,k$；$o(c_j)$ 无限，$j=k+1,\cdots,m$，则 $m=n$，且 $\langle b_i\rangle\cong\langle c_i\rangle$，$i=1,2,\cdots,n$.

**证明** 如果 $G$ 的分解式(4.3.3)不出现无限循环群的因子，即 $h=n$. 此时，$G$ 是有限交换群，从而 $G$ 的分解式(4.3.4)中也不能出现无限循环群的因子，即 $k=m$. 由定理 4.3.2 知 $h=k$，且 $\langle b_i\rangle\cong\langle c_i\rangle$，$i=1,2,\cdots,h$.

如果 $G$ 的分解式(4.3.3)出现无限循环群的因子，则 $G$ 的分解式(4.3.4)也必须出现无限循环群的因子. 由引理 4.3.3，分解式(4.3.3)与(4.3.4)的最末一个无限循环群的因子可以削去. 对式(4.3.3)分解中无限循环群的因子个数用归纳法，即可得证本定理.

## 习 题 4.3

1. 设有限交换群 $G$ 的阶数不是任一素数平方的倍数，证明：$G$ 是循环群.

2. 设 $G=\langle a\rangle\times\langle b\rangle$，其中 $a$ 和 $b$ 的周期分别为 8 和 4，令 $c=ab$，$d=a^4b$，证明：$G=\langle c\rangle\times\langle d\rangle$.

3. 设 $G$ 是 $2^n$ 阶交换群，$G$ 中指数为 2 的子群仅存在一个，证明：$G$ 是循环群.

4. 设交换群 $G$ 的初等因子组为 $\{p^3,p^2\}$，求 $G$ 中阶数为 $p^2$ 的子群的个数.

5. 证明：对任意素数 $p_1,p_2,\cdots,p_n$，任意自然数 $\alpha_1,\alpha_2,\cdots,\alpha_n$，存在交换群 $G$，其初等因子组为

$$\{p_1^{\alpha_1},p_2^{\alpha_2},\cdots,p_n^{\alpha_n}\}.$$

6. 设 $G$ 是无限循环群，找出 $G$ 的所有基.

7. 设 $a_1, a_2, \cdots, a_n$ 是自由交换群 $F_n$ 的一个基，证明：对任意整数 $k$，$a_1a_2^k$，$a_2, \cdots, a_n$ 仍是 $F_n$ 的一个基.

8. 证明：$F_n$ 的任一个基都含有 $n$ 个元素.

9. 证明：$n$ 个生成元的自由交换群的子群仍是自由交换群.

10. 证明：$n$ 个生成元的交换群一定是 $n$ 个生成元的自由交换群的同态像.

11. 设 $G$ 是交换群，$G=A\times\langle a\rangle=B\times\langle b\rangle$，其中 $\langle a\rangle$ 与 $\langle b\rangle$ 均是 $p$ 阶循环群，$p$ 是素数.

(1) 证明存在 $p$ 阶循环群 $\langle c\rangle\subseteq G$ 使得 $G=A\times\langle c\rangle=B\times\langle c\rangle$；

(2) 证明 $A\cong B$；

(3) 举例说明 $A\times\langle c\rangle=B\times\langle c\rangle$ 未必有 $A=B$.

12. 设 $G$ 是交换群 $G=A\times\langle a\rangle=B\times\langle b\rangle$，其中 $\langle a\rangle$ 与 $\langle b\rangle$ 均是 $p^n$ 阶循环群，$p$ 是素数. 证明 $A\cong B$.

## 4.4　幂零群与可解群

幂零群与可解群是两个重要的群类，在群的理论研究中占有重要地位. 本节主要介绍这两类群的概念和基本性质. 同时，也介绍群的正规序列和亚正规序列及其基本性质以及相关定理.

### 4.4.1　幂零群

令 $G$ 是一个群，则 $G$ 的中心 $C(G)$ 是 $G$ 的正规子群. 设 $f_1$ 是 $G$ 到 $G/C(G)$ 的自然满同态，令 $C_2(G)$ 是 $C(G/C(G))$ 关于 $f_1$ 在 $G$ 中的完全原像

$$f_1^{-1}(C(G/C(G))),$$

则 $C_2(G)\trianglelefteq G$. 我们通过归纳定义：$C_1(G)=C(G)$，$C_i(G)=f_i^{-1}(C(G/C_{i-1}(G)))$，其中 $f_i$ 是 $G$ 到 $G/C_i(G)$ 的自然满同态. 于是得到群 $G$ 的一个正规子群序列：

$$\langle e\rangle < C_1(G) < C_2(G) < \cdots,$$

称之为群 $G$ 的中心升列(链)(ascending central series chain).

**定义 4.4.1**　如果群 $G$ 对于某个 $n$，有 $C_n(G)=G$，则称 $G$ 为幂零群(nilpotent group).

显然，每个阿贝尔群 $G$ 都是幂零的. 这是因为 $C_1(G)=C(G)=G$.

**定理 4.4.1**　每个有限 $p$-群 $G$ 是幂零的.

**证明**　由于群 $G$ 和它的非平凡商群均是 $p$-群，故由定理 4.2.2 知 $|C(G)|>1$. 因此，如果 $C_i(G)\neq G$，则 $C_i(G)$ 真包含于 $C_{i+1}(G)$ 中. 由于 $|G|$ 是有限的，故对某个 $n$，一定有 $C_n(G)=G$. 所以，$G$ 是幂零的.

**定理 4.4.2**　有限多个幂零群的直积是幂零的.

**证明** 仅对两个幂零群的直积 $G=H\times K$ 给出证明.多于两个的情况的证明是类似的.先用数学归纳法证明 $C_i(G)=C_i(H)\times C_i(K)$.当 $i=1$ 时,显然有

$$C_1(G)=C(G)=C(H)\times C(K)=C_1(H)\times C_1(K).$$

归纳假设 $C_i(G)=C_i(H)\times C_i(K)$ 成立.令 $\pi_H$ 是 $H$ 到 $H/C_i(H)$ 的自然满同态,令 $\pi_K$ 是 $K$ 到 $K/C_i(K)$ 的自然满同态,易知自然满同态 $\varphi:G\to G/C_i(G)$ 是下列同态的合成:

$$G=H\times K\xrightarrow{\pi}H/C_i(H)\times K/C_i(K)$$
$$\xrightarrow{\psi}\frac{H\times K}{C_i(H)\times C_i(K)}=\frac{H\times K}{C_i(H\times K)}=\frac{G}{C_i(G)}.$$

这里 $\pi=\pi_H\times\pi_K$ 是 $H\times K\to H/C_i(H)\times K/C_i(K)$ 由 $(h,k)\mapsto(\bar{h},\bar{\bar{k}})$ 给出(其中 $h\in H,k\in K$). $\psi$ 由 $(\bar{h},\bar{\bar{k}})\mapsto\overline{(h,k)}$ 给出.易证 $\psi$ 是同构.于是

$$\begin{aligned}C_{i+1}(G)&=\varphi^{-1}[C(G/C_i(G))]=\pi^{-1}\psi^{-1}[C(G/C_i(G))]\\&=\pi^{-1}[C(H/C_i(H)\times K/C_i(K))]\\&=\pi^{-1}[C(H/C_i(H))\times C(K/C_i(K))]\\&=\pi_H^{-1}[C(H/C_i(H))]\times\pi_K^{-1}[C(K/C_i(K))]\\&=C_{i+1}(H)\times C_{i+1}(K).\end{aligned}$$

所以,由数学归纳法知,对所有 $i$, $C_i(G)=C_i(H)\times C_i(K)$.由于 $H$ 与 $K$ 是幂零的,故存在正整数 $n$ 使 $C_n(H)=H$, $C_n(K)=K$.因此,有 $C_n(G)=H\times K=G$.所以,$G$ 是幂零的.

**定理 4.4.3** 如果 $H$ 是非交换幂零群 $G$ 的真子群,则 $H$ 是它在 $G$ 中的正规化子 $N_G(H)$ 的真子群.

**证明** 不妨设 $C_0(G)=\{e\}$,令 $n$ 是使得 $C_n(G)<H$ 的最大正整数(由于 $G$ 是幂零的,且 $H<G$,故这样的 $n$ 一定存在).选取元素 $a\in C_{n+1}(G)$,但 $a\notin H$,则对每个 $h\in H$,根据 $C_{n+1}(G)$ 的定义知 $C_nah=(C_na)(C_nh)=(C_nh)(C_na)=C_nha$.因此,$ah=h'ha$,这里 $h'\in C_n(G)<H$.所以,$aha^{-1}\in H$,从而 $a\in N_G(H)$.因为 $a\notin H$,故 $H$ 是 $N_G(H)$ 的真子群.

**定理 4.4.4** 有限群 $G$ 是幂零的当且仅当它是其西罗子群的直积.

**证明** 如果 $G$ 是其西罗 $p$-子群的直积,由定理 4.4.1 与定理 4.4.2 知 $G$ 是幂零的.反之,设 $G$ 是幂零的,且对某个素数 $p$, $Q$ 是 $G$ 的西罗 $p$-子群,则或者 $Q=G$(这时我们就证完了),或者 $Q$ 是 $G$ 的真子群.对于后一种情形,$Q$ 是 $N_G(Q)$ 的真子群.由于 $N_G(Q)$ 是它自身的正规化子,即 $N_G(N_G(Q))=N_G(Q)$,故由定理 4.4.3 知 $N_G(Q)=G$,即 $Q$ 是 $G$ 的正规子群.因此,由西罗第二定理知,$Q$ 是 $G$ 的唯一的西罗 $p$-子群.令 $|G|=p_1^{n_1}\cdots p_k^{n_k}$ ($n_i>0$, $p_i$ 是互不相同的素数).设 $Q_1,Q_2,\cdots,Q_k$ 是 $G$ 的对应的西罗子群(为 $G$ 的真的正规子群).因为对每个 $i$,

$$|Q_i|=p_i^{n_i},\quad Q_i\cap Q_j=\{e\}(i\neq j).$$

于是,对任 $x\in Q_i$,$y\in Q_j$,有 $xy=yx$(见习题 1.5 中的第 17 题).于是,对每个 $i$,$Q_1\cdots Q_{i-1}Q_{i+1}\cdots Q_k$ 是其每个元素的周期整除 $p_1^{n_1}\cdots p_{i-1}^{n_{i-1}}p_{i+1}^{n_{i+1}}\cdots p_k^{n_k}$ 的子群.因此,$Q_i\cap(Q_1\cdots Q_{i-1}Q_{i+1}\cdots Q_k)=\{e\}$,从而有

$$Q_1Q_2\cdots Q_k=Q_1\times Q_2\times\cdots\times Q_k.$$

由于 $|G|=p_1^{n_1}\cdots p_k^{n_k}=|Q_1\times Q_2\times\cdots\times Q_k|=|Q_1Q_2\cdots Q_k|$,则一定有

$$G=Q_1\,Q_2\cdots Q_k=Q_1\times Q_2\times\cdots\times Q_k.$$

**推论 4.4.1**　如果 $G$ 是有限幂零群,并且正整数 $m$ 整除 $|G|$,则 $G$ 中存在一个阶是 $m$ 的子群.

证明留作习题,请读者自证.

### 4.4.2　可解群

回忆:对群 $G$,任意 $a,b\in G$,称 $aba^{-1}b^{-1}$ 为交换子或换位子.由 $G$ 的所有交换子 $\{aba^{-1}b^{-1}\mid a,b\in G\}$ 生成的子群称为 $G$ 的换位子群,并记为 $G'$.因此,$G$ 是可换群即阿贝尔群当且仅当 $G'=\{e\}$.所以,在某种意义下,$G'$ 提供了 $G$ 距阿贝尔群有多远的一个测量.

**定理 4.4.5**　如果 $G$ 是群,则 $G'$ 是 $G$ 的正规子群,$G/G'$ 是可换群.如果 $N$ 是 $G$ 的正规子群,则 $G/N$ 是可换群当且仅当 $N$ 含有 $G'$.

**证明**　令 $f:G\to G$ 是群 $G$ 自同构,则有

$$f(aba^{-1}b^{-1})=f(a)f(b)f(a^{-1})f(b^{-1})=f(a)f(b)f(a)^{-1}f(b)^{-1}\in G'.$$

于是,$f(G')<G$.特别地,如果 $f$ 是由 $a\in G$ 的自共轭给出的自同构,即 $f(x)=axa^{-1}$,则 $aG'a^{-1}=f(G')<G$.因此,由定理 1.5.1 知 $G'$ 是 $G$ 的正规子群.由于 $ab(ba)^{-1}=aba^{-1}b^{-1}\in G'$,故 $abG'=baG'$.因此,$G/G'$ 是可换群.如果 $G/N$ 是可换群,则对所有 $a,b\in G$ 成立 $abN=baN$.所以,$ab(ba)^{-1}=aba^{-1}b^{-1}\in N$,从而 $N$ 含有所有换位子,且 $G'<N$.反之,如果 $N$ 含有 $G'$,任取 $\bar{a},\bar{b}\in G/N$,则有 $ab(ba)^{-1}=aba^{-1}b^{-1}\in G'\subseteq N$.故 $\bar{a}\bar{b}(\bar{b}\bar{a})^{-1}=\overline{aba^{-1}b^{-1}}=e'$,即 $\bar{a}\bar{b}=\bar{b}\bar{a}$.于是,$G/N$ 是可换群.

设 $G$ 是一个群,令 $G^{(1)}=G'$,则对 $i>1$,定义 $G^{(i)}$ 为 $G^{(i)}=(G^{(i-1)})'$.$G^{(i)}$ 称为 $G$ 的第 $i$ 个导出子群(derived subgroup).这就给出了 $G$ 的子群列.每个在它后面的里面是正规的:$G>G^{(1)}>G^{(2)}>\cdots$.实际上,每个 $G^{(i)}$ 是 $G$ 的正规子群.

**定义 4.4.2**　群 $G$ 称为是可解群(solvable group),如果对某个 $n$,有 $G^{(n)}=\langle e\rangle$.

每个阿贝尔群是平凡可解的.更一般地,有如下结论.

**定理 4.4.6**　每一个幂零群 $G$ 是可解的.

**证明**　因为由 $C_i(G)$ 的定义,$C_i(G)/C_{i-1}(G)=C(G/C_{i-1}(G))$ 是可换的,故

$$C_i(G)'<C_{i-1}(G)\quad(\text{对所有 } i>1),$$

且 $C_1(G)'=C(G)'$.于是,对某个 $n$,$G=C_n(G)$.所以

$$C(G/C_{n-1}(G)) = C_n(G)/C_{n-1}(G) = G/C_n(G)$$

是可换群. 因此, $G^{(1)} = G' < C_{n-1}(G)$. 所以

$$G^{(2)} = (G^{(1)})' < C_{n-1}(G)' < C_{n-2}(G).$$

类似地, $G^{(3)} < C_{n-2}(G)' < C_{n-3}(G)$; …; $G^{(n-1)} < C_2(G)' < C_1(G)$; $G^{(n)} < C_1(G)' = \langle e \rangle$. 因此, $G$ 是可解的.

**定理 4.4.7** (1) 可解群 $G$ 的每个子群和每个同态像是可解的;

(2) 如果 $N$ 是群 $G$ 的正规子群, 使得 $G/N$ 是可解的, 则 $G$ 是可解的.

**证明** (1) 如果 $f: G \to H$ 是同态(或满同态), 则易得 $f(G^{(i)}) < H^{(i)}$ (或 $f(G^{(i)}) = H^{(i)}$)对所有 $i$ 成立. 设 $f$ 是满同态, 且 $G$ 是可解的, 则对某个 $n$, $\langle e \rangle = f(e) = f(G^{(n)}) = H^{(n)}$. 因此, $H$ 是可解的. 类似地, 可证明子群方面的结论.

(2) 令 $f: G \to G/N$ 是自然满同态, 由于 $G/N$ 是可解的, 故对某个 $n$, $f(G^{(n)}) = (G/N)^{(n)} = \langle e \rangle$. 因此, $G^{(n)} < \mathrm{Ker} f = N$. 由于 $G^{(n)}$ 是可解的(根据(1)), 故存在正整数 $k$ 使得 $G^{(n+k)} = (G^{(n)})^{(k)} = \langle e \rangle$. 所以, $G$ 是可解的.

**推论 4.4.2** 如果 $n \geqslant 5$, 则对称群 $S_n$ 不是可解的.

**证明** 如果 $S_n$ 是可解的, 则 $A_n$ 是可解的. 由于 $A_n$ 是非可换的, 故 $A_n' \neq (1)$. 因为 $A_n'$ 在 $A_n$ 内是正规的, 且 $A_n$ 是单的(定理 1.5.4), 故一定有 $A_n' = A_n$. 所以, 对所有 $i \geqslant 1$, $A_n^{(i)} = A_n \neq (1)$. 因此, $A_n$ 不是可解的.

### 4.4.3 正规序列和亚正规序列

**定义 4.4.3** 群 $G$ 的亚正规序列(subnormal series)是子群链 $G = G_0 > G_1 > \cdots > G_n$ 使得对 $0 \leqslant i < n$, $G_{i+1}$ 在 $G_i$ 中正规. 商群 $G_i/G_{i+1}$ 是序列的因子. 严格包含的个数称为序列长度. 使得对所有 $i$, $G_i$ 在 $G$ 中正规的亚正规序列称为是正规序列(normal series).

**注 4.4.1** 存在亚正规但不正规的序列. 如例 1.5.3,

$$G = \left\{ \begin{pmatrix} r & s \\ 0 & 1 \end{pmatrix} \middle| r, s \in \mathbb{Q}, r \neq 0 \right\},$$

$G$ 关于矩阵乘法作成群. 令

$$H = \left\{ \begin{pmatrix} 1 & s \\ 0 & 1 \end{pmatrix} \middle| s \in \mathbb{Q} \right\},$$

则 $H \lhd G$. 设

$$K = \left\{ \begin{pmatrix} 1 & n \\ 0 & 1 \end{pmatrix} \middle| n \in \mathbb{Z} \right\},$$

则 $K \lhd H$,但 $K$ 不是 $G$ 的正规子群. 因此,$G>H>K$ 是亚正规序列但不是正规序列.

**例 4.4.1**　对任意群 $G$,导出序列 $G>G^{(1)}>G^{(2)}>\cdots>G^{(n)}$ 是正规序列. 如果 $G$ 是幂零的,则中心升列 $C_1(G)<\cdots<C_n(G)=G$ 是 $G$ 的正规序列.

**定义 4.4.4**　令 $G=G_0>G_1>\cdots>G_n$ 是亚正规序列,这个序列的一步加细(finement)是任一个形如 $G=G_0>\cdots>G_i>N>G_{i+1}>\cdots>G_n$ 或 $G=G_0>\cdots>G_n>N$ 的序列,这里 $N$ 是 $G_i$ 的正规子群且 $G_{i+1}$ 是 $N$ 的正规子群(若 $i<n$). 亚正规序列 $S$ 的加细是由 $S$ 通过有限多次一步加细得到的任一个亚正规序列. $S$ 的加细称为是真的,如果它的长度比 $S$ 的长度大.

**定义 4.4.5**　亚正规序列 $G=G_0>G_1>\cdots>G_n=\langle e\rangle$ 是合成列(compostion series),如果每个因子 $G_i/G_{i+1}$ 是单的. 亚正规序列 $G=G_0>G_1>\cdots>G_n=\langle e\rangle$ 是可解序列,如果每个因子是阿贝尔的.

在讨论合成列时常常用到下列事实:如果 $N$ 是群 $G$ 的正规子群,则 $G/N$ 是单群当且仅当在 $G$ 的所有正规子群 $M\neq G$ 的集合里 $N$ 是极大的(这样的子群 $N$ 称为 $G$ 的极大正规子群).

**定理 4.4.8**　(1) 每个有限群 $G$ 都有合成列;

(2) 可解序列的加细是可解序列;

(3) 亚正规序列是合成列当且仅当它没有真的加细.

**证明**　(1) 令 $G_1$ 是 $G$ 的极大正规子群,则 $G/G_1$ 是单群(推论 1.6.1). 令 $G_2$ 是 $G_1$ 的极大正规子群,如此下去,由于 $G$ 是有限群,这个过程一定以 $G_n=\langle e\rangle$ 终止结束,因此,$G>G_1>\cdots>G_n=\langle e\rangle$ 就是合成列.

(2) 如果 $G_i/G_{i+1}$ 是可换的,且 $G_{i+1}\lhd H\lhd G_i$,故 $H/G_{i+1}$ 是可换的. 这是因为它是 $G_i/G_{i+1}$ 的子群. 而 $G_i/H$ 也是可换的,因为由例 1.6.7 知,它同构于

$$G_i/G_{i+1}/H/G_{i+1}.$$

于是,我们就得到了(2)的结论.

(3) 如果 $G_{i+1}$ 是 $H$ 的正规子群,且 $G_{i+1}\neq H$,$H$ 是 $G_i$ 的正规子群且 $H\neq G_i$,即 $H$ 满足 $G_{i+1}\overset{\lhd}{\neq}H\overset{\lhd}{\neq}G_i$,则 $H/G_{i+1}$ 是 $G_i/G_{i+1}$ 的真的正规子群. 由推论 1.6.1 知,$G_i/G_{i+1}$ 的每个真的正规子群都有这种形式. 由于亚正规序列 $G=G_0>G_1>\cdots>G_n=\langle e\rangle$ 有真的加细当且仅当存在子群 $H$ 使得对某个 $i$ 有 $G_{i+1}\overset{\lhd}{\neq}H\overset{\lhd}{\neq}G_i$. 故由此得到(3)的结论.

**定理 4.4.9**　群 $G$ 是可解的当且仅当它有可解序列.

**证明**　如果群 $G$ 是可解的,则由定理 4.4.5 知,导出序列 $G>G^{(1)}>G^{(2)}>\cdots>G^{(n)}=\langle e\rangle$ 是可解序列. 如果 $G=G_0>G_1>\cdots>G_n=\langle e\rangle$ 是 $G$ 的可解序列,则 $G/G_1$ 是可换群蕴涵着 $G_1'>G^{(1)}$(定理 4.4.5). $G_1/G_2$ 是可换群蕴涵着 $G_2>G_1'>G^{(2)}$. 一直继

续下去,由归纳知对所有 $i$,$G_i>G^{(i)}$. 特别地,$\langle e\rangle=G_n>G^{(n)}$,从而 $G$ 是可解的.

**例 4.4.2** 二面体群 $D_n$ 是可解的,因为 $D_n>\langle a\rangle>\langle e\rangle$ 是可解序列,其中 $a$ 是周期为 $n$ 的生成元(从而 $D_n/\langle a\rangle\cong\mathbb{Z}_2$ 是可换群),类似地,如果 $|G|=pq$($p>q$ 是素数),则 $G$ 含有周期是 $p$ 的元素 $a$,从而 $\langle a\rangle$ 是 $G$ 的正规子群. 因此,$G>\langle a\rangle>\langle e\rangle$ 是可解序列.

**定理 4.4.10** 有限群 $G$ 是可解的当且仅当 $G$ 有合成列,其合成因子是素数阶循环群.

**证明** 显然,具有循环因子的(合成)序列是可解序列. 反之,假设 $G=G_0>G_1>\cdots>G_n=\langle e\rangle$ 是 $G$ 的可解序列. 如果 $G_0\neq G_1$,令 $H_1$ 是 $G=G_0$ 的包含 $G_1$ 的极大正规子群,依次这样下去. 因为 $G$ 是有限的,这就给出序列 $G>H_1>H_2>\cdots>H_k>G_1$,且每个子群是前面含它的子群的极大正规子群,因此,每个因子是单的. 由定理 4.4.8(2),对每个 $(G_i,G_{i+1})$ 都这样做,就给出了原序列的可解加细 $G=N_0>N_1>\cdots>N_r=\langle e\rangle$. 这个序列的每个因子是可换群且是单的,因此,它是素数阶循环群. 所以,$G=N_0>N_1>\cdots>N_r=\langle e\rangle$ 是合成列.

**注 4.4.1** 群 $G$ 可以有许多亚正规或正规序列. 同样地,群 $G$ 也可有若干个不同的合成列. 然而,我们将证明群的任两个合成列在下列意义下是等价的.

**定义 4.4.6** 群 $G$ 的两个亚正规序列 $S$ 与 $T$ 称为等价的(equivalent),如果在 $S$ 与 $T$ 的非平凡因子之间存在一一对应,使得对应的因子是同构群.

**注 4.4.2** 等价的两个亚正规序列的项数可以不同,但它们的长度必须相同(即非平凡因子数相同). 显然,亚正规序列的等价是一个等价关系.

**引理 4.4.1** 如果 $S$ 是群 $G$ 的合成列,则 $S$ 的任一个加细均与 $S$ 等价.

**证明** 记 $S$ 为 $G=G_0>G_1>\cdots>G_n=\langle e\rangle$. 由定理 4.4.8(3)知,$S$ 没有真的加细. 这蕴涵着 $S$ 的仅有可能加细就是通过插入某些 $G_i$ 得到. 因此,$S$ 的任一个加细都与 $S$ 有相同个数的非平凡的因子. 所以,任一个加细都与 $S$ 等价.

**引理 4.4.2** (Zassenhaus 引理) 令 $A^*,A,B^*,B$ 是群 $G$ 的子群,使得 $A^*$ 是 $A$ 的正规子群,$B^*$ 是 $B$ 的正规子群,则

(1) $A^*(A\cap B^*)\trianglelefteq A^*(A\cap B)$;

(2) $B^*(A^*\cap B)\trianglelefteq B^*(A\cap B)$;

(3) $A^*(A\cap B)/A^*(A\cap B^*)\cong B^*(A\cap B)/B^*(A^*\cap B)$.

**证明** 由于 $B^*\trianglelefteq B$,故由定理 1.5.2 知

$$A\cap B^*=(A\cap B)B^*\trianglelefteq A\cap B.$$

类似地,我们也有 $A^*\cap B\trianglelefteq A\cap B$. 因此,根据定理 1.5.2,

$$D=(A^*\cap B)(A\cap B^*)\trianglelefteq A\cap B.$$

再由定理 1.5.2,$A^*(A\cap B)$ 与 $B^*(A\cap B)$ 分别是 $A$ 与 $B$ 的子群. 我们将定义一个满同态

$$f: A^*(A\cap B)\to(A\cap B)/D$$

且 $\mathrm{Ker}f=A^*(A\cap B^*)$. 因此，有

$$A^*(A\cap B^*)\lhd A^*(A\cap B),$$

并且

$$A^*(A\cap B)/A^*(A\cap B^*)\cong(A\cap B)/D.$$

定义 $f: A^*(A\cap B)\to(A\cap B)/D$ 如下：若 $a\in A^*$，$c\in A\cap B$，令 $f(ac)=Dc$，则 $f$ 是定义良好的. 事实上，由于 $ac=a_1c_1$ 蕴涵着

$$c_1c^{-1}=a_1a^{-1}\in(A\cap B)\cap A^*=A^*\cap B<D\quad(\text{这里 } a,a_1\in A^*,c,c_1\in A\cap B),$$

故 $Dc_1=Dc$. 即 $f$ 是定义良好的.

$f$ 显然是满的. 又由于

$$f[(a_1c_1)(a_2c_2)]=f(a_1a_3c_1c_2)=Dc_1c_2=Dc_1Dc_2=f(a_1c_1)f(a_2c_2),$$

故 $f$ 是满同态. 其中这里 $a_i\in A^*$，$c_i\in A\cap B$). 由于 $A^*\lhd A$，故存在 $a_3\in A^*$ 使得 $c_1a_2=a_3c_1$.

最后，$ac\in\mathrm{Ker}f$ 当且仅当 $ac=(aa_1)c_1\in A^*(A\cap B^*)$. 所以，

$$\mathrm{Ker}f=A^*(A\cap B^*).$$

同样的讨论可证 $B^*(A^*\cap B)\lhd B^*(A\cap B)$，并且

$$B^*(A\cap B)/B^*(A^*\cap B)\cong(A\cap B)/D.$$

于是，得证(3).

**定理 4.4.11** (Shreier 定理)　群 $G$ 的任两个亚正规(或正规)序列都有等价的亚正规(或正规)加细.

**证明**　令 $G=G_0>G_1>\cdots>G_n$ 和 $G=H_0>H_1>\cdots>H_m$ 是亚正规(或正规)序列. 对每个 $0\leqslant i\leqslant n$，设 $G_{n+1}=\langle e\rangle=H_{m+1}$. 考虑群

$$\begin{aligned}G_i&=G_{i+1}(G_i\cap H_0)>G_{i+1}(G_i\cap H_1)>\cdots>G_{i+1}(G_i\cap H_j)\\&>G_{i+1}(G_i\cap H_{j+1})>\cdots>G_{i+1}(G_i\cap H_m)>G_{i+1}(G_i\cap H_{m+1})=G_{i+1}.\end{aligned}$$

对每个 $0\leqslant j\leqslant m$，将 Zassenhaus 引理即引理 4.4.2 应用于 $G_{i+1}$，$G_i$，$H_{j+1}$ 与 $H_j$ 得 $G_{i+1}(G_i\cap H_{j+1})\lhd G_{i+1}(G_i\cap H_j)$(如果原序列均是正规的，由定理 1.5.2 知每个 $G_{i+1}(G_i\cap H_{j+1})$在中均正规). 在 $G_i$ 与 $G_{i+1}$之间插入这些群，并记 $G_{i+1}(G_i\cap H_{j+1})$ 为 $G(i,j)$. 因此，得到序列 $G=G_0>G_1>\cdots>G_n$ 亚正规(或正规)加细：

$$\begin{aligned}G&=G(0,0)>G(0,1)>\cdots>G(0,m)>G(1,0)>G(1,2)>G(1,2)>\cdots\\&>G(1,m)>G(2,0)>\cdots>G(n-1,m)>G(n,0)>G(n,1)>\cdots>G(n,m).\end{aligned}$$

这里 $G(i,0)=G_i$. 注意这个加细有$(n+1)(m+1)$项(不一定是不同的). 类似讨论，对 $G=H_0>H_1>\cdots>H_m$(这里 $H(i,j)=H_{j+1}(G_i\cap H_j)$ 与 $H(0,j)=H_j$)有加细：

$$\begin{aligned}G&=H(0,0)>H(1,0)>\cdots>H(n,0)>H(0,1)>H(1,1)>H(2,1)>\cdots\\&>H(n,1)>H(0,2)>\cdots>H(n,m-1)>H(0,m)>\cdots>H(n,m).\end{aligned}$$

这里加细也有$(n+1)(m+1)$项. 对每个$(i,j)$ $(0\leqslant i\leqslant n,0\leqslant j\leqslant m)$，将 Zassenhaus

引理即引理 4.4.2 应用于 $G_{i+1}, G_i, H_{j+1}$ 与 $H_j$ 得如下同构：

$$\frac{G(i,j)}{G(i,j+1)}=\frac{G_{i+1}(G_i\cap H_j)}{G_{i+1}(G_i\cap H_{j+1})}\cong\frac{H_{j+1}(G_i\cap H_j)}{H_{j+1}(G_i\cap H_j)}=\frac{H(i,j)}{H(i+1,j)}.$$

这就给出了因子的一一对应，并表明加细均是等价的.

**定理 4.4.12** (Jordan-Hölder 定理) 群 $G$ 的任两个合成列都是等价的. 所以，每个具有合成列的群有唯一的单群列.

**注 4.4.3** 这个定理没有叙述群的合成列的存在性.

**证明** 由于合成列是亚正规列，故由定理 4.4.11，任两个合成列有等价的加细. 但由引理 4.4.1，合成列 $S$ 的加细与 $S$ 等价. 因此，任两个合成列是等价的.

## 习 题 4.4

1. 证明：幂零群 $G$ 的子群和商群都是幂零的.

2. 证明：有限群 $G$ 是幂零的当且仅当 $G$ 的每个极大真子群是正规的. 进一步，每个极大真子群都有素指数.

3. 如果 $N$ 是幂零群 $G$ 的非平凡的正规子群，证明：$N\cap C(G)\neq\langle e\rangle$，这里 $C(G)$ 是 $G$ 的中心.

4. 令 $G$ 是一个群，$a,b\in G$，用 $[a,b]$ 记交换子 $aba^{-1}b^{-1}\in G$，证明：对任意 $a,b,c\in G$，$[ab,c]=a[b,c]a^{-1}[a,c]$.

5. 如果 $H$ 和 $K$ 是群 $G$ 的子群，令 $(H,K)$ 是 $G$ 的由元素 $\{hkh^{-1}k^{-1}\mid h\in H, k\in K\}$ 生成的子群，证明：

(1) $(H,K)$ 在 $H\vee K$ 中是正规的，这里 $H\vee K$ 是由 $H$ 和 $K$ 生成的子群；

(2) 如果 $(H,G')=\langle e\rangle$，则 $(H',G)=\langle e\rangle$；

(3) 令 $K\triangleleft G, K<H$，则 $H/K<C(G/K)$ 当且仅当 $(H,G)<K$.

6. 证明：对于 $n\leqslant 4$，$S_n$ 是可解群，但 $S_3$ 和 $S_4$ 不是幂零群.

7. 证明：$S_4$ 的交换子群是 $A_4$. $A_4$ 的交换子群是什么子群？

8. 证明：非平凡有限可解群 $G$ 含有正规阿贝尔子群 $H\neq\langle e\rangle$. 如果 $G$ 不是可解的，则 $G$ 含有正规子群 $H$ 使得 $H'\neq H$.

9. 证明：不存在群 $G$ 使得 $G'=S_4$.

10. 如果 $G$ 是群，$N\triangleleft G$ 且 $N\cap G'=\langle e\rangle$，证明：$N<C(G)$，这里 $C(G)$ 是 $G$ 的中心.

11. 如果 $G=G_0>G_1>\cdots>G_n$ 是有限群 $G$ 的亚正规列，证明：

$$G\models\left(\prod_{i=0}^{n-1}|G_i/G_{i+1}|\right)|G_n|.$$

12. 如果 $N$ 是群 $G$ 的单正规子群，$G/N$ 有合成列，证明：$G$ 有合成列.

13. 证明:群 $G$ 的合成列是极大有限长度的亚正规列.

14. 证明:阿贝尔群 $G$ 有合成列当且仅当 $G$ 是有限群.

15. 证明:具有合成列的可解群是有限群.

16. 证明:阶数为 $p^2q$ 的任意群是可解群,其中 $p$ 与 $q$ 是互异素数.

17. 如果 $H$ 和 $K$ 是群 $G$ 的可解子群,且 $H \lhd G$,证明:$HK$ 是 $G$ 的可解子群.

18. 证明:群 $G$ 是幂零的当且仅当存在正规列 $G=G_0>G_1>\cdots>G_n=\langle e\rangle$ 使得对每一个 $i$,$G_i/G_{i+1}<C(G/G_{i+1})$.

# 第5章 模　论

模是域上线性空间在一般环上的推广. 由于代数表示论的兴起，模的作用越来越重要，现在已经成为数学领域，特别是代数学领域的重要研究工具. 同时，模论本身也是一个重要研究领域. 本章将介绍模的基本理论，主要内容有模的基本概念和性质，子模与模同态，模的同态基本定理以及模的同构定理，模的直积与直和，本质子模与多余子模，子模的加补与交补，模的根与基座，半单模及其基本性质，自由模、投射模与内射模，投射盖与内射包，有限生成模和有限余生成模等.

## 5.1 模的定义与基本性质

本节主要介绍模的概念及其基本性质.

### 5.1.1 左模

与域上的向量空间类似，环上的向量空间称为模. 确切定义如下.

**定义 5.1.1** 设 $R$ 是一个环，$M$ 是加群，即 $(M,+)$ 是一个可换群，其运算符号记为“+”. 若还有一个“模乘”运算满足如下条件：

(1) $r(m_1+m_2)=rm_1+rm_2$；

(2) $(r_1+r_2)m=r_1m+r_2m$；

(3) $r_1(r_2m)=(r_1r_2)m$；

这里 $m,m_1,m_2\in M,r,r_1,r_2\in R$，则称 $M$ 为左 $R$-模(left $R$-module)，记为 ${}_RM$ 或 $M={}_RM$. 若环 $R$ 有单位元 1 且满足条件：

(4) $1\cdot m=m$，

则称 $M$ 为酉 $R$-模(unitary $R$-module).

类似地，如果把“左模乘”换为“右模乘”，就可得到右 $R$-模(right $R$-module)的概念.

易见，如果 $R$ 是交换环，则左 $R$-模可看成是右 $R$-模，因为此时只需定义 $mr=rm$ $(r\in R,m\in M)$就可以了. 反过来也一样. 因此，在交换环的情况下，左 $R$-模与右 $R$-模可以不加区别. 而且，左 $R$-模与右 $R$-模的理论是平行的. 以后无特别说明，所涉及的 $R$-模均为左 $R$-模.

下面看几个模的具体例子.

**例 5.1.1** 设 $V$ 是数域 $P$ 上的向量空间，则 $V$ 是一个左 $P$-模，这里将数域 $P$

看成环$R$.

**例 5.1.2** 设$R$是一个有单位元的环,$A$是环$R$的一个左理想,则$A$是一个左$R$-模.

**例 5.1.3** 设$G$是加群,则$G$是一个左$\mathbb{Z}$-模,这里$\mathbb{Z}$是整数环.因为若$k$是一个整数,$x\in G$,则按通常倍数定义:

$$kx=\begin{cases}\overbrace{x+\cdots+x}^{k}, & k>0,\\ 0, & k=0,\\ \underbrace{x+\cdots+x}_{-(-k)}, & k<0.\end{cases}$$

易证它满足模定义中的4个条件.亦即,每个加群均可看成是一个$\mathbb{Z}$-模.因此,通常对加群与$\mathbb{Z}$-模不加以区别.

**例 5.1.4** 设$F$是域,$G=\{g_1,g_2,\cdots,g_n\}$是一个有限集合,令

$$F(G)=\left\{\sum_{i=1}^{n}k_ig_i\,\middle|\,k_i\in F,g_i\in G\right\},$$

这里$k_ig_i$是形式定义.$F(G)$中两个元素相等,规定为

$$\sum_{i=1}^{n}k_ig_i=\sum_{i=1}^{n}h_ig_i\text{当且仅当}k_i=h_i\ (i=1,2,\cdots,n).$$

再给$F(G)$里的元素定义如下的"加法"和"模乘"运算

$$\sum_{i=1}^{n}k_ig_i+\sum_{i=1}^{n}h_ig_i=\sum_{i=1}^{n}(k_i+h_i)g_i\ ,$$

$$k\left(\sum_{i=1}^{n}k_ig_i\right)=\sum_{i=1}^{n}(kk_i)g_i\quad(k\in F).$$

易证$F(G)$是一个以$g_1,g_2,\cdots,g_n$为一组基的$F$上向量空间,从而$F(G)$是一个左$F$-模.

**例 5.1.5** 设$R$是一个环,则由$R$中元素的列向量全体构成模$R^n$,这些模称为自由模.$R$-向量的加法及$R$-向量与$R$的元素的"模乘"如下:

$$\begin{bmatrix}a_1\\ \vdots\\ a_n\end{bmatrix}+\begin{bmatrix}b_1\\ \vdots\\ b_n\end{bmatrix}=\begin{bmatrix}a_1+b_1\\ \vdots\\ a_1+b_n\end{bmatrix},\qquad r\begin{bmatrix}a_1\\ \vdots\\ a_n\end{bmatrix}=\begin{bmatrix}ra_1\\ \vdots\\ ra_n\end{bmatrix}.$$

当$R$不是域时,这些模不是仅有的模,亦即,还存在别的$R$-模.后面会看到,存在不同构于任意自由模的模,即使它们是由有限集合张成的.

**例 5.1.6** 设$R$是一个环,$S$是$R$的子环,因此,$R$可看作是环$S$上的左$S$-模.事实上,由于$R$本身关于加法构成加群,只要规定模乘运算$S\times R\to R$为$(s,r)\mapsto sr$即可验证$R$是左$S$-模.

**例 5.1.7** 设 $S$ 是一个非空集合,$R$ 是一个环,用 $M$ 表示由 $S$ 到 $R$ 的所有映射的集合,即当 $f\in M, s\in S$ 时,$f(s)$ 是 $R$ 内的一个元素,如果规定:当 $f,g\in M$ 时,$(f+g)(s)=f(s)+g(s)$,则 $M$ 是一个加法交换群. 如果当 $\alpha\in R$ 时,再规定:$(\alpha f)(s)=\alpha f(s)$. 如果 $\alpha$ 与 $f$"模乘"运算为 $(\alpha,f)=\alpha f$,则易证 $M$ 是一个左 $R$-模.

容易证明环 $R$ 上的模 $M$ 中的元素运算满足如下简单性质:

(1) $r\cdot 0_M=0_M, 0_R\cdot m=0_M$;

(2) $-(rm)=(-r)m=r(-m)$,对任意的 $m\in M, r\in R$.

本章将 $0_M$ 和 $0_R$ 均简记为 0.

### 5.1.2 双模

下面介绍双模 (bimodule)的概念,所涉及的模可以是左模,也可以是右模.

**定义 5.1.2** 设 $M$ 是 $R$-模,同时又是 $S$-模(对这两者,$M$ 的加法运算是一致的). 如果 $M$ 对 $R$ 的"模乘"与对 $S$ 的"模乘"是可交换的,则称 $M$ 是一个 $(S,R)$-双模($(S,R)$-bimodule). 例如,$M$ 是左 $R$-模,又是右 $S$-模,对任意 $r\in R, s\in S, m\in M$,有 $(rm)s=r(ms)$. 如果 $M$ 是左 $R$-模,也是左 $S$-模,则对任意 $r\in R, s\in S, m\in M$,有 $r(sm)=s(rm)$.

由此可见,$(S,R)$-双模可分同侧的(同是左或同是右的)与异侧的(一个是左模,另一个是右模)两类. 对于异侧的,当需要表明侧向时,我们常用 ${}_RM_S$ 表示 $M$ 为左 $R$-模且是右 $S$-模的双模. 例子如下.

**例 5.1.8** 每一个 $R$-模都是一个 $(\mathbb{Z},R)$-双模,其中 $\mathbb{Z}$ 为整数环.

**例 5.1.9** 设 $S$ 是环 $R$ 的中心,则每一个 $R$-模都是一个 $(S,R)$-双模.

**例 5.1.10** 设 $R$ 是一个环,令 $M=R$,则 $M$ 是一个 $(R,R)$-双模.

**定义 5.1.3** 一个代数(algebra)是一个偶对个 $(A,K)$,其中

(1) $A$ 是一个环;

(2) $K$ 是一个交换环;

(3) $A$ 是一个(左)$K$-模,且满足:任意 $a_1,a_2\in A, k\in K$,有

$$k(a_1a_2)=(ka_1)a_2=a_1(ka_2).$$

**注 5.1.1** 如果 $K$ 是一个域,则左 $K$-模 $A$ 为向量空间. 这时,如果 $A$ 是有限维的,则称 $A$ 是域 $K$ 上有限维代数,或简称有限维代数.

## 习 题 5.1

1. 设 $R$ 与 $S$ 是环,$M$ 是左 $R$-模,$f$ 是环 $S$ 到 $R$ 的环同态,且 $f(1_S)=1_R$,这里 $1_S$ 与 $1_R$ 分别是环 $S$ 与 $R$ 的单位元,如果定义 $sm=f(s)m(m\in M, s\in S)$,证明:$M$ 是左 $S$-模.

2. 证明:每一个加群 $M$ 都是一个 $\mathrm{End}(M)$-模,这里 $\mathrm{End}(M)$ 是 $M$ 的自同态

环,即 $\mathrm{End}(M)=\{\sigma|\sigma:M\to M$ 为群同态$\}$.

3. 设 $M$ 是一个加群,证明:$M$ 是一个左 $R$-模的充分必要条件是存在一个环同态,即 $f:R\to\mathrm{End}(M):f(1)=I_M$($I_M$ 是恒等映射). 这里 $\mathrm{End}(M)$ 是 $M$ 的自同态环.

4. 如果 $M$ 是一个加群,$n>0$ 是一个整数使得对所有 $x\in M$ 成立 $nx=0$,证明:$M$ 关于$\mathbb{Z}_n$ 对 $M$ 的作用:$\overline{m}x=mx$(这里 $x\in M,m\in\mathbb{Z}_n$)构成酉$\mathbb{Z}_n$-模.

5. 设 $R$ 是一个环,

(1) 如果 $M$ 是一个左 $R$-模,令

$$(0:M)=\{r\in R\,|\,rm=0,\forall m\in M\},$$

证明:$(0:M)$是 $R$ 的一个理想.

(2) 设 $I$ 是 $R$ 的含于$(0:M)$里的一个理想,定义

$$(r+I)m=rm\quad(m\in M,r\in R).$$

证明:$M$ 是一个左 $R/I$-模.

## 5.2 子模与模同态

本节介绍子模、子模之和与交,以及模同态.

### 5.2.1 子模

**定义 5.2.1** 设 $M$ 是一个左 $R$-模,$A$ 是 $M$ 的一个子集,如果 $A$ 对于 $M$ 的加法和 $M$ 与 $R$ 的模乘来说也构成一个 $R$-模,则称 $A$ 是 $M$ 的一个子模(submodule),且称 $M$ 为 $A$ 的扩模(extension module),$A$ 是 $M$ 的子模可用符号 $A\leqslant M$ 或 $A\hookrightarrow M$ 表示.

**例 5.2.1** 任何模 $M$ 均有两个子模,0 与 $M$,这两个子模称为 $M$ 的平凡子模(trivial submodule). 若 $A$ 是 $M$ 的非平凡子模,则称 $A$ 为 $M$ 的真子模(proper submodule).

设 $M$ 是任一个 $R$-模,对任 $m_0\in M$,记 $Rm_0=\{rm_0\,|\,r\in R\}$ 是 $M$ 的子模,称之为循环子模(cyclic submodule).

如果 $R=K$ 为域,则模 $M$ 为 $K$ 上向量空间,它的子模就是子空间.

**定义 5.2.2** 对于环 $R$ 上的模 $M$,有

(1) 模 $M$ 称为循环模(cyclic module),如果存在 $M$ 中一个元素 $m_0$ 使 $M=Rm_0$;

(2) 模 $M$ 称为单纯模(simple module),如果 $RM\neq 0$,$M$ 的子模只能是平凡的,即若 $A$ 是 $M$ 的子模,则 $A=0$ 或 $A=M$;

**注 5.2.1** 单纯模现在通常称为单模. 如果环 $R$ 有单位元,单模中条件 $RM\neq 0$ 简化为 $M\neq 0$.

(3) $M$ 的子模$A$ 称作是$M$ 的极小子模(minimal submodule),如果$A\neq 0$ 且若 $A$ 含$M$ 的真子模$B$,则 $B=A$;

(4) $M$ 的子模$A$ 称作是$M$ 的极大子模(maximal submodule),如果$A\neq M$,且若$A$ 含于$M$ 的子模$B$,则$B=M$.

**例 5.2.2** ${}_{\mathbb{Z}}\mathbb{Z}$ 不含有极小子模,但含有极大子模,比如 $2\mathbb{Z}$ 就是它的一个极大子模. 事实上,设 $p$ 是任一个整数,则 $p\mathbb{Z}$ 就是${}_{\mathbb{Z}}\mathbb{Z}$ 的极大子模.

**例 5.2.3** 在 $n$ 维向量空间${}_KV$ 中,若视${}_KV$ 为 $K$-模,则它的极小子模是一维子空间,极大子模是$(n-1)$维子空间.

**例 5.2.4** 如果 $K$ 是域,则${}_KK$ 是单模.

**例 5.2.5** 设 $R=K^{n\times n}$是除环$K$ 上的$n\times n$ 方阵环. 后面将证明,尽管环 $R$ 是单的,但左 $R$-模${}_RR$ 不是单的$(n>1)$.

**引理 5.2.1** 令 $T$ 是模$M$ 的子模族,则

$$\bigcap_{A\in T}A=\{m\in M\mid \forall A\in T,\text{且}m\in A\}$$

是模 $M$ 的子模.

由子模的定义即可得证. 因此,子模的交仍是子模. 我们约定当 $T$ 为空集时,$\bigcap\limits_{A\in T}A$ 为$M$. 于是,得如下结果.

**推论 5.2.1** $\bigcap\limits_{A\in T}A$ 是$M$ 的含于所有$A\in T$ 的最大子模.

**例 5.2.6** 对于模${}_{\mathbb{Z}}\mathbb{Z}$,我们有

(1) $2\mathbb{Z}\cap 3\mathbb{Z}=6\mathbb{Z}$;

(2) $\bigcap\limits_{p\in S}p\mathbb{Z}=0$,这里 $S$ 是$\mathbb{Z}$ 的所有素数集.

由子模的定义,很容易证得引理 5.2.2.

**引理 5.2.2** 令 $X$ 是模${}_RM$ 的子集,则

$$A=\begin{cases}\left\{\sum\limits_{i=1}^{n}r_ix_i+\sum\limits_{j=1}^{m}n_jx_j\ \middle|\ x_i,x_j\in X,r_i\in R,n\in\mathbb{Z}^+,n_j\in\mathbb{Z}^+\right\}, & X\neq\varnothing,\\ 0, & X=\varnothing\end{cases}$$

是 $M$ 的一个子模.

**定义 5.2.3** 称引理 5.2.2 中所定义的子模 $A$ 为由子集 $X$ 生成的子模(submodule generated by a subset $X$),简称生成子模(generating submodule),记为$(X)$. 当 $X$ 为单元集 $X=\{m\}$时,记$(X)=(m)$.

易证引理 5.2.3.

**引理 5.2.3** $(X)$是 $M$ 的含有 $X$ 的最小子模,即

$$(X)=\bigcap_{X\subset C,C\in T}C,$$

这里 $T$ 是$M$ 的含有 $X$ 的所有子模.

当$M$是$(S,R)$-双模时,由 $M$ 的非空子集 $X$ 生成的子$(S,R)$-双模为

$$[X]=\left\{\sum_{i=1}^{n}s_ix_ir_i+\sum_{j=1}^{n_0}s_jx_j+\sum_{k=1}^{m_0}x_kr_k+\sum_{h=1}^{m}n_hr_h\,\middle|\,x_i,x_j,x_k,x_h\in X,\right.$$
$$\left.s_i,s_j\in S,r_i,r_k\in R,n,n_0,m_0,m\in\mathbb{Z}^+\right\},$$

如果 $X$ 是空集 $\varnothing$，则规定$[X]=0$.

同上面一样，$[X]$是 $M$ 的含有 $X$ 的最小双子模，即$[X]=\bigcap_{X\subset C,C\mapsto M}C$.

**定义 5.2.4** 令 $M={}_RM$，则

(1) 模 $M$ 的子集 $X$ 称为 $M$ 的生成集(generating set)，如果$(X)=M$；

(2) 模 $M$ 称为是有限生成的(finitely generated)，如果 $M$ 存在一个有限生成集.

显然，每个模 $M$ 都有平凡生成元集 $M$ 自身.

**定理 5.2.1** 设${}_RM$ 是有限生成的，则 $M$ 的每一个真子模均含在 $M$ 的一个极大子模内.

**证明** 令$\{m_1,m_2,\cdots,m_t\}$是 $M$ 的生成元集，令 $A$ 是 $M$ 的真子模，则集合$T=\{B|A\leqslant B\leqslant M,B\neq M\}$是非空集，这是因为 $A\in T$. 而且，$T$ 在集合的包含关系下构成一个偏序集.

为应用 Zorn 引理，需证明 $T$ 的每个全序子集 $T$ 均在 $T$ 内有一个上界. 为此，令 $C=\bigcup_{B\in T}B$，则 $A\leqslant C$. 若 $C=M$，则$\{m_1,m_2,\cdots,m_t\}\subset C$，于是，存在 $B\in T$ 使得$\{m_1,m_2,\cdots,m_t\}\subset B$. 所以 $B=M$，矛盾. 因此，$C\in T$ 且 $C$ 是 $T$ 中元的上界. 由 Zorn 引理，$T$ 中存在极大元 $D$. 为证 $D$ 是${}_RM$ 的极大子模，令 $D\leqslant L\leqslant{}_RM$ 且 $L\neq{}_RM$，则 $L\in T$. 由于 $D$ 在 $T$ 中是极大的，所以 $D=L$.

**推论 5.2.2** 每个有限生成模 $M(\neq 0)$均含有一个极大子模.

**证明** 因为 $M\neq 0$，且 $M$ 是有限生成的，故 $A=\{0\}$是 $M$ 的一个真子模，由定理 5.2.1即可推证.

### 5.2.2 子模的和与直和

**定义 5.2.5** 令 $\Lambda=\{A_i|i\in I\}$是模 $M={}_RM$ 的一个子模集，则

$$\sum_{i\in I}A_i=\left(\bigcup_{i\in I}A_i\right)$$

称为子模$\{A_i|i\in I\}$的和(sum of submodules). 显然，子模$\{A_i|i\in I\}$的和仍是 $M$ 的子模.

如果 $\Lambda=\{A_1,\cdots,A_n\}$，则 $\sum_{i=1}^{n}A_i$ 的每个元素均可写成 $\sum_{i=1}^{n}a_i(a_i\in A_i)$ 的形式，式中未出现的 $a_i$ 可以用 0 代替. 注意，这个式子不是唯一的.

如果 $\Lambda$ 是无限集，则 $\sum_{i\in I}A_i$ 有形式

$$\left\{ \sum_{i\in I} A_i = \{a_{\lambda_1} + a_{\lambda_2} + \cdots + a_{\lambda_n} \mid a_{\lambda_i} \in A_{\lambda_i}, n < \infty\} \right\}.$$

有了子模的和的概念，下面叙述有限生成模的另一种等价形式.

**定理 5.2.2**　模 $M = {}_RM$ 是有限生成的当且仅当对模 $M$ 的每一个具有性质 $\sum_{i\in I} A_i = M$ 的子模集 $\{A_i \mid i \in I\}$，存在一个有限子集 $\{A_i \mid i \in I\}$（即 $I_0 \subset I, I_0$ 是有限的）使得 $\sum_{i\in I} A_i = M$.

**证明**　令 $M = {}_RM$ 是有限生成模，亦即 $M$ 有生成元集 $X = \{m_1, m_2, \cdots, m_t\}$. 由于 $\sum_{i\in I} A_i = M$，而每个 $m_i$ 是有限多个元素之和，故存在 $I$ 的有限子集 $I_0$ 使得 $m_1, m_2, \cdots, m_t \in \sum_{i\in I_0} A_i$. 于是，有 $M = (X) \subseteq \sum_{i\in I_0} A_i \subseteq M$，即有 $M = \sum_{i\in I_0} A_i$.

反之，考虑子模集 $\{(m) \mid m \in M\}$，则存在有限子集 $\{(m_1), (m_2), \cdots, (m_t)\}$，具有性质 $\sum_{i=1}^{t}(m_i) = M$. 因此，$M$ 是有限生成的.

下面给出有限生成模的对偶概念——有限余生成模.

**定义 5.2.6**　模 $M = {}_RM$ 称为是有限余生成的(finitely cogenerated)，如果对 $M$ 的每个具有性质 $\bigcap_{i\in I} A_i = 0$ 的子模集 $\{A_i \mid i \in I\}$，都存在有限子集 $\{A_i \mid i \in I_0\}$（即 $I_0 \subset I, I_0$ 是有限的）具有性质 $\bigcap_{i\in I_0} A_i = 0$.

**例 5.2.7**　${}_\mathbb{Z}\mathbb{Z}$ 不是有限余生成的，因为 $\bigcap_{p\in S} p\mathbb{Z} = 0$，这里 $S$ 是 $\mathbb{Z}$ 的所有素数的集合. 但对任有限多个素数 $p_1, p_2, \cdots, p_n$，有 $\bigcap_{i=1}^{n} p_i\mathbb{Z} = p_1 \cdots p_n\mathbb{Z} \neq 0$.

**例 5.2.8**　域 $K$ 上的向量空间 $V$ 是有限余生成的当且仅当它是有限维的.

**定理 5.2.3**（模律(modular law)）　如果 $A, B, C$ 为 $M$ 的子模，并且 $B \subseteq C$，则

$$(A+B)\cap C = A\cap C + B\cap C = A\cap C + B.$$

**证明**　令 $a+b=c\in(A+B)\cap C$，这里 $a\in A, b\in B, c\in C$. 于是由 $B\subseteq C$，得 $a=c-b=A\cap C, a+b=c\in(A\cap C)+B$，故 $(A+B)\cap C\subseteq(A\cap C)+B$.

今设 $d\in A\cap C, b\in B$. 由于 $B\subseteq C \Rightarrow d+b\in(A+B)\cap C$，所以有 $(A\cap C)+(B\cap C)\subseteq(A+B)\cap C$.

**定理 5.2.4**　如果模 $M = {}_RM = \sum_{\lambda\in\Lambda} M_\lambda$，则下列三条件是等价的：

(1) $\sum_{j=1}^{n} m_{\lambda_j} = 0$ 时，必有 $m_{\lambda_j} = 0$，这里 $m_{\lambda_j} \in M_{\lambda_j}$，且当 $i \neq j$ 时，$\lambda_i \neq \lambda_j$；

(2) 对任意 $w \in \Lambda$，必有 $M_w \cap \sum_{\lambda\neq w} M_\lambda = 0$；

(3) 当 $\sum_{i=1}^{n} m_{\lambda_i} = \sum_{j=1}^{m} m'_{w_j}, 0 \neq m_{\lambda_i} \in M_{\lambda_i}, 0 \neq m'_{w_j} \in M_{w_j}$ 时，必有 $n = m$，且在

适当调整次序后，$\lambda_i = w_i, m_{\lambda_i} = m'_{w_i}$.

**证明** (1) ⇒ (2). 如果有 $0 \neq m_w = \sum m_{\lambda_i}, \lambda_i \neq w$，则 $\sum m_{\lambda_i} - m_w = 0$.

(2) ⇒ (3). 如果任何 $m'_{w_j}$ 都不等于 $m_{\lambda_1}$，则 $M_{\lambda_1} \cap \sum\limits_{w \neq \lambda_1} M_w$ 至少包含一个不等于零的模元素 $m_{\lambda_1}$. 如果 $w_1 = \lambda_1$，但 $m_\lambda \neq m'_{w_1}$，情况也是这样.

(3) ⇒ (1). 如果 $m_{\lambda_1} \neq 0$，则 $-m_{\lambda_1} = \sum\limits_{j=2}^{n} m_{\lambda_j}$.

**定义 5.2.7** 如果模 $M = {}_RM = \sum\limits_{\lambda \in \Lambda} M_\lambda$ 满足定理 5.2.4 的三个条件中的任一个，则 $M$ 称作各 $M_\lambda$ 的直和(direct sum)，记为 $M = \bigoplus\limits_{\lambda \in \Lambda} M_\lambda$. 这时 $M$ 中任一个元 $m$ 都是有限多个 $m_{\lambda_i}$ 的和，$m = \sum m_{\lambda_i}$，且此表达式是唯一的. 有时我们把 $\bigoplus M_\lambda$ 中的元素写成一个集合 $\{m_{\lambda \in \Lambda} \mid m_\lambda \in M_\lambda\}$，但仅有有限多个 $m_\lambda$ 不为 0. 当 $\Lambda$ 是一个良序集时，$\{m_\lambda\}$ 被看成一个向量，其第 $\lambda$ 个分量是 $m_\lambda$，若 $m = \sum m_{\lambda_i}$，则当把 $m$ 表示成一个向量 $(m_\lambda)$ 时，若 $\lambda$ 不是各 $\lambda_i$ 之一，则 $m_\lambda = 0$.

设 $N$ 是模 $M$ 的一个子模，取商群 $M/N$，对陪集 $m+N$ 及任意元素 $r \in R$，定义 $r(m+N) = rm+N$，则 $M/N$ 也是一个 $R$-模，称为商模(quotient module 或 factor module). 当然，如果 $N=M$，则 $M/N$ 为 0. 如果 $N=0$，则 $M/N$ 是 $M$ 自己.

根据定理 2.3.9，对于环 $R$，总可以找到一个扩环 $R' \supseteq R$，使 $R'$ 有单位元，并且当 $M$ 是一个 $R$-模时，可定义这个 $M$ 为一个酉 $R'$-模，使当 $r \in R, m \in M$ 时，$rm$ 作为 $R$-模中的元素与它作为 $R'$-模中的元素是相等的.

**定理 5.2.5** 设 $M$ 是 $R$-模，则 $M$ 可以开拓成为一个酉 $R'$-模.

**证明** 设 $\mathbb{Z}$ 是整数环，令 $R' = \{(n,r) \mid n \in \mathbb{Z}, r \in R\}$，回顾定理 2.3.9 的证明，我们规定

$$(n,r) = (l,s) \text{ 当且仅当 } n=l, r=s,$$
$$(n,r) + (l,s) = (n+l, r+s),$$
$$(n,r) \cdot (l,s) = (nl, lr+ns+rs),$$

则 $R'$ 是一个有单位元 $(1,0)$ 的环，且有子环 $R_1 = \{(0,r) \mid r \in R\}$ 与 $R$ 同构.

当 $x \in M$ 时，定义 $(n,r)x = nx + rx$. 于是由 $(1,0)x = x$ 知 $M$ 是一个酉 $R'$-模.

下面设 $R$ 有单位元 1，而 $M$ 是一个 $R$-模，但不是酉 $R$-模，则必有 $u \in M$ 使 $1u = v \neq u$. 于是，$1u = 1^2u = 1v$. 因而，令 $w = u - v \neq 0$，必有 $1w = 0$. 令 $M_0 = \{u \in M \mid 1u = 0\}, M_1 = \{v \in M \mid 1v = v\}$，则易证 $M_0$ 与 $M_1$ 均是 $M$ 的子模. 它们的交只含有一个元素，即 $M$ 的零元. 我们有如下结论.

**定理 5.2.6** $M = M_0 \oplus M_1$，其中 $RM_0 = 0$，而 $M_1$ 是一个酉 $R$-模.

**证明** 任取 $x \in M$，设 $1x = y$，令 $x = x - y + y$. 于是，$1x = 1^2x = 1y$，故 $1(x-y) = 0$，因而 $r(x-y) = r1(x-y) = 0$，即 $x - y \in M_0$. 又有 $1y = 1^2x = 1x = y$，

故 $y\in M_1$. 因此,$M=M_0+M_1$,由 $M_0\cap M_1=\{0\}$知 $M=M_0\oplus M_1$.

**注 5.2.2** 由定理 5.2.5 与定理 5.2.6,如果 $R$ 没有单位元,则任一 $R$-模 $M$ 均可开拓成一个酉 $R'$-模,而 $R'$有单位元(模本身没有变,系数环扩大了). 而当 $R$ 有单位元,但 $M$ 不是酉 $R$-模时,$M$ 可以收缩成为一个酉 $R$-模 $M_1$,其补子模 $M_0$ 有性质 $RM_0=0$,这样的 $M_0$ 虽然不一定等于 0,但其意义不大. 所以,本章后面考虑的环都是有单位元的环,所有的模都是酉模.

### 5.2.3 同态

和群与环的同态一样,模同态也是研究模的重要工具之一.

**定义 5.2.8** 设 $A$ 与 $B$ 均是左 $R$-模,$f$ 是 $A$ 到 $B$ 的映射,如果对任意 $a_1,a_2,a\in A$及 $r\in R$ 有

$$f(a_1+a_2)=f(a_1)+f(a_2),\quad f(ra)=rf(a),$$

则称 $f$ 是 $A$ 到 $B$ 的同态(homomorphism),也称 $R$-同态($R$-homomorphism). $A$ 到 $B$ 的模同态全体记为 $\mathrm{Hom}_R(A,B)$或 $\mathrm{Hom}(A,B)$.

类似地,可给出右模及双模同态的定义. 进一步,如果 $f$ 是单映射,则称 $f$ 是单同态;如果 $f$ 是满映射,则称 $f$ 是满同态. 如果 $f$ 是双射,则称 $f$ 是同构映射. 这时,称模 $A$ 与 $B$ 是同构的,记为 $A\cong B$. 与群和环的同构一样,模的同构是模之间的一个等价关系,并且同构的模有完全相同的代数性质.

**例 5.2.9** 设 $A$ 与 $B$ 是两个左 $R$-模,零映射 $0:a\mapsto 0(a\in A)$是 $A$ 到 $B$ 的模同态. 每个阿贝尔群的群同态可看作是一个$\mathbb{Z}$-模同态.

**例 5.2.10** 对于环 $R$,映射 $\varphi:R[x]\to R[x]$为 $f\mapsto xf$(如$(x^2+1)\mapsto x(x^2+1)$)是一个 $R$-模同态,但 $\varphi$ 不是环同态.

**例 5.2.11** 设 $M$ 是左 $R$-模,$N$ 是 $M$ 的子模,则映射 $\pi:m\mapsto m+N$ 是 $M$ 到其商模 $M/N$ 的满同态,称为 $M$ 到 $M/N$ 的自然满同态(natural epimorphism)或典型满同态(canonical epimorphism);而同态 $i:a\mapsto a\,(a\in N)$称为是 $N$ 到 $M$ 模的包含映射(inclusion map or inclusion),这是一个单同态.

下面引进几个符号,设 $f:A\to B$ 是模 $A$ 到 $B$ 的模同态,我们约定

(1) $f$ 的原像集(inverse image set)或定义域(domain):$\mathrm{Dom}(f)=A$;

(2) $f$ 的像域(codomain)或变区(range):$\mathrm{Cod}(f)=B$;

(3) $f$ 的像(image):$\mathrm{Im}(f)=\{f(a)\mid a\in A\}$,记为 $f(A)$,易证 $f(A)$是 $B$ 的子模;

(4) $f$ 的核(kernel):$\mathrm{Ker}(f)=\{a\mid f(a)=0,a\in A\}$,记为 $f^{-1}(0)$,易证 $f^{-1}(0)$是 $A$ 的子模;

(5) $f$ 的上核(cokernel):$\mathrm{Coker}(f)=B/\mathrm{Im}(f)=B/f(A)$;

(6) $f$ 的上像(coimage):$\mathrm{Coim}(f)=\mathrm{Dom}(f)/\mathrm{Ker}(f)=A/f^{-1}(0)$;

(7) 若 $U\subset A, V\subset B$，则定义

$$f(U)=\{f(u)\mid u\in U\},\quad f^{-1}(V)=\{a\mid a\in A \text{ 且 } f(a)\in V\};$$

(8) 如果 $f$ 存在逆映射，易证 $f$ 的逆映射是从 $B$ 到 $A$ 的模同态，记为 $f^{-1}$. 但一般来说，$f$ 不存在逆映射.

**定理 5.2.7**　设 ${}_RU\subseteq{}_RM$，则 $M/U$ 是有限余生成的当且仅当对 $M$ 的具有性质 $\bigcap_{i\in I}A_i=U$ 的每个子模集 $\{A_i\mid i\in I\}$ 而言，都存在一个有限子集 $\{A_i\mid i\in I_0\}$ 使 $\bigcap_{i\in I_0}A_i=U$.

**证明**　必要性. 令 $\pi: M\to M/U$ 是自然满同态. 由于 $\bigcap_{i\in I}A_i=U$ 蕴涵着

$$U=\mathrm{Ker}(\pi)\leqslant A_i,$$

故

$$\bigcap_{i\in I}\pi(A_i)=\pi\Big(\bigcap_{i\in I}A_i\Big)=\pi(U)=0\leqslant M/U.$$

因为 $M/U$ 是有限余生成的，所以存在有限子集 $I_0\subset I$ 使 $\bigcap_{i\in I_0}\pi(A_i)=0$. 于是

$$\pi^{-1}(0)=U=\pi^{-1}\Big(\bigcap_{i\in I_0}\pi(A_i)\Big)=\bigcap_{i\in I_0}\pi^{-1}\pi(A_i)=\bigcap_{i\in I_0}(A_i+U)=\bigcap_{i\in I_0}A_i.$$

因此，$U=\bigcap_{i\in I_0}A_i$.

充分性. 令 $\{\overline{A_i}\mid i\in I\}$ 是 $M/U$ 的子模集，且满足 $\bigcap_{i\in I}\overline{A_i}=0$，则有

$$\pi^{-1}(0)=U=\pi^{-1}\Big(\bigcap_{i\in I}\overline{A_i}\Big)=\bigcap_{i\in I}\pi^{-1}(\overline{A_i}).$$

由假设，存在有限子集 $I_0\subset I$ 使

$$\bigcap_{i\in I_0}\pi^{-1}(\overline{A_i})=U.$$

于是，$0=\pi(U)=\pi\Big(\bigcap_{i\in I_0}\pi^{-1}(\overline{A_i})\Big)=\bigcap_{i\in I_0}(\overline{A_i}\cap\mathrm{Im}(\pi))=\bigcap_{i\in I_0}\overline{A_i}$. 即 $M/U$ 是有限余生成的.

### 5.2.4　子模格与模的自同态环

本小节首先给出格的概念，然后说明模的子模按子模的包含关系构成格. 最后介绍舒尔引理.

**定义 5.2.9**　一个偏序集 $L$ 称作格(lattice)，如果它里面的任两个元都有最小上界和最大下界. 一个偏序集称为完全格(complete lattice)，如果它的每个子集均有最小上界和最大下界.

**注 5.2.3**　对格 $L$ 的任两个元 $a$ 与 $b$，其最小上界记为 $a\vee b$，最大下界记为 $a\wedge b$. 因此，格 $L$ 一般也记为$(L,\vee,\wedge)$. 格 $L$ 的子格，同态及同构定义如下：

设 $S$ 是格$(L,\vee,\wedge)$的非空子集，如果 $S$ 关于 $\vee,\wedge$ 封闭，就称 $S$ 是$(L,\vee,\wedge)$

的一个子格.

**定义 5.2.10** 设$L$与$L'$是两个格,如果存在$L$到$L'$的映射$\varphi$使得对任意$a$,$b\in L$,有

$$\varphi(a\vee b)=\varphi(a)\vee\varphi(b),\quad \varphi(a\wedge b)=\varphi(a)\wedge\varphi(b),$$

那么,就称$\varphi$是$L$到$L'$的同态.

类似地,可给出格的单同态、满同态以及同构的定义.

**注 5.2.4** 格$M={}_RM$的子模集在子模包含关系$\leqslant$下作成一个偏序集,是一个格$L(M)$,任$A$与$B\in L(M)$,则$A\vee B=A+B$,$A\wedge B=A\cap B$. 进一步,$L(M)$是一个完全格.

令${}_RM$是模,记$M$的子模格为$L(M)$. 令$f:M\to N$是一个模同态,记$C=\operatorname{Ker}(f)$,$D=\operatorname{Im}(f)$. 考虑子格:

$$L(M,C)=\{U\mid C\leqslant U\leqslant M\},\quad L(N,D)=\{V\mid V\leqslant D\}=L(D).$$

**定理 5.2.8** 令$\hat{f}:L(M,C)\ni U\mapsto f(U)\in L(N,D)$,则$\hat{f}$是双射,且$\hat{f}$满足如下等式:

(1) $\hat{f}(U_1+U_2)=\hat{f}(U_1)+\hat{f}(U_2)$,即$\hat{f}(U_1\vee U_2)=\hat{f}(U_1)\vee\hat{f}(U_2)$;

(2) $\hat{f}(U_1\cap U_2)=\hat{f}(U_1)\cap\hat{f}(U_2)$,即$\hat{f}(U_1\wedge U_2)=\hat{f}(U_1)\wedge\hat{f}(U_2)$;

亦即,$\hat{f}$是$L(M,C)$到$L(N,D)$的同构映射.

**推论 5.2.3** $C\leqslant_R M$是极大的当且仅当$M/C$是单的.

模${}_RM$到自身的同态称为${}_RM$的自同态,而模${}_RM$到自身的同构映射称为自同构. 由于$M$的两个自同态$f$与$g$的合成仍是$M$的自同态,并且合成后仍满足结合律. 于是,我们有如下定理.

**定理 5.2.9** 环$R$上的模$M$的自同态集合$\operatorname{Hom}_R(M,M)$,在下面定义的加法和乘法下构成一个有单位元的环. 加法定义为

$$(f+g)(x)=f(x)+g(x),$$

乘法定义为

$$(fg)(x)=f(g(x)),$$

这里$f,g\in\operatorname{Hom}_R(M,M)$,$x\in M$,而$M$到$M$的恒等映射$I_M$即为单位元.

**定义 5.2.11** 定理 5.2.9 中给出的环$\operatorname{Hom}_R(M,M)$称作模$M$的自同态环(endomorphism ring),记为$\operatorname{End}(M)$.

**定理 5.2.10** 令$A$与$B$是两个单$R$-模,则$A$到$B$的每个同态$f$或是 0 或是同构.

**证明** 显然$\operatorname{Ker}f\leqslant A$. 因$A$是单的,故$\operatorname{Ker}f=A$或$\operatorname{Ker}f=0$. 若为前者,则$f=0$. 若为后者,则$f$是单的,且$f(A)\neq 0$,从而$f(A)=B$. 即$f$是满的,故$f$是同构.

由此结果可得如下结论.

**定理 5.2.11**（舒尔引理（Schur lemma）） 单模的自同态环是除环.

下面对任意含有单位元 1 的环 $R$，确定 $\mathrm{End}({}_RR)$. 为此，对于一个固定的 $s_0\in R$，考虑映射

$$s_0^{(r)}:R\ni x\mapsto xs_0\in R.$$

根据环中元素运算的结合律和分配律，有 $s_0^{(r)}\in\mathrm{End}({}_RR)$. 我们称 $s_0^{(r)}$ 是由 $s_0$ 引出的右乘法映射. 令 $\varphi\in\mathrm{End}({}_RR)$，对任意 $x\in R$，由于 $1\in R$，所以

$$\varphi(x)=\varphi(x\cdot 1)=x\cdot\varphi(1)=\varphi(1)^{(r)}(x),$$

亦即 $\varphi=\varphi(1)^{(r)}$. 显然，$\mathrm{End}({}_RR)$恰由所有的左乘映射构成，记为 $R^{(r)}=\mathrm{End}({}_RR)$.

**定理 5.2.12**　映射 $\rho:R\ni s\mapsto s^{(r)}\in R^{(r)}$是一个环反同构(anti-isomorphism).

**证明**　对 $s_1,s_2,x\in R$，有

$$(s_1+s_2)^{(r)}(x)=x(s_1+s_2)=xs_1+xs_2=s_1^{(r)}(x)+s_2^{(r)}(x)=(s_1^{(r)}+s_2^{(r)})(x),$$

$$(s_1s_2)^{(r)}(x)=x(s_1s_2)=(xs_1)s_2=s_2^{(r)}(s_1^{(r)}(x))=(s_2^{(r)}s_1^{(r)})(x),$$

于是，$(s_1+s_2)^{(r)}=s_1^{(r)}+s_2^{(r)}$，$(s_1s_2)^{(r)}=s_2^{(r)}s_1^{(r)}$. 因此，$\rho$ 是一个环反同态.

现在，令 $xs_1=xs_2$，对 $x=1$，则有 $s_1=1\cdot s_1=1\cdot s_2=s_2$，从而 $s_1^{(r)}=s_2^{(r)}$. 于是，$s_1=s_2$. 因此，$\rho$ 是单的. 显然，$\rho$ 是满的.

类似地，还可以考虑 $R$ 的左乘法映射构成的环 $R^{(l)}$，并且，此时有环同构

$$R\cong R^{(l)}=\mathrm{End}({}_RR).$$

再回到一般情形. 已知右模${}_RM$，令 $S=\mathrm{End}({}_RM)$，于是对任意 $\alpha\in S$，$x\in M$，$r\in R$，若规定 $M$ 与 $S$ 的右模乘，$x\alpha=\alpha(x)$，则有 $r(x\alpha)=r(\alpha(x))=\alpha(rx)=(rx)\alpha$. 于是易知 $M$ 是一个$(R,S)$-双模${}_RM_S$. 在某些考虑中，$M_R$，${}_SM$，${}_SM_R$的结构起到重要作用.

## 习　题　5.2

1. 设 $I$ 是环 $R$ 的左理想，$M$ 是一个左 $R$-模，证明：

(1) 如果 $S$ 是 $M$ 的非空子集，则 $IS=\left\{\sum\limits_{i=1}^{n}r_ia_i\,\middle|\,n\in\mathbb{Z}^+,r_i\in I,a_i\in S\right\}$ 是 $M$ 的子模.

**注 5.2.5**　如果 $S=\{a\}$，则 $IS=Ia=\{ra\mid r\in I\}$.

(2) 如果 $I$ 是环 $R$ 的理想，则 $M/IM$ 关于模乘法$(r+I)(a+IM)=ra+IM$ 构成 $R/I$-模.

2. 如果 $R$ 是有单位元的环，证明：每一个酉循环 $R$-模 $M$ 都同构于形如 $R/J$ 的 $R$-模，其中 $J$ 是环 $R$ 的左理想.

3. 设 $R$ 是有单位元的环，令 $M_1$ 与 $M_2$ 均是 $R$-模 $M$ 的子模，证明：如果 $M_1+M_2$ 与 $M_1\cap M_2$ 都是有限生成 $R$-模，则 $M_1$ 与 $M_2$ 也是有限生成 $R$-模.

4. 设 $R$ 是有单位元的环，证明：$R$-模 $M$ 的子模 $A$ 是极大子模当且仅当对 $M$

的任意元素 $m$，若 $a\notin A$，则 $M=Rm+A$.

5. 设$\mathbb{Q}$是有理数全体，则${}_{\mathbb{Z}}\mathbb{Q}$是整数环$\mathbb{Z}$上的左模. 证明：

(1) ${}_{\mathbb{Z}}\mathbb{Q}$ 中不存在极小模；

(2) ${}_{\mathbb{Z}}\mathbb{Q}$ 中不存在极大模；

(3) ${}_{\mathbb{Z}}\mathbb{Q}$ 中不存在有限生成集.

6. 设 $R$ 是有单位元的环，如果 $M$ 是一个非零左 $R$-模，证明下列条件等价：

(1) $M$ 是一个单模；

(2) 对于 $M$ 的任意非零元 $m$，$M=Rm$；

(3) 对 $R$ 的某个极大左理想 $L$，$M\cong R/L$.

7. 设 $R$ 是有单位元的环，如果 $M$ 是一个非零左 $R$-模，$f:M\to M$ 是 $R$-同态且 $f^2=f$，证明：$M=\mathrm{Ker}f\oplus \mathrm{Im}f$.

8. 设 $R$ 是有单位元的环，$A,B,C$ 是一个非零左 $R$-模，令 $f:A\to B$ 与 $g:B\to C$ 均是 $R$-同态，证明：

(1) 如果 $f$ 与 $g$ 都是单同态，则 $gf$ 也是单同态；

(2) 如果 $f$ 与 $g$ 都是满同态，则 $gf$ 也是满同态；

(3) 如果 $gf$ 是单同态，则 $f$ 是单同态；

(4)如果 $gf$ 是满同态，则 $g$ 是满同态.

9. 设 $R$ 是有单位元的环，令 $f:A\to B$ 是 $R$-同态，证明：

(1) $f$ 是单同态$\Leftrightarrow \mathrm{Ker}(f)=0$；

(2) 如果 $U$ 是 $A$ 的子模，则 $f^{-1}(f(U))=U+\mathrm{Ker}(f)$；

(3) 如果 $V$ 是 $B$ 的子模，则 $f(f^{-1}(V))=V\cap \mathrm{Im}(f)$；

(4) 如果 $g:B\to C$ 是一个同态，则成立

$$\mathrm{Ker}(gf)=f^{-1}(\mathrm{Ker}(g)) \quad 与 \quad \mathrm{Im}(gf)=g(\mathrm{Im}(f)).$$

10. 设 $R$ 是有单位元的环，令 $f:A\to B$ 是 $R$-同态，$\{A_i\mid i\in I\}$是 $A$ 的子模集，$\{B_i\mid i\in I\}$是 $B$ 的子模集，证明：

(1) $f\left(\sum\limits_{i\in I}A_i\right)=\sum\limits_{i\in I}f(A_i)$，$f^{-1}\left(\bigcap\limits_{i\in I}B_i\right)=\bigcap\limits_{i\in I}f^{-1}(B_i)$；

(2) $f^{-1}\left(\sum\limits_{i\in I}B_i\right)\subseteq\sum\limits_{i\in I}f^{-1}(B_i)$，$f\left(\bigcap\limits_{i\in I}A_i\right)\subseteq\bigcap\limits_{i\in I}f(A_i)$；

(3) 如果对任 $i\in I$，有 $B_i\subseteq\mathrm{Im}(f)$，则 $f^{-1}\left(\sum\limits_{i\in I}B_i\right)=\bigcap\limits_{i\in I}f^{-1}(B_i)$；

(4)如果对任 $i\in I$，有 $\mathrm{Ker}(f)\subseteq A_i$，则 $f\left(\bigcap\limits_{i\in I}A_i\right)=\bigcap\limits_{i\in I}f(A_i)$.

11. 设 $R$ 是有单位元的环，$A,B$ 是一个非零左 $R$-模，令 $f:A\to B$ 与 $g:B\to A$ 均是 $R$-同态，且 $gf=I_A$，证明：$B=\mathrm{Ker}g\oplus\mathrm{Im}f$.

## 5.3 模同态的基本定理、模的直积与直和

类似于群论与环论方面的内容,模论里也有同态基本定理及若干同构定理. 本节介绍这方面内容.

### 5.3.1 模同态的基本定理

**定理 5.3.1** (同态基本定理(fundamental theorem of homomorphism)) 设 $f$ 是 $R$-模 $M$ 到 $R$-模 $N$ 的满同态, $K=\mathrm{Ker}f$, 则 $M/K\cong N$.

证明同群的相应定理的证明类似,留给读者作为练习.

**定理 5.3.2** (同态分解定理) 设 $M$ 与 $N$ 均是 $R$-模,则每个模同态 $f:M\to N$ 均有分解 $f=f'\pi$,其中 $\pi:M\to M/\mathrm{Ker}(f)$ 是自然满同态, $f'$ 是下面定义的单同态:

$$f':M/\mathrm{Ker}(f)\ni x+\mathrm{Ker}(f)\mapsto f(x)\in N.$$

进一步, $f'$ 是同构映射当且仅当 $f$ 是满同态.

**注 5.3.1** 等式 $f=f'\pi$ 相当于下面的交换图(图 5.3.1).

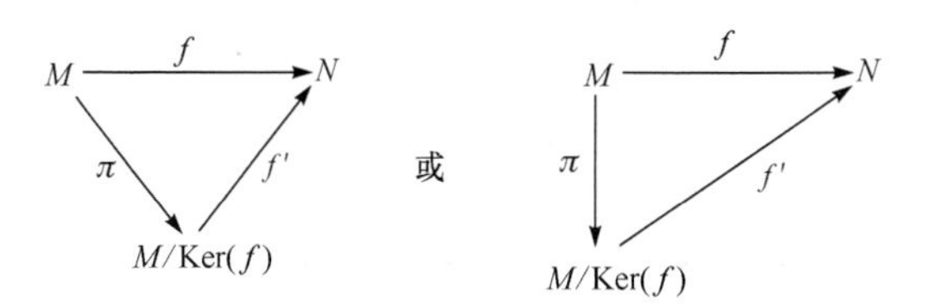


图 5.3.1

**证明** 首先证明 $f'$ 是一个定义良好的映射. 令 $x+\mathrm{Ker}(f)=y+\mathrm{Ker}(f)$, 则有 $y=x+u$, 其中 $u\in\mathrm{Ker}(f)$. 于是

$$f'(y+\mathrm{Ker}(f))=f(y)=f(x+u)=f(x)+f(u)=f(x)=f'(x+\mathrm{Ker}(f)).$$

因此, $f'$ 是定义良好的. 显然, $f'$ 是模同态. 为证 $f'$ 是单的,设 $f'(x+\mathrm{Ker}(f))=f(x)=0$, 则 $x\in\mathrm{Ker}(f)$. 故 $x+\mathrm{Ker}(f)=0+\mathrm{Ker}(f)$. 于是, $\mathrm{Ker}(f')=0$.

对任意 $x\in M$, 有 $f'\pi(x)=f'(x+\mathrm{Ker}(f))=f(x)$. 所以 $f=f'\pi$. 进一步,由于 $f'$ 是单同态以及 $\mathrm{Im}(f')=\mathrm{Im}(f)$, 故当 $f$ 是满同态时, $f'$ 是同构. 反之亦然.

**注 5.3.2** 对于环同态,也有类似的同态分解定理.

**定理 5.3.3** 设 $R$ 与 $S$ 是环,则每个环同态 $g:R\to S$ 有分解 $g=g'\pi$. 此处 $\pi:R\to R/\mathrm{Ker}(g)$ 是自然满同态, $g'$ 是下面定义的单同态:

$$g':R/\mathrm{Ker}(g)\ni r+\mathrm{Ker}(g)\mapsto g(r)\in S.$$

进一步, $g'$ 是环同构当且仅当 $g$ 是满的.

定理 5.3.3 的证明与定理 5.3.2 的证明类似,留给读者作为练习. 值得一提的

是,定理 5.3.3 可看作定理 2.3.4(2)的推广.

**推论 5.3.1** (1) 如果 $f:M\to N$ 是一个模同态,则

$$\hat{f}:M/\mathrm{Ker}(f)\ni x+\mathrm{Ker}(f)\mapsto f(x)\in \mathrm{Im}(f)$$

是一个同构. 因此,有 $M/\mathrm{Ker}\cong \mathrm{Im}(f)$.

(2) 如果 $g:R\to S$ 是一个环同态,则

$$\hat{g}:R/\mathrm{Ker}(g)\ni r+\mathrm{Ker}(g)\mapsto g(r)\in \mathrm{Im}(g)$$

是一个环同态. 因此,有

$$R/\mathrm{Ker}(g)\cong \mathrm{Im}(g).$$

**定理 5.3.4** (第二同构定理(second isomorphism theorem) 设 $M$ 是一个 $R$-模,$N$ 与 $L$ 是其子模,则有

$$(N+L)/L\cong N/N\cap L.$$

**证明** 考虑自然满同态 $\tau:N+L\to (N+L)/L$,则有 $\mathrm{Ker}(\tau)=L$. 再考虑限制同态

$$\delta=\tau|_N:N\to (N+L)/L,$$

则有 $\mathrm{Ker}(\delta)=N\cap L$. 由推论 5.3.1 可得

$$(N+L)/L\cong \mathrm{Im}(\tau)=\tau(N+L)=\tau(N)+\tau(L)=\tau(N)$$

与

$$N/(N\cap L)\cong \mathrm{Im}(\delta)=\delta(N)=\tau(N).$$

于是$(N+L)/L\cong N/(N\cap L)$.

**推论 5.3.2** 设有模 $M$ 及其子模 $N$ 和 $L$ 满足 $M=N\oplus L$,则 $M/L\cong N$.

**证明** $M/L=(N+L)/L\cong N/N\cap L=N/\{0\}\cong N$.

**定理 5.3.5** (第三同构定理(third isomorphism theorem)) 令模 $M$ 及其子模 $N$ 与 $L$ 满足 $L\subseteq N\subseteq M$,则有 $M/N\cong M/L/N/L$.

**证明** 令 $\pi_1:M\to M/L,\pi_2:M/L\to (M/L)/(N/L)$ 是自然满同态. 由 $L\subseteq N\subseteq M$可知,$N/L$ 也是$M/L$ 的子模. 由于 $\pi_1$ 与 $\pi_2$ 是满同态,故 $\pi_2\pi_1$ 也是满同态. 因此,根据推论 5.3.1 得

$$M/\mathrm{Ker}(\pi_2\pi_1)\cong (M/L)/(N/L).$$

而 $\mathrm{Ker}(\pi_2\pi_1)=\pi_1^{-1}(\mathrm{Ker}\pi_2)=\pi_1^{-1}(N/L)=\pi_1^{-1}(\pi_1(N))=N+\mathrm{Ker}\pi_1=N+L=N$.
所以

$$M/L\cong (M/L)/(N/L).$$

**例 5.3.1** 对于整数环$\mathbb{Z}$,$\mathbb{Z}$ 作为$\mathbb{Z}$-模,有$\mathbb{Z}/3\mathbb{Z}\cong(\mathbb{Z}/6\mathbb{Z})/(3\mathbb{Z}/6\mathbb{Z})$.

**定理 5.3.6** 设$M,N$ 与$L$ 是左$R$-模,$f:M\to N$ 是一个同态,$g:M\to L$ 是满同态且 $\mathrm{Ker}(g)\leqslant \mathrm{Ker}(f)$,则存在一个同态 $h$ 使成立

(1) $f=hg$;

(2) $\mathrm{Im}(h)=\mathrm{Im}(f)$;

(3) $h$ 是单同态当且仅当 $\mathrm{Ker}(g)=\mathrm{Ker}(f)$.

**注 5.3.3** 式(1)蕴涵着有交换图(图 5.3.2).

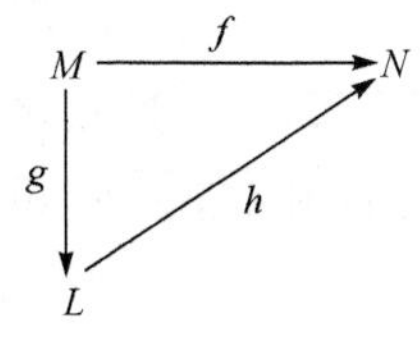


图 5.3.2

**证明** 由于 $g$ 是满同态,故对任意 $y\in L$,存在 $x\in M$ 使得 $g(x)=y$. 对每个 $y\in L$,选定一个 $x_y\in M$ 使得 $g(x_y)=y$. 于是,定义映射 $h$ 如下:

$$h:L\to N, h(y)=f(x_y).$$

首先证明 $h$ 是一个定义良好的映射. 令 $y=g(x)=g(x_y)$, $x, x_y\in M$, 则 $g(x-x_y)=0$. 故 $x-x_y\in \mathrm{Ker}(g)\leqslant \mathrm{Ker}(f)$. 因此 $f(x-x_y)=0$,从而 $f(x_y)=f(x)$. 即 $f$ 是定义良好的.

下面证明 $h$ 是一个同态. 令 $y_1=g(x_1)$, $y_2=g(x_2)$,这里 $x_1, x_2\in M$, $y_1, y_2\in N$. 于是,对任意 $r_1, r_2\in R$,有

$$g(r_1x_1+r_2x_2)=r_1g(x_1)+r_2g(x_2)=r_1y_1+r_2y_2.$$

于是

$$h(r_1y_1+r_2y_2)=f(r_1x_1+r_2x_2)=r_1f(x_1)+r_2f(x_2)=r_1h(y_1)+r_2h(y_2).$$

所以,$h$ 是从 $L$ 到 $N$ 的模同态.

由 $h$ 的定义知(1)与(2)成立. 为证明(3),首先假设 $h$ 是单的. 由已知 $\mathrm{Ker}(g)\leqslant \mathrm{Ker}(f)$,为证 $\mathrm{Ker}(f)\leqslant \mathrm{Ker}(g)$,令 $x\in \mathrm{Ker}(f)$. 因为 $0=f(x)=hg(x)$,故 $g(x)=0$,从而 $x\in \mathrm{Ker}(g)$. 因此 $\mathrm{Ker}(f)=\mathrm{Ker}(g)$.

现在假设 $\mathrm{Ker}(g)=\mathrm{Ker}(f)$,则由 $h(y)=0$ 和 $y=g(x)$ 知 $f(x)=0$. 因此,$x\in \mathrm{Ker}(f)=\mathrm{Ker}(g)$. 所以 $y=g(x)=0$,亦即 $h$ 是单的.

下面看两种特殊情况.

(1) 设 $f:M\to N$, $M'\leqslant \mathrm{Ker}(f)$, $L=M/M'$, $g=\pi:M\to M/M'$ 是自然满同态,则有 $f=hg$,即图 5.3.3 是交换的,其中 $h(x+M')=f(x)$. 如果 $M'=\mathrm{Ker}(f)$,则我们就得到定理 5.3.2(同态分解定理).

(2) 设 $M''\subseteq M'\subseteq M$, $f=\pi':M\to M/M'$, $g=\pi'':M\to M/M''$,则图 5.3.4 是交换的,其中 $h(x+M'')=x+M'$.

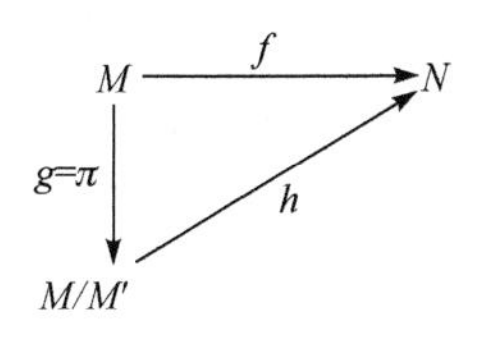


图 5.3.3

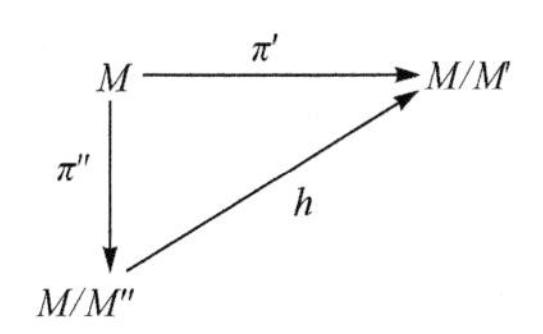


图 5.3.4

令 $f=hg$ 是已知同态 $f$ 的已有分解，下面讨论 $f$ 的性质和 $N$ 的"分解性质"之间的联系.

**定义 5.3.1** 设 $R$ 是环，设 $M,N$ 与 $L$ 是左 $R$-模，

(1) 子模 $N_0\leqslant N$ 称作 $N$ 的直和(加)项(direct summand)，如果存在子模 $N_1\leqslant N$ 使得 $N=N_0\oplus N_1$.

(2) 单同态 $\alpha:M\to N$ 称作分裂的(splitting)，如果 $\mathrm{Im}(\alpha)$ 是 $N$ 的直和加项.

(3) 满同态 $\beta:N\to L$ 称作分裂的(splitting)，如果 $\mathrm{Ker}(\beta)$ 是 $N$ 的直和加项.

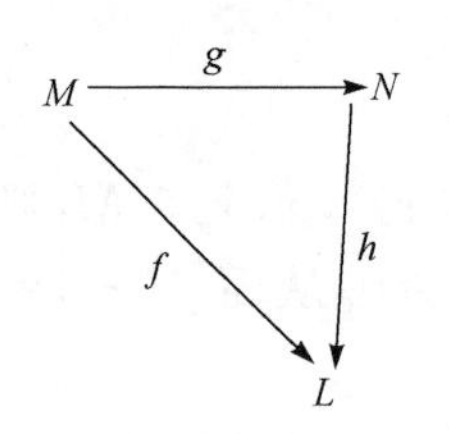


图 5.3.5

**定理 5.3.7** 设图 5.3.5 是可交换的，即有 $f=hg$，则有如下等式：

(1) $\mathrm{Im}(g)+\mathrm{Ker}(h)=h^{-1}(\mathrm{Im}(f))$；

(2) $\mathrm{Im}(g)\cap\mathrm{Ker}(h)=g(\mathrm{Ker}(f))$.

**证明** (1) 由于 $f=hg$，故

$$\mathrm{Im}(f)=\mathrm{Im}(hg)=h(\mathrm{Im}(g)).$$

于是

$$h^{-1}(\mathrm{Im}(f))=h^{-1}(h(\mathrm{Im}(g))=\mathrm{Im}(g)+\mathrm{Ker}(h).$$

(2) 由于 $\mathrm{Ker}(f)=\mathrm{Ker}(hg)=g^{-1}(\mathrm{Ker}(h))$，故有

$$g(\mathrm{Ker}(f))=g(g^{-1}(\mathrm{Ker}(h))=\mathrm{Ker}(g)\cap\mathrm{Ker}(h).$$

由该定理很容易得到如下两个推论.

**推论 5.3.3** (1) 如果 $f$ 是满同态，则 $\mathrm{Im}(g)+\mathrm{Ker}(h)=h^{-1}(L)=N$；

(2) 如果 $f$ 是单同态，则 $\mathrm{Im}(g)\cap\mathrm{Ker}(h)=g(0)=0$；

(3) 如果 $f$ 是同构，则 $\mathrm{Im}(g)\oplus\mathrm{Ker}(h)=N$.

**推论 5.3.4** (1) 对 $g:M\to N$，下列叙述等价：

(a) $g$ 是分裂单同态；

(b) 存在同态 $h:N\to M$ 使 $hg=1_M$.

(2) 对 $h:N\to L$，下列叙述等价：

(a) $h$ 是分裂满同态；

(b) 存在同态 $k:L\to N$ 使 $hk=1_L$.

特别地，如果 $M\leqslant N$，$g$ 是 $M$ 到 $N$ 的包含映射，则 $h:N\to N/M$ 是自然满同态.

### 5.3.2 模的直积与直和

模的直积与直和是研究模的重要工具，本小节讨论模的直积与直和.

设 $\{A_i\mid i\in I\}$ 是带有非空指标集 $I$ 的一族左 $R$-模集合，则 $\{A_i\mid i\in I\}$ 之积 $\prod\limits_{i\in I}A_i$ 是映射

$$\alpha:I\to\bigcup_{i\in I}A_i\quad(\alpha(i)\in A_i,\forall i)$$

的全体构成的集合.

首先介绍几个表示法:

(1) $a_i=\alpha(i)$称为$\alpha$的第$i$个分量;

(2) $(a_i)=(\alpha(i))=\alpha$.

因此,显然对$(a_i),(a_i')\in\prod_{i\in I}A_i$,有

$$(a_i)=(a_i')\Leftrightarrow\forall i\in I\quad(a_i=a_i').$$

$I$不一定非得可数,然而如果$I$是可数的,例如,$I=\{1,2,3,\cdots\}$,则可记

$$(a_1,a_2,a_3,\cdots)=(a_i)=\alpha.$$

如果$A_i(i\in I)$是左$R$-模,则按定义 5.3.2,$\prod_{i\in I}A_i$构成左$R$-模.

**定义 5.3.2** 设$(a_i),(b_i)\in\prod_{i\in I}A_i,r\in R$,有

(1) 加法:$(a_i)+(b_i)=(a_i+b_i)$.

(2) 模乘法:$r(a_i)=(ra_i)$.

若仍记$\alpha=(a_i),\beta=(b_i)$,则有

$$(\alpha+\beta)(i)=\alpha(i)+\beta(i)\quad(i\in I),$$
$$(r\alpha)(i)=r\alpha(i)\quad(i\in I).$$

证明很显然,这里从略.特别是,$I\ni i\mapsto O_i\in\prod_{i\in I}A_i$,这个零映射是$\prod_{i\in I}A_i$的零元,$O_i$是$A_i$的零元,$-\alpha_i=(-a_i)$是$\alpha=(a_i)$关于加法的负元.

**定义 5.3.3** $\prod_{i\in I}A_i$的元素称作是有限支撑的(finite support),如果只有有限多个$i\in I$,使得$a_i\neq0$.

由子模的判别准则知,$\prod_{i\in I}A_i$的所有有限支撑的元素构成$\prod_{i\in I}A_i$的一个子模.

**定义 5.3.4** (1) 如果$\{A_i|i\in I\}$是一族$R$-模,则$R$-模$\prod_{i\in I}A_i$称为$\{A_i|i\in I\}$的直积(direct product).

(2) $\prod_{i\in I}A_i$的全体有限支撑的元素构成的子模称为$R$-模族$\{A_i|i\in I\}$的外部直和(external direct sum),记为$\coprod_{i\in I}A_i$.

**注 5.3.4** 如果$I$是有限的,则有$\prod_{i\in I}A_i=\coprod_{i\in I}A_i$.

对$j\in I$,考虑下列映射:

$\pi_j:\prod_{i\in I}A_i\ni(a_i)\mapsto a_j\in A_j$,

$\sigma:\coprod_{i\in I}A_i\ni(a_i)\mapsto(a_i)\in\prod_{i\in I}A_i$,

$\eta_j:A_j\ni a_j\mapsto\alpha_j\in\coprod_{i\in I}A_i$,

其中

$$\alpha_j(i)=\begin{cases}0, & i\neq j,\\ a_j, & i=j.\end{cases}$$

易证引理 5.3.1.

**引理 5.3.1** (1) $\pi_j$ 和 $\pi_j\sigma$ 是满同态;

(2) $\eta_j$ 和 $\sigma\eta_j$ 是单同态;

(3) $\pi_k\sigma\eta_j=\begin{cases}1_{A_j}, & k=j,\\ 0, & k\neq j;\end{cases}$

(4) $(\sigma\eta_j\pi_j)^2=\sigma\eta_j\pi_j,(\eta_j\pi_j\sigma)^2=\eta_j\pi_j\sigma$;

(5) 如果 $I=\{1,2,\cdots,n\}$,则

$$(\eta_j\pi_j)^2=\eta_j\pi_j\ \wedge\ 1_{\prod A_i}=\sum_{j=1}^{n}\eta_j\pi_j.$$

**定理 5.3.8** (1) 对于 $\prod\limits_{i\in I}A_i$ 和 $\{\pi_i\mid i\in I\}$,则对每个 $R$-模 $C$ 和同态族

$$\{\gamma_i\mid\gamma_i:C\to A_i,i\in I\},$$

都存在唯一的一个同态

$$\gamma:C\to\prod_{i\in I}A_i,$$

使得 $\gamma_i=\pi_i\gamma,i\in I$. 也称

$$\left(\prod_{i\in I}A_i,(\pi_i\mid i\in I)\right)$$

是 $R$-模族 $\{A_i\mid i\in I\}$ 的积(product)或直积(direct product).

(2) 对于 $\coprod\limits_{i\in I}A_i$ 和 $(\eta_i\mid i\in I)$, 则对每个 $R$-模和每个同态族

$$\{\beta_i\mid i\in I,A_i\to B\},$$

都存在唯一的一个同态

$$\beta:\coprod_{i\in I}A_i\to B,$$

使得 $\beta_i=\beta\eta_i,i\in I$. 也称

$$\left(\coprod_{i\in I}A_i,(\eta_i\mid i\in I)\right)$$

是 $R$-模族 $\{A_i\mid i\in I\}$ 的上积或直和.

**证明** (1) 首先构造一个映射 $\gamma:C\to\prod\limits_{i\in I}A_i$,令

$$\gamma(c)=(\gamma_i(c))\in\prod_{i\in I}A_i\quad(c\in C),$$

则 $\gamma$ 是同态,有

$$(\pi_j\gamma)(c)=\pi_j(\gamma(c))=\gamma_j(c)\quad(c\in C).$$

因此，$\gamma_j=\pi_j\gamma, j\in I$.

唯一性. 令 $\gamma':C\to\prod_{i\in I}A_i, \gamma_j(c)=(\pi_j\gamma(c))=\pi_j(\gamma'(c))$. 于是，有 $\gamma'=(\gamma_i(c))=\gamma(c)$. 因此 $\gamma'=\gamma$.

(2) 先构造 $\beta:\coprod_{i\in I}A_i\to B$，令

$$\beta((a_i))=\sum\beta_i(a_i)\in B.$$

此处只对有限多个 $i\in I$ 有 $a_i\neq 0$. 由 $\coprod_{i\in I}A_i$ 的定义，和是有意义的，空指标集上的和永远置为 0.

显然，$\beta$ 是同态，并且有 $(\beta\eta_j)(a_j)=\beta(a_j)=\beta_j(a_j)$. 因此 $\beta_j=\beta\eta_j, j\in I$.

唯一性. 假设还有 $\beta':\coprod_{i\in I}A_i\to B$ 使得 $\beta_j=\beta'\eta_j$，则有

$$\beta(a_j)=\beta_j(a_j)=(\beta'\eta_j)(a_j).$$

由于 $\coprod_{i\in I}A_i$ 中每个元素是有限多个元素 $a_j$ 的和，所以有 $\beta=\beta'$.

再引入一些符号.

$$A^I=\prod_{i\in I}A_i,\quad A_i=A\quad(\forall i\in I);$$

$$A^{(I)}=\coprod_{i\in I}A_i,\quad A_i=A\quad(\forall i\in I).$$

我们在 5.2 节引进了内直和的概念，本节讲了(外部)直和. 现在证明这些概念在本质上是相同的，即在同构意义下是一致的.

首先，有单同态

$$\eta_j:A_j\ni a_j\mapsto\alpha_j\in\coprod_{i\in I}A_i,$$

式中，

$$\alpha_j(i)=\begin{cases}0, & i\neq j,\\ a_j, & i=j.\end{cases}$$

令 $A_j'=\eta_j(A_j)$，则 $A_j'$ 是同构于 $A_j$ 的一个模.

当 $I=\{1,2,3,\cdots,n\}$ 有限时，则有 $\alpha_j=\{0,\cdots,a_j,0,\cdots,0\}$，这里 $a_j$ 在第 $j$ 个位置，即 $A_j'=\{(0,\cdots,a_j,0,\cdots,0)\mid a_j\in A_j\}$.

**定理 5.3.9**　令 $\{A_i\mid i\in I\}$ 是 $R$-模族，则有

$$\coprod_{i\in I}A_i=\bigoplus_{i\in I}A_i',\quad A_i\cong A_i'.$$

换句话说，$A_i$ 的外直和等于 $\bigoplus_{i\in I}A_i$ 的子模 $A_i'$ 的内直和.

**证明**　由 $A_i'$ 的定义，有 $\sum_{i\in I}A_i'\subseteq\coprod_{i\in I}A_i$.

令 $0 \neq (a_i) \in \coprod\limits_{i\in I} A_i$，设 $a_{i_1}\neq 0, a_{i_2}\neq 0, \cdots, a_{i_n}\neq 0$. 对其他的 $i, a_i=0$. 于是有

$$(a_i)\in A_i'+\cdots+A_{i_n}'.$$

因此，$\sum\limits_{i\in I} A_i' = \coprod\limits_{i\in I} A_i$.

令 $(a_i) \in A_j' \cap \sum\limits_{i\neq j, i\in I} A_i' \Rightarrow a_i = 0, i\neq j$，有 $a_j = 0 \Rightarrow (a_i) = 0$. 于是 $\sum\limits_{i\in I} A_i' = \bigoplus\limits_{i\in I} A_i'$，即 $\coprod\limits_{i\in I} A_i = \bigoplus\limits_{i\in I} A_i'$.

**注 5.3.5** 在以后，同构模 $A_i$ 和 $A_i'$ 通常视为相同的，所以可用 $A_i$ 代替 $A_i'$，而且根据定理 5.3.9，内直和与外直和的区别常常略去，两种情形均写作 $\oplus A_i$，称之为直和.

### 5.3.3 模的同态正合列

为了后面章节的需要，下面引进模同态的正合列概念.

**定义 5.3.5** 一对模同态 $A \xrightarrow{f} B \xrightarrow{g} C$ 称为是正和的(exact)，如果 $\mathrm{Im}f=\mathrm{Ker}g$. 模同态的有限序列 $A_0 \xrightarrow{f_1} A_1 \xrightarrow{f_2} A_2 \xrightarrow{f_3} \cdots \xrightarrow{f_{n-1}} A_{n-1} \xrightarrow{f_n} A_n$ 称为是正合的，如果 $\mathrm{Im}f_i=\mathrm{Ker}f_{i+1}$，这里 $i=1,2,\cdots,n-1$. 模同态的无限序列 $\cdots \xrightarrow{f_{i-1}} A_{i-1} \xrightarrow{f_i} A_i \xrightarrow{f_{i+1}} A_{i+1} \xrightarrow{f_{i+2}} \cdots$ 称为是正合的，如果 $\mathrm{Im}f_i=\mathrm{Ker}f_{i+1}$，这里 $i\in\mathbb{Z}$.

为叙述方便，有时直接说模的正合列(exact sequence)，而不说模同态的正合列.

**例 5.3.2** 首先注意到对任一个模 $A$，有唯一的模同态 $0\to A$ 和 $A\to 0$；如果 $A$ 是模 $B$ 的子模，则序列 $0\to A \xrightarrow{i} B \xrightarrow{p} B/A \to 0$ 是正合的，其中 $i$ 是包含映射，而 $p$ 是典型的投影满射. 如果 $f: A\to B$ 是模同态，则有正合列：$0\to \mathrm{Ker}f \to A \to B \to \mathrm{Coker}f \to 0$，这里未标出的映射是显然的包含映射和投影映射.

**注 5.3.6** 序列 $0\to A \xrightarrow{f} B$ 是正合的当且仅当 $f$ 是单同态. 类似地，序列 $B \xrightarrow{g} C \to 0$是正合的当且仅当 $g$ 是满同态. 如果序列 $A \xrightarrow{f} B \xrightarrow{g} C$ 是正合的，则 $gf=0$. 最后，若序列 $A \xrightarrow{f} B \xrightarrow{g} C \to 0$ 是正合的，则 $\mathrm{Coker}f = B/\mathrm{Im}f = B/\mathrm{Ker}g = \mathrm{Coim}(g) \cong C$. 形如 $0\to A \xrightarrow{f} B \xrightarrow{g} C \to 0$ 的正合列称为短正合列(short exact sequence). 前面的注表明短正合列仅是表示子模的另一种方式($A\cong \mathrm{Im}f$)以及它的商模的另一种形式($B/\mathrm{Im}f=B/\mathrm{Ker}g\cong C$).

**定理 5.3.10** (短五引理(short five lemma)) 令 $R$ 是一个环，图 5.3.6 是 $R$-模与 $R$-模同态的交换图使得每行是短正合列，则有

(1) 如果 $\alpha$ 和 $\gamma$ 是单同态,则 $\beta$ 是单同态;

(2) 如果 $\alpha$ 和 $\gamma$ 是满同态,则 $\beta$ 是满同态;

(3) 如果 $\alpha$ 和 $\gamma$ 是同构,则 $\beta$ 是同构.

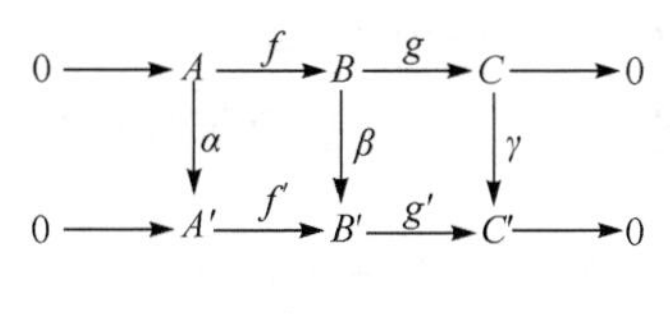

图 5.3.6

**证明**　(1) 令 $b\in B$,且假设 $\beta(b)=0$,需证明 $b=0$. 由图 5.3.6 的交换性,有

$$\gamma g(b)=g'\beta(b)=g'(0)=0.$$

这就蕴涵着 $g(b)=0$,因为 $\gamma$ 是单同态. 由于图 5.3.6 的上面一行在 $B$ 处的正合性,故有 $b\in \mathrm{Ker}g=\mathrm{Im}f$. 于是,存在 $a\in A$ 使得 $b=f(a)$. 再由图 5.3.6 的交换性,有

$$f'\alpha(a)=\beta f(a)=\beta(b)=0.$$

由底行在 $A'$ 处的正合性知 $f'$ 是单同态,从而 $\alpha(a)=0$. 但已知 $\alpha$ 是单同态,故 $a=0$,从而 $b=f(a)=f(0)=0$. 因此,$\beta$ 是单同态.

(2) 令 $b'\in B'$,则 $g'(b')\in C'$. 由于 $\gamma$ 是满同态,故存在某个 $c\in C$ 使得 $g'(b')=\gamma(c)$. 由于图 5.3.6 上面一行在 $C$ 处是正合的,故 $g$ 是满同态. 因此,存在 $b\in B$ 使得 $c=g(b)$. 再由图的交换性,有

$$g'\beta(b)=\gamma g(b)=\gamma(c)=g'(b').$$

所以,$g'(\beta(b)-b')=0$. 从而由正合性得 $\beta(b)-b'\in \mathrm{Ker}g'=\mathrm{Im}f'$. 于是,存在 $a'\in A'$ 使得 $f'(a')=\beta(b)-b'$. 因为 $\alpha$ 是满同态,故存在 $a\in A$ 使得 $a'=\alpha(a)$. 考虑 $b-f(a)\in B$:

$$\beta(b-f(a))=\beta(b)-\beta f(a).$$

再由图 5.3.6 的交换性,有 $\beta f(a)=f'\alpha(a)=f'(a')=\beta(b)-b'$. 因此,有

$$\beta(b-f(a))=\beta(b)-\beta f(a)=\beta(b)-(\beta(b)-b')=b'.$$

于是,$\beta$ 是满同态.

(3) 是(1)与(2)的直接结果.

两个短正合列称为是同构的,如果存在模同态的交换图(图 5.3.7),使得 $f,g$ 和 $h$ 是同构. 在这种情形下,容易验证图 5.3.8 也是交换的.

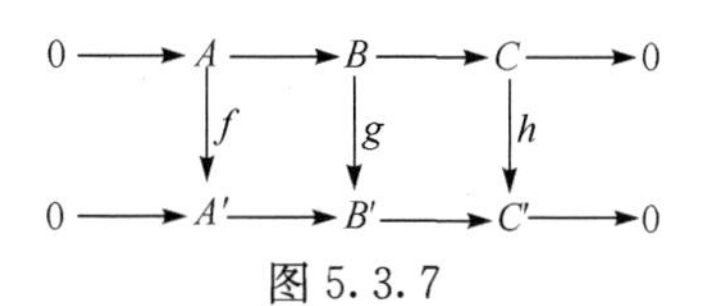

图 5.3.7

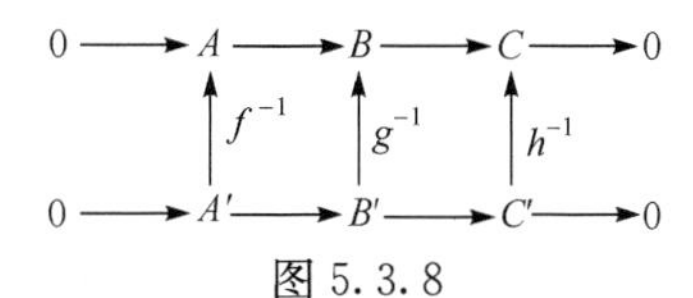

图 5.3.8

**定理 5.3.11** 令 $R$ 是一个环，$0\to A_1 \xrightarrow{f} B \xrightarrow{g} A_2 \to 0$ 是左 $R$-模同态短正合列，则下列条件是等价的：

(1) 存在 $R$-模同态 $h: A_2\to B$ 使得 $gh=1_{A_2}$；

(2) 存在 $R$-模同态 $k: B\to A_1$ 使得 $kf=1_{A_1}$；

(3) 所给的短正合列同构（$A_1, A_2$ 处是恒等映射）于短正合列

$$0\to A_1 \xrightarrow{l_1} A_1\oplus A_2 \xrightarrow{\pi_2} A_2\to 0,$$

特别地，$B\cong A_1\oplus A_2$.

满足上面定理等价条件的正合列称为可裂的或可裂正合序列(splitting exact sequence).

**证明** (1)⇒(3). 由定理 5.3.8(2)，同态 $f$ 和 $h$ 诱导模同态 $\varphi: A_1\oplus A_2\to B$，其定义为 $\varphi(a_1,a_2)=f(a_1)+h(a_2)$. 容易验证图 5.3.9 是交换的. 根据短五引理，$\varphi$ 是同构.

(2)⇒(3). 图 5.3.10 是交换的，这里 $\psi$ 是由 $\psi(b)=(k(b),g(b))$ 给出的同态. 于是，由短五引理知，$\psi$ 是同构.

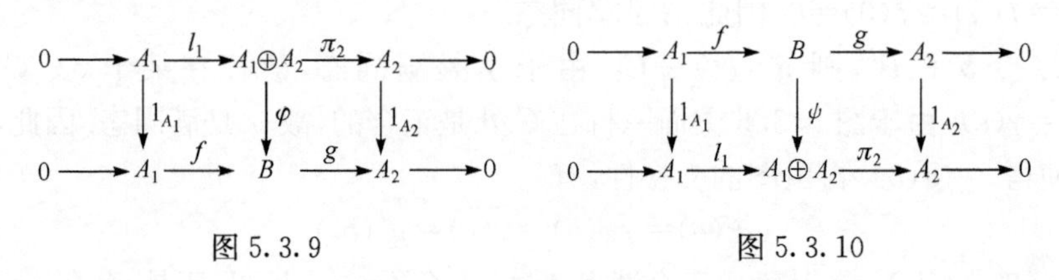

图 5.3.9　　　　图 5.3.10

(3)⇒(1)和(2). 已知行正合且 $\varphi$ 是同构的交换图(5.3.11). 我们定义 $h: A_2\to B$ 为 $\varphi l_2$，$k: B\to A_1$ 为 $\pi_1\varphi^{-1}$. 利用图的交换性和 $\pi_i l_i=1_{A_i}$ 的事实，得 $\varphi^{-1}\varphi=1_{A_1\oplus A_2}$. 于是就可证得 $kf=1_{A_1}$ 与 $gh=1_{A_2}$.

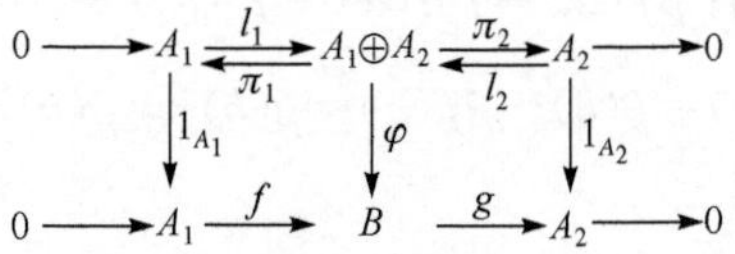

$$\begin{array}{ccccccccc}
0 & \longrightarrow & A_1 & \underset{\pi_1}{\overset{l_1}{\rightleftarrows}} & A_1\oplus A_2 & \underset{l_2}{\overset{\pi_2}{\rightleftarrows}} & A_2 & \longrightarrow & 0\\
 & & \downarrow{\scriptstyle 1_{A_1}} & & \downarrow{\scriptstyle \varphi} & & \downarrow{\scriptstyle 1_{A_2}} & & \\
0 & \longrightarrow & A_1 & \xrightarrow{f} & B & \xrightarrow{g} & A_2 & \longrightarrow & 0
\end{array}$$

图 5.3.11

## 习　题　5.3

1. (子模对应定理(corresponding theorem for submodules))　设 $R$ 为环，$f$ 是 $R$-模 $M$ 到 $R$-模 $N$ 的满同态，$K=\mathrm{Ker}f$，$S$ 是 $M$ 的所有包含 $K$ 的子模的集合，$S'$ 是 $N$ 的所有子模的集合，则映射 $\varphi: H\mapsto f(H)$ 是 $S$ 到 $S'$ 的双射，且 $H/K\cong f(H)$.

2. 设 $R$ 是一个环,对于 $R$-模同态 $f:A\to B$,证明下列叙述是等价的:

(1) $\mathrm{Ker}(f)$是 $A$ 的直和加项;

(2) $\mathrm{Im}(f)$是 $B$ 的直和加项.

3. 设 $R$ 是一个环,找出一族左 $R$-模$\{A_i\mid i\in I\}$和左 $R$-模 $M$,使

$$\mathrm{Hom}_R\Big(\prod_{i\in I}A_i,M\Big)\not\cong\prod_{i\in I}\mathrm{Hom}_R(A_i,M),$$

$$\mathrm{Hom}_R\Big(M,\sum_{i\in I}\oplus A_i\Big)\not\cong\sum_{i\in I}\oplus\mathrm{Hom}_R(M,A_i)$$

分别成立($\not\cong$在这里意为加群不同构).

4. 设 $R$ 是一个环,$M$ 为有限生成 $R$-模,$N$ 为 $M$ 的子模.证明:如果 $N$ 为 $M$ 的一个直和加项,则 $N$ 也是有限生成的.

5. 设 $R$ 是一个环,$f:A\to B$ 为满 $R$-模同态,$N$ 为 $B$ 的子模,令 $K=f^{-1}(N)$,证明:$K$ 为 $A$ 的子模,且 $A/K\cong B/N$.

6. 设 $R$ 是一个环,$M$ 为 $R$-模,$N$ 与 $K$ 为 $M$ 的子模且 $K\subseteq N$.证明:

$$M/K/N/K\cong M/N.$$

7. 设 $R$ 是一个环,$f:A\to B$ 为满 $R$-模同态,$N$ 为 $A$ 的子模,证明:$f(N)=B$ 当且仅当 $N+\mathrm{Ker}(f)=A$.

## 5.4 本质子模与多余子模、合成列

本质子模与多余子模是两类重要子模,在模理论研究中扮演着重要角色.本节主要介绍这两类子模的定义和基本性质.合成列是也是研究模特别是有限生成模的重要工具.因此,本节也同时讨论模的合成列及其基本性质.

### 5.4.1 本质子模与多余子模

**定义 5.4.1** 设 $R$ 是一个环,

(1) 模$_RM$ 的一个子模 $A$ 称作本质子模(essential submodule)或大子模(large submodule),记为 $A\overset{*}{\hookrightarrow}M$.如果对 $M$ 的任子模 $U\subseteq M$,只要 $A\cap U=0$,就有 $U=0$.

(2) 模$_RM$ 的一个子模 $A$ 称作多余子模(superfluous submodule)或小子模(small submodule),记为 $A\overset{\circ}{\hookrightarrow}M$.如果对 $M$ 的任意子模 $U\subseteq M$,只要 $A+U=M$,就有 $U=M$.

(3) 环 $R$ 的左理想,右理想和(双边)理想 $A$ 称作本质的(essential)或多余的(superfluous),如果 $A$ 分别是$_RR$,$R_R$ 和$_RR_R$ 的本质子模或多余子模.

(4) 同态 $f:M\to N$ 称作本质的(essential)(或多余的(superfluous)),如果 $\mathrm{Im}f\overset{*}{\hookrightarrow}N$(或 $\ker f\overset{\circ}{\hookrightarrow}M$).

由定义 5.4.1,可立即得如下一些结论:

(1) $A \overset{\circ}{\hookrightarrow} M$ 当且仅当对 $M$ 的任意子模 $U \subsetneq M$，$A+U \subsetneq M$；

(2) $A \overset{*}{\hookrightarrow} M$ 当且仅当对 $M$ 的任意子模 $U \subsetneq M$，$U \neq 0$，$A \cap U \neq 0$；

(3) 若 $M \neq 0$ 且 $A \overset{\circ}{\hookrightarrow} M$，则 $A \neq M$；

(4) 若 $M \neq 0$ 且 $A \overset{*}{\hookrightarrow} M$，则 $A \neq 0$.

**例 5.4.1** 对每个模 $M = {}_R M$，有 $0 \overset{\circ}{\hookrightarrow} M$，$M \overset{*}{\hookrightarrow} M$.

**定义 5.4.2** 一个模 $M$ 称作半单模(semisimple module)，如果 $M$ 的每个子模均是它的直和项.(后面还有半单模的等价定义)

**例 5.4.2** 如果 $M = {}_R M$ 是半单模，则 0 是 $M$ 的唯一多余子模，$M$ 是 $M$ 的唯一本质子模. 事实上，对于 $M$ 的任意子模 $A$，则存在子模 $U \hookrightarrow M$ 使 $A \oplus U = M$. 如果 $A \overset{\circ}{\hookrightarrow} M$，则 $U = M$，$A = 0$. 如果 $A \overset{*}{\hookrightarrow} M$，则 $U = 0$，所以 $A = M$.

**例 5.4.3** 设 $R$ 是一个局部环(定义见定理 2.4.6 证明后面的注)但不是除环. 令 $A$ 是由 $R$ 的非逆元构成的理想，则 $A \neq 0$(因 $R$ 不是除环)且 $A$ 是 $R$ 的最大的左、右及两边理想，故 $A$ 分别是 ${}_R R$，$R_R$ 及 ${}_R R_R$ 的本质子模.

**定理 5.4.1** 关于多余子模，有如下性质：

(1) 如果 $A \subseteq B \subseteq M \subseteq N$，且 $B \overset{\circ}{\hookrightarrow} M$，则有 $A \overset{\circ}{\hookrightarrow} N$；

(2) 如果 $A_i \overset{\circ}{\hookrightarrow} M$，$i = 1, 2, \cdots, n$，则 $\sum_{i=1}^{n} A_i \overset{\circ}{\hookrightarrow} M$；

(3) 如果 $A \overset{\circ}{\hookrightarrow} M$ 且 $f: M \to N$ 是模同态，则 $f(A) \overset{\circ}{\hookrightarrow} N$；

(4) 如果 $f: M \to N$ 与 $g: N \to L$ 均是多余满同态，则 $gf: M \to L$ 也是多余满同态.

这里的 $A, B, M, N$ 和 $L$ 均为 $R$-模，而 $R$ 是环.

**证明** (1) 设 $A+U=N$，其中 $U$ 为 $N$ 的任意子模，故 $B+U=N$. 于是，由模律知 $B+(U \cap M)=M$. 因此，由 $B \overset{\circ}{\hookrightarrow} M$ 知 $U \cap M = M$，从而 $M \subseteq U$. 因此，$A \subseteq M \subseteq U$. 于是有 $U = A+U = N$. 所以，$A \overset{\circ}{\hookrightarrow} N$.

(2) 对 $n$ 进行归纳证明. 当 $n=1$ 时，由假设，结论成立. 归纳假设

$$A = A_1 + \cdots + A_{n-1} \overset{\circ}{\hookrightarrow} M.$$

现在对 $M$ 的任意子模 $U$，如果有 $A + A_n + U = M$，则 $A_n + U = M$(因为 $A \overset{\circ}{\hookrightarrow} M$). 于是，由于 $A_n \overset{\circ}{\hookrightarrow} M$，得 $U = M$. 故 $A = A_1 + \cdots + A_{n-1} + A_n \overset{\circ}{\hookrightarrow} M$.

(3) 设 $f(A)+U=N$，其中 $U$ 为 $N$ 的任意子模，则对任 $m \in M$，有 $f(m) = f(a)+u$，其中 $a \in A$，$u \in U$. 于是 $f(m-a)=u$，从而 $m-a \in f^{-1}(U)$，亦即 $m \in A+f^{-1}(U)$. 因此 $A+f^{-1}(U)=M$，从而 $M=f^{-1}(U)$. 由于 $A \overset{\circ}{\hookrightarrow} M$，故有 $f(M) = ff^{-1}(U) = U \cap \mathrm{Im}(f)$. 于是，$f(A) \subseteq f(M) \subseteq U$，所以，$U = f(A)+U = N$.

(4) 设 $\mathrm{Ker}(gf)+U=M$，其中 $U\hookrightarrow M$. 由于 $\mathrm{Ker}(gf)=f^{-1}(\mathrm{Ker}g))$，故 $f(\mathrm{Ker}(gf)+U)=f(\mathrm{Ker}(gf))+f(U)=\mathrm{Ker}(g)+f(U)=f(M)=N$. 由假设，$f(U)=N$. 因此，$\mathrm{Ker}(f)+U=M$，从而 $U=M$. 所以 $gf$ 是多余满同态.

**定理 5.4.2**　设 $R$ 是环，$M={}_RM$ 是左 $R$-模，对任意 $x\in M$，则 $Rx$ 不是 $M$ 的多余子模当且仅当在 $M$ 中存在一个极大子模 $C$ 使 $x\overline{\in}C$.

**证明**　充分性. 如果 $C$ 是 $M$ 的不含 $x$ 的极大子模，则 $Rx+C=M$. 于是，由定义知 $Rx$ 不是 $M$ 的多余子模.

必要性. 利用 Zorn 引理证明. 令

$$\Gamma=\{B\mid B\subsetneq M\text{ 是子模，且}Rx+B=M\}.$$

由于 $Rx$ 不是 $M$ 的多余子模，故存在 $B\in\Gamma$，亦即 $\Gamma\neq\varnothing$. 于是，$\Gamma$ 中元素(即 $M$ 的子模) 按子模的包含关系"$\subseteq$" 构成一个偏序集.

令 $\Lambda\neq\varnothing$ 是 $\Gamma$ 的一个全序子集，则 $B_0=\bigcup\limits_{B\in\Lambda}B$ 是 $\Lambda$ 的一个上界. 事实上，假设 $x\in B_0$，则 $x$ 必含在某个 $B$ 内，从而有 $Rx\subseteq B$. 于是 $B=Rx+B=M$，矛盾. 由 $x\overline{\in}B$ 知 $B_0\subsetneq M$. 因为 $B\subseteq B_0$，故 $Rx+B_0=M$. 所以 $B_0\in\Gamma$，亦即 $\Lambda$ 在 $\Gamma$ 内有上界 $B_0$. 于是，由 Zorn 引理知，$\Gamma$ 中存在一个极大元 $C$.

我们断言 $C$ 是 $M$ 的极大子模. 令 $C\subsetneq U\subseteq M$，由于 $C$ 是 $\Gamma$ 的极大元，故 $U\notin\Gamma$. 由于 $M=Rx+C\subseteq Rx+U\subseteq M$，得 $Rx+U=M$. 因为 $U\notin\Gamma$，故 $U=M$. 所以 $C$ 是 $M$ 的极大子模.

**定理 5.4.3**　设 $M,N$ 与 $L$ 是 $R$-模，则

(1) 如果 $A\hookrightarrow B\hookrightarrow M\hookrightarrow N$ 且 $A\overset{*}{\hookrightarrow}N$，则 $B\overset{*}{\hookrightarrow}M$；

(2) 如果 $A_i\overset{*}{\hookrightarrow}M,i=1,2,\cdots,n$，则 $\bigcap\limits_{i=1}^{n}A_i\overset{*}{\hookrightarrow}M$；

(3) 如果 $B\overset{*}{\hookrightarrow}M$ 且 $f:M\to N$ 是模同态，则 $f^{-1}(B)\overset{*}{\hookrightarrow}M$；

(4) 设 $f:M\to N$ 与 $g:N\to L$ 是本质单同态，则 $gf:M\to L$ 也是本质单同态.

这个定理的证明与定理 5.4.2 的类似，留给读者作为练习.

下面的本质子模判别法应用起来是很方便的.

**定理 5.4.4**　设 $A$ 是模 $M={}_RM$ 的子模，则 $A\overset{*}{\hookrightarrow}M$ 当且仅当对 $M$ 的任非零元 $m$，存在元素 $r\in R$ 使 $rm\neq0$ 且 $rm\in A$.

**证明**　设 $A\overset{*}{\hookrightarrow}M$. 由于 $m\neq0$，故 $Rm\neq0$，因此 $A\cap Rm\neq0$，从而就得要证的结论.

反过来，设 $B\hookrightarrow M$ 且 $B\neq0$，则存在 $m\in B$，使 $m\neq0$. 于是，由定理中的条件知存在 $r\in R$ 使 $rm\neq0$ 且 $rm\in A$. 因此，$0\neq rm\in A\cap B$，从而 $A\overset{*}{\hookrightarrow}M$.

**推论 5.4.1**　令 $R$ 为环，左 $R$-模 $M=\sum\limits_{i\in I}M_i$，$M_i\hookrightarrow M$ 为子模，$A_i\overset{*}{\hookrightarrow}M_i$，$\forall i\in I$. 设 $A=\sum\limits_{i\in I}A_i=\bigoplus\limits_{i\in I}A_i$，则 $A\overset{*}{\hookrightarrow}M$，且 $M=\bigoplus\limits_{i\in I}M_i$.

**证明** 首先证明$A \overset{*}{\hookrightarrow} M$. 由于$M$中的每一个元素位于有限多个$M_i$的和内，由定理5.3.4，只要对有限多个集合$I=\{1,2,\cdots,n\}$证明结论即可.

对$n$进行归纳证明. 当$n=1$时，结论由假设即知成立. 归纳假设对$n-1$结论成立. 亦即，假设$A_1+A_2+\cdots+A_{n-1}\overset{*}{\hookrightarrow} M_1+M_2+\cdots+M_{n-1}$. 令$0\neq m=m_1+m_2+\cdots+m_{n-1}+m_n, m_i\in M_i$. 如果$m_1+m_2+\cdots+m_{n-1}=0$，则$m=m_n\neq 0$. 故存在$r\in R$使$0\neq rm=rm_n\in A_n$. 所以，令$m_1+m_2+\cdots+m_{n-1}\neq 0$. 由归纳假设，存在元素$r\in R$使得

$$0\neq r(m_1+m_2+\cdots+m_{n-1})\in A_1+A_2+\cdots+A_{n-1}.$$

如果这个元素$r$进一步地满足条件$rm_n=0$，则就完成了证明. 因此，令$rm_n\neq 0$，于是存在$s\in R$使$0\neq srm_n\in A_n$. 因此，$srm\in A_1+\cdots+A_n$. 由于$A_i$的和是直和，故有$srm\neq 0$. 所以，这就证明了$A\overset{*}{\hookrightarrow} M$.

其次证明$M=\bigoplus_{i\in I}M_i$. 仍只需对有限集$I=\{1,2,\cdots,n\}$的情况证明. 假设$0\neq m_n=m_1+\cdots+m_{n-1}\in M_n\cap\sum_{i=1}^{n-1}M_i$，则存在$r\in R$使得

$$0\neq r(m_1+\cdots+m_{n-1})\in\sum_{i=1}^{n-1}A_i.$$

因此，$0\neq rm_n=r(m_1+\cdots+m_{n-1})\in M_n\cap\sum_{i=1}^{n-1}A_i$. 由定理5.3.4，存在$s\in R$使得$0\neq srm_n\in A_n$. 于是，有

$$0\neq srm_n=sr(m_1+\cdots+m_{n-1})\in A_n\cap\sum_{i=1}^{n-1}A_i.$$

这与假设矛盾.

**推论 5.4.2** 设$M=\bigoplus_{i\in I}M_i$，$M_i\hookrightarrow M$为子模，$A_i\overset{*}{\hookrightarrow} M_i\ (\forall i\in I)$，则有$A=\sum_{i\in I}A_i=\bigoplus_{i\in I}A_i$，并且$A\overset{*}{\hookrightarrow} M$.

**证明** 由$M=\bigoplus_{i\in I}M_i$及$A_i\subseteq M$得$A=\bigoplus_{i\in I}A_i$. 于是，由推论5.3.1知$A\overset{*}{\hookrightarrow} M$.

**推论 5.4.3** 设$M=\bigoplus_{i\in I}M_i$，$M_i\hookrightarrow M$为子模，则下列条件是等价的：

(1) 对任$i\in I$，$B\cap M_i\overset{*}{\hookrightarrow} M_i$；

(2) $\bigoplus_{i\in I}(B\cap M_i)\overset{*}{\hookrightarrow} M$；

(3) $B\overset{*}{\hookrightarrow} M$.

**证明** (1)⇒(2). 由推论5.3.2得证.

(2)⇒(3). 由于$\bigoplus_{i\in I}(B\cap M_i)$为$M$的大子模，而且$B\hookrightarrow M$，故由定理5.4.3，得$B\overset{*}{\hookrightarrow} M$.

(3)⇒(1). 令 $0\neq m_i\in M_i$,由定理 5.4.4,存在元素 $r\in R$ 使得 $0\neq rm_i\in B$. 但 $rm_i\in M_i$,故 $0\neq rm_i\in B\cap M_i$. 因此条件(1)成立.

### 5.4.2 模的合成列

设 $R$ 为环,现在考虑左 $R$-模 $A$ 的子模有限链,令

$$0=B_0\subseteq B_1\subseteq B_2\subseteq\cdots\subseteq B_{k-1}\subseteq B_k=A,$$
$$0=C_0\subseteq C_1\subseteq C_2\subseteq\cdots\subseteq C_{l-1}\subseteq C_l=A,$$

分别用 $B$ 和 $C$ 记第一个和第二个链.

**定义 5.4.3** (1) 链 $B$ 的长度(length)定义为 $k$;

(2) 链 $B$ 的因子(factor)是商模 $B_i/B_{i-1}(i=1,2,\cdots,k)$,$B$ 的第 $i$ 个因子是 $B_i/B_{i-1}$;

(3) 链 $B$ 和 $C$ 说是同构的(isomorphic),$B\cong C$:⇔在 $B$ 的指标集 $I$ 和 $C$ 的指标集 $J$ 之间存在双射 $\delta$,使得

$$B_i/B_{i-1}\cong C_{\delta(i)}/C_{\delta(i)-1},\quad i=1,2,\cdots,k;$$

(4) $C$ 称为 $B$ 的加细(finement),或者 $B$ 称为 $C$ 的子链:⇔$B=C$(平凡加细),或者 $B$ 是由略去 $C$ 的某些 $C_j$ 得到的;

(5) 模 $A$ 的链 $B$ 叫做合成列(composition series):⇔$\forall i=1,2,\cdots,k$,$B_{i-1}$ 在 $B_i$ 内是极大的(⇔$\forall i=1,2,\cdots,k$,$B_i/B_{i-1}$是单的);

(6) 模 $A$ 说是有限长度的:⇔$A=0$ 或 $A$ 有合成列.

下面看一下这方面的例子:

**例 5.4.4** 令 $V=V_K$ 是一个向量空间,$\{x_1,x_2,\cdots,x_n\}$是 $V$ 的一个基,则

$$0\hookrightarrow Kx_1\hookrightarrow Kx_1+Kx_2\hookrightarrow\cdots\hookrightarrow\sum_{i=1}^{n-1}Kx_i\hookrightarrow\sum_{i=1}^{n}Kx_i=V$$

是 $V$ 的一个合成列.

**例 5.4.5** ${}_{\mathbb{Z}}\mathbb{Z}$ 的每个链都能真正地加细,如果

$$0\hookrightarrow B_1\hookrightarrow\cdots\hookrightarrow\mathbb{Z}$$

是一个这样的链且 $B_1\neq 0$,则因${}_{\mathbb{Z}}\mathbb{Z}$ 不含极小子模,$B_1$ 不是单的. 因此,在 0 和 $B_1$ 之间可以插入一个不同于这二者的子模,所以${}_{\mathbb{Z}}\mathbb{Z}$ 没有合成列.

**定理 5.4.5** (Jordon-Holder-Shreier 定理) 一个模的任何两个有限链有同构的加细.

**证明** 令 $B$ 和 $C$ 是模 $A$ 的已知有限链,把模

$$B_{ij}=B_i+(B_{i+1}\cap C_j),\quad j=0,1,\cdots,l$$

插在 $B_i$ 和 $B_{i+1}$之间($i=0,1,\cdots,k-1$),显然有

$$B_i=B_{i,0}\subseteq B_{i,1}\subseteq\cdots\subseteq B_{i,l}=B_{i+1}.$$

类似地,把模

$$C_{ij}=C_j+(C_{j+1}\cap B_i),\quad i=0,1,\cdots,k$$

插在 $C_j$ 和 $C_{j+1}$ 之间($j=0,1,\cdots,l-1$),有

$$C_j\subseteq C_{0,j}\subseteq C_{1,j}\subseteq\cdots\subseteq C_{k,j}=C_{j+1}.$$

两个加细的链分别记为 $B^*$ 和 $C^*$,则它们有相同的长度 $kl$.

由定理 1.6.2(第一同构定理),得

$$B_{i,j+1}/B_{i,j}\cong C_{i+1,j}/C_{i,j}\quad (i=0,1,\cdots,k-1;j=0,1,\cdots,l-1).$$

由于在 $kl$ 个同构中,正好有 $B^*$ 的 $kl$ 个因子和 $C^*$ 的 $kl$ 个因子出现. 于是,有

$$B^*=C^*.$$

**推论 5.4.4** 令 $A$ 是一个有限长度的模,则有

(1) 每个形如

$$0=B_0\subsetneq B_1\subsetneq B_2\subsetneq\cdots\subsetneq B_k=A$$

的链 $B$ 均可以加细称为一个合成列;

(2) $A$ 的任两个合成列均同构.

**证明** (1) 由假设存在 $A$ 的一个合成列 $C$,根据 Jordon-Holder-Shreier 定理,$B$ 和 $C$ 有同构的加细 $B^*$ 和 $C^*$,因作为合成列的 $C$ 仅能进行平凡的加细,故存在 $B$ 的加细 $B^0$,使得 $B^0\cong C$. 由于 $C$ 的所有因子是单的,所以 $B^0$ 的因子也是单的,故 $B^0$ 是一个合成列.

(2) 令 $B$ 和 $C$ 是合成列,利用(1)的术语,则 $B^0\cong C$. 由于 $B^0$ 是 $B$ 的加细,二者均是合成列,于是得 $B=B^0$,所以 $B^0\cong C$.

**定义 5.4.4** 令 $A$ 是一个有限长度的模,则 $A$ 的长度 $\mathrm{Len}(A)=n$ 为任一个合成列的长度.

**推论 5.4.5** 令 $A$ 为模 $M$ 的子模,则 $M$ 是有限长度的$\Leftrightarrow A$ 和 $M/A$ 均是有限长度的模. 如果长度是有限的,则 $\mathrm{Len}(M)=\mathrm{Len}(A)=\mathrm{Len}(M/A)$.

**例 5.4.6** $\mathbb{Z}$-模$\mathbb{Z}/6\mathbb{Z}$ 有两个合成列:

$$0\subset 2\mathbb{Z}/6\mathbb{Z}\subset\mathbb{Z}/6\mathbb{Z},\quad 0\subset 3\mathbb{Z}/6\mathbb{Z}\subset\mathbb{Z}/6\mathbb{Z};$$

第一个因子是

$$2\mathbb{Z}/6\mathbb{Z}\cong\mathbb{Z}/3\mathbb{Z},\quad (\mathbb{Z}/6\mathbb{Z})/(2\mathbb{Z}/6\mathbb{Z})\cong\mathbb{Z}/2\mathbb{Z};$$

第二个因子是

$$3\mathbb{Z}/6\mathbb{Z}\cong\mathbb{Z}/6\mathbb{Z},\quad (\mathbb{Z}/6\mathbb{Z})/(3\mathbb{Z}/6\mathbb{Z})\cong\mathbb{Z}/3\mathbb{Z};$$

由此可知这两个链是同构的.

从下面的考虑,Jordon-Holder-Shreier 定理的意义是很清楚的. 令 $A$ 是一个有限长度的模,$B$ 是 $A$ 的任一子模,令 $C$ 是 $B$ 的极大子模,则 $B/C$ 是 $A$ 的合成因子(即合成列的因子).

因此,考虑链 $0\subset C\subset B\subset A$,这可加细成一个合成列. 没有子模可插进 $C$ 和 $B$ 之间,这是因为 $C$ 是 $B$ 的极大子模. 因此,$B/C$ 是 $A$ 的一个合成因子.

在同构意义下,$B/C$ 是 $A$ 的唯一确定的有限多个合成因子中的一个.

## 习　题　5.4

1. 证明:推论 5.4.5.

2. 证明:设 $B$ 与 $C$ 是左模 $M$ 的两个子模链,且 $B \cong C$ 成立. 如果对某个固定的 $i$,有 $B_i = B_{i+1}$,则存在一个 $j$,使得若将 $B_i$ 和 $C_j$ 分别从 $B$ 和 $C$ 中略去,这两个链仍同构.

3. 确定$\mathbb{Z}/(30\mathbb{Z})$的所有合成列,并找出它们之中的所有同构.

4. 证明:有理数全体$\mathbb{Q}$ 作为整数环$\mathbb{Z}$ 上的模${}_{\mathbb{Z}}\mathbb{Q}$,其每个有限生成子模均是小子模.

5. 设 $R$ 是环,$A \subseteq B \subseteq M$ 是 $R$-模,证明:

(1) $B$ 是 $M$ 的多余子模当且仅当 $B/A$ 是 $M/A$ 的多余子模,且 $A$ 是 $M$ 的多余子模;

(2) $A$ 是 $M$ 的本质子模当且仅当 $A$ 是 $B$ 的本质子模,且 $B$ 是 $M$ 的本质子模.

# 5.5　加补与交补、半单模

设 $R$ 是一个环,$M = {}_RM$ 是一个左 $R$-模,$A$ 与 $B$ 是 $M$ 的子模,则 $M$ 表示成 $A$ 与 $B$ 的直和 $M = A \oplus B$ 当且仅当下面两个条件成立:$A + B = M$ 与 $A \cap B = 0$.

如果 $M = A \oplus B$,也称 $A$ 与 $B$ 是 $M$ 的直和加项. 本节希望对直和加项概念作一个推广——加补和交补.

同时,本节对其每个子模都是它的直和加项的模——半单模,也进行讨论.

## 5.5.1　加补与交补

**定义 5.5.1**　令 $M = {}_RM$ 是左 $R$-模,$A$ 是 $M$ 的子模.

(1) $A^{\cdot} \hookrightarrow M$ 称作 $A$ 在 $M$ 内的加补(addition complement),如果 $A + A^{\cdot} = M$,且 $A^{\cdot}$ 是满足 $A + X = M$ 的子模 $X$ 中的极大者,亦即,任意 $B \hookrightarrow M$,若 $A + B = M$ 且 $A' \hookrightarrow A^{\cdot}$,则 $B = A^{\cdot}$;

(2) $A' \hookrightarrow M$ 称作 $A$ 在 $M$ 内的交补(intersection complement),如果 $A \cap A' = 0$,且 $A'$ 是满足 $A \cap X = 0$ 的子模 $X$ 中的极大者,亦即,任 $C \hookrightarrow M$,若 $A \cap C = 0$ 且 $A' \hookrightarrow C$,则 $A' = C$.

**推论 5.5.1**　令 $A \hookrightarrow M$,$B \hookrightarrow M$,则 $A \oplus B = M$ 当且仅当 $B$ 是 $A$ 在 $M$ 内的加补与交补.

有了加补与交补这两个概念,我们自然会问这样两个问题:所定义的加补和交补存在吗? 是唯一的吗? 在 $M = A \oplus B$ 的情形里,$M$ 和 $A$ 固定时,$B$ 在同构意义下是唯一的. 关于定义 5.5.1 中的加补与交补，这个结果不成立. 尽管如此，后面还会得到某种意义下的唯一性.

现在考虑加补与交补的存在性问题.

一方面，正如$_{\mathbb{Z}}\mathbb{Z}$所表明的，加补不一定存在. 事实上，令 $m,n\in\mathbb{Z}$，且$(m,n)=1$，则有 $m\mathbb{Z}+n\mathbb{Z}=\mathbb{Z}$；对 $m\neq 0, m\neq\pm 1, (m,q)=1, q>1$，则$(m,qn)=1$，而 $qn\mathbb{Z}\hookrightarrow n\mathbb{Z}$，因此，$n\mathbb{Z}$ 不存在加补.

另一方面，有加补的模的例子也是存在的，前面介绍的半单模(见定义 5.4.2)即是.

与加补相反，交补总是存在的. 而且，我们还可以以特殊的方式找出来.

**定理 5.5.1** 令 $A$ 与 $B$ 是模 $M$ 的子模，并且 $A\cap B=0$，则 $A$ 存在交补 $A'$ 使得 $B\hookrightarrow A'$. 因此，存在 $A'$ 的交补 $A''$ 使得 $A'\hookrightarrow A''$.

**证明** 利用 Zorn 引理来证. 令 $\Gamma=\{C\mid C\hookrightarrow M\wedge M\subset C\wedge A\cap C=0\}$. 由于 $B\in\Gamma$，故 $\Gamma\neq\varnothing$. 于是 $\Gamma$ 按子模的包含关系"$\hookrightarrow$"构成一个偏序集. 因为 $\Gamma$ 里每个全序子集的并仍在 $\Gamma$ 内，故 $\Gamma$ 的每个偏序子集在 $\Gamma$ 中有上界. 根据 Zorn 引理，在 $\Gamma$ 内存在极大元 $A'$. 用 $A'$ 代替 $A$，用 $A$ 代替 $B$，则知存在 $A'$ 的交补 $A''$ 且 $A'\hookrightarrow A''$.

在多余子模和加补以及本质子模和交补之间存在着重要的联系，则有下面的定理.

**定理 5.5.2** 设 $M$ 是左 $R$-模，$A$ 与 $B$ 是 $M$ 的子模.

(1) 如果 $M=A+B$，则 $B$ 是 $A$ 在 $M$ 内的加补当且仅当 $A\cap B\overset{\circ}{\hookrightarrow} B$；

(2) 如果 $A^{\cdot}$ 是 $A$ 在 $M$ 内的加补，$A^{\cdot\cdot}$ 是 $A^{\cdot}$ 在 $M$ 内的加补，则 $A^{\cdot}$ 也是 $A^{\cdot\cdot}$ 在 $M$ 内的加补；

(3) 如果 $A^{\cdot}$ 是 $A$ 在 $M$ 内的加补，$A^{\cdot\cdot}$ 是 $A^{\cdot}$ 在 $M$ 内的加补且 $A^{\cdot\cdot}\hookrightarrow A$，则有 $A/A^{\cdot\cdot}\overset{\circ}{\hookrightarrow} M/A^{\cdot\cdot}$.

**证明** (1) 必要性. 令 $U\hookrightarrow B$ 且$(A\cap B)+U=B$，则有

$$M=A+B=A+(A\cap B)+U=A+U.$$

由于 $B$ 是 $A$ 的加补，故 $U=B$. 从而有 $A\cap B\overset{\circ}{\hookrightarrow} B$.

充分性. 令 $M=A+U$，且 $U\hookrightarrow B$，则 $B=(A\cap B)+U$. 由于 $A\cap B\overset{\circ}{\hookrightarrow} B$，故 $U=B$. 因此，$B$ 是 $A$ 在 $M$ 内的加补.

(2) 由假设，$M=A^{\cdot\cdot}+A^{\cdot}$. 令 $U\hookrightarrow A^{\cdot}$ 且 $M=A^{\cdot\cdot}+U$，则有

$$A^{\cdot}=(A^{\cdot\cdot}\cap A^{\cdot})+U.$$

由于 $M=A+A^{\cdot}$，故得到

$$M=A+(A^{\cdot\cdot}\cap A^{\cdot})+U.$$

由 $A^{\cdot\cdot}\cap A^{\cdot}\overset{\circ}{\hookrightarrow} A^{\cdot\cdot}$ 知，$A^{\cdot\cdot}\cap A^{\cdot}\overset{\circ}{\hookrightarrow} M$. 于是，得 $M=A+U$. 由于 $A^{\cdot}$ 是 $A$ 的加补，$U\hookrightarrow A^{\cdot}$，故 $A^{\cdot}=U$. 因此，$A^{\cdot}$ 是 $A^{\cdot\cdot}$ 在 $M$ 内的加补.

(3) 令$(A/A^{\cdot\cdot})+(U/A^{\cdot\cdot})=M/A^{\cdot\cdot}$，且

$$A^{\cdot\cdot}\hookrightarrow U\hookrightarrow M,$$

则 $A+U=M$. 由于$M=A^{\cdot\cdot}+A^{\cdot}$, $A^{\cdot\cdot}\hookrightarrow U$, 有 $U=A^{\cdot\cdot}+(A\cap U)$. 因此,

$$M=A+U=A+A^{\cdot\cdot}+(A^{\cdot}\cap U).$$

由于$A^{\cdot}$是 $A$ 的加补,故有$A^{\cdot}\cap U=A^{\cdot}$. 因此$A^{\cdot}\hookrightarrow U$,从而得

$$M=A^{\cdot\cdot}+A^{\cdot}\hookrightarrow U\hookrightarrow M.$$

所以,$U=M$,即 $U/A^{\cdot\cdot}=M/A^{\cdot\cdot}$. 此即为所要证的.

**定理 5.5.3**　设 $M$ 是左$R$-模,$A$ 与 $B$ 是其子模.

(1) 如果 $A\cap B=0$,则 $B$ 是 $A$ 在 $M$ 内的交补当且仅当 $A+B/B\overset{*}{\hookrightarrow}M/B$;

(2) 如果 $A'$是 $A$ 在 $M$ 内的交补,$A''$是 $A'$在 $M$ 内的交补,则 $A'$也是 $A''$在 $M$ 内的交补;

(3) 如果 $A'$是 $A$ 在 $M$ 内的交补,$A''$是 $A'$在 $M$ 内的交补,且 $A\hookrightarrow A''$,则有 $A\overset{*}{\hookrightarrow}A''$.

**证明**　(1) 必要性. 设

$$((A+B)/B)\cap(U/B)=0,$$

且 $B\hookrightarrow U\hookrightarrow M$,则有$(A+B)\cap U=B$. 因此,有 $A\cap U\hookrightarrow B$. 于是,$A\cap U\hookrightarrow A\cap B$. 由于 $B$ 是 $A$ 的交补,故 $A\cap B=0$. 于是,也有 $A\cap U=0$. 又由于 $B\hookrightarrow U$,$B$ 是 $A$ 的交补,故 $B=U$. 从而 $U/B=B/B=0$,此即说明$(A+B)/B\overset{*}{\hookrightarrow}M/B$.

充分性. 设 $A\cap U=0$,且 $B\hookrightarrow U\hookrightarrow M$. 令 $x\in(A+B)\cap U$,则 $x=a+b=u$,其中 $a\in A$, $b\in B$, $u\in U$. 因此,有 $a=u-b\in A\cap U$,所以,$a=0$, $x=b\in B$. 于是 $(A+B)\cap U=B$,从而

$$[(A+B)/B]\cap(U/B)=0.$$

由于$(A+B)/B\overset{*}{\hookrightarrow}M/B$,故 $U/B=0$. 亦即,$B=U$ 成立. 所以,$B$ 是 $A$ 在 $M$ 内的交补.

(2) 由假设,有 $A''\cap A'=0$. 令 $A'\hookrightarrow U\hookrightarrow M$ 且 $A''\cap U=0$. 由

$$(A''+A')/A''\hookrightarrow M/A'',$$

得$A''+A'\overset{*}{\hookrightarrow}M$. 令 $x\in(A''+A')\cap(A\cap U)$,则 $x=a''+a'=a=u$,其中$a\in A$, $a'\in A'$, $a''\in A''$及 $u\in U$. 于是,有

$$a''=u-a'\in A''\cap U=0,$$

故 $a''=0$. 从而 $x=a'=a\in A'\cap A=0$. 因此有

$$(A''+A')\cap(A\cap U)=0.$$

由于$A''+A'\overset{*}{\hookrightarrow}M$,故 $A\cap U=0$. 因为 $A'$是 $A$ 的交补,$A'\hookrightarrow U$,故 $A'=U$,此即为所欲证者.

(3) 令 $U\hookrightarrow A''$且 $A\cap U=0$,对任意 $x\in A\cap(A'+U)$,有 $x=a=a'+u$,其中$a\in A$,

$a'\in A', u\in U$. 因此,有 $a-u=a'\in A''\cap A'$. 所以,$x=a=u\in A\cap U$. 故有$A\cap(A'+U)=0$. 从而 $A'+U=A'$,于是 $U\hookrightarrow A'$. 又因为 $U\hookrightarrow A''$,故 $U\hookrightarrow A''\cap A'=0$,从而 $U=0$. 于是 $A\overset{*}{\hookrightarrow}A''$.

### 5.5.2 半单模

关于向量空间的概念,有两个重要的推广,它们是

(1) 自由模的直和项,称为投射模;

(2) 每个自由模均是直和项的模,称为半单模.

**引理 5.5.1** 令 $M={}_RM$ 是一个模,它的每个子模都是其直和项,则每个非零子模均含有一个单子模.

引理 5.5.1 的证明留给读者.

**引理 5.5.2** 令 $M=\sum\limits_{i\in I}M_i$,其中$M_i$ 是单子模,设 $U\hookrightarrow M$,则有

(1) 存在 $J\subset I$,使得 $M=U\oplus\left(\bigoplus\limits_{i\in J}M_i\right)$;

(2) 存在 $K\subset I$,使得 $U\cong\bigoplus\limits_{i\in J}M_i$.

**证明** (1) 利用 Zorn 引理来进行证明. 令

$$\Gamma=\left\{L\,\middle|\,L\subset I\wedge U+\sum_{i\in L}M_i=U\oplus\left(\bigoplus_{i\in L}M_i\right)\right\}.$$

由于$\bigoplus\limits_{i\in\varnothing}M_i=0$,故$\varnothing\in\Gamma$,从而 $\Gamma\neq\varnothing$. 利用包含关系将 $\Gamma$ 偏序化.

设$\Lambda$ 是$\Gamma$ 的全序子集,我们断言$L^*=\bigcup\limits_{L\in\Lambda}L$ 是$\Lambda$ 在$\Gamma$ 内的上界. 显然$L^*$ 是上界. 剩下要证明的是$L^*\in\Gamma$.

令 $E\subset L^*$,$E$ 是有限的,则存在 $L\in\Lambda$ 使得$E\subset L$. 今设

$$u+\sum_{i\in E}m_i=0\quad(u\in U;m_i\in M_i).$$

于是,对任意 $i\in E$,由 $E\subset L$,得$u=m_i=0$. 因此,有

$$U+\sum_{i\in L^*}M_i=U\oplus\left(\bigoplus_{i\in L^*}M_i\right),$$

故 $L^*\in\Gamma$. 由 Zorn 引理,存在一个极大子 集 $J\in\Gamma$. 令

$$N=U+\sum_{i\in J}M_i=U\oplus\left(\bigoplus_{i\in J}M_i\right)=U\oplus\left(\bigoplus_{i\in J}M_i\right),$$

今对任$i_0\in I$,考虑 $N+M_{i_0}$,则 $N+M_{i_0}=N\oplus M_{i_0}$ 是不可能的,因为有 $J\subset J\cup\{i_0\}\in\Gamma$. 于是,$N\cap M_i\neq 0$. 由于$M_{i_0}$ 是单的,故一定有$N\cap M_{i_0}=M_{i_0}$. 因此,$M_{i_0}\hookrightarrow N_0$. 所以,$M=\sum\limits_{i\in I}M_i\hookrightarrow N\hookrightarrow M$,即 $N=M$.

(2) 令 $M=U\oplus\left(\bigoplus\limits_{i\in J}M_i\right)$,则将(1)应用于子模$\bigoplus\limits_{i\in J}M_i$上,那么存在 $K\subset I$,使得

$M=\left(\bigoplus_{i\in J}M_i\right)\oplus\left(\bigoplus_{i\in K}M_i\right)$. 由第二同构定理(定理 5.3.4)得

$$U\cong M/\left(\bigoplus_{i\in J}M_i\right)\cong\bigoplus_{i\in K}M_i.$$

现在来看半单模的主要定理.

**定理 5.5.4**　对模 $M={}_RM$,下列条件是等价的:

(1) $M$ 的每个子模是单子模的和;

(2) $M$ 是单子模的和;

(3) $M$ 是单子模的直和;

(4) $M$ 的每个子模是 $M$ 的直和项.

**证明**　(1)⇒(2). 显然.

(2)⇒(3). 取引理 5.5.2 的(1)中的 $U=0$,即得(3).

(3)⇒(4). 引理 5.5.2 的(1).

(4)⇒(1). 令 $U\hookrightarrow M$, 置

$$U_0=\sum_{\substack{M_i\text{是单的}\\ M_i\hookrightarrow U}}M_i,$$

则$U_0\hookrightarrow U$. 由(4),$U_0$ 是 $M$ 的直和项:

$$M=U_0\oplus N\Rightarrow U=M\cap U=U_0\oplus(N\cap U).$$

**情形 1**　$N\cap U=0\Rightarrow U=U_0\Rightarrow(1)$.

**情形 2**　$N\cap U\neq 0$. 由引理 5.5.1 知存在一个单子模 $B\hookrightarrow N\cap U$,从而 $B\hookrightarrow U_0$. 由$U_0$的定义,有 $B\hookrightarrow U_0\cap(N\cap U)=0$,矛盾. 故只有第一种情形出现.

**定义 5.5.2**　(1) 模 $M={}_RM$ 称为半单的(semisimple)⇔$M$ 满足定理 5.5.4 的条件;

(2) 环 $R$ 称为右半单的(right semisimple)⇔$R_R$是半单的;环 $R$ 称为左半单的(left semisimple)⇔${}_RR$ 是半单的.

显然,零模是半单的,因为 $0=\sum_{i\in\varnothing}M_i$, 这里$M_i$是半单模. 但零模不是单模,因为单模的定义中要假设 $M\neq 0$.

**例 5.5.1**　每个斜域(即体)$K$ 上的向量空间 $V={}_KV$ 是半单的. 这是因为 ${}_KV=\sum_{x\in V}Kx$. 而当 $x\neq 0$ 时,$Kx$ 是单的.

**例 5.5.2**　当 $n\neq 0$,$\mathbb{Z}/n\mathbb{Z}$ 是半单$\mathbb{Z}$-模⇔$n$ 是平方自由的(即是两两不同素数之积),或者 $n=\pm 1$.

必要性. 当 $n=\pm 1$ 时,$\mathbb{Z}/n\mathbb{Z}=\{0\}$,而零模是半单的.

当 $n=p_1\cdots p_2\cdots p_s$时,令$q_i=n/p_i$,则$(q_1,q_2,\cdots,q_s)=1$. 于是,

$$\mathbb{Z}/n\mathbb{Z}=\sum_{i=1}^{s} q_i\mathbb{Z}/nZ,$$

而$q_i\mathbb{Z}/nZ$ 是单子模. 所以,$\mathbb{Z}/n\mathbb{Z}$ 是半单模.

充分性. 若$\mathbb{Z}/n\mathbb{Z}=\{0\}\Rightarrow n=\pm 1$. 所以,只要假设$\mathbb{Z}/nZ\neq 0$,从而知 $n\neq 1$. 若$\mathbb{Z}/nZ\neq\{0\}$是半单的,假设 $n=p_1^{r_1}\cdots p_s^{r_s}$,则$\mathbb{Z}/(n)/(p_i)/(n)\cong\mathbb{Z}/(p_i)$是域或$(p_i)/(n)$是极大理想. 设$(m)/(n)$也是$\mathbb{Z}/n\mathbb{Z}$ 的极大理想,故$\mathbb{Z}/(n)/(m)/(n)\cong\mathbb{Z}/(m)$是单的,从而为域. 因此,$m$ 为素数,即诸$(p_i)/(n)$是$\mathbb{Z}/(n)$的所有极大理想. 于是,由定理 5.6.1(1),有

$$\mathrm{Rad}(\mathbb{Z}/(n))=\bigcap(p_i)/(n)=(p_1p_1\cdots p_s)/(n)=0\Rightarrow n=p_1p_1\cdots p_s.$$

**推论 5.5.2** (1) 半单模的每个子模是半单的;

(2) 半单模的每个同态像是半单的;

(3) 半单模的每个和都是半单的;

**证明** (1) 由引理 5.5.4 可得证.

(2) 令 $A$ 是单的,$\alpha:A\to B$ 是满态射,则 $A/\mathrm{Ker}(\alpha)\cong B$. 如果 $\mathrm{Ker}(\alpha)=0$,则 $B$ 是单的. 如果 $\mathrm{Ker}(\alpha)=A$,则 $B=0$. 由于 $A$ 是单的,故 $\mathrm{Ker}(\alpha)$没有别的可能了. 单模的和在同态下的像是单模与零模的和,而零模可略去. 由定理 5.5.4 这仍是一个半单模.

(3) 有定理 5.5.4 即得证.

现在,设 $M={}_RM$ 是半单的,$\Gamma$表示 $M$的单子模集,即$\Gamma=\{E\mid E\hookrightarrow M\wedge E$是单的$\}$. 于是,模的同构"$\cong$"是$\Gamma$上的等价关系. 令等价类的集(称之为同构类) 是$\{\Omega_j\mid j\in J\}$. 因此,$\Omega_j$ 是单模的同构类,从而$\Omega_{j_0}\cap\Omega_{j_1}=\varnothing$,这里$j_0,j_1\in J$ 且$j_0\neq j_1$.

**定义 5.5.3** 令$B_j=\sum_{E\in\Omega_j}E$,称$B_j(j\in J)$为半单模$M$的齐次分 支(homogeneous component).

**定理 5.5.5** 令 $M={}_RM$ 是半单的,$B_j$是$M$ 的齐次分支,有

(1) 如果 $U\hookrightarrow B_j\wedge U$ 是单的,则 $U\in\Omega_j$;

(2) $M=\bigoplus_{j\in J}B_j$.

**证明** (1) 由引理 5.5.2(2)可证得(1).

(3) 由于$M$是单子模的和,故每个单子模含于某个$\Omega_j$ 内. 于是,$M=\sum_{j\in J}B_j$. 假设对$j_0\in J$,有 $D=B_{j_0}\cap\sum_{\substack{j\in J\\ j\neq j_0}}B_j\neq 0$,则由引理 5.5.1,存在 $D$ 的单子模$E$. 由于$E\hookrightarrow B_{j_0}$,故由(1)知 $E\in\Omega_{j_0}$. 由 于$E\hookrightarrow\sum_{\substack{j\in J\\ j\neq j_0}}B_j$,故由引理 5.5.2(2) 知,存在$j_1\in J$ 且$j_1\neq j_0$ 使 得 $E\in\Omega_{j_1}$. 此与$\Omega_{j_0}\cap\Omega_{j_1}=\varnothing$矛盾.

## 习 题 5.5

1. 设 $R$ 为任意环,$M$ 为左$R$-模,且 $A\hookrightarrow B\hookrightarrow M$,证明:

(1) 令 $A^{\cdot}$ 是 $A$ 在 $M$ 内的加补，且 $N\hookrightarrow M$，如果 $N\overset{\circ}{\hookrightarrow}M$，则 $N\cap A^{\cdot}\overset{\circ}{\hookrightarrow}A$；

(2) 令 $A'$ 是 $A$ 在 $M$ 内的交补，且 $N\hookrightarrow M$，如果 $N\overset{*}{\hookrightarrow}M$，则

$$(N+A')/A'\overset{*}{\hookrightarrow}M/A'.$$

2. 设 $R$ 为任意环，$M$ 为左 $R$-模，且 $A$ 与 $B$ 是 $M$ 的子模，证明：

(1) 如果 $A+B=M$，并且 $A\cap B\overset{\circ}{\hookrightarrow}B$，则 $B$ 是 $A$ 在 $M$ 内的加补；

(2) 如果 $A\cap B=0$，并且 $(A+B)/B\overset{*}{\hookrightarrow}M/B$，则 $B$ 是 $A$ 在 $M$ 内的交补.

3. 设 $R$ 为有单位元的任意交换环，证明：

(1) 如果 $A\hookrightarrow {}_RR$，$A^{\cdot}$ 是 $A$ 在 ${}_RR$ 内的加补，则存在 $B\hookrightarrow A$ 使得 $A^{\cdot}\oplus B=R$；

(2) 如果 $R$ 为整环，并且 ${}_RR$ 的真子模 $A$ 在 ${}_RR$ 内有加补 $A^{\cdot}$，则 $A\overset{\circ}{\hookrightarrow}R$.

4. 证明引理 5.5.1.

5. 设 $\mathbb{Z}$ 是整数环，令 $p$ 是一个素数，$n$ 为正整数，

(1) 找出 $\mathbb{Z}/p^n\mathbb{Z}$ 的最大半单子模；

(2) 找出使得 $(\mathbb{Z}/p^n\mathbb{Z})/U$ 是半单的最小 $\mathbb{Z}$-子模 $U$；

(3) 找出一个模 $M$ 及其子模 $U$，使得 $M$ 为非半单模但 $M/U$ 和 $U$ 是半单的.

6. 设 $M={}_RM$ 是仅有有限多个其次分支的半单 $R$-模：${}_RM=\bigoplus_{j=1}^{n}B_j$.

证明：(1) $S=\mathrm{End}({}_RM)=\bigoplus_{j=1}^{n}S_j$，这里 $S_j$ 是 $S$ 的两边理想，且 $S_j\cong\mathrm{End}(B_j)$；

(2) 如果 ${}_RM$ 是有限生成的，则 $S$ 是半单的；

(3) 如果 ${}_RM$ 是有限生成的，并且所有单子模是同构的，则 $S$ 是单的和半单的；

(4) 如果 ${}_RM$ 不是有限生成的，则 $S$ 既非单的也非半单的.

7. 设 $M={}_RM$ 是半单的，$S=\mathrm{End}({}_RM)$，证明 ${}_SM$ 是半单的.

## 5.6　根与基座

本节给出模的根与基座的概念和基本性质. 模的根与基座是一对儿对偶概念，它们在模理论研究中起重要作用，是研究模的有力工具. 同时在本节还介绍两种重要模——阿廷模与诺特模，并讨论根与基座在这两类模上的应用.

### 5.6.1　模的根与基座

**定理 5.6.1**　设 $R$ 为一个有单位元的环，令模 $M={}_RM$ 是一个 $R$-模，则有

(1) $\displaystyle\sum_{A\overset{\circ}{\hookrightarrow}M}A=\bigcap_{\substack{B\hookrightarrow M\\ B\text{是极大的}}}B=\bigcap_{\substack{{}_RN\text{是半单的}\\ \varphi\in\mathrm{Hom}(M,N)}}\mathrm{Ker}(\varphi)$；

(2) $\displaystyle\bigcap_{A\overset{*}{\hookrightarrow}M}A=\sum_{\substack{B\hookrightarrow M\\ B\text{是极小的}}}B=\bigcap_{\substack{{}_RN\text{是半单的}\\ \varphi\in\mathrm{Hom}(N,M)}}\mathrm{Im}(\varphi)$.

**证明**　(1) 依次将要证明相等的 $M$ 的三个子模记为 $U_1, U_2, U_3$.

先证明 $U_2 \hookrightarrow U_1$. 令 $a \in U_2$,假设 $Ra$ 不是 $M$ 的多余子模,由定理 5.4.2,存在 $M$ 的极大子模 $C$ 使得 $a \notin C$. 因此,$a \notin U_2$,矛盾. 所以,$Ra \overset{\circ}{\hookrightarrow} M$,从而 $a \in Ra \hookrightarrow U_1$.

其次证明 $U_3 \hookrightarrow U_2$. 令 $B$ 是 $M$ 内的极大子模,$\pi_B: M \to M/B$ 是自然满同态,则 $\mathrm{Ker}(\pi_B) = B$. 于是

$$U_3 \subseteq \bigcap_{\substack{B \hookrightarrow M \\ B\text{是极大的}}} \pi_B = \bigcap_{\substack{B \hookrightarrow M \\ B\text{是极大的}}} B = U_2.$$

最后证明 $U_1 \hookrightarrow U_3$. 由定理 5.4.1(3),对任 $\varphi \in \mathrm{Hom}_R(M, N)$,若 $A \overset{\circ}{\hookrightarrow} M$,则 $\varphi(A) \overset{\circ}{\hookrightarrow} N$. 如果 $N$ 是半单的,则 0 是唯一的多余子模. 因此,$\varphi(A) = 0$,亦即 $A \hookrightarrow \mathrm{Ker}(\varphi)$,所以 $U_1 \hookrightarrow U_3$.

(2) 仍依次记子模为 $U_1, U_2, U_3$.

先证明 $U_2 \hookrightarrow U_1$. 如果 $B$ 是 $M$ 内的单子模,$A \overset{*}{\hookrightarrow} M$,则 $A \cap B = 0$. 所以,$A \cap B = B$,从而 $B \hookrightarrow A$,因此 $U_2 \hookrightarrow U_1$.

其次证明 $U_3 \hookrightarrow U_2$. 因为半单模的同态像仍是半单的,以及半单模的和也是半单的,所以 $U_3$ 是 $M$ 的单子模,从而 $U_3$ 是 $M$ 的单子模的和. 由于 $U_2$ 是 $M$ 内的所有单子模的和,故 $U_3 \hookrightarrow U_2$.

最后证明 $U_1 \hookrightarrow U_3$. 断言 $U_1$ 是半单的. 任意 $C \hookrightarrow U_1$,$C'$ 是 $C$ 在 $M$ 内的交补,则有 $C + C' = C \oplus C' \overset{*}{\hookrightarrow} M$. 因此 $U_1 \hookrightarrow C + C'$. 因为 $C \hookrightarrow U_1$,根据模律(定理 5.2.3),$U_1 = C \oplus (C' \cap U_1)$. 于是,$U_1$ 是半单的. 令 $i: U_1 \to M$ 是包含映射,则有 $U_1 = \mathrm{Im}(i) \hookrightarrow U_3$.

**定义 5.6.1**　(1) 定理 5.6.1(1)等式中相等的子模称为 $M$ 的根基(简称根)(radical),记作 $\mathrm{Rad}(M)$;

(2) 定理 5.6.1(2)等式中相等的子模称为 $M$ 的基座(socle),记作 $\mathrm{Soc}(M)$.

**推论 5.6.1**　设 $R$ 为一个有单位元的环,$M = {}_RM$ 为一个 $R$-模,则有

(1) 对任意 $m \in M$,$Rm \overset{\circ}{\hookrightarrow} M$ 当且仅当 $m \in \mathrm{Rad}(M)$;

(2) $\mathrm{Soc}(M)$ 是 $M$ 的最大半单子模.

证明留作习题.

**定理 5.6.2**　设 $M$ 与 $N$ 是左 $R$-模,$\varphi$ 是 $M$ 到 $N$ 的 $R$-同态,则有

(1) $\varphi(\mathrm{Rad}(M)) \hookrightarrow \mathrm{Rad}(N)$,且 $\varphi(\mathrm{Soc}(M)) \hookrightarrow \mathrm{Soc}(N)$;

(2) $\mathrm{Rad}(M/\mathrm{Rad}(M)) = 0$,且对任意 $M$ 的子模 $C$,如果 $\mathrm{Rad}(M/C) = 0$,则 $\mathrm{Rad}(M) \hookrightarrow C$. 亦即,$\mathrm{Rad}(M)$ 是使得 $\mathrm{Rad}(M/C) = 0$ 的最小子模;

(3) $\mathrm{Soc}(\mathrm{Soc}(M)) = \mathrm{Soc}(M)$,且对 $M$ 任意子模 $C$,如果 $\mathrm{Soc}(C) = C$,则 $C \hookrightarrow \mathrm{Soc}(M)$. 亦即,$\mathrm{Soc}(M)$ 是 $M$ 的自身与基座相等的子模族中的最大者.

**证明** (1) 由于 $\mathrm{Rad}(M)=\sum\limits_{A\overset{\circ}{\hookrightarrow}M}A$，得 $\varphi(\mathrm{Rad}(M))=\sum\limits_{A\overset{\circ}{\hookrightarrow}M}\varphi(A)$. 再由定理 5.4.1 知$\varphi(A)\overset{\circ}{\hookrightarrow}N$. 因此,$\varphi(\mathrm{Rad}(M))\hookrightarrow\mathrm{Rad}(N)$. 由于半单模的同态像仍是半单的,故 $\varphi(\mathrm{Soc}(M))\hookrightarrow\mathrm{Soc}(N)$.

(2) 断言 1. $M/C$ 的极大子模$\triangle$是作为 $M$ 的含有 $C$ 的极大子模 $B\hookrightarrow M$ 在自然满同态 $\pi:M\to M/C$ 下的像而得到的.

事实上,$\pi\pi^{-1}(\triangle)=\triangle\cap\mathrm{Im}(\pi)=\triangle$. 令 $B=\pi^{-1}(\triangle)$,则 $\pi(B)=\triangle$,且 $C\hookrightarrow B\hookrightarrow M$. 由于 $M$ 是极大的,故$(M/C)/\triangle=(M/C)/(B/C)\cong M/B$. 因此,$B$ 是 $M$ 的极大子模.

断言 2. 如果$\{B_i\mid i\in I\}$是 $M$ 的子模族,并且,任 $i\in I$,$C\hookrightarrow B_i$,则有

$$\bigcap_{i\in I}(B_i/C)=\Big(\bigcap_{i\in I}B_i\Big)/C.$$

显然,$\Big(\bigcap\limits_{i\in I}B_i\Big)/C\hookrightarrow\bigcap\limits_{i\in I}(B_i/C)$. 设 $u+C\in\bigcap\limits_{i\in I}(B_i/C)$,则对每个 $i$,存在$b_i\in B_i$使得 $u+C=b_i+C$. 于是,$u=b_i+c_i\in b_i+C=B_i$. 因此,$u+C\in\Big(\bigcap\limits_{i\in I}B_i\Big)/C$.

下面利用这些断言证明(2)中的结果.

$$\begin{aligned}\mathrm{Rad}(M/\mathrm{Rad}(M))&=\bigcap_{\substack{\triangle\text{在}M/\mathrm{Rad}(M)\\ \text{中极大}}}\triangle=\bigcap_{\substack{\text{极大}B\hookrightarrow M\\ \mathrm{Rad}(M)\hookrightarrow B}}(B/\mathrm{Rad}(M))\\ &=\Big(\bigcap_{\substack{\text{极大}B\hookrightarrow M\\ \mathrm{Rad}(M)\hookrightarrow B}}B\Big)/\mathrm{Rad}(M)=\mathrm{Rad}(M)/\mathrm{Rad}(M)=0.\end{aligned}$$

设 $C\hookrightarrow M$ 且 $\mathrm{Rad}(M/C)=0$,则对自然满同态 $\pi:M\to M/C$,由(1)知

$$\pi(\mathrm{Rad}(M))\hookrightarrow\mathrm{Rad}(M/C)=0.$$

所以,$\mathrm{Rad}(M)\hookrightarrow\mathrm{Ker}(\pi)=C$.

(3) 因为 $\mathrm{Soc}(M)$是$M$ 的极大半单子模,而单模与它的基座相等,所以,

$$\mathrm{Soc}(\mathrm{Soc}(M))=\mathrm{Soc}(M).$$

设 $\mathrm{Soc}(C)=C$,则 $C$ 是半单的. 于是,有 $C\hookrightarrow\mathrm{Soc}(M)$.

**定理 5.6.3** 设 $M$ 与 $N$ 是左 $R$-模,$\varphi$ 是从 $M$ 到 $N$ 的 $R$-模同态,则有

(1) 如果 $\varphi$ 是满同态且$\mathrm{Ker}(\varphi)\overset{\circ}{\hookrightarrow}M$,则 $\varphi(\mathrm{Rad}(M))=\mathrm{Rad}(N)$,且$\mathrm{Rad}(M)=\varphi^{-1}(\mathrm{Rad}(N))$;如果 $\varphi$ 是单同态且$\mathrm{Im}(\varphi)\overset{*}{\hookrightarrow}N$,则 $\varphi(\mathrm{Soc}(M))=\mathrm{Soc}(N)$,且

$$\mathrm{Soc}(M)=\varphi^{-1}(\mathrm{Soc}(N));$$

(2) 如果 $C$ 是 $M$ 的子模,则 $\mathrm{Rad}(C)\hookrightarrow\mathrm{Rad}(M)$,且 $\mathrm{Soc}(C)\hookrightarrow\mathrm{Soc}(M)$;

(3) 如果 $M=\bigoplus\limits_{i\in I}M_i$,则 $\mathrm{Rad}(M)=\bigoplus\limits_{i\in I}\mathrm{Rad}(M_i)$,且 $\mathrm{Soc}(M)=\bigoplus\limits_{i\in I}\mathrm{Soc}(M_i)$;

(4) 如果 $M=\bigoplus\limits_{i\in I}M_i$，则 $M/\mathrm{Rad}(M)\cong\bigoplus\limits_{i\in I}(M_i/\mathrm{Rad}(M_i))$.

**证明** (1) 由定理 5.6.2 知 $\varphi(\mathrm{Rad}(M))\hookrightarrow\mathrm{Rad}(N)$. 现在设 $U\overset{\circ}{\hookrightarrow}N$，对 $M$ 的任子模 $A$，令 $A+\varphi^{-1}(U)=M$. 由于 $\varphi$ 是满同态，故 $\varphi(A)+U=N$. 于是，$\varphi(A)=N$. 从而有 $A+\mathrm{Ker}(\varphi)=M$. 由于 $\mathrm{Ker}(\varphi)\overset{\circ}{\hookrightarrow}M$，故 $A=M$. 亦即 $\varphi^{-1}(U)\overset{\circ}{\hookrightarrow}M$，从而 $\varphi^{-1}(U)\hookrightarrow\mathrm{Rad}(M)$. 于是，

$$U=\varphi(\varphi^{-1}(U))\hookrightarrow\mathrm{Rad}(M).$$

因此，$\mathrm{Rad}(N)\hookrightarrow\varphi(\mathrm{Rad}(M))$. 所以，$\varphi(\mathrm{Rad}(M))=\varphi(\mathrm{Rad}(N))$.

由 $\varphi(\mathrm{Rad}(M))=\mathrm{Rad}(N)$ 与 $\mathrm{Ker}(\varphi)\hookrightarrow\mathrm{Rad}(M)$ 得

$$\mathrm{Rad}(M)=\mathrm{Rad}(M)+\mathrm{Ker}(\varphi)=\varphi^{-1}\varphi(\mathrm{Rad}(M))=\varphi^{-1}(\mathrm{Rad}(N)).$$

另一方面，由定理 5.6.2，对于基座，有 $\varphi(\mathrm{Soc}(M))\hookrightarrow\mathrm{Soc}(N)$. 现在，设 $E\hookrightarrow N$ 是单子模，由于 $\mathrm{Im}(\varphi)\overset{*}{\hookrightarrow}N$，故 $E\hookrightarrow\mathrm{Im}(\varphi)$. 于是，$\varphi^{-1}(E)\hookrightarrow\mathrm{Soc}(M)$，从而有

$$E=\varphi\varphi^{-1}(E)\hookrightarrow\varphi(\mathrm{Soc}(M)).$$

因此，$\mathrm{Soc}(N)\hookrightarrow\varphi(\mathrm{Soc}(M))$. 由 $\varphi(\mathrm{Soc}(M))=\mathrm{Soc}(N)$，得

$$\mathrm{Soc}(M)=\varphi\varphi^{-1}(\mathrm{Soc}(M))=\varphi^{-1}(\mathrm{Soc}(N)).$$

(2) 令 $i:C\hookrightarrow M$ 是包含映射，由定理 5.6.2 知 $\mathrm{Rad}(C)=i(\mathrm{Rad}(C))\hookrightarrow\mathrm{Rad}(M)$ 与 $\mathrm{Soc}(C)=i(\mathrm{Soc}(C))\hookrightarrow\mathrm{Soc}(M)$.

(3) 由(2)，有 $\mathrm{Rad}(M_i)\hookrightarrow\mathrm{Rad}(M)$. 因此，$\sum\limits_{i\in I}\mathrm{Rad}(M_i)=\bigoplus\limits_{i\in I}\mathrm{Rad}(M_i)\hookrightarrow\mathrm{Rad}(M)$.

设 $m=\sum\limits_{i\in I}m_i\in\mathrm{Rad}(M)$，$\pi_i:M\to M_i$ 是第 $i$ 个投影映射，则由定理 5.6.2 知 $\pi_i(m)=m_i\in\mathrm{Rad}(M_i)$. 所以，$m\in\bigoplus\mathrm{Rad}(M_i)$. 因此，$\mathrm{Rad}(M)\hookrightarrow\bigoplus\limits_{i\in I}\mathrm{Rad}(M_i)$，从而结论得证. 对于基座可类似地证明.

(4) 首先作一个映射 $\varphi$ 如下：

$$\varphi:M/\mathrm{Rad}(M)\to\bigoplus_{i\in I}(M_i/\mathrm{Rad}(M_i)).$$

设 $\sum m_i\in\bigoplus\limits_{i\in I}\mathrm{Rad}(M_i)$ 是任一个元素，其中 $m_i\in M_i(i\in I)$，令

$$\varphi((\sum m_i)+\mathrm{Rad}(M))=\sum(m_i+\mathrm{Rad}(M_i))\in\bigoplus_{i\in I}(M_i/\mathrm{Rad}(M_i)),$$

则 $\varphi$ 是定义良好的映射. 事实上，设 $\left(\sum m_i\right)+\mathrm{Rad}(M)=\left(\sum m'_i\right)+\mathrm{Rad}(M)$，$m_i,m'_i\in M_i$，则 $\sum(m_i-m'_i)\in\mathrm{Rad}(M)$. 因此，由(3)，$m_i-m'_i\in\mathrm{Rad}(M_i)$. 所以，有 $m_i+\mathrm{Rad}(M_i)=m'_i+\mathrm{Rad}(M_i)$. 容易证明 $\varphi$ 是一个模同态.

其次证明 $\varphi$ 是一个单同态. 令

$$\varphi\left(\left(\sum m_i\right)+\mathrm{Rad}(M)\right)=\sum(m_i+\mathrm{Rad}(M_i))=0,$$

则$m_i \in M_i (i \in I)$. 由于$\mathrm{Rad}(M_i) \hookrightarrow \mathrm{Rad}(M)$,故$\left(\sum m_i\right) + \mathrm{Rad}(M) = \mathrm{Rad}(M)$. 于是,$\mathrm{Ker}(\varphi) = 0$,即 $\varphi$ 是单同态. 显然 $\varphi$ 是满同态,所以 $\varphi$ 是同构.

### 5.6.2 阿廷模与诺特模

**定义 5.6.2** (1) 一个模$_RM$ 称作是诺特模(Noetherian module)或阿廷模(Artinian module),如果$_RM$ 的每个非空子模集都有一个极大或极小的子模;

(2) 一个环 $R$ 称作左诺特环(left Noetherian ring)或左阿廷环(left Artinian ring),如果$_RR$ 是诺特的或阿廷的;

(3) 模$_RM$ 的子模链

$$\cdots \hookrightarrow A_{i-1} \hookrightarrow A_i \hookrightarrow A_{i+1} \hookrightarrow \cdots$$

(有限的或无限的)称作稳定的(stable),如果此链只含有有限多个不同的 $A_i$.

**注 5.6.1** (1) 这些性质在同构意义下显然保留.

(2) 诺特模也称为具有极大条件的模(module with maximal condition),阿廷模也称为具有极小条件的模(module with minimal condition).

**定理 5.6.4** 令 $M = {}_RM$ 是 $R$-模,$A$ 是 $M$ 的子模,则

(1) 下列条件是等价的:

(a) $M$ 是阿廷的;

(b) $A$ 和 $M/A$ 是阿廷的;

(c) $M$ 的每个子模降链$A_1 \supseteq A_2 \supseteq A_3 \supseteq \cdots$是稳定的;

(d) $M$ 的每个商模都是有限生成的;

(e) 在 $M$ 的每个非空子模集$\{A_i \mid i \in I\}$中,存在有限子集$\{A_i \mid i \in I_0\}$(亦即$I_0 \leqslant I$是有限集)使得$\bigcap\limits_{i \in I} A_i = \bigcap\limits_{i \in I_0} A_i$.

(2) 下列条件等价:

(a) $M$ 是诺特的;

(b) $A$ 和 $M/A$ 是诺特的;

(c) $M$ 的每个子模升链$A_1 \subseteq A_2 \subseteq A_3 \subseteq \cdots$是稳定的;

(d) $M$ 的每个商模都是有限生成的;

(e) 在 $M$ 的每个非空子模集$\{A_i \mid i \in I\}$中,存在有限子集$\{A_i \mid i \in I_0\}$(亦即$I_0 \subseteq I$ 是有限集)使得$\sum\limits_{i \in I} A_i = \sum\limits_{i \in I_0} A_i$.

(3) 下列条件等价:

(a) $M$ 是阿廷和诺特的;

(b) $M$ 是有限长的.

证明是容易的,留作习题.

条件(1)之(a)与条件(2)之(c)分别称为降链条件(descending condition)和升链条件(ascending condition). 因此,由定理 5.6.4,我们有:一个模满足极小或极大条件当且仅当它满足降链条件或升链条件. 如果仅考虑有限生成子模,而不是所有的子模、循环子模或模的直和项,这个结论也是对的. 因此,我们还有:一个模对有限生成子模满足极小条件(即每个生成子模的非空集内,存在一个极小元)当且仅当对有限生成子模,降链条件被满足. 也就是说,有限生成子模的每个降链条件是稳定的,这个结论和它的证明留给读者作为练习.

**推论 5.6.2** 设 $M$ 是左 $R$-模,则

(1) 如果 $M$ 是诺特模或阿廷模的有限和,则 $M$ 也是诺特或阿廷的;

(2) 如果环 $R$ 是左诺特或左阿廷环,且 $M$ 是有限生成的,则 $M$ 是诺特的或阿廷的;

(3) 左诺特环或左阿廷环的每个商环是左诺特或左阿廷的.

**证明** (1) 设 $M=\sum\limits_{i=1}^{n}M_i$,其中$M_i$ 是$M$ 的子模. 对 $n$ 进行归纳证明. 当 $n=1$ 时,结论显然成立. 归纳假设当 $n-1$ 时,结论成立. 令 $M=\sum\limits_{i=1}^{n}M_i$(设$M_i$ 都是诺特或阿廷的),则 $L=\sum\limits_{i=1}^{n-1}M_i$ 是诺特或阿廷的. 由第二同构定理(定理 5.3.4)有

$$M/M_n=(L+M_n)/M_n\cong L/L\cap M_n.$$

由定理 5.6.4 知,$L/L\cap M_n$是诺特或阿廷的,从而 $M/M_n$是诺特或阿廷的. 由于$M_n$是诺特或阿廷的,再由定理 5.6.4 知,$M$ 是诺特或阿廷的.

(2) 对任 $m\in M$,考虑映射

$$f_m:R\ni r\rightarrow rm\in M.$$

这是从${}_RR$ 到${}_RM$ 的同态. 由同态基本定理,可得到 $R/\mathrm{Ker}(f)\cong\mathrm{Im}(f)=Rm$,这是一个左 $R$-模. 如果${}_RR$ 是诺特或阿廷的,则由定理 5.6.4 知 $Rm$ 亦是. 如果$(m_1,m_2,\cdots,m_n)$是 $M$ 的生成元集,则由(1),结论成立.

(3) 设 $A\rightarrowtail {}_RR$,当${}_RR$是诺特或阿廷模时,则${}_R(R/A)$也是.

由于 $A(R/A)=0$,故${}_R(R/A)$的子模集与 $R/A$ 的左理想集相同. 因此结论成立.

**例 5.6.1** 每个有限维向量空间既是诺特的,也是阿廷的.

**例 5.6.2** ${}_{\mathbb{Z}}\mathbb{Z}$ 是诺特的,但不是阿廷的.

**例 5.6.3** 设 $p$ 是一个素数,令$\mathbb{Q}_p=\left\{\dfrac{a}{p^i}\,\middle|\,a\in\mathbb{Z},i\in\mathbb{N}\right\}$,亦即有理数集,其分解是 $p$ 的 $n$ 次幂(这里$p^0=1$),则$\mathbb{Q}_p$是$\mathbb{Q}$ 的子加群且 $Z\hookrightarrow\mathbb{Q}_p$. 于是作为$\mathbb{Z}$-模,$\mathbb{Q}_p/\mathbb{Z}$ 是阿廷的但不是诺特的.

**定理 5.6.5** 设$M={}_RM$是$R$-模，则有

(1) 如果$M$是半单的，则$\mathrm{Rad}(M)=0$；

(2) $\mathrm{Rad}({}_RR)M\hookrightarrow\mathrm{Rad}(M)$；

(3) 如果$M$是有限生成的，则$\mathrm{Rad}(M)\stackrel{\circ}{\hookrightarrow}M$. 特别地，$\mathrm{Rad}({}_RR)\stackrel{\circ}{\hookrightarrow}{}_RR$；

(4) 如果$M$是有限生成的，且$A\hookrightarrow\mathrm{Rad}({}_RR)$，则$AM\stackrel{\circ}{\hookrightarrow}A$；(中山引理(Nakayama lemma))

(5) 如果$M$是有限生成的，且$M\neq 0$，则$\mathrm{Rad}(M)\neq M$；

(6) $\mathrm{Rad}({}_RR)$是环$R$的两边理想；

(7) 若$C$是$M$的子模，则$[C+\mathrm{Rad}(M)]/C\hookrightarrow\mathrm{Rad}(M/C)$.

**证明** (1)如果$M$是半单的，则它的每个子模均是其直和加项，从而0是其唯一的本质子模，故$\mathrm{Rad}(M)=0$.

(2) 任意$m\in M$，则$f_m:R\ni r\to rm\in M$是一个同态，根据定理5.6.2，有

$$\mathrm{Rad}({}_RR)m=f_m(\mathrm{Rad}({}_RR))\hookrightarrow\mathrm{Rad}(M).$$

于是

$$\sum_{m\in M}\mathrm{Rad}({}_RR)m=\mathrm{Rad}({}_RR)M\hookrightarrow\mathrm{Rad}(M).$$

(3) 设$C$是$M$的子模使$\mathrm{Rad}(M)+C=M$. 如果$C\neq M$，则$M$是有限生成的，$C$含在$M$的极大子模$B$内(定理5.2.1). 因此，$M=\mathrm{Rad}(M)+C\hookrightarrow B$，矛盾. 从而$C=M$. 于是，有

$$\mathrm{Rad}(M)\stackrel{\circ}{\hookrightarrow}M.$$

(4) 由于$AM\hookrightarrow\mathrm{Rad}({}_RR)M\hookrightarrow\mathrm{Rad}(M)\stackrel{\circ}{\hookrightarrow}M$，故$AM\stackrel{\circ}{\hookrightarrow}A$.

(5) 因为$M\neq 0$且$\mathrm{Rad}(M)\stackrel{\circ}{\hookrightarrow}M$，我们有$\mathrm{Rad}(M)\neq M$. 否则，若$\mathrm{Rad}(M)=M$，则$\mathrm{Rad}(M)+0=M$，从而$M=0$，矛盾.

(6) 令$M={}_RR$，由(2)可得证.

(7) 令$\pi:M\to M/C$是自然满同态，则有

$$[C+\mathrm{Rad}(M)]/C=\pi(\mathrm{Rad}(M))\hookrightarrow\mathrm{Rad}(M/C).$$

现在希望进一步证明：如果$M$阿廷的，则$M/\mathrm{Rad}(M)$是半单的. 而且，能从下面更一般性的定理推出这个结果.

**定理 5.6.6** 设$M$是左$R$-模，则有

(1) $M$的每个子模在$M$内有加补且$\mathrm{Rad}(M)=0$当且仅当$M$是半单的；

(2) $M$是阿廷的且$\mathrm{Rad}(M)=0$当且仅当$M$是半单的，且$M$是有限生成的.

**证明** (1) 充分性是显然的，现在证明必要性. 设$C$是$M$的子模且$C$在$M$内有加补，则$M=C+C^{\cdot}$且$C\cap C^{\cdot}\hookrightarrow\mathrm{Rad}(M)=0$. 因此，$M=C\oplus C^{\cdot}$. 所以$M$是半单的.

(2) 必要性. 如果$M$是阿廷的，则易知每个子模有加补. 由(1)知$M$是半单的.

由于 $M$ 是半单和阿廷的，故 $M$ 是有限生成的.

充分性. 由 $M$ 是半单的和有限生成的知，$M$ 是阿廷的. 故 $\mathrm{Rad}(M)=0$ 是显然的.

**推论 5.6.3**　如果 $M$ 是阿廷模，则 $M/\mathrm{Rad}(M)$ 是半单的. 特别地，如果 $_RR$ 是阿廷的，则 $R/\mathrm{Rad}(_RR)$ 是半单的.

证明留作练习.

下面定理表明，对半单模来说，所有的有限条件是等价的.

**定理 5.6.7**　对于半单模 $M={}_RM$，下列条件等价：

(1) $M$ 是有限多个单模的和；

(2) $M$ 是有限多个单模的直和；

(3) $M$ 具有有限长度；

(4) $M$ 是阿廷的；

(5) $M$ 是诺特的；

(6) $M$ 是有限生成的；

(7) $M$ 是有限余生成的.

**证明**　对于 $M=0$，所有叙述都是平凡的. 因此，我们假设 $M\neq 0$.

(1)⇒(2). 由引理 5.5.2 得证.

(2)⇒(3). 设 $M=\bigoplus\limits_{i=1}^{n}M_i$，这里 $M_i$ 是单模，则 $0\hookrightarrow M_1\hookrightarrow M_1\oplus M_2\hookrightarrow\cdots\hookrightarrow\bigoplus\limits_{i=1}^{n}M_i=M$ 是一个合成列. 这是因为 $\left(\bigoplus\limits_{i=1}^{j}M_i\right)\Big/\left(\bigoplus\limits_{i=1}^{j-1}M_i\right)\cong M_j$ 是单的.

(3)⇒(5). 由定理 5.6.4 得证.

(5)⇒(6). 由定理 5.6.4 得证.

(6)⇒(1). 由定理 5.2.1 得证.

(3)⇒(4). 由定理 5.6.4 得证.

(4)⇒(7). 由定理 5.6.4 得证.

(7)⇒(2). 假设 $M$ 是无限多个单子模 $M_i$ 的直和，则 $M$ 存在形如 $\bigoplus\limits_{i=1}^{\infty}M_i$ 的子模，且直和项 $M_1,M_2,\cdots$ 是可数无限多个. 令

$$A_i=\bigoplus_{j=i}^{\infty}M_j,\quad i\in\mathbb{Z}^+,$$

则显然有 $\bigcap\limits_{i=1}^{\infty}A_i=0$. 因为对任意 $n\in\mathbb{Z}^+$，$(M_1\oplus\cdots\oplus M_n)\cap A_{n+1}=0$. 因此，$(M_1\oplus\cdots\oplus M_n)\cap\left(\bigcap\limits_{i=1}^{\infty}A_i\right)=0$. 但是，任意有限多个 $A_i$ 之交显然等于带有最大指标 $i$ 的那个 $A_i$. 所以，不等于 0. 这与 $M$ 是有限余生成的矛盾.

下面讨论阿廷模与诺特模的同态.

设 $M={}_RM$ 为任一个左 $R$-模，$\varphi$ 是 $M$ 的一个自同态，亦即，$\varphi$ 是 $M$ 到其自身的一个同态，则 $\varphi^n$ 也是 $M$ 的自同态($n\in\mathbb{Z}^+$). 因此有

$$\mathrm{Im}(\varphi)\hookleftarrow\mathrm{Im}(\varphi^2)\hookleftarrow\mathrm{Im}(\varphi^3)\hookleftarrow\cdots,$$

$$\mathrm{Ker}(\varphi)\hookrightarrow\mathrm{Ker}(\varphi^2)\hookrightarrow\mathrm{Ker}(\varphi^3)\hookrightarrow\cdots,$$

当 $M$ 是阿廷模或诺特模时，这两个链是稳定的.

**定理 5.6.8**　设 $\varphi$ 是 $M$ 的自同态，则有

(1) 如果 $M$ 是阿廷模，则存在 $n_0\in\mathbb{Z}^+$ 使当 $n\geqslant n_0$ 时，$M=\mathrm{Im}(\varphi^n)+\mathrm{Ker}(\varphi^n)$；

(2) 如果 $M$ 是阿廷模且 $\varphi$ 是单同态，则 $\varphi$ 是 $M$ 的一个自同构；

(3) 如果 $M$ 是诺特模，则存在 $n_0\in\mathbb{Z}^+$ 使当 $n\geqslant n_0$ 时，

$$\mathrm{Im}(\varphi^n)\cap\mathrm{Ker}(\varphi^n)=0;$$

(4) 如果 $M$ 是诺特模且 $\varphi$ 是满同态，则 $\varphi$ 是 $M$ 的一个自同构.

**证明**　(1) 由于 $M$ 是阿廷模，故存在 $n_0\in\mathbb{Z}^+$ 使得 $\mathrm{Im}(\varphi^{n_0})=\mathrm{Im}(\varphi^n)$，这里 $n\geqslant n_0$. 于是，对 $n\geqslant n_0$，有 $\mathrm{Im}(\varphi^n)=\mathrm{Im}(\varphi^{2n})$. 设 $x\in M$，则 $\varphi^n(x)\in\mathrm{Im}(\varphi^n)=\mathrm{Im}(\varphi^{2n})$. 因此，存在 $y\in M$ 使得 $\varphi^n(x)=\varphi^{2n}(y)$，从而 $k=x-\varphi^n(y)\in\mathrm{Ker}(\varphi^n)$. 所以有

$$x=\varphi^n(y)+k\in\mathrm{Im}(\varphi^n)+\mathrm{Ker}(\varphi^n).$$

(2) 如果 $\varphi$ 是单同态，则显然 $\varphi^n$ 也是单同态($n\in\mathbb{Z}^+$)，i. e. $\mathrm{Ker}(\varphi^n)=0$. 由(1)可得，$M=\mathrm{Im}(\varphi^{n_0})$. 因为 $\mathrm{Im}(\varphi^{n_0})\hookrightarrow\mathrm{Im}(\varphi)$，故有 $M=\mathrm{Im}(\varphi)$. 所以，$\varphi$ 是满同态，从而 $\varphi$ 是 $M$ 的一个自同构.

(3) 由于 $M$ 是诺特模，故存在 $n_0\in\mathbb{Z}^+$ 使得 $\mathrm{Ker}(\varphi^{n_0})=\mathrm{Ker}(\varphi^n)$，这里 $n\geqslant n_0$. 于是，对 $n\geqslant n_0$，有 $\mathrm{Ker}(\varphi^n)=\mathrm{Ker}(\varphi^{2n})$. 令 $x\in\mathrm{Im}(\varphi^n)\cap\mathrm{Ker}(\varphi^n)$，则存在 $y\in M$ 使得 $x=\varphi^n(y)$. 于是有 $0=\varphi^n(x)=\varphi^{2n}(y)$. 所以，$y\in\mathrm{Ker}(\varphi^{2n})=\mathrm{Ker}(\varphi^n)$. 因此，$x=\varphi^n(y)=0$. 故有 $0=\mathrm{Im}(\varphi^n)\cap\mathrm{Ker}(\varphi^n)$.

(4) 如果 $\varphi$ 是满同态，则对任意 $n\in\mathbb{Z}^+$，$\varphi^n$ 也是满同态，i. e. $\mathrm{Im}(\varphi^n)=M$. 由(3)知，存在正整数 $n_0$ 使得 $\mathrm{Ker}(\varphi^{n_0})=0$. 因此，由 $\mathrm{Ker}(\varphi)\hookrightarrow\mathrm{Ker}(\varphi^{n_0})$，从而也有 $\mathrm{Ker}(\varphi)=0$. 所以，$\varphi$ 也是单同态，从而是自同构.

由定理 5.6.7，很容易得到下面的结果.

**推论 5.6.4**　设 $M$ 是具有有限长度的模，$\varphi$ 是 $M$ 的满同态，则有

(1) 存在 $n_0\in\mathbb{Z}^+$ 使得对任意 $n\geqslant n_0$ 时，成立 $M=\mathrm{Im}(\varphi^n)\oplus\mathrm{Ker}(\varphi^n)$；

(2) $\varphi$ 是 $M$ 的一个自同构当且仅当 $\varphi$ 是满同态；

(3) $\varphi$ 是 $M$ 的一个自同构当且仅当 $\varphi$ 是单同态.

## 习　题　5.6

1. 对一个有单位元的环 $R$，证明下列条件等价：

(1) 对每个左 $R$-模 $M$，有 $\mathrm{Rad}(M)\overset{\circ}{\hookrightarrow}M$；

(2) 不存在非零左 $R$-模 $M$ 使得 $\mathrm{Rad}(M)=M$.

2. 对一个有单位元的环 $R$,证明下列条件等价:

(1) 对每个左 $R$-模 $M$,有 $\mathrm{Soc}(M)\overset{*}{\hookrightarrow}M$;

(2) 对每个循环左 $R$-模 $M$,有 $\mathrm{Soc}(M)\overset{*}{\hookrightarrow}M$;

(3) 不存在非零左 $R$-模 $M$ 使得 $\mathrm{Soc}(M)=0$.

3. 设 $R$ 是一个有单位元的环,$M$ 为左 $R$-模. 令 $\mathrm{Soc}(M)\hookrightarrow_R B\hookrightarrow_R M$,$a\in M$ 但 $a\notin B$.

(1) 证明:$M$ 中存在大子模 $C$,使得 $C\hookrightarrow B$ 但 $a\notin C$;

(2) 证明:$\mathrm{Soc}(M)\hookrightarrow_R B\hookrightarrow_R M\Rightarrow B=\bigcap\limits_{B\hookrightarrow C\overset{*}{\hookrightarrow}M} C$;

(3) 证明:$\mathrm{Soc}(M)\hookrightarrow A\hookrightarrow_R M$,且 $\mathrm{Soc}(M/A)\overset{*}{\hookrightarrow}M/A\Rightarrow A\overset{*}{\hookrightarrow}M$.

4. 对下面给出的环 $R$,确定 $\mathrm{Rad}({}_RR)$,$\mathrm{Soc}({}_RR)$ 与 $\mathrm{Soc}(R_R)$:

$$R=\left\{\begin{pmatrix} q & r \\ 0 & s\end{pmatrix}\middle| q\in\mathbb{Q},r,s\in\mathbb{R}\right\},$$

$$R=\left\{\begin{pmatrix} z & a \\ 0 & b\end{pmatrix}\middle| z\in\mathbb{Z},r,s\in\mathbb{Q}\right\},$$

其中,$\mathbb{Z}$ 是整数环,$\mathbb{Q}$ 是有理数域,$\mathbb{R}$ 是实数域.

5. 设 $R$ 是一个有单位元的环,$M$ 为左 $R$-模. 证明下列条件等价:

(1) $M$ 是有限余生成的且 $\mathrm{Rad}(M)=0$;

(2) $M$ 是有限余生成的且 $M$ 是半单的.

6. 找出一个环,在一边是阿廷和诺特的,从而是有限长度的,而在另一边既不是阿廷的也不是诺特的.

7. 设 $R_n$ 是有单位元环 $R$ 上的 $n\times n$ 方阵环. 证明:$R_n$ 是左阿廷的当且仅当 $R$ 是左阿廷的;$R_n$ 是左诺特的当且仅当 $R$ 是左诺特的.

8. 证明:没有零因子的每个左阿廷环是除环.

9. 设 $R$ 是一个交换环,$M$ 为左 $R$-模,

(1) 证明:$\mathrm{Rad}(M)=\bigcap\{AM|A$ 是 $R$ 中的极大理想$\}$;

(2) 对一般环 $R$,$M$ 为左 $R$-模,我们定义

$$D(M)=\bigcap\{AM|A \text{ 是 } R \text{ 中的极大左理想}\}.$$

证明:

(a) $D(M)$ 是 $M$ 的子模,并对任一个同态 $\alpha:M\to N$,则 $\alpha(D(M))\subseteq D(N)$;

(b) $D({}_RR)=R$ 当且仅当 $R$ 中没有极大左理想是两边理想;

(c) 对任左 $R$-模 $M$,均有 $D(M)=\mathrm{Rad}(M)$ 当且仅当 $R$ 中每一个极大左理想都是两边理想.

## 5.7 自由模、投射模与内射模

本节介绍自由模、投射模与内射模. 自由模在某种意义下同域或体上的线性空间类似,但由于环中元素一般没有逆元,自由模在环上的基不如线性空间的基用起来方便. 投射模与内射模是两类非常重要的模,在模理论中扮演重要角色. 本节介绍这三种模的定义和基本性质以及特征.

### 5.7.1 自由模

**定义 5.7.1** 设 $M$ 是一个 $R$-模,$M$ 的一个子集 $X$ 称作自由的(free),如果对 $X$ 的每个子集 $\{x_i \mid i=1,2,\cdots,n\}$(这里要求 $x_i \neq x_j$),由 $\sum\limits_{i=1}^{n} r_i x_i = 0$ 可得

$$r_i = 0 \quad (i = 1,2,\cdots,n).$$

模 $M$ 的一个子集 $X$ 称作 $M$ 的基(basis),如果 $X$ 是 $M$ 的生成元集且 $X$ 是自由的.

**定理 5.7.1** 设 $X \neq \varnothing$ 是模 $M$ 的生成元集,则 $X$ 是 $M$ 的基的充要条件是对每个 $m \in M$, 表示法 $m = \sum\limits_{i=1}^{n} r_j x_j (x_j \in X, r_j \in R)$ 在下面意义下是唯一的:

若 $m = \sum\limits_{j=1}^{n} r_j x_j = \sum\limits_{j=1}^{n} r_j x_j$ 且 $x_i \neq x_j$(对 $i \neq j, i,j = 1,2,\cdots,n$),一定有

$$r_j = r_j' \quad (j=1,2,\cdots,n).$$

**证明** 必要性. 如果有

$$m = \sum_{j=1}^{n} r_j x_j = \sum_{j=1}^{n} r_j' x_j,$$

这里 $x_i \neq x_j, i \neq j, i,j = 1,2,\cdots,n$,则

$$0 = \sum_{i=1}^{n} (r_j - r_j') x_j.$$

因 $X$ 是自由的,故 $r_j - r_j' = 0$. 从而 $r_j = r_j' (j = 1,2,\cdots,n)$.

充分性. 设 $\sum\limits_{j=1}^{n} r_j x_j = 0$,且 $x_i \neq x_j, i \neq j, i,j = 1,2,\cdots,n$. 因为 $0 = \sum\limits_{j=1}^{n} 0 \cdot x_j$,所以由表示法唯一性知 $r_j = 0 (j=1,2,\cdots,n)$,亦即 $X$ 是自由的.

**注 5.7.1** 当 $X = \{x_1, x_2, \cdots, x_n\}$ 是有限生成集,则有:$X$ 是基当且仅当对每个 $m \in M, m = \sum\limits_{j=1}^{n} r_j x_j$ 中的系数 $r_j \in R$ 是唯一确定的.

**例 5.7.1** 如果 $R$ 是有单位元 1 的环,则 $\{1\}$ 是 $_RR$ 的基.

**定理 5.7.2** 令 $F = {}_RF$ 是一个左 $R$-模,则下列条件是等价的:

(1) $F$ 有基；

(2) $F=\bigoplus_{i\in I}A_i$，且对任 $i\in I$，${}_RR\cong A_i$.

**证明** 首先声明，(1)与(2)对 $F=0$ 是成立的. 事实上，空集$\varnothing$作为基，而由习惯约定，空集上的和为零，因此可假定 $F\neq 0$.

(1)⇒(2). 令 $Y$ 是 $F$ 的一个基，$a\in Y$. 定义映射 $\varphi_a:{}_RR\ni r\to ra\in{}_RR$ . 显然 $\varphi_a$ 是一个满同态. 进一步，由基的性质及 $ra=0=0a$，得 $r=0$，故 $\varphi_a$ 是一个同构. 因此，$F=\bigoplus_{a\in Y}Ra$.

由于 $Y$ 是一个基，故 $Y$ 也是一个生成元集，所以，$F=\sum_{a\in Y}Ra$. 对 $a_0\in Y$，令

$$c\in Ra_0\cap\sum_{a\in Y,a\neq a_0}Ra,$$

则有不同的 $a_1,a_2,\cdots,a_n\in Y,a_i\neq a_0$ 和 $r_0,r_1,\cdots,r_n\in R$ 使得 $c=r_0a_0=\sum_{i=1}^{n}r_ia_i$. 于是 $r_0a_0+\sum_{i=1}^{n}(-r_i)a_i=0$ . 因此，由基的定义知 $r_0=r_1=\cdots=r_n=0$，从而

$$Ra_0\cap\sum_{a\in Y,a\neq a}Ra=0.$$

所以，$F=\bigoplus_{a\in Y}Ra$.

(2)⇒(1). 设 $\varphi:{}_RR\cong A_i$ 是假设条件中的同构映射. 我们断言$\{\varphi_i(1)\mid i\in I\}$ 是 $F$ 的基. 事实上，由于 $A_i=\varphi_i(R)=\varphi_i(R\cdot 1)=R\varphi_i(1)$，故 $F=\bigoplus_{i\in I}A_i=\bigoplus_{i\in I}R\varphi_i(1)$. 因此，$\{\varphi_i(1)\mid i\in I\}$ 是 $F$ 的生成元集. 令 $I'\subset I$ 是有限子集且 $\sum_{i\in I}\varphi_i(1)=0$，由定理 5. 2. 4 知 $r_i\varphi_i(1)=\varphi_i(r_i)=0$. 因为 $\varphi_i$ 是同构映射，故 $r_i=0$. 所以，$\{\varphi_i(1)\mid i\in I\}$ 是 $F$ 的基.

**定义 5. 7. 2** 满足上面定理 5. 7. 2 的条件的模称作自由模(free module).

**推论 5. 7. 1** 每个模${}_RM$ 是自由模 $R$-模的满同态像. 如果${}_RM$ 是有限生成的，则${}_RM$ 是具有有限基的自由 $R$-模的同态像.

**证明** 设 $Y$ 是 $M$ 的生成元集，考虑自由模 $R^{(Y)}=\bigoplus_{b\in Y}R\varphi_b(1)$. 根据基表示的唯一性，由 $R^{(Y)}\ni\sum_{b\in Y}r_b\varphi_b(1)\to\sum_{b\in Y}r_bb\in M$ 所定义的满同态是定义良好的.

一般地，用$\{\varphi_i(1)\mid i\in I\}$记 $R^{(I)}$ 的基，当然也可用其他集来记.

**定理 5. 7. 3** 设${}_RM$ 与${}_RF$ 是模，如果 $\varphi:{}_RM\to{}_RF$ 是满同态，且${}_RF$ 是自由的，则 $\varphi$ 是分裂的，即存在同态 $\varphi':{}_RF\to{}_RM$ 使得 $\varphi\varphi'=I_F$.

**证明** 设 $Y$ 是${}_RF$ 的一个基，对每个 $b\in Y$，则选定一个 $m_b$ 满足 $\varphi(m_b)=b$，则映射

$$\varphi':{}_RF \ni \sum_{b\in Y} r_b b \mapsto \sum_{b\in Y} r_b m_b \in {}_RM$$

是 $R$-模同态. 因此，有

$$\varphi\varphi'\Big(\sum_{b\in Y} r_b b\Big) = \varphi\Big(\sum_{b\in Y} r_b m_b\Big) = \sum_{b\in Y} r_b \varphi(m_b) = \sum_{b\in Y} r_b b.$$

所以，$\varphi\varphi' = I_F$，从而 $M=\mathrm{Im}(\varphi')\oplus\mathrm{Ker}(\varphi)$.

### 5.7.2 投射模与内射模

**定理 5.7.4** 对于模${}_RP$，下列叙述是等价的：

(1) 每个满同态 $f:B\to P$ 是分裂的，亦即 $\mathrm{Ker}(f)$是模 $B$ 的直和项.

(2) 对每个满同态 $\beta:B\to C$ 和每个同态 $\psi:P\to C$，都存在一个同态 $\lambda:P\to B$ 使得 $\psi=\beta\lambda$.

(3) 对每个满同态 $\beta:B\to C$，

$$\mathrm{Hom}(1_P,\beta):\mathrm{Hom}_R(P,B)\to\mathrm{Hom}_R(P,C)$$
$$\gamma\mapsto\beta\gamma\, 1_P=\beta\gamma$$

是满映射.

**注 5.7.2** (2) 相当于交换图 5.7.1.

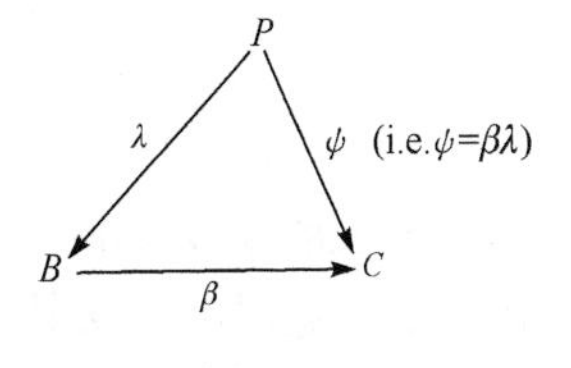

图 5.7.1

**证明** (1)⇒(2). 令 $A=\{(b,p)\mid b\in B, p\in P, \beta(b)=\psi(p)\}$，则 $A$ 按分量加法与模乘法可做成模. 令 $\varphi: A\ni(b,p)\mapsto p\in P$，$\alpha:A\ni(b,p)\mapsto b\in B$，则 $\varphi$ 与 $\alpha$ 是同态映射且 $\psi\varphi=\beta\alpha$，即图 5.7.2 是交换的.

任取 $p\in P$，由于 $\alpha$ 是满的，故存在 $b\in B$ 使得 $\beta(b)=\psi(p)$. 于是，有$(b,p)\in A$. 因此，$\varphi(b,p)\in P$，即 $\varphi$ 是满的，由 (1) 知 $\mathrm{Ker}(\varphi)$ 是 $A$ 的直和项，即 $A=\mathrm{Ker}(\varphi)\oplus A_0$. 由于 $\varphi$ 是满的，故 $\varphi_0=\varphi|A_0$ 也是满的. 显然，$\varphi_0$ 是单的，故 $\varphi$ 是同构映射. 令 $i:A_0\to A$ 是包含映射，则令 $\lambda=\alpha i\varphi_0^{-1}$，有

$$\beta\lambda(p)=\beta\alpha i\varphi_0^{-1}(p)=\psi\varphi i\varphi_0^{-1}(p)=\psi(p),$$

即 $\psi=\beta\lambda$.

(2)⇒(1). 由假设，存在 $\lambda:P\to B$ 同态使图 5.7.3 交换，亦即$1_P=f\lambda$. 因此，由推论 5.3.3(3)知 $f$ 是可裂的.

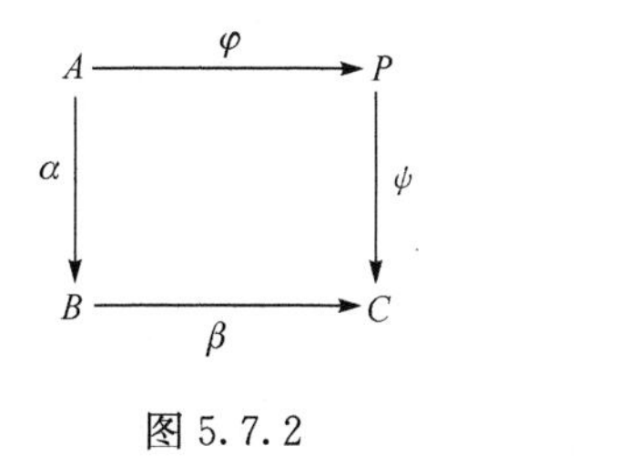

图 5.7.2

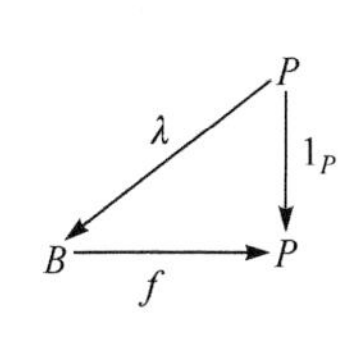

图 5.7.3

(2)⇔(3). 根据 $\mathrm{Hom}(1_P,\beta)$的定义,(3)是(2)的等价形式.

与定理 5.7.4 对偶的,有如下结论.

**定理 5.7.5** 设 $Q={}_RQ$ 是 $R$-模,下列叙述是等价的:

(1) 每个单同态 $g:Q\to B$ 分裂,亦即 $\mathrm{Im}(g)$是模 $B$ 的直和项;

(2) 对每个单同态 $\alpha:A\to B$ 及同态 $\varphi:A\to Q$,存在同态 $\kappa:B\to Q$ 使得 $\varphi=\kappa\alpha$;

(3) 对每个单同态 $\alpha:A\to B$

$$\mathrm{Hom}(\alpha,I_Q):\mathrm{Hom}_R(B,Q)\to\mathrm{Hom}_R(A,Q)$$
$$r\to 1_Q r\alpha$$

是满映射.

**注 5.7.3** 叙述(2)如图 5.7.4 所示,$\varphi=\kappa\alpha$.

**证明** (1)⇒(2). 令 $N=(Q\oplus B)/U$,这里 $U=\{(\varphi(a),-\alpha(a))\mid a\in A\}$. 显然,$U$ 是一个子摸,$N$ 是模 $Q\oplus B$ 的商模,令 $\psi:Q\ni m\mapsto\overline{(m,0)}\in N$,$\beta:B\ni b\mapsto\overline{(0,b)}\in N$,则 $\psi$ 与 $\beta$ 显然是同态映射,且 $\psi\varphi=\beta\alpha$,即有交换图 5.7.5.

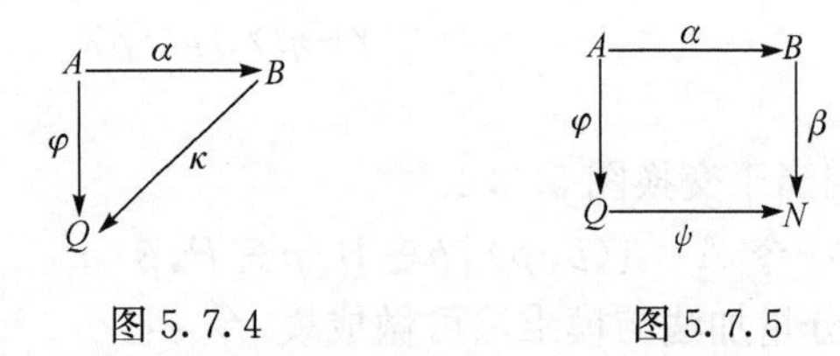


图 5.7.4　　图 5.7.5

下面证明 $\psi$ 是单的. 设 $\psi(m)=\overline{(m,0)}=0$,则存在 $\alpha\in A$ 使得$(m,0)=(\varphi(a),-\alpha(a))$. 于是 $\alpha(a)=0$. 因 $\alpha$ 是单的,故 $a=0$. 因此,$m=\varphi(a)=0$,即 $\psi$ 是单的,由于 $\mathrm{Im}(\psi)$是 $N$ 的直和项,故可设 $N=\mathrm{Im}(\psi)\oplus N_0$. 因此 $\psi$ 诱导同构映射 $\psi_0:Q\to\mathrm{Im}(\psi)$. 令 $\pi:N\to\mathrm{Im}(\psi)$是 $N=\mathrm{Im}(\psi)\oplus N_0$ 到 $\mathrm{Im}(\psi)$的投射映射,再令 $\kappa=\psi_0^{-1}\pi\beta$,则有

$$\kappa\alpha(a)=\psi_0^{-1}\pi\beta\alpha(a)=\psi_0^{-1}\pi\psi\varphi(a)=\psi_0^{-1}\pi\,\overline{(\varphi(a),0)}=\varphi(a),$$

即 $\varphi=\kappa\alpha$.

(2)⇒(1). 由假设,存在 $\kappa:B\to Q$ 是图 5.7.6 交换,亦即$1_Q=\kappa g$,因此 ,由推论 5.5.3知 $g$ 分裂.

(2)⇔(3). 根据 $\mathrm{Hom}(\alpha,1_Q)$的定义,(3)是(2)的等价形式.

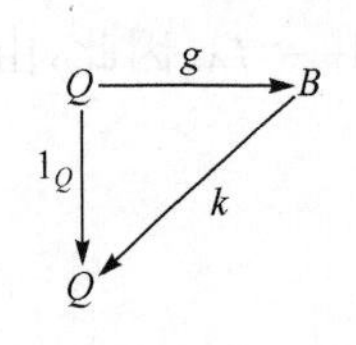


图 5.7.6

**定义 5.7.3** (1) 满足定理 5.7.4 中条件的模${}_RP$ 称作投射模(projective module);

(2) 满足定理 5.7.5 中条件的模${}_RQ$ 称作内射模(injective module).

**注 5.7.4** 有定理 5.7.3 知每个自由模均是投射模,从而每个模都是投射模的同态像. 进一步,每个有限生成模都是有限生成投射模的同态像.

**定理 5.7.6** (1) 令 $Q=\prod_{i\in I}Q_i$,则 $Q$ 是内射模的充分必要条件是对任意 $i\in I$,$Q_i$ 是内射的;

(2) 令 $P=\coprod_{i\in I}P_i$ 是投射模的充分必要条件是对任意 $i\in I$,$P_i$ 是投射的.

**证明** 必要性. 令 $Q$ 是内射的,设 $\alpha:A\to B$ 是单同态,$\varphi:A\to Q_j(j\in J)$ 是同态,而$\eta_j:Q_j\to\coprod_{i\in I}Q_i$ 为嵌入映射,$\pi_j:Q\to Q_j$ 为投影映射,$\sigma:\coprod_{i\in I}Q_i\to Q=\prod_{i\in I}Q_i$ 为嵌入映射,注意这里的$\eta_j$,$\pi_j$ 和$\sigma$ 同引理 5.3.1 中的一样,于是,由假设,存在$\omega:B\to Q$,使$\sigma\eta_j\varphi=\omega\alpha$,于是有图 5.7.7 交换(其中 $\kappa=\pi_j\omega$).
这里$\pi_j\eta_j=1_{Q_j}$,而 $\kappa=\pi_j\omega$ 即为满足等式 $\varphi=\kappa\alpha$ 的同态 $\kappa$. 事实上,$\varphi=1_{Q_j}\varphi=(\pi_j\sigma\eta_j)\varphi=\pi_j(\sigma\eta_j\varphi)=\pi_j(\omega\alpha)=k\alpha$. 充分性. 设单同态$\alpha:A\to B$ 和同态$\varphi:A\to Q$ 是已知的. 故对每个$\pi_i\varphi$,则存在$\kappa_i$使$\pi_i\varphi=\kappa_i\alpha$. 由定理 5.3.8(1),存在 $\kappa:B\to Q$ 使$k_i=\pi_i\kappa$. 因此我们断言 $\varphi=\kappa\alpha$. 由$\pi_i\varphi=\kappa_i\alpha$ 及$\kappa_i=\pi_i\kappa$ 有$\pi_i\varphi=\pi_ik\alpha$,由定理 5.3.8(1)关于 $A$ 到 $Q$ 的同态存在的唯一性,可知$\varphi=k\alpha$.

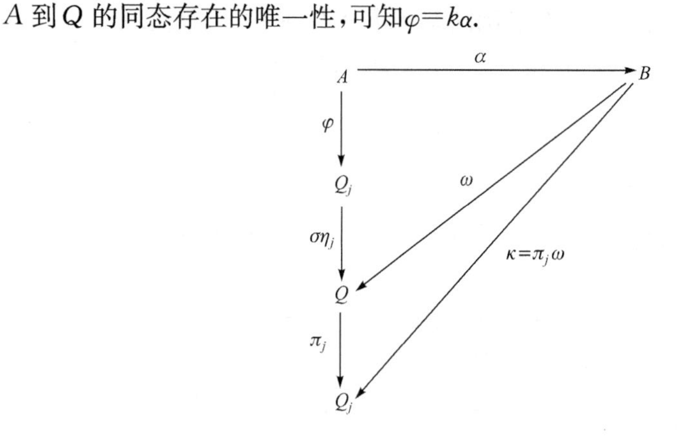


图 5.7.7

(2)的证明留作练习.

### 5.7.3 投射模的对偶基引理

**定理 5.7.7** 一个模是投射的当且仅当它同构于一个自由模的直和项.

**证明** 由定理 5.7.3,每个自由模都是投射的. 因此,由定理 5.7.6 知,同构于自由模的直和项是投射模. 反之,设 $P$ 是一个投射模,令 $f:F\to P$ 是自由模$F$ 到 $P$ 上的满同态. 由于 $P$ 是投射模,故 $f$ 分裂,即 $F=\mathrm{Ker}(f)\oplus F_0$. 于是,$P$ 同构于自由模 $F$ 的直和项$F_0$.

对于这个定理,没有关于内射模的对偶定理. 由这个定理,投射模的理论就简化为自由模及它的直和项的性质问题.

对于投射模的研究,一个重要的引理就是对偶基引理.它在投射模理论中的地位类似于基在自由模理论中的地位.不仅如此,它还有许多直接的应用,为研究投射模的一个重要工具.

**定理 5.7.8** (对偶基引理(dual-basis Lemma)) 对左 $R$-模 $P$,下列性质是等价的:

(1) $P$ 是投射模;

(2) 对于 $P$ 在 $R$ 上的每个生成元集 $\{y_i \mid i\in I\}$,则存在 $P^* = \mathrm{Hom}_R(P,R)$ 的子集 $\{\varphi_i \mid i\in I\}$ 满足:

(a) 任 $p\in P$,仅对有限多个 $i\in I$ 成立 $\varphi_i(p)\neq 0$;

(b) 任 $p\in P$,有 $p = \sum\limits_{\substack{i\in I\\ \varphi_i(p)\neq 0}} \varphi(p)\, y_i$;

(3) 存在子集 $\{y_i \mid i\in I, y_i\in R\}$ 和 $\{\varphi_i \mid i\in I, \varphi_i\in P^*\}$,使上面的(a)与(b)成立.

**证明** (1)⇒(2). 如本节推论 5.7.1 所建立的,对于 $P$ 的生成元集 $\{y_i \mid i\in I\}$,存在一个自由模 $F$,它有基 $\{x_i \mid i\in I\}$ 和满同态 $f:F\to P$ 使 $f(x_i)=y_i$. 令

$$\pi_j : F \ni \sum r_i x_i \mapsto r_j \in R, j \in I.$$

这里当 $r_j$ 不在 $\sum r_j x_j$ 中出现时,置 $r_j = 0$. 于是,当 $a = \sum r_i x_i \in F$ 且 $a \neq 0$ 时,对某个 $j \in I$,$\pi_j(a) \neq 0$,并且 $a = \sum \pi_i(a)\, x_i$ .

因为 $P$ 是投射的,故存在 $\lambda:P\to F$ 使得 $1_P = f\lambda$. 令 $\varphi_i = \pi_i\lambda, i \in I$,则有 $\varphi_i \in P^*$,对 $p\in P$,有

$$\varphi_i(p) = \pi_i\lambda(p) \neq 0$$

只对有限多个 $i$ 成立. 进一步地,任 $p\in P$,

$$p = f\lambda(p) = f\left(\sum \pi_i(\lambda(p))x_i\right) = \sum \pi_i\lambda(p) f(x_i) = \sum \varphi_i(p)\, y_i.$$

因此,(a) 与(b) 成立.

(2)⇒(3)是显然的.

(3)⇒(1). 由(2),$\{y_i \mid i \in I\}$ 是 $P$ 的生成元素,令 $f:F\to P$ 是如同(1)⇒(2)证明中定义的满同态. 再令 $\tau:P\to F$, $\tau(p) = \sum\limits_{i\in I} \varphi_i(p)\, x_i$,则 $\tau$ 是映射. 这是因为 $\varphi$ 是唯一确定的,由(a),仅有有限多个 $\varphi_i(p)\neq 0$. 显然 $\tau$ 是 $R$- 同态,于是,有

$$f\tau(p) = f\left(\sum \varphi_i(p)x_i\right) = \sum \varphi_i(p)y_i = p.$$

因此,$1_P = f\tau$,亦即 $f$ 分裂. 由定理 5.7.7 知,$P$ 是投射的.

下面的结果是对偶基引理的一个应用.

**推论 5.7.2** 对于每个投射模 $P={}_RP$,有 $\mathrm{Rad}(P)=\mathrm{Rad}({}_RR)P$.

**证明** 由上面对偶基引理,设 $(y_i,\varphi_i)_{i\in I}$ 是投射模 $P$ 的对偶基. 于是,对于

$u\in \mathrm{Rad}(P)$，有$\varphi_i(u)\in \mathrm{Rad}({}_RP)$，从而有

$$u=\sum \varphi_i(u)\,y_i\in \mathrm{Rad}({}_RR)P.$$

所以，$\mathrm{Rad}(P)\hookrightarrow \mathrm{Rad}({}_RR)P$. 再由定理 5.6.5(2)，其逆包含也成立. 因此，等式 $\mathrm{Rad}(P)=\mathrm{Rad}({}_RR)P$ 成立.

### 5.7.4　内射模的贝尔判别法

为确定一个模 $Q$ 是否为内射模，需要验证对每个单同态 $\alpha:A\to B$ 和每个同态 $\varphi:A\to Q$，是否存在同态 $\kappa:B\to Q$ 使得 $\varphi=\kappa\alpha$. 一个自然的问题是，可否把“验证单同态”的范围缩小，这当然是可能的. 我们有如下的贝尔判别准则.

**定理 5.7.9** (贝尔判别法(Baer's criterion))　左 $R$-模 $Q$ 是内射模的充分必要条件是，对每个左理想 $U\hookrightarrow {}_RR$ 和对每个同态 $\rho:U\to Q$，存在一个同态 $\tau:{}_RR\to Q$ 使$\rho=\tau i$，其中 $i$ 是 $U$ 到${}_RR$ 的包含映射.

**证明**　条件的必要性是显然的. 充分性的证明分两步进行.

**第一步**　设 $\alpha:A\to B$ 是单同态，$\varphi\in \mathrm{Hom}_R(A,Q)$，令 $C$ 是 $B$ 的真子模且$\mathrm{Im}(\alpha)\hookrightarrow C$，$\gamma:C\to Q$ 且对任 $a\in A$，$\varphi(a)=\gamma\alpha(a)$.

断言：存在$C_1\hookrightarrow B$ 且使 $C$ 是$C_1$ 的真子模和$\gamma_1:C_1\hookrightarrow Q$，$\gamma_1|_C=\gamma$. 因此也有$\varphi(a)=\gamma_1\alpha(a)$. 为证此断言，令 $b\in B$，$b\notin C$，设$C_1=C+Rb$. 如果 $C\cap Rb=0$，则可立即将 $\gamma$ 拓广到$C_1$上. 如果 $C\cap bR\neq 0$，令 $U=\{u\,|\,u\in R\wedge ub\in C\}$，则 $U$ 显然是 $R$ 的一个左理想.

$$\delta:U\ni u\mapsto ub\in C$$

是一个模同态. 令 $\rho=\gamma\sigma$，则有同态 $\rho:U\to Q$. 由假设，存在 $\tau:R\to Q$ 使 $\rho=\tau i$. 亦即图 5.7.9是交换的.

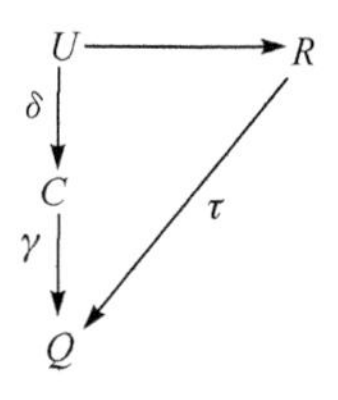


图 5.7.9

现在定义映射$\gamma_1:C_1\to Q$ 如下：

$$\gamma_1:C+Rb\ni c+rb\mapsto \gamma(c)+\tau(r)\in Q.$$

为证$\gamma_1$是定义良好的，令 $c+rb=c_1+r_1b$，这里 $c,c_1\in C$，$r,r_1\in R$. 于是，有

$$c-c_1=(r_1-r)b\in C\cap Rb,$$

从而 $r_1-r\in U$. 因此，$\gamma\delta(r_1-r)=\tau(r_1-r)$. 所以，有

$$\gamma(c-c_1)=\gamma((r_1-r)b)=r\delta(r_1-r)=\tau(r_1-r),$$

于是 $\gamma(c)+\tau(r)=\gamma(c_1)+\tau(r_1)$. 由于 $\gamma$ 和 $\tau$ 是 $R$-同态，故$\gamma_1$也是模同态，由$\gamma_1$的定义$\gamma_1|_C=\gamma$.

**第二步** 令$C_0=\mathrm{Im}(\alpha)$，$\alpha_0:A\to C_0$，$\alpha_0(a)=\alpha(a)$，$\alpha_0$ 是同构. 此外，令$\gamma_0=\varphi\alpha_0^{-1}$，则对任意 $a\in A$，有 $\varphi(a)=\gamma_0\alpha(a)$. 利用第一步和 Zorn 引理，同态$\gamma_0$ 可以拓广到整个 $B$ 上. 为此，令 $\Gamma=\{(C,\gamma)\mid \mathrm{Im}(\alpha)=C_0\hookrightarrow C\hookrightarrow B,\ \gamma:C\to Q,\gamma|_{C_0}=\gamma_0\}$.

由于 $(C_0,\gamma_0)\in\Gamma$，故 $\Gamma\neq\varnothing$，$\Gamma$ 内的偏序关系定义如下：

$(C,\gamma)\leqslant(C_1,\gamma_1)$当且仅当 $C\hookrightarrow C_1$，且$\gamma_1|_C=\gamma$.

现在设 $\Lambda$ 是$\Gamma$ 的非空全序子集，令 $D=\bigcup\limits_{(C,\gamma)\in\Lambda}C$，则$C_0\hookrightarrow D\hookrightarrow B$. 进一步，令 $\omega$：$D\ni d\mapsto\gamma(d)\in Q$(任$d\in C$，$(C,\gamma)\in\Lambda$). 由偏序定义中$\gamma_1|_C=\gamma$这个条件易知，$\omega$ 是一个同态，且$\omega|_{C_0}=\gamma_0$，因此，$(D,\omega)$是 $\Lambda$ 在$\Gamma$ 内的上界. 所以，有 Zorn 引理，$\Gamma$ 内存在一个极大元. 由第一步，它一定等于$(B,\kappa)$ 且 $\varphi=\kappa\alpha$.

贝尔准则的一个重要应用就是证明：$R$ 是诺特环当且仅当内射 $R$-模的每个直和都是内射的. 这个结论的证明从略，对此证明有兴趣的读者可查阅参考文献[3][14].

## 习 题 5.7

1. 设环 $R$ 有单位元，证明下列条件等价：

(1) 每个酉 $R$-模是投射的；

(2) 每个酉 $R$-模的短正合列是可裂正合的；

(3) 每个酉 $R$-模是内射的.

2. 证明：非零环 $R$ 是除环当且仅当每个左 $R$-模是自由的.

3. 设 $R$ 是一个环，

(1) 证明：如果 $\beta:{}_RB\to{}_RC$ 是满同态，若 $\varphi:{}_RF\to{}_RC$ 是同态，${}_RF$ 是自由模，利用自由模定义证明存在 $\delta:{}_RF\to{}_RC$ 使得 $\varphi=\beta\delta$.

(2) 证明：如果用自由模的直和项代替本题(1)中的${}_RF$，则(1)也成立.

4. 设 $R$ 是一个环，令$\beta_1:P_1\to M$ 与$\beta_2:P_2\to M$ 均是左 $R$-模的满同态，$P_1$与$P_2$都是投射模，证明：$P_1\oplus\mathrm{Ker}(\beta_2)\cong P_2\oplus\mathrm{Ker}(\beta_1)$.

5. 设 $0\neq e\neq 1$ 是环 $R$ 的幂等元($e^2=e$)，证明：左 $R$-模 $Re$ 是投射模，但不是自由模.

6. 设 $R$ 是一个环，证明：左 $R$-模 $P$ 是投射的当且仅当对每个满同态 $\beta:{}_RQ\to{}_RC$(这里${}_RQ$ 是内射模)和对每个同态 $\varphi:P\to{}_RC$，存在一个同态 $\delta:P\to{}_RQ$ 使得$\varphi=\beta\delta$.

7. 设 $R$ 是一个整域，证明：每个可除挠自由左 $R$-模都是内射的.

(这里左 $R$-模 $M$ 称作是可除的，如果任意 $r\in R$，$r\neq0$，有 $rM=M$；左 $R$-模 $M$ 称作是挠自由的，如果任意 $m\in M$，$m\neq0$，任意 $r\in R\wedge$任意 $r\neq0$，有 $rm\neq0$)

8. 设 $R$ 是一个有单位元的整环，$K$ 为其商域，在${}_RK$ 的左 $R$-子模格 $\mathrm{Lat}({}_RK)$

中，我们定义乘法如下：

$$U \cdot V = \left\{ \sum_{i=1}^{n} u_i v_i \middle| u_i \in U \wedge v_i \in V \wedge \in \mathbb{Z} \right\}.$$

这个乘法满足交换律与结合律，并以 $R$ 为单位元. 证明：

(1) 对 $0 \neq V \hookrightarrow_R K$，下列是等价的：

(a) 存在 $U \hookrightarrow_R K$ 使得 $U \cdot V = R$.

(b) ${}_R V$ 是投射的和有限生成的.

(c) ${}_R V$ 是投射的.

提示：利用对偶基引理.

(2) 如果 $0 \neq V \hookrightarrow_R R$ 成立，则上面三个条件进一步等价于

(d) 对所有可除左 $R$-模 $M$，映射

$$\mathrm{Hom}(i, 1_M): \mathrm{Hom}_R(R, M) \to \mathrm{Hom}_R(V, M)$$

是满的. 这里 $i: V \hookrightarrow_R R$ 是包含映射.

(3) 下列条件对 $R$ 是等价的：

(e) 每个理想是投射的；

(f) 每个可除左 $R$-模是内射的.

具有性质(3)之(e)的有单位元整环称作是 Dedekind 环. 特别，每个主理想环是 Dedekind 环.

## 5.8　投射盖与内射包

我们已经知道，每个左 $R$-模都是某个投射 $R$-模的满同态像. 对偶的问题是每个左 $R$-模 $M$ 可否嵌入一个内射 $R$-模内或等价地，是否存在一个内射 $R$-模 $Q$ 使得 $M$ 到 $Q$ 有一个单同态？再进一步的问题是：在所有这些内射扩模中，是否存在最小的内射扩模，即所谓的模 $M$ 的内射包. 同样地，对偶地，以模 $M$ 为满同态像的投射 $R$-模，是否有“最小”的，即模 $M$ 的投射盖？如果模 $M$ 投射盖与内射包存在，它们是否唯一存在？本节对这些问题进行探讨. 然而，研究模的内射扩模问题，离不开可除阿贝尔群的讨论. 所以，本节首先介绍阿贝尔群，然后研究模的内射扩模，最后研究模的投射盖与内射包的相关问题.

### 5.8.1　可除阿贝尔群

**定义 5.8.1**　一个加群 $A$ 称为可除群(divisible group)：$\Leftrightarrow \forall z \in \mathbb{Z}, z \neq 0 \Rightarrow zA = A$，这里的 $\mathbb{Z}$ 为整数环.

**引理 5.8.1**　可除群的每个满同态像是可除的. 从而，可除群的商群是可

除的.

**证明** 令 $A$ 是可除的,设 $\varphi:A\to B$ 是满同态,则 $\forall z\in\mathbb{Z}, z\neq 0$,有

$$zB=z\varphi(A)=\varphi(zA)=\varphi(A)=B.$$

**引理 5.8.2** 可除群的直积与直和均是可除的.

**证明** 令 $\{A_i\mid i\in I\}$ 是一组可除群,则对 $0\neq z\in\mathbb{Z}$,有

$$z\Big(\prod_{i\in I}A_i\Big)=\prod_{i\in I}zA_i=\prod_{i\in I}A_i,$$

$$z(\bigoplus_{i\in I}A_i)=\bigoplus_{i\in I}(zA_i)=\bigoplus_{i\in I}A_i.$$

**例 5.8.1** 有理数加群 $\mathbb{Q}$ 及 $\mathbb{Q}/\mathbb{Z}$ 均是可除的,但 $\mathbb{Z}$ 不是可除的.

**定理 5.8.1** 每个阿贝尔群可嵌入(即单射地映入)一个可除群.

**证明** 令 $A$ 是一个阿贝尔群(可视为左 $\mathbb{Z}$-模),由推论 5.7.1,每个模都存在一个自由阿贝尔群 $F$ 和一个满同态 $\varphi:F\to A$. 若置 $\bar{x}=x+\mathrm{Ker}(\varphi)$,则

$$\varphi':F/\mathrm{Ker}(\varphi)\ni\bar{x}\mapsto\varphi(x)\in A$$

是一个同构. 令 $Y$ 是 $F={}_{\mathbb{Z}}F$(视 $F$ 为左 $\mathbb{Z}$-模,下同)的一个基,则考虑

$$D=\mathbb{Q}^{(Y)}=\bigoplus_{b\in Y}\mathbb{Q}b.$$

由于 ${}_{\mathbb{Z}}\mathbb{Q}\cong{}_{\mathbb{Z}}\mathbb{Q}b$,故 $bQ_z$ 是可除的. 由引理 5.8.2,$D$ 也是可除的. 由于 $F=\bigoplus\mathbb{Z}b$,$F$ 是 $D$ 的子群,所以,$\mathrm{Ker}(\varphi)$ 也是 $D$ 的子群. 由引理 5.8.1 知,$\overline{D}=D/\mathrm{Ker}(\varphi)$ 也是可除的.

令 $i:F/\mathrm{Ker}(\varphi)\ni\bar{x}\mapsto\bar{x}\in\overline{D}$ 是包含映射,那么,$i\varphi'^{-1}$ 就是要求的 $A$ 到可除群 $D$ 的单射.

现在证明与定理 5.7.3 对偶的定理,即可除群看成 $\mathbb{Z}$-模的话,为内射 $\mathbb{Z}$-模.

**定理 5.8.2** 如果 $\varphi:{}_{\mathbb{Z}}D\to{}_{\mathbb{Z}}B$ 是一个单射且如果 $D$ 是可除的,则 $\varphi$ 分裂.

**证明** 由引理 5.8.1,$\mathrm{Im}(\varphi)$ 是可除的,因此不失一般性,可以将 $D$ 视作 $B$ 的子模,而 $\varphi=i$ 是包含映射. 所以,令

$$\Gamma=\{U\mid U\leqslant B\text{ 且 }D\cap U=0\}.$$

由于 $U=0\in\Gamma$,故 $\Gamma\neq\varnothing$. 进一步地,$\Gamma$ 的每个全序集的并仍属于 $\Gamma$. 由 Zorn 引理,$\Gamma$ 内存在一个极大元,仍记之为 $U$. 于是,有

$$D+U=D\oplus U\leqslant B.$$

剩下的是要证明 $B=D\oplus U$.

对 $B$ 的任一个元素 $b$,考虑 $\mathbb{Z}$ 的满足 $zb\in D+U$ 的元素 $z$ 构成的理想 $\mathbb{Z}z_0$. 令 $z_0b=d+u$,由于 $D$ 是可除的,故 $\exists d_0$ 使 $z_0d_0=d$,从而 $z_0(b-d_0)=u$. 显然,$\mathbb{Z}z_0$ 也是 $\mathbb{Z}$ 的具有性质 $(b-zd_0)\in D+U$ 的元素构造成的理想. 因此断言

$$D\cap[U+\mathbb{Z}(b-d_0)]=0.$$

假设 $d_1=u_1+(b-d_0)z_1\in D\cap[U+\mathbb{Z}(b-d_0)]$,则 $z_1(b-d_0)=d_1-u_1\in D+U$. 所以,$z_1=tz_0, t\in\mathbb{Z}$. 因此,$tz_0(b-d_0)=tu=d-u_1$. 于是,$0=d_1-(u_1+tu)\Rightarrow d_1=$

0. 由于$U$的极大性可得$\mathbb{Z}(b-d_0)$是$U$的子模. 于是,$b-d_0\in U$,从而$b\in D+U$. 所以,我们就得到$B=D\oplus U$.

### 5.8.2 模的内射扩张

首先,我们还是从$\mathbb{Z}$-模即阿贝尔群开始讨论.

**定理 5.8.3** 一个$\mathbb{Z}$-模(i. e. 阿贝尔群)是内射的当且仅当它是可除的.

**证明** 令${}_{\mathbb{Z}}D$是可除的,则由定理 5.8.2 知,$D$是内射的. 今令${}_{\mathbb{Z}}Q$是内射的,$q_0\in Q$,$0\neq z_0\in\mathbb{Z}$,如果考虑同态,如图 5.8.1 所示,此处的$i$是包含映射,$\varphi$的定义是:$\varphi(z_0)=q_0$. 由于$Q$是内射的,故存在$\kappa$,使得$\varphi=\kappa i$. 因此有$z_0\kappa(1)=\kappa(z_0\cdot 1)=\kappa(z_0)=(\kappa i)(z_0)=\varphi(z_0)=q_0$. 由于$q_0\in Q$是任意的,于是$z_0Q=Q$,i. e. $Q$是可除的.

现在仍令$R$是任意一个环. 由于每个模是自由$R$-模的满同态像,而每个自由$R$-模均是投射的,所以每个模是投射$R$-模的满同态像. 现在考虑它的对偶问题,希望证明每个模可单一地映入内射模内.

**引理 5.8.3** 如果$D$是可除的(i. e. 内射的)$\mathbb{Z}$-模,则$\mathrm{Hom}_{\mathbb{Z}}(R,D)$是内射左$R$-模.

**注 5.8.1** 任$f,g\in\mathrm{Hom}_{\mathbb{Z}}(R,D)$,任$r,x\in R$,令$(f+g)(x)=f(x)+g(x)$,$(rf)(x)=f(xr)$,则$\mathrm{Hom}_{\mathbb{Z}}(R,D)$构成左$R$-模.

**证明** 设$A$是环$R$的左理想,令$\alpha:A\to R$是一个包含映射,$\varphi:A\to\mathrm{Hom}_{\mathbb{Z}}(R,D)$是一个$R$-同态. 再令$\sigma$是如下定义的一个$\mathbb{Z}$-同态.

$$\sigma:\mathrm{Hom}_{\mathbb{Z}}(R,D)\ni f\mapsto f(1)\in D.$$

考虑图 5.8.2.

如果只把$\alpha,\varphi$看作$\mathbb{Z}$-同态,则因$D$是内射的,存在一个$\mathbb{Z}$-同态$\tau:R\to D$,使得$\sigma\varphi=\tau\alpha$. 令$\kappa:R\to\mathrm{Hom}_{\mathbb{Z}}(R,D)$有如下定义:

$$\kappa(b)(r)=b\tau(r)\quad(b,r\in R).$$

则对固定的$b\in R$,显然$\kappa(b)\in\mathrm{Hom}_{\mathbb{Z}}(R,D)$,有

$$\kappa(r_1b)(r)=r_1b\tau(r)=r_1(b\tau(r))=r_1\kappa(b)(r).$$

i. e. $\kappa(r_1b)=r_1\kappa(b)$. 因此,$\kappa$是一个$R$-同态. 所以,对任$a\in A,r\in R$,有

$$\begin{aligned}\kappa\alpha(a)(r)&=(\alpha\tau)(r)=\tau(ra)=\tau\alpha(ra)=\sigma\varphi(ra)\\&=\varphi(ra)(1_R)=(r\varphi(a))(1_R)\\&=\varphi(a)(1_R\cdot r)=\varphi(a)(r).\end{aligned}$$

故$\kappa\alpha(a)=\varphi(a)$,即$\kappa\alpha=\varphi$. 于是,由判定内射模的贝尔判别法知$\mathrm{Hom}_{\mathbb{Z}}(R,D)$为内射左$R$-模.

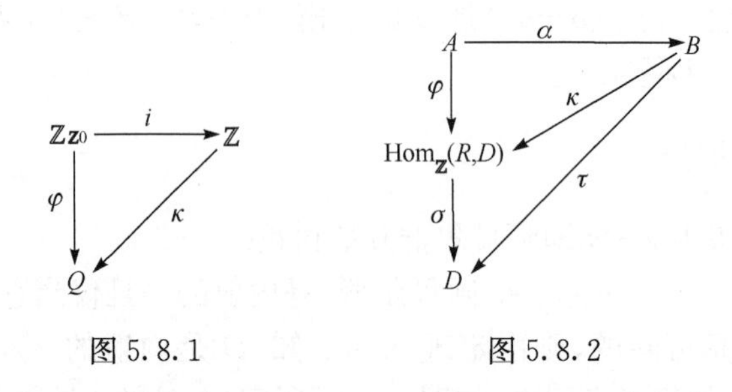


图 5.8.1　　　　图 5.8.2

**定理 5.8.4**　每个模都可以嵌入到一个内射模中. 换言之,存在从这个模到某个内射模的单同态.

**证明**　令$_RM$已知,由引理 5.8.1,存在$\mathbb{Z}$-模单同态$\mu: M\to D$($D$是可除阿贝尔群). 由引理 5.8.3,$\mathrm{Hom}_{\mathbb{Z}}(R, {}_RD)$是内射$R$-模. 若令

$$\rho: M\to \mathrm{Hom}_{\mathbb{Z}}(R, D),$$

$$\rho(m)(r)=\mu(rm)\quad (m\in M; r\in R),$$

则$\rho$显然是一个$R$-同态. 由于$\mu$是单的,故$\rho$是单同态.

**推论 5.8.1**　$_RQ$是内射的$\Leftrightarrow {}_RQ$同构于形如$\mathrm{Hom}_{\mathbb{Z}}(R, D)$的模的一个直和项,这里$D$是可除的阿贝尔群.

证明请读者自己完成.

推论 5.8.1 可看作内射模的"内部特征".

**推论 5.8.2**　每个模是内射模的子模.

下面把它的证明叙述为一个独立的引理.

**引理 5.8.4**　令$\rho: {}_RM\to {}_RN$是一个单同态,则存在一个模$N'$使$M\leqslant N'$和存在一个同构$\tau: N'\to N$,使$\rho=\tau i$,此处$i$是$M$到$N'$内的包含映射.

**证明**　令$D$是这样一个集,其基数与$\rho(M)$在$N$内的补集$N\backslash\rho(M)$的基数相同,且$D\cap M=\varnothing$. 令$\beta: D\to N\backslash\rho(M)$是一个单射,则定义一个集$N'=M\cup D$,令$\tau: N'\to N$是以如下形式定义的双射:

$$\tau(m)=\rho(m)\quad (m\in M);$$

$$\tau(d)=\beta(d)\quad (d\in D).$$

为使$N'$成为一个含有$M_R$的$R$-模和使$\tau$成一个$R$-模同态,置

$$x+y=\tau^{-1}(\tau(x)+\tau(y))\quad (x, y\in N');$$

$$rx=\tau^{-1}(r\tau(x))\quad (r\in R).$$

则可立即看出,所有的结论均成立.

由于$\mathrm{Hom}_{\mathbb{Z}}(R, D)$和同构于它的模$N'$均是内射的,所以推论 5.8.2 可由引理 5.8.2得出.

### 5.8.3 模的投射盖与内射包

**定义 5.8.2** 投射模 $P$ 称为模 $A$ 的投射盖(projective cover),如果有满同态 $\pi:P\to A$ 使对任何投射模 $Q$ 与满同态 $\pi':Q\to A$,完成交换图 5.8.3 的 $\sigma$ 一定是满同态.

下面给出投射模 $P$ 是模 $A$ 的投射盖的一个充要条件.

**定理 5.8.5** 投射模 $P$ 与满同态 $\pi:P\to A$ 是模 $A$ 的投射盖当且仅当对 $P$ 的任一个非平凡子模 $P'$,$\pi$ 在 $P'$ 上的限制一定不能是满同态.

**注 5.8.2** 若以 $\eta:P'\to P$ 表示嵌入映射,则 $\pi$ 在 $P'$ 上的限制 $\pi|P'$ 事实上等于 $\pi\eta:P'\to A$.

**证明** 如果$(P,\pi)$是 $A$ 的投射盖,且 $P'$ 为 $P$ 的子模,而 $\pi\eta$ 是满同态,则在图 5.8.3 中,换 $P$ 为 $P'$,换 $\pi$ 为 $\pi\eta$,则得一个 $\sigma:Q\to P'$,但这个 $\sigma$ 也可看作由 $Q$ 到 $P$ 的模同态,这时 $\sigma$ 不是满的,矛盾.

反之,如果 $\pi$ 在 $P$ 的任何子模 $P'$ 上的限制均不是满的,则完成图 5.8.3 中的 $\sigma$ 必然是满同态. 否则,若 $\mathrm{Im}\sigma=P'\leqslant P$,从而由 $\pi\sigma=\pi'$ 为满同态知 $\pi$ 在 $P'$ 上限制是满的,故也得矛盾.

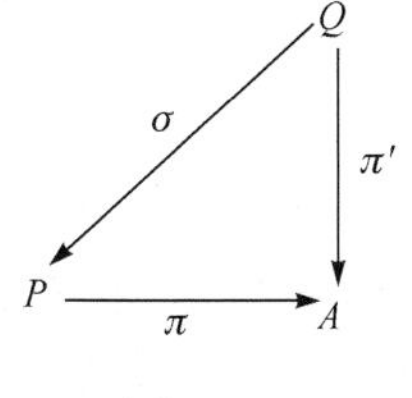

图 5.8.3

**推论 5.8.3** 投射模 $P$ 与 $\pi:P\to A$ 为模 $A$ 的投射盖当且仅当 $\mathrm{Ker}\pi$ 是 $P$ 的小子模,而 $\mathrm{Ker}\pi$ 为 $P$ 的真子模.

**证明** 如果 $P$ 与 $\pi:P\to A$ 是 $A$ 的投射盖,设 $M$ 是 $P$ 的子模且 $M+\mathrm{Ker}\pi=P$,于是 $\pi(M)=\pi(P)=A$,故 $\pi$ 在 $M$ 上的限制为满射. 由定理 5.8.5 知,在这种情况下,只能 $M=P$,因此 $\mathrm{Ker}\pi \hookrightarrow P$.

反之,如果$(P,\pi)$不是 $A$ 的投射盖,则必有 $Q$ 与 $\pi':Q\to A$ 使图 5.8.3 中的 $\sigma$ 不是满同态,而 $\mathrm{Im}\sigma=M\subsetneq P$,但由 $\pi\sigma=\pi'$ 是满的,故由推论 5.3.3(1)知 $\mathrm{Ker}\pi+M=P$,从而由 $\mathrm{Ker}\pi$ 是 $P$ 的小子模知 $M=P$,矛盾.

**推论 5.8.4** 如果模 $A$ 有投射盖,则在同构意义,它只有一个投射盖.

**证明** 如果在图 5.8.3 中,$(P,\pi)$与$(Q,\pi')$均是 $A$ 的投射盖,则因 $\sigma:Q\to P$ 是满同态,则有单同态 $\eta:P\to Q$ 使 $\sigma\eta=1_P$,若 $\mathrm{Im}\eta=B\to Q$,则 $\pi'$ 在 $B$ 上的限制必是满的,这时由定理 5.8.5 知$(Q,\pi')$不能是投射盖,矛盾. 故 $\mathrm{Im}\eta=B=Q$,而 $P$ 与 $Q$ 同构.

**定义 5.8.3** 设 $M$ 是 $R$-模,$Q$ 为内射模,$Q$ 称为 $M$ 的内射包(injective envelope 或 hull),如果存在单同态 $\eta:M\to Q$,且 $\mathrm{Im}\eta$ 是 $Q$ 的大子模.

**推论 5.8.5** 模 $M$ 的任两个内射包是同构的. 即,在同构意义下 $M$ 的内射包是唯一的.

**证明** 如果 $Q_1$ 与 $Q_2$ 均是 $M$ 的内射包,则有交换图 5.8.4.

这里 $\eta_1$ 与 $\eta_2$ 均是单同态. 为讨论方便,不失一般性,不妨设 $\eta_1$ 与 $\eta_2$ 均是包含映射,$\eta_i(M)=M(i=1,2)$. 于是,由 $\sigma\eta_1=\eta_2$ 为单射知 $\mathrm{Ker}\sigma\cap M=0$,从而 $\mathrm{Ker}\sigma=0$,故 $\sigma$ 为单同态,因而 $\mathrm{Im}\sigma$ 也是内射模且包含 $M$. 由于 $\mathrm{Im}\sigma\subseteq Q_2$,如果$\mathrm{Im}\sigma\neq Q_2$,则必存在 $Q_2$ 的子模 $C\neq 0$ 且使得 $Q_2=\mathrm{Im}\sigma\oplus C$,于是,由 $M\subseteq\mathrm{Im}\sigma_2$ 及 $\mathrm{Im}\sigma_2\cap C=0$ 知 $M\cap C=0$,这与 $Q_2$ 是 $M$ 的内射包矛盾,从而 $M\cap C\neq 0$,矛盾. 故 $\mathrm{Im}\sigma=Q_2$. 因此 $\sigma$ 也是满同态,从而 $\sigma$ 是同构,即 $Q_1$ 与 $Q_2$ 同构.

**定理 5.8.6** 模 $Q$ 是模 $M$ 的内射包当且仅当

(1) $Q$ 是 $M$ 的内射扩模;

(2) 对于 $M$ 的任一个内射扩模 $I$,完成交换图 5.8.5 的 $\sigma$ 必是单同态.

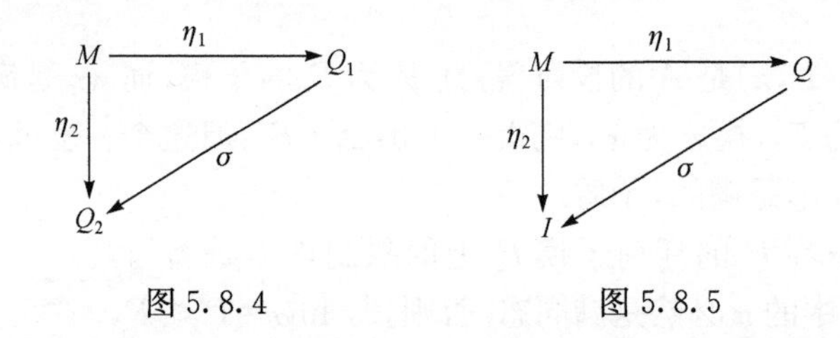


图 5.8.4　　图 5.8.5

**证明** 由于 $I$ 是内射模,故 $\sigma$ 是存在的. 由于 $Q$ 是 $M$ 的本质扩模,其任一非零子模 $A$ 与 $M$ 之交,$A\cap M\neq 0$. 如果 $\sigma$ 不是单同态,则 $0\neq\mathrm{Ker}\sigma$,但这时 $\mathrm{Ker}\sigma$ 与 $M$ 的交必为 0,从而有 $\mathrm{Ker}\sigma=0$,矛盾.

反过来,取 $I$ 为 $M$ 的内射包,则因 $\mathrm{Im}\sigma$ 与 $Q$ 同构,故 $\mathrm{Im}\sigma$ 也是 $M$ 的内射扩模. 由于 $I$ 是内射包,且 $\mathrm{Im}\sigma$ 也是内射的,故必有 $\mathrm{Im}\sigma=I$. 否则,$\mathrm{Im}\sigma$ 是 $I$ 的真的直和加项,与 $I$ 是 $M$ 内射包矛盾. 所以,$\sigma$ 是满同态. 于是 $\sigma$ 是同构,即 $Q$ 是 $M$ 的内包.

下面给出内射包的存在定理.

**定理 5.8.7** 每个模有内射包. 更确切地,如果 $\mu:M\to Q$ 是模 $M$ 到内射模 $Q$ 的单同态,$\mathrm{Im}(\mu)''$是 $\mathrm{Im}(\mu)$ 在 $Q$ 内的交补的交补且 $\mathrm{Im}(\mu)\leqslant\mathrm{Im}(\mu)''$,则

$$\tilde{\mu}:M\to\mathrm{Im}(\mu)''$$

$\tilde{\mu}:\tilde{\mu}(m)=\mu(m)$, $\forall m\in M$($\mu$ 的像域限制在 $\mathrm{Im}(\mu)''$ 上),是 $M$ 的内射包.

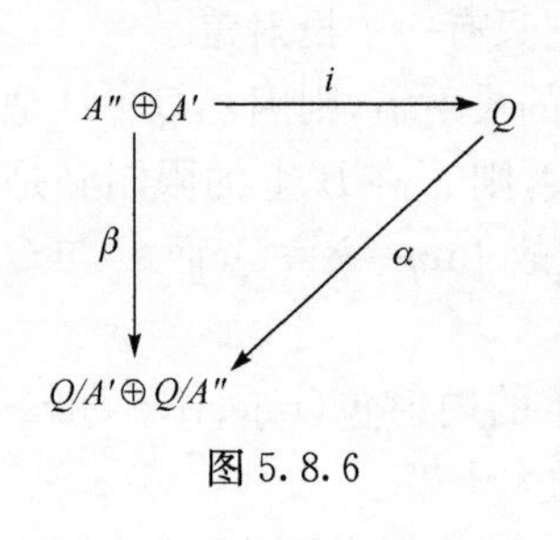


图 5.8.6

**证明** 令 $A=\mathrm{Im}(\mu)$. 像是在定理 5.5.3(3)证明的,$A$ 是$A''$的大子模. 剩下要证明的是 $A''$为内射的. 为此,要证明 $A''$是 $Q$ 的直和项. 由于 $Q$ 是内射的,由定理 5.7.5,$A''$亦然. 考虑图 5.8.6,此处的 $i$ 是包含映射.

为定义 $\alpha$ 和 $\beta$,记 $Q/A'\oplus Q/A''$的元素以偶对的形式,于是对 $a''+a'\in A''\oplus A'$,令

$$\beta(a''+a')=(a''+a'+A',a''+a'+A'')=(a''+A',a'+A''),$$

$$\alpha(q)=(q+A',q+A'').$$

于是,图 5.8.6 是交换的,i. e. 有 $\beta=\alpha i$. 因此 $\mathrm{Im}\beta\leqslant\mathrm{Im}\alpha$ 即得证. 由于 $A''\cap A'=0$,故 $\alpha$ 和 $\beta$ 是单同态. 因为 $Q$ 是内射的,$\alpha$ 是单同态,故 $\alpha$ 分裂.

我们断言 $\mathrm{Im}\beta$ 是 $Q/A'\oplus Q/A''$ 的大子模. 因为由定理 5.5.3 知,$(A''+A')/A'$ 是 $Q/A'$ 的大子模以及 $(A''+A')/A'$ 是 $Q/A''$ 的大子模. 于是由推论 5.4.1 知,断言成立.

由于 $\mathrm{Im}\beta\leqslant\mathrm{Im}\alpha$,故 $\mathrm{Im}\alpha$ 是 $Q/A'\oplus Q/A''$ 的大子模. 由于 $\alpha$ 分裂,所以 $\mathrm{Im}\alpha=Q/A'\oplus Q/A''$,i. e. $\alpha$ 是一个同构. 对任意一个 $q\in Q$,存在 $q_1\in Q$,使 $(q+A',0+A'')=(q_1+A',q_1+A'')$. 因此,$q_1\in A''$,$q\in A''+A'$,所以,$A''+A'=Q$。

现在,我们来总结一下是如何得到模 $M_R$ 的内射包的:

(1) 将 $M$ 作为阿贝尔群同构嵌入可除群 $D$ 内;

(2) 作嵌入映射 $\mu:{}_RM\to{}_R\mathrm{Hom}_Z(R,D)$,此处模 ${}_R\mathrm{Hom}_Z(R,D)$ 是内射的;

(3) 令 $\mathrm{Im}\,(\mu)''$ 为 $\mathrm{Im}(\mu)$ 在 ${}_R\mathrm{Hom}_Z(R,D)$ 的交补的交补,且 $\mathrm{Im}(\mu)\leqslant\mathrm{Im}\,(\mu)''$,则 $\tilde{\mu}:M\ni m\mapsto\mu(m)\in\mathrm{Im}\,(\mu)''$ 是内射包.

显然,由于这个复杂的构造,利用 $M$ 的性质推测 $M$ 的内射包几乎是没什么希望的. 由 $M$ 到它的内射包,$M$ 的哪些性质要保留,哪些性质要丢掉,这是个很有趣的问题,人们已从各种不同的观点和假设进行探讨.

**注 5.8.2** 这个定理的对偶命题是不成立的,即存在这样的模,其投射盖是不存在的,例如,没有一个其自身不是投射的 $\mathbb{Z}$-模有投射盖. 因为自由 $\mathbb{Z}$-模的唯一子模是零子模,而一个模是投射的当且仅当它是自由 $\mathbb{Z}$-模,这就意味着,$\mathbb{Z}$-模 $M$ 有投射盖当且仅当 $M$ 是投射的. 因此,出现了这样一个有趣问题:对于具有何种特征的环 $R$,每个 $R$-模有投射盖? 可以证明:每个左 $R$-模有投射盖当且仅当 $R$ 的右理想之集满足极小条件(见参考文献[3]第 315 页).

## 习 题 5.8

1. 令 $R$ 是一个整环,$K$ 是它的商域,左 $R$-模 $M$ 称为可除的,如果对 $R$ 中每个 $r\neq0$ 成立 $rM=M$,证明:

(1) 可除 $R$-模类关于商模、直积与直和是封闭的;

(2) ${}_RK$ 仅有的可除子模是 0 与 $K$;

(3) 如果 $R\neq K$,则每个可除的循环 $R$-模是 0.

2. 令 $R$ 是一个整环,证明:

(1) 左 $R$-模 $M$ 是可除的当且仅当对 $R$ 的每个循环理想 $A$ 和每个同态 $\varphi:{}_RA\to{}_RR$,存在同态 $\theta:{}_RR\to{}_RM$,使得 $\theta|A=\varphi$;

(2) 如果对一个固定的模 ${}_RM$ 与任意模 ${}_RN$,每个同态 $\varphi:{}_RM\to{}_RN$ 分裂,则 ${}_RM$ 是可除的.

3. (1) 设 $T$ 是可除阿贝尔群. 证明：

(a) 如果从 $T$ 的生成元集中去掉任意有限多个元素，则其余集仍是生成元集；

(b) $T$ 不含有极大子群；

(2) 证明不含有极大子群的阿贝尔群是可除的；

(3) 给出一个含有单子群的阿贝尔群的例子.

4. 对一个阿贝尔群 $A$，挠子群 $T(A)$ 定义如下：

$$T(A)=\{a \mid a\in A \text{ 且存在 } z\in\mathbb{Z} \text{ 使得 } z\neq 0 \text{ 但 } za=0\}.$$

证明：

(1) $T(A)$ 是可除的；

(2) 如果 $T(A)=0$，则 $A$ 与若干个 ${}_{\mathbb{Z}}\mathbb{Q}$ 的直和是 $\mathbb{Z}$-同构的.

5. 设 $R$ 是一个环，用 $I(M)$ 表示左模 $M$ 的内射包并且 $M\leqslant I(M)$，证明：

(1) 对任意 $m\in M$，满足 $\varphi(m)=m$ 的 $I(M)$ 的自同态 $\varphi$ 是同构.

(2) 下列条件是等价的：

(a) 对任意 $m\in M$，满足 $\varphi(m)=m$ 的 $I(M)$ 的每个自同态 $\varphi$ 是 $I(M)$ 的恒等映射；

(b) $\mathrm{Hom}_R(I(M)/M, I(M))\neq 0$.

6. 证明：如果 $Q_1$ 与 $Q_2$ 是内射的，$\mu_1: Q_1\to Q_2$ 与 $\mu_2: Q_2\to Q_1$ 都是单同态，则 $Q_1\cong Q_2$.

提示：不失一般性，可假设 $Q_2\leqslant Q_1$，$\mu_1: Q_1\to Q_1$，$\mu_2$ 是包含映射. 令 $Q_1=Q_2\oplus A$，则令

$$B=A+\mu_1(A)+\mu_1^2(A)+\mu_1^3(A)+\cdots.$$

令 $C$ 是 $B\cap Q_2=\mu_1(B)$ 在 $Q_2$ 中的内射包，利用同态 $B\ni b\mapsto\mu_1(b)\in C$ 可证 $A\oplus C\cong C$.

# 5.9 有限生成模和有限余生成模

前面对有限生成模和有限余生成模进行了一些讨论，本节对它们做进一步的研究.

## 5.9.1 有限生成模与有限余生成模的特征

**定理 5.9.1** 设 $R$ 是环，左 $R$-模 $M={}_RM$ 是有限生成的当且仅当下面两个条件成立：

(1) $\mathrm{Rad}(M)\hookrightarrow M$；

(2) $M/\mathrm{Rad}(M)$ 是有限生成的.

**证明** 设 $M={}_RM$ 是有限生成的，则(1)可由定理 5.6.5(3)得证. 由于 $M$ 的任

意满同态像均是有限生成的，故(2)也成立.

现在假设(1)与(2)均成立. 令$\overline{x_i}=x_i+\mathrm{Rad}(M)$ ($i=12,\cdots,n$)是$M/\mathrm{Rad}(M)$的有限生成元集，则$Rx_1+\cdots+Rx_n+\mathrm{Rad}(M)=M$. 由于$\mathrm{Rad}(M)\overset{\circ}{\hookrightarrow}M$，所以有$Rx_1+\cdots+Rx_n=M$. 因此，$M$是有限生成的.

**推论 5.9.1**　左$R$-模$M={}_RM$是诺特的，当且仅当对每个$N\hookrightarrow M$，有

(1) $\mathrm{Rad}(N)\overset{\circ}{\hookrightarrow}N$；

(2) $N/\mathrm{Rad}(N)$是有限生成的.

**证明**　由定理 5.6.4 及定理 5.9.1 即可得证.

下面考虑有限余生成模.

**定理 5.9.2**　设$R$是环，对于非零左$R$-模$M={}_RM$，如下条件等价：

(1) $M$是有限余生成的；

(2) (a) $\mathrm{Soc}(M)\overset{*}{\hookrightarrow}M$；

(b) $\mathrm{Soc}(M)$是有限余生成的；

(3) 对$M$的内射包$I(M)$，有$I(M)=Q_1\oplus\cdots\oplus Q_n$，这里每个$Q_i$都是单$R$-模的内射包.

**证明**　(1)⇒(2). 为证(2)之(a)成立，只要证明$M$的每个子模$U$均含有一个单子模，则有$\mathrm{Soc}(M)\cap U\neq 0$，我们利用 Zorn 引理来证. 设$\Gamma=\{U_i\mid i\in I\}$是$U$的所有非零子模集. 由于$U\in\Gamma$，故$\Gamma\neq\varnothing$. 在$\Gamma$内定义偏序关系如下：

$$U_i\leqslant U_j \text{ 当且仅当 } U_j\hookrightarrow U_i\text{(这里是逆包含关系)}.$$

令$\Lambda=\{A_j\mid j\in J\}$是$\Gamma$的全序子集，我们证明$D=\bigcap_{j\in J}A_j$是$\Lambda$在$\Gamma$内的一个上界.

若假设$D=0$，则因$D$是有限余生成的，故存在有限多个$A_j$使它们的交集为0. 由于$\Lambda$是全序的，故在这些$A_j$中一定有一个最大元素(相对于逆包含关系). 这个元一定等于0，此与所有$U_j\neq 0$矛盾！因此$D\neq 0$，所以$D\in\Gamma$. 由 Zorn 引理，$\Gamma$内存在一个极大元$U_0$. 这个$U_0$显然是$U$的单子模.

(b) 由有限余生成模的定义可知$M$的每个子模均是有限余生成的. 于是，$\mathrm{Soc}(M)$也是有限余生成的.

(2)⇒(1). 设有$M$的子模集$\{A_i\mid i\in I\}$使得$\bigcap_{i\in I}A_i=0$，于是有$\bigcap_{i\in I}\mathrm{Soc}(A_i)=0$. 由于$\mathrm{Soc}(A_i)\hookrightarrow\mathrm{Soc}(M)$，且$\mathrm{Soc}(M)$是有限余生成的，故存在有限子集$I_0\subset I$，使得$\bigcap_{i\in I}\mathrm{Soc}(A_i)=0$. 对$M$的任一子模$A\hookrightarrow M$，由基座的定义，有$\mathrm{Soc}(A)=A\cap\mathrm{Soc}(M)$. 所以，$0=\bigcap_{i\in I_0}\mathrm{Soc}(A_i)=\bigcap_{i\in I_0}(A_i\cap\mathrm{Soc}(M))=\left(\bigcap_{i\in I_0}A_i\right)\cap\mathrm{Soc}(M)$. 由假设，$\mathrm{Soc}(M)$是$M$的大子模，故有$\bigcap_{i\in I_0}A_i=0$. 因此，$M$是有限余生成的.

(2)⇒(3). 设$I(M)$是$M$的内射包且$M\hookrightarrow I(M)$. 因$M\neq 0$，且$\mathrm{Soc}(M)$是$M$的

大子模,故 $\mathrm{Soc}(M)\neq 0$. 令 $\mathrm{Soc}(M)=E_1\oplus E_2\oplus\cdots\oplus E_n$,其中 $E_i$ 是单模. 令 $Q_i\hookrightarrow I(M)$ 是 $E_i$ 的内射包,则由推论 5.4.1,有 $\sum\limits_{i=1}^{n}Q_i=\bigoplus\limits_{i=1}^{n}Q_i$(作为 $I(M)$的内直和) 及 $\mathrm{Soc}(M)\hookrightarrow\bigoplus\limits_{i=1}^{n}Q_i$. 由于内射模的有限直和仍是内射模,故$\bigoplus\limits_{i=1}^{n}Q_i$ 是内射的. 因此,$\bigoplus\limits_{i=1}^{n}Q_i$ 是 $I(M)$的一个直和加项. 由于 $\mathrm{Soc}(M)$是$M$的大子模,而$M$是$I(M)$的大子模,故$\mathrm{Soc}(M)$是$I(M)$的大子模. 因此,$\bigoplus\limits_{i=1}^{n}Q_i$ 是$I(M)$的大子模. 所以$\bigoplus\limits_{i=1}^{n}Q_i=I(M)$,这就是所要证明的.

(3)⇒(2). 不失一般性,我们仍假设 $M\hookrightarrow I(M)=\bigoplus\limits_{i=1}^{n}Q_i$以及 $E_i$是$Q_i$的大子模,并且 $E_i$是单的. 由于$E_i\overset{*}{\hookrightarrow}Q_i$,且 $E_i$是$Q_i$的唯一单子模,由定理 5.6.3,有

$$\mathrm{Soc}(I(M))=\bigoplus_{i=1}^{n}\mathrm{Soc}(Q_i)=\bigoplus_{i=1}^{n}E_i.$$

由于$M\overset{*}{\hookrightarrow}I(M)$,有 $E_i\hookrightarrow M$,这里 $1\leqslant i\leqslant n$. 因此,

$$\mathrm{Soc}(M)=\bigoplus_{i=1}^{n}E_i.$$

由定理 5.6.7,$\mathrm{Soc}(M)$是有限余生成的,i. e. (2)中条件(b)成立. 由于 $\mathrm{Soc}(M)=\mathrm{Soc}(I(M))$是 $I(M)$的大子模,故也有 $\mathrm{Soc}(M)\overset{*}{\hookrightarrow}M$,即(2)中条件(a)成立.

**推论 5.9.2** 左模 $M={}_RM$ 是阿廷的当且仅当对每个商模$M/U$,下面两个条件成立:

(1) $\mathrm{Soc}(M/U)\overset{*}{\hookrightarrow}M/U$;

(2) $\mathrm{Soc}(M/U)$是有限余生成的.

**证明** 由定理 5.6.4 及定理 5.9.2 即可得证.

### 5.9.2 主理想环上的有限生成模

设$M$是主理想整环$D$上的有限生成左模,$x_1,x_2,\cdots,x_n$是它的有限生成元集. 于是 $M=\sum\limits_{i=1}^{n}Dx_i$. 为讨论左模$M$,我们要引进带有基$\{e_1,e_2,\cdots,e_n\}$ 的自由模 $D^{(n)}$ 和 $D^{(n)}$ 到 $M$ 上的满同态$\pi$: $\sum\limits_{i=1}^{n}a_ie_i\to\sum\limits_{i=1}^{n}a_ix_i$,其中 $a_i\in D(i=1,2,\cdots,n)$. 因此 $M=D^{(n)}/K$,这里 $K=\mathrm{Ker}(\pi)$.

**定理 5.9.3** 设 $D$ 是主理想整环,$D^{(n)}$是 $D$ 上秩为$n$ 的自由模,则 $D^{(n)}$ 的任一子模 $K$ 是自由的,且 $K$ 的基中所含元素个数$m\leqslant n$.

**证明** 由于不排除 $K=0$,故采用通常的习惯将 0 模看成秩为 0 的自由模(基的集合是空的). 当然,如果 $n=0$,结果是平凡的. 现在假设 $n=1$,则$D^{(1)}$与 $D$ 等同,

其任一子模 $K$ 是一个理想. 因此,$K=(f)$. 如果 $f=0$,我们有 $K=0$. 否则,$f\neq 0$. 由于 $D$ 是整环,对 $a\in D$,$af=0$ 蕴涵着 $a=0$. 因此,$K$ 是带有基 $f$ 的自由模. 这就证明了 $n=1$ 时的结果.

现在假设 $n\geqslant 1$,对 $n$ 使用归纳法. 令 $\{e_1,e_2,\cdots,e_n\}$ 是 $D^{(n)}$ 的基,$D^{(n-1)}$ 是由 $\{e_1,e_2,\cdots,e_{n-1}\}$ 生成的子模. 因此,$D^{(n-1)}$ 是秩为 $n-1$ 的自由模,而 $D^{(n)}/D^{(n-1)}$ 是带有基 $\bar{e}_1=e_1+D^{(n-1)}$ 的自由模. 令 $\overline{K}=(K+D^{(n-1)})/D^{(n-1)}$ 是 $D^{(n)}/D^{(n-1)}$ 的子模. 一方面,如果 $\overline{K}=0$,$K+D^{(n-1)}=D^{(n-1)}$,则 $K\subseteq D^{(n-1)}$,由归纳假设知 $K$ 满足定理的结论.

另一方面,如果 $\overline{K}\neq 0$,则由上面证过 $n-1$ 的结果可知,$\overline{K}$ 有基 $\bar{f}=f_1+D^{(n-1)}$. 而且,由于 $\overline{K}=(K+D^{(n-1)})/D^{(n-1)}$,能找到 $f\in K$. 再将归纳假设应用到 $D^{(n-1)}$ 的子模 $K\cap D^{(n-1)}$ 上,如果 $K\cap D^{(n-1)}=0$,则这个子模有基$(f_2,\cdots,f_m)$$(0<m-1\leqslant n-1)$. 因此,$(f_2,\cdots,f_m)$是 $K$ 的基. 这是因为令 $y\in K$,$\bar{y}=y+D^{(n-1)}\in\overline{K}$,所以$\bar{y}=b_1\bar{f}$,$b_1\in D$. 这意味着 $y-b_1f_1\in D^{(n-1)}$. 由于 选择 $f_1\in K$,$y-b_1f_1\in K$,因此$y-b_1f_1\in K\cap D^{(n-1)}$. 所以 $y-b_1f_1=b_2f_2+\cdots+b_mf_m$. 于是,$y=\sum\limits_{j=1}^{m}b_1f_1$. 故$(f_1,f_2,\cdots,f_m)$ 生成 $K$.

其次 ,假设$\sum\limits_{j=1}^{m}b_jf_j=0$,则 $b_1\bar{f}=-\sum\limits_{k=2}^{m}b_k\overline{f_k}=0$. 所以 $b_1=0$. 再因 $f_k(k\geqslant 2)$ 是 $K\cap D^{(n-1)}$ 的基,故由$\sum\limits_{k=2}^{m}b_kf_k=0$ 得 $b_k=0$. 因此$(f_1,\cdots,f_m)$ 是 $K$ 的基. 如果$K\cap D^{(n-1)}=0$,同样地讨论证明 $f_1$ 是 $K$ 的基.

由于任一个域 $F$ 是主理想整环,它的理想只有(0)和(1),故根据前面的定理可导出线性代数熟知的结果. 如果 $V$ 是域 $F$ 上 $n$ 维向量空间,则它的任意子空间是有限维的,且维数$\leqslant n$.

现在转到 $M\cong D^{(n)}/K$ 上,由定理 5.9.3 知 $K$ 有所含元素的个数为 $m\leqslant n$ 的基. 下面使用的方法对有限生成元也适用. 因此,假设 $K$ 有一组生成元 $f_1,f_2,\cdots,f_m$,此处 $m$ 可超过 $n$. 用基$(e_1,e_2,\cdots,e_n)$将这些生成元表示为如下形式:

$$\begin{gathered}f_1=a_{11}e_1+a_{12}e_2+\cdots+a_{1n}e_n,\\ f_2=a_{21}e_2+a_{22}e_2+\cdots+a_{2n}e_n,\\ \vdots\\ f_m=a_{m1}e_2+a_{m2}e_2+\cdots+a_{mn}e_n.\end{gathered}$$

此 $m\times n$ 矩阵 $A=(a_{ki})$称为生成元$(f_1,f_2,\cdots,f_m)$关于基$(e_1,e_2,\cdots,e_n)$的关系矩阵. 当然,关于 $D^{(n)}$ 的基$(e_i)$和 $K$ 的生成元集$(f_k)$没有什么特殊选择.

今 设$(e'_1,\cdots,e'_n)$ 是 $D^{(n)}$ 的另一组基,则 $e'_i=\sum\limits_{j=1}^{n}p_{ij}e_j$,此处 $P=(p_{ij})$是矩阵

环$M_n(D)$上的可逆矩阵. 但对于子模$K$的生成元集不能做这样的叙述. 然而,容易看出如果$Q=(q_{kl})$是$M_m(D)$中的可逆矩阵,其逆为$Q^{-1}=(q_{kl}^*)$,则$(f'_1,\cdots,f'_m)$,此处 $f'_k=\sum_{i=1}^{m}q_{kl}f_l$ 是 $K$ 的另一生成元集. 这是因为,显然 $f'_k\in K$ 且 $\sum_k q_{rk}^* f'_k=\sum_{k,l}q_{rk}^* q_{kl}f_l=f_r$,所以$(f_1,\cdots,f_m)$属于由$(f'_1,\cdots,f'_m)$生成的子模内. 因此$(f'_1,\cdots,f'_m)$生成$K$. 那么$(f_1,\cdots,f_m)$关于$e'_1,\cdots,e'_n$的关系矩阵如何呢?由于有

$$f'_k=\sum_l q_{kl}f_l=\sum_{l,j}q_{kl}a_{lj}l_j=\sum_{l,j,i}q_{kl}a_{lj}p_{ij}^*e'_i;$$

此处,$(p_{ij}^*)=P^{-1}$. 因此,新的关系矩阵为

$$A'=QAP^{-1}.$$

为了进一步研究,我们要用到下面的定理 5.9.4.

**定理 5.9.4** 如果$A\in M_{mn}(D)$,$D$是主理想整环,则$A$等价于下面的对角矩阵

$$\{d_1,d_2,\cdots,d_r,0,\cdots,0\}=\begin{bmatrix}d_1 & & & & & 0\\ & d_2 & & & & \\ & & \ddots & & & \\ & & & d_r & & \\ & & & & 0 & \\ & & & & & \ddots & \\ 0 & & & & & & 0\end{bmatrix}.$$

此处$d_i\neq 0$,$d_i\mid d_j(i\leqslant j)$.

这里证明从略. 有兴趣的读者可参考文献[15].

关于主理想整环$D$上有限生成模$M$,有如下的基本结构定理.

**定理 5.9.5** 如果$M$是主理想整环$D$上的有限生成模,则$M$是循环模的直和$Dz_1\oplus Dz_2\oplus\cdots\oplus Dz_s$,并且$z_i$的零化理想$\mathrm{ann}z_i=\{x\mid xz_i=0,x\in D\}$序列满足

$$\mathrm{ann}z_1\supset\mathrm{ann}z_2\supset\cdots\supset\mathrm{ann}z_s,\ \mathrm{ann}z_k\neq 0.$$

**注 5.9.1** 如果$b\in\mathrm{ann}z$,$b(az)=a(bz)=0$,$\forall a\in D$,则有$\mathrm{ann}az\supset\mathrm{ann}z$. 这表示循环$D$模的任两个生成元有同一零化子. 所以$\mathrm{ann}z$与$Dz$的生成元$z$的选择无关.

**证明** 如果$(x_1,x_2,\cdots,x_n)$是$M$的一组生成元,则存在从具有基底$\{e_i,1\leqslant i\leqslant n\}$的自由模$D^{(n)}$到$M$上的满同态$\pi$且$\pi:e_i\mapsto x_i$. 因此$M\cong D^{(n)}/K$,$K$由$f_1,\cdots,f_m$生成,且$f_i=\sum a_{ji}e_i$. 所以,有关系矩阵$A=\{(a_{ji})\in M_{m,n}(D))\}$. 今用$(e'_i)$代替基$(e_i)$,此处$e'_i=\sum_{j=1}^{n}p_{ij}e_j$,$P=(p_{ij})$是$M_n(D)$中可逆矩阵,则$f'_1,\cdots,$

$f'_m$代替生成元$(f_k)$，此处$f'_k=\sum_{i=1}^{m}q_{kl}f_l$，$Q=(q_{kl})$在$M_m(D)$中可逆，故新的关系矩阵为$QAP^{-1}$. 有定理 5.9.4，可选择$P$和$Q$，使

$$QAP^{-1}=\{d_1,\cdots,d_r,0,\cdots,0\},$$

此处$d_i\neq 0(1\leqslant i\leqslant r)$且$d_i|d_j(i<j)$. 此即意味着$K$的生成元$f'_k$与基$(e'_i)$的关系为

$$f'_1=d'_1e'_1,\cdots,f'_r=d'_re'_r,\quad f'_{r+1}=\cdots=f'_m=0.$$

置$y_i=\sum p_{ij}x_j$，$1\leqslant i\leqslant n$，则$(y_1,y_2,\cdots,y_n)$是$M$的另一生成元集，且为$(e'_i)$在$D^{(n)}$到$M$上的满同态$\pi$下的像. 对于$1\leqslant i\leqslant r$，$d_ie'_i=f'_i$，有$d_iy_i=0$. 今假设有关系$\sum b_iy_i=0$，此处$b_i\in D$，则$\sum b_ie'_i\in K$，故有$\sum b_ie'_i=\sum c_if'_i=\sum c_id_ie'_i$. 因$(e'_1,e'_2,\cdots,e'_n)$是$D^{(n)}$的基，故$b_i=c_id_i$，$1\leqslant i\leqslant n$. 但$b_iy_i=c_id_iy_i=0$，因为已经证明了，如果$\sum b_iy_i=0$，则每个$b_iy_i=0$. 所以有

$$M=\sum Dy_i=Dy_1\oplus Dy_2\oplus\cdots\oplus Dy_n.$$

而且还得到，如果$b_iy_i=0$，则$b_i\in(d_i)$. 由于$d_iy_i=0$，有$\mathrm{ann}y_i=(d_i)$. 由诸$d_i$的相除条件可知

$$(d_1)\supset(d_2)\supset\cdots\supset(d_i).$$

显然，若$d_i$是单位，则$y_i=0$. 因此，这个元素可从$\{y_i,\cdots,y_n\}$中去掉. 假设$(d_1,\cdots,d_t)$是单位，而$(d_{t+1},\cdots,d_n)$不是. 令$z_1=y_{t+1},\cdots,z_s=y_n$，此处$s=n-t$，则有$M=D_{z_1}\oplus D_{z_2}\oplus\cdots\oplus D_{z_s}$，此处每个$D_{z_j}\neq 0$且定理 5.9.5 成立.

## 习　题　5.9

1. 找出由$f_1=(1,0,-1)$，$f_2=(2,-3,1)$，$f_3=(0,3,1)$，$f_4=(3,1,5)$生成的$Z^{(3)}$子模的基.

2. 设$\mathbb{Z}$是整数环，确定$\mathbb{Z}^{(3)}/K$结构，此处$K$由$f_1=(2,1,-3)$，$f_2=(1,-1,2)$生成.

3. 令$M$是由 2 和$x$在$\mathbb{Z}[x]$内生成的理想，证明$M$不是循环$\mathbb{Z}[x]$-模的直和.

4. 设$\mathbb{Z}$是整数环，判断$\mathbb{Z}$-模$\mathbb{Z}^{(3)}/L_1$与$\mathbb{Z}^{(3)}/L_2$是否同构？这里$L_1$与$L_2$是分别由向量组$\{(4,2,0),(10,15,3),(13,17,3)\}$与$\{(4,2,0),(5,2,0),(10,10,2)\}$生成的$\mathbb{Z}$-子模.

5. 设$R$是交换环，如果$R$上的自由模的子模都是自由的，证明$R$是主理想整环.

6. 设$R$是一个环，对$R$的左理想$U$证明下列是等价的：

(1) 对任一族左$R$-模$\{M_i\mid i\in I\}$，$U\left(\prod_{i\in}M_i\right)=\prod_{i\in}(UM_i)$；

(2) ${}_RU$是有限生成的.

7. 设$R$是交换环并且是诺特的,证明左$R$-模的根与左$R$-模的直积可交换次序. 即如果$\{M_i \mid i \in I\}$是一组左$R$-模,则$\mathrm{Rad}\left(\prod\limits_{i\in} M_i\right) = \prod\limits_{i\in} \mathrm{Rad}(M_i)$.

8. 设$R$是一个环,左$R$-模$M$称为是余原子的(coatomic),如果对$M$的任意子模$U \subsetneq M$,存在子模$A \hookrightarrow M$使得$U \hookrightarrow A$并且$A$是$M$的极大子模. 证明:

(1) 如果$A$是半单的或是有限生成的,则$M$是余原子的;

(2) 存在这样的余原子$\mathbb{Z}$-模$M$,既不是半单的也不是有限生成的;

(3) $M$是半单的当且仅当$M$是余原子的,且$M$的每个极大子模是$M$的直和加项;

(4) 如果$U \hookrightarrow \mathrm{Rad}(M)$并且$U$是余原子的,则$U \overset{\circ}{\hookrightarrow} M$;

(5) 如果$M$是余原子的,则$\mathrm{Rad}(M) \overset{\circ}{\hookrightarrow} M$;

(6) 存在这样的模$M$,其根$\mathrm{Rad}(M)=0$但$M$不是余原子的.

9. 设$R$是一个环,证明下列是等价的:

(1) $M$是有限余生成的,并且$\mathrm{Rad}(M)=0$;

(2) $M$是有限生成的,并且$\mathrm{Soc}(M)=M$.

# 第 6 章　环的进一步理论

在第 2 章和第 3 章所介绍的环论知识基础上，本章介绍环的进一步较为深刻的理论. 主要内容有单环和本原环、环的 Jacobson 根、半单环、局部环以及阿廷环与诺特环等.

## 6.1　单环与本原环

### 6.1.1　单环

在 2.2 节，我们提到过单环，下面给出正式定义.

**定义 6.1.1**　非零环 $R$ 称为单环(simple ring)，如果 $R^2\neq 0$ 且 $R$ 除 0 和 $R$ 本身外没其他真理想.

**例 6.1.1**　每个除环是单环.

**例 6.1.2**　域 $F$ 上的 $n$ 阶矩阵环 $F^{n\times n}$ 是单环(定理 2.2.4)，进一步，除环 $D$ 上的 $n\times n$ 矩阵环 $D^{n\times n}$ 也是单环. 更一般地，有下面的命题.

**命题 6.1.1**　如果 $R$ 是有单位元 1 的环，则 $R$ 上 $n\times n$ 矩阵环 $R^{n\times n}$ 的非零理想 $K$ 恒为 $R$ 的理想 $I$ 上的全阵环 $I^{n\times n}$，即 $K=I^{n\times n}$.

**证明**　设 $K$ 中所有矩阵的一切元素组成的集合为 $I$，则可证 $I$ 为 $R$ 的理想且 $K=I^{n\times n}$ 如下：

令 $E_{ij}$ 为 $R$ 中这样的矩阵，其 $(i,j)$ 位置元素为 1，其他位置上的元素均是 0，$i,j=1,2,3,\cdots,n$，则有

$$E_{ij}E_{kl}=\begin{cases}E_{il}, & j=k,\\ 0, & j\neq k\end{cases} \tag{6.1.1}$$

且 $R$ 上的任意矩阵 $A=(a_{ij})$ 均可唯一地表为

$$A=\sum a_{ij}E_{ij}\ . \tag{6.1.2}$$

如果 $x,y\in I$，则由式(6.1.2)知有 $K$ 中的矩阵 $A,B$，使

$$A=\cdots+xE_{ij}+\cdots;\quad B=\cdots+yE_{kl}+\cdots.$$

于是，由式(6.1.1)知

$$E_{1j}AE_{j1}-E_{1k}AE_{l1}=xE_{11}-yE_{11}=(x-y)E_{11}.$$

由于 $K$ 为 $R^{n\times n}$ 的理想，故上面的矩阵仍在 $K$ 中，从而 $(x-y)\in I$. 另一方面，令

$$E_n=E_{11}+E_{22}+\cdots+E_{nn}$$

为 $R$ 上的 $n$ 阶单位矩阵. 对任意 $a\in R$, 由 $aE_n\in R^{n\times n}$, $(aE_n)A\in K$ 及 $A(aE_n)\in K$ 知 $ax\in I$, $xa\in I$. 所以 $I$ 为 $R$ 的理想, 且显然有 $K\subseteq I^{n\times n}$.

反之, 设 $A\in I^{n\times n}$, 则有

$$A=\sum a_{ij}E_{ij}\quad (a_{ij}\in I;i,j=1,2,\cdots,n).$$

对固定的 $i,j$, 可仿上知有 $K$ 中矩阵 $B$ 使

$$B=\cdots+a_{ij}E_{ij}+\cdots,\quad a_{ij}E_{ij}=E_{ik}BE_{lj}\in K.$$

故 $A$ 为 $K$ 中 $n^2$ 矩阵之和, 从而 $A\in K$. 所以, 我们有 $K=I^{n\times n}$.

**定义 6.1.2** (1)环 $R$ 的左理想 $I$ 称为极小左理想(minimal left ideal), 如果 $I\neq 0$, 且对每个左理想 $J$ 满足 $0\subseteq J\subseteq I$, 则有 $J=0$ 或 $J=I$;

(2) 环 $R$ 的左理想 $I$ 称为极大左理想(maximal left ideal), 如果 $I\neq R$, 且对每个左理想 $J$ 满足 $0\subseteq I\subseteq J$, 则有 $J=R$ 或 $J=I$.

**注 6.1.1** $R$ 的使得 $RI\neq 0$ 的左理想 $I$ 是单左 $R$-模当且仅当 $I$ 是极小左理想.

令 $A=Ra$ 是一个循环 $R$-模, 则由 $r\mapsto ra$ 定义的映射 $\theta:R\to A$ 是同态, 其核 $I$ 是 $R$ 的左理想(子模). 由模论的同态基本定理(定理 5.3.1), $R/I$ 同构于 $A$. 由习题 5.3 第 1 题, $R/I$ 的每个子模有形式 $J/I$, 其中 $J$ 是 $R$ 的含有 $I$ 的左理想. 因此, $R/I$(从而 $A$)没有真子模当且仅当 $I$ 是 $R$ 的极大左理想. 因为每个单 $R$-模是循环的, 故每个单 $R$-模均同构于 $R/I$, 其中 $I$ 是 $R$ 的某个极大左理想. 反之, 若 $I$ 是 $R$ 的一个极大左理想, 则 $R/I$ 是单的, 只要 $R(R/I)\neq 0$.

一个保证 $R(R/I)\neq 0$ 的条件如下所示.

**定义 6.1.3** 环 $R$ 的左理想 $I$ 称为正则的(regular), 或称为模的(modular), 如果存在元素 $e\in R$ 使得对任意 $r\in R$ 有 $r-re\in I$. 类似地, 右理想 $J$ 称为正则的, 如果存在元素 $e\in R$ 使得对任意 $r\in R$ 有 $r-er\in J$.

**注 6.1.2** 如果环 $R$ 有单位元 1, 则只要取 $e=1$, 每个左(或右)理想都是正则的.

**定理 6.1.1** 环 $R$ 上左模 $A$ 是单的当且仅当对 $R$ 的某个正则极大左理想 $I$, 有 $A\cong R/I$.

**注 6.1.3** 如果 $R$ 有单位元, 这个定理是上面讨论的直接结果. 如果定理中的"左"均换成"右", 结论也成立.

**证明** 由定义 6.1.3 前面的讨论知, 如果左模 $M$ 是单的, 则 $A=Ra\cong R/I$, 其中极大左理想 $I$ 是 $\theta$ 的核. 由于 $A=Ra$, 故对 $R$ 中某个元素 $e$ 有 $a=ea$. 因此, 对任意 $r\in R$, 有 $ra=rea$ 或 $(r-re)a=0$, 因此, $r-er\in \mathrm{Ker}\theta=I$. 所以, $I$ 是正则的.

反过来, 令 $I$ 是 $R$ 的正则极大左理想, 使得 $A\cong R/I$. 根据定义 6.1.3 前面的

讨论,只要证 $R(R/I)\neq 0$ 就够了.如果不是这样,即 $R(R/I)=0$,则对所有 $r\in R$,有 $r(e+I)=I$.因此 $re\in I$,因为 $r-re\in I$,我们有 $r\in I$.故 $R=I$.这与 $I$ 的极大性矛盾.

**定理 6.1.2**　令 $B$ 是环 $R$ 上左模 $A$ 的子集,则 $\mathrm{ann}(B)=\{r\in R\mid rb=0,\forall b\in B\}$ 是 $R$ 的左理想.进一步,如果 $B$ 是 $A$ 的子模,则 $\mathrm{ann}(B)$是理想.

**注 6.1.4**　$\mathrm{ann}(B)$称为 $B$ 的左零化子(left annihilator).右模的右零化子可类似地定义.

**证明**　任$r_1,r_2\in\mathrm{ann}(B)$,则由 $\mathrm{ann}(B)$的定义知,对任 $b\in B$,有$r_1b=0$,$r_2b=0$.于是$(r_1-r_2)b=0$.因此$r_1-r_2\in B$.对任 $r\in R$,有$(rr_1)b=r(r_1b)=r0=0$.因此,$rr_1\in\mathrm{ann}(B)$.所以,$\mathrm{ann}(B)$是 $R$ 的左理想.进一步,如果 $B$ 是 $A$ 的子模,对任 $r\in B$,$s\in\mathrm{ann}(B)$,则对任 $b\in B$,有 $sb=0$.于是 $rb\in B$,从而$(sr)b=s(rb)=0$.于是,我们有 $sr\in\mathrm{ann}(B)$.因此,$\mathrm{ann}(B)$是 $R$ 的理想.

### 6.1.2　本原环

有了左零化子概念,我们可引入忠实模和本原环的概念.

**定义 6.1.4**　环 $R$ 上左模 $M$ 称为忠实的(faithful),如果它的左零化子 $\mathrm{ann}(M)=0$.环 $R$ 称为左本原的(left primitive),如果存在一个单的忠实左 $R$-模.

**注 6.1.5**　类似地,可定义右本原环(right primitive ring).存在不是左本原环的右本原环[12].后面的“本原”均指“左本原”,但关于左本原环所证的结果对右本原环也是成立的.

**例 6.1.3**　设 $V$ 是除环 $D$ 上的向量空间(可能是无限维的),$R$ 是 $V$ 的线性变换环$\mathrm{Hom}_D(V,V)$.回忆:对$\forall v\in V,\theta\in R$,令 $\theta(v)=\theta v$,则 $V$ 是左 $R$-模.如果 $u$ 是 $V$ 的一个非零向量,则 $V$ 存在一组基含有向量 $u$.如果 $v\in V$,则存在线性变换$\theta_2\in R$ 使$\theta_2u=v$,只要定义$\theta_2u=v$,对其他基向量 $w$ 定义$\theta_2(w)=0$,则$\theta_2\in R$.所以,对任意非零向量 $u\in V$,$Ru=V$.因此,$V$ 没有真 $R$-子模.因为 $R$ 有恒等元,故 $RV\neq 0$.因此,$V$ 是一个单 $R$-模.如果 $\theta V=0(\theta\in R)$,则显然 $\theta=0$.因此 $\mathrm{ann}(V)=0$,从而 $V$ 是忠实的 $R$-模.所以 $R$ 是本原的.如果 $V$ 是 $D$ 上有限维向量空间,则 $R$ 不是单的.事实上,使得 $\mathrm{Im}(\theta)$是 $V$ 的有限维子空间的所有 $\theta\in R$ 的全体构成 $R$ 的真理想.

**命题 6.1.2**　具有单位元 1 的单环 $R$ 是本原的.

**证明**　由定理 5.2.1 知,$R$ 含有极大左理想 $I$(因为此时可视 $R$ 本身为有限生成左 $R$-模).由于 $R$ 有单位元,从而 $I$ 是正则的,因而 $R/I$ 是单 $R$-模.由于 $\mathrm{ann}(R/I)$是 $R$ 的不含有 1 的理想,故由 $R$ 为单环知 $\mathrm{ann}(R/I)=0$.所以,$R/I$ 是忠实的.

**命题 6.1.3**　交换环 $R$ 是本原的当且仅当 $R$ 是域.

**证明**　由命题 6.1.2 知,域是本原的.反之,设 $M$ 是忠实的左 $R$-模,则对 $R$ 的某个正则极大左理想 $I$,有 $M\cong R/I$.由于 $R$ 是交换的,故 $I$ 是理想,且 $I\subseteq$

$\mathrm{ann}(R/I)=\mathrm{ann}(M)=0$. 因为 $I=0$ 是正则的，故存在 $e\in R$ 使得对所有 $r\in R$，有 $r=re(=er)$. 因此，$R$ 是一个具有单位元的交换环. 因为 $I=0$ 是极大的，故 $R$ 是域（定理 2.4.2).

为刻画非交换本原环，我们需要稠密性概念.

**定义 6.1.5** 设 $V$ 是除环 $D$ 上的左向量空间，环 $\mathrm{Hom}_D(V,V)$ 的子环 $R$ 称为 $V$ 的稠密环(dense ring)(或 $\mathrm{Hom}_D(V,V)$ 的一个稠密子环(dense subring))，如果对每个正整数 $n$ 和 $V$ 的每个线性无关向量组 $\{u_1,u_2,\cdots,u_n\}$ 以及 $V$ 的任一向量子集 $\{v_1,v_2,\cdots,v_n\}$，存在 $\theta\in R$ 使得 $\theta(u_i)=v_i(i=1,2,\cdots,n)$.

**例 6.1.4** $\mathrm{Hom}_D(V,V)$ 是其本身的稠密子环.

事实上，如果 $\{u_1,u_2,\cdots,u_n\}$ 是 $V$ 的一组线性无关向量，则存在 $V$ 的一组基 $U$ 包含 $u_1,u_2,\cdots,u_n$. 如果 $v_1,v_2,\cdots,v_n\in V$，则由 $\theta(u_i)=v_i\ (i=1,2,\cdots,n)$，且对 $u\in U-\{u_1,u_2,\cdots,u_n\}$，$\theta(u)=0$ 定义的线性映射 $\theta:V\to V$ 属于 $\mathrm{Hom}_D(V,V)$. 在有限维情形下，$\mathrm{Hom}_D(V,V)$ 是仅有的稠密子环(见下面定理).

**定理 6.1.3** 设 $R$ 是除环 $D$ 上左向量空间 $V$ 的自同态稠密环，则 $R$ 是左(右)阿廷的当且仅当 $V$ 是有限维的. 在此情形下，$R=\mathrm{Hom}_D(V,V)$.

**证明** 如果 $R$ 是左阿廷的且 $V$ 是无限维的，则 $V$ 有一个无限的线性无关向量组 $\{u_1,u_2,\cdots\}$. 由于 $V$ 是左 $\mathrm{Hom}_D(V,V)$-模，故 $V$ 是一个左 $R$-模. 对每个 $n$，令 $I_n$ 是集合 $\{u_1,u_2,\cdots,u_n\}$ 在 $R$ 中的左零化子. 由定理 6.1.2，我们知 $I_1\supset I_2\supset\cdots$ 是 $R$ 的左理想的降链. 令 $w$ 是 $V$ 的任一非零元，由于 $\{u_1,u_2,\cdots,u_{n+1}\}$ 对每个 $n$ 均是线性无关的，且 $R$ 是稠密的，故存在 $\theta\in R$ 使得 $\theta u_i=0(i=1,2,\cdots,n)$，$\theta u_{n+1}=w\neq 0$. 因此，$\theta\in I_n$，但 $\theta\notin I_{n+1}$. 所以，$I_1\supset I_2\supset\cdots$ 是 $R$ 的真降链，这与 $R$ 为左阿廷的矛盾. 因此，$V$ 是有限维的.

反过来，如果 $V$ 是有限维的，则 $V$ 有一组基 $\{v_1,v_2,\cdots,v_m\}$. 如果 $f$ 是 $\mathrm{Hom}_D(V,V)$ 中任一元素，则 $f$ 完全由它在 $v_1,v_2,\cdots,v_m$ 上的作用所决定. 由于 $R$ 是稠密的，故存在 $\theta\in R$ 使得

$$\theta(v_i)=f(v_i)\quad(i=1,2,\cdots,m),$$

因此，$f=\theta\in R$. 所以，$\mathrm{Hom}_D(V,V)=R$. 易知 $\mathrm{Hom}_D(V,V)$ 是阿廷的.

为证明任意本原环同构于某个向量空间的自同态环的一个稠密子环，我们还需要如下引理.

**引理 6.1.1** 设 $M$ 为环 $R$ 的单模，考虑 $M$ 作为除环 $D=\mathrm{Hom}_R(M,M)$ 上的左向量空间，如果 $u_1,u_2,\cdots,u_n\in M$ 在 $D$ 上线性无关，则存在 $r\in R$ 使 $ru_1=ru_2=\cdots=ru_{n-1}=0$，但 $ru_n\neq 0$.

**证明** 我们对维数 $\dim_D M$ 用数学归纳法进行证明. 当 $n=1$ 时，因 $M$ 是单 $R$-模，故 $M=Ru_1$. 因此，存在 $r\in R$ 使 $ru_1\neq 0$. 归纳假设维数 $\dim_D M\leqslant n$ 时，结论成立. 当维数为 $n+1$ 时，令 $\{u_1,u_2,\cdots,u_n,u_{n+1}\}$ 是 $M$ 的 $D$-线性无关向量组，由

$\{u_1,u_2,\cdots,u_n\}$生成的 $D$-子空间记为 $V$,由$\{u_1,u_2,\cdots,u_{n-1}\}$生成的 $D$-子空间记为 $W$. 于是,$V$ 为子空间 $W$ 与 $Du_n$的直和 $V=W\oplus Du_n$. $W$ 不一定是 $M$ 的 $R$-子模,但 $W$ 在 $R$ 中的左零化子 $I=\mathrm{ann}(W)$是 $R$ 的左理想(定理 6.1.2). 因此,$Iu_n$是 $M$ 的 $R$-子模. 由于 $u_n\in M-W$,由归纳假设知,存在 $r\in R$ 使得 $ru_n\neq 0$,而 $ru_1=ru_2=\cdots=ru_{n-1}=0$,即 $rW=0$,亦即 $r\in\mathrm{ann}(W)$. 因此 $ru_n\in Iu_n$,所以,$Iu_n\neq 0$,从而由 $M$ 的单性知 $M=Iu_n$.

**断言**　如果 $v\in M$ 且对所有 $r\in I$,有 $rv=0$,则 $v\in W$.

事实上,若存在这样的 $v\notin W$,则 $u_1,u_2,\cdots,u_{n-1},v$ 是 $D$-线性无关的. 令 $V'$是由 $u_1,u_2,\cdots,u_{n-1},v$ 生成的 $M$ 的 $D$-子空间,则有 $I=\mathrm{ann}(W)\supseteq\mathrm{ann}(V')$. 由归纳假设,存在 $r'\in R$ 使得 $r'W=0$,但 $r'v\neq 0$,故 $r'\in I=\mathrm{ann}(V')$. 但 $r'\in\mathrm{ann}(W)\supseteq\mathrm{ann}(V')$,因为对所有 $r\in I$ 均有 $rv=0$,故 $I\subseteq\mathrm{ann}(V')$,从而 $I=\mathrm{ann}(V')$,矛盾. 因此 $v\in W$.

我们必须找到一个 $r\in R$ 使得 $ru_{n+1}\neq 0$ 且 $rv=0$. 如果这样的 $r$ 不存在,则我们可定义映射 $\theta:M\to M$ 如下:对 $ru_n\in Iu_n=M$,令 $\theta(ru_n)=ru_{n+1}\in M$. 我们证明 $\theta$ 是定义良好的.

如果$r_1u_n=r_2u_n(r_i\in I=\mathrm{ann}(W))$,则$(r_1-r_2)u_n=0$,从而$(r_1-r_2)V=(r_1-r_2)(W\oplus Du_n)=0$. 因此,由假设知$(r_1-r_2)u_{n+1}=0$. 所以,$\theta(r_1u)=r_1u_{n+1}=r_2u_{n+1}=\theta(r_2u_n)$,易证 $\theta\in\mathrm{Hom}_R(V,V)=D$. 于是,对每个 $r\in I$,有 $0=\theta(ru_n)-ru_{n+1}=r\theta(u_n)-ru_{n+1}=r(\theta(u_n)-u_{n+1})$. 所以由上面断言 $\theta(u_n)-u_{n+1}\in W$. 因此,$u_{n+1}=\theta u_n-(\theta u_n-u_{n+1})\in DU_n+W=V$,这与 $u_{n+1}\overline{\in}V$ 矛盾. 故存在 $r\in R$ 使得 $ru_{n+1}\neq 0$ 且 $rv=0$.

**定理 6.1.4** (Jacobson 稠密定理)　令 $R$ 是一个本原环,$M$ 是忠实的单 $R$-模. 考虑 $M$ 作为除环$\mathrm{Hom}_R(M,M)=D$ 上的左向量空间,则 $R$ 同构于 $D$-向量空间 $M$ 的线性变换环的一个稠密子环.

**注 6.1.6**　定理 6.1.4 的逆命题也成立,见本节习题 2.

**证明**　对每个 $r\in R$,由$\alpha_r(a)=ra$ 定义的映射$\alpha_r:M\to M$ 易见为 $M$ 作为 $D$-向量空间的线性变换,即$\alpha_r\in\mathrm{Hom}_D(V,V)$. 进一步,对所有的 $r,s\in R$,有

$$\alpha_{r+s}=\alpha_r+\alpha_s\quad 与\quad \alpha_{rs}=\alpha_r\alpha_s.$$

因此,由 $\alpha(r)=\alpha_r$定义的映射 $\alpha:R\to\mathrm{Hom}_D(M,M)$是定义良好的环同态. 由于 $M$ 是忠实的$R$-模,故$\alpha_r=0$ 当且仅当 $r\in\mathrm{ann}(M)=0$. 所以,$\alpha$ 是单同态. 因此,$R$ 同构于$\mathrm{Hom}_D(M,M)$的子环 $\mathrm{Im}\alpha$.

为完成证明,必须证明 $\mathrm{Im}\alpha$ 是$\mathrm{Hom}_D(M,M)$的一个稠密子环. 设 $U=\{u_1,u_2,\cdots,u_n\}$是 $M$ 的 $D$-线性无关子集,$\{v_1,v_2,\cdots,n\}$是 $M$ 的任子集. 我们必须找到 $\alpha_r\in\mathrm{Im}\alpha$ 使得$\alpha_r(u_i)=v_i(i=1,2,\cdots,n)$成立. 对每个 $i$,令$V_i$是$\{u_1,u_2,\cdots,u_i,u_{i+1},\cdots,u_n\}$生成的 $M$ 的 $D$-子空间. 由于$U$ 是$D$-线性无关的,故 $u_i\notin V_i$. 因此,由

引理 6.1.1 知存在$r_i\in R$使$r_iu_i\neq 0$且$r_iV_i=0$. 其次,对非零元$r_iu_i$,由引理 6.1.1 知,存在$s_i\in R$使$s_ir_iu_i\neq 0$. 由于$s_ir_iu_i\neq 0$,故 $M$ 的 $R$-子模$Rr_iu_i$是非零的,从而由 $M$ 的单性知$M=Rr_iu_i$. 所以,存在$t_i\in R$使$t_ir_iu_i=v_i$. 令 $r=t_1r_1+t_2r_2+\cdots+t_nr_n\in R$. 由于对 $i\neq j$, $u_i\in V_j$,故$t_jr_ju_i\in t_j(r_jV_j)=t_j0=0$. 因此对每个 $i=1,2,\cdots,n$,有 $\alpha_r(u_i)=(t_1r_1+t_2r_2+\cdots+t_nr_n)u_i=t_ir_iu_i=v_i$. 所以,$\mathrm{Im}\alpha$ 是$D$-向量空间$M$ 的线性变换环的一个稠密子环.

**推论 6.1.1** 如果 $R$ 是本原环,则对某个除环 $D$,或者 $R$ 同构于 $D$ 上有限维向量空间的线性变换环,或者对某个正整数 $m$,存在 $R$ 的子环$R_m$和环的满同态$R_m\rightarrow\mathrm{Hom}_D(V_m,V_m)$,这里$V_m$是 $D$ 上 $m$ 维向量空间.

**注 6.1.7** 这个推论也可以用除环上的矩阵环的术语来叙述.

**证明** 利用定理 6.1.4 的符号. $\alpha:R\rightarrow\mathrm{Hom}_D(M,M)$是单同态使得$R=\mathrm{Im}\alpha$且 $\mathrm{Im}\alpha$ 是$\mathrm{Hom}_D(M,M)$的稠密子环. 如果$\dim_D(M)=n$ 是有限的,则

$$\mathrm{Im}\alpha=\mathrm{Hom}_D(M,M)\quad(\text{定理 6.1.3}).$$

如果$\dim_D(M)$是无限的,且$\{u_1,u_2,\cdots,u_n,\cdots\}$是无限的线性无关向量集,令$V_m$是由$\{u_1,u_2,\cdots,u_m\}$生成的 $M$ 的 $m$ 维 $D$-子空间. 易证$R_m=\{r\in R\mid rV_m\subset V_m\}$是 $R$ 的子环. 利用 $R\cong\mathrm{Im}\alpha$ 在$\mathrm{Hom}_D(M,M)$的稠密性可证明由 $r\mapsto\alpha_r|V_m$给出的映射$R_m\rightarrow\mathrm{Hom}_V(V_m,V_m)$是一个定义良好的环满同态.

**定理 6.1.5** (Wedderburn-Artin 定理) 对左阿廷环 $R$,下面的条件是等价的.

(1) $R$ 是单的;

(2) $R$ 是本原的;

(3) $R$ 同构于除环 $D$ 上非零有限维向量空间 $V$ 的线性交换环;

(4) 对某个正整数 $n$,$R$ 同构于除环 $D$ 上的所有 $n\times n$ 矩阵构成的环.

**证明** (1)⇒(2). 由于 $I=\{r\in R\mid rR=0\}$是 $R$ 的理想,故$I=R$ 或$I=U$. 由于$R^2\neq 0$,故 $I=0$. 因为 $R$ 是左阿廷环,故 $R$ 的所有非零左理想的集合中含有一个极小左理想 $J$. $J$ 作为左 $R$-模没有真子模. 我们断言,$J$ 在 $R$ 中的左零化子 $\mathrm{ann}(J)$为 0,否则,由 $R$ 的单性知 $\mathrm{ann}(J)=R$,且对每个非零元 $u\in J$,有 $Ru=0$. 因此,每个这样的非零 $u$ 均含在 $I=0$ 中,矛盾. 所以,$\mathrm{ann}(J)=0$ 且 $RJ\neq 0$. 因此,$J$ 是忠实的单 $R$-模,从而 $R$ 是本原的.

(2)⇒(3). 由 Jacobson 稠密定理,$R$ 同构于除环 $D$ 上的向量空间 $V$ 的线性变换稠密环 $T$. 由于 $R$ 是左阿廷的,故 $R\cong T\cong\mathrm{Hom}_D(V,V)$(定理 6.1.3).

(3)⇒(4). 显然.

(4)⇒(1). 由本节例 6.1.2 得证.

**引理 6.1.2** 令 $V$ 是除环 $D$ 上的有限维左向量空间,如果 $A$ 与 $B$ 是 $V$ 的线性变换环 $R=\mathrm{Hom}_D(V,V)$上的忠实单模,则 $A$ 与 $B$ 是同构的 $R$-模.

**证明**　显然，环 $R$ 含有一个非零的极小左理想 $I$. 由于 $A$ 是忠实的，故存在 $a\in A$使得 $Ia\neq 0$. 于是，$Ia$ 是 $A$ 的非零子模，从而由单性知 $Ia=A$. 由 $x\to xa$ 给出的映射 $\theta:I\to Ia=A$ 是非零 $R$-模满态射. 于是，$\theta$ 是同构. 类似地可证 $I\cong B$，所以$A\cong B$.

**引理 6.1.3**　令 $V$ 是除环 $D$ 上的非零向量空间，$R$ 为 $V$ 上的线性变换环 $\mathrm{Hom}_D(V,V)$. 如果 $g:V\to V$ 是加群的同态使得对所有 $r\in R$，有 $gr=rg$，则存在 $d\in D$使 $g(v)=dv$ 对所有 $v\in V$ 成立.

**证明**　令 $u$ 是$V$ 的非零元，我们断言 $u$ 和 $g(u)$在 $D$ 上线性相关. 如果$\dim_D V=1$，这是平凡的. 假设$\dim_D V\geqslant 2$，且$\{u,g(u)\}$是线性无关的. 由于 $R$ 在本身内是稠密的(例 6.1.4)，故存在 $r\in R$ 使得 $r(u)=0$ 与 $r(g(u))\neq 0$. 但由假设，有 $r(g(u))=rg(u)=gr(u)=g(r(u))=g(0)=0$，矛盾. 所以，对某个 $d\in D$，成立 $g(u)=du$. 如果 $v\in V$，则由稠密性存在 $s\in R$ 使得 $s(u)=v$. 因此，由 $s\in R=\mathrm{Hom}_D(V,V)$，我们有 $g(v)=g(s(u))=gs(u)=sg(u)=s(du)=ds(u)=dv$.

**定理 6.1.6**　对 $i=1,2$，令$V_i$是除环$D_i$上的$n_i$维向量空间，其中$n_i$是有限正整数，有

(1) 如果$V_1$的线性变换环与$V_2$的线性变换环是同构的，即$\mathrm{Hom}_D(V_1,V_1)\cong\mathrm{Hom}_D(V_2,V_2)$，则$n_1=n_2$且$D_1\cong D_2$；

(2) 如果$D_1$上的$n_1$阶全阵环$D_1^{n_1\times n_1}$与$D_2$上的$n_2$阶全阵环$D_1^{n_2\times n_2}$是同构的，则$n_1=n_2$且$D_1\cong D_2$.

**证明**　(1) 对 $i=1,2$，由例 6.1.4 知，$V_i$是忠实的单$\mathrm{Hom}_{D_i}(V_i,V_i)$-模，记 $R=\mathrm{Hom}_{D_1}(V_1,V_1)$. 令 $\sigma:R\to\mathrm{Hom}_{D_2}(V_2,V_2)$是同构. 对 $r\in R$ 及 $v\in V_2$，令 $rv=\sigma(r)v$，则易证$V_2$是忠实的单 $R$-模. 由引理 6.1.2，存在 $R$-模同构 $\phi:V_1\to V_2$. 对每个 $v\in V_1$和 $f\in R$，$\phi[f(v)]=f\phi(v)=(\sigma f)[\phi(v)]$. 因此，作为加群$V_2\to V_2$的同态，有 $\phi f\phi^{-1}=\sigma(f)$. 对每个 $d\in D_i$，令$\alpha_d:V_i\to V_i$是由 $x\mapsto dx$ 所定义的加群同态. 显然，$\alpha_d=0$ 当且仅当 $d=0$，对每个 $f\in R=\mathrm{Hom}_{D_1}(V_1,V_1)$和每个$d\in D_1$，$f\alpha_d=\alpha_d f$. 因此，有

$$\begin{aligned}[\phi\alpha_d\phi^{-1}](\sigma f)&=\phi\alpha_d\phi^{-1}\phi f\phi^{-1}=\phi\alpha_d f\phi^{-1}=\phi f\alpha_d\phi^{-1}\\&=\phi f\phi^{-1}\phi\alpha_d\phi^{-1}=(\sigma f)[\phi\alpha_d\phi^{-1}].\end{aligned}$$

由于 $\sigma$ 是满的，由引理 6.1.3(这时 $V=V_2$，$g=\phi\alpha_d\phi^{-1}$)，存在$d^*\in D_2$使 $\phi\alpha_d\phi^{-1}=\alpha_{d^*}$. 令 $\tau:D_1\to D_2$ 是由 $\tau(d)=d^*$ 所定义的映射，则对每个 $d\in D_1$，$\phi\alpha_d\phi^{-1}=\alpha_{\tau(d)}$. 容易验证 $\tau$ 是环的单同态. 在前面的讨论中，将$D_1$与$D_2$的角色互换一下(用 $\phi^{-1}$与$\tau^{-1}$换 $\phi$ 与$\sigma$)，则对每个 $k\in D_2$，有元素 $d\in D_1$使得 $\phi\alpha_k\phi^{-1}=\alpha_d:V_1\to V_1$，因此，$\alpha_k=\phi\alpha_d\phi^{-1}=\alpha_{\tau(d)}$. 于是，$k=\tau(d)$，从而 $\tau$ 是满的. 所以，$\tau$ 是一个同构. 进一步，对每个 $d\in D_1$和 $v\in V_1$，$\phi(dv)=\phi\alpha_d(v)=\alpha_{\tau(d)}\phi(v)=\tau(d)\phi(v)$. 利用这个事实可证$\{u_1,u_2,\cdots,u_k\}$在$V_1$内是$D_1$-线性无关的当且仅当$\{\phi(u_1),\phi(u_2),\cdots,\phi(u_k)\}$在

$V_2$内是$D_2$-线性无关的. 于是有$\dim_{D_1}V_1=\dim_{D_2}V_2$,即$n_1=n_2$.

(2) 的结论是(1)的结果的矩阵术语叙述.

## 习 题 6.1

1. 设$R$是一个环,$M$是一个$R$-模,证明:

(1) 如果规定$(r+\mathrm{ann}(M))m=rm(m\in M)$,则$M$是定义良好的$R/\mathrm{ann}(M)$-模;

(2) 如果$M$是单的左$R$-模,则$R/\mathrm{ann}(M)$是一个本原环.

2. 设$V$是除环$D$上的左向量空间. $\mathrm{Hom}_D(V,V)$的子环$R$称为是$n$-重传递的,如果对每个$k(1\leqslant k\leqslant n)$和$V$的每个线性无关子集$\{u_1,u_2,\cdots,u_k\}$与$V$的任意子集$\{v_1,v_2,\cdots,v_k\}$,存在$\theta\in R$使得对$i=1,2,\cdots,k$,有$\theta(u_i)=v_i$. 证明:

(1) 如果$R$是1-重传递的,则$R$是本原环;

(2) 如果$R$是2-重传递的,则$R$在$\mathrm{Hom}_D(V,V)$是稠密的.

3. 证明:如果$R$是一个使得对所有$a,b\in R$,具有性质$a(ab-ba)=(ab-ba)a$的环,则$R$是本原环.

4. 设$R$是一个有单位元的本原环,并且存在元素$e\in R$使得$e^2=e\neq 0$,证明:

(1) $eRe$是$R$的子环,并且有单位元$e$;

(2) $eRe$是本原环.

5. 如果$R$是一个向量空间$V$的线性变换稠密环,$K$是$R$的非零理想,证明$K$是$V$的线性变换稠密环.

# 6.2 环的Jacobson根

在有限维代数理论研究中Wedderburn首先引进根的概念. 他的结果后来推广到左阿廷环上. 然而,Wedderburn所定义的根(及极大幂零理想)和著名的结构定理仅应用到阿廷环上. 后来,人们在非阿廷环情形引进了许多其他的根的概念. 一般来说,每一种根在左阿廷环情形都与Wedderburn所定义的根一致. 本节主要介绍Jacobson根的概念及其基本性质. Jacobson根在环理论研究中起到非常重要的作用.

### 6.2.1 拟正则元与拟正则理想

**定义 6.2.1** 设$R$是任意环,对任$a\in R$,如果存在元素$a'\in R$,使

$$a+a'+aa'=0 \tag{6.2.1}$$

成立,则称$a$是右拟正则元(right quasi-regular element),并称$a'$是$a$的一个右拟逆(right quasi-inverse). 当存在元素$a''\in R$使

$$a+a''+a''a=0 \tag{6.2.2}$$

成立时，就称 $a$ 为左拟正则元(left quasi-regular element)，并称 $a''$ 为 $a$ 的一个左拟逆(left quasi-inverse).

**注 6.2.1**　如果环 $R$ 有单位元 1，$a\in R$ 有右拟逆 $a'$，则 $1+a'$ 是 $1+a$ 的右逆元. 事实上，

$$(1+a)(1+a')=1+a+a'+aa'=1.$$

类似地，如果 $a\in R$ 有左拟逆 $a''$，则 $1+a''$ 是 $1+a$ 的左逆元. 为方便，通常记

$$a\circ a'=a+a'+aa'.$$

由于任一个环 $R$ 均可以扩张为一个有单位元的环，故由上面的定义及注可得如下命题.

**命题 6.2.1**　如果环 $R$ 中的元素 $a$ 既为右拟正则的又为左拟正则的，则 $R$ 中存在唯一的元素 $a'$，使得

$$a+a'+aa'=a+a'+a'a=0.$$

这时，我们称 $a$ 是拟正则元(quasi-regular element)，并且称 $a'$ 为 $a$ 的拟逆(quasi-inverse).

**注 6.2.2**　(1) 若 $a$ 为拟正则元时，由正则元的定义知，它的拟逆 $a'$ 也是拟正则的且以 $a$ 为其拟逆. 所以，拟正则元素恒成对地出现，就像环 $R$ 中一个元素若有逆，则其逆元也是可逆的，且可逆元与其逆元均成对出现.

(2) 存在一些特殊的拟正则元 $a$，其拟逆就是其自身，如 0 元即是这样的元素，又如整数环 $\mathbb{Z}$ 中的 $-2$ 也是这样的元素. 进一步，若环 $R$ 的特征 $\operatorname{char}R\neq 2$，且 $R$ 有非零幂等元 $e$，则 $-2e$ 不为 0. 它也是拟正则的，且其拟逆也是它自身.

(3) 环 $R$ 中元素的拟正性是元素的幂零性的推广. 事实上，如果 $a$ 是 $R$ 的幂零元，即存在正整数 $n$ 使 $a^n=0$，则 $a$ 为拟正则的，且此时其拟逆 $a'$ 为

$$a'=-a+a^2-a^3+\cdots+(-1)^{n-1}a^{n-1}.$$

(4) 环 $R$ 的拟正则元素未必是幂零元，如整数环 $\mathbb{Z}$ 中的 $-2$ 就是这样的元素.

**命题 6.2.2**　环 $R$ 中元素 $a$ 为右拟正则的当且仅当 $R=\{x+ax\mid x\in R\}$.

**证明**　显然，不论 $a$ 是环 $R$ 中什么样的元素，集合 $\{x+ax\mid x\in R\}$ 是环 $R$ 的一个右理想. 当 $R=\{x+ax\mid x\in R\}$ 时，则存在元素 $x_0\in R$ 使 $a=x_0+ax_0$，故

$$a+(-x_0)+a(-x_0)=0.$$

即 $a$ 为右拟正则的，且 $-x_0$ 为 $a$ 的一个右拟逆. 反之，若 $a$ 是右拟正则的且 $a'$ 为 $a$ 的一个右拟逆，则有 $a+a'+aa'=0$. 因此，

$$a=[-a'+a(-a')]\in\{x+ax\mid x\in R\}.$$

于是，对任 $b\in R$，有 $ab\in\{x+ax\mid x\in R\}$，从而

$$b=[(b+ab)-ab]\in\{x+ax\mid x\in R\},$$

即 $R\subseteq\{x+ax\mid x\in R\}$，从而 $R=\{x+ax\mid x\in R\}$.

**定义 6.2.2**　环 $R$ 称为拟正则环(quasi-Regular ring)，如果 $R$ 的任一元素均

是拟正则的. 环 $R$ 的理想 $I$ 称为是拟正则理想(quasi-Regular ideal),如果 $I$ 是拟正则环.

类似地,可定义环 $R$ 的拟正则左(右)理想,以及左(右)拟正则左(右)理想.

**命题 6.2.3** 环 $R$ 的右理想 $I$ 是拟正则的充要条件是 $I$ 的每个元素在 $R$ 中均是右拟正则的.

**注 6.2.3** (1) 对于左理想也有类似结论.

(2) 由这个命题知,左拟正则右(左)理想一定是拟正则右(左)理想. 当然,左拟正则左理想也是右拟正则左理想.

**证明** 设 $I$ 是 $R$ 的右理想且 $I$ 中的元素均为 $R$ 中的右拟正则的,我们要证 $I$ 是拟正则的. 任取 $a\in I$,则存在 $a'\in R$ 使

$$a+a'+aa'=0, \tag{6.2.3}$$

于是,$a'=(-a-aa')\in I$,故 $a'$在 $R$ 中为右拟正则的. 由式(6.2.3)又可知 $a'$在 $R$ 中是左拟正则的,故由命题 6.2.1 知 $a'$在 $R$ 中为拟正则的且以 $a$ 为其拟逆,从而 $a$ 在 $R$ 中为拟正则的且以 $a'$为其拟逆. 由于 $a$ 与 $a'$均在 $I$ 中,故 $a$ 在 $I$ 中为拟正则的. 所以 $I$ 为拟正则环.

必要性是显然的.

**定义 6.2.3** 环 $R$ 的理想 $P$,称为是左(或右)本原的(left(right) primitive ideal),如果商环 $R/P$ 是左(或右)本原环.

**注 6.2.4** 由于零环没有单模,故零环不是本原的;$R$ 本身不是左(或右)本原理想.

**引理 6.2.1** 如果 $I(\neq R)$是环 $R$ 的正则左理想,则 $I$ 一定包含在 $R$ 的一个正则极大左理想里.

**证明** 由于 $I$ 是正则的,故存在 $e\in R$ 使得对所有 $r\in R$,有 $r-re\in I$. 所以包含 $I$ 的任一个左理想均是正则的(当然,带有同一个 $e\in R$). 如果 $I\subset R$ 且 $e\in J$,则 $R-re\in I\subset J$ 蕴涵着对每个 $r\in R$,有 $r\in J$. 因此,$R=J$. 令 $S=\{L|L$是 $R$ 的左理想,且 $I\subset L\not\subset R\}$,则按集合包含关系"$\subseteq$",$(S,\leqslant)$构成偏序集. 利用上面的事实及 Zorn 引理可证 $S$ 含有一个极大元,且这个极大元就是包含 $I$ 的正则极大左理想.

**引理 6.2.2** 设 $R$ 是环,令 $K$ 为环 $R$ 的所有正则极大左理想的交,则 $K$ 是 $R$ 的左拟正则左理想.

**证明** 显然,$K$ 是环 $R$ 的左理想. 如果 $a\in K$,令 $T=\{r+ra|r\in R\}$. 如果 $T=R$,则存在 $r\in R$ 使得 $r+ra=-a$. 因此有 $r+a+ra=0$,从而 $a$ 是左拟正则的. 因此,由命题 6.2.3,只需证明 $T=R$. 令 $e=-a$,则易知 $T$ 是 $R$ 的一个正则左理想.

如果 $T\neq R$,则由引理 6.2.1,$T$ 含在 $R$ 的一个正则极大左理想 $I_0$ 里,由于 $a\in K\subseteq I_0$,故对所有 $r\in R$,有 $ra\in I_0$. 故由 $r+ra\in T\subseteq I_0$ 知,对所有 $r\in R$,有 $r\in I_0$. 因此,$R=I_0$,这与 $I_0$ 的极大性矛盾. 所以,$T=R$.

**引理 6.2.3**　设 $R$ 是有单左 $R$-模的环. 如果 $I$ 是 $R$ 的左拟正则的左理想，则 $I$ 包含在所有单左 $R$-模的左零化子的交里.

**证明**　令 $\Gamma=\{A|A$ 为单的左 $R$-模$\}$，如果 $I$ 不包含在 $\bigcap_{A\in\Gamma}\mathrm{ann}(A)$ 里，则对某个单的左 $R$-模 $B$，有 $IB\neq 0$. 因此，对某个非零元 $b\in B$ 有 $Ib\neq 0$. 因为 $I$ 是左理想，故 $Ib$ 是 $B$ 的非零子模. 由 $B$ 的单性知 $B=Ib$，从而存在元素 $a\in I$ 使 $ab=-b$. 由于 $I$ 是左拟正则的，故存在元素 $r\in R$ 使 $r+a+ra=0$. 所以，有

$$0=0b=(r+a+ra)b=rb+ab+rab=rb-b-rb=-b.$$

由于这与 $b\neq 0$ 矛盾，故有 $I\subseteq\bigcap_{A\in\Gamma}\mathrm{ann}(A)$.

**引理 6.2.4**　环 $R$ 的理想 $P$ 是左本原的当且仅当 $P$ 是单左 $R$-模的左零化子.

**证明**　如果 $P$ 是左本原理想，设 $A$ 是单的忠实的 $R/P$-模，任 $r\in R, a\in A$，定义 $ra$ 为 $(r+P)a$，则易证 $A$ 是一个左 $R$-模. 于是，$RA=(R/P)A\neq 0$，且 $A$ 的每个 $R$-子模均是 $A$ 的 $R/P$-子模. 因此，$A$ 是单 $R$-模. 如果 $r\in R$，则 $rA=0$ 当且仅当 $(r+P)A=0$. 但 $(r+P)A=0$ 当且仅当 $r\in P$，这是因为 $A$ 是忠实的 $R/P$-模. 所以，$P$ 是单 $R$-模 $A$ 的左零化子.

反之，设 $P$ 是单 $R$-模 $B$ 的左零化子. 对 $r\in R, b\in B$，定义 $(r+P)b=rb$，则易证 $B$ 是单 $R/P$-模. 进一步，如果 $(r+P)B=0$，则 $rB=0$，因此，$r\in\mathrm{ann}(B)$，且在 $R/P$ 内，$r+P=0$. 所以，$B$ 是忠实的 $R/P$-模. 故 $R/P$ 是一个左本原环，从而 $P$ 是环 $R$ 的左本原理想.

### 6.2.2　Jacobson 根

在本小节里我们给出环的 Jacobson 根的定义，并讨论基本性质.

**定理 6.2.1**　令 $R$ 为任意环，则 $R$ 存在一个理想 $J(R)$ 满足：

(1) $J(R)$ 是所有单左 $R$-模的左零化子之交；

(2) $J(R)$ 是 $R$ 的所有正则极大左理想之交；

(3) $J(R)$ 是 $R$ 的所有左本原理想之交；

(4) $J(R)$ 是 $R$ 的最大拟正则左理想，即 $J(R)$ 含有 $R$ 的所有左拟正则左理想；

(5) 如果将“左”换成“右”，叙述(1)—(4)也成立.

**注 6.2.5**　(1) 如果 $R$ 有单位元 $1_R$，则 $R$ 的每个(左，右，双边)理想均是正则的，因此 $J(R)\neq R$；

(2) 如果环 $R$ 没有单左 $R$-模，则由这个定理的(1)知 $J(R)=R$；

(3) $J(R)$ 不一定包含环 $R$ 的所有拟正则元(见本节习题 4).

**证明**　令 $J(R)$ 是所有单左 $R$-模的左零化子之交. 如果 $R$ 没有单左 $R$-模，则 $J(R)=R$. 根据定理 6.1.2 知，$J(R)$ 是环 $R$ 的理想. 下面对所有左理想证(2)—(4)成立.

我们首先观察到环 $R$ 本身不是某个单左 $R$-模 $A$ 的零化子. 否则 $RA=0$,与单模定义相违. 这个事实连同定理 6.1.1 及引理 6.2.4 蕴涵着如下四个等价条件:

(a) $J(R)=R$;

(b) $R$ 没有单左 $R$-模;

(c) $R$ 没有正则极大左理想;

(d) $R$ 没有左本原理想.

所以,如果 $J(R)=R$,则(2),(3)和(4)成立.

(2)假设 $J(R)\neq R$. 令 $K$ 是环 $R$ 的所有正则极大左理想的交集. 于是,由引理 6.2.2和引理 6.2.3 知 $K\subset J(R)$. 反过来,设 $c\in J(R)$,由定理 6.1.1,$J(R)$是商模,即单左 $R$-模$R/I$ 的左零化子的交集. 这里 $I$ 遍历$R$ 的所有正则极大左理想,对每个正则极大左理想 $I$,存在 $e\in R$ 使 $c-ce\in I$. 由于 $c\in \mathrm{ann}(R/I)$,故对所有 $r\in R$,有 $cr\in I$. 特别地,$ce\in I$. 因此,对每个正则极大左理想 $I$,有 $c\in I$. 所以,$J(R)\subset \bigcap I=K$,从而 $J(R)=K$.

(3) 是引理 6.2.4 的直接结果.

(4) 由引理 6.2.2 与(2)知 $J(R)$是左拟正则左理想. 由引理 6.2.3,$J(R)$包含每个左拟正则左理想.

为完成证明,我们必须证明当把"左"换成"右"时,(1)—(4)也成立. 令 $J_1(R)$是所有单右 $R$-模的右零化子,则前面的证明当把"左"换成"右"时也是正确的. 因此,对于 $J_1(R)$,(1)—(4)成立. 由于根据(4)和命题 6.2.3 及其注,$J(R)$是右拟正则的,故 $J(R)\subseteq J_1(R)$. 类似地,$J_1(R)$是左拟正则的,故 $J_1(R)\subseteq J(R)$. 所以,$J(R)=J_1(R)$.

**定义 6.2.4** (1) 定理 6.2.1 中的 $J(R)$称为环 $R$ 的 Jacobson 根(Jacobson radical);

(2) 环 $R$ 称为是 Jacobson 半单的(Jacobson semisimple),如果它的 Jacobson 根 $J(R)=0$;

(3) 环 $R$ 称为是根环(radical ring),如果 $J(R)=R$.

**例 6.2.1** 每个除环是 Jacobson 半单的,因为它仅有的正则极大左理想是零理想.

**例 6.2.2** 整数环$\mathbb{Z}$ 中每个极大理想均有形式$(p)$,其中 $p$ 为素数. 因此,$J(\mathbb{Z})=\bigcap_p (p)=0$,所以,$\mathbb{Z}$ 是 Jacobson 半单的.

**定理 6.2.2** 令 $R$ 是环,

(1) 如果 $R$ 是本原环,则 $R$ 是 Jacobson 半单环;

(2) 如果 $R$ 是单环且是 Jacobson 半单环,则 $R$ 是本原环;

(3) 如果 $R$ 是单环,则 $R$ 或是本原半单的,或是根环.

**证明** (1) 由于 $R$ 是本原的,故 $R$ 有忠实的单左 $R$-模,从而 $J(R)\subset$

$\operatorname{ann}(A)=0$. 即 $R$ 是 Jacobson 半单环.

(2) 由 $R$ 的单性知 $R\neq 0$,从而存在单左 $R$-模 $A$. 否则,由定理 6.2.1(1)知 $J(R)=R\neq 0$,这与 $R$ 是 Jacobson 半单环矛盾. 由定理 6.2.2 及 $\operatorname{ann}(A)\neq R$(因为 $RA\neq 0$)知 $A$ 的左零化子 $\operatorname{ann}(A)$是 $R$ 的理想. 因此,由 $R$ 的单性知 $\operatorname{ann}(A)=0$,从而 $A$ 是单的忠实 $R$-模. 所以,$R$ 是本原环.

(3) 如果 $R$ 是单环,则理想 $J(R)$或为 $R$ 或为 0. 如果是前者,则 $R$ 为根环,如果是后者,则 $R$ 是 Jacobson 半单的,从而由(2)知 $R$ 是本原环.

**例 6.2.3**　由定理 6.2.2(1)及定义 6.1.1 及例 6.1.3 知除环上的左向量空间的线性变换环是 Jacobson 半单的. 因此,除环上的所有 $n\times n$ 矩阵构成的环也是 Jacobson 半单的.

**注 6.2.6**　单根环的例子由 E. Sasiada 和 P. M. Cohn 给出,见文献[13].

**定理 6.2.3**　如果 $R$ 是环,则 $R/J(R)$是 Jacobson 半单环.

**证明**　令 $\pi:R\to R/J(R)$是自然满同态,对任 $r\in R$,记 $\pi(r)$为 $\bar{r}$. 令 $\Gamma$ 是环 $R$ 的所有正则极大左理想的集合. 如果 $I\in\Gamma$,则由定理 6.2.1(2)知 $J(R)\subset I$,从而 $\pi(I)=I/J(R)$是 $R/J(R)$的极大左理想(定理 2.3.5 后面注). 如果 $e\in R$ 使得对所有 $r\in R$ 有 $r-re\in I$,则对所有 $\bar{r}\in R/J(R)$有 $\bar{r}-\bar{r}\bar{e}\in\pi(I)$. 所以,对每个$I\in\Gamma$,$\pi(I)$是正则的. 由于 $J(R)=\bigcap_{I\in\Gamma}I$,易证如果 $\bar{r}\in\bigcap_{I\in\Gamma}\pi(I)=\bigcap_{I\in\Gamma}I/J(R)$,则$r\in J(R)$. 因此,由定理 6.2.1(2)知

$$J(R/J(R))\subseteq\bigcap_{I\in\Gamma}\pi(I)\subseteq\pi(J(R))=0.$$

因此,$R/J(R)$是 Jacobson 半单的.

**定理 6.2.4**　令 $R$ 是环,$a\in R$,则

(1) 如果$-a^2$ 是左拟正则的,则 $a$ 也是左拟正则的;

(2) $a\in J(R)$当且仅当 $Ra$ 是左拟正则左理想.

**证明**　(1) 如果 $r+(-a^2)+r(-a^2)=0$,令 $s=r-a-ra$,则有 $s+a+sa=0$,故 $a$ 是左拟正则的.

(2) 如果 $a\in J(R)$,则 $Ra\subseteq J(R)$. 由于 $J(R)$是左拟正则的,故 $Ra$ 也是左拟正则的. 反之,假设 $Ra$ 是左拟正则的. 易知 $K=\{ra+na\mid r\in R,n\in\mathbb{Z}\}$是 $R$ 的含有 $a$ 与 $Ra$ 的左理想. 如果 $s=ra+na$,则$-s^2\in Ra$. 由假设$-s^2$ 是左拟正则的,故由(1)知 $s$ 也是. 因此,$K$ 是左拟正则左理想. 所以,由定理 6.2.1(1)知 $a\in K\subseteq J(R)$.

**定理 6.2.5**　(1) 如果环 $R$ 的理想 $I$ 被看成是一个环,则 $J(I)=I\cap J(R)$;

(2) 如果 $R$ 是 Jacobson 半单环,则 $R$ 的每个理想是 Jacobson 半单的;

(3) $J(R)$是根环.

**证明**　(1) 显然,$I\cap J(R)$是 $I$ 的一个理想. 如果 $a\in I\cap J(R)$,则 $a$ 在 $R$ 中是左拟正则的. 因此,对某个 $r\in R$,有 $r+a+ra=0$. 但 $r=-a-ra\in I$. 因此,$I\cap$

$J(R)$的每个元素在 $I$ 中是左拟正则的. 所以, $I\cap J(R)\subseteq J(I)$(定理 6.2.1(4)).

反之,设 $a\in J(I)$. 对任 $r\in R$, $-(ra)^2=-(rar)a\in IJ(I)\subseteq J(I)$,从而由定理 6.2.1(4)知 $-(ra)^2$ 在 $I$ 中是左拟正则的. 因此,由定理 6.2.4(1)知 $ra$ 在 $I$ 中是左拟正则的,从而在 $R$ 中是左拟正则的. 因此, $Ra$ 是 $R$ 的左拟正则左理想,从而由定理 6.2.4(2)知 $a\in J(R)$. 所以, $a\in J(I)\cap J(R)\subseteq I\cap J(R)$. 因此, $J(I)\subseteq I\cap J(R)$. 于是,我们有 $J(I)=I\cap J(R)$. (2)与(3)是(1)的直接推论.

**定理 6.2.6** 若$\{R_i \mid i\in I\}$是一族环,则 $J\left(\prod_{i\in I}R_i\right)=\prod_{i\in I}J(R_i)$.

**证明** 容易验证,元素$\{a_i\}\in\prod R_i$是左拟正则的当且仅当对于每个$i\in I$, $a_i$ 在 $R_i$ 中是左拟正则的. 因此, $\prod J(R_i)$ 是 $\prod R_i$ 的左拟正则理想,从而由定理 6.2.1(4) 知 $\prod J(R_i)\subseteq J\left(\prod R_i\right)$.

对每个 $k\in I$,令 $\pi_K$: $\prod R_i\to R_k$ 是典型投影映射同态. 容易验证 $I_k=\pi_k\left(J\left(\prod R_i\right)\right)$ 是 $R_k$ 的左拟正则理想. 于是, $I_k\subseteq J(R_k)$. 从而

$$J\left(\prod R_i\right)\subseteq\prod J(R_i).$$

**定义 6.2.5** 环 $R$ 的左(右,两边)理想 $I$ 称为是诣零的(nil),如果 $I$ 中每个元素都是幂零的,即任 $a\in I$,存在正整数 $n$ 使 $a^n=0$.

**定理 6.2.7** 如果 $R$ 是环,则它的每个左(或右)诣零理想均包含在 $J(R)$中.

**注 6.2.7** 由此定理即知,每个诣零理想是根环.

**证明** 如果 $a^n=0$,令 $r=-a+a^2-a^3+\cdots+(-1)^{n-1}a^{n-1}$,则计算可知 $r+a+ra=0=a+r+ar$,从而 $a$ 既是左拟正则的,也是右拟正则的. 所以,每个诣零左(或右)理想 $I$ 是左(或右)拟正则的,从而由定理 6.2.1(4)知, $I$ 含在 $J(R)$中.

如果环 $R$ 含有单位元 1,则环 $R$ 的每个左(右)理想均是正则的. 因此,由定理 6.2.1(2),(5)及定理 5.6.5 知有下面结果.

**定理 6.2.8** 如果环 $R$ 含有单位元 1,则 $J(R)=J({}_RR)=J(R_R)$.

这里${}_RR$ 与 $R_R$ 分别将$R$ 自然看成左$R$-模与右$R$-模.

## 习 题 6.2

1. 如果环 $R$ 含有单位元 $1_R$,证明:

(1) $J(R)=\{r\in R \mid 1_R+sr$ 对所有 $s\in R$ 是可逆的$\}$;

(2) $J(R)$是最大理想 $K$ 使得对所有 $r\in K$, $1_R+r$ 是可逆元.

2. 设 $R$ 为环,对 $a,b\in R$,令 $a\circ b=a+b+ab$,证明:

(1) $\circ$是一个具有单位元 $0\in R$ 的满足结合律的二元运算;

(2) $R$ 的所有既是左拟逆又是右拟逆的正则元的集合$G$ 在运算$\circ$下构成群;

(3) 如果 $R$ 有恒等元,则 $a\in R$ 是左(或右)拟正则的当且仅当 $1_R+a$ 是左(或右)可逆的.

3. 证明:$R$ 是除环当且仅当除 0 外 $R$ 的每个元素是左拟正则的.

4. 设 $R$ 为环,证明:$J(R)$不含有非零幂等元. 然而,一个非零幂等元也许是左拟正则的.

5. 设 $I$ 是环 $R$ 的左理想,令$(I:R)=\{r\in R\mid rR\subseteq I\}$. 证明:

(1) $(I:R)$是环 $R$ 的理想. 如果 $I$ 是正则的,则$(I:R)$是环 $R$ 包含在 $I$ 里的最大理想;

(2) 如果 $I$ 是环 $R$ 里正则极大理想,且 $A\cong R/I$,则 $\mathrm{ann}(A)=(I:R)$. 所以,$J(R)=\bigcap(I:R)$,这里 $I$ 遍历环 $R$ 的所有正则极大左理想.

6. (1) 举例说明 Jacobson 半单环的同态像不一定是 Jacobson 半单的;

(2) 如果 $f:R\rightarrow S$ 是环满同态,证明:$f(J(R))\subseteq J(S)$.

7. 如果 $R$ 是其元素为奇数分母的有理数全体构成的环,则 $J(R)$由其分母为奇数而分子为偶数的所有有理数构成.

8. 设 $R$ 是除环 $D$ 上的所有 $n$ 阶上三角矩阵构成的环,求 $J(R)$并证明 $R/J(R)$同构于 $D\times D\times\cdots\times D$($n$ 个因子 $D$ 的直积).

9. 证明:主理想整环 $R$ 是 Jacobson 半单的当且仅当 $R$ 是域,或者 $R$ 含有无限多个不同的非相伴既约元.

10. 设 $R$ 为环,证明:$J(R^{n\times n})=J(R)^{n\times n}$.

## 6.3 半单环

在 5.5 节,我们通过环 $R$ 的正则模(即 $R$ 自身看做 $R$ 上的左或者右 $R$-模)引入左(右)半单环的概念. 本节证明左、右半单环是等价的,6.3.2 节引入了 Jacobson 半单环的概念. 本节集中讨论这两类环的性质.

### 6.3.1 半单环的定义与性质

在这部分,我们假设环 $R$ 有单位元 1. 首先,有如下引理.

**引理 6.3.1** 设 $R$ 是有单位元 1 的环. 令 $R_R=\bigoplus\limits_{i\in I}A_i$ 是 $R$ 到右理想 $A_i(i\in I)$ 的一个直和分解,则有

(1) 子集 $I_0=\{i\mid i\in I\wedge A_i\neq 0\}$,因此 $R=\bigoplus\limits_{i\in I_0}A_i$;

(2) 对于 $i\in I_0$,存在元素 $e_i\in A$ 使得对于 $i,j\in I_0$,有

(a) $A_i=e_iR,i\in I_0$;

(b) $1=\sum\limits_{i\in I_0}e_i$;

(c) $e_ie_j=\begin{cases}e_{i,i}, & i=j,\\ 0, & i\neq j,\end{cases}$

这里 $i,j\in I_0$，亦即 $\{e_i\mid i\in I_0\}$ 是正交幂等元集.

(3) 如果 $A_i(i\in I_0)$ 是两边理想，则元素 $e_i(i\in I_0)$ 属于 $R$ 的中心(i. e. 对于任意 $r\in R$，有 $e_ir=re_i$).

(4) 如果给出正交幂等元 $e_1,e_2,\cdots,e_n\in R$，且 $\sum_{i=1}^{n}e_i=1$，则 $R=\bigoplus_{i=1}^{n}e_iR$. 事实上，$e_iR$ 是环 $R$ 的两边理想，也即 $e_i$ 含于 $R$ 的中心内.

**证明** 令 $1=\sum_{i\in I}e_i$，其中 $e_i\in A_i$. 设 $I_0=\{i\mid i\in I\wedge e_i\neq 0\}$，则 $I_0$ 是有限的. 由于 $1=\sum_{i\in I_0}e_i$，故对于任意 $i\in I_0$，有 $e_i\neq 0$. 由于 $e_i\in A_i$，故对于任意 $i\in I_0$，有 $A_i\neq 0$. 设 $a_j\in A_j$，这里 $j\in I$，则用 $a_j$ 右乘 $1=\sum_{i\in I}e_i$ 的两边，得到 $a_j=\sum_{i\in I_0}e_ia_j$. 由于 $R_R=\bigoplus_{i\in I}A_i$，故 $e_ia_j\in A_i$. 于是，我们有以下的讨论：

对于 $j\notin I_0$：由 $a_j=0\Rightarrow A_j=0$，从而 $I_0=\{i\mid i\in I\wedge A_i\neq 0\}$. 于是 $R=\bigoplus_{i\in I_0}A_i$，从而(1)得证.

对于 $j\in I_0$：由 $a_j=e_ja_j$ 可得 $A_j=e_jA_j\subseteq e_jR\subseteq A_j$. 于是 $A_j=e_jR$. 所以，对于 $i\neq j$，成立 $0=e_ie_j$. 如果 $i,j\in I_0$，对 $e_j=a_j$，则成立 $e_j=e_je_j$，$e_ie_j=0\ (i\neq j)$. 由此，(2) 得证. 由 $r\in R$ 及 $1=\sum_{i\in I_0}e_i$，得 $r=\sum_{i\in I_0}e_ir$ 与 $r=\sum_{i\in I_0}re_i$. 如果 $A_i$ 是两边理想，则有 $re_i\in A_i$. 由于 $\sum_{i\in I_0}e_ir=\sum_{i\in I_0}re_i$，则 $re_i=e_ir$，从而(3) 得证. 为了证明(4)，首先有 $R=\sum_{i=1}^{n}e_iR$，这是因为 $1=\sum_{i=1}^{n}e_i$. 设 $r\in e_{i_0}R\cap\sum_{i=1,i\neq i_0}^{n}e_iR$，则 $r=e_{i_0}r$，且 $r=\sum_{i=1,i\neq i_0}^{n}e_ir$. 因此，$r=e_{i_0}r=\sum_{i=1,i\neq i_0}^{n}e_{i_0}e_ir_i=0$. 所以有 $R=\bigoplus_{i=1}^{n}e_iR$.

如果 $e_i$ 位于 $R$ 的中心内，由于 $re_iR=e_irR\subseteq e_iR$，故 $e_iR$ 是双边理想.

**注 6.3.1** 如果引理 6.3.1 中右 $R$-模 $R_R$ 的分解换为左 $R$-模 ${}_RR$ 的分解 ${}_RR=\bigoplus_{i=1}^{n}A_i$（其中 $A_i$ 为 $R$ 的左理想）时，结论也成立.

**命题 6.3.1** 对于一个有单位元 1 的环 $R$，下列条件是等价的：

(1) $R_R$ 是不可分解的；

(2) ${}_RR$ 是不可分解的；

(3) $R$ 内的幂等元只要 0 和 1.

**证明** (1)⇒(3). 令 $e$ 是一个幂等元，则 $e$ 与 $1-e$ 是正交幂等元，且 $1=e+(1-e)$. 因此，由引理 6.3.1 知，$R=eR\oplus(1-e)R$. 再根据(1)的条件知 $eR=0$(从

而有 $e=0$)或者 $eR=R$. 于是 $(1-e)R=(1-e)eR=0$. 因此,$(1-e)\cdot 1=1-e=0$,即 $e=1$.

(3)⇒(1). 假设 $R_R=A\oplus B$,则由引理 6.3.1 知,存在幂等元 $e$ 使得 $A=eR$. 由(3)中的条件知,$e=1$ 或者 $e=0$. 因此,$A=R$ 或 $A=0$. 亦即,$R_R$ 是不可分解的.

类似地,可证明(2)⇔(3).

若一个环在一边具有某种性质,那么,一般来说,这个环在另一边不一定具有这种性质. 例如,左阿廷环就不一定是右阿廷环. 所以,我们自然要问:什么样的性质对于环 $R$ 的两边都是存在的? 关于此,有以下定理.

**定理 6.3.1**　对于环 $R$,有 $R_R$ 是半单的当且仅当 $_RR$ 是半单的.

**证明**　只需要证明 $_RR$ 是半单的⇒$R_R$ 是半单的即可. 因为"⇐"的证明是类似的.

由注 6.3.1,半单模 $_RR$ 有分解 $_RR=\bigoplus\limits_{i=1}^{n}L_i=\bigoplus\limits_{i=1}^{n}Re_i$. 式中 $L_i$ 是 $_RR$ 的单子模,且

$$e_i\neq 0,\quad e_ie_j=\begin{cases}e_i, & i=j,\\ 0, & i\neq j,\end{cases}\quad L_i=Re_i,\quad 1=\sum_{i=1}^{n}e_i.$$

再由引理 6.3.1(4) 知,$R_R$ 有分解 $R_R=\bigoplus\limits_{i=1}^{n}e_iR$. 因此只需证明,所有的 $e_iR$ 均是单的. 为此,设 $e$ 是 $\{e_i\}_{i=1}^{n}$ 中的一个. 令 $0\neq a=ea\in eR$,则有 $aR\leqslant eR$,即 $aR$ 为 $eR$ 的子模. 因此,我们希望证明 $aR=eR$. 由此可知 $eR$ 是单子模.

由于 $ea\neq 0$ 且 $Re$ 是单子模,令 $\varphi:Re\ni re\mapsto rea=ra\in Ra$. 易证 $\varphi$ 是一个同构. 再令 $_RR=Ra\oplus U$,则

$$\psi:R=Ra\oplus U\ni ra+u\mapsto\varphi^{-1}(ra)=re\in R$$

是 $_RR$ 的一个自同态. 它是由 $R$ 中的一个元素 $b$ 确定的右乘映射. 因为 $R^{(r)}=\mathrm{End}(_RR)$(5.2 节),故 $e=\psi(a)=ab$. 所以,$e\in aR$,即 $eR\leqslant aR$,从而 $eR=aR$.

有了这个定理,就有以下定义.

**定义 6.3.1**　环 $R$ 称为是半单环(semisimple ring),如果 $_RR$ 是半单的.

于是,有以下推论.

**推论 6.3.1**　(1) $R$ 是半单的当且仅当每个左或右 $R$-模是半单的;

(2) $R$ 是半单的当且仅当 $_RR$ 与 $R_R$ 有相同的长度;

(3) $R$ 是半单的,且 $\rho:R\to S$ 是满的环同态⇒$S$ 是半单的;

(4) $R$ 是半单的当且仅当每个右 $R$-模和左 $R$-模均是内射模;

(5) $R$ 是半单的当且仅当每个左 $R$-模和右 $R$-模均是投射模;

(6) $R$ 是半单的当且仅当每个单左 $R$-模和单右 $R$-模均是投射模.

**证明**　(1) 充分性. 若 $R$ 是半单的,令 $M={}_RM$ 是一个左 $R$-模,任取 $m\in M$,则由推论 5.5.2,$Rm$ 作为 $R$ 的同态像是半单的. 因此,$M=\sum\limits_{m\in M}Rm$ 作为半单模的和仍然是半单的. 对于右边的情形可类似证明.

必要性. 显然.

(2) 这个结论已经包含在定理 6.3.1 的证明中. 因为对于单子模 $Re_i$, $e_iR$ 也是单的.

(3) $\forall s\in S, r\in R$, 令 $rs=\rho(r)s$, 则 $S$ 成为左 $R$-模, 所以, ${}_SS$ 的子模与 ${}_RS$ 的子模相吻合. 由于 $S$ 是半单的, 故 ${}_SS$ 也是半单的.

(4) $R$ 是半单的 $\Rightarrow$ 每个左 $R$-模是半单的 $\Rightarrow$ 每个子模是直和项 $\Rightarrow$ 每个左 $R$-模是内射的(由内射模的定义可知) $\Rightarrow R$ 的每个左理想是 $R_R$ 的直和项 $\Rightarrow R_R$ 是半单的. 类似地, 可对左边进行证明.

(5) 类似(4)的证明.

(6) 充分性. 由(5)显然可得证.

必要性. 令 $\mathrm{Soc}({}_RR)$ 是 $R$ 的所有单左理想的和, 要证 $\mathrm{Soc}({}_RR)=R$. 假设 $R\neq\mathrm{Soc}({}_RR)$, 则由定理 5.2.1, $\mathrm{Soc}({}_RR)$ 含于 $R$ 的一个极大左理想 $A$ 内. 因为 $R/A$ 是单左 $R$-模, 故由假设知 $R/A$ 是投射 $R$-模. 所以, 存在同态 $\varphi$ 使得图 6.3.1 交换. 于是, $\varphi\neq 0$, 且 $R=\mathrm{Im}(\varphi)+A$. 但是, 由于 $\mathrm{Im}(\varphi)$ 是单的, 则有 $\mathrm{Im}(\varphi)\leqslant\mathrm{Soc}({}_RR)\leqslant A$. 从而, $\nu\varphi=0$. 矛盾. 因此, $R=\mathrm{Soc}({}_RR)$ 为半单的.

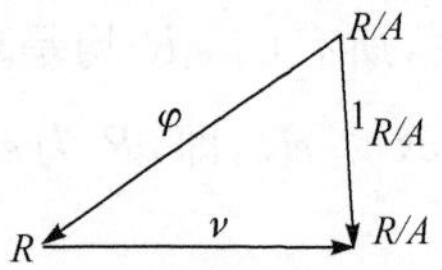

图 6.3.1

下面希望把半单环 $R$ 分解为不可分解的两边理想的直和. 因为 $R$ 是半单的, 故令 $R=B_1\oplus B_2\oplus\cdots\oplus B_m$ 为 ${}_RR$ 到它的齐次分支的分解. 由引理 6.3.1, 齐次分支的个数是有限的. 因此希望证明 $B_j\,(j=1,2,\cdots,m)$ 是两边理想, 且互相零化.

**引理 6.3.2** 令 $A\leqslant{}_RR$, 且 $A$ 是 ${}_RR$ 的直和项, 则由 $A$ 生成的两边理想 $AR$ 含有 $R$ 的所有作为 $A$ 的满同态像的左理想.

**证明** 令 ${}_RR=A\oplus B$, 设 $\pi: R\to A$ 是投影映射. 进一步, 令 $\alpha: A\to A'$ 是满同态且 $A'\leqslant{}_RR$. 令 $i: A'\to{}_RR$ 是包含映射. 于是, $i\alpha\pi\in\mathrm{Hom}_R({}_RR,{}_RR)$. 由 5.2 节知, ${}_RR$ 的每个自同态由 $R$ 的一个右乘映射给出. 从而, 存在 $c\in R$ 使得 $c^{(r)}=i\alpha\pi$. 因此, 从 $\pi(R)=\pi(A)$ 得 $A'=i\alpha\pi(R)=i\alpha\pi(A)=Ac\subseteq AR$.

**定理 6.3.2** 设 $R\neq 0$ 是半单环, 令 ${}_RR=B_1\oplus B_2\oplus\cdots\oplus B_m$ 与 $R_R=C_1\oplus C_2\oplus\cdots\oplus C_n$ 分别为 ${}_RR$ 与 $R_R$ 分解为其次分支的直和. 则

(1) $B_j\,(j=1,2,\cdots,m)$ 是 $R$ 的两边理想;

(2) $n=m$, 且适当调整顺序后, 有 $B_j=C_j$, $j=1,2,\cdots,m$;

(3) $B_iB_j=\begin{cases}B_i, & i=j,\\ 0, & i\neq j,\end{cases}$ 对于 $i,j=1,2,\cdots,m$;

(4) 若把 $B_j$ 看成一个环, 则 $B_j$ 是有单位元的环;

(5) $R$ 到单的两边理想的直和分解是唯一确定的.

**证明** (1)若 $E\leqslant B_i$ 且 $E$ 是单的, 则 $ER=B_i$. 事实上, 任取 $r\in R$, 则映射 $\varphi$:

$x\in E, x\mapsto xr\in Er$ 是一个满同态. 因为 $E$ 是单的, $\varphi$ 是零映射, 即 $Er=0$, 或者 $\varphi$ 是一个同构. 即 $E\cong Er$. 因此, 有 $Er\subseteq B_i$. 反之, 令 $E\cong E'$, 则由引理 6.3.1 知 $E'=Er$, 从而 $B_i\subseteq ER$. 于是就有 $ER=B_i$.

由 $B_i=\sum\limits_{E\in\Omega_i}E$ 知, $B_iR=\sum\limits_{E\in\Omega_i}ER=\sum\limits_{E\in\Omega_i}B_i=B_i$. 因此, $B$ 是一个双边理想. 令 $A\neq 0$ 是一个双边理想且含于 $B_i$ 内, 则 ${}_RA$ 是半单的. 因此存在一个单左理想 $E$ 使 $E\leqslant_R A\leqslant B_i$. 于是, $B_i=ER\leqslant AR=A\leqslant B_i$. 所以, $A=B_i$, 即 $B_i$ 作为两边理想是单的.

(2) 对应地, $C_j(1,2,\cdots,n)$ 也是单的两边理想. 由于 $B_iC_j$ 是两边理想, 它既含于 $B_i$ 内又含于 $C_j$ 内. 又由于 $B_i$ 与 $C_j$ 均是单的, 故有 $B_iC_j=0$ 或 $B_i=B_iC_j=C_j$. 对固定的 $i_0=1,2,\cdots,m$, 至少存在一个 $j_0$ 使得 $B_{i_0}=B_{i_0}C_{j_0}=C_{j_0}$. 否则, 就有 $B_{i_0}R=\sum\limits_j B_{i_0}C_j=0$, 矛盾. 若还存在这样的一个 $j_1$ 使 $B_{i_0}=B_{i_0}C_{j_1}=C_{j_1}$, 则有 $C_{j_0}=C_{j_1}$, 矛盾. 对应地, 对每个 $j_0=1,2,\cdots,n$, 存在 $i_0$ 使 $B_{i_0}=C_{j_0}$. 所以结论成立.

(3) 由 $R=\bigoplus\limits_{i=1}^{m}B_i$, 得 $B_jR=B_j=\bigoplus\limits_{i=1}^{m}B_jB_i$, 从而得证.

(4) 由(3), $B_i$ 是双边 $R$- 理想与 $B_i$ 的双边 $B_i$- 理想相吻合. 因此, $B_i$ 作为环是单的. 令 $1=\sum f_i, f_i\in B_i$, 则由引理 6.3.1 知, $B_i=Rf_i$, $f_i$ 是 $R$ 的中心幂等元. 对 $b=rf_i\in B_i$, 有 $f_ib=bf_i=f_i^2r=f_ir=b$. 因此 $f_i$ 是 $B_i$ 的单位元.

(5) 类似于(4)的证明.

**定义 6.3.2** 在定理 6.3.2 中出现的单的双边理想 $B_i(i=1,2,\cdots,m)$ 称为 $R$ 的块(block).

**推论 6.3.2** 令 $R$ 是半单环, 则 $R$ 的块的个数等于单左 $R$-模的同构类的个数, 也等于单右 $R$-模的同构类个数.

**证明** 每个单左 $R$-模或单右 $R$-模分别同构于 $R$ 的左理想或右理想(这是因为 ${}_RR$ 到环 $R$-模的每个满同态分裂). 因此, 仅需考虑单左或右理想, 而这由定理 6.2.3即可得证.

### 6.3.2 Jacobson 半单环

在 6.2 节, 我们称环 $R$ 是 Jacobson 半单的, 如果它的根 $J(R)=0$, 我们在本小节讨论 Jacobson 半单环的一些基本性质.

**定义 6.3.3** 环 $R$ 称为是一族环 $\{R_i \mid i\in I\}$ 的亚直积(subdirect product), 如果 $R$ 是直积 $\prod\limits_{i\in I}R_i$ 的子环, 且对每个 $i$, $\pi_i(R)=R_i$, 这里 $\pi_i:\prod\limits_{i\in I}R_i\to R_i$ 是典型满同态.

**注 6.3.2** 环 $S$ 同构于一族环 $\{R_i \mid i \in I\}$ 的亚直积当且仅当存在环的单同态 $\varphi: S \to \prod_{i \in I} R_i$ 使得 $\pi_i \varphi(S) = R_i$，对每个 $i \in I$ 成立.

**例 6.3.1** 令 $P$ 是所有素整数集合. 对每个 $k \in \mathbb{Z}$ 和 $p \in P$，令 $k_p \in \mathbb{Z}_p$ 是 $k$ 在典型映射对 $\mathbb{Z} \to \mathbb{Z}_p$ 下的像. 于是，由 $k \mapsto \{k_p\}_{p \in P}$ 所定义的映射 $\varphi: \mathbb{Z} \to \prod_{p \in P} \mathbb{Z}_p$ 是环单同态，且对每个 $p \in P$ 成立 $\pi_p \varphi(\mathbb{Z}) = \mathbb{Z}_p$. 所以，$\mathbb{Z}$ 同构于域族 $\{\mathbb{Z}_p \mid p \in \mathbb{Z}\}$ 的亚直积. 更一般地，我们有下面的命题.

**命题 6.3.2** 非零环 $R$ 是 Jacobson 半单的当且仅当 $R$ 同构于本原环的亚直积.

**注 6.3.3** 由命题 6.1.3 和命题 6.3.2 知非零可换 Jacobson 半单环是域的亚直积.

**证明** 假设 $R$ 是非零 Jacobson 半单环，令 $\Gamma$ 是环 $R$ 的所有左本原理想的集合. 于是，对每个 $P \in \Gamma$，$R/P$ 是本原环. 由定理 6.2.1(3)，$0 = J(R) = \bigcap_{P \in \Gamma} P$. 对每个 $P \in \Gamma$，令 $\lambda_P: R \to R/P$ 与 $\pi_P: \prod_{Q \in \Gamma} R/Q \to R/P$ 分别是相应的典型满同态，则由 $r \mapsto \{\lambda_P(r)\}_{P \in \Gamma} = \{r \in P\}_{P \in \Gamma}$ 定义的映射 $\varphi: R \to \prod_{P \in \Gamma} R/P$ 是环单同态，且对每个 $P \in \Gamma$ 成立 $\pi_P \varphi(R) = R/P$. 所以，环 $R$ 同构于本原环的亚直积.

反过来，假设有一族本原环 $\{R_i \mid i \in I\}$ 和环单同态 $\varphi: R \to \prod_{i \in \Gamma} R_i$ 使得对每个 $i \in I$，成立 $\pi_i \varphi(R) = R_i$. 令 $\psi_i$ 是满同态 $\pi_i \varphi$. 于是，$R/\mathrm{Ker}\psi_i$ 同构于本原环 $R_i$（定理 2.3.4，即环的同态基本定理）. 因此，$\mathrm{Ker}\psi_i$ 是 $R$ 的左本原理想（定义 6.2.3）. 所以，$J(R) \subseteq \bigcap_{i \in I} \mathrm{Ker}\psi_i$（定理 6.2.1(3)）. 然而，如果 $r \in R$ 且 $\psi_i(r) = 0$，则 $\varphi(r)$ 在 $\prod R_i$ 中的第 $i$ 个分量为 0. 所以，如果 $r \in \bigcap_{i \in I} \mathrm{Ker}\psi_i$，则有 $\varphi(r) = 0$. 因此 $\varphi$ 是单同态，故 $r = 0$. 所以，$J(R) \subseteq \bigcap_{i \in I} \mathrm{Ker}\psi_i = 0$. 从而，$R$ 是 Jacobson 半单的.

根据 6.1 节中关于本原环的结果，我们现在能够刻画这样的 Jacobson 半单环，它们同构于除环上向量空间的自同态的稠密环的亚直积. 然而不幸的是，亚直积不是容易处理的环. 在缺乏进一步限制的情况下，这也许是最好的结果. 然而在左阿廷环下，这些结果可以进一步加强.

**定理 6.3.3** (Wedderburn-Artin) 关于环 $R$，下列条件是等价的：

(1) $R$ 是非零的 Jacobson 半单左阿廷环；

(2) $R$ 是有限多个单理想的直积，其中每个理想均同构于除环上有限维向量空间的自同态环；

(3) 存在除环 $D_1, \cdots, D_t$ 和正整数 $n_1, \cdots, n_t$，使得 $R$ 同构于环

$$D_1^{n_1 \times n_1} \times D_2^{n_2 \times n_2} \times \cdots \times D_t^{n_t \times n_t}.$$

**注 6.3.4**　$R$ 的单理想是指其本身是一个单环.

**证明**　(2)⇒(3). 由例 6.1.2 可得.

(2)⇒(1). 由假设, $R\cong\prod_{i=1}^{t}R_i$, 其中每个 $R_i$ 是向量空间的自同态环. 由例 6.1.3 知每个 $R_i$ 是本原的, 因此由定理 6.2.1(3) 知 $R$ 有左本原理想. 假设 $R$ 只有有限多个互不相同的左本原理想 $P_1,P_2,\cdots,P_t$, 则每个 $R/P_i$ 是本原环. 因 $R$ 是阿廷环, 故 $R/P_i$ 也是左阿廷环. 因此, 由定理 6.1.5, 每个 $R/P_i$ 为同构于除环上有限维左向量空间的自同态环. 因为 $R/P_i$ 是单环, 所以 $P_i$ 是 $R$ 的极大理想(注 2.4.2). 进一步地, $R^2\not\subset P_i$ (否则 $(R/P_i)^2=0$). 因此, 由极大性知 $R^2+P_i=R$. 同样地, 如果 $i\neq j$, 由极大性也有 $P_i+P_j=R$. 由中国剩余定理(定理 2.6.6) 的推论 2 和定理 6.2.1(3), 存在环同构:

$$R=R/0=R/J(R)=R/\bigcap_{i=1}^{t}P_i\cong R/P_1\times R/P_2\times\cdots\times R/P_t.$$

如果 $l_k:R/P_k\to\prod_{i=1}^{t}R/P_i$ 是典型的单同态, 即 $l_k(\bar{r})\mapsto(0\cdots0,\bar{r},0\cdots0)$, $\bar{r}$ 为第 $k$ 个分量, 则每个 $l_k(R/P_k)$ 是 $\prod_{i=1}^{t}R/P_i$ 的单理想. 在同构 $\prod_{i=1}^{t}R/P_i\cong R$ 下, $l_k(R/P_k)$ 的像是 $R$ 的单理想. 显然, $R$ 是这些理想的直积.

为完成证明, 我们仅需证 $R$ 不能有无限多个互不相同的左本原理想. 否则, 假设 $P_1,P_2,P_3,\cdots$ 是 $R$ 的互不相同的左本原理想. 如果 $P_1\supset P_1\cap P_2\supset P_1\cap P_2\cap P_3\supset\cdots$ 是理想的降链, 则存在正整数 $n$ 使 $P_1\cap\cdots\cap P_n=P_1\cap\cdots\cap P_n\cap P_{n+1}$. 前面证明了 $R^2+P_i=R$ 与 $P_i+P_j=R(i\neq j)$, 这里 $i,j=1,2,\cdots,n+1$. 由中国剩余定理(定理 2.6.6), 知 $P_{n+1}+(P_1\cap\cdots\cap P_n)=R$. 因此, $P_{n+1}=R$, 这与 $P_{n+1}$ 是左本原理想矛盾(定义 6.2.3 后注). 所以, $R$ 只有有限多个互不相同的本原理想.

### 6.3.3　半单环与 Jacobson 半单环的关系

对于整数环 $\mathbb{Z}$, 我们知道 $\mathbb{Z}$ 的极大理想为 $(p)$, $p$ 为素数, 故 $J(\mathbb{Z})=\bigcap_{p\text{素数}}(p)=0$. 因此, $\mathbb{Z}$ 是 Jacobson 半单环, 但 $\mathbb{Z}$ 不是半单环($\mathbb{Z}$ 不能表为极小理想的直和, 况且 $\mathbb{Z}$ 只有极大理想, 没有极小理想).

对于环 $R$, 我们知道 $J(R)=\mathrm{Rad}({}_RR)=\mathrm{Rad}(R_R)$. 如果 $R$ 是半单环, 则由定理 5.6.6(1)知 $J(R)=0$. 因此, 半单环一定是 Jacobson 半单环.

问题: 如果环 $R$ 是阿廷环, 且 $R$ 也是 Jacobson 半单的, 问 $R$ 是否为半单环? 我们下面就讨论这一问题.

**命题 6.3.3**　设 $R$ 是任一环, 则

(1) 如果 $R$ 是左阿廷环且是 Jacobson 半单的, 则 $R$ 有单位元 1;

(2) Jacobson 半单环 $R$ 是左阿廷环当且仅当它是右阿廷的；

(3) 如果环 $R$ 是 Jacobson 半单的，且是左阿廷的，则它既是左诺特的，也是右诺特的.

**注 6.3.5** 更进一步结论也成立：有单位元 1 的左阿廷环是左诺特的.

**证明** (1) 可直接由定理 6.3.3 给出.

(2) 当把"左"换"右"时，定理 6.3.3 的结论也成立. 因此，定理 6.3.3 中(1)与(3)的等价蕴涵着 $R$ 是左阿廷的当且仅当 $R$ 是右阿廷的.

(3) 由定理 6.3.3(3)可得到.

**命题 6.3.3** 设 $R$ 是 Jacobson 半单环，且是左阿廷的，如果 $I$ 是 $R$ 的理想，则 $I=Re$，这里 $e$ 是 $R$ 的中心幂等元.

**证明** 由定理 6.3.3，$R$ 是单理想的直积，即 $R=I_1\times\cdots\times I_n$. 对每个 $j$，由 $I_j$ 的单性知，$I\cap I_j$ 或为 0，或为 $I_j$. 如果有必要，将下指标重新排列一下，可设对 $j=1,\cdots,t$，有 $I\cap I_j=I_j$，而对 $j=t+1,\cdots,n$，有 $I\cap I_j=0$. 由命题 6.3.2 知 $R$ 有单位元 $1_R$，故存在 $e_j\in I_j$ 使 $1_R=e_1+e_2+\cdots+e_n$，由于 $I_j\cdot I_k=0(j\neq k)$，故有

$$e_1+e_2+\cdots+e_n=1_R=(1_R)^2=e_1^2+e_2^2+\cdots+e_n^2.$$

因此，对每个 $j$，$e_j^2=e_j$. 容易验证每个 $e_i$ 均位于 $R$ 的中心里，即为 $R$ 的中心幂等元，从而 $e=e_1+\cdots+e_t\in I$ 也是 $R$ 的中心幂等元. 因 $I$ 是环 $R$ 的理想，故 $Re\subseteq I$. 反过来，如果 $u\in I$，则 $u=u1_R=ue_1+\cdots+ue_n$，但当 $j>t$ 时，$ue_j\in I\cap I_j=0$. 因此，$u=ue_1+\cdots+ue_n=ue$. 所以 $I\subseteq Re$，即 $I=Re$.

有了上面的准备后，就能给出下面的定理，从而也就回答了我们的问题.

**定义 6.3.4** 环 $R$ 的子集 $\{e_1,\cdots,e_m\}$ 是正交幂等元集，如果对所有 $i$，$e_i^2=e_i$，且 $e_i\cdot e_j=0(i\neq j)$.

**定理 6.3.4** 设 $R$ 是有单位元 $1_R$ 的非零环，则下列条件等价：

(1) $R$ 是 Jacobson 半单的，且是左阿廷的；

(2) 每个酉的左 $R$-模是投射模；

(3) 每个酉的左 $R$-模是内射模；

(4) 每个酉 $R$-模的正合列是可裂的；

(5) 每个非零酉左 $R$-模是半单的；

(6) $R$ 本身是半单的酉左 $R$-模；

(7) $R$ 的每个左理想有形式 $Re$，其中 $e$ 是幂等元；

(8) $R$ 是极小左理想 $K_1,\cdots,K_m$ 的(内)直和，其中 $K_i=Re_i(i=1,2,\cdots,m)$，而 $\{e_1,\cdots,e_m\}$ 是环 $R$ 的正交幂等元且 $e_1+e_2+\cdots+e_n=1_R$.

**注 6.3.6** 由命题 6.3.2，每个 Jacobson 半单环是左阿廷的当且仅当它是右阿廷的，上面这个定理的等价条件换成右模或右理想也成立. 如果定理中条件去掉"酉"，则结论不成立.

**证明** (2)⇔(3)⇔(4). 见习题 5.7 第 1 题，为完成定理证明，只需证明(4)⇔(5)与(5)⇒(7)⇒(6)⇒(1)⇒(8)⇒(5). 下面分别给出证明.

(4)⇒(5). 如果 $B$ 是非零酉 $R$-模 $A$ 的子模，则 $0\to B\to A\to A/B\to 0$ 是短正合列，由假设，它是可裂的. 于是由定理 5.3.11 知 $A=B\oplus C$，其中 $C\cong A/B$. 由于 $A$ 是酉的，对每个 $0\neq a\neq R$，成立 $Ra\neq 0$. 所以，由定理 5.5.4 知 $A$ 是半单模.

(5)⇒(4). 设 $0\to A\xrightarrow{f}B\xrightarrow{g}C\to 0$ 是酉 $R$-模的短正合列，则 $f: A\to f(A)$ 同构. 由(5)知，$B$ 是半单模，故 $f(A)$ 是 $B$ 的直和项(定理 5.5.4). 如果 $\pi: B\to f(A)$ 是典型满同态，则 $\pi f=f$，且 $f^{-1}\pi: B\to A$ 是 $R$-模同态并使得 $(f^{-1}\pi)f=1_A$. 所以，上面的短正合列可裂(定理 5.3.11).

(5)⇒(7). $R$ 的左理想恰为 $_RR$ 的左子模，如果 $L$ 是左理想，则由(5)和定理 5.5.4，存在 $R$ 的左理想 $I$ 使得 $R=L\oplus I$. 因此，存在 $e_1\in L$ 和 $e_2\in I$，使得 $1_R=e_1+e_2$. 由于 $e_1\in L$，$Re_1\subseteq L$. 如果 $r\in L$，则 $r=re_1+re_2$. 于是，$re_2=r-re_1\in L\cap I=0$. 因此，对每个 $r\in L$，$r=re_1$. 特别地，$e_1e_1=e_1$，$L\subseteq Re_1$. 所以，$L=Re_1$，其中 $e_1$ 为幂等元.

(7)⇒(6). $_RR$ 的子模 $L$ 是环 $R$ 的左理想，因此，$L=Re$，其中 $e$ 为幂等元. 易知 $R(1_R-e)$ 也是 $R$ 的左理想，且 $R=Re\oplus R(1_R-e)$. 所以，由定理 5.5.4 知 $_RR$ 是半单模.

(6)⇒(1). 由假设，$R$ 是直和 $\bigoplus\limits_{i\in I}B_i$，其中每个 $B_i$ 是 $_RR$ 的单子模(i. e. $R$ 的极小左理想). 因此，存在 $I$ 的有限子集 $I_0$(为方便，它里面的元素记为 $1,2,\cdots,k$)使得 $1_R=e_1+e_2+\cdots+e_k(e_i\in B_i)$. 所以，对每个 $r\in R$，有 $r=re_1+re_2+\cdots+re_k\in\bigoplus\limits_{i=1}^{k}B_i$. 于是，$R=\bigoplus\limits_{i=1}^{k}B_i$. 如果 $r\in J(R)$，则由定理 6.2.1(1)知对所有 $i$，有 $rB_i=0$. 所以，$r=r1_R=re_1+re_2+\cdots+re_k=0$. 所以，$J(R)=0$，从而 $R$ 是 Jacodson 半单环. 因为 $B_i$ 是单的，且 $(B_1\oplus\cdots\oplus B_i)/(B_1\oplus\cdots\oplus B_{i-1})\cong B_i$，故序列

$$R=B_1\oplus\cdots\oplus B_k\supset B_1\oplus\cdots\oplus B_{k-1}\supset\cdots\supset B_1\oplus B_2\supset B_1\supset 0$$

是 $R$ 的合成列. 所以，由定理 5.6.4 知环 $R$ 是左阿廷的.

(1)⇒(8). 根据定理6.3.3，可设 $R=\prod\limits_{i=1}^{t}D_i^{n_i\times n_i}$，其中每个 $n_i>0$，$D_i$ 是除环. 对每个固定 $i$ 和每个 $j=1,2,\cdots,n_i$，令 $e_{ij}$ 是 $D_i^{n_i\times n_i}$ 中第 $(i,j)$ 位置为 $1_{D_k}$，其他位置为 0 的矩阵. 于是，$\{e_{i,1},\cdots,e_{i,n_i}\}$ 是 $R_i=D_i^{n_i\times n_i}$ 中的正交幂等元集，其和是单位矩阵. 容易验证每个 $R_ie_{ij}$ 都是 $R_i$ 的极小理想，且 $R_i=R_ie_{i1}\oplus\cdots\oplus R_ie_{in}$. 由于 $R$ 是直积 $R_1\times\cdots\times R_t$，故

$$R_iR_j=0\ (i\neq j),Re_{ij}=R_ie_{ij},$$

且 $Re_{ij}$ 是 $R$ 的极小左理想以及 $\{e_{ij}\mid 1\leqslant i\leqslant t;1\leqslant j\leqslant n_i\}$ 是 $R$ 的正交幂等元集，

其和

$$\sum_{i=1}^{t}\Big(\sum_{j}e_{ij}\Big)=\sum_{i=1}^{t}1_{Ri}=1_R.$$

显然,$R=\sum_{i=1}^{t}\sum_{j=1}^{n_i}Re_{ij}$.

(8)⇒(5). 令 $A$ 是酉 $R$-模. 对每个 $a\in A$ 和 $i$,容易验证 $K_ia$ 是 $A$ 的子模,并且 $a=1_Ra=e_1a+\cdots+e_ma\in K_1a+\cdots+K_ma$. 因此,子模 $K_ia\,(a\in A,1\leqslant i\leqslant m)$ 生成 $A$. 对每个 $a\in A$ 和每个 $i$,由 $k\mapsto ka$ 给出的映射 $f:K_i\to K_ia$ 是 $R$-模满同态. 因为 $K_i$ 是有单位元环的极小左理想,故 $K_i$ 是单 $R$-模. 因此,如果 $K_ia\neq 0$,则由定理 5.3.10知,$f$ 是同构,故$\{K_ia\mid 1\leqslant i\leqslant m,a\in A;K_ia\neq 0\}$是单子模族且其和为 $A$. 所以,由定理 5.5.4 知,$A$ 是半单模.

### 习 题 6.3

1. 设 $R$ 是一个环,证明下列叙述等价:

(1) 对每一族左 $R$-模$\{M_i\mid i\in I\}$,有

$$\mathrm{Soc}\Big(\prod_{i\in I}M_i\Big)=\prod_{i\in I}\mathrm{Soc}(M_i);$$

(2) 每个半单左 $R$-模的直积仍是半单的;

(3) $R/\mathrm{Rad}(R)$是半单的.

2. 证明:一个环 $R$ 同构于一族环$\{R_i\mid i\in I\}$的亚直积当且仅当对每个 $i\in I$,存在 $R$ 的理想 $K_i$ 使得 $R/K_i\cong R_i$,并且$\bigcap_{i\in I}K_i=0$.

3. 证明:交换 Jacobson 左阿廷环是域的直积.

4. 令 $R$ 是一个半单环,设$\{r\in R\mid Rr=0\}=0$. 如果 $M$ 是左 $R$-模使得 $RM=M$,证明:$M$ 是半单的.

5. 设 $M$ 为左阿廷环 $R$ 上左模使得对所有 $m\in M$ 有 $Rm\neq 0$,令 $J=J(R)$. 证明:$JM=0$当且仅当 $M$ 是半单的.

6. 在同构意义下确定阶为 1008 的所有半单环. 它们之间有多少个环是交换的?

## 6.4 局 部 环

我们在 2.4 节讨论分式环时引进了局部环的概念. 现在我们来讨论这样的环,它里面所有非逆元集有特别结构. 为方便,假设 $R\neq 0$.

### 6.4.1 局部环的等价条件

**定理 6.4.1** 令 $A$ 是环 $R$ 的所有非逆元素集,则下列叙述是等价的:

(1) $A$ 是加法封闭的. i. e. $\forall a_1, a_2 \in A, a_1 + a_2 \in A$;

(2) $A$ 是双边理想;

(3) $A$ 是最大的真左理想;

(4) 在 $R$ 中存在最大真左理想;

(5) 对每个 $r \in R$, $r$ 或 $(1-r)$ 是左可逆的;

(6) 对每个 $r \in R$, $r$ 或 $(1-r)$ 是可逆的.

**证明**　"(1)⇒(2)":先证明每个左可逆或右可逆元素是可逆的,不妨设 $b \in R$ 有左逆元 $b'$,即 $b'b=1$.

**情形 1**　$bb' \notin A$,则存在 $b \in R$,使得 $1=sbb'$. 因此

$$b=sbb'b=sb.$$

所以 $bb'=sbb'=1$,此为欲证者.

**情形 2**　$bb' \in A$,则 $1-bb' \notin A$,否则 $1-bb'+bb'=1 \in A$,矛盾. 于是,存在$s \in R$ 使得 $1=s(1-bb')$,则 $b=s(1-bb')b=s(b-bb'b)=s(b-b)=0$,此与 $bb'=1$ 矛盾.

依假设,$A$ 是加法封闭的,故仅需证明:

$$\forall a \in A, \quad \forall r \in R, \quad ra \in A \wedge ar \in A.$$

假设 $ra \notin A$,则存在 $s \in R$ 使得 $sra=1$. 由前面情形(1),令 $b=a, b'=rs$,即有 $b'b=1$,从而 $asr=1$. 此与 $a \in A$ 矛盾 . 对 $ar$ 可类似的证明.

(2)⇒(3). 由于 $A \leqslant_R R_R$,有 $A \leqslant_R R$,由于 $1 \notin A, A \neq R$,令 $B \leqslant R \wedge B \neq R \wedge b \in B$,则 $Rb \leqslant B \leqslant_R R$. 所以 $b$ 没有左逆. 因此,$b \in A$. 所以,$B \leqslant A$.

(3)⇒(4). 显然.

(4)⇒(5). 设 $C$ 是最大真右理想. 令 $r \in R$,假设 $r$ 和 $1-r$ 均不是左可逆的,则

$$Rr \subsetneq_R R \wedge R(1-r) \subsetneq_R R.$$

因此,$Rr \leqslant C \wedge R(1-r) \leqslant C$,所以 $1 \in Rr + R(1-r) \leqslant C \Rightarrow C=R$,矛盾.

"(5)⇒(6)":只证明每个左可逆元素是可逆的就足够了. 令 $b'b=1$.

**情形 1**　$bb'$ 左可逆,则存在 $s \in R$ 使得 $1=sbb'$. 所以 $b=sbb'b=sb$,故 $1=bb'$.

**情形 2**　$1-bb'$ 左可逆,则存在 $s \in R$ 使得 $1=s(1-bb')$. 所以 $b=s(1-bb')b=sb-sbb'b=0$. 此与 $bb'=1$ 矛盾.

(6)⇒(1). 假设对 $a_1, a_2 \in A$, $a_1+a_2$ 是可逆的,则存在 $s \in R$ 使得 $(a_1+a_2)s=1$. 因此,$a_1 s=1-a_2 s$. 由于"(5)⇒(6)"显然成立,可利用每个左可逆元是可逆的事实,就像由"(5)⇒(6)"那样. 所以,由 $a \in A \wedge r \in R$,得 $ra \in A$. 因为若 $ra \notin A$,则 $ra$ 是左可逆的,所以 $a$ 是左可逆的,从而 $a$ 可逆. i. e. $a \notin A$,矛盾. 于是 $sa_1 \in A \wedge sa_2 \in A$. 由(6)及 $sa_2 \in A$ 得 $sa_1 = 1 - sa_2 \notin A$,矛盾.

**注 6.4.1**　如果把定理 6.4.1 中的左换成右,就可得到一组用右理想表述的等价条件,证明也是类似的.

**定义 6.4.1**　满足定理 6.4.1 等价条件的环称为局部环(local ring).

**推论 6.4.1** 令 $R$ 是局部环，$A$ 是 $R$ 的非可逆元素集，则有

(1) $R/A$ 是除环；

(2) 每个左或右可逆元是可逆的；

(3) 局部环的非零满同态像(环同态下)是局部环.

特别地，局部环的每个同构像是局部的.

证明留给读者.

**例 6.4.1** 域 $K$ 上的形式幂级数环是局部环. 因为非可逆元素集恰是那些常数项为 0 的元素，而这些元素的集合对于加法是封闭的.

**例 6.4.2** 交换环 $R$ 对素理想的局部化是局部环(定理 2.4.6 及注 2.4.5).

### 6.4.2 不可分解模

局部环是研究不可分解模的有力工具. 在研究模的直和分解时，局部环也起到重要作用.

**定理 6.4.2** 令 $S=\mathrm{End}({}_RM)$，则下列条件是等价的：

(1) ${}_RM$ 是不可分解的；

(2) $S_S$ 是不可分解的；

(3) ${}_SS$ 是不可分解的；

(4) 0 和 1 是 $S$ 内仅有的幂等元.

**证明** 由命题 6.3.1 知，(2)，(3)，(4)是等价的.

(1)⇒(2). 令 $e\in S$ 是一个幂等元，则有

$$M=e(M)\oplus(1-e)(M).$$

这是因为，$\forall m\in M, m=e(m)(1-e)(M)$，如果假设 $e(m_1)=(1-e)(m_2)$，则由这个方程得

$$e^2(m_1)=e(m_1)=e(1-e)(m_2)=0.$$

由(1)i. e，${}_RM$ 是不可分解的，$e(M)=0$，从而 $e=0$ 或 $(1-e)(M)=0$，从而 $e=1$.

(4)⇒(1). 假设 ${}_RM=A\oplus B$，则 $\eta: a+b\mapsto a\in M$ 是一个自同态且满足 $\eta^2=\eta$. 因此，它是 $S$ 内的一个幂等元. 由假设，有 $\eta=0$ 或 $\eta=1$.

如果 $\eta=0$，则 $A=0$；如果 $\eta=1$，则 $A=M$，亦即 $M$ 是不可分解的.

**推论 6.4.2** 令 $S=\mathrm{End}({}_RM)$ 是局部的，则 ${}_RM$ 是不可分解的.

**证明** 由定理 6.4.2，只要证明 0 和 1 是 $S$ 内仅有的幂等元就够了.

令 $e\in S$ 是幂等的，则 $1-e$ 也是幂等元. 假设 $e\neq 0, e\neq 1$，则也有 $1-e\neq 0$，$1-e\neq 1$. 由于 $e$ 和 $1-e$ 均非可逆，故在 $S$ 是局部环条件下，$1=e+1-e$ 也是不可逆的. 显然这是不可能的.

如果增加一些条件，则它的逆也成立.

**定理 6.4.3**　令${}_RM\neq 0$是有限长度的不可分解模，则 $\mathrm{End}({}_RM)$是局部的，且 $\mathrm{End}({}_RM)$的非可逆元恰恰是幂等元.

**证明**　令 $\varphi\in\mathrm{End}({}_RM)$，则由推论 5.6.4，我们有

$$\exists n\in\mathbb{Z}^+,\quad M=\mathrm{Im}(\varphi^n)\oplus\mathrm{Ker}(\varphi^n).$$

由于 $M$ 是不可分解的，于是 $\mathrm{Ker}(\varphi^n)=0$ 或 $\mathrm{Im}(\varphi^n)=0$.

**情形 1**　$\mathrm{Ker}(\varphi^n)=0\Rightarrow\mathrm{Ker}(\varphi)=0\Rightarrow\varphi$ 是单射，因此，由推论 5.6.4 知 $\varphi$ 是一个自同构，i. e. $\varphi$ 是可逆的.

**情形 2**　$\mathrm{Im}(\varphi^n)=0\Rightarrow\varphi^n=0\Rightarrow 1-\varphi$ 是可逆的.

因此，我们就证明了 $\varphi$ 或 $1-\varphi$ 是可逆的. 根据定理 6.4.2，$\mathrm{End}({}_RM)$是局部的. 如果 $\varphi$ 不可逆，则 $\varphi$ 是幂零的. 反之，如果 $\varphi$ 是幂零的，则 $\varphi$ 是不可逆的.

作为特殊情形，这个定理可推出一个结果，那就是单环的自同态环是除环. 因为单环的唯一幂零自同态就是零映射.

**定理 6.4.4**　设 $M={}_RM$ 是不可分解 $R$-模，$S=\mathrm{End}({}_RM)$，$f:M\to N$，$g:N\to M$ 均为模同态，且 $fg$ 为 $N$ 的自同构，则 $f$ 与 $g$ 均是模同构.

**证明**　取 $fg$ 的逆为 $h$，则 $fgh=1_N$ 为 $B$ 的恒等自同构. 设 $\varphi=gh$，由 $f\varphi=1_N$ 知 $f$ 是满同态.

再令 $\delta=f\in S$，则 $\delta^2=\varphi f\varphi f=\varphi 1_N\cdot f=\varphi f=\delta$，故 $\delta$ 是幂等元，故 $\delta$ 为 0，或为 1(定理 6.4.2). $\delta$ 不能为 0，否则，$1_N=f\varphi f\varphi=f\circ\varphi=0$. 所以，$\delta=\varphi f=1=1_M$. 因此，$f$ 是单同态. 于是，$f$ 是同构. 因 $f$ 与 $fg$ 均为同构. 故 $g$ 也是同构.

### 6.4.3　模的直和分解

**定理 6.4.5**　令${}_RM\neq 0$，则

(1) 令 $M$ 是阿廷或诺特的，则存在 $M$ 的不可分解子模 $M_1,M_2,\cdots,M_n$，使得

$$M=\bigoplus_{i=1}^{n}M_i;$$

(2) 令 $M$ 是有限长的(i. e. 是阿廷的并且是诺特的)，则存在 $M$ 不可分解子模 $M_1,M_2,\cdots,M_n$，使得

$$M=\bigoplus_{i=1}^{n}M_i.$$

这里 $\mathrm{End}(M_i)$的是局部的($i=1,2,\cdots,n$).

**证明**　(1) 令 $M$ 是阿廷的，$\Gamma$ 是 $M$ 的非零直和项 $B$ 的集合. 由于 $M\neq 0$，$M=M\oplus 0$，有 $M\in\Gamma$. 因此，$\Gamma\neq\varnothing$. 令 $B_0$ 是 $\Gamma$ 中的极小元(按集合的包含关系，下同)，则 $B_0$ 是不可分解的. 否则，$B_0$ 将不是 $\Gamma$ 内最小元. 令 $\Lambda$ 是 $M$ 的子模 $C$ 的集合使得存在有限多个不可分解子模，满足

$$M=B_1\oplus B_2\oplus\cdots\oplus B_i\oplus C.$$

由于 $B_0$ 的存在，$\Lambda\neq\varnothing$. 令 $C_0$ 是 $\Lambda$ 内极小元，且

$$M=M_1\oplus M_2\oplus\cdots\oplus M_n\oplus C_0$$

是对应的分解. 因此,我们断言 $C_0=0$. 否则,作为阿廷模的子模 ,$C_0$ 仍是阿廷的. 则由刚开始的讨论,$C_0$ 将会分裂出非零不可分解的直和项. 此与 $C_0$ 的极小性矛盾.

令 $M$ 是诺特的,$\Gamma=\{A\mid A$ 是 $M$ 的直和项且 $A\neq M\}$. 由于 $0\in\Gamma$,故 $\Gamma\neq\varnothing$. 令 $A_0$ 是 $\Gamma$ 内的极大元(按集合的包含关系). 假设有 $M=A_0+B_0$. 由 $A_0$ 的极大性,$B_0$ 是不可分解的. 由于 $A_0\neq M$,有 $B_0\neq 0$. 令 $\Lambda$ 是 $M$ 的具有这样性质的子模集:第一,这些子模是 $M$ 的直和项;第二,这些子模是有限多个不可分解子模的直和.

由于 $\{0\}\in\Lambda$,故 $\Lambda\neq\varnothing$. 令

$$B_1+B_2+\cdots+B_k=B_1\oplus\cdots\oplus B_k$$

是 $\Lambda$ 内的极大元. 进一步地,令

$$M=B_1\oplus B_2\oplus\cdots\oplus B_k\oplus C_0.$$

假设 $C_0\neq 0$,则由前面的讨论,诺特模 $C_0$ 一定含有非 0 的不可分解的直和项. 这与 $B_1\oplus B_2\oplus\cdots\oplus B_k$ 的极大性相矛盾. 因此,$C_0=0$.

(2)中的结论由(1)及定理 6.4.3 可得证.

现在来研究重要的克鲁尔-雷马克-施密特定理(Krull-Remak-Schmidt theorem).

**定理 6.4.6** 令 ${}_RM=\bigoplus_{i\in I}M_i$ 与 ${}_RM=\bigoplus_{j\in J}N_j$,此处的 $\mathrm{End}(M_i)$ 是局部的($\forall i\in I$),而 $N_j\neq 0$ 是不可分解的($\forall j\in J$),则存在双射 $\beta: I\to J$ 且 $\forall i\in I, M_i\cong N_{\beta(i)}$.

现在分步进行证明,叙述成引理的形式.

**引理 6.4.1** 令 $M=\bigoplus_{i\in I}M_i$,这里 $\mathrm{End}(M_i)$ 是局部的($\forall i\in I$). 设 $\sigma,\tau\in\mathrm{End}[M]$ 且满足 $1_M=\sigma+\tau$,则对每个 $j\in I$,存在子模 $U_j\leqslant M$ 和一个同构 $\varphi_j: M_j\to U_j$ 且 $\varphi_j$ 是由 $\sigma$ 或 $\tau$ 诱导出来的(i. e. $\varphi_j(x)=\sigma(x)$)成立,$\forall x\in M_j$;或者 $\varphi_j(x)=\tau(x)$ 成立,使得 $M=U_j\oplus\left(\bigoplus_{i\in I,i\neq j}M_i\right)$.

**证明** 令 $\pi_j: M\to M_j$ 是投影映射,$l_j: M_j\to M$ 是包含映射($\forall j\in I$).

由 $1_M=\sigma+\tau$ 得 $1|_{M_j}=\pi_j1_Ml_j=\pi_j\sigma l_j+\pi_j\tau l_j$. 由于在局部环 $\mathrm{End}(M_j)$ 内,非可逆元构成一个理想,而 $1_{M_j}$ 可逆,故 $\pi_j\sigma l_j$ 与 $\pi_j\tau l_j$ 至少有一个是可逆的,i. e. 是 $M_j$ 的同构.

不妨设 $\pi_j\sigma l_j$ 是一个自同构,则定义

$U_j=\sigma l_j(M_j)=\sigma(M_j)$;

$\varphi_j: M_j\ni x\mapsto\sigma(x)\in U_j$;

$l'_j: U_j\ni y\mapsto y\in M$.

因此,$\varphi_j$ 是满同态,对 $x\in M_j$,则有

$$l'_j\varphi_j(x)=\varphi_j(x)=\sigma(x)=\sigma l_j(x)\Rightarrow l'_j\varphi_j=\sigma l_j\Rightarrow\pi_jl'_j\varphi_j=\pi_j\sigma l_j.$$

所以,有下面的交换图,如图 6.4.1 所示.

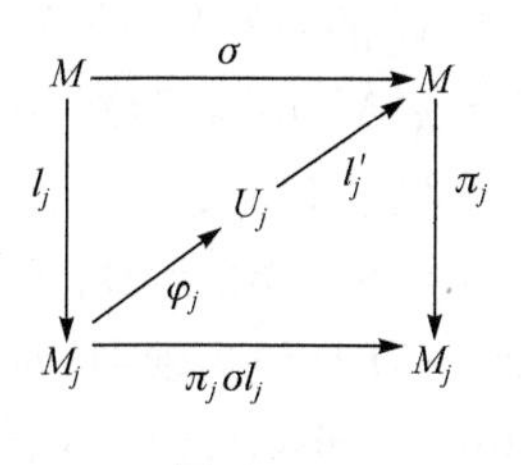


图 6.4.1

由于 $\pi_j\sigma l_j$ 是自同构，故由下三角的交换性及推论 5.3.3 和推论 5.3.4 可得

$$M=\mathrm{Im}(l_j'\varphi_j)\oplus\mathrm{Ker}(\pi_j)=U_j\oplus\Big(\bigoplus_{i\in I,i\neq j}\Big)M_i.$$

**引理 6.4.2**　假设条件同引理 6.4.1，进一步令$E=\{i_1,\cdots,i_t\}\subset I$，则存在子模 $C_{i_j}\leqslant M,j=1,2,\cdots,t$ 和同构 $\gamma_{i_j}:M_{i_j}\to C_{i_j}$，而 $\gamma_{i_j}$ 是由 $\gamma$ 或 $\sigma$ 诱导出的，从而有

$$M=C_{i_1}\oplus\cdots\oplus C_{i_t}\oplus\Big(\bigoplus_{i\in I,i\notin E}M_i\Big).$$

**证明**　利用引理 6.4.1，可相继地确定出 $C_{i_j}$，对引理 6.4.1 中的 $i_1=j$，令 $C_{i_j}=U_{i_1}$. 于是，有 $M=C_{i_1}\oplus\Big(\bigoplus_{i\in I,i\neq i_1}M_i\Big)$. 由于 $M_{i_1}\cong C_{i_1}$，故 $\mathrm{End}(C_{i_1})$也是局部的. 在这个分解中，利用引理 6.4.1 交换 $M_{i_2}$，则相应地有 $C_{i_2}$，注意，这里的 $C_{i_2}$ 不一定等于 $U_{i_2}$. 这是因为现在的分解是 $M$ 上的另一个分解，$t$ 步后(如用归纳法)就得到了所要的结果.

**引理 6.4.3**　令 $M=\bigoplus_{i\in I}M_i$，此处 $\mathrm{End}(M_i)$是局部的($\forall\, i\in I$). 令 $M=A\oplus B$，此处 $A\neq 0$ 且是不可分解的，$\pi':M\to A$ 是相应的投影映射，则存在一个 $k\in I$ 使得 $\pi'$ 诱导出 $M_k$ 到 $A$ 上的同构，并且 $M=M_k\oplus B$ 成立.

**证明**　令 $l:A\to M$ 是一个包含映射，$\pi=l\pi'$. 由于 $1_M=\pi+(1_M-\pi)$，令 $\sigma=\pi,\tau=1-\pi$. 由引理 6.4.1，因为 $A\neq 0$，故存在 $0\neq a\in A$ 使得 $\pi(a)=a$. 于是，$(1_M-\pi)(a)=0$.

令 $a=\sum_{j=1}^{t}m_{i_j}$ (这里 $0\neq m_{i_j}\in m_{i_j},i_j\in I$) 是 $a$ 在 $M=\bigoplus_{i\in I}M_i$ 里的唯一表示. 在引理6.4.2的意义下，令模 $C_{i_j}$ 和同构 $\gamma_{i_j}$ 是确定好了的，假设 $\gamma_{i_j}$ 全是由 $1_M-\pi$ 诱导出来的，则有

$$0=(1_M-\pi)(a)=\sum_{j=1}^{t}(1_M-\pi)(m_{i_j}),$$

且 $(1_M-\pi)(m_{i_j})=\gamma_{i_j}(m_{i_j})\in C_{i_j}$. 由于 $C_{i_j}$ 的和是直和，这就蕴涵着 $\gamma_{i_j}(m_{i_j})=0$. 因此，$m_{i_j}=0$，从而 $a=0$，矛盾. 所以，至少有一个 $i_j$ 使得 $\gamma_{i_j}$ 是由 $\pi$ 诱导出的，记为 $k$，则

$$\gamma_k:M_k\ni x\mapsto\pi(x)\in C_k$$

是同构的. 又由引理 6.4.2,$C_k$ 是 $M$ 的直和项. 令 $M=C_k\oplus L$,进一步地,我们有

$$C_k=\pi(M_k)\leqslant\pi(M)=A.$$

于是,$A=M\cap A=(C_k\oplus L)\cap A=C_k\oplus(L\cap A)$.

由于 $A$ 是不可分解的,故 $C_k\neq 0$(因 $M_k\neq 0$),于是就推得 $A=C_k$.

由交换图 6.4.2(其中 $l:M_k\to M$ 是包含映射)及定理 5.3.7 的推论知

$$M=\mathrm{Im}(l)\oplus\mathrm{Ker}(\pi')=M_k\oplus B.$$

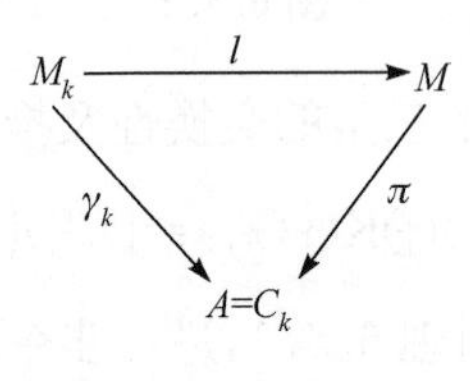


图 6.4.2

**定理 6.4.6 的证明** 由引理 6.4.3,取 $A=N_j$,每个 $N_j$ 同构于 $M_{i_j}$. 因此,$\mathrm{End}(N_j)$是局部的,从而假设是对称的. 今在 $I$ 和 $J$ 中引入等价关系,事实上,令

$$i_1\sim i_2:\Leftrightarrow M_{i_1}\cong M_{i_2}\ (i_1,i_2\in I);$$

$$j_1\sim j_2:\Leftrightarrow N_{j_1}\cong N_{j_2}\ (j_1,j_2\in J).$$

对 $i\in I$,设 $\bar{i}$ 是由 $i$ 确定的等价类. 令 $\bar{I}$ 是所有等价类集,对 $J$ 也有类似的记号.

令 $\Phi:\bar{I}\to\bar{J}$ 定义为 $\Phi(\bar{i})=\bar{j}$,如果 $M_i\cong N_j$. 我们断言 $\Phi$ 是一个双射. 由引理 6.4.3,取 $A=M_i$,$M=\oplus N_j$,存在 $j\in J$ 使得 $N_j\cong M_i$. 由于同构是一个等价关系,$\Phi$ 不依赖于代表元的选取,亦即 $\Phi$ 是一个映射.

$\Phi$ 是单射. 因为由 $\Phi(\overline{i_1})=\overline{j_1}=\overline{j_2}=\Phi(\overline{i_2})$ 得 $M_{i_1}\cong N_{j_1}\cong N_{j_2}\cong M_{i_2}$. 因此,$\overline{i_1}=\overline{i_2}$. 由引理 6.4.3,$\Phi$ 也是满射($A=N_j$).

剩下的要证明,对每个 $i\in I$,$\exists$ 双射 $\beta_i:i\to\Phi(i)$,则 $\beta:i\in I\to\beta_i\in J$ 就是所要的双射且 $M_i\cong N_{\beta(i)}$,由定理 1.1.7(Bernstein 定理)只要证明存在单射 $\bar{i}\to\Phi(i)$ 和单射 $\Phi(i)\to\bar{i}$ 就够了.

由于假设是对称的,故只要证明一方面的单射,如 $\Phi(i)\to\bar{i}$.

**情形 1** $\bar{i}$ 是有限的,不妨设 $\bar{i}$ 中元的个数为 $t$,进一步地,令 $E=\{i_1,\cdots,j_s\}\subset\Phi(i)$,由引理 6.4.3(取 $A=N_{j_l}$),存在 $M_{i_1}$ 使 $M_{i_1}\cong N_{j_1}$,亦即

$$i_1\in\bar{i}\ 和\ M=M_{i1}\oplus\Big(\bigoplus_{j\in J,j\neq j_1,j\neq j_2}N_j\Big).$$

由引理 6.4.3,取

$$A=N_{j_1}\quad 与\quad B=M_{i_1}\oplus\Big(\bigoplus_{j\in J,j\neq j_1,j\neq j_2}N_j\Big),$$

则存在一个 $M_{i_2}$,使 $M_{i_2}\cong N_{j_2}$,亦即

$$i_2\in\bar{i}\quad 和\quad M=M_{i_1}\oplus M_{i_2}\oplus\Big(\bigoplus_{j\in J,j\neq j_1,j\neq j_2}N_j\Big).$$

因此,我们相继得到

$$M=M_{i_1}\oplus\cdots\oplus M_{i_s}\oplus\Big(\bigoplus_{j\in J,j\notin E}N_j\Big)\wedge M_{i_1}\cong N_{j_1}\ (1=1,2,\cdots,s).$$

因为这个和是直和,所以 $M_{i_1},\cdots,M_{i_s}$ 是两两不同的. 因此有 $s\leqslant t$. 所以,$\Phi(i)$的元个数不大于 $t$,从而结论得证.

**情形 2**　$\bar{i}$ 是无限的,设 $\pi_j':M\to N_j$ 是投影映射. 对 $k\in I$,令

$$E(k)=\{j\mid j\in I\wedge\pi_j'\text{诱导出 }M_k\text{ 到 }N_j\text{ 上的同构}\}.$$

断言:对所有的 $k\in I$,$E(k)$是有限的.

令 $0\neq m\in M_k\wedge m=\sum_{i=1}^{t}n_{j_1}$. 若使 $\pi_j'$诱导出同构,就必须有 $\pi_j'(m)\neq 0$,即 $j\in\{j_1,\cdots,j_s\}$,从而 $E(k)$ 是有限的.

我们断言:

$$\Phi(i)=\bigcup_{k\in I}E(k)$$

$$\Phi(i)\supset\bigcup_{k\in\bar{i}}E(k):\text{令 }k\in\bar{i},j\in E(k).$$

$$\left.\begin{array}{l}k\in\bar{i}\Rightarrow M_k\cong M_i,\\ j\in E(k)\Rightarrow M_k\cong M_j\end{array}\right\}\Rightarrow M_i\cong N_j\Rightarrow j\in\Phi(i).$$

$$\Phi(i)\subset\bigcup_{k\in\bar{i}}E(k):j\in\Phi(i)\Rightarrow M_i\cong N_j.$$

由引理 6.4.3,$\exists k\in I$ 使得$\pi_j'$诱导出 $M_k$ 到 $N_j$ 上的同构. 于是,

$$M_i\cong N_j\Rightarrow M_k\cong M_i\Rightarrow k\in\bar{i}\wedge j\in E(k).$$

令$\mathring{\bigcup}_{k\in\bar{i}}E(k)$是 $E(k)$的不相交并,则存在一个单射 $\Phi(i)=\mathring{\bigcup}_{k\in\bar{i}}E(k)\to\bigcup_{K\in\bar{i}}E(k)$. 由于每个 $E(k)$是有限的,故对每个 $E(k)$,存在到自然数集合$\mathbb{N}$ 内的一个单射. 所以,存在单射

$$\mathring{\bigcup_{K\in\bar{i}}}E(k)\to\bar{i}\times\mathbb{N}.$$

由于 $\bar{i}$ 是无限的,根据定理 1.1.14,存在 $\bar{i}\times\mathbb{N}\to\bar{i}$ 的双射. 于是,所有的单射合在一起就产生了 $\Phi(\bar{i})\to\bar{i}$ 的单射. 故得证克鲁尔-雷马克-施密特定理.

**推论 6.4.3**　令模 $M=\bigoplus M_i$,此处 $\mathrm{End}(M_i)$对所有的 $i$ 是局部的,令模 $N=\bigoplus_{j\in J}N_i$,此处 $N_j$ 是不可分解的,对所有的 $j$,$N_j\neq 0$ 且 $M\cong N$,则存在一个双射 $\beta$: $I\to J$ 使得$M_i\cong N_{\beta(i)}$,$\forall i\in I$.

**证明**　令 $\sigma:N\to M$ 是一个同构,则有

$$M=\bigoplus_{j\in J}\sigma(N_j).$$

式中 $\sigma(N_j)$是不可分解的. 由定理 6.4.6($M=\bigoplus\sigma(N_j)$代替了 $M=\bigoplus N_j$)可知:对$\forall i\in I$ 有 $M_i\cong\sigma(N_{\beta(i)})\cong N_{\beta(i)}$.

**推论 6.4.4**　若诺特环上的内射模或有限长度的模分解为不可分解子模的直

和,则这个分解在克鲁尔-雷马克-施密特定理的意义下是唯一的.

**证明** 定理 6.4.5 与由定理 6.4.6 即得证.

### 习 题 6.4

1. 设 $f:R\to S$ 是环满同态,且 $S$ 是非零环,证明:如果 $R$ 是局部环,$I$ 是 $R$ 的非可逆元理想,则 $f(I)$ 是 $S$ 的非可逆元理想. 所以,局部环的每个非零同态像是局部的.

2. 设 $R$ 是局部环,证明下列命题对左 $R$-模 $M$ 是等价的:

(1) $M$ 的子模集按包含关系是全序集;

(2) $M$ 的循环子模集按包含关系是全序集;

(3) $M$ 的每个有限生成子模是循环的;

(4) $M$ 的任意两个元生成的子模是循环的.

3. 设 $R$ 是环,$M$ 为左 $R$-模,令 $M^n = M^{\{1,2,\cdots,n\}} = \coprod_{i=1}^{n} A_i$,其中 $A_i = M$,这里 $i = 1,2,\cdots,n$,如果模${}_RA = \bigoplus_{i\in I}A_i$,模${}_RB = \bigoplus_{j\in J}B_j$. 这里对任 $i\in I$,$\mathrm{End}(A_i)$ 是局部的,对任 $j\in J$,$B_j$ 是不可分解的,证明:

(1) 令 $n\in\mathbb{N}$,如果 $A^n\cong B^n$,则 $A\cong B$;

(2) 令 $I$ 是有限的,且设 $S$ 与 $T$ 是非空集,如果 $A^{(S)}\cong A^{(T)}$,则 $|S|=|T|$,即 $S$ 与 $T$ 的基数是相同的.

4. 证明:有单位元的交换环 $R$ 是局部的当且仅当对所有 $r,s\in R$,$r+s=1_R$ 蕴涵着 $r$ 为单位或者 $s$ 为单位.

5. 设 $R$ 是有单位元的交换环,$M$ 是 $R$ 的极大理想,$n$ 为正整数,证明:环 $R/M^n$ 有唯一的素理想,从而是局部环.

6. 设 $R$ 是有单位元的交换环,证明下列命题等价:

(1) $R$ 有唯一的素理想;

(2) $R$ 的每个非单位的元素是幂零的;

(3) $R$ 有包含所有零因子的极小素理想,且 $R$ 的所有非单位的元素是零因子.

## 6.5 阿廷环与诺特环

本节讨论阿廷环与诺特环的特征. 这些特征对于阿廷环与诺特环上的模论研究具有重要意义. 同时,以模为工具对环进行刻画也是现代环论研究的一个有力工具和常用手段.

### 6.5.1 诺特环

**定理 6.5.1** 下列叙述对环 $R$ 是等价的:

(1) ${}_RR$ 是诺特的；

(2) 内射左 $R$-模的每个直和是内射的；

(3) 单左 $R$-模的内射包的每个可数直和是内射的.

**证明**　(1)⇒(2). 令 $Q=\bigoplus_{i\in I}Q_i$ 是内射左 $R$-模的内直或外直和. 由 5.7 节的贝尔判别准则，证明 $Q$ 的内射性只要证明这样的事实成立就行了.

对${}_RR$ 的每个左理想 $U$ 和每个同态 $\rho:U\to Q$，存在同态 $\tau:R\to Q$，使得 $\rho=\tau i$，这里的 $i$ 是包含映射.

由于${}_RR$ 是诺特的，故 $U$ 是有限生成的，即

$$U=\sum_{i=1}^{n}Ru_i.$$

像 $\rho(u_i)(i=1,2,\cdots,n)$ 仅对有限多个 $Q_i$ 不为 0，不妨设对 $Q_i(i\in I_0, I_0$ 是 $I$ 的有限子集).

令

$$i_0:\bigoplus_{i\in I_0}Q_i\to\bigoplus_{i\in I}Q_i$$

是包含映射，$\rho_0$ 是由 $\rho$ 的像域到 $\bigoplus_{i\in I_0}Q_i$ 的限制而诱导的映射，则有 $\rho=i_0\rho_0$.

由于 $I_0$ 是有限的，$\bigoplus_{i\in I}Q_i$ 是内射的，故存在同态 $\tau_0$，使得图 6.5.1 交换

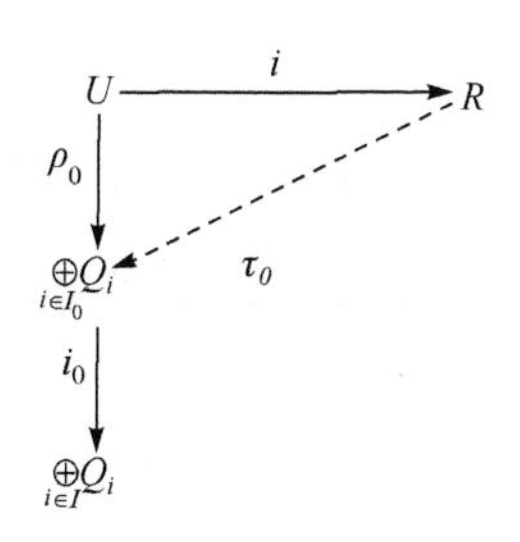


图 6.5.1

因此有 $\rho=i_0\rho_0=i_0\tau_0 i=\tau_i$，其中 $\tau=i_0\tau_0$.

(2)⇒(3)：(3)是(2)的特殊情形.

(3)⇒(1)：反证法. 假设${}_RR$ 不是诺特的，则 $R$ 存在左理想真升链

$$A=A_1\subsetneq A_2\subsetneq A_3\subsetneq\cdots,$$

则 $A=\bigcup_{i=1}^{\infty}A_i$ 也是 $R$ 的左理想. 对每个 $a\in A$，存在 $n_a\in\mathbb{Z}^+$，当 $n\geqslant n_a$，$a\in A_i$. 对每个 $i=1,2,\cdots$，令 $c_i\in A$，$c_i\notin A_i$. 在循环模 $Rc_i+A_i/A_i$ 中，由定理 5.2.1，存在极大子模 $N_i/A_i$. 于是

$$E_i=(Rc_i+A_i)/A_i/N_i/A_i$$

是单左 $R$-模. 设 $\gamma_i:Rc_i+A_i/A_i\to E_i$ 是自然满同态，$I(E_i)$是 $E_i$ 的内射包，不妨设

$E_i \leqslant I(E_i)$，令 $i: E_i \to I(E_i)$ 是包含映射，则存在如下的交换图，如图 6.5.2 所示.

此处 $l_i$ 是对应的包含映射. 因此有 $\eta_i(\overline{c_i}) = l_i\gamma_i(\overline{c_i}) \neq 0$(对 $i = 1,2,3,\cdots$).

今定义 $\alpha: A \ni a \mapsto \sum\limits_{i=1}^{n_a} \eta_i(a + A_i) \in \bigoplus\limits_{i=1}^{\infty} I(E_i)$. 其中 $\eta_i(a+A_i)$ 是 $\alpha(a)$ 的第 $i$ 个分量. 由于 $a \in A_i, i \geqslant n_a$，故 $\alpha(a)$ 事实上位于一个直和内. 作为外部直和，令 $\alpha(a) = \eta_i(a + A_i)$. 由假设，$\bigoplus\limits_{i=1}^{\infty} I(E_i)$ 是内射的，故存在 $\beta$ 使得图 6.5.3 是交换的，其中 $i: A \to R$ 为包含映射. 令 $b_i$ 是 $\beta(1)$ 在 $\bigoplus I(E_i)$ 内的第 $i$ 个分量，则存在 $n \in \mathbb{Z}^+$，当 $i \geqslant n$ 时，$b_i = 0$. 由于 $\alpha(a) = \beta(a) = \beta(1)a, a \in A$，故 $\eta_i(a+A_i) = ab_i$. 因此，对 $i \geqslant n, \forall a \in A, \eta_i(a+A_i) = 0$. 但由 $\eta_n$ 的定义，$\eta_n(c_n + A_n) \neq 0$. 矛盾！所以，假设不成立，${}_RR$ 是诺特的.

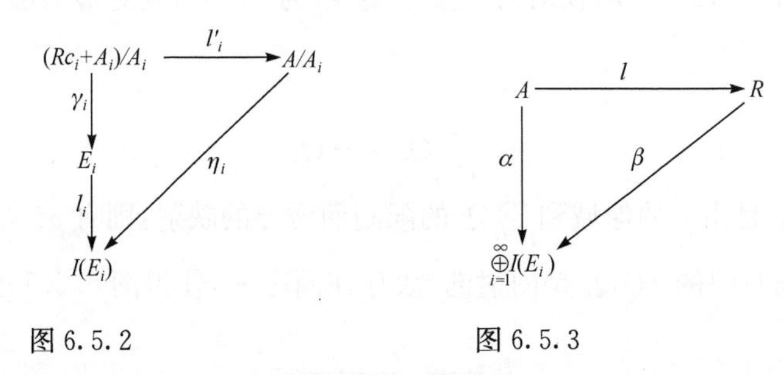


图 6.5.2　　　　图 6.5.3

**推论 6.5.1**　设 ${}_RR$ 是诺特的，$\{M_i \mid i \in I\}$ 是一族左 $R$-模，如果 $\eta_i: M_i \to I(M_i)$ 是 $M_i$ 的内射包，则 $\bigoplus \eta_i: \bigoplus\limits_{i=1}^{n} M_i \to \bigoplus\limits_{i=1}^{n} I(M_i)$ 是 $\bigoplus\limits_{i=1}^{n} M_i$ 的内射包.

证明留作练习.

### 6.5.2　诺特环和阿廷环上的内射模

**定义 6.5.1**　(1) 模 $M = {}_RM$ 称为直和分解的(或不可分解的)$\Leftrightarrow {}_RM$ 或存在异于 0 与 $M$ 的直和加项(或 ${}_RM \neq 0$ 且不存在异于 0 和 $M$ 的真和加项)；

(2) 令 $U \leqslant_R M$ 且 $U \neq M$，$M$ 称为 $U$ 上不可约(交不可约)的$\Leftrightarrow$对任意子模 $A$，$B \leqslant_R M$，且 $A \subsetneq_R U, B \subsetneq U$，有 $U \neq A \cap B$；

(3) $M$ 叫做不可约的(交不可约)$\Leftrightarrow M$ 是在 0 上不可约的.

模论的基本问题之一就是关于模分解为子模的直和. 如果分解式里的子模均不可分解，则这种分解的极大可能显然就得到了. 所以，我们就有如下三个问题：

(1) 在何种假设下，一个模可以分解为不可分解子模的直和？

(2) 这样的分解(若存在)是唯一确定的吗？

(3) 不可分解模具有什么样的性质？

这里就诺特环和阿廷环上的内射模回答了问题(1)与(3)，问题(2)的解答在

6.4 节由克鲁尔-雷马克-施密特定理给出.

首先从任意环上不可分解的内射模入手.

**定理 6.5.2**　令 ${}_RQ$ 是内射的, ${}_RQ\neq 0$, 则下列叙述是等价的:

(1) $Q$ 是不可分解的;

(2) $Q$ 是每个非零子模的内射包;

(3) $Q$ 的每个非零子模是不可约的;

(4) $Q$ 是不可约子模的内射包.

**证明**　(1)⇒(2). 令 $U\leqslant Q, U\neq 0, I(U)\leqslant Q$ 是 $U$ 的内射包. 由于 $U\neq 0$, 也有 $I(U)\neq 0$. 由于作为内射模是 $Q$ 的直和项, 因此, $I(U)=Q$.

(2)⇒(3). 令 $M\leqslant Q, A, B\leqslant M, A\neq 0, B\neq 0$. 由于 $Q$ 是 $A$ 的内射包, 故 $A$ 为 $Q$ 的大子模. 于是 $A\cap B\neq 0$.

(3)⇒(4). 可取 $Q$ 作为不可约子模.

(4)⇒(1). 令 $Q$ 是 $Q$ 的不可约子模 $M\neq 0$ 的内射包. 假设 $Q=A\oplus B, A\neq 0$, $B\neq 0$. 由于 $M$ 是 $Q$ 的大子模, 故 $M\cap A\neq 0, M\cap B\neq 0$. 又由于 $M$ 是不可约的, 因此 $(M\cap A)\cap(M\cap B)\neq 0$. 这与 $A\cap B=0$ 矛盾, 所以 $Q$ 是不可分解的.

**推论 6.5.2**　设 $R$ 为环, 我们有

(1) 单 $R$-模的内射包是不可分解的;

(2) 不可分解的内射模 $Q$ 至多含有一个单子模;

(3) 如果 ${}_RR$ 是阿廷的, 则每个不可分解的内射模 ${}_RQ$ 是单 $R$-模的内射包.

**证明**　(1)每个单模是不可约的.

(2) 令 $E$ 与 $E_1$ 是 $Q$ 的单子模, 由于 $E$ 是 $Q$ 的大子模, $E\cap E_1\neq 0$, 所以, $E=E\cap E_1=E_1$.

(3) 设 $0\neq q\in Q$, 由定理 5.6.4 知 $Rq$ 是阿廷的. 因此, $Rq$ 内存在单子模 $E$. 由定理 6.5.2, $Q$ 是 $E$ 的内射包.

**命题 6.5.1**　如果 ${}_RR$ 是诺特的, 则每个内射模 ${}_RQ$ 是不可分解子模的直和. 而且, 如果 ${}_RR$ 是阿廷的, 则每个不可分解直和项是某个单 $R$-模的内射包.

为证命题 6.5.1, 我们需要两个有趣的引理.

**引理 6.5.1**　令 $\Gamma$ 是模 ${}_RM$ 的子模集, 则在满足

$$\sum_{U\in\Lambda}U=\bigoplus_{U\in\Lambda}U$$

的所有子集 $\Lambda$ 中, 存在一个极大子集 $\Lambda_0$.

**证明**　利用 Zorn 引理来证明. 令

$$G=\left\{\Lambda \mid \Lambda\subset\Gamma \text{ 并且} \sum_{U\in\Lambda}U=\bigoplus_{U\in\Lambda}U \text{ 被满足}\right\},$$

则 $G$ 在集合包含关系下构成偏序集. 因为 $\varnothing\in G$, 故 $G\neq\varnothing\left(\text{因为 } 0=\sum_{\varnothing\in U}U=\bigoplus_{U\in\varnothing}U\right)$.

令 $H$ 是 $G$ 的全序子集. 设 $\Omega=\bigcup_{\Lambda\in H}\Lambda$, 则 $\Omega\subseteq\Gamma$. 因而断言: $\Omega\in G$, i. e. $\Omega$ 满足条件 $\sum_{U\in\Omega}U=\bigoplus_{U\in\Omega}U$. 假设不是这样, 则 $\Omega$ 的子模的和将不是直和. 因此在 $\Omega$ 中存在有限多个子模, 其和不是直和, 但 $\Omega$ 的有限多个子模必落于某个 $\Lambda\in H$ 内(因 $H$ 全序集), 所以它们的和是直和, 矛盾. 因此, 由 Zorn 引理, $G$ 内存在一个极大元 $\Lambda_0$.

**推论 6.5.3** (1)对每个模$_RM$, 存在一个不可分解的内射子模集的极大集, 其和是直和;

(2) 对每个模$_RM$ 存在单子模的和是直和的极大单子集.

**证明** 在(1) 的情形, 若令 $\Gamma$ 为不可分解的内射子模的集合; 在(2) 的情形, 若令 $\Gamma$ 为单子模的集合, 则结论立刻得证.

**引理 6.5.2** 如果$_RR$ 是诺特的, 则每个模$_RM\neq 0$ 含有一个非零不可约子模.

**证明** 证明 $M$ 的每个非零有限生成子模 $B$ 都含有一个非零不可约子模. 由推论 5.6.2(2)和 $B$ 是诺特的. 令 $\{X\mid X\leqslant B\wedge X\neq B$ 是 $B$ 内的交补$\}$ 是 $B$ 的真子模集, 且里面的每个元素是 $B$ 的子模在 $B$ 内的交补. 这个集合非空, 因为 0 是 $B$ 的交补. 由于 $B$ 是诺特的, 故在这个集中存在一个极大元 $X_0$. 令 $X_0$ 是 $B$ 的子模 $U_0$ 的交补. 显然, $U_0\neq 0$. 我们断言: $U_0$ 的每个非零子模 $C$ 都是 $U_0$ 的大子模. 因此, $U_0$ 是不可约的. 假设对 $L\leqslant U_0$, 有 $C\cap L=0$, 则有 $C\cap(X_0+L)=0$. 由 $X_0$ 的极大性和 $C\neq 0(C'\neq B)$ 知 $X_0+L_0=X_0$, 故 $L\leqslant X_0$. 所以, $L\leqslant U_0\cap X_0=0$. 于是, $C\cap L=0\Rightarrow L=0$, 亦即 $C$ 是 $U_0$ 的大子模.

**命题 6.5.1 的证明** 考虑 $Q$ 的其和为直和的不可分解内射子模集的极大集. 令这个直和是 $Q_0=\bigoplus_{i\in I}Q_i$. 因为所有的 $Q_i$ 是内射的, 由定理 6.5.1 知, $Q_0$ 是内射的. 因此, $Q_0$ 是 $Q$ 的直和项:

$$Q=Q_0\oplus Q_1.$$

假设 $Q_1\neq 0$, 则 $Q_1$ 含有非零不可约模. 令 $I(M)$ 是 $M$ 在 $Q_1$ 里的内射包, 则 $I(M)$ 是 $Q_1$ 的直和项, 即有 $Q_1=I(M)\oplus Q_2$. 由定理 6.5.1, $I(M)$ 是不可分解的. 由于 $Q_0\oplus I(M)$ 也是 $Q$ 的不可分解的内射子模的直和, 故 $Q_0=\bigoplus_{i\in I}Q_i$ 不是极大的. 这个矛盾意味着 $Q=Q_0=\bigoplus_{i\in I}Q_i$, 成立.

如果$_RR$ 不仅是诺特的而且是阿廷的, 则由推论 6.5.1(3), 所有的 $Q_i\neq 0$ 都是单子模的内射包.

### 6.5.3 阿廷环和诺特环的刻画

**定理 6.5.3** 令 $R/\mathrm{Rad}(R)$ 是半单的, 且 $\mathrm{Rad}(R)$ 是幂零的, 则对模$_RM$, 下列是等价的:

(1) $_RM$ 是阿廷的;

(2) ${}_RM$ 是诺特的；

(3) ${}_RM$ 是有限长的.

类似地，可写出右 $R$-模的等价叙述.

**证明**　由于(1)和(2)等价于(3)，故只证(1)和(2)等价就够了. 置 $U=\mathrm{Rad}(R)$，则定义 $e(M)=\mathrm{Min}\{i \mid i\in\mathbb{Z}^+ \wedge MU^i=0\}$. 由于存在 $n\in\mathbb{N}$，使 $U^n=0$，故 $e(M)$存在. 因此 $MU^n=0$. 对 $e(M)$利用归纳法对所有的模${}_RM\neq 0$ 进行证明.

对 $e(M)=1$, i. e. $MU=0$，则置 $m(r+U)=mr, r\in R, m\in M$, $M$ 构成了 $\overline{R}=R/U$-模，而且 $M$ 的 $R$-子模与 $\overline{R}$-子模相吻合. 由于 $\overline{R}$ 是半单的，故 $M$ 是半单的(推论 6.3.1). 于是，再由定理 5.6.7，(1)与(2)是等价的.

假设当 $e(M)\leqslant k$ 时，对所有的 $M$，结论成立. 假设 $e(M)=k+1$，则 $e(MU^k)=1$. 由于$(M/MU^k)U^k=0$，进一步有 $e(M/MU^k)\leqslant k$.

令 $M$ 是阿廷的或诺特的，则由定理 5.6.4，$MU^k$ 和 $M/MU^k$ 均是阿廷或诺特的. 由归纳假设，二者均是诺特或阿廷的. 再由定理 5.6.4 知，$M$ 是诺特的或阿廷的.

**推论 6.5.4**　(1) 令${}_RR$ 是阿廷的，${}_RM$ 是阿廷的或诺特的，则${}_RM$ 也是诺特的或阿廷的；

(2) 如果${}_RM$ 是阿廷的，则${}_RR$ 是诺特的；

(3) 如果${}_RR$ 是阿廷的，$R_R$ 是诺特的，则 $R_R$ 是阿廷的.

请读者自己完成证明.

下列定理是关于阿廷环和诺特环的刻画，是本节最重要的定理.

**定理 6.5.4**　(1) 下列条件是等价的：

(a) ${}_RR$ 是诺特的；

(b) 每个内射模${}_RQ$ 是不可分解(内射)子模的直和.

(2) 下列条件是等价的：

(a) ${}_RR$ 是阿廷的；

(b) 每个内射模${}_RQ$ 是单 $R$-模内射包的直和.

**证明**　在命题 6.5.1 中，证明了“a⇒b”，由此和推论 6.5.4 仅假设(2)中的${}_RR$ 是阿廷的就够了.

(1) “b⇒a”：只证定理 6.5.1 的条件(3)成立即可.

令 $M=\bigoplus\limits_{i=1}^{\infty}Q_i$ 是单 $R$-模 $E_i\leqslant Q_i$ 的内射包 $Q_i$ 的直和. 设 $I(M)$是 $M$ 的内射包，可证明 $M=I(M)$. 由于 $M$ 是 $I(M)$的大子模，有 $\mathrm{Soc}(M)=\mathrm{Soc}(I(M))$. 进一步有

$$\mathrm{Soc}(M)=\bigoplus_{i=1}^{\infty}\mathrm{Soc}Q_i=\bigoplus_{i=1}^{\infty}E_i.$$

现在利用假设 $I(M)=\bigoplus\limits_{j\in I}D_j$，此处 $D_j$ 是不可分解的内射模. 令

$$J_1=\{j \mid j\in J\wedge \mathrm{Soc}(D_j)\neq 0\},$$

则有

$$\mathrm{Soc}(I(M))=\bigoplus_{j\in J_1}\mathrm{Soc}(D_j).$$

如果 $\mathrm{Soc}(D_j)\neq 0$，由推论 6.5.1，$F_j=\mathrm{Soc}(D_j)$ 是单的，$D_j$ 是 $F_j$ 的内射包. 因此，

$$\mathrm{Soc}(I(M))=\bigoplus_{i=1}^{\infty}E_i=\bigoplus_{j\in J_1}F_j.$$

由克鲁尔-雷马克-施密特定理，这两个分解是同构的. 如果 $E_i\cong E_j$，由推论 5.9.5，$Q_i\cong D_j$. 再由克鲁尔-雷马克-施密特定理，我们得

$$M=\bigoplus_{i=1}^{\infty}Q_i\cong\bigoplus_{j\in J_1}D_j.$$

由于 $I(M)=\left(\bigoplus_{j\in J_1}D_j\right)\oplus\left(\bigoplus_{j\in J-J_1}D_j\right)$，所以 $M$ 同构于内射模 $I(M)$ 的直和项，从而本身也是内射的.

(2) "b⇒a"：由推论 5.9.2，只要证明 ${}_RR$ 的每个商模满足定理 5.9.2 的条件(3)就够了. 令 $I(R/A)$ 是 $R/A$ 的内射包，且 $R/A\leqslant I(R/A)$. 由假设有 $I(R/A)=\bigoplus_{i\in I}Q_i$，此处 $Q_i$ 是单 $R$-模的内射包. 由于 $R/A$ 是循环的，故 $R/A$ 含于有限多个 $Q_i$ 的直和内：$R/A\hookrightarrow\bigoplus_{i\in I_0}Q_i$，$I_0$ 有限. 由于 $R/A$ 是 $I(R/A)$ 的大子模，故 $I=I_0$. 亦即 $I(R/A)=\bigoplus_{i\in I_0}Q_i$，此即为所欲证者.

## 习 题 6.5

1. 设 $R$ 是一个环，证明：

(1) $R^{n\times n}$ 是左阿廷环当且仅当 $R$ 是左阿廷环；

(2) $R^{n\times n}$ 是左诺特环当且仅当 $R$ 是左诺特环.

2. 证明：没有零因子的每个左阿廷环是除环.

3. 找出一个环，在一边是阿廷和诺特的，从而是有限长的，而在另一边既不是阿廷的也不是诺特的.

4. 设 $R$ 是一个环，左模 ${}_RM$ 称为半阿廷的(semiartinian)，如果对 $M$ 的任意非零子模 $U$，有 $\mathrm{Soc}(M/U)\neq 0$；记 $Sa(M)=\sum_{U\hookrightarrow M}\{U\mid U \text{ 是半阿廷的}\}$. 证明：

(1) 如果 $M$ 是半阿廷的，则对任子模 $U\hookrightarrow M$，$M/U$ 是半阿廷的；

(2) 对任左模 $M$，$Sa(M)$ 是半阿廷的；

(3) 设 $\varphi:M\to N$ 是左模同态，则 $\varphi(Sa(M))\hookrightarrow Sa(N)$；

(4) $Sa(Sa(M))=Sa(M)$；

(5) $Sa(M/Sa(M))=0$；

(6) 如果 $M$ 是半阿廷的，则 $\mathrm{Soc}(M)$ 是 $M$ 的大子模；

(7) 如果 $M$ 是半阿廷的，则对任意子模 $U\leqslant M$，$\mathrm{Soc}(M/U)$ 是 $M/U$ 的大子模；

(8) 对任意子模 $U\leqslant M$，则 $M$ 是半阿廷的当且仅当 $M/U$ 是半阿廷的且 $U$ 是

半阿廷的；

(9) $M$ 是半阿廷的和诺特的当且仅当 $M$ 是阿廷的和诺特的；

(10) $M$ 是半阿廷的，$_RR$ 是诺特的，则 $M$ 是它的阿廷子模的和.

5. 设 $R$ 是一个环，左模 $_RM$ 称为半诺特的(seminoetherian)，如果对 $M$ 的任意非零子模 $U$，有 $\mathrm{Rad}(U) \neq U$；记 $\mathrm{Snr}(M) = \sum_{U \leqslant M} \{U \mid \mathrm{Rad}(U) = U\}$.

请研究第 4 题的那些对偶性质是否成立.

# 第7章　域　　论

在第2章里我们介绍了域的基本概念,在本章研究域的扩张理论,主要内容有扩域、分裂域、尺规作图、有限域以及超越基等.

## 7.1　扩　　域

在本节介绍域扩张的基本理论,主要讨论单扩域和代数扩域及其基本性质.

### 7.1.1　扩域的定义与性质

**定义 7.1.1**　域 $F$ 称为域 $K$ 的扩域(extension field),如果 $K$ 是 $F$ 的子域,同时称 $K$ 为基域(ground field).

**注 7.1.1**　(1) 如果 $F$ 是 $K$ 的扩域,则 $F$ 的单位元 $1_F$ 与 $K$ 的单位元 $1_K$ 是相同的.

事实上,有 $1_K\cdot 1_K=1_K=1_K\cdot 1_F$. 于是 $1_K(1_K-1_F)=0$. 由于域中无零因子且 $1_K\neq 0$,故 $1_K-1_F=0$,从而 $1_K=1_F$.

(2) 如果 $F$ 是 $K$ 的扩域,则 $F$ 可看作是 $K$ 上的向量空间(即线性空间). 可称 $F$ 为 $K$-向量空间. $F$ 在 $K$ 上的维数记为 $[F:K]$. 如果 $[F:K]<\infty$,就称 $F$ 是 $K$ 的有限维域扩张(finitely dimensional field extension);如果 $[F:K]=\infty$,我们就称 $F$ 是 $K$ 的无限维域扩张(infinitely dimensional field extension).

**定理 7.1.1**　令 $F$ 是 $E$ 的扩域,$E$ 是 $K$ 的扩域,则 $[F:K]=[F:E][E:K]$. 进一步地,$[F:K]$ 是有限的当且仅当 $[F:E]$ 和 $[E:K]$ 都是有限的.

**证明**　令 $U$ 表示 $F$ 在 $K$ 上的基向量集,$V$ 表示 $E$ 在 $K$ 上的基向量集,只要证明 $\{uv \mid v\in V, u\in U\}$ 是 $F$ 在 $K$ 上的基向量集就够了. 因为此时,显然有 $[F:K]=[F:E][E:K]$. 由于两个有限的基数相乘仍是有限的,而一个无限的基数和一个有限的基数相乘是无限的,故显然有 $[F:K]<\infty$ 当且仅当 $[F:E]<\infty$ 与 $[E:K]<\infty$. 下面证明 $\{uv \mid v\in V, u\in U\}$ 是 $F$ 在 $K$ 上的一组基向量.

如果 $u\in F$,则因 $U$ 是 $F$ 在 $E$ 上的一组基,故 $u=\sum\limits_{i=1}^{n}s_iu_i$,其中 $s_i\in E, u_i\in U$. 又因为 $V$ 是 $E$ 在 $K$ 上的一组基,故存在一组向量 $r_{ij}\in R, v_j\in V$,使 $s_i=\sum\limits_{j=1}^{m_i}r_{ij}v_j$. 所以,我们有 $u=\sum\limits_{i=1}^{m}s_iu_i=\sum\limits_{i=1}^{n}\Big(\sum\limits_{j=1}^{m_i}r_{ij}v_j\Big)u_i=\sum\limits_{i=1}^{n}\sum\limits_{j=1}^{m_i}r_{ij}v_ju_i$,因此,$\{uv \mid$

$v \in V, u \in U\}$ 在 $K$ 上可以张成向量空间 $F$.

现在,假设 $\sum_{i=1}^{n}\sum_{j=1}^{m} r_{ij}(v_j u_i) = 0$,这里 $r_{ij} \in K, v_j \in V, u_i \in U$,对每个 $i$,设 $s_i = \sum_{j=1}^{m} r_{ij} v_j \in E$,则 $0 = \sum_i \sum_j r_{ij}(v_j u_i) = \sum_i \left(\sum_j r_{ij} v_j\right) u_i = \sum s_i u_i$. $U$ 在 $E$ 上的线性无关性蕴涵着对每个 $i$, $0 = s_i = \sum_j r_{ij} v_j$; $V$ 在 $K$ 上的线性无关性蕴涵着对所有 $i, j, r_{ij} = 0$. 所以,$\{uv \mid v \in V, u \in U\}$ 在 $K$ 上是线性无关的,从而是 $F$ 在 $K$ 上的一组基.

**注 7.1.2**　定理 7.1.1 中的域 $E$ 称为 $K$ 与 $F$ 的中间域(intermediate field).

如果 $F$ 是域,$X$ 是 $K$ 的子集,则由 $X$ 生成的子域(或子环)为 $F$ 的所有包含 $X$ 的子域(或子环)的交(同第 2 章中环 $R$ 的子集生成子环定义一样).

**定义 7.1.2**　如果 $F$ 是 $K$ 的扩域且 $X \subset F$ 为 $F$ 的子集,则由 $K \cup X$ 生成的子域(或子环)称为 $X$ 在域 $K$ 上生成的子域(子环),记为 $K(X)$(或 $K[X]$). 注意,这里 $K[X]$ 一定是一个整环.

如果 $X = \{u_1, u_2, \cdots, u_n\}$ 是 $F$ 的一个有限子集,则 $F$ 的子域 $K(X)$(或子环 $K[X]$)记为 $K(u_1, u_2, \cdots, u_n)$(或 $K[u_1, u_2, \cdots, u_n]$). 域 $K(u_1, u_2, \cdots, u_n)$ 称为是域 $K$ 的有限生成扩张. 注意,$K(u_1, u_2, \cdots, u_n)$ 不一定是 $K$ 的有限维扩张. 如果 $X = \{u\}$,则 $K(u)$ 称为是 $K$ 的单扩域(simple extension field)或单扩张(simple extension).

**注 7.1.3**　(1) $K(u_1, u_2, \cdots, u_n)$ 及 $K[u_1, u_2, \cdots, u_n]$ 均不依赖于 $u_1, u_2, \cdots, u_n$ 的排列顺序.

(2) 不难证明 $K(u_1, \cdots, u_{n-1})(u_n) = K(u_1, \cdots, u_{n-1}, u_n)$ 与 $K[u_1, \cdots, u_{n-1}][u_n] = K[u_1, \cdots, u_{n-1}, u_n]$.

(3) 若 $F$ 为域,$u, v \in F$ 且 $v \neq 0$,则 $uv^{-1} = v^{-1}u \in F$,有时该元素记为 $u/v$.

**定理 7.1.2**　如果域 $F$ 是域 $K$ 的扩域,$u, u_i \in F$ 且 $X$ 是 $F$ 的子集,则

(1) 子环 $K[u]$ 是由所有形如 $f(u)$ 的元素组成的,这里 $f$ 是系数在 $K$ 中的多项式;

(2) 子环 $K[u_1, \cdots, u_m]$ 是由所有形如 $g(u_1, \cdots, u_m)$ 的元素构成的,这里 $g$ 是系数在 $K$ 中的具有 $m$ 个未定元的多项式;

(3) 子环 $K[X]$ 由所有形如 $h(u_1, \cdots, u_n)$ 的元素构成,这里每个 $u_i \in X$, $n$ 为正整数,$h$ 是系数在 $K$ 中的具有 $n$ 个未定元的多项式;

(4) 子域 $K(u)$ 由所有形如 $f(u)/g(u) = f(u)g(u)^{-1}$ 的元素构成,这里 $f, g \in K[x]$, $g(u) \neq 0$;

(5) 子域 $F(u_1, \cdots, u_m)$ 由所有形如 $h(u_1, \cdots, u_m)/k(u_1, \cdots, u_m) = h(u_1, \cdots, u_m)k(u_1, \cdots, u_m)^{-1}$ 的元素构成,这里 $h, k \in K[u_1, \cdots, u_m]$,且 $k(u_1, \cdots, u_m) \neq 0$;

(6) 子域 $K(X)$ 由所有形如 $h(u_1,\cdots,u_n)/g(u_1,\cdots,u_n)=h(u_1,\cdots,u_n)g(u_1,\cdots,u_n)^{-1}$ 的元素构成，这里 $n\in\mathbb{N}^*=\mathbb{N}\setminus\{0\}$，$f,g\in K[x_1,\cdots,x_n]$，$u_1,\cdots,u_n\in X$，$g(u_1,\cdots,u_n)\neq 0$；

(7) 对每个 $v\in K(x)$（或 $K[X]$），存在 $X$ 的有限子集 $X'$ 使得 $v\in K(X')$（或 $K[X']$）.

**证明** (1)—(6)的证明是很容易的. 在这里我们只给出(6)和(7)的证明. 含有 $K$ 和 $X$ 的每个域一定含有集合 $E=\{f(u_1,\cdots,u_n)/g(u_1,\cdots,u_n)\mid n\in\mathbb{N}^*,f,g\in K[x_1,\cdots,x_n],u_i\in X;g(u_1,\cdots,u_n)\neq 0\}$，因此，$E\subseteq K[X]$.

反过来，如果 $f,g\in K[x_1,\cdots,x_m]$，$f_1,g_1\in K[x_1,\cdots,x_n]$，则定义 $h,k\in K[x_1,\cdots,x_{m+n}]$ 如下：

$$h(x_1,\cdots,x_{m+n})=f(x_1,\cdots,x_m)g_1(x_{m+1},\cdots,x_{m+n})-g(x_1,\cdots,x_m)f_1(x_{m+1},\cdots,x_{m+n});$$

$$k(x_1,\cdots,x_{m+n})=g(x_1,\cdots,x_m)g_1(x_{m+1},\cdots,x_{m+n}),$$

于是，对任意 $u_1,\cdots,u_m,v_1,\cdots,v_n\in X$ 使得 $g(u_1,\cdots,u_m)\neq 0$，$g_1(v_1,\cdots,v_n)\neq 0$，

$$\frac{f(u_1,\cdots,u_m)}{g(u_1,\cdots,u_m)}-\frac{f_1(v_1,\cdots,v_n)}{g_1(v_1,\cdots,v_n)}=\frac{h(u_1,\cdots,u_m,v_1,\cdots,v_n)}{k(u_1,\cdots,u_m,v_1,\cdots,v_n)}\in E.$$

所以 $E$ 在加法下构成一个加群. 类似地，$E$ 的非零元在乘法下构成一个乘法群，且是交换的. 故 $E$ 是一个域. 由于 $X\subseteq E$，$K\subseteq E$，我们有 $K(X)\subseteq E$. 所以，我们有 $K(X)=E$.

(7) 如果 $u\in K(X)$，则由(6)，$u=f(u_1,\cdots,u_n)/g(u_1,\cdots,u_n)\in K(X')$，这里 $X'=\{u_1,\cdots,u_n\}\subseteq X$.

**定义 7.1.3** 如果 $L$ 和 $M$ 是域 $F$ 的子域，则由集合 $L\cup M$ 在 $F$ 中生成的子域称为 $L$ 与 $M$ 在 $F$ 中的合成域(composite)，记为 $LM$.

**注 7.1.4** (1) 显然，$LM=L(M)=M(L)=ML$；

(2) 容易证明，如果 $K$ 是 $L\cap M$ 的子域，使得 $M=K(S)$，这里 $S\subset M$，则 $LM=L(S)$；

(3) $F$ 中任意多个子域 $E_1,E_2,\cdots,E_n$ 的合成域定义为由集合 $\bigcup\limits_{i=1}^{n}E_i$ 在 $F$ 中生成的子域，记为 $E_1,E_2,\cdots,E_n$.

**定义 7.1.4** 设 $F$ 是 $K$ 的扩域，称 $F$ 中的元素 $u$ 是 $K$ 上的代数元(algebraic element)，如果 $u$ 是 $K[x]$ 中某个非零多项式 $f(x)$ 的根. 如果 $u$ 不是 $K[x]$ 中任一个非零多项式的根，则称 $u$ 是 $K$ 上的超越元(transcendental element). 域 $F$ 称为域 $K$ 的代数扩域(algebraic extension field)，如果 $F$ 的每个元都是 $K$ 上的代数元. $F$ 称为超越扩域(transcendental extension field)，如果 $F$ 至少有一个元素是 $K$ 上的超越元.

**注 7.1.5**　(1) 如果 $u\in K$,则 $u$ 是 $K[x]$中 $x-u$ 的根,故 $u$ 是 $K$ 上的代数的.

(2) 如果 $u\in F$ 是 $K$ 的某个子域 $K'$ 上代数的,则 $u$ 是 $K$ 上的代数的,这是因为 $K'[x]\subseteq K[x]$.

(3) 如果 $u\in F$ 是 $K[x]$中多项式 $f(x)$的根,而 $f(x)$的首项系数 $c\neq 1$,则 $u$ 也是 $c^{-1}f$ 的根,且 $c^{-1}f$ 是首项系数为 1 的多项式.

(4) 超越扩域可含有 $K$ 上的代数元素.

**例 7.1.1**　令$\mathbb{Q}$,$\mathbb{R}$与$\mathbb{C}$分别表示有理数域、实数域和复数域,则 $i\in C$ 是$\mathbb{Q}$上代数的,从而也是$\mathbb{R}$上代数的. 事实上,$\mathbb{C}=\mathbb{R}(i)$,$\pi,e\in\mathbb{R}$是$\mathbb{Q}$上超越元,故我们略去二者是超越元的证明. 有兴趣的读者可查阅文献[18].

**例 7.1.2**　如果 $K$ 是域,则多项式环 $K[x_1,\cdots,x_n]$是整环. $K[x_1,\cdots,x_n]$的商域,记为 $K(x_1,\cdots,x_n)$,是由所有分式 $f/g$ 构成的,其中 $f,g\in K[x_1,\cdots,x_n]$, $g\neq 0$. 运算为通常的加法和乘法. $K(x_1,\cdots,x_n)$称为 $x_1,\cdots,x_n$ 在 $K$ 上的有理函数域(field of rational functions). 在域扩张 $K\subset K[x_1,\cdots,x_n]$中,每个 $x_i$ 都是 $K$ 上超越元. 事实上,$K(x_1,\cdots,x_n)$中不在 $K$ 里的每个元均是超越的.

### 7.1.2　单扩域

单扩域是所有扩域中最简单的一类扩域. 在下面我们首先讨论单扩域及其性质.

**定义 7.1.5**　设 $F$ 与 $E$ 均是 $K$ 的扩域,若存在 $F$ 到 $E$ 的同构(或同态)$\sigma$,使得 $\sigma$ 限制在 $K$ 上为恒等同构,则称 $\sigma$ 为 $K$-同构($K$-isomorphism)(或 $K$-同态($K$-homomorphism))

**注 7.1.6**　当 $F=E$ 时,$\sigma$ 称为 $K$-自同构($K$-automorphism)(或 $K$-自同态($K$-endomorphism)).

**定理 7.1.3**　如果 $F$ 是 $K$ 的扩域,$u\in F$ 是 $K$ 上超越的,则存在 $K$-同构 $K(u)\cong K(x)$.

**证明**　由于 $u$ 是超越的,$f(u)\neq 0$ 与 $g(u)\neq 0$ 对任意的非零 $f,g\in K[x]$成立. 因此,由 $\varphi(f/g)=f(u)/g(u)=f(u)g(u)^{-1}$定义的映射 $\varphi: K(x)\to F$ 是定义良好的,且为单同态. 显然,$\varphi$ 限制在 $K$ 上是恒等的. 由定理 7.1.2 知 $\mathrm{Im}\varphi=K(u)$. 因此,$K(x)\cong K(u)$.

**定理 7.1.4**　如果 $F$ 是 $K$ 的扩域,$u\in F$ 是 $K$ 上代数元,则

(1) $K(u)=K[u]$;

(2) $K(u)\cong K[x]/(f)$,这里 $f\in K[x]$是次数 $n\geqslant 1$ 的首 1 既约多项式,它是由条件"$f(u)=0$ 和 $g(u)=0$(这里 $g\in K[x]$)当且仅当 $f\mid g$"唯一确定;

(3) $[K(u):K]=n$;

(4) $\{1_K,u,u^2,\cdots,u^{n-1}\}$是 $K(u)$在 $K$ 上的一组基;

(5) $K(u)$的每一个元素可唯一地写成形式$a_0+a_1u+\cdots+a_{n-1}u^{n-1}$，这里$a_i\in K,i=0,1,\cdots,n-1$.

**证明** (1)与(2)：显然，由$\varphi(g)=g(u)$所定义的映射$\varphi:K[x]\to K[u]$是非零的环满同态. 由于$K[x]$是主理想整环，故存在$f\in K[x]$使$\mathrm{Ker}\varphi=(f)$，且$f(u)=0$. 因为$u$是代数的，故$\mathrm{Ker}\varphi\neq 0$. 又因为$\varphi\neq 0$，故$\mathrm{Ker}\varphi\neq K[x]$. 因此，$f\neq 0$且$\deg f\geqslant 1$. 进一步，如果$c$是$f$的首项系数，则$c$是$K[x]$中的单位. 于是，$c^{-1}f$是首1多项式，且$(f)=(c^{-1}f)$. 所以，不失一般性，我们可以假设$f$是首1多项式. 由环的同态基本定理，我们有

$$K[x]/(f)=K[x]/\mathrm{Ker}\varphi\cong\mathrm{Im}\varphi=K[u].$$

由于$K[u]$是整环，故理想$(f)$在$K[x]$中是素的. 于是，$f$是既约多项式，所以$(f)$是$K[x]$中的极大理想. 因此，$K[x]/(f)$是域. 由于$K(u)$是$F$的包含$K$和$u$的最小子域，且还由于$K(u)\supseteq K[u]\cong K[x]/(f)$，故我们有$K(u)=K[u]$.

"$f$是唯一确定的"，由$f$是首1多项式和下面的事实得到：

$$g(u)=0\Leftrightarrow g\in\mathrm{Ker}\varphi=(f)\Leftrightarrow f\mid g.$$

(4) 由定理7.1.2，$K(u)=K[u]$中每个元素都有形式$g(u)$，这里$g\in K[x]$. 于是，由带余除法，$g=qf+h$，其中$q,h\in K[x]$，且$\deg h<\deg f$. 所以

$$g(u)=q(u)f(u)+h(u)=0+h(u)=h(u)=b_0+b_1u+\cdots+b_mu^m,$$

且$m<n=\deg f$.

因此，$\{1_K,u,\cdots,u^{n-1}\}$张成了$K$-向量空间$K(u)$. 我们下面证明$\{1_K,u,\cdots,u^{n-1}\}$在$K$上是线性无关的，从而是一组基，假设

$$a_0+a_1x+\cdots+a_{n-1}u^{n-1}=0\quad(a_i\in K,i=0,1,\cdots,n-1),$$

则$g=a_0+a_1x+\cdots+a_{n-1}u^{n-1}\in K[x]$有根$u$，且$g$的次数$\leqslant n-1$. 由(2)知$f\mid g$，但$\deg f=n$. 于是，只有$g=0$. 因此，对任意$i=0,1,\cdots,n-1$，有$a_i=0$. 所以$\{1_K,u,\cdots,u^{n-1}\}$是线性无关的，即$\{1_K,u,\cdots,u^{n-1}\}$是$K$的一组基.

(3)是(5)的直接推论，由(4)知(5)成立.

**定义 7.1.6** 设$F$是$K$的扩域，$u\in F$是$K$上代数的，则定理7.1.4中首1既约多项式$f(x)$称为元素$u$的既约多项式(irreducible polynomial)或极小多项式(minimal polynomial)，$u$在$K$上的次数(degree)为$\deg f=[K(u):K]$.

**例 7.1.3** 有理数域$\mathbb{Q}$上多项式$x^3-3x-1$是既约的. 设$u$为其一实根，由定理7.1.4，$u$在$\mathbb{Q}$上次数为3，$\{1,u,u^2\}$是$\mathbb{Q}(u)$在$\mathbb{Q}$上的一组基. $u^4+2u^3+3\in\mathbb{Q}[u]$，可在$\mathbb{Q}$上表示为$\{1,u,u^2\}$的线性组合，计算如下.

由长除法

$$x^4+2x^3+3=(x+2)(x^3-3x-1)+(3x^2+7x+5),$$

因此

$$
\begin{aligned}
u^4+2u^3+3 &= (u+2)(u^3-3u-1)+(3u^2+7u+5)\\
&= (u+2)0+(3u^2+7u+5)\\
&= 3u^2+7u+5.
\end{aligned}
$$

在$\mathbb{Q}(u)$中,$3u^2+7u+5$ 的乘法逆元可计算如下.

由于 $x^3-3x-1$ 在$\mathbb{Q}[x]$中既约,多项式 $x^3-3x-1$ 与 $3x^2+7x+5$ 在$\mathbb{Q}[x]$中是互素的,因此,存在 $g(x),h(x)\in\mathbb{Q}[x]$,使得

$$(x^3-3x-1)g(x)+(3x^2+7x+5)h(x)=1,$$

所以,由于 $u^3-3u-1=0$,故我们有$(3u^2+7u+5)h(u)=1$,于是 $h(u)\in\mathbb{Q}(u)$是 $3u^2+7u+5$ 的逆,多项式 $g(x)$与 $h(x)$可用欧几里得算法即辗转相除法求得

$$g(x)=-\frac{7}{37}x+\frac{29}{111},\quad h(x)=\frac{7}{111}x^2-\frac{26}{111}x+\frac{28}{111}.$$

因此

$$h(u)=\frac{7}{111}u^2-\frac{26}{111}u+\frac{28}{111}.$$

现在,设 $E$ 是 $K$ 的扩域,$F$ 是 $L$ 的扩域,$\sigma:K\to L$ 是域同构,则有如下问题:

在什么条件下,$\sigma$ 可以拓广成 $E$ 到 $F$ 上的同构? 换言之,存在同构 $\tau:E\to F$ 使 $\tau|_K=\sigma$ 吗? 下面我们对单扩域 $K(u)$和 $K(v)$来讨论这个问题.

如果 $\sigma:R\to S$ 是环同构,则映射 $R[x]\to S[x]:\sum\limits_i r_ix^i\mapsto\sum\limits_i\sigma(r_ix^i)$ 也是环同构,显然这个映射拓广了 $\sigma$,记 $\sigma f$ 为 $f\in R[x]$ 在 $\sigma$ 下的像.

**定理 7.1.5** 设 $\sigma:K\to L$ 是域同构,$u$ 是 $K$ 的某个扩域中元,$v$ 是 $L$ 的某个扩域中元,如果下面条件有一个成立,

(1) $u$ 是 $K$ 上超越的,$v$ 是 $L$ 上超越的;

(2) $u$ 是既约多项式 $f\in K[x]$的根,$u$ 是$\sigma f\in L[x]$的根;

则 $\sigma$ 拓广为域同构 $K(u)\cong K(v)$,且把 $u$ 映为 $v$.

**证明** (1) 由定理前面的注知 $\sigma$ 拓广为域同构 $K[x]\cong L[x]$,容易验证这个映射在 $g/h\mapsto\sigma g/\sigma h$ 下可拓广为 $K(x)\to L(x)$的同构. 所以,由定理 7.1.3 知

$$K(u)\cong K(x)\cong L(x)\cong L(v)$$

这些映射的合成拓广了 $\sigma$ 且把 $u$ 映为 $v$.

(2) 只需假设 $f$ 是首 1 的. 由于同构 $\sigma:K[x]\cong L[x]$蕴涵着 $\sigma f\in L[x]$是首 1 既约的,由定理 7.1.4 的证明,映射 $\varphi:K[x]/(f)\to K[u]=K(u)$,$\varphi[g+(f)]=g(u)$与映射 $\psi:L[x]/(\sigma f)\to L[v]=L(v)$,$\psi[h+(\sigma f)]=h(v)$均为同构,而映射 $\theta:K[x]/(f)\to L[x]/(\sigma f)$,$\theta(g+(f))=\sigma g+(\sigma f)$也是同构的. 所以,合成映射:$K(u)\xrightarrow{\varphi^{-1}}K[x]/(f)\xrightarrow{\theta}L[x]/(\sigma f)\xrightarrow{\psi}L(v)$为域同构使得 $g(u)\mapsto\sigma g(v)$. 特别地,$\psi\theta\varphi^{-1}$在 $K$ 上与 $\sigma$ 是一致的,且映 $u$ 到 $v$.

**推论 7.1.1** 设 $E$ 和 $F$ 均是 $K$ 的扩域,令 $u\in E$ 和 $v\in F$ 是 $K$ 上代数的,则 $u$

与$v$是$K[x]$中同一既约多项式的根当且仅当存在域同构$K(u)\cong K(v)$，使得其在$K$上为恒等同构且映$u$到$v$.

**证明** 令$\sigma=1_K$，则$\sigma f=f$对任意$f\in K[x]$成立，然后利用定理 7.1.5 即可得证.

反过来，设$\sigma:K(u)\cong K(v)$，且对任意$k\in K$成立$\sigma(k)=k$及$\sigma(u)=v$. 令$f\in K[x]$是代数元$u$的既约多项式. 如果$f=\sum_{i=0}^{n}k_i x^i$，则$0=f(u)=\sum_{i=0}^{n}k_i u^i$，那么，我们有

$$0=\sigma\Big(\sum_{i=0}^{n}k_iu^i\Big)=\sum_{i=0}^{n}\sigma(k_iu^i)=\sum_{i=0}^{n}\sigma(k_i)\sigma(u^i)=\sum_{i=0}^{n}k_i\sigma(u^i)=\sum_{i=0}^{n}k_iv^i=f(v).$$

**定理 7.1.6** 如果$K$是域，$f\in K[x]$为次数为$n$的多项式，则存在$K$的一个单扩域$F=K(u)$，使得

(1) $u\in F$是$f$的根；

(2) $[K(u):K]\leqslant n$，等号成立$\Leftrightarrow f$是$K$上的既约多项式.

(3) 若$f$在$K[x]$中是既约的，则$K(u)$在$K$-同构意义下是唯一确定的.

**注 7.1.7** 根据(3)，习惯上称$F$是把既约多项式$f$的根添加到域$K$上得到的.

**证明** 我们可以假设$f$是既约的，若不是既约的，用它的一个既约因子代替$f$即可. 因此$(f)$在$K[x]$中是极大理想，从而$F=\dfrac{K[x]}{(f)}$是域. 进一步，自然满同态$\pi$：$K[x]\rightarrow\dfrac{K[x]}{(f)}=F$限制在$K$上时为单同态，这是因为 0 是$K[x]$的极大理想$(f)$中唯一的一个常数，其他元均是$f$的倍数，所以，$F$含有$\pi(K)\cong K$. 由挖补定理(定理 2.3.9)，$F$可视为$K$的扩域. 对$u=\pi(x)\in F$，容易验证$F=K(u)$，且在$F$中$f(u)=0$. 定理 7.1.4 蕴涵着(2)成立，推论 7.1.1 蕴涵着(3)成立.

### 7.1.3 代数扩域

**定理 7.1.7** 如果$F$是$K$的有限维扩域，则$F$是有限生成的且在$K$上是代数的.

**证明** 若$[F:K]=n$，任意$u\in F$，则$(n+1)$个元素$1_K,u,u^2,\cdots,u^n$在$K$上一定线性相关. 因此，$K$中存在不全为零的元素$a_0,a_1,a_2,\cdots,a_n$使$a_0 1_K+a_1u+a_2u^2+\cdots+a_nu^n=0$. 所以，$u$在$K$上是代数的. 由于$u$是$F$中的任意元素，故$F$在$K$上是代数的. 如果$\{v_1,\cdots,v_n\}$是$F$在$K$上的一组基，则有$F=K(v_1,\cdots,v_n)$.

**定理 7.1.8** 若$F$是$K$的扩域，$X$是$F$的子集使得$F=K(X)$，且$X$的每个元在$K$上是代数的，则$F$是$K$的代数扩域. 如果$X$是有限维的，则$F$是$K$上有限维扩域.

**证明**　若 $v\in F$,则由定理 7.1.2 知,存在一些元素 $u_1,\cdots,u_n\in X$,使 $v\in K(u_1,u_2,\cdots,u_n)$. 于是我们有子域塔(或称域链):

$$K\subset K(u_1)\subset K(u_1,u_2)\subset\cdots\subset K(u_1,\cdots,u_n).$$

由于 $u_i$ 在 $K$ 上是代数的,故对每个 $i\geqslant 2$,它在 $K(u_1,\cdots,u_{i-1})$上也一定是代数的. 设它的次数为 $r_i$. 由于 $K(u_1,\cdots,u_{i-1})(u_i)=K(u_1,\cdots,u_i)$,故我们有$[K(u_1,\cdots,u_i):K(u_1,\cdots,u_{i-1})]=r_i$(定理 7.1.4). 令 $r_1$ 为 $u_1$ 在 $K$ 上的次数,重复应用定理 7.1.1,则有$[K(u_1,\cdots,u_n):K]=r_1r_2\cdots r_n$. 由定理 7.1.7 知 $K(u_1,\cdots,u_n)$在 $K$ 上是代数的,从而 $v$ 在 $K$ 上也是代数的. 由于 $v\in F$ 是任意的,故 $F$ 在 $K$ 上是代数的. 如果 $X=\{u_1,\cdots,u_n\}$是有限的,同样证明可得$[F:K]=r_1r_2\cdots r_n$ 是有限的,从而 $F$ 是 $K$ 上有限维扩域.

**注 7.1.8**　证明中我们用到了子域塔(tower of subfields)的概念,现在有的文献也称为子域链(chain of subfields),即域扩张 $K\subset F$ 中 $K$ 与 $F$ 之间的子域链.

**定理 7.1.9**　如果 $F$ 是 $E$ 的代数扩域,$E$ 是 $K$ 的代数扩域,则 $F$ 是 $K$ 的代数扩域.

**证明**　设 $u\in F$,由于 $u$ 在 $E$ 上是代数,所以对某些 $b_i\in E$,使 $b_nu^n+\cdots+b_1u+b_0=0$(其中 $b_0\neq 0$),因此,$u$ 在子域 $K(b_0,b_1,\cdots,b_n)$上是代数的. 于是,存在子域塔

$$K\subset K(b_0,b_1,\cdots,b_n)\subset K(b_0,\cdots,b_n)(u)$$

且$[K(b_0,\cdots,b_n)(u):K(b_0,\cdots,b_n)]$是有限的. 又因为 $b_0,\cdots,b_n$ 在 $K$ 上是代数的,再由定理 7.1.1,知$[K(b_0,\cdots,b_n):K]$是有限的. 所以,$[K(b_0,\cdots,b_n)(u):K]$是有限的. 于是 $u\in K(b_0,\cdots,b_n)(u)$在 $K$ 上是代数的(定理 7.1.7). 因为 $u$ 是 $F$ 中的任意元素,所以 $F$ 在 $K$ 上是代数的.

**定理 7.1.10**　如果 $F$ 是 $K$ 的扩域,$E$ 是 $F$ 的在 $K$ 上为代数的元素全体,则 $E$ 是 $F$ 的子域. 当然,$E$ 在 $F$ 上是代数的.

**注 7.1.9**　显然,子域 $E$ 是 $K$ 的含于 $F$ 的唯一极大代数扩域.

**证明**　如果 $u,v\in E$,则由定理 7.1.8 知 $K(u,v)$是 $K$ 的代数扩域. 因此,$u-v$ 和 $uv^{-1}(v\neq 0)$均是 $K(u,v)$中的元素. 从而,$u-v\in E$,$uv^{-1}\in E$,这些表明 $E$ 是域.

## 习　题　7.1

1. 设 $F$ 是域 $K$ 的有限维扩域,且$[F:K]=p$ 为素数,证明:$F\backslash K$ 中任意元素 $u$ 在 $K$ 上生成 $F$,即 $F=K(u)$.

2. 设 $F$ 是域 $K$ 的有限维扩域,$u\in F$ 是 $K$ 上一个 $n$ 次元素,证明:$n\mid[F:K]$.

3. 设 $F$ 是域 $K$ 的有限维扩域,证明:$u\in F$ 是 $K$ 上代数元而且次数为奇数,则 $u^2$ 也是 $K$ 上奇次代数元而且 $K(u)=K(u^2)$.

4. 设 $F$ 是域 $K$ 的扩域,证明:

(1) $[F:K]=1\Leftrightarrow F=K$;

(2) 如果$[F:K]$为素数,则$F$与$K$之间不存在中间域.

5. 请给出有限生成扩域但不是有限维扩域的例子.

6. 设$F$是域$K$的扩域,如果$u_1,\cdots,u_n\in F$,证明$K(u_1,\cdots,u_n)$同构于环$K(u_1,\cdots,u_n)$的商域.

7. 设$F$是$K$的扩域,令$L$和$M$是$F$的子域,$LM$是它们的合成域,证明:

(1) 如果$K\subset L\cap M, M=K(S)$(对某个$SCM$),则$LM=L(S)$;

(2) 什么情况才有等式$LM=L\cup M$?

(3) 如果$E_1,\cdots,E_n$是$F$的子域,证明$E_1E_2\cdots E_n=E_1(E_2(E_3(\cdots(E_{m-1}(E_m)))\cdots))$.

8. 证明:$K(x_1,\cdots,x_n)\backslash K$中每个元在$K$上均是超越元,这里$K$是域.

9. 设$K$为域,在域$K(x)$中,令$u=x^3/(x+1)$.

(1) 证明:$K(x)$是域$K(u)$的单扩域;

(2) 求$[K(x):K(u)]$.

10. 证明:在复数域$\mathbb{C}$中,$\mathbb{Q}(i)$与$\mathbb{Q}(\sqrt{2})$作为向量空间是同构的,但作为域二者不同构.

11. 设$E_1$和$E_2$是域$F$的子域,如果$E_1$的每个元素在$E_2$上是代数的,则$E(x)$的每个元素在$E_2(x)$上也是代数的.

12. 设$F$是域$K$的扩域,如果$u,v\in F$在$K$上是代数的,其次数分别为$m$和$n$,证明:

(1) $[K(u,v):K]\leqslant mn$;

(2) 如果$mn=1$,则$[K(u,v):K]=mn$.

13. 设$F$是域$K$的扩域,令$L$和$M$是中间域,证明:

(1) $[LM:K]$是有限的当且仅当$[L:K]$和$[M:K]$是有限的;

(2) 如果$[LM:K]$是有限的,则$[L:K]$和$[M:K]$均整除$[LM:K]$,并且$[LM:K]\leqslant[L:K][M:K]$;

(3) 如果$[L:K]$和$[M:K]$均有限且互素,则$[LM:K]=[L:K][M:K]$;

(4) 如果$L$和$M$在$K$上是代数的,$LM$在$K$上也是代数的.

14. 设$F$是域$K$的扩域,证明:

(1) 设$L$和$M$是$K\subset F$的有限维中间域(在$K$上),若$[LM:K]=[L:K][M:K]$,则$L\cap M=K$;

(2) 如果$[L:K]$或$[M:K]$是2,则(1)的逆成立;

(3) 利用(2)的实三次根和非实三次根给出$L\cap M=K,[L:K]=[M:K]=3$,但$[LM:K]<9$的例子.

15. 如果$F$是域$K$的代数扩域,$D$是整环使得$K\subseteq D\subseteq F$,证明:$D$是一个域.

16. 设$\mathbb{Q}$为有理数域,

(1) 如果$F=\mathbb{Q}(\sqrt{2},\sqrt{3})$,求$[F:\mathbb{Q}]$以及$F$在$\mathbb{Q}$上一组基;

(2) 如果$F=\mathbb{Q}(i,\sqrt{3},\omega)$,其中$i^2=-1$,$\omega$是1的复三次根,求$[F:\mathbb{Q}]$和$F$在$\mathbb{Q}$上一组基.

17. 如果$d\geqslant 0$是一个整数且不是平方数,描述域$\mathbb{Q}(\sqrt{d})$,找一组元素生成$\mathbb{Q}(\sqrt{d})$.

18. 一个复数称为是代数的,如果它在有理数域$\mathbb{Q}$是代数的,一个复数称为是代数整数,如果它是$\mathbb{Z}[x]$中首1既约多项式的根,证明:

(1) 如果$u$是代数整数,则存在一个整数$n$,使得$nu$是代数整数;

(2) 如果$r\in\mathbb{Q}$是代数整数,则$r\in Z$;

(3) 如果$u$是代数整数,$n\in Z$,则$u+n$和$nu$均是代数整数;

(4) 两个代数整数的乘积与和均是代数整数.

## 7.2 分 裂 域

给定一个基域$K$和$K[x]$的一个$n(n\geqslant 1)$次多项式$f(x)$,研究$f(x)$的根不仅是研究$f(x)$的单个根,而且还要进一步研究$f(x)$的诸根问题在$K$上的代数关系,这就需要将$f(x)$的全部根放在$K$的同一个扩域中来考虑.本节来讨论这种扩域的存在性和唯一性问题.

### 7.2.1 分裂域及其性质

令$F$是一个域,$f\in F[x]$是正次数多项式,称$f$在域$F$上分裂(splitting)(或在$F$中分裂),如果$f$可写为$F[x]$中线性因子(即一次多项式)的乘积,即$f=u_0(x-u_1)(x-u_2)\cdots(x-u_n)$,这里所有的$u_i\in F$.

**定义 7.2.1** 设$K$是一个域,$f\in F[x]$是次数$n(n\geqslant 1)$的多项式,称$K$的扩域$F$是多项式$f(x)$在$K$上的分裂域(splitting field),如果$f(x)$在$K[x]$中分裂且$F=K(u_1,u_2,\cdots,u_n)$,其中$u_1,u_2,\cdots,u_n$是$f(x)$在$F$中的根.

设$S$是$K[x]$中正次数的多项式集合,称$K$的扩域$F$是多项式集合$S$在$K$上的分裂域,如果$S$中每个多项式在$K[x]$中分裂,且$F$是$S$中所有多项式的根在$K$上生成的.

**例 7.2.1** 有理数域$\mathbb{Q}$上多项式$x^2-2$有两个根$\sqrt{2}$和$-\sqrt{2}$,故$(x^2-2)=(x-\sqrt{2})(x+\sqrt{2})$,因此,我们有$\mathbb{Q}(\sqrt{2})=\mathbb{Q}(\sqrt{2},-\sqrt{2})$是$x^2-2$在$\mathbb{Q}$上的分裂域.

类似地,复数域$\mathbb{C}$是$x^2+1$在实数域$\mathbb{R}$上的分裂域.然而,如果$u$是既约多项式$f(x)\in K[x]$的根,$K[u]$不一定是$f(x)$的分裂域,反例如下:

令$f(x)=x^3-2$,如果$u$是$f(x)$的实根,其他的两个根是一对共轭复数,则

$\mathbb{Q}(u)\subseteq\mathbb{R}$，因此，$\mathbb{Q}(u)$不是 $f(x)=x^3-2$ 在有理数域$\mathbb{Q}$上的分裂域.

**注 7.2.1** (1) 如果 $F$ 是 $S$ 在 $K$ 上的分裂域，则 $F=K(X)$，其中 $X$ 是 $K[x]$ 的子集 $S$ 中多项式的所有根的集合. 由定理 7.1.8 知，$F$ 在 $K$ 上是代数的. 特别地，若 $|S|<\infty$，则 $|X|<\infty$，从而 $F$ 是有限维扩域.

(2) 如果 $|S|<\infty$，如 $S=\{f_1,f_2,\cdots,f_n\}$，则 $S$ 的分裂域与单个多项式 $f=f_1,f_2,\cdots,f_n$ 的分裂域是一样的. 后面会多次用到这个事实而不再提及.

### 7.2.2 单个多项式的分裂域

下面研究单个多项式的分裂域的存在性和唯一性问题.

**定理 7.2.1** 如果 $K$ 是域，$f(x)\in K[x]$有次数 $n\geqslant 1$，则存在 $f(x)$的分裂域 $F$ 且$[F:K]\leqslant n!$

**证明** 对 $f(x)$的次数 $\deg f(x)$作归纳法. 当 $\deg f(x)=1$ 时，$f(x)=c(x-a)$，其中 $c,a\in K$. 显然，$F=K$ 就是 $f(x)$的一个分裂域. 归纳假设，$\deg f(x)<n(n>1)$时，$f(x)$有一个分裂域 $F$ 且$[F:K]\leqslant(\deg f(x))!$ 下面证明 $\deg f(x)=n$ 时，$f(x)$有一个分裂域. 任取 $f(x)$的一个既约因子 $p(x)$，根据定理 7.1.6 知，存在 $K$ 的单扩域 $F_1=K(\alpha_1)$且 $p(\alpha_1)=0$. 于是，$p(x)$在 $F_1$ 上有一个一次因式 $x-\alpha_1$. 因此，我们可设 $f(x)=(x-\alpha_1)\cdots(x-\alpha_r)f_1(x)$，$f_1(x)\in K_1[x]$，$\alpha_i\in F_1$，$i=1,\cdots,r$，且 $r\geqslant 1$. 此时，$\deg f_1(x)<n$. 如果 $f_1(x)$为常数，则 $F_1$ 就是 $f(x)$的分裂域；如果 $\deg f_1(x)\geqslant 1$，则根据归纳假设，$f_1(x)$在 $F_1$ 上有一个分裂域 $E$. 于是，我们有

$$f_1(x)=c(x-\alpha_{r+1})\cdots(x-\alpha_n),\quad \alpha_i\in E,\quad i=r+1,\cdots,n.$$

而

$$\begin{aligned}E&=F_1(\alpha_{r+1},\cdots,\alpha_n)=K(\alpha_1)(\alpha_{r+1},\cdots,\alpha_n)=K(\alpha_1,\cdots,\alpha_r)(\alpha_{n+1},\cdots,\alpha_n)\\&=K(\alpha_1,\cdots,\alpha_n).\end{aligned}$$

所以，$F$ 就是 $f(x)$的一个分裂域，而且，$F$ 在 $K$ 上的维数为

$$[F:K]=[F:K(\alpha_1)][K(\alpha_1):K]\leqslant(n-1)!\ (\deg f_1(x))\leqslant n!.$$

下面研究多项式 $f(x)$的分裂域的唯一性问题.

**定理 7.2.2** 设$\sigma:K\to K'$为一个域同构，$f(x)$为 $K[x]$的一个 $n(n\geqslant 1)$次多项式，域 $F$ 和$F'$分别为 $f(x)$和 $\sigma f(x)$在 $K$ 和 $K'$上的分裂域，则 $\sigma$ 可拓广成同构 $F\to F'$.

**证明** 对维数$[F:K]$使用数学归纳法. 当$[F:K]=1$ 时，$F=K(\alpha_1,\alpha_2,\cdots,\alpha_n)=K$，即 $f(x)$在 $K[x]$内完全分解 $f(x)=c(x-\alpha_1)\cdots(x-\alpha_n)$，诸 $\alpha_i\in K$. 在同构 $\sigma$ 下，我们有 $\sigma f(x)=c'(x-\alpha_1')\cdots(x-\alpha_n')$，这里 $c'=\alpha(c)$，$\alpha_i'=\sigma(\alpha_i)$，从而$\alpha_i'\in K'$，$i=1,2,\cdots,n$. 于是，$F'=K'(\alpha_1',\cdots,\alpha_n')=K'$. 因此，定理的结论对这种情况显然成立. 归纳假设，$[F:K]<n(n>1)$时，定理成立. 我们下面证明当$[F:K]=n$ 时定理也成立. 设$[F:K]=n$. 由于 $n>1$，$f(x)$有一个次数大于 1 的既约多项式 $p(x)$.

设 $\alpha\in F$ 为 $p(x)$ 的一个根，$\sigma p(x)$ 为 $\sigma f(x)$ 的一个既约多项式，设 $\alpha'$ 是 $\sigma p(x)$ 在 $F'$ 中的一个根，于是，根据定理 7.1.5，存在域同构 $\sigma_1: K(\alpha)\to K'(\alpha')$，它是 $\sigma$ 的拓广且 $\sigma_1(\alpha)=\alpha'$. 此时，$F$ 和 $F'$ 分别是 $f(x)$ 和 $\sigma f(x)$ 在 $K(\alpha)$ 和 $K'(\alpha')$ 上的分裂域. 由于 $[K(\alpha):K]>1$，由定理 7.1.1 知 $[F:K(\alpha)]<n$. 根据归纳假设，$\sigma_1$ 可以拓广成同构 $F\to F'$.

**推论 7.2.1**　设 $K$ 是域，且正次数多项式 $f(x)\in K[x]$，则 $f(x)$ 在 $K$ 上的任意两个分裂域 $F$ 和 $F'$ 是 $K$-同构的. 因而，$f(x)$ 在 $K$ 上的分裂域在 $K$-同构意义是唯一的.

**注 7.2.2**　(1) 如果一个域扩张 $K\subset F$ 含有两个中间域 $E$ 和 $E'$，且它们是同一多项式 $f(x)\in K[x]$ 的分裂域，则 $E=E'$. 事实上，由于 $f(x)$ 在 $E$ 内的分解 $f(x)=c(x-\alpha_1)\cdots(x-\alpha_n)$ 和在 $E'$ 内的分解 $f(x)=c'(x-\alpha_1')\cdots(x-\alpha_n')$，实质上，它们都是在 $F$ 内的分解，根据第 3 章 $K[x]$ 的整除理论，可知 $c=c'$，$(x-\alpha_1),\cdots,(x-\alpha_n)$ 不过是 $(x-\alpha_1'),\cdots,(x-\alpha_n')$ 的一个排列，所以 $E=E'$.

(2) 如果扩张 $K\subset F$ 的一个中间域 $E$ 是多项式 $f(x)\in K[x]$ 的分裂域，则 $E$ 在 $F$ 的任一个 $K$-同构 $\sigma$ 下保持不变，即 $\sigma(E)=E$. 这是因为，$\sigma(E)$ 是多项式 $\sigma f(x)$ 的分裂域，而 $f(x)\in K[x]$，$\sigma f(x)=f(x)$，故由上可知 $\sigma(E)=E$.

### 7.2.3　一般的多项式集合的分裂域

下面讨论一般的多项式集合 $S(|S|=\infty)$ 的分裂域的存在性和唯一性问题.

**定理 7.2.3**　域 $F$ 上下列条件是等价的：

(1) 每个非常数多项式 $f(x)\in F[x]$ 在 $F$ 中有根；

(2) 每个非常数多项式 $f(x)\in F[x]$ 在 $F$ 上分裂；

(3) $K[x]$ 中每个既约多项式有次数 1；

(4) 不存在 $F$ 的代数扩域($F$ 本身除外)；

(5) 存在 $F$ 的子域 $K$，使得 $F$ 在 $K$ 上是代数的，$K[x]$ 中每个多项式在 $K[x]$ 中分裂.

**证明**　(1)⇒(2)⇒(3)⇒(4)是显然的.

(4)⇒(5)：取 $K=F$ 即可.

(5)⇒(1)：对任 $f(x)\in F[x]$ 且 $\deg f(x)\neq 0$，由定理 7.2.1，存在 $F$ 在 $K$ 上的分裂域 $F_1$. 于是，$f(x)$ 在 $F$ 上可分解为 $f(x)=(x-\alpha_1)\cdots(x-\alpha_n)$. 因此，$\alpha_1,\cdots,\alpha_n\in F$. 而 $F_1=F(\alpha_1,\cdots,\alpha_n)$，所以，$F_1$ 在 $F$ 上是代数的. 从而，$F$ 在 $K$ 上是代数的. 于是，$\alpha_1,\cdots,\alpha_n$ 在 $K$ 上是代数的，从而，$\alpha_1,\cdots,\alpha_n$ 是 $K$ 上某个多项式 $g(x)$ 的根. 又由(5)，$g(x)$ 在 $K[x]$ 中分裂，故 $\alpha_1,\cdots,\alpha_n\in F$. 从而，$f(x)$ 在 $F$ 中有根.

**定义 7.2.2**　满足定理 7.2.3 中等价条件的域称为代数闭域(algebraically closed field).

**例 7.2.2** 复数域$\mathbb{C}$是代数闭域(见定理 8.2.5 及其证明).

**定理 7.2.4** 如果 $F$ 是 $K$ 的扩域,则下列条件是等价的:

(1) $F$ 在 $K$ 上是代数的,$F$ 是代数闭域;

(2) $F$ 是 $K[x]$中所有(既约)多项式集在 $K$ 上的分裂域.

**证明** (1)⇒(2)是显然的.

(2)⇒(1):任意 $\alpha\in F$,由于 $F$ 是 $K[x]$中所有(既约)多项式集合的分裂域,故 $F=K(X)$,其中 $X$ 是 $K[x]$中所有多项式的根集. 于是,由定理 7.1.2 知,存在有限子集 $X'\subseteq X$,使 $\alpha\in K(X')$. 显然,$K(X')$在 $K$ 上是代数的. 于是,$F$ 在 $K$ 上是代数的.

任取 $f(x)\in F[x]$,考虑 $f(x)$在 $K$ 上的分裂域 $F_1$. 于是,在 $F_1[x]$中,我们有分解式 $f(x)=(x-\alpha_1)\cdots(x-\alpha_n)$. 故 $\alpha_1,\cdots,\alpha_n\in F_1$,即 $\alpha_1,\cdots,\alpha_n$ 在 $F$ 上是代数的,而 $F$ 在 $K$ 上是代数的,于是,$\alpha_1,\cdots,\alpha_n$ 在 $K$ 上也是代数的. 所以存在 $g(x)\in K[x]$使 $\alpha_1,\cdots,\alpha_n$ 是 $g(x)$的根. 又 $g(x)$在$F[x]$中分裂,故 $\alpha_1,\cdots,\alpha_n\in F$. 因此,$f(x)$在 $F$ 中有根,从而 $F$ 是代数闭域.

**定义 7.2.3** 域 $K$ 的满足定理 7.2.4 等价条件的扩域 $F$ 称为 $K$ 的代数闭包(algebraic closure).

**例 7.2.3** 复合域$\mathbb{C}=\mathbb{R}(i)$是实数域$\mathbb{R}$的代数闭包.

显然,如果 $F$ 是 $K$ 的代数闭包,$S$ 是 $K[x]$中多项式的任意集合,则由 $K$ 和 $S$ 中所有多项式的根生成的 $F$ 的子域 $E$,由定理 7.2.3 和定理 7.2.4 知,是 $S$ 在 $K$ 上的分裂域. 因此,域 $K$ 上任意分裂域的存在等价于 $K$ 的代数闭包的存在.

证明每个域 $K$ 都有代数闭包的主要困难是集合论上的,而非代数上的. 基本思想是把 Zorn 引理应用于 $K$ 的代数扩域的适当集,为此,我们需要如下引理.

**引理 7.2.1** 如果 $F$ 是 $K$ 的扩域,则$|F|\leqslant\aleph_0|K|$.

**证明** 令 $T$ 是 $F[x]$中正次数首 1 多项式的集合,我们首先证明$|T|\leqslant\aleph_0|K|$. 设$\mathbb{N}^*=\mathbb{N}/\{0\}$. 对每个 $n\in\mathbb{N}^*$,令 $T_n$ 是 $T$ 的次数为 $n$ 的所有多项式的集合,则$|T_n|=|K^n|$,其中 $K^n=K\times K\times\cdots\times K$(共 $n$ 个因子). 这是因为对每个多项式$f=x^n+a_{n-1}x^{n-1}+\cdots+a_1x+a_0\in T_n$ 完全由它的 $n$ 个系数 $a_0,a_1,\cdots,a_{n-1}\in K$ 确定. 对每个 $n\in\mathbb{N}^*$,令 $f_n:T_n\to K^n$ 是一个双射,由于集合 $T_n$(分别地,$K^n$)是互不相交的,故由 $f(u)=f_n(u)$(对任意 $u\in T_n$)给出的,映射 $f:T=\bigcup\limits_{n\in\mathbb{N}^*}T_n\to\bigcup\limits_{n\in\mathbb{N}^*}K^n$是定义良好的. 容易验证 $f$ 是双射,所以由定理 1.1.15(2),有$|T|=|\bigcup\limits_{n\in\mathbb{N}^*}K^n|=\aleph_0|K|$.

其次,我们证明$|F|\leqslant|T|$. 对每个既约多项式 $f\in T$,选取 $a$ 在 $F$ 中的不同根的一个顺序,定义映射 $\sigma:F\to T\times\mathbb{N}^*$ 如下:如果 $a\in F$,则由假设,$a$ 在 $K$ 上是代数的,且存在唯一的首 1 既约多项式 $f\in T$ 使得 $f(a)=0$,分配给 $a\in F$ 一个偶对$(f;i)\in T\times\mathbb{N}^*$,其中 $a$ 是 $f$ 的在前面所规定在 $F$ 中的根集里的第 $i$ 个根,容易验

证映射 $\sigma:F\to T\times\mathbb{N}^*$ 是定义良好的,并且 $\sigma$ 是单的,由于 $T$ 是无限的,故由定理 1.1.14,我们有 $|F|\leqslant|T\times\mathbb{N}^*|=|T||\mathbb{N}^*|=|T|\aleph_0=|T|$.

**定理 7.2.5**　每个域 $K$ 都有代数闭包,$K$ 的任意两个代数闭包都是 $K$-同构的.

**证明**　选一个集合 $S$ 使得 $\aleph_0|K|<|S|$(由集合论知识,这个能做到),由于 $\aleph_0|K|<|S|$(定理 1.1.9),故存在单映射 $\theta:K\to S$. 因此,我们可假设 $K\subset S$. 否则,用 $S-\mathrm{Im}\theta$ 与 $K$ 的并集替换集合 $S$ 即可.

令$\mathbb{S}=\{E|E\subseteq S,E$ 是 $K$ 的代数域$\}$,这样的 $E$ 完全由 $S$ 的子集 $E$ 和 $E$ 中的加法与乘法的二元运算所确定. 现在,加法(乘法)是一个函数 $\varphi:E\times E\to E$(或 $\psi:E\times E\to E$),因此 $\varphi$ 或 $\psi$ 可与它的图像 ,即 $E\times E\times E\subset S\times S\times S$ 某个子集等同起来. 于是,存在一个与$\mathbb{S}$ 到集 $S\times(S\times S\times S)\times(S\times S\times S)$的所有子集的集簇 $P$ 的单映射$\tau:E\to(E,\varphi,\psi)$,现在 $\mathrm{Im}\tau$ 实际上是一个集合,这是因为 $\mathrm{Im}\tau$ 是集簇 $P$ 的子集. 由于$\mathbb{S}$ 是在函数 $\tau^{-1}:\mathrm{Im}\tau\to\mathbb{S}$ 下的映射 $\mathrm{Im}\,\tau$,集合论的公理保证$\mathbb{S}$ 事实上是一个集合.

注意$\mathbb{S}\neq\varnothing$,这是因为 $K\in\mathbb{S}$,通过定义 $E_1\leqslant E_2\Leftrightarrow E_2$ 是 $E_1$ 的扩域来偏序化$\mathbb{S}$. 设

$$E_1\leqslant E_2\leqslant\cdots\leqslant E_n\leqslant\cdots$$

是$\mathbb{S}$ 中一个升链. 令 $E=\bigcup\limits_n E_n$. 易证 $E$ 仍是 $K$ 的一个代数扩域,从而 $E\in\zeta$. 即 $E$ 为上面的链的上界. 因此,由 Zorn 引理知,$\mathbb{S}$ 中存在极大元 $F$.

我们断言 $F$ 是代数闭域. 否则,存在某个 $f\in F[x]$不在 $F$ 上分裂. 因此,存在 $F$ 的真代数扩域 $F_0=F(u)$,其中 $u$ 是 $f$ 的不在 $F$ 中的根(定理 7.1.6). 进一步地,由定理 7.1.9 知 $F_0$ 是 $K$ 的代数扩域. 所以,由引理 7.2.1,有 $|F-F_0|\leqslant|F_0|\leqslant\aleph_0|K|<|S|$. 由于 $|F|\leqslant|F_0|<|S|$ 和 $|S|=|(S-F)\cup F|=|S-F|+|F|$,我们一定有 $|S|=|S-F|$(定理 1.1.13). 因此,$|F_0-F|<|S-F|$,且 $F$ 上的恒等映射可拓广为集合的单射 $\xi:F_0\to S$. 于是,$F_1=\mathrm{Im}\xi$ 通过定义运算 $S(a)+\xi(b)=\xi(a+b)$与乘法运算 $\xi(a)\xi(b)=\xi(ab)$可做成一个域. 显然,$F_1$ 是 $F$ 的扩域,$F_1\subset S$ 且 $\xi:F_0\to F_1$ 是域的 $F$-同构. 因此,由于 $F_0$ 是 $F$ 的真代数扩域,从而为 $K$ 的真代数扩域,故 $F_1$ 也是 $K$ 的真代数扩域. 这就意味着 $F_1\in\mathbb{S}$且 $F<F_1$,这与 $F$ 的极大性矛盾. 所以,$F$ 是代数闭域且在 $K$ 上是代数的,从而是 $K$ 的代数闭包. 定理的唯一性将在下面的推论 7.2.3 中证明.

**推论 7.2.2**　如果 $K$ 是一个域,$S$ 是 $K[x]$中正次数的多项式集合,则存在 $S$ 在 $K$ 上的分裂域.

证明留作习题,请读者自证.

我们现在转到分裂域和代数闭包的唯一性问题的讨论. 答案是下列定理的直接推论.

**定理 7.2.6** 令 $\sigma: K\to L$ 是域同构，$S=\{f_i\}$ 是 $K[x]$ 中具有正次数多项式的一个集合，$S'=\{\sigma f_i\}$ 是 $L[x]$ 中对应的多项式的集合. 如果 $F$ 是 $S$ 在 $K$ 上的分裂域，$M$ 是 $S'$ 在 $L$ 上的分裂域，则 $\sigma$ 可拓广为域同构 $F\cong M$.

**证明** 首先假设 $S$ 由单个多项式 $f\in K[x]$ 构成，由定理 7.2.2 知本定理结论成立，即定理 7.2.2 就是本定理 $S=\{f\}$ 的情况.

如果 $S$ 是任意的，令 $\mathbb{S}=\{(E,N,\tau)\mid F\supseteq E\supseteq K, M\supseteq N\supseteq L, \tau: E\to N$ 为 $\sigma$ 拓广的域同构$\}$，我们定义：$(E_1,N_1,\tau_1)\leqslant(E_2,N_2,\tau_2)$，若 $E_1\subseteq E_2$，$N_1\subseteq N_2$，$\tau_2|E_1=\tau_1$. 容易验证$\mathbb{S}$是一个偏序集．设

$$(E_1,N_1,\tau_1)\leqslant(E_2,N_2,\tau_2)\leqslant\cdots\leqslant(E_i,N_i,\tau_i)\leqslant\cdots$$

为$\mathbb{S}$中一个升链，令 $E=\bigcup\limits_i E_i$，$N=\bigcup\limits_i N_i$，则易证 $E$ 与 $N$ 分别是 $K$ 和 $L$ 的扩域. 对于任意 $a\in E$，则必 $\exists\, i$ 使得 $a\in E_i$，令 $\tau(a)=\tau_i(a)$. 因此 $\tau$ 是定义良好的. 事实上，若 $a\in E_i$ 且 $a\in E_j$，则 $i$ 与 $j$ 均是自然数，可比较大小. 不妨设 $i\leqslant j$，故 $E_i\subseteq E_j$，于是 $\tau_j|E_i=\tau_i$. 故 $\tau_j(a)=\tau_i(a)$，即 $\tau(a)=\tau_i(a)=\tau_j(a)$. 所以，$\tau$ 是定义良好的. 从而 $(E,N,\tau)$ 是上面升链的一个上界，且 $(E,N,\tau)\in S$. 故由 Zorn 引理，$\mathbb{S}$ 中存在极大元 $(F_0,M_0,\tau_0)$. 我们断言，$F_0=F$ 与 $M_0=M$ 使得 $\tau_0: F\cong M$ 是 $\sigma$ 的所要求的拓广. 如果 $F_0\neq F$，则存在某个 $f\in S$ 在 $F_0$ 上不分裂. 由于 $f$ 的所有根均在 $F$ 中，故 $F$ 含有 $f$ 在 $F_0$ 上的分裂域 $F_1$. 类似地，$M$ 含有 $\tau_0 f=\sigma f$ 在 $M_0$ 上的分裂域 $M_1$，定理 7.2.2 的证明表明了 $\tau_0$ 可拓广为域同构 $\tau_1: F_1\cong M_1$. 但这意味着 $(F_1,M_1,\tau_1)\in\mathbb{S}$ 和 $(F_0,M_0,\tau_0)<(F_1,M_1,\tau_1)$. 这与 $(F_0,M_0,\tau_0)$ 的极大性矛盾. 如果 $M_0\neq M$，用$\tau_0^{-1}$ 作类似的讨论，也可推得矛盾.

**推论 7.2.3** 令 $K$ 是一个域，$S$ 是 $K[x]$ 中正次数多项式的集合，则 $S$ 在 $K$ 上的任两个分裂域是 $K$-同构的. 特别地，$K$ 的任两个代数闭包是 $K$-同构的.

**证明** 取 $\sigma=1_K$ 为 $K$ 到 $L=K$ 的恒等同构. 然后利用定理 7.2.6 即可得证.

## 习 题 7.2

1. 设域 $F$ 是多项式 $f(x)\in F[x]$ 在域 $K$ 上的分裂域，$E$ 为中间域，证明：$F$ 也是 $f(x)$ 在 $E$ 上的分裂域.

2. 确定下列多项式在有理数域$\mathbb{Q}$上的分裂域：

(1) $f(x)=x^4-2$；

(2) $f(x)=x^3-2x-2$；

(3) $f(x)=x^3-3x-1$.

3. 确定多项式 $x^{p^n}-1(n\geqslant1)$ 在$\mathbb{Z}_p$上的分裂域.

4. 确定多项式 $x^6+2x^3+2$ 在$\mathbb{Z}_3$上的分裂域.

5. 设域 $F$ 是域 $K$ 的扩域，证明：$F$ 是 $K[x]$ 中有限多个多项式集合 $\{f_1,\cdots,f_n\}$ 在 $K$ 上的分裂域当且仅当 $F$ 是多项式 $f=f_1f_2\cdots f_n$ 在 $K$ 上的分裂域.

6. 设 $S$ 是 $K[x]$ 中正次数多项式的集合，其中 $K$ 为域，如果 $F$ 是 $S$ 在 $K$ 上的分裂域，$E$ 为中间域，证明：$F$ 也是 $S$ 在 $E$ 上的分裂域.

7. 设 $S$ 是 $K[x]$ 中正次数多项式的集合，其中 $K$ 为域，如果 $F$ 是 $S$ 在 $K$ 上的分裂域，证明：$F$ 也是 $S$ 中多项式的所有既约因子构成的集合 $T$ 在 $K$ 上的分裂域.

8. 如果 $f\in F[x]$ 有次数 $n$，并且 $F$ 是 $f$ 在域 $K$ 上的分裂域，证明：$[F:K]$ 整除 $n!$.

9. (1) 设 $E$ 是扩张 $K\subset F$ 的中间域($F$ 是 $K$ 的扩域)，如果 $E=K(u_1,\cdots,u_r)$，其中 $u_i$ 是 $f(x)\in F[x]$ 的某些根，证明：$F$ 是 $f(x)$ 在 $K$ 上的分裂域当且仅当 $F$ 是 $f$ 在 $E$ 上的分裂域.

(2) 将(1)推广到任意多项式集合的分裂域上.

10. 设 $K$ 是一个域使得对其每个扩域 $F$，$K$ 的包含 $F$ 的极大代数扩域是 $K$ 自身，证明：$K$ 是代数闭域.

11. 证明：任何有限域都不是代数闭的.

提示：如果 $K=\{a_0,\cdots,a_n\}$，考虑 $a_1+(x-a_0)(x-a_1)\cdots(x-a_n)\in K[x]$，其中 $a_1\neq 0$.

12. 设 $F$ 是域 $K$ 的扩域，如果 $F$ 是代数闭的，且 $E$ 由 $F$ 中所有在 $K$ 上是代数的元素组成的集合，证明：$E$ 是 $K$ 的代数闭包.

13. 证明：域 $F$ 是域 $K$ 的代数闭包当且仅当 $F$ 在 $K$ 上是代数的，并且对 $K$ 的每个代数扩域 $E$ 存在 $K$-单同态 $E\to F$.

14. 证明：域 $F$ 是域 $K$ 的代数闭包当且仅当 $F$ 在 $K$ 上是代数的，并且对域 $K_1$ 的每个代数扩域 $E$ 和域同构 $\sigma:K_1\to K$，$\sigma$ 拓广为单同态 $E\to F$.

## 7.3 尺规作图——古希腊三大几何问题

古希腊三大几何问题既引人入胜，又十分困难. 问题的妙处在于它们看似非常简单，而实际上却有着深刻的内涵. 它们都要求只能使用圆规和无刻度的直尺作图，而且只能有限次地使用直尺和圆规. 但直尺和圆规所能作的基本图形只有：过两点画一条直线、作圆、作两条直线的交点、作两圆的交点、作一条直线与一个圆的交点. 某个图形是可构作的就是指从若干点出发，可以通过有限个上述基本图形复合得到. 经过 2000 多年的艰苦探索，数学家终于弄清楚了这 3 个难题是“不可能用尺规完成的作图题”. 认识到有些事情确实是不可能的，这是数学思想的一大飞跃.

### 7.3.1 问题的引入

传说大约在公元前 400 年，古希腊的雅典流行疫病，为了消除灾难，人们向太阳神阿波罗求助，阿波罗提出要求，说必须将他神殿前的立方体祭坛的体积扩大 1 倍，否则疫病会继续流行. 人们百思不得其解，不得不求教于当时最伟大的学者柏拉图,柏拉图也感到无能为力.这就是古希腊三大几何问题之一的倍立方体问题.用数学语言表达就是:已知一个立方体,求作一个立方体,使它的体积是已知立方体的两倍.另外两个著名问题是三等分任意角和化圆为方问题.

这三个作图题,只使用圆规和直尺求出下列问题的解,直到 19 世纪被证实这是不可能的:

(1) **立方倍积** 即求作一立方体的边,使该立方体的体积为给定立方体的两倍;

(2) **化圆为方** 即作一正方形,使其与一给定的圆面积相等;

(3) **三等分角** 即分一个给定的任意角为三个相等的部分.

虽然三大几何作图难题都被证明是不可能由尺规作图的方式做到的,但是为了解决这些问题,数学家进行了前赴后继的探索,最后得到了不少新的成果,发现了许多新的方法.同时,它反映了数学作为一门科学,它是一片浩瀚深邃的海洋,仍有许多未知的谜底等待着我们去发现.

### 7.3.2 问题的解答

假设像在平面几何课本中那样用直尺和圆规作图.例如,已知直线 $L$ 与不在直线 $L$ 上的点 $P$,可以构造出唯一一条经过 $P$ 点与 $L$ 平行的直线或作出唯一一条经过 $P$ 点与 $L$ 垂直的直线,这里和下面的"可构造"意味着可以用直尺和圆规作图.

进一步,我们采用解析几何中的观点:显然可用直尺和圆规作出垂直的直线与选择单位长度.于是,我们能够构造出平面上具有整数坐标的点.

如果$\mathbb{F}$是实数域$\mathbb{R}$的一个子域,$\mathbb{F}$-平面是实平面的一个子集,它由所有点$(c,d)$构成,这里的 $c,d\in\mathbb{F}$.如果 $P$ 与 $Q$ 是$\mathbb{F}$-平面的不同点,过 $P$ 与 $Q$ 的唯一直线称为$\mathbb{F}$中的直线,具有中心 $P$ 与半径 $PQ$ 的圆称为$\mathbb{F}$中的圆.易证$\mathbb{F}$中每条直线都有方程:$ax+by+c=0$,每个圆都有形式:$x^2+y^2+dx+ey+f=0$.这里 $a,b,c,d,e,f\in\mathbb{F}$.

**引理 7.3.1** 设$\mathbb{F}$是实数域$\mathbb{R}$的子域,$L_1$ 与 $L_2$ 是$\mathbb{F}$中非平行直线,$C_1$ 与 $C_2$ 是$\mathbb{F}$中不同的圆,则

(1) $L_1\cap L_2$ 是$\mathbb{F}$-平面中的点;

(2) $L_1\cap C_1=\varnothing$,或者对某个 $\alpha\in\mathbb{F}\,(\alpha\geqslant 0)$,$L_1\cap C_1$ 由$\mathbb{F}(\sqrt{\alpha})$-平面中一个点或两个点构成;

(3) $C_1\cap C_2=\varnothing$,或者对某个 $\alpha\in\mathbb{F}\,(\alpha\geqslant 0)$,$C_1\cap C_2$ 由$\mathbb{F}(\sqrt{\alpha})$-平面中的一个点或两个点构成.

**证明** (1) 可通过解线性方程组及域$\mathbb{F}$对加、减、乘、除四则运算封闭得证.

(3) 如果圆为 $C_1: x^2+y^2+a_1x+b_1y+c_1=0, C_2: x^2+y^2+a_2x+b_2y+c_2=0$，这里 $a_i, b_i, c_i \in \mathbb{F}$. 易知，$C_1 \cap C_2$ 与 $C_1$(或 $C_2$)同直线 $L: (a_1-a_2)x+(b_1-b_2)y+(c_1-c_2)=0$ 的交点是相同的. 显然 $L$ 是$\mathbb{F}$中直线，这是因为 $a_1-a_2, b_1-b_2, c_1-c_2 \in \mathbb{F}$，因此(3)化为(2).

(2) 设直线 $L_1$ 有方程 $dx+ey+f=0$(其中 $d,e,f\in\mathbb{F}$). $d=0$ 的情形是显然的. 因此，可设 $d\neq 0$. 不失一般性，不妨设 $d=1$. 于是，$x=(-ey-f)$. 如果 $(x,y)\in L_1\cap C_1$，则代换后 $C_1$ 的方程变为 $0=(-ey-f)^2+y^2+(-ey-f)+b_1y+c_1=Ay^2+By+C$，其中 $A,B,C\in F$. 如果 $A=0$，则 $y\in\mathbb{F}$，从而 $x\in\mathbb{F}$，$x,y\in\mathbb{F}(\sqrt{1})=\mathbb{F}$. 如果 $A\neq 0$，我们可假设 $A=1$，则 $y^2+By+C=0$，通过配方得 $(x+By)^2+\left(C-\frac{B^2}{4}\right)=0$，这就蕴涵着 $L_1\cap C_1=\varnothing$，或 $x,y\in\mathbb{F}(\sqrt{\alpha})$，其中 $\alpha=-C+\frac{B^2}{4}\geqslant 0$.

**定义 7.3.1** 实数 $c$ 称为是可构造的(constructible)，如果点 $(c,0)$ 可用直尺和圆规通过整坐标点构造出来.

**注 7.3.1** (1) $c$(或 $(c,0)$)的可构造性等价于长度为 $|c|$ 的线段的可构造性；

(2) 平面上点 $(c,d)$ 可通过直尺和圆规构造出来，当且仅当 $c$ 和 $d$ 均是可构造的实数；

(3) 整数显然是可构造的.

我们容易证明下面三个结论：

(4) 每个有理数是可构造的；

(5) 若 $c>0$ 是可构造的，则$\sqrt{c}$也是；

(6) 如果 $c$ 和 $d$ 是可构造的，则 $c+d$, $cd$ 和 $c/d(d\neq 0)$ 是可构造的. 所以，可构造数构成一个实数子域，当然这个子域包含所有的有理数.

**定理 7.3.1** 如果实数 $c$ 是可构造的，则 $c$ 在有理数域$\mathbb{Q}$ 上是代数的，且次数为 2 的某个幂次.

**证明** 前面的注表明，我们可取有理数$\mathbb{Q}$-平面，称实数 $c$ 是可构造的，则意味着 $(c,0)$ 可由$\mathbb{Q}$-平面的点经过有限多次尺规作图确定出来. 在构造过程中，平面的各种点将作为在构造过程中使用过的直线或圆的交点，即直线与直线、直线与圆及圆与圆的交点，因为这是用尺规到达新点的唯一途径. 过程的第一步是构造直线或圆，一般地，直线由两点确定，圆由圆心 $P$ 和半径 $PT$ 确定. 这些点或在$\mathbb{Q}$-平面给出，或是任意选定的，它们可视作$\mathbb{Q}$-平面内的. 类似地，在构造的每一步，确定直线或圆的两个点可取为$\mathbb{Q}$-平面中的点或上一步中的点. 根据引理 7.3.1，这样构造的新点位于$\mathbb{Q}$ 的扩域$\mathbb{Q}(\sqrt{\alpha})$-平面内，其中 $\alpha\in\mathbb{Q}$；或等价地，位于$\mathbb{Q}$ 的扩域$\mathbb{Q}(\sqrt{\beta})$-平面内，其中 $\beta^2\in\mathbb{Q}$. 这样的扩域在$\mathbb{Q}$上有维数 $1=2^0$ 或 2，根据 $\beta\in\mathbb{Q}$ 还是 $\beta\notin\mathbb{Q}$ 而定. 同样类似地，下一个构造的点位于$\mathbb{Q}(\beta,\gamma)=\mathbb{Q}(\beta)(\gamma)$-平面内(其中，$r^2\in$

$\mathbb{Q}(\beta)$). 于是，一系列尺规作图构造产生了有限域塔：

$$\mathbb{Q}\subseteq\mathbb{Q}(\beta_1)\subseteq\mathbb{Q}(\beta_1,\beta_2)\subseteq\cdots\subseteq\mathbb{Q}(\beta_1,\beta_2,\cdots,\beta_n),$$

其中 $\beta_i^2\in\mathbb{Q}(\beta_1,\cdots,\beta_{i-1})$，$[\mathbb{Q}[\beta_1,\cdots,\beta_i]:\mathbb{Q}[\beta_1,\cdots,\beta_{i-1}]]=1$ 或 $2(2\leqslant i\leqslant n)$，因此，由这个过程构造的点 $(c,0)$ 位于 $\mathbb{F}=\mathbb{Q}(v_1,\cdots,v_n)$ 的平面内. 由定理 7.1.1 知，$[\mathbb{F}:\mathbb{Q}]$ 是 2 的幂次，所以由定理 7.1.7 知，$c$ 在 $\mathbb{Q}$ 上是代数的. 现在，由 $\mathbb{Q}\subseteq\mathbb{Q}(c)\subseteq\mathbb{F}$ 知，$[\mathbb{Q}(c):\mathbb{Q}]$ 整除 $[\mathbb{F}:\mathbb{Q}]$，因此，$c$ 在 $\mathbb{Q}$ 上的次数 $[\mathbb{Q}(c):\mathbb{Q}]$ 是 2 的幂次.

**推论 7.3.1** 不能用尺规倍立方.

**证明** 如果 $s$ 是体积为 2 的立方体的模长，则 $s$ 是方程 $x^3-2=0$ 的根. 但 $x^3-2$ 在 $\mathbb{Q}[x]$ 中是既约的，故 $s$ 在 $\mathbb{Q}$ 上有次数 3. 所以，由定理 7.3.1 知 $s$ 是不可构造的.

**推论 7.3.2** $60^\circ$ 角不能用尺规三等分，从而用尺规三等分任意角是不可能的.

**证明** 如果 $60^\circ$ 角能用尺规三等分，我们就能构造一个 $20^\circ$ 的锐角. 于是，就能构造实数 $\cos 20^\circ$. 然而，对于角 $\alpha$，由三倍角公式就有

$$\cos 3\alpha=4\cos^3\alpha-3\cos\alpha.$$

因此，若 $\alpha=20^\circ$，则 $\cos 3\alpha=\cos 60^\circ=\frac{1}{2}$，从而 $\cos 20^\circ$ 是方程 $\frac{1}{2}=4x^3-3x$ 的根. 因此，$\cos 20^\circ$ 是多项式 $8x^3-6x-1$ 的根. 但这个多项式在 $\mathbb{Q}[x]$ 中是既约的，所以 $\cos 20^\circ$ 在 $\mathbb{Q}$ 上有次数 3. 因此，由定理 7.3.1 知，$\cos 20^\circ$ 是不可构造的，矛盾.

下面简单地讨论一下化圆为方的问题.

我们知道化圆为方是由古希腊著名学者阿纳克萨戈勒斯提出来的，但是他一生也未能解决自己提出的问题.

实际上，这个化圆为方问题中的正方形的边长是圆面积的算术平方根，假设圆的半径是单位 1，则正方形的边长就是 $\sqrt{\pi}$.

直到 1882 年，化圆为方问题才最终有了合理的答案. 德国数学家林德曼(lindemann，1852—1939)在这一年成功地证明了圆周率 $\pi$ 是超越数，并且尺规作图是不可能作出超越数的.

## 习题 7.3

1. 设 $\mathbb{F}$ 是实数域 $\mathbb{R}$ 的子域，$P$ 和 $Q$ 是其坐标在 $\mathbb{F}$ 中的欧几里得平面中的点，证明：

(1) 过 $P$ 与 $Q$ 的直线方程形如 $ax+by+c=0$，其中 $a,b,c\in\mathbb{F}$；

(2) 中心在 $P$ 而半径为线段 $PQ$ 的圆的方程形如 $x^2+y^2+ax+by+c=0$，其中 $a,b,c\in\mathbb{F}$.

2. 设 $c$ 与 $d$ 是可构造的实数，证明：

(1) $c+d$ 与 $c-d$ 是可构造的；

(2) 如果 $d\neq 0$，则 $c/d$ 是可构造的；

提示：如果 $(c,0)$ 是 $X$ 轴与过点 $(0,1)$ 且与通过 $(0,d)$ 与 $(c,0)$ 的直线的交点，则 $x=c/d$；

(3) $cd$ 是可构造的；

(4) 可构造实数构成包含有理数域$\mathbb{Q}$ 的子域；

(5) 如果 $c\geqslant 0$，则$\sqrt{c}$是可构造的.

提示：如果 $y$ 是过$(1,0)$与 $X$ 轴垂直交过圆心在$\left(\frac{(c+1)}{2},0\right)$，半径为$\frac{(c+1)}{2}$的上半圆的交点之连线的长度，则 $y=\sqrt{c}$.

# 7.4　有　限　域

有限域在实验设计和编码理论中有广泛的应用，它是由法国数学家伽罗瓦(Galois)首先提出而得名的，故有限域也称伽罗瓦域，它是一类很重要的域. 在第 2 章中，对每个素数 $p$，我们已经给出特征 $p$ 的有限域，即$\mathbb{Z}_p=\mathbb{Z}/(p)$. 本节利用分裂域的结果，对每个素数 $p$，给出全部特征为 $p$ 的有限域.

## 7.4.1　有限域的性质

回忆一下定理 2.5.6 的内容：令 $F$ 是一个域，若 $F$ 的特征 $\mathrm{Char}F=0$，则包含一个与有理数集同构的子域；如果 $F$ 的特征为 $\mathrm{Char}F=p$ 为素数，则包含一个与$\mathbb{Z}_p$同构的素域.

由定理 2.5.6，我们得到下面推论.

**推论 7.4.1**　设 $F$ 是一个域，令 $P$ 为 $F$ 的所有子域的交，则 $P$ 是一个没有真子域的域. 如果 $\mathrm{Char}F=p$ 为素数，则 $P\cong\mathbb{Z}_p$；如果 $\mathrm{Char}F=0$，则 $P\cong\mathbb{Q}$（有理数域）.

**证明**　注意到 $F$ 的每个子域均含 $0_F$ 与 $1_F$，从而易知 $P$ 不含有真子域. 如果 $\mathrm{Char}F=p$ 为素数，则 $P$ 含有子集 $R=\{m1_F\mid m\in\mathbb{Z}\}$，但此时 $R$ 实际上为域，且同构于$\mathbb{Z}_p=\mathbb{Z}/(p)$. 再由 $P$ 不含有真子域知，$P=R\cong\mathbb{Z}_p$. 如果 $\mathrm{Char}F=0$，由定理 2.5.6 知，$P$ 包含一个与有理数域$\mathbb{Q}$ 同构的子域 $E$. 显然，由于 $R$ 的商域就是 $E$，故 $E\subseteq P$(因 $R\subseteq P$). 但 $P$ 不含有任何真子域，故 $P=E$，即 $P$ 与有理数域$\mathbb{Q}$ 同构.

**注 7.4.1**　这样的域 $P$ 称为域 $P$ 的素子域(prime subfield).

**定理 7.4.1**　如果 $F$ 是一个有限域，则 $\mathrm{Char}F=p$ 为素数，且 $|F|=p^n$（$n\geqslant 1$ 为整数）.

**证明** 设 $\mathrm{Char}F=n>1$. 如果 $n=n_1n_2$, 则 $0=n=(n_1 1_F)(n_2 1_F)$. 于是, $n_1 1_F=0$ 或者 $n_2 1_F=0$. 这与 $n$ 为 $F$ 的特征矛盾. 因此, $\mathrm{Char}F=n$ 为素数. 由于 $F$ 为有限域, 故 $F$ 为它的素子域 $\mathbb{Z}_p$ 上的有限维向量空间, 从而 $F=\mathbb{Z}_p\oplus\mathbb{Z}_p\oplus\cdots\oplus\mathbb{Z}_p$ ($n$ 个直和项), 所以, 我们有 $|F|=p^n$.

今后我们把 $F$ 的特征为素数 $p$ 的素子域与 $\mathbb{Z}_p$ 在同构意义下等同起来. 例如, 后面将写 $\mathbb{Z}_p\subseteq F$, 特别地, $1_F$ 等同于 $1\in\mathbb{Z}_p$.

**定理 7.4.2** 如果 $F$ 是域, $G$ 是 $F$ 的非零元素群的有限子群, 则 $G$ 是循环群. 特别地, 有限域的所有非零元的乘法群是循环的.

**证明** 如果 $G(\neq 1)$ 是有限阿尔贝群, 则由定理 4.3.2 知, $G\cong\mathbb{Z}_{m_1}\oplus\mathbb{Z}_{m_2}\oplus\cdots\oplus\mathbb{Z}_{m_k}$, 其中 $m_1>1$, 且 $m_1\mid m_2\mid\cdots\mid m_k$. 由于 $m_k\left(\sum\mathbb{Z}_{m_i}\right)=0$, 故任 $\alpha\in G$ 均是 $x^{m_k}-1_F\in F[x]$ 的根. 由于这个多项式在域 $F$ 中至多有 $m_k$ 个根(定理 3.3.14 的推论), 所以有 $k=1$, 且 $G\cong\mathbb{Z}_{m_1}$.

**推论 7.4.2** 如果 $F$ 是有限域, 则 $F$ 是它的素子域 $\mathbb{Z}_p$ 的单扩域, 即对某个 $\alpha\in F$, 成立 $F=\mathbb{Z}_p(\alpha)$. 从而, 有限域 $K$ 的任意有限维扩域 $F$ 是 $K$ 的单扩域.

**证明** 令 $\alpha$ 是 $F$ 的非零乘法群的生成元即可.

**引理 7.4.1** 如果 $\mathbb{Z}_p$ 是特征为 $p$ 的域, $r\geqslant 1$ 是一个整数, 则映射 $\varphi: F\ni u\mapsto u^{p^r}\in F$ 是域的 $\mathbb{Z}_p$-单同态. 如果 $F$ 是有限域, 则 $\varphi$ 是 $F$ 的 $\mathbb{Z}_p$-自同构.

**证明** 由于 $\mathrm{Char}F=p$ 为素数, 故对任意 $a,b\in F$, 由二项式展开定理, $(a\pm b)^{p^r}=a^{p^r}\pm b^{p^r}$. 因此, 易知 $\varphi$ 是 $F$ 到 $F$ 的单同态. 事实上, 如果存在 $a,b\in F$, 使 $a^{p^r}=b^{p^r}$, 则有 $(a-b)^{p^r}=0$, 故 $a-b=0$, 从而 $a=b$, 即 $\varphi$ 是单的. 由于 $\varphi(1_F)=1_F$, 故 $\varphi$ 使 $\mathbb{Z}_p$ 中的每个元固定不动. 所以, $\varphi$ 是 $\mathbb{Z}_p$-单同态.

如果 $F$ 是有限域, 则 $|F|=n<\infty$. 因此, 由 $\varphi$ 是单同态知 $|\mathrm{Im}\varphi|=|F|=n$. 但 $\mathrm{Im}\varphi\subseteq F$, 故 $\mathrm{Im}\varphi=F$. 因此, $\varphi$ 是满的, 从而 $\varphi$ 为自同构. 所以, $\varphi$ 是 $F$ 的 $\mathbb{Z}_p$-自同构.

### 7.4.2 有限域的构造

**定理 7.4.3** 设 $p$ 为素数, $n\geqslant 1$ 是整数, 则 $F$ 是具有 $p^n$ 个元素的有限域当且仅当 $F$ 是多项式 $x^{p^n}-x$ 在 $\mathbb{Z}_p$ 上的分裂域.

**证明** 如果 $|F|=p^n$, 则 $F$ 的非零元的乘法群有秩 $p^n-1$. 因此, $F$ 中每个非零元 $\alpha$ 满足 $\alpha^{p^n-1}=1_F$. 于是, $F$ 中每个非零元 $\alpha$ 是多项式 $x^{p^n-1}-1_F=0$ 的根, 从而 $\alpha$ 是多项式 $x(x^{p^n-1}-1_F)=x^{p^n}-x\in\mathbb{Z}_p[x]$ 的根. 由于 $0\in F$ 也是多项式 $x^{p^n}-x$ 的根, 所以 $x^{p^n}-x$ 在 $F$ 中有 $p^n$ 个不同的根. 因此, 它在 $F$ 上是分裂的. 这些根恰好是 $F$ 的元素, 所以 $F$ 是多项式 $x^{p^n}-x$ 在 $\mathbb{Z}_p$ 上的分裂域.

反过来, 如果 $F$ 是多项式 $f(x)=x^{p^n}-x$ 在 $\mathbb{Z}_p$ 上的分裂域, 则因 $\mathrm{Char}F=$

$\mathrm{Char}\,\mathbb{Z}_p=p$,故 $f'(x)=1$,从而$(f,f')=1$.所以,$f(x)$在 $F$ 中有 $p^n$ 个不同根(定理 3.3.15 的推论).如果 $\varphi$ 是引理 7.4.1 中的单同态$(r=n)$,则易见 $\alpha\in F$ 是 $f(x)$ 的根当且仅当 $\varphi(\alpha)=\alpha$.设 $x_1$ 与 $x_2$ 均是 $f(x)$在 $F$ 中的根,则有$(x_1-x_2)^{p^n}-(x_1-x_2)=(x_1{}^{p^n}-x_1)-(x_2{}^{p^n}-x_2)=0$;若 $x_2\neq 0$,则有

$$\left(\frac{x_1}{x_2}\right)^{p^n}-\left(\frac{x_1}{x_2}\right)=\frac{x_1{}^{p^n}x_2-x_1x_2{}^{p^n}}{x_2{}^{p^n}x_2}=\frac{x_1{}^{p^n}x_2-x_1x_2+x_1x_2-x_1x_2{}^{p^n}}{x_2{}^{p^n}x_2}$$

$$=\frac{x_2(x_1{}^{p^n}-x_1)-x_1(x_2{}^{p^n}-x_2)}{x_2{}^{p^n}x_2}=0.$$

又显然 $f(0)=0=f(1_F)$,所以 $f(x)$在 $F$ 中所有根的集合 $E$ 构成 $F$ 的子域,且 $|E|=p^n$ 以及$\mathbb{Z}_p\subseteq E$.由于 $F$ 是 $f(x)$在$\mathbb{Z}_p$上的分裂域,故它是由 $f(x)$的根在$\mathbb{Z}_p$上生成的.所以,我们有 $F=\mathbb{Z}_p[E]=E$.

**推论 7.4.3** 如果 $p$ 是素数,$n\geqslant 1$ 为整数,则存在具有 $p^n$ 个元素的域.元素个数相同的任两个域是同构的.

**证明** 对已给的 $p$ 和 $n$,由定理 7.2.1 知 $x^{p^n}-x$ 在$\mathbb{Z}_p$上的分裂域存在,且有秩 $p^n$(定理 7.4.3).由于秩为 $p^n$ 的每个有限域是 $x^{p^n}-x$ 在$\mathbb{Z}_p$上的分裂域,故由推论 7.2.1 知,任意两个这样的域同构.

**推论 7.4.4** 如果 $K$ 是有限域,$n\geqslant 1$ 为整数,则存在 $K$ 的单扩域 $F=K(\alpha)$使 $F$ 是有限的,且$[F:K]=n$. $K$ 的任意两个 $n$ 维扩域同构.

**证明** 因为 $K$ 为有限域,故可设$|K|=p^r$.设 $F$ 是多项式 $f(x)=x^{p^m}-x$ 在 $K$ 上的分裂域.由定理 7.4.4 知,每个 $\alpha\in K$ 均满足 $\alpha^{p^r}=\alpha$.于是归纳得出,任意 $\alpha\in K$,满足 $\alpha^{p^m}=\alpha$.所以,$F$ 实际上是 $f(x)=x^{p^m}-x$ 在$\mathbb{Z}_p$上的分裂域.由定理 7.4.4 的证明,$F$ 恰好由 $f(x)$的 $p^m$ 个不同根构成.因此,$p^m=|F|=|K|^{[F:K]}=(p^r)^{[F:K]}$.所以,我们有$[F:K]=n$.由推论 7.4.2 知,$F$ 是 $K$ 的单扩域.如果 $F_1$ 是 $K$ 的另一个单扩域,且$[F_1:K]=n$,则$[F_1:\mathbb{Z}_p]=n[K:\mathbb{Z}_p]=nr$.因此我们有 $|F_1|=p^{nr}$.由定理 7.4.4 知 $F_1$ 是 $x^{p^{nr}}-x$ 在$\mathbb{Z}_p$上的分裂域,从而是 $K$ 上的分裂域.因此,由定理 7.2.2 知 $F$ 和 $F_1$ 是 $K$-同构的.

**推论 7.4.5** 如果 $K$ 是有限域,$n\geqslant 1$ 为整数,则在 $K[x]$中存在次数为 $n$ 的既约多项式.

**证明** 由推论 7.4.4 知,$F=K(\alpha)$,且$[F:K]=n$.于是,$\alpha$ 在 $K$ 上的既约多项式即为所求.

## 习 题 7.4

1. 设 $K$ 是一个含有 $p^n$ 个元素的有限域,证明:对于 $n$ 的每一个因数 $m>0$,存在并且只存在 $K$ 的一个有 $p^m$ 个元的子域.

2. 证明:有限域的每个元素均可表示成两个元素的平方和.

3. 证明:一个有限域一定有比它大的代数扩域.

4. 设 $K$ 是一个有限域,$P$ 是它所含的素域,且 $K=P(u)$. 问 $u$ 是否必须是 $K$ 的非零元所作乘群的一个生成元.

5. 设 $P$ 是特征为 2 的素域,找出 $P[x]$中的所有三次既约多项式.

6. 设 $K$ 是有限域,$|K|=q$,$f(x)\in K[x]$是既约的,证明:$f(x)$整除 $x^{q^n}-x$ 当且仅当 $\deg f$ 整除 $n$.

7. 如果 $n\geqslant 3$,证明:$x^{2^n}+x+1$ 在$\mathbb{Z}_2$上是既约多项式.

8. 设 $K$ 是有限域,$F$ 是 $K$ 的扩域,如果 $|K|=p^r$,$|F|=p^n$,证明:$r|n$,并且 $\mathrm{Aut}_K^F$ 是由 $\varphi$ 生成的循环群,这里 $\varphi$ 为 $F$ 到 $F$ 的 $K$-自同构.

9. 设 $K$ 是有限域,$(n,q)=1$,$F$ 是 $x^n-1_K$ 在 $K$ 上的分裂域,证明:$[F:K]$是使得$n|(q^k-1)$的最小正数 $k$.

10. 如果 $K$ 是特征 $\mathrm{Char}K=p$ 的有限域,描述 $K$ 的加法群的结构.

11. (费马) 如果 $p\in\mathbb{Z}$ 是素数,则对所有 $a\in\mathbb{Z}_p$,有 $a^p=a$;或等价地对所有 $c\in\mathbb{Z}$,有 $c^p\equiv c(\mathrm{mod}\,p)$.

12. 设 $K$ 是有限域且$|K|=p^n$,证明:$K$ 的每个元素在 $K$ 中有唯一 $p$ 次根.

13. 设 $K$ 是有限域,如果首 1 多项式 $f(x)\in K[x]$的根是互不相同的(在 $K$ 上的某个分裂域中),并且构成一个域,证明:$\mathrm{Char}K=p$,并且对某个正整数 $n\geqslant 1$,$f(x)=x^{p^n}-x$.

14. 设 $F$ 是$\mathbb{Z}_p$ ($p$ 为素数)的代数闭包,证明:

(1) $F$ 在$\mathbb{Z}_p$上是伽罗瓦的;

(2) 由 $u\mapsto u^p$ 给出的映射 $\varphi:F\to F$ 是 $F$ 的非恒等$\mathbb{Z}_p$-自同构.

(3) 子群 $H=\langle\varphi\rangle$是 $\mathrm{Aut}_{\mathbb{Z}_p}^F$ 的真子群,其固定域为$\mathbb{Z}_p$ (由(1)知$\mathbb{Z}_p$也是 $\mathrm{Aut}_{\mathbb{Z}_p}^F$ 的固定域).

15. 如果 $K$ 是有限域,$F$ 是 $K$ 的代数闭包,证明 $\mathrm{Aut}_K^F$ 是阿贝尔群且 $\mathrm{Aut}_K^F$ 中除恒定同构 $1_F$外每个元素都是无限周期的.

## 7.5 超 越 基

代数无关是本节的一个重要概念,它是线性无关概念的推广. 域 $F$ 在子域 $K$ 上的超越基与 $F$ 作为 $K$ 上向量空间在 $K$ 上的基是类似的,我们将证明 $F$ 在 $K$ 上的超越基的基数是不变量,并讨论它的基本性质.

### 7.5.1 代数无关与超越基

本节将用符号 $u/v$ 代替 $uv^{-1}$,其中 $u,v\in F$ 且 $v\neq 0$.

**定义 7.5.1**　设域 $F$ 是域 $K$ 的扩域，$S$ 是 $F$ 的子集，称 $S$ 在 $K$ 上是代数相关的(algebraically dependent)，如果对某个正整数 $n$，存在非零多项式 $f\in K[x_1, x_2,\cdots,x_n]$使得对一些不同的 $s_1,s_2,\cdots,s_n\in S$ 成立 $f(s_1,s_2,\cdots,s_n)=0$；称 $S$ 在 $K$ 上是代数无关的(algebraically independent)，如果 $S$ 在 $K$ 上不是代数相关的.

**注 7.5.1**　(1) $F$ 的子集 $S$ 在 $K$ 上是代数无关的当且仅当：若对所有正整数 $n$，$f\in K[x_1,x_2,\cdots,x_n]$和不同的 $s_1,s_2,\cdots,s_n\in S$，$f(s_1,s_2,\cdots,s_n)=0\Rightarrow f=0$.

(2) 代数无关集的每个子集是代数无关的. 特别地，空集是代数无关的.

(3) 域 $K$ 的每个子集显然是代数相关的. 集合$\{u\}$在 $K$ 上是代数相关的当且仅当 $u$ 在 $K$ 上是代数的.

(4) 代数无关集中的每个元素显然在域 $K$ 上是超越的. 因此，如果 $F$ 在 $K$ 上是代数的，则空集是 $F$ 的唯一的代数无关子集.

(5) 代数相关(无关)可视为是线性相关(无关)概念的推广. 这是因为：一个集合 $S$ 在 $K$ 上是线性相关的，如果对某个正整数 $n$，存在次数为 1 的非零多项式 $f\in K[x_1,x_2,\cdots,x_n]$使得对不同的 $s_1,s_2,\cdots,s_n\in S$ 成立 $f(s_1,s_2,\cdots,s_n)=0$. 所以，每个代数无关集合也是线性无关的，但反之不一定成立.

**例 7.5.1**　令 $K$ 是域，在有理函数域 $K(x_1,\cdots,x_n)$中，未定元$\{x_1,\cdots,x_n\}$的集合在 $K$ 上是代数无关的. 更一般地，我们有如下定理.

**定理 7.5.1**　设 $F$ 是 $K$ 的扩域，且$\{s_1,\cdots,s_n\}$是 $F$ 的子集，且在 $K$ 上是代数无关的，则存在 $K$-同构 $K(s_1,\cdots,s_n)\cong K(x_1,\cdots,x_n)$.

**证明**　对应 $x_i\mapsto s_i$ 定义了环 $K$-满同态 $\theta: K[x_1,\cdots,x_n]\to K[s_1,\cdots,s_n]$，即任意 $f=\sum a_{i_1\cdots i_n}x_1^{i_1}\cdots x_n^{i_n}$，$\theta(f)=a_{i_1\cdots i_n}s_1^{i_1}\cdots s_n^{i_n}$. 由于$\{s_1,\cdots,s_n\}$在 $K$ 上是代数无关的，故 $\theta$ 是单同态，从而 $\theta$ 是环同构. 进一步，将 $\theta$ 拓广为域的 $K$-同构 $\theta: K(x_1,\cdots, x_n)\to K(s_1,\cdots,s_n)$ 使

$$\theta(f/g)=f(s_1,\cdots,s_n)/g(s_1,\cdots,s_n)=f(s_1,\cdots,s_n)g(s_1,\cdots,s_n)^{-1},$$

所以，$K(s_1,\cdots,s_n)\cong K(x_1,\cdots,x_n)$.

**推论 7.5.1**　令 $F_i$ 是 $K_i$ 的扩域，且 $S_i\subset F_i$，$S_i$ 是 $K_i$ 上代数无关的，这里 $i=1,2$，如果 $\varphi: S_1\to S_2$ 是集合的单射，$\sigma: K_1\to K_2$ 是域的单同态，则 $\sigma$ 拓广为域的单同态 $\bar{\sigma}: K_1(S_1)\to K_2(S_2)$使得 $\bar{\sigma}(s)=\varphi(s)$对每个 $s\in S_1$ 成立. 进一步，如果 $\varphi$ 是双射，$\sigma$ 是同构，则 $\bar{\sigma}$ 是同构.

**注 7.5.2**　这个推论蕴涵着域 $K$ 上代数无关集 $S$ 上的每个置换拓广为 $K(S)$ 的 $K$-自同构，这是因为只需令 $K_1=K=K_2$，$\sigma=1_K$ 即可.

**证明**　对每个 $n\geqslant 1$，$\sigma$ 诱导出环单同态 $K_1[x_1,\cdots,x_n]\to K_2[x_1,\cdots,x_n]$，仍记之为 $\sigma$. 由定理 7.1.2 知 $K_1(S_1)$的每个元素形如 $f(s_1,\cdots,s_n)/g(s_1,\cdots,s_n)$(这里诸 $s_i\in S_1$). 为方便，将 $\varphi(s)$记为 $\varphi s$，我们定义：$\bar{\sigma}: K_1(S_1)\to K_2(S_2)$如下：

$\bar{\sigma}: f(s_1,\cdots,s_n)/g(s_1,\cdots,s_n)\mapsto \sigma f(\varphi s_1,\cdots,\varphi s_n)/\sigma g(\varphi s_1,\cdots,\varphi s_n)\in K(S_2).$

对 $S_1$ 的任何有限子集 $\{s_1,\cdots,s_r\}$，$\bar{\sigma}$ 在 $K(s_1,\cdots,s_r)$上的限制是如下合成映射：

$$K_1(s_1,\cdots,s_r)\xrightarrow{\theta_1^{-1}}K_1(x_1,\cdots,x_r)\xrightarrow{\hat{\sigma}}K_2(x_1,\cdots,x_r)\to K_2(\varphi s_1,\cdots,\varphi s_r),$$

其中 $\theta_i$ 是定理 7.5.1 的 $K_i$-同构，$\hat{\sigma}$ 是由 $\sigma: K_1[x_1,\cdots,x_r]\to K_2[x_1,\cdots,x_r]$诱导出的唯一的商域的单同态，且由 $\hat{\sigma}(f/g)=(\sigma f)/(\sigma g)$ 给出. 于是，$\bar{\sigma}$ 是定义良好的域单同态. 由构造，$\bar{\sigma}$ 推广为$\sigma$，且与 $\varphi$ 在$S_1$ 上一致. 如果 $\sigma$ 是同构的，则每个 $\hat{\sigma}$ 也是同构的. 因此，每个 $\theta_2\hat{\sigma}\theta_1^{-1}$ 是同构的. 如果 $\varphi$ 是双射，则 $\bar{\sigma}$ 是同构的.

**定义 7.5.2** 设 $F$ 是 $K$ 的扩域，$F$ 的子集 $S$ 称为是 $F$ 在 $K$ 上的超越基(transcendental basis)，如果 $S$ 在 $K$ 上是代数无关的，且 $F$ 的所有代数无关子集中关于包含关系 $S$ 是极大的.

**注 7.5.3** (1) 利用 Zorn 引理可证明 $F$ 在 $K$ 上的超越基总是存在的(留作练习).

(2) 由于代数无关与线性无关相似，故超越基与向量空间的基也是类似的. 然而超越基不是向量空间的基，尽管作为线性无关集，它含在向量空间的基中.

**例 7.5.2** 如果 $f/g=f(x)/g(x)\in K(x)$ 且 $f,g\neq 0$，则非零多项式 $h(y_1,y_2)=g(y_1)y_2-f(y_1)\in K[y_1,y_2]$，使 $h(x,f/g)=g(x)[f(x)/g(x)]-f(x)=0$. 因此，$\{x,f/g\}$在 $K(x)$中是线性相关的. 这个讨论表明 $\{x\}$是 $K(x)$在 $K$ 上的超越基. 集合$\{x\}$不是基，因为$\{1_K,x,x^2,\cdots\}$在 $K(x)$中是线性无关的.

为刻画讨论域 $F$ 的超越基，我们需要如下定理.

**定理 7.5.2** 设 $F$ 是 $K$ 的扩域，$S$ 是 $F$ 的在 $K$ 上代数无关的子集，且 $u\in F-K[S]$，则 $S\cup\{u\}$在 $K$ 上是代数无关的当且仅当 $u$ 在 $K(S)$上是超越的.

**证明** 如果存在不同的 $s_1,\cdots,s_{n-1}\in S$ 和 $f\in K[x_1,\cdots,x_n]$使 $f(s_1,\cdots,s_{n-1},u)=0$，则 $u$ 是 $f(s_1,\cdots,s_{n-1},x_n)\in K[S][x_n]$的根. 现在 $f(s_1,\cdots,s_{n-1})\in K[x_1,\cdots,x_{n-1},x_n]=K[x_1,\cdots,x_{n-1}][x_n]$. 因此，$f=h_rx_n^r+h_{r-1}x_n^{r-1}+\cdots+h_1x_n+h_0$，且每个 $h_i\in K[x_1,\cdots,x_{n-1}]$. 由于 $u$ 在 $K(S)$上是超越的，我们有 $f(s_1,\cdots,s_{n-1},x_n)=0$. 因此，对每个 $i$，$h_i(s_1,\cdots,s_{n-1})=0$. 又由于 $S$ 是代数无关的，故对每个 $i$，$h_i=0$，所以 $f=0$. 于是，$S\cup\{u\}$在 $K$ 上代数无关的.

反过来，假设 $f(u)=0$，其中 $f=\sum\limits_{i=0}^{n}a_ix^i\in K[S][x]$. 由定理 7.1.2 知，存在 $S$ 的有限子集$\{s_1,\cdots,s_r\}$使得对每个 $i$ 成立 $a_i\in K(s_1,\cdots,s_r)$. 因此，$a_i=f_i(s_1,\cdots,s_r)/g_i(s_1,\cdots,s_r)$. 对某个 $f_i,g_i\in K[x_1,\cdots,x_n]$ 成立. 令 $g=g_1g_2\cdots g_n\in K[x_1,\cdots,x_r]$，对每个 $i$，令 $\bar{f}_i=f_ig_1\cdots g_{i-1}\cdots g_n\in K[x_1,\cdots,x_r]$，则 $a_i=\bar{f}_i(s_1,\cdots,s_r)/g(s_1,\cdots,s_r)$，且 $f(x)=\sum a_ix^i=\sum \bar{f}_i(s_1,\cdots,s_r)/g(s_1,\cdots,s_r)x_i=$

$g(s_1,\cdots,s_r)^{-1}\left(\sum \bar{f}_i(s_1,\cdots,s_r)x^i\right)$.

实际上,我们在这里所做的就是找出 $f$ 的系数的公分母,令 $h(x_1,\cdots,x_r,x)=\sum \bar{f}_i(x_1,\cdots,x_r)x^i \in K[x_1,\cdots,x_r,x]$. 由于 $f(u)=0, g(s_1,\cdots,s_r)^{-1}\neq 0$,我们一定有 $h_i(s_1,\cdots,s_r,u)=0$. 所以,$S\cup\{u\}$ 在 $K(S)$ 上是超越的.

**推论 7.5.2** 设 $F$ 是 $K$ 的扩域,$S$ 是 $K$ 的子集且在 $K$ 上是代数无关的,则 $S$ 是 $F$ 在 $K$ 上的超越基当且仅当 $F$ 在 $K(S)$ 是代数的.

证明留作练习.

### 7.5.2 超越扩域与超越次数

**定义 7.5.3** 域 $F$ 称作是域 $K$ 的纯超越扩域(pure transcendental extension field),如果 $F=K(S)$,其中 $S\subset F$ 且 $S$ 在 $K$ 上是代数无关的.

**注 7.5.4** (1) 在这种情况下,由推论 7.5.2 知 $S$ 是 $F$ 在 $K$ 上的超越基.

(2) 如果 $F$ 是 $K$ 的扩域,令 $S$ 是 $F$ 在 $K$ 上的超越基且 $E=K(S)$,由推论 7.5.2知 $F$ 在 $E$ 上是纯超越的.

(3) 推论 7.5.2 和注 7.5.1 表明:$F$ 是 $K$ 的扩域当且仅当空集是 $F$ 在 $K$ 上的超越基,在此情况下,空集显然是 $F$ 在 $K$ 上的唯一超越基.

**推论 7.5.3** 如果 $F$ 是 $K$ 的扩域,$F$ 对某个子集 $X\subset F$ 在 $K(X)$ 上是代数的(特别地,若 $F=K(X)$),则 $X$ 含有 $F$ 在 $K$ 上的超越基.

**证明** 令 $S$ 是 $X$ 的极大代数无关的子集(由 Zorn 引理,$S$ 是存在的),则由定理 7.5.2 知每个 $u\in X-S$ 在 $K(X)$ 上是代数的. 因此由定理 7.1.8 知,$K(X)$ 在 $K(S)$ 上是代数的. 所以,再由推论 7.5.2 知 $S$ 是 $F$ 在 $K$ 上的超越基.

**定理 7.5.3** 设 $F$ 是 $K$ 的扩域,如果 $S$ 是 $F$ 在 $K$ 上的有限超越基,则 $F$ 在 $K$ 上的每个超越基与 $S$ 中元素个数相同.

**证明** 令 $S=\{s_1,\cdots,s_n\}$,$T$ 是 $F$ 在 $K$ 上的超越基,我们断言某个 $t_1\in T$ 在 $K(s_1,\cdots,s_n)$ 上是超越的. 否则,$T$ 中每个元素在 $K(s_1,\cdots,s_n)$ 上是代数的. 由于 $F$ 在 $K(T)$ 上是代数的(推论 7.5.3),故 $F$ 在 $K(T)(s_1,\cdots,s_n)=K(s_1,\cdots,s_n)(T)$ 上一定是代数的. 所以,$F$ 在 $K(s_1,\cdots,s_n)$ 上是代数的(定理 7.1.9). 特别地,$s_1$ 在 $K(s_1,\cdots,s_n)$ 上是代数的,矛盾(由定理 7.5.2). 因此,存在某个 $t_1\in T$ 在 $K(s_2,\cdots,s_n)$ 上是超越的. 所以,$(t_1,s_2,\cdots,s_n)$ 是代数无关的(定理 7.5.2).

现在,若 $s_1$ 在 $K(t_1,s_2,\cdots,s_n)$ 上是超越的,则 $(t_1,s_2,\cdots,s_n)$ 是代数无关的(定理 7.5.2). 由于 $S$ 是超越基,这显然是不可能的. 所以,$s_1$ 在 $K(t_1,s_2,\cdots,s_n)$ 上是代数的. 因此,$K(S)(t_1)=K(t_1,s_2,\cdots,s_n)(s_1)$ 在 $K(t_1,s_2,\cdots,s_n)$ 上是代数的(定理 7.1.8),从而 $F$ 在 $K(t_1,s_2,\cdots,s_n)$ 上是代数的(定理 7.1.9 和推论 7.5.2). 所以,$(t_1,s_2,\cdots,s_n)$ 是 $F$ 在 $K$ 上的超越基(推论 7.5.2).

类似的讨论可证明存在 $t_2 \in T$ 在 $K(t_1, s_3, \cdots, s_n)$ 上是超越的. 因此, $\{t_2, t_1, s_3, \cdots, s_n\}$ 是超越基. 继续归纳下去(在每一步插入 $t_i$, 且略去 $s_i$), 我们最终得到 $t_1, t_2, \cdots, t_n \in T$ 使 $\{t_1, \cdots, t_n\}$ 是 $F$ 在 $K$ 上的超越基. 显然, 我们一定有 $T = \{t_1, \cdots, t_n\}$. 因此, $|S| = |T|$.

**定理 7.5.4** 设 $F$ 是 $K$ 的扩域, 如果 $S$ 是 $F$ 在 $K$ 上的无限超越基, 则 $F$ 在 $K$ 上的每个超越基与 $S$ 有相同的基数.

**证明** 如果 $T$ 是另一个超越基, 则由定理 7.5.3 知 $T$ 是无限的. 如果 $s \in S$, 则由推论 7.5.2 知 $s$ 在 $K(T)$ 上是代数的, $s$ 在 $K(T)$ 上的既约多项式 $f$ 的系数(对 $T$ 的某个有限子集 $T_s$)均在 $K(T_s)$ 中(定理 7.1.2). 因此, $f \in K(T_s)[x]$, 且 $s$ 在 $K(T_s)$ 上是代数的. 对每个 $s \in S$, 选取 $T$ 的这样子集 $T_s$.

我们将证明 $\bigcup_{s \in S} T_s$ 是 $F$ 在 $K$ 上的超越基. 由于 $\bigcup_{s \in S} T_s \subseteq T$, 故我们断言 $\bigcup_{s \in S} T_s = T$. 事实上, 作为 $T$ 的子集, 集合 $\bigcup_{s \in S} T_s$ 是代数无关的. 进一步, $S$ 的每一个元素在 $K\left(\bigcup_{s \in S} T_s\right)$ 上是代数的, 因此, $K\left(\bigcup_{s \in S} T_s\right)(S)$ 在 $K\left(\bigcup_{s \in S} T_s\right)$ 上是代数的(定理 7.1.8). 由于 $K(S) \subseteq K\left(\bigcup_{s \in S} T_s\right)(S)$, 故 $K(S)$ 的每个元素在 $K\left(\bigcup_{s \in S} T_s\right)$ 上是代数的. 由于 $F$ 在 $K(S)$ 上是代数的(推论 7.5.2), 故 $F$ 在 $K\left(\bigcup_{s \in S} T_s\right)$ 上也是代数的(定理 7.1.9). 所以, 由推论 7.5.2 知, $\bigcup_{s \in S} T_s$ 是超越基, 因而 $\bigcup_{s \in S} T_s = T$.

最后, 我们将证明 $|S| \leqslant |T|$. 集 $T_s$ 不一定互不相交, 我们进行如下修正: 良序化集合 $S$, 记第一个元素为 1, 令 $T_1' = T_1$, 对每个 $1 < s < S$, 定义 $T_s' = T_s - \bigcup_{i < s} T_i$. 显然, 每个 $T_s'$ 是有限的. 容易验证 $\bigcup_{s \in S} T_s = \bigcup_{s \in S} T_s'$ 以及 $T_s'$ 是相互不交的. 对每个 $s \in S$, 选取 $T_s'$ 中元素的一个固定次序: $t_1, t_2, \cdots, t_{k_s}$, 对应 $t_i \mapsto (s, i)$ 定义了单映射: $\bigcup_{s \in S} T_s' \to S \times \mathbb{N}^*$, 这里 $\mathbb{N}^* = \mathbb{N} - \{0\}$. 所以根据定义 1.1.15 和定义 1.1.17 以及定理 1.1.14, 我们有

$$|T| = \left|\bigcup_{s \in S} T_s\right| = \left|\bigcup_{s \in S} T_s'\right| \leqslant |S \times \mathbb{N}^*| = |S| \aleph_0 = |S|.$$

将前面的讨论中 $S$ 与 $T$ 的作用倒过来, 则有 $|S| \leqslant |T|$. 因此, $|S| = |T|$.

**定义 7.5.4** 设 $F$ 是域 $K$ 的扩域, $F$ 在 $K$ 上的超越次数(transcendental degree), 记为 tr. d. $F/K$, 是基数 $|S|$. 其中 $S$ 是 $F$ 在 $K$ 上的任一超越基.

**注 7.5.5** (1) 前面的两个定理表明 tr. d. $F/K$ 与 $S$ 的选取无关.

(2) 因线性无关与代数无关类似, tr. d. $F/K$ 与向量空间维数 $[F : K]$ 类似.

(3) 定义 7.5.2 后的注 7.5.3 与例 7.5.2 表明 tr. d. $F/K \leqslant [F : K]$; tr. d. $F/K = 0 \Leftrightarrow F$ 在 $K$ 上是代数的.

**定理 7.5.5** 如果 $F$ 是 $E$ 的扩域, $E$ 是 $K$ 的扩域, 则

$$\text{tr. d. } F/K = (\text{tr. d. } F/E) + (\text{tr. d. } E/K).$$

**证明**　令 $S$ 是 $E$ 在 $K$ 上的超越基，$T$ 是 $F$ 在 $E$ 上的超越基. 由于 $S \subset E$，故 $S$ 在 $E$ 上是代数相关的. 因此，$S \cap T = \varnothing$. 只需证明 $S \cup T$ 是 $F$ 在 $K$ 上的超越基即可. 因为在此情形下，定义 7.5.4 及定义 1.1.17 蕴涵着

$$\text{tr. d. } F/K = |S \cup T| = |S| + |T| = (\text{tr. d. } F/E) + (\text{tr. d. } E/K).$$

首先，$E$ 的每个元素在 $K(S)$ 上是代数的(推论 7.5.2)，因而在 $K(S \cup T)$ 上是代数的. 因而 $K(S \cup T)(E)$ 在 $K(S \cup T)$ 上是代数的(定理 7.1.8). 由于

$$K(S \cup T) = K(S)(T) \subseteq E(T) \subseteq K(S \cup T)(E),$$

故 $E(T)$ 在 $K(S \cup T)$ 上是代数的. 但 $F$ 在 $E(T)$ 上是代数的(推论 7.5.2)，所以，由定理 7.1.9 知，$F$ 在 $K(S \cup T)$ 上是代数的. 因此，由推论 7.5.2，只需证明 $S \cup T$ 在 $K$ 上是代数无关的.

设 $f$ 是 $K$ 上 $n+m$ 变量(为方便，记为 $x_1, \cdots, x_n, y_1, \cdots, y_m$)的多项式使得对一切不同的 $s_1, \cdots, s_n \in S, t_1, \cdots, t_n \in T$ 成立 $f(s_1, \cdots, s_n, t_1, \cdots, t_m) = 0$. 设 $g = g(y_1, \cdots, y_m) = s(s_1, \cdots, s_n, y_1, \cdots, y_m) \in K(S)[y_1, \cdots, y_m] \subseteq E(y_1, \cdots, y_m)$，由于 $g(t_1, \cdots, t_m) = 0$，故 $T$ 在 $E$ 上的代数无关性蕴涵着 $g = 0$. 现在 $f = f(x_1, \cdots, x_n, y_1, \cdots, y_m) = \sum_{i=1}^{r} h_i(x_1, \cdots, x_n) k_i(y_1, \cdots, y_m)$，且 $h_i \in K[x_1, \cdots, x_n], k_i \in K[y_1, \cdots, y_m]$. 因此，$0 = g(y_1, \cdots, y_m) = f(s_1, \cdots, s_n, y_1, \cdots, y_m)$ 蕴涵着对每个 $i$ 成立 $h_i(s_1, \cdots, s_n) = 0$. $S$ 在 $K$ 上的线性无关性蕴涵着对所有 $i$ 成立 $h_i = 0$. 因此 $f = f(x_1, \cdots, x_n, y_1, \cdots, y_m) = 0$. 所以，$S \cup T$ 在 $K$ 上是代数无关的.

如果 $K_1$ 和 $K_2$ 是域，$F_1$ 和 $F_2$ 分别为 $K_1$ 与 $K_2$ 的代数闭包，则定理 7.2.6 蕴涵着每个同构 $K_1 \cong K_2$ 拓广为同构 $F_1 \cong F_2$. 在适当的假设下，这个结果能推广到情形：域 $F_i$ 是代数闭的，但不一定在 $K_i$ 上是代数的.

**定理 7.5.6**　设 $F_1$ 和 $F_2$ 分别为 $K_1$ 与 $K_2$ 的代数闭域. 如果 $\text{tr. d. } F_1/K_1 = \text{tr. d. } F_2/K_2$，则每个域同构 $K_1 \cong K_2$ 拓广为 $F_1 \cong F_2$.

**证明**　令 $S_i$ 是 $F_i$ 在 $K_i$ 上的超越基. 由于 $|S_1| = |S_2|$，$\sigma: K_1 \cong K_2$ 拓广为同构 $\bar{\sigma}: K_1(S_1) \cong K_2(S_2)$(推论 7.5.1). $F_i$ 是代数闭域且在 $K_i(S_i)$ 上是代数的(推论 7.5.2)，因此，$F_i$ 为 $K_i(S_i)$ 的代数闭包. 所以，$\bar{\sigma}$ 拓展为同构 $F_1 \cong F_2$(定理 7.2.4 和定理 7.2.6).

## 习　题　7.5

1. 设 $F$ 是域 $K$ 的扩域，

(1) 利用 Zorn 引理证明每个域扩张都有超越基；

(2) 证明域 $F$ 的每个代数无关子集均含在某个超越基中.

2. 设$K$为域,证明:$\{x_1,\cdots,x_n\}$为$K(x_1,\cdots,x_n)$的超越基.

3. 设$F$是域$K$的扩域,$E_1$与$E_2$是中间域,证明:

(1) $\text{tr. d. } E_1E_2/K \geqslant \text{tr. d. } E_i/K, i=1,2$;

(2) $\text{tr. d. } E_1E_2/K \leqslant \text{tr. d. } E_1/K + \text{tr. d. } E_2/K$.

4. 如果$F=K(u_1,\cdots,u_n)$是$K$的有限生成扩域,$E$为中间域,证明:$E$是$K$的有限生成扩域.

5. 设$F$是$K$的扩域,令$S$是$F$的子集,如果$u\in F$在$K(S)$上是代数的,并且$u$在$K(S-\{v\})$上不是代数的,其中$v\in S$,证明:$v$在$K((S-\{v\})\cup\{u\})$上是代数的.

6. 证明:Lueroth定理:域$K$的单超越扩域$K(x)$的中间域仍为$K$的单超越扩域.

7. 如果域$F$是代数闭的,$F$是域$K$的扩域,$E$是中间域使得$\text{tr. d. } E/K$是有限的,证明:任一个$K$-单同态$F\to F$拓广为$F$的$K$-自同构.

8. 设$F$是域$K$的扩域,如果$F$是代数闭的,并且$\text{tr. d. } F/K$有限,证明:每个$K$-单同态$F\to F$是一个$K$-自同构.

9. (1) 如果$S$是复数域$\mathbb{C}$在有理数域$\mathbb{Q}$上的超越基,证明:$S$是无限的;

(2) 证明:域$\mathbb{C}$存在无限多个互不相同的自同构;

(3) 证明:$\text{tr. d. } \mathbb{C}/\mathbb{Q}=|\mathbb{C}|$.

# 第 8 章　伽罗瓦理论

本章介绍伽罗瓦理论，即用群论来讨论域的代数结构. 此理论的初等应用有"五次以上的一般方程不能用根式求解"等. 实际上，伽罗瓦理论就是由于研究用根式解代数方程即多项式方程而引起的. 但伽罗瓦理论的意义远不止于此，它已经形成了一整套关于域结构的理论，在代数上起着最基本的作用.

本章主要介绍伽罗瓦理论的基本定理、多项式的伽罗瓦群、域的正规扩张与分离扩张、代数基本定理、纯不可离扩域、循环扩域和分圆扩域、根扩域以及一般 $n$ 次代数方程根的公式求解理论等.

## 8.1　伽罗瓦理论的基本定理

本节给出伽罗瓦理论的基本定理. 这个定理能够使我们把涉及域、多项式和扩域问题转化为群的问题.

令 $F$ 是域，所有域同构($F\to F$)的集合 Aut$F$ 在映射合成运算下构成一个群. 一般地，这个群不是交换群，即不是阿贝尔群. 法国数学家伽罗瓦著名的发现是关于域(特别是域上多项式的根)的问题等价于域的自同构群的理论问题.

### 8.1.1　伽罗瓦扩域

**定义 8.1.1**　设 $F$ 是域 $K$ 的扩域，则 $F$ 的所有 $K$-自同构构成的群称为 $F$ 在 $K$ 上的伽罗瓦群(Galois group)，记为 $\mathrm{Aut}_K F$.

**例 8.1.1**　设 $K$ 为域，$F=K(x)$，任意 $a\in K$ 且 $a\neq 0$，映射 $\sigma_a:F\to F(\sigma_a(f(x))/g(x)=f(ax)/g(ax))$ 是 $F$ 的 $K$-自同构. 如果 $K$ 是无限的，则存在无限多个不相同的自同构 $\sigma_a$. 因此，$F$ 在 $K$ 上的伽罗瓦群 $\mathrm{Aut}_K F$ 是无限的. 类似地，对每个$b\in K$，映射 $\tau_a:F\to F((\tau_a(f(x))/g(x)=f(x+b)/g(x+b))$ 也是 $F$ 的 $K$-自同构. 如果 $a\neq 1_K$，$b\neq 0$，则容易验证 $\sigma_a\tau_b\neq\tau_b\sigma_a$. 因此，$\mathrm{Aut}_K^F$ 是非阿贝尔的.

**定理 8.1.1**　设 $F$ 是域 $K$ 的扩域，且 $f\in K[x]$. 如果 $\alpha\in F$ 是 $f$ 的根，$\sigma\in\mathrm{Aut}_K^F$，则 $\sigma(\alpha)\in F$ 也是 $f$ 的根.

**证明**　如果 $f(x)=\sum\limits_{i=0}^{n}k_i x^i$，则 $f(\alpha)=0$. 于是，$f(\sigma(\alpha))=\sum\limits_{i=0}^{n}k_i\sigma(\alpha)^i=\sum\limits_{i=0}^{n}\sigma(k_i)\sigma(\alpha^i)=\sigma\left(\sum\limits_{i=0}^{n}k_i\alpha^i\right)=\sigma(f(\alpha))=\sigma(0)=0.$

**注 8.1.1** (1) 定理 8.1.1 的一个重要应用是:$\alpha$ 是 $K$ 上代数的且有次数为 $n$ 的既约多项式 $f(x)\in K[x]$,则任意 $\sigma\in \mathrm{Aut}_K K(\alpha)$ 完全由它在 $\alpha$ 上的作用所确定. 事实上,由定理 7.1.4 知,$\{1_K,\alpha,\alpha^2,\cdots,\alpha^{n-1}\}$ 是 $K(\alpha)$ 在 $K$ 上的基. 因此,$\sigma(\alpha)$ 的值确定后,因 $K(\alpha)$ 中元素 $u$ 是 $1_K,\alpha,\cdots,\alpha^{n-1}$ 的线性组合,从而 $\sigma(u)$ 也唯一确定. 即,如果 $u=\sum_{i=0}^{n}k_i\alpha^i$,则 $\sigma(u)=\sum_{i=0}^{n}k_i\sigma(\alpha)^i$.

(2) 由定理 8.1.1,对任意 $\sigma\in \mathrm{Aut}_K K(\alpha)$,则 $\sigma(\alpha)$ 也是 $\alpha$ 的既约多项式 $f(x)\in K[x]$ 的根,从而 $|\mathrm{Aut}_K K(\alpha)|\leqslant m$. 这里的 $m$ 为 $f(x)$ 在 $K(\alpha)$ 中不同根的个数.

**例 8.1.2** 如果域 $F=K$,则 $\mathrm{Aut}_K F=\mathrm{Aut}_K K$ 显然由唯一的一个恒等元构成. 然而其逆不成立. 例如,设 $\mathbb{Q}$ 为有理数域,如果 $\alpha$ 是 2 的实立方根,因另外两根是一对共轭复数,故 $\mathrm{Aut}_{\mathbb{Q}}\mathbb{Q}(\alpha)$ 是恒等群,从而 $|\mathrm{Aut}_{\mathbb{Q}}\mathbb{Q}(\alpha)|=1$,而此时,$\mathbb{Q}\subset\mathbb{Q}(\alpha)\subset\mathbb{R}$ 但 $\mathbb{Q}\neq\mathbb{Q}(\alpha)$. 类似地,$\mathrm{Aut}_{\mathbb{Q}}\mathbb{R}$ 也是恒等群,但 $\mathbb{Q}\neq\mathbb{R}$.

**例 8.1.3** 复数域 $\mathbb{C}=\mathbb{R}[\mathrm{i}]$,这里 $\pm\mathrm{i}$ 是二次多项式 $x^2+1$ 的根,因此 $\mathrm{Aut}_{\mathbb{R}}\mathbb{C}$ 至多有两个元素. 容易验证,复数的共轭映射 $a+b\mathrm{i}\mapsto a-b\mathrm{i}$ 是 $\mathbb{C}$ 的非恒等 $\mathbb{R}$-自同构,所以 $|\mathrm{Aut}_{\mathbb{R}}\mathbb{C}|=2$. 因此,我们有 $\mathrm{Aut}_{\mathbb{R}}\mathbb{C}\cong\mathbb{Z}_2$. 类似地,可证明 $\mathrm{Aut}_{\mathbb{Q}}\mathbb{Q}(\sqrt{3})\cong\mathbb{Z}_2$,$\mathrm{Aut}_{\mathbb{Q}}\mathbb{Q}(\sqrt{5})\cong\mathbb{Z}_2$ 等.

**例 8.1.4** 设 $\mathbb{F}=\mathbb{Q}(\sqrt{2},\sqrt{3})=\mathbb{Q}(\sqrt{2})(\sqrt{3})$. 由于 $x^2-3$ 在 $\mathbb{Q}(\sqrt{2})$ 上是既约的,故由定理 7.1.1 和定理 7.1.4 知 $\{1,\sqrt{2},\sqrt{3},\sqrt{6}\}$ 是 $\mathbb{F}$ 在 $\mathbb{Q}$ 上的一组基. 因此,如果 $\sigma\in\mathrm{Aut}_{\mathbb{Q}}\mathbb{F}$,则 $\sigma$ 完全由 $\sigma(\sqrt{2})$ 和 $\sigma(\sqrt{3})$ 所确定. 由定理 8.1.1 知 $\sigma(\sqrt{2})=\pm\sqrt{2}$,$\sigma(\sqrt{3})=\pm\sqrt{3}$,这就意味着 $\mathbb{F}$ 至多存在 4 个不同的 $\mathbb{Q}$-自同构. 容易验证,每一种可能均是 $\mathbb{F}$ 的 $\mathbb{Q}$-自同构. 所以 $|\mathrm{Aut}_{\mathbb{Q}}\mathbb{F}|=4$ 且 $\mathrm{Aut}_{\mathbb{Q}}\mathbb{F}\cong\mathbb{Z}_2\oplus\mathbb{Z}_2\,|\,\mathrm{Aut}_Q F\,|\,\mathbb{Z}_2\oplus\mathbb{Z}_2$.

伽罗瓦理论的基本思想是,在扩张 $K\subset F$ 的中间域与伽罗瓦群 $\mathrm{Aut}_K F$ 的子群之间建立某种对应关系. 尽管 $F$ 在 $K$ 上有限维的情况是最有趣的,但我们尽可能讨论一般情形. 为建立这种对应,我们有如下定理.

**定理 8.1.2** 设 $F$ 是 $K$ 的扩域,$E$ 为中间域,$H$ 是 $\mathrm{Aut}_K F$ 子群,则

(1) $H'=\{u\in F\,|\,\sigma(u)=u,\ \forall\sigma\in H\}$ 是扩张 $K\subset F$ 的中间域;

(2) $E'=\{\sigma\in\mathrm{Aut}_K F\,|\,\sigma(u)=u,\ \forall\sigma\in E\}=\mathrm{Aut}_E F$ 是 $\mathrm{Aut}_K F$ 的子群.

证明是很容易的,留作练习.

**注 8.1.2** 域 $H'$ 称为 $H$ 在 $F$ 中的固定域(fixed field). 在这里用撇号"$'$"记固定域是方便的且是实用的. 同样,我们也记群 $\mathrm{Aut}_E F$ 为 $E'$. 如果用 $G$ 记 $\mathrm{Aut}_K F$,则一方面,易见 $F'=\mathrm{Aut}_F F=1$,$K'=\mathrm{Aut}_F F=G$;另一方面,$1'=F$ 即 $F$ 是恒等群的固定域. 然而 $G'=K$ 却不一定永远成立. 为此,我们有下面的概念.

**定义 8.1.2** 设 $F$ 是 $K$ 的扩域,如果其伽罗瓦群 $\mathrm{Aut}_K F$ 的固定域为 $K$,则称 $F$ 是 $K$ 的伽罗瓦扩域(Galois extension field)或称 $F$ 在 $K$ 上是伽罗瓦的(Galois).

**注 8.1.3**　(1) $F$ 在 $K$ 上是伽罗瓦的当且仅当对任意 $u\in F-K$,存在 $K$-自同构 $\mathrm{Aut}_K F$ 使 $\sigma(u)\neq u$;

(2) 如果 $F$ 是 $K$ 的任一扩张域,$K_0$ 是 $\mathrm{Aut}_K F$ 的固定域(可能 $K_0\neq K$),则 $F$ 在 $K_0$ 上是伽罗瓦的,且 $K\subseteq K_0$,$\mathrm{Aut}_K F=\mathrm{Aut}_{K_0} F$.

**例 8.1.5**　复数域$\mathbb{C}$在实数域$\mathbb{R}$上是伽罗瓦的;$\mathbb{Q}(\sqrt{3})$在$\mathbb{Q}$上是伽罗瓦的;如果 $K$ 是无限域,则 $K(x)$ 在 $K$ 上是伽罗瓦的.

### 8.1.2　基本定理

**定义 8.1.3**　如果域 $L$ 与 $M$ 是某个域扩张的中间域且 $L\subset M$,则称$[M:L]$为 $L$ 和 $M$ 的相对维数(relative dimension);类似地,如果 $H$ 和 $J$ 是其伽罗瓦群的子群且 $H<J$,则称指数$[J:H]$为 $H$ 和 $J$ 的相对指数(relative index).

**定理 8.1.3** (伽罗瓦理论的基本定理(fundamental theorem in Galois theory))如果 $F$ 是域 $K$ 的有限维扩域,则在这个扩张的所有中间域集合与其伽罗瓦群 $\mathrm{Aut}_K F$ 的所有子群集合之间存在一一对应($E\mapsto E'=\mathrm{Aut}_E F$),使得

(1) 两个中间域的相对维数等于对应子群的相对指数. 特别地,$|\mathrm{Aut}_K F|=[F:K]$.

(2) $F$ 在每个中间域 $E$ 上都是伽罗瓦的,但 $E$ 在 $K$ 上是伽罗瓦的当且仅当对应子群 $A'=\mathrm{Aut}_E F$ 在 $G=\mathrm{Aut}_K F$ 中是正规的;在这种情况下,$G/E'$同构于 $E$ 在 $K$ 上的伽罗瓦群 $\mathrm{Aut}_K E$.

像定理 8.1.3 的叙述所指出的,所谓伽罗瓦一一对应由对每个中间域 $E$,分配一个 $F$ 在 $E$ 上的伽罗瓦群 $\mathrm{Aut}_E F$ 给出;而这个对应的逆,由对每个子群 $H$,分配给它一个在 $F$ 中的固定域来确定. 使用定理 8.1.2 中的"上撇号"是很方便的,所以 $E'$表示 $\mathrm{Aut}_E F$,$H'$表示 $H$ 在 $F$ 中的固定域.

下面系统地具体化这些撇号运算. 设 $L$ 和 $M$ 是扩张 $K\subset F$ 的中间域,$J$ 和 $H$ 是其伽罗瓦群 $G=\mathrm{Aut}_K E$ 的子群,我们有如下关系.

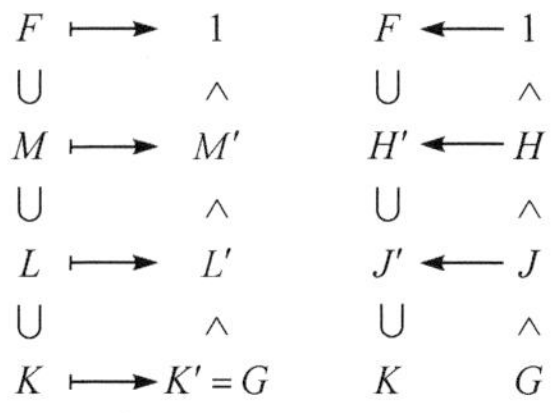

$$
\begin{array}{ccc}
F & \longmapsto & 1\\
\cup & & \wedge\\
M & \longmapsto & M'\\
\cup & & \wedge\\
L & \longmapsto & L'\\
\cup & & \wedge\\
K & \longmapsto & K'=G
\end{array}
\qquad\qquad
\begin{array}{ccc}
F & \longleftarrow & 1\\
\cup & & \wedge\\
H' & \longleftarrow & H\\
\cup & & \wedge\\
J' & \longleftarrow & J\\
\cup & & \wedge\\
K & & G
\end{array}
$$

图 8.1.1

为证明基本定理 8.1.3,我们还需做些准备,有如下定理.

**定理 8.1.4**　设 $F$ 是域 $K$ 的扩域,$L$ 和 $M$ 是其中间域,$H$ 和 $J$ 为 $G=\mathrm{Aut}_K E$ 的子群,则

(1) $F'=1, K'=G$;

(1′) $1'=F$;

(2) $L\subseteq M\Rightarrow M'\leqslant N'$;

(2′) $H\leqslant J\Rightarrow J'\leqslant H'$;

(3) $L'\subseteq L''$与 $H'\leqslant H''$(这里 $L''=(L')'$,$H''=(H')'$);

(4) $L'=L'''$,$H'=H'''$.

**证明** (1)—(3)可由定义直接验证得到. 为证(4)的第一个等式,由(2)和(3),我们有$L'''\leqslant L'$,可将(3)应用到$L'$上(即让$H=L'$),则有$L'=L'''$. 类似地,可证得$H'=H'''$.

**注 8.1.4** (1) $L''$真包含$L$和$H''$真包含$H$是可能的;

(2) 如果$G'=K$,故由定义,这时$F$在$K$上是伽罗瓦的. 在任何情况下都有$K'=G$. 所以,$F$在$K$上是伽罗瓦的当且仅当$K=K''$.

类似地,$F$在中间域$E$上是伽罗瓦的当且仅当$E=E''$.

**定义 8.1.4** 设$X$是某扩张的中间域或某伽罗瓦子群的闭子群. 我们称$X$为闭的(closed),如果$X=X''$.

**注 8.1.5** 由本定义上面的注 8.1.4(2)知,$F$在$K$上为伽罗瓦的当且仅当$K$是闭的.

**定理 8.1.5** 如果$F$是$K$的扩域,则在扩张的闭中间域和伽罗瓦群的闭子群之间存在一一对应,这个对应由伽罗瓦对应$E\mapsto E'=\mathrm{Aut}_E F$给出.

证明留作练习(逆对应由$H\mapsto H'$给出,利用定理 8.1.4(4)即可得证).

**注 8.1.6** 这个定理目前看来不是很有用的,直到我们获得关于哪些子群和中间域是闭的情况. 后面会证明在域的代数的和伽罗瓦的扩张中,所有中间域是闭的. 特别在有限维扩域情形里,伽罗瓦群的所有子群都是闭的.

**引理 8.1.1** 设$F$是域$K$的扩域,$L$和$M$是该扩张的中间域且$L\subseteq M$. 如果$[M:L]<\infty$,则$[L':M']\leqslant[M:L]$,特别地,如果$[F:K]<\infty$,则$|\mathrm{Aut}_K F|\leqslant[F:K]$.

**证明** 对$n=[M:L]$进行归纳证明. 当$n=1$时,证明是平凡的,因为此时$M=L$,故$M'=L'$. 归纳假设如果$n>1$且定理结论对所有$i<n$成立. 选取元素$u\in M$但$u\notin L$. 由于$[M:L]<\infty$,故$u$在$L$上是代数的(定理 7.1.7),且其既约多项式是$L[x]$中次数为$k>1$的$f(x)$. 由定理 7.1.1 和定理 7.1.4 知$[L(u):L]=k$ $[M:L(u)]=\dfrac{n}{k}$. 如图 8.1.2所示.

$$
n\left\{\begin{array}{l}
\dfrac{n}{k}\left\{\begin{array}{ccc} M & \longmapsto & M' \\ \cup & & \wedge \end{array}\right. \\
\quad\ \ L(u) \longmapsto L(u)' \\
k\left\{\begin{array}{ccc} \cup & & \wedge \\ L & \longmapsto & L' \end{array}\right.
\end{array}\right.
$$

图 8.1.2

因此,现在有两种情形. 如果$k<n$,则$1<n/k<n$,由归纳假设得,$[L':L(u)']\leqslant k$和$[L(u)':M']\leqslant n/k$,所以,$[L':M']=[L':L(u)'][L(u)':M']\leqslant k(n/k)=n=[M:L]$,从而定理得证. 另一方面,如果$k=n$,则$[M:L(u)]=1$与$M=L(u)$. 为完成这个情形下的证明,令$S=\{M'$在$L'$的所有左陪集$\}$,$T=\{$多项式$f(x)\in$

$L[x]$的在 $F$ 内的所有不同的根}. 如果能在 $S$ 与 $T$ 之间建立一个单射，则有 $|S| \leqslant |T|$. 由定理 3.3.14 知 $|T| \leqslant n$，由陪集和指数定义有 $|S| \leqslant [L' : M']$. 于是，我们有 $[L' : M'] \leqslant |T| \leqslant n = [M : L]$. 由于 $|\mathrm{Aut}_K F| = [\mathrm{Aut}_K F : 1] = [K' : F'] \leqslant [F : K]$，故得证 $|\mathrm{Aut}_K F| \leqslant [F : K]$.

下面在 $S$ 与 $T$ 之间建立单映射：令 $\tau M'$ 是 $M'$ 在 $L'$ 中的左陪集. 如果 $\sigma \in M' = \mathrm{Aut}_M F$，则由于 $u \in M$，故 $\tau\sigma(u) = \tau(u)$. 因此，陪集 $\tau M'$ 的每个元素在 $u$ 上作用是相同的，均映射 $u$ 为 $\tau(u)$. 由于 $\tau \in L' = \mathrm{Aut}_L F$，$u$ 是 $f(x)$ 的根，从而 $\tau(u)$ 也是 $f(x)$ 的根(定理 8.1.1). 这意味着，由 $\tau M' \mapsto \tau(u)$ 给出的映射 $S \to T$ 是定义良好的. 如果 $\tau(u) = \tau_0(u)$（这里 $\tau, \tau_0 \in L'$），则 $\tau_0^{-1}\tau(u) = u$，因此 $\tau_0^{-1}\tau$ 固定 $u$ 不动. 所以，$\tau_0^{-1}\tau$ 逐点固定 $L(u) = M$(定理 7.1.4(4))，且 $\tau_0^{-1}\tau \in M'$. 因此，由定理 1.3.6 得 $\tau_0 M' = \tau M'$，从而映射 $S \to T$ 是单的.

与引理 8.1.1 对应的，有下面关于伽罗瓦群的子群的结果，但其证明完全不同于引理 8.1.1.

**引理 8.1.2**　设 $F$ 是 $K$ 的扩域，$H$ 与 $J$ 是伽罗瓦群 $\mathrm{Aut}_K F$ 的子群且 $H < J$. 如果 $[J : H] < \infty$，则 $[H' : J'] \leqslant [J : H]$.

**证明**　设 $[J : H] = n$，假设 $[H' : J'] > n$，则存在 $u_1, \cdots, u_{n+1} \in H'$ 且它们在 $J'$ 上是线性无关的，令 $\{\tau_1, \cdots, \tau_n\}$ 是 $H$ 在 $J$ 中左陪集代表元的完全集(即 $J = \tau_1 H \cup \tau_2 H \cup \cdots \cup \tau_n H$ 且 $\tau_i^{-1}\tau_j \in H \Leftrightarrow i = j$). 考虑系数 $\tau_i(u_j)$ 在域 $F$ 中的具有 $(n+1)$ 个未定元的 $n$ 个齐次线性方程构成的方程组：

$$\begin{cases} \tau_1(u_1)x_1 + \tau_1(u_2)x_2 + \tau_1(u_3)x_3 + \cdots + \tau_1(u_{n+1})x_{n+1} = 0, \\ \tau_2(u_1)x_1 + \tau_2(u_2)x_2 + \tau_2(u_3)x_3 + \cdots + \tau_2(u_{n+1})x_{n+1} = 0, \\ \qquad\qquad\qquad \vdots \\ \tau_n(u_1)x_1 + \tau_n(u_2)x_2 + \tau_n(u_3)x_3 + \cdots + \tau_n(u_{n+1})x_{n+1} = 0. \end{cases} \tag{8.1.1}$$

根据齐次线性方程组理论，这样的齐次线性方程组永远有非零解. 在式(8.1.1)的所有非零解中，选一个，如 $x_1 = a_1, \cdots, x_{n+1} = a_{n+1}$ 使其具有极小非零元个数. 不妨设 $x_1 = a_1, \cdots, x_r = a_r, x_{r+1} = \cdots = x_{n+1} = 0$（这里诸 $a_i \neq 0$). 由于解的倍数还是解，故我们可假设 $a_1 = 1_F$.

下面我们证明“$u_1, \cdots, u_{n+1} \in H'$ 在 $J'$ 上是线性无关的假设”蕴涵着“存在 $\sigma \in J$，使得 $x_1 = \sigma a_1, x_2 = \sigma a_2, \cdots, x_r = \sigma a_r, x_{r+1} = 0, \cdots, x_{n+1} = 0$ 是式(8.1.1)的解，并且 $\sigma a_2 \neq a_2$”. 由于两个解的差也是解，故 $x_1 = a_1 - \sigma a_1, x_2 = a_2 - \sigma a_2, \cdots, x_r = a_r - \sigma a_r, x_{r+1} = \cdots = x_{n+1} = 0$ 也是式(8.1.1)的解. 但由于 $a_1 - \sigma a_1 = 1_F - 1_F = 0$，而 $a_2 \neq \sigma a_2$，于是 $x_1 = 0, \cdots, x_r = a_r, x_{r+1} = \cdots = x_{n+1} = 0$ 是式(8.1.1)的非平凡解($x_2 \neq 0$)，且至多有 $(r-1)$ 个非零的数. 这与解 $x_1 = a_1, \cdots, x_r = a_r, x_{r+1} = \cdots = x_{n+1} = 0$ 的极小性矛盾. 所以 $[H' : J'] \leqslant n$ 就是所要证明的.

为了完成证明,我们必须找到$\sigma\in J$满足所需要的性质. 现在,由定义,恰好有一个$\tau_j$,如$\tau_1$,在$H$中,对任意$i$,$\tau_1(u_i)=u_i\in H'$成立. 由于诸$a_i$构成式(8.1.1)的解,于是由式(8.1.1)的第一个方程得$u_1a_1+u_2a_2+\cdots+u_ra_r=0$. $\{u_1,\cdots,u_{n+1}\}$在$J'$上的线性无关和诸$a_i$是非零的事实蕴涵着某个$a_i$,如$a_2$,不在$J'$中,所以存在$\sigma\in J$使$\sigma a_2\neq a_2$.

考虑其次线性方程组:

$$\begin{cases}\sigma\tau_1(u_1)x_1+\sigma\tau_1(u_2)x_2+\sigma\tau_1(u_3)x_3+\cdots+\sigma\tau_1(u_{n+1})x_{n+1}=0,\\ \sigma\tau_2(u_1)x_1+\sigma\tau_2(u_2)x_2+\sigma\tau_2(u_3)x_3+\cdots+\sigma\tau_2(u_{n+1})x_{n+1}=0,\\ \qquad\vdots\\ \sigma\tau_n(u_1)x_1+\sigma\tau_n(u_2)x_2+\sigma\tau_n(u_3)x_3+\cdots+\sigma\tau_n(u_{n+1})x_{n+1}=0.\end{cases}\tag{8.1.2}$$

由于$\sigma$是自同构,如果$x_1=a_1,\cdots,x_r=a_r,x_{r+1}=\cdots=x_{n+1}=0$是式(8.1.1)的解,则显然$x_1=\sigma a_1,\cdots,x_r=\sigma a_r,x_{r+1}=\cdots=x_{n+1}=0$是方程组(8.1.2)的解. 我们断言方程组(8.1.2)除排列顺序外,与方程组(8.1.1)是等同的,从而$x_1=\sigma a_1,\cdots,x_r=\sigma a_r,x_{r+1}=\cdots=x_{n+1}=0$也是方程组(8.1.1)的解. 为此,需要如下两点:

(1) 任意$\sigma\in J$,$\{\sigma\tau_1,\sigma\tau_2,\cdots,\sigma\tau_n\}\subseteq J$是$H$在$J$的陪集代表元的完全集;

(2) 如果$\xi$与$\theta$均为$H$在$J$中的同一陪集的元素,则$\xi(u_i)=\theta(u_i)$对$i=1,2,\cdots,n+1$均成立.

这两点的证明是容易的,留给读者完成.

由(1),存在$1,2,\cdots,n+1$的某个排列$i_1,i_2,\cdots,i_n$,使得对$k=1,2,\cdots,n+1$,$\sigma\tau_k$和$\tau_{i_k}$在$H$于$J$内的同一陪集里. 由(2),方程组(8.1.2)的第$k$个方程与方程组(8.1.1)的第$i_k$个方程一致.

至此,引理8.1.2就证明完了.

**引理 8.1.3** 设$F$是域$K$的扩域,$L$和$M$是中间域且$L\subseteq M$,$H$和$J$是伽罗瓦群$\mathrm{Aut}_KF$的子群且$H\leqslant J$,我们有

(1) 如果$L$是闭的且$[M:L]<\infty$,则$M$是闭的,且$[L':M']=[M:L]$;

(2) 如果$H$是闭的且$[J:H]<\infty$,则$J$是闭的,且$[H':J']=[J:H]$;

(3) 如果$F$是$K$的有限维伽罗瓦扩域,则所有中间域和伽罗瓦群的所有子群都是闭的,并且$\mathrm{Aut}_KF$有秩$[F:K]$,即$|\mathrm{Aut}_KF|=[F:K]$.

**注 8.1.7** (2) 蕴涵着$\mathrm{Aut}_KF$的每个有限子群是闭的(只要取$H=1$即可).

**证明** (2) 连续应用于$J\subseteq J''$与$H=H''$及引理8.1.1和引理8.1.2得$[J:H]\leqslant[J'':H]=[J'':H'']\leqslant[H':J']\leqslant[J:H]$. 这意味着$J=J''$与$[H':J']=[J:H]$. 类似地可证得(1).

(3) 如果$E$是中间域,则由$[F:K]<\infty$知$[E:K]<\infty$. 由于$F$在$K$上是伽罗瓦的,故$K$是闭的. (1)蕴涵着$E$是闭的且$[K':E']=[E:K]$. 特别地,如果

$E=F$,则$|\mathrm{Aut}_K F|=|\mathrm{Aut}_K F:1|=[F:K]$是有限的. 所以,$\mathrm{Aut}_K F$ 的每个子群 $J$ 是有限的,因为 1 是闭的,故(2)蕴涵着 $J$ 是闭的.

基本定理 8.1.3 的第一部分可由定理 8.1.5 和引理 8.2.3 推得,为证定理 8.1.3 的第二部分,在伽罗瓦对应下,必须确定与伽罗瓦群的正规子群对应的中间域. 下面的引理 8.1.4 解决这个问题.

**定义 8.1.5**　如果 $E$ 是扩张 $K\subseteq F$ 的中间域,我们称 $E$ 相对于 $K$ 和 $F$ 是稳定的(stable),如果每个 $K$-自同构把 $E$ 映为自身.

**注 8.1.8**　如果 $E$ 是稳定的且 $\sigma^{-1}\in\mathrm{Aut}_K F$ 是逆自同构,则 $\sigma^{-1}$ 也把 $E$ 映为自身. 这蕴涵着 $\sigma|E$ 实际上为 $E$ 的 $K$-自同构(即 $\sigma|E\in\mathrm{Aut}_K E$),且其逆为 $\sigma^{-1}|E$. 在有限维扩张情形下,我们将证明 $E$ 是稳定的当且仅当 $E$ 在 $K$ 上是伽罗瓦的.

**引理 8.1.4**　设 $F$ 是 $K$ 的扩域,

(1) 如果 $E$ 是扩张的稳定中间域,则 $E'=\mathrm{Aut}_E F$ 是伽罗瓦群 $\mathrm{Aut}_K F$ 的正规子群;

(2) 如果 $H$ 是 $\mathrm{Aut}_K F$ 的正规子群,则 $H$ 的固定域 $H'$ 是扩张的稳定中间域.

**证明**　(1) 如果 $u\in E$ 和 $\sigma\in\mathrm{Aut}_K F$,则由 $E$ 的稳定性知 $\sigma(u)\in E$. 因此,对任意 $\tau\in E'=\mathrm{Aut}_E F$,有 $\tau\sigma(u)=\sigma(u)$. 所以,对任意 $\sigma\in\mathrm{Aut}_K F,\tau\in E',u\in E$ 有 $\sigma^{-1}\tau\sigma(u)=\sigma^{-1}\sigma(u)=u$. 因此,$\sigma^{-1}\tau\sigma\in E'$,从而 $E'$为 $\mathrm{Aut}_K F$ 的正规子群.

(2) 如果 $\sigma\in\mathrm{Aut}_K F$ 和 $\tau\in H$,则由 $H$ 的正规性知 $\sigma^{-1}\tau\sigma\in H$. 所以,对任意 $u\in H',\sigma^{-1}\tau\sigma(u)=u$. 这就蕴涵着对所有 $\tau\in H$ 成立 $\tau\sigma(u)=u$. 因此,对任意 $u\in H',\sigma(u)\in H'$. 于是 $H'$是稳定的.

下面我们考察稳定中间域和伽罗瓦扩张之间的关系以及这两个概念同伽罗瓦群之间的关系.

**引理 8.1.5**　如果 $F$ 是 $K$ 的伽罗瓦扩域,$E$ 是扩张的稳定中间域,则 $E$ 在 $K$ 上是伽罗瓦的.

**证明**　如果 $u\in E-K$,则存在 $\sigma\in\mathrm{Aut}_K F$ 使 $\sigma(u)\neq u$,这是因为 $F$ 在 $K$ 上是伽罗瓦的. 但由 $E$ 的稳定性知 $\sigma|E\in\mathrm{Aut}_K E$. 所以,由定义 8.1.2 下面的注知 $E$ 在 $K$ 上是伽罗瓦的.

**引理 8.1.6**　如果 $F$ 是 $K$ 的扩域且 $E$ 是扩张的中间域,使得 $E$ 在 $K$ 上是代数的和伽罗瓦的,则 $E$ 相对于 $F$ 和 $K$ 是稳定的.

**注 8.1.9**　引理 8.1.6 中关于 $E$ 是代数的假设是必要的.

**证明**　如果 $u\in E$,令 $f\in K[x]$是 $u$ 的既约多项式,设 $u=u_1,u_2,\cdots,u_r$ 是 $f$ 在 $E$ 中不同的根,则 $r\leqslant n=\deg f$. 如果 $\tau\in\mathrm{Aut}_K E$,则由定理 8.1.1 知 $\tau$ 简单地置换 $u_i$,这蕴涵着首 1 多项式 $g(x)=(x-u_1)(x-u_2)\cdots(x-u_r)\in E[x]$的系数为每个 $\tau\in\mathrm{Aut}_K E$ 所固定不动. 由于 $E$ 在 $K$ 上是伽罗瓦的,故一定有 $g\in K[x]$. 令 $u=u_1$ 是 $g$ 的根,故由定理 7.1.4(2)知 $f|g$. 由于 $g$ 是首 1 的,且 $\deg g\leqslant\deg f$,故一定有

$f=g$. 因此，$f$ 的所有根均是不相同的且均位于 $E$ 内. 现在，如果 $\sigma\in \mathrm{Aut}_K E$，则 $\sigma(u)$ 是 $f(x)$ 的根(定理 8.1.1). 因此 $\sigma(u)\in E$. 所以，$E$ 相对于 $F$ 和 $K$ 是稳定的.

**定义 8.1.6** 设 $E$ 是扩张 $K\subset F$ 的中间域，一个 $K$-自同构 $\tau\in \mathrm{Aut}_K E$ 称为是可拓广到 $F$ 的(extendible to F)，如果存在 $\sigma\in \mathrm{Aut}_K F$，使得 $\sigma|E=\tau$.

**注 8.1.10** (1) 易见可拓广的 $K$-自同构构成 $\mathrm{Aut}_K E$ 的一个子群；

(2) 如果 $E$ 是稳定的，由引理 8.1.4 知 $E'=\mathrm{Aut}_E F$ 是 $G=\mathrm{Aut}_K F$ 的正规子群. 因此，可以定义商群 $G/E'$.

**引理 8.1.7** 设 $F$ 是 $K$ 的扩域，$E$ 是扩张的稳定中间域，则商群 $\mathrm{Aut}_K F/\mathrm{Aut}_E F$ 同构于 $E$ 的可拓广到 $F$ 的所有 $K$-自同构构成的群.

**证明** 由于 $E$ 是稳定的，则 $\sigma\mapsto\sigma|E$ 定义了从 $\mathrm{Aut}_K F$ 到 $\mathrm{Aut}_K E$ 的群同态 $\theta$，而 $\theta$ 的像显然是所有 $E$ 的可拓广到 $F$ 的 $K$-自同构. 容易验证 $\mathrm{Ker}\theta=\mathrm{Aut}_E F$. 由定理 1.6.4 就有 $\mathrm{Aut}_K F/\mathrm{Aut}_E F\cong \mathrm{Im}\theta$.

有了上面这些准备，我们现在可以给出定理 8.1.3 的完整证明.

**基本定理 8.1.3 的证明** 由定理 8.1.5 知在扩张的闭中间域和闭子群之间存在一一对应. 在这种情形里，由引理 8.1.3(3)知所有中间域和所有子群都是闭的. 因此，定理的叙述(1)由引理 8.1.3(1)知成立.

(2) 由于 $E$ 是闭的，即 $E=E''$，故 $F$ 在 $E$ 上是伽罗瓦的. 因为 $F$ 是有限维的，故 $E$ 在 $F$ 上也是有限维的. 因此，由定理 7.1.7 知 $E$ 在 $K$ 上是代数的. 所以，如果 $E$ 在 $K$ 上是伽罗瓦的，则由引理 8.1.5 知 $E$ 是稳定的. 由引理 8.1.4(2)知 $E'=\mathrm{Aut}_E F$ 在 $\mathrm{Aut}_K F$ 里是正规的. 反之，如果 $E'$ 在 $\mathrm{Aut}_K F$ 中是正规的，则 $E''$ 是稳定中间域(引理 8.1.4(2)). 但 $E=E''$(这是因为扩张的所有中间域均是闭的)，因此，由引理 8.1.5 知 $E$ 在 $K$ 上是伽罗瓦的.

假设 $E$ 是中间域且在 $K$ 上是伽罗瓦的，故 $E'$ 在 $\mathrm{Aut}_K F$ 中是正规的. 由于 $E$ 和 $E'$ 是闭的，$G'=K$(因 $F$ 在 $K$ 上是伽罗瓦的)，引理 8.1.3 蕴涵着 $|G/E'|=[G:E']=[E'':G']=[E:K]$. 由引理 8.1.6 知 $G/E'=\mathrm{Aut}_K F/\mathrm{Aut}_E F$ 同构于 $\mathrm{Aut}_K E$ 的子群(为 $\mathrm{Aut}_K E$ 中秩为 $[E:K]$ 的子群). 但定理的(1)表明 $|\mathrm{Aut}_K E|=[E:K]$(因 $E$ 在 $K$ 上是伽罗瓦的). 所以，$G/E'\cong \mathrm{Aut}_K E$.

**定理 8.1.6** (Artin) 令 $F$ 是域，$G$ 是 $F$ 的自同构群，$K$ 是 $G$ 在 $F$ 中的固定域，则 $F$ 在 $K$ 上是伽罗瓦的. 如果群 $G$ 是有限的，则 $F$ 是 $K$ 的有限维扩张，且 $F$ 在 $K$ 上的伽罗瓦群为 $G$.

**证明** 在任何情况下，$G$ 是 $\mathrm{Aut}_K F$ 的子群. 若 $u\in F-K$，则存在 $\sigma\in G$ 使 $\sigma(u)\neq u$. 所以，$\mathrm{Aut}_K F$ 的固定域是 $K$. 因此，$F$ 在 $K$ 上是伽罗瓦的. 如果 $|G|<\infty$，则引理 8.1.2($H=1, J=G$)表明 $[F:K]=[1':G']\leqslant[G:1]=|G|$. 因此，$F$ 在 $K$ 上是有限维的. 所以由引理 8.1.3(3)知 $G=G''$. 因由假设 $G'=K$(从而 $G''=K'$)，故我们有 $\mathrm{Aut}_K F=K''=G''=G$.

## 习 题 8.1

1. 设 $F$ 是域 $K$ 的扩域，证明：

(1) 如果 $\sigma:F\to F$ 是一个环同态，则 $\sigma=0$ 或者 $\sigma$ 是一个单同态. 如果 $\sigma\neq 0$，则$\sigma(1_F)=1_F$.

(2) 域 $F$ 到自身的所有自同构全体 $\mathrm{Aut}F$ 关于映射的合成运算构成一个群.

(3) 域 $F$ 的 $K$-自同构全体是 $\mathrm{Aut}F$ 的子群.

(4) 如果 $F$ 是 $K$ 的代数扩域，则 $F$ 的任一个 $K$-自同态都是 $K$-自同构.

2. 确定伽罗瓦群 $\mathrm{Aut}_{\mathbb{Q}}\mathbb{F}$，其中$\mathbb{Q}$为有理数域，$\mathbb{F}=\mathbb{Q}(\sqrt{2},\sqrt{3})$.

3. 域 $K$ 的每个非零自同态都保持 $K$ 内素域的元素不动，设 $P$ 为含于 $K$ 内的素域，证明：$\mathrm{Aut}F=\mathrm{Aut}_PF$.

4. 证明：$\mathrm{Aut}_{\mathbb{Q}}\mathbb{R}=\{1\}$，其中$\mathbb{R}$为实数域，$\mathbb{Q}$为$\mathbb{R}$的素域——有理数域.

5. 如果 $0\leqslant d\in\mathbb{Q}$，证明：$\mathrm{Aut}_{\mathbb{Q}}\mathbb{Q}(\sqrt{d})=\{1\}$或同构于$\mathbb{Z}_2$.

6. 证明：(1) 如果 $0\leqslant d\in\mathbb{Q}$，则$\mathbb{Q}(\sqrt{d})$在$\mathbb{Q}$上是伽罗瓦的；

(2) 复数域在实数域$\mathbb{Q}$上是伽罗瓦的.

7. 设 $p_1,\cdots,p_n$ 是不同的素数，确定伽罗瓦群 $\mathrm{Aut}_{\mathbb{Q}}\mathbb{F}$，其中 $\mathbb{F}=\mathbb{Q}(\sqrt{p_1},\sqrt{p_2},\cdots,\sqrt{p_r})$.

8. 设 $K$ 为多项式环$\mathbb{Z}_p[t]$的商域，即 $K=\mathbb{Z}_p[t]$. 令 $F$ 为多项式 $f(x)=x^p-t$ 在 $K$ 上的分裂域，证明 $\mathrm{Aut}_KF=\{1\}$.

9. 设 $F$ 是域 $K$ 的有限维伽罗瓦扩域，$L$ 和 $M$ 是中间域，证明：

(1) $\mathrm{Aut}_{LM}F=\mathrm{Aut}_LF\cap\mathrm{Aut}_MF$；

(2) $\mathrm{Aut}_{L\cap M}F=\mathrm{Aut}_LF\vee\mathrm{Aut}_MF$；

(3) 如果 $\mathrm{Aut}_LF\cap\mathrm{Aut}_M=1$，则会得到什么结论？

10. 如果 $F$ 是域 $K$ 的有限维伽罗瓦扩域，$E$ 为中间域，证明：存在唯一最小子域 $L$ 使得 $E\subset L\subset F$ 且在 $L$ 上是伽罗瓦的；并且进一步有 $\mathrm{Aut}_LF=\bigcap\limits_{\sigma}\sigma(\mathrm{Aut}_KF)\sigma^{-1}$，此处 $\sigma$ 遍历 $\mathrm{Aut}_KF$.

11. 设 $F$ 是域 $K$ 的扩域，$E$ 为中间域使得 $E$ 在 $K$ 上是伽罗瓦的，$F$ 在 $E$ 上是伽罗瓦的，并且每个 $\sigma\in\mathrm{Aut}_KE$ 拓广到 $F$ 上，证明：$F$ 在 $K$ 上是伽罗瓦的.

12. 令 $K$ 是域，$G$ 是 $\mathrm{Aut}_KK(x)$中由 $x\mapsto x$，$x\mapsto\dfrac{1_K}{(1_K-x)}$，$x\mapsto\dfrac{(x-1_K)}{x}$诱导的三个自同构组成的集合，证明：$G$ 是 $\mathrm{Aut}_KF$ 的子群，确定 $G$ 的固定域.

13. 设域 $K$ 的特征为 0，$G$ 为 $\mathrm{Aut}_KK(x)$中由 $x\mapsto x+1_K$ 诱导的自同构生成的子群，证明：$G$ 为无限循环群. 确定 $G$ 的固定域 $E$ 并求$[K(x):E]$？

14. 设 $K$ 为域，证明：如果 $|K|=\infty$，则 $K(x)$ 在 $K$ 上是伽罗瓦的. 如果

$|K|<\infty$,则 $K(x)$ 在 $K$ 上不是伽罗瓦的.

15. 设 $K$ 为无限域,则 $\mathrm{Aut}_K K(x)$ 的闭子群只能是其自身和有限子群.

16. 设$\mathbb{Q}$ 为有理数域,证明:在域扩张$\mathbb{Q}\subset\mathbb{Q}(x)$中,中间域$\mathbb{Q}(x^2)$是闭的,但$\mathbb{Q}(x^3)$不是闭的.

17. 设 $K$ 为无限域,证明:在域扩张 $K\subset K(x,y)$中,中间域 $K(x)$在 $K$ 上是伽罗瓦的,但不是稳定的(相对于 $K$ 和 $K(x,y)$).

## 8.2 正规扩域与代数扩域、代数基本定理

本节在某种程度上是分裂域理论的继续,主要内容涉及域的正规扩张和可离扩张及代数基本定理.域的正规扩张可以说是分裂域的一个定性刻画,可离扩张是某种意义下对伽罗瓦扩张的刻画.

### 8.2.1 可离扩域

在第 3 章讨论过多项式的单根与重根概念及性质,为方便问题讨论,在这里再回顾一下这方面的知识.

如果 $K$ 是域,$f$ 是 $K[x]$中非零多项式,$c$ 是 $f(x)$的根,故 $f(x)=(x-c)^m g(x)$,其中 $g(c)\neq 0$,$m$ 是唯一确定的正整数.如果 $m=1$,我们称元素 $c$ 为 $f(x)$的单根,如果 $m>1$,称 $c$ 为 $f(x)$的重根或 $m$-重根.

**定义 8.2.1** 设 $K$ 是域,$f(x)\in K[x]$是既约多项式,称 $f$ 是可离的(separable),如果 $f$ 在 $K$ 上的某个分离域里,它的根均是单根.如果 $F$ 是 $K$ 的扩域,$u\in F$ 在 $K$ 上是代数的,且它的既约多项式是可离的,则称 $u$ 在 $K$ 上是可离元(separable element).如果 $F$ 的每个元素在 $K$ 上均是可离的,则称 $F$ 在 $K$ 上是可离扩域(separable extension field).

**注 8.2.1** (1) 由推论 7.2.3 知,可离多项式 $f(x)\in K[x]$在 $K$ 上的任何分裂域里都没有重根;

(2) 由推论 3.3.4 知,$K[x]$中既约多项式是可离的当且仅当它的导数不为零;

(3) 这里的可离性仅对既约多项式定义,由于域上任一个多项式均可分解为既约多项式的乘积,因此对既约多项式给出可离性定义足够满足后来讨论问题的需要;

(4) 由定义 8.2.1 知,$K$ 的可离扩域在 $K$ 上一定是代数的,即可离扩域一定是代数扩域.

**例 8.2.1** 多项式 $x^2+1\in\mathbb{Q}[x]$是可离的,这是因为 $x^2+1=(x+i)(x-i)\in\mathbb{C}[x]$.另一方面,$\mathbb{Z}_2=\mathbb{Z}/(2)$上多项式 $x^2+1$ 没有单根,甚至它都不是既约的,这是

因为 $x^2+1=(x+1)^2\in\mathbb{Z}_2[x]$.

**定理 8.2.1** 如果 $F$ 是 $K$ 的扩域,则下列条件是等价的:

(1) $F$ 在 $K$ 上是代数的和伽罗瓦的;

(2) $F$ 在 $K$ 上是可离的且 $F$ 是 $K[x]$中一个多项式集合 $S$ 在 $K$ 上的分裂域;

(3) $F$ 是 $K[x]$中可离多项式集合 $T$ 在 $K$ 上的分裂域.

**证明** (1)⇒(2)和(3). 如果 $u\in F$,则 $u$ 在 $K$ 上是代数的,故 $u$ 有既约多项式 $f(x)$,则把引理 8.1.6 的证明的第一部分逐字逐句搬过来可证明 $f$ 在 $F[x]$中分解为线性因子的乘积. 因此,$u$ 在 $K$ 上是可离的,并且在 $F[x]$中分裂. 所以,$F$ 是 $S=\{f_i\mid i\in I\}$在 $K$ 上的分裂域.

(2)⇒(3). 设 $f\in S,g\in K[x]$是 $f$ 的首 1 既约因子. 由于 $f$ 在 $F[x]$中分裂,$g$ 一定是某个 $u\in F$ 的既约多项式. 由于 $F$ 在 $K$ 上是可离的,$g$ 必是可离的. 于是,$F$ 是 $S$ 内多项式的所有首 1 既约因子构成的可离多项式集合 $T$ 在 $K$ 上的分裂域.

(3)⇒(1). 由于 $K$ 上任一个分裂域均是代数扩域,故 $F$ 是 $K$ 上代数的. 如果 $u\in F-K$,则 $u\in K(v_1,\cdots,v_n)$,其中每个 $v_i$ 是某个 $f_i\in T$ 的根. 因此,$u\in E=k(u_1,\cdots,u_r)$,其中诸 $u_i$ 是 $f_1,\cdots,f_n$ 在 $F$ 中所有的根. 从而$[E:K]$是有限的(定理 7.1.8). 由于每个 $f_i$ 在 $F$ 中分裂,$E$ 是有限集$\{f_1,\cdots,f_n\}$在 $K$ 上的分裂域,或等价地,$f=f_1\cdots f_n$ 在 $K$ 上的分裂域. 现在假设定理对有限维情形成立,则 $E$ 在 $K$ 上是伽罗瓦的,从而存在 $\tau\in\mathrm{Aut}_KE$ 使 $\tau(u)\neq u$. 由于 $F$ 是 $T$ 在 $E$ 上的分裂域,故 $\tau$ 拓广为自同构 $\sigma\in\mathrm{Aut}_KF$ 使 $\sigma(u)=\tau(u)\neq u$(定理 7.2.2). 所以,$u\in F-K$ 不在 $\mathrm{Aut}_KF$ 的固定域中,即 $F$ 在 $K$ 上是伽罗瓦的.

上一段的讨论表明我们仅需证明当$[F:K]$是有限时的定理. 在这种情形下,存在有限多个多项式 $g_1,\cdots,g_t\in T$ 使 $F$ 是 $g_1,\cdots,g_t$ 在 $K$ 上的分裂域. 否则,$F$ 在 $K$ 上是无限维的. 进一步,由引理 8.1.1 知 $\mathrm{Aut}_KF$ 是有限群. 如果 $K_0$ 是 $\mathrm{Aut}_KF$ 的固定域,则由定理 8.1.6 与基本定理 8.1.3 知,$F$ 是 $K_0$ 上的伽罗瓦扩域并且$[F:K_0]=|\mathrm{Aut}_KF|$. 因此,为证 $F$ 在 $K$ 上是伽罗瓦的,即 $K=K_0$,只需证明$[F:K]=|\mathrm{Aut}_KF|$即可.

我们对 $n=[F:K]$进行归纳证明. 当 $n=1$ 时,证明是平凡的. 如果 $n>1$,则 $g_i$ 中一个,如 $g_1$ 有次数 $s>1$,否则 $g_i$ 的所有根位于 $K$ 里且 $F=K$. 设 $u\in F$ 是 $g_1$ 的根,则$[K(u):K]=\deg g_1=s$,并且 $g_1$ 的不同根的个数是 $s$(因为 $g_1$ 是可离的). 引理 8.1.1 的证明第二段($L=K,M=K(u),f=g_1$)表明,从 $\mathrm{Aut}_KF$ 中 $H=\mathrm{Aut}_{K(u)}F$ 的所有左陪集族到 $g_1$ 在 $F$ 中所有根的集合存在单射:$\sigma H\mapsto\sigma(u)$. 所以,$[\mathrm{Aut}_KF:H]\leqslant s$. 现在,如果 $v\in F$ 是 $g_1$ 的任一根,存在同构 $\tau:K(u)\cong K(v)$,并且 $\tau(u)=v,\tau|_K=1_K$(推论 7.1.1). 由于 $F$ 是$\{g_1,\cdots,g_t\}$在 $K(u)$与 $K(v)$上的分裂域,$\tau$ 拓广为自同构 $\sigma\mapsto\mathrm{Aut}_KF$,并且 $\sigma(u)=v$(定理 7.2.6). 所以,$g_1$ 的每个根是 $H$ 的某个陪集的像,且$[\mathrm{Aut}_KF:H]=s$. 进一步,$F$ 是多项式 $g_i$ 的所有既约因子 $h_j$(在

$K(u)[x]$内)的集合在$K(u)$上的分裂域. 每个$h_j$显然是可离的,因为它整除$g_i$. 由于$[F:K(u)]=\frac{n}{s}<n$. 归纳假设蕴涵$[F:K(u)]=|\mathrm{Aut}_{K(u)}F|=|H|$. 所以,我们有

$$[F:K]=[F:K(u)][K(u):K]=|H|s=|H|[\mathrm{Aut}_K F:H]=|\mathrm{Aut}_K F|.$$

**定理 8.2.2** (广义基本定理(generalized fundamental theorem)) 如果$F$是$K$的代数伽罗瓦扩域,则在扩张的所有中间域的集合与伽罗瓦群$\mathrm{Aut}_K F$的所有闭子群集合之间存在一一对应($E\mapsto E'=\mathrm{Aut}_E F$),使得

(2)′ $F$在每个中间域$E$上是伽罗瓦的,但$E$在$K$上是伽罗瓦的当且仅当对应子群$E'$在$G=\mathrm{Aut}_K F$中是正规的;在此情形下,$\frac{G}{E'}$是(或同构于)$E$在$K$上的伽罗瓦群$\mathrm{Aut}_K E$.

**注 8.2.2** 把定理 8.2.2 与定理 8.1.3 比较,定理 8.1.3 中(1)的类似叙述在无限维情况下是错的(本节习题 15). 如果$[F:K]=\infty$,$\mathrm{Aut}_K F$中永远存在非闭的子群. 这个事实的证明依赖于 Krull 的研究[10],当$F$在$K$上是代数的,有可能使$\mathrm{Aut}_K F$成为这样的紧拓扑群,即它的子群$H$是拓扑闭的当且仅当它的子群$H$在8.1节意义下闭即$H=H''$. 不难证明每个无限紧拓扑群含有一个非拓扑闭的子群[11].

**证明** 为建立一一对应,由定理 8.1.5,我们仅需证明每个中间域是闭的. 由定理 8.2.1,$F$是一个可离多项式集合$T$在$K$上的分裂域. 所以$F$也是$T$在$E$上的分裂域. 因此,再由定理 8.2.1,$F$在$E$上是伽罗瓦的,即$E$是闭的.

(2)′ 由于每个中间域$E$在$K$上是代数的,定理 8.1.3(2)的证明的第一段逐字逐句照搬过来就可证明$E$在$K$上是伽罗瓦的,当且仅当$E'$在$\mathrm{Aut}_K F$上是正规的.

如果$E=E''$在$K$上是伽罗瓦的,从而$E'$在$G=\mathrm{Aut}_K F$上是正规的,则$E$是稳定的中间域(引理 8.1.4). 所以,由引理 8.1.7 知$\frac{G}{E'}=\frac{\mathrm{Aut}_K F}{\mathrm{Aut}_E F}$同构于$\mathrm{Aut}_K E$中可拓广到$F$的自同构组成的子群. 但$F$在$K$上的分裂域(定理 8.2.1),从而也是$E$上的分裂域. 所以,由定理 7.2.6 知,$\mathrm{Aut}_K E$中每个$K$-自同构拓广到$F$,并且有$\frac{G}{E'}=\mathrm{Aut}_K E$.

### 8.2.2 正规扩域

**定义 8.2.2** 设$F$是域$K$的代数扩域,我们称$F$在$K$上是正规的(normal),如果$K[x]$中每个在$F$中有根的既约多项式在$F[x]$中分裂.

**定理 8.2.3** 如果$F$是域$K$的代数扩域,则下列条件是等价的:

(1) $F$在$K$上是正规的;

(2) $F$ 是 $K[x]$ 中某个多项式集合在 $K$ 上的分裂域；

(3) 如果 $\overline{K}$ 是 $K$ 的包含 $F$ 的代数闭包，则对域的任何一个 $K$-单同态 $\sigma:F\to\overline{K}$ 成立 $\mathrm{Im}\sigma=F$，从而 $\sigma$ 实际上是 $F$ 的 $K$-自同构.

**注 8.2.3**　如果(3)中"$\overline{K}$ 是 $K$ 的包含 $F$ 的代数闭包"条件改为"$K$ 的包含 $F$ 的任一正规扩域"，则定理仍成立(本节习题 9).

**证明**　(1)⇒(2). $F$ 是 $\{f_i\in K[x]\mid i\in I\}$ 在 $K$ 上的分裂域，其中 $\{u_i\mid i\in I\}$ 是 $F$ 在 $K$ 上的基，而 $f_i$ 是 $u_i$ 的多项式.

(2)⇒(3). 令 $F$ 是 $\{f_i\in K[x]\mid i\in I\}$ 在 $K$ 上的分裂域，$\sigma:F\to\overline{K}$ 是域的 $K$-单同态. 如果 $u\in F$ 是 $f_i$ 的根，则 $\sigma(u)$ 也是 $f_i$ 的根(类似于定理 8.1.1 的证明). 由假设，$f_i$ 在 $F$ 中分裂，如 $f_i=c(x-u_1)\cdots(x-u_n)$，其中 $u_i\in F, c\in K$. 由于 $\overline{K}[x]$ 是唯一分解整环(推论 3.3.1). 对每个 $i$，$\sigma(u_i)$ 一定是 $u_1,\cdots,u_n$ 中的一个. 由于 $\sigma$ 是单射，故它一定置换 $u_i$. 但 $F$ 是由所有 $f_i$ 的所有根在 $K$ 上生成的. 于是由定理 7.1.2，$\sigma(F)=F$，从而 $\sigma\in\mathrm{Aut}_K F$.

(3)⇒(1). 设 $\overline{K}$ 为 $F$ 的代数闭包(定理 7.2.5)，则 $\overline{K}$ 在 $K$ 上是代数的(定理 7.1.9). 所以，$\overline{K}$ 是 $K$ 的包含 $F$ 的代数闭包(定理 7.2.3). 设 $f\in K[x]$ 是既约的，并且有根 $u\in F$. 由构造，$\overline{K}$ 含有 $f$ 的所有根. 如果 $v\in\overline{K}$ 是 $f$ 的任一根，则存在域 $K$-同构 $\sigma:K(u)\cong K(v)$，且 $\sigma(u)=v$(推论 7.1.1). 再根据定理 7.2.3 和定理 7.2.6 以及 7.2 节习题 6 知，$\sigma$ 拓广为 $\overline{K}$ 的 $K$-自同构，$\sigma|F$ 是单同态 $F\to\overline{K}$. 由假设，$\sigma(F)=F$. 所以，$v=\sigma(u)\in F$. 这蕴涵着 $f$ 在 $F$ 中分裂，从而 $F$ 在 $K$ 上是正规的.

**推论 8.2.1**　设 $F$ 是域 $K$ 的代数扩域，则 $F$ 在 $K$ 上是伽罗瓦的当且仅当 $F$ 是正规的，且 $F$ 在 $K$ 上是可离的. 如果 $\mathrm{Char}K=0$，则 $F$ 在 $K$ 上是伽罗瓦的当且仅当 $F$ 在 $K$ 上是正规的.

**证明**　必要性由定理 8.2.1(1)与(2)及定理 8.2.3(1)与(2)得证，充分性也由定理 8.2.1(1)与(2)及定理 8.2.3(1)与(2)得证.

如果 $\mathrm{Char}K=0$，则 $\mathrm{Char}F=0$，故 $F$ 上任一既约多项式均是可离的，从而得证.

**定理 8.2.4**　如果 $E$ 是域 $K$ 的代数扩域，则存在 $K$ 的扩域 $F$ 使

(1) $F$ 在 $K$ 上是正规的；

(2) 不存在 $F$ 的含 $E$ 的真子域在 $K$ 上是正规的；

(3) 如果 $E$ 在 $K$ 上是可离的，则 $F$ 在 $K$ 上是伽罗瓦的；

(4) $[F:K]<\infty\Leftrightarrow[E:K]<\infty$.

域 $F$ 在 $E$-同构意义下是唯一确定的.

**注 8.2.4**　定理 8.2.4 中的域 $F$ 叫做 $E$ 在 $K$ 上的正规闭包(normal closure).

**证明**　(1) 设 $X=\{u_i\mid i\in I\}$ 是 $E$ 在 $K$ 上的基，$f_i\in K[x]$ 是 $u_i$ 的既约多项式.

如果 $F$ 是 $S=\{f_i|i\in I\}$ 在 $E$ 上的分裂域，则 $F$ 也是 $S$ 在 $K$ 上的分裂域. 因此，由定理 8.2.3 知 $F$ 在 $K$ 上是正规的.

(2) $F$ 包含 $E$ 的子域 $F_0$ 一定含有诸 $f_i\in S$ 的根 $u_i$. 如果 $F_0$ 在 $K$ 上是正规的，从而由定义，每个 $f_i$ 在 $F_0$ 上分裂. 所以，故 $F\subset F_0$. 于是，我们有 $F=F_0$.

(3) 如果 $E$ 在 $K$ 上是可离的，则每个 $f_i$ 是可离的. 所以，$F$ 在 $K$ 上是伽罗瓦(定理 8.2.1)的.

(4) 如果 $[E:K]<\infty$，则 $X$ 是有限的，从而 $S$ 也是有限的. 这蕴涵着 $[F:K]<\infty$. 反之是显然成立的.

最后，设 $F_1$ 是 $E$ 的另一个具有性质(1)与(2)的扩域. 由于 $F_1$ 在 $K$ 上是正规的，并且含有 $u_i$，$F_1$ 一定含有 $S$ 在 $K$ 上的分裂域 $F_2$ 且 $E\subset F_2$. $F_2$ 在 $K$ 上是正规(定理 8.2.3)的. 因此由(2)得 $F_2=F_1$. 所以，$F$ 和 $F_1$ 是 $S$ 在 $K$ 上的分裂域，从而 $S$ 是 $E$ 上的分裂域. 由定理 7.2.6 知，$E$ 上的恒等映射拓广为同构 $F\cong F_1$.

### 8.2.3 代数基本定理

代数基本定理为：复数域$\mathbb{C}$上每个正次数多项式方程都有解.

这个定理的证明依赖于分析的两个结果，我们假定：

(a) 每个正实数有实平方根；

(b) 设$\mathbb{R}$为实数域，$\mathbb{R}[x]$中每个奇次数的多项式在$\mathbb{R}$中有根(i. e. $\mathbb{R}[x]$中每个次数大于 1 的既约多项式有偶次数).

假设(a)可通过“用有理数序列构造实数”得到；假设(b)是微分中值定理的直接推论.

我们首先从一个特殊情形开始讨论.

**引理 8.2.1** 如果 $F$ 是无限域 $K$ 的有限维分离扩域，则 $F$ 是 $K$ 的单扩域. 即对某个 $u\in F$，有 $F=K(u)$.

**证明** 由定理 8.2.4，存在 $K$ 的包含 $F$ 的有限维伽罗瓦扩域 $F_1$. 由基本定理 8.1.3 知 $\mathrm{Aut}_K F_1$ 是有限的；从而 $K$ 与 $F_1$ 之间仅有有限多个中间域. 所以，在 $K$ 与 $F$ 之间仅有有限多个中间域.

由于 $[F:K]<\infty$，故我们能够选一个 $u\in F$ 使 $[K(u):K]$ 是极大的. 如果 $K(u)\neq F$，则存在 $v\in F-K(u)$. 考虑所有形如 $K(u+av)(a\in K)$ 的中间域. 由于 $K$ 是无限的，且扩张 $K\subset F$ 仅存在有限多个中间域，故存在 $a,b\in K$ 使 $a\neq b$ 且 $K(u+av)=K(u+bv)$. 所以，我们就有

$$(a-b)v=(u+av)-(u+bv)\in K(u+av).$$

由于 $a\neq b$，故 $v=(a-b)^{-1}(a-b)v\in K(u+av)$. 因此，$u=(u+av)-av\in K(u+av)$. 所以，我们有 $K\subset K(u)\underset{\neq}{\subset}K(u+av)$. 因此，$[K(u+av):K]>[K(u):K]$. 这与 $u$ 的选取矛盾. 于是，$K(u)=F$.

**引理 8.2.2**　不存在复数域上维数为 2 的扩域.

**证明**　设 $F$ 是复数域$\mathbb{C}$上任一个维数为 2 的扩域，则易知$\mathbb{F}=\mathbb{C}(u)$，其中 $u\in\mathbb{F}\backslash\mathbb{C}$. 由定理 7.1.4 知 $u$ 是$\mathbb{C}[x]$中次数为 2 的既约多项式的根. 为完成证明，我们仅需证明这样的 $f$ 不存在.

对每个 $a+bi\in\mathbb{C}=\mathbb{R}(i)$，由假设(A)知正实数 $\left|\frac{(a+\sqrt{a^2+b^2})}{2}\right|$ 和 $\left|\frac{(-a+\sqrt{a^2+b^2})}{2}\right|$ 分别有实的正平方根 $c$ 和 $d$. 适当选择符号可使$(\pm c\pm di)^2=a+bi$. 因此，$\mathbb{C}$中每个元素在$\mathbb{C}$中有平方根. 因此，如果 $f=x^2+sx+t\in\mathbb{C}[x]$，则 $f$ 在$\mathbb{C}$中有根 $\left|\frac{(-s+\sqrt{s^2-4t})}{2}\right|$. 因此，$f(x)$在复数域$\mathbb{C}$上分裂. 所以，$\mathbb{C}[x]$中不存在次数为 2 的既约多项式.

**定理 8.2.5**（代数基本定理(the fundamental theorem of algebra)）　复数域$\mathbb{C}$是代数闭域.

**证明**　为证明每个非常数多项式 $f(x)\in\mathbb{C}[x]$在$\mathbb{C}$上分裂. 由定理 7.1.7，只需证明$\mathbb{C}$除自身外没有有限维扩张. 由$[\mathbb{C}:\mathbb{R}]=2$ 与 $\mathrm{Char}R=0$，$\mathbb{C}$的每个有限维扩张 $E_1$ 一定是$\mathbb{R}$的有限维分离扩张(定理 7.1.1). 因此，$E_1$ 蕴含在$\mathbb{R}$的有限维伽罗瓦扩域 $F$ 中(定理 8.2.4). 为证 $E_1=\mathbb{C}$，我们仅需证明 $F=\mathbb{C}$.

由基本定理 8.1.3 知 $\mathrm{Aut}_{\mathbb{R}}F$ 是有限群，于是由西罗第一定理即定理 4.2.5 知，$\mathrm{Aut}_{\mathbb{R}}F$ 有秩为 $2^n(n\geqslant 0)$的西罗 2-群 $H$. 不妨设 $\mathrm{Aut}_{\mathbb{R}}F=2^n\cdot m$，其中 $m$ 为奇数，则 $H$ 在 $\mathrm{Aut}_{\mathbb{R}}F$ 中的指数是奇数 $m$. 因此，$H$ 的固定域 $E$ 有奇维数，$[E:\mathbb{R}]=[\mathrm{Aut}_{\mathbb{R}}F:H]$. 因为 $\mathrm{Char}\mathbb{R}=0$，故 $E$ 在$\mathbb{R}$上是可离的. 所以，由引理 8.2.1，$E=\mathbb{R}(u)$. 因此，由定理 7.1.4 知 $u$ 的既约多项式有奇次数$[E:\mathbb{R}]=[\mathbb{R}(u):\mathbb{R}]$. 由假设(b)知这个次数一定是 1. 所以，$u\in\mathbb{R}$，且$[\mathrm{Aut}_{\mathbb{R}}F:H]=[E:\mathbb{R}]=1$. 因此，$\mathrm{Aut}_{\mathbb{R}}F=H$ 且 $\mathrm{Aut}_{\mathbb{R}}F=2^n$. 于是，$\mathrm{Aut}_{\mathbb{R}}F$ 的子群 $\mathrm{Aut}_{\mathbb{C}}F$ 有秩 $2^m$(其中 $m$ 满足$0\leqslant m\leqslant n$).

假设 $m>0$，由西罗第一定理即定理 4.2.5 知，$\mathrm{Aut}_{\mathbb{C}}F$ 由指数为 2 的子群 $J$. 令 $E_0$ 是 $J$ 的固定域. 由基础定理 8.1.3 知，$E_0$ 是$\mathbb{C}$的具有维数$[\mathrm{Aut}_{\mathbb{C}}F:J]=2$ 的扩域，这与引理 8.2.2 矛盾. 所以 $m=0$，$\mathrm{Aut}_{\mathbb{C}}F=1$. 再由基础定理 8.1.3 知，$[F:\mathbb{C}]=[\mathrm{Aut}_{\mathbb{C}}F:1]=|\mathrm{Aut}_{\mathbb{C}}F|=1$. 因此 $F=\mathbb{C}$.

**推论 8.2.2**　实数域$\mathbb{R}$的每个真代数扩域均同构于复数域.

**证明**　如果 $F$ 是$\mathbb{R}$的代数扩域，$u\in F-\mathbb{R}$ 有次数大于 1 的既约多项式$f(x)\in\mathbb{R}[x]$. 由定理 8.2.5，$f(x)$在$\mathbb{C}$上分裂. 如果 $v\in\mathbb{C}$ 是 $f(x)$的根，则由推论 7.1.1 知，$\mathbb{R}$上的恒等映射拓广为同构$\mathbb{R}(u)\cong\mathbb{R}(v)\subset\mathbb{C}$. 由于$[\mathbb{R}(v):\mathbb{R}]=[\mathbb{R}(u):\mathbb{R}]>1$，且$[\mathbb{C}:\mathbb{R}]=2$，故我们一定有$[\mathbb{R}(v):\mathbb{R}]=2$ 且$\mathbb{R}(v)=\mathbb{C}$. 所以，$F$ 是代数

闭域$\mathbb{R}(u)\cong\mathbb{C}$的一个代数扩张. 但代数闭域除本身外没有真的代数扩张(定理7.2.3). 因此,$F=\mathbb{R}(u)\cong\mathbb{C}$.

## 习 题 8.2

1. 设域$F$是域$K$的扩域,证明:

(1) 如果$u_1,\cdots,u_n\in F$在$K$上是可离的元素,则$K(u_1,\cdots,u_n)$是$K$的可离扩域;

(2) 如果$F$是由域$K$上可离元素的集合(可能无限)生成的,则$F$是$K$的可离扩域.

2. 设域$F$是域$K$的扩域,令$E$是中间域,证明:

(1) 如果$u\in F$是在$K$上可离的元素,则$u$在$E$上是可离的;

(2) 如果$F$在$K$上是可离的,则$F$在$E$上是可离的,$E$在$K$上是可离的.

3. 设$F$是域$K$的扩域,且$[F:K]<\infty$,证明下列条件是等价的:

(1) $F$在$K$上是伽罗瓦的;

(2) $F$在$K$上是可离的,并且是$f\in K[x]$的一个分裂域;

(3) $F$是其既约因子是可离的多项式$f\in K[x]$在$K$上的分裂域.

4. 设$F$是域$K$的扩域,如果$L$和$M$是中间域使得$L$是$K$的有限维伽罗瓦扩域,证明:合成域$LM$在$M$上是有限维和伽罗瓦的,并且$\mathrm{Aut}_M LM\cong\mathrm{Aut}_{L\cap M}L$.

5. 设域$F$是域$K$的扩域,$E$是中间域,证明:

(1) 如果$F$在$K$上是代数的和伽罗瓦的,则$F$在$E$上是代数和伽罗瓦的;

(2) 如果$F$在$E$上是伽罗瓦的,$E$在$K$上是伽罗瓦的,$F$是$K[x]$中一族多项式在$E$上的分裂域,则$F$在$K$上是伽罗瓦的.

6. 设$F$是域$K$的扩域,如果中间域$E$在$K$上是正规的,证明:$E$是稳定的(相对于$F$和$K$).

7. 设$F$是域$K$的扩域,如果$F$在$K$上是正规的,$E$是中间域,证明:$E$在$K$上正规当且仅当$E$是稳定的(相对于$F$和$K$). 进一步,证明:$\dfrac{\mathrm{Aut}_K F}{E'}\cong\mathrm{Aut}_K E$.

8. 设$F$是域$K$的扩域,如果$F$在中间域$E$上是正规的,$E$在$K$上是正规的,举例说明$F$在$K$上不一定是正规的.

提示:$\sqrt[4]{2}$是2的实四次根,考虑$\mathbb{Q}(\sqrt[4]{2})\supset\mathbb{Q}(\sqrt{2})\supset\mathbb{Q}$.

9. 设$F$是域$K$的代数扩域,证明$F$在$K$上是正规的当且仅当对每个域$K$-单同态$\sigma:F\to N$,其中$N$是$K$的包含$F$的正规扩域,$\sigma(F)=F$,从而$\sigma$是$F$的$K$-自同构.

提示:利用定理8.2.3的证明,并应用定理8.2.4.

10. 设$F$是域$K$的扩域且$F$是$f\in K[x]$在$K$上的分裂域,不用定理8.2.3证明:$F$在$K$上是正规的.

提示:如果既约多项式$g\in K[x]$有根$u\in F$,但在$F$中不分裂,证明:存在$K$-

同构 $\varphi: K(u) \cong K(v)$,其中 $v \in F$,$v$ 是 $g$ 的根. 再证明 $\varphi$ 拓广同构 $F \cong F(u)$. 这与 $[F:K]<[F(v):K]$的事实矛盾.

11. 设 $F$ 是 $K$ 的扩域,如果$[F:K]=2$,证明:$F$ 在 $K$ 上是正规的.

12. 证明:域 $K$ 的代数扩域 $F$ 在 $K$ 上是正规的当且仅当对每个既约多项式 $f \in K[x]$,$f$ 在 $F[x]$中分解成具有相同次数的既约因子之积.

13. 设 $F$ 是域 $K$ 的扩域,$E$ 和 $L$ 是中间域,证明:如果 $E$ 和 $L$ 在 $K$ 上均正规,则合成域 $EL$ 和 $E \cap L$ 在域 $K$ 上均正规.

14. 设 $F$ 是域 $K$ 的扩域,$E$ 和 $L$ 是中间域. 证明:如果 $E$ 在 $K$ 上正规,则 $EL$ 在 $L$ 上也正规.

15. 设 $F$ 是有理数域$\mathbb{Q}$ 的代数闭包,$E \subset F$ 是多项式集合 $S=\{x^2+a \mid a \in \mathbb{Q}\}$ 在$\mathbb{Q}$ 上分裂域,从而使 $E$ 在$\mathbb{Q}$ 上是代数的和伽罗瓦的. 证明:

(1) $E=\mathbb{Q}(x)$,其中 $X=\{\sqrt{p} \mid p=-1$,或 $p$ 为素数$\}$;

(2) 如果 $\sigma \in \mathrm{Aut}_{\mathbb{Q}}E$,则 $\sigma^2=1_E$. 所以群 $\mathrm{Aut}_{\mathbb{Q}}E$ 实际上为$\mathbb{Z}_2$上的向量空间;

(3) $\mathrm{Aut}_{\mathbb{Q}}E$ 是无限群,并且是不可数的;

提示:对 $X$ 的每个子集 $Y$,存在 $\sigma \in \mathrm{Aut}_{\mathbb{Q}}E$ 使 $\sigma(\sqrt{p})=-\sqrt{p}$(对$\sqrt{p} \in Y$),$\sigma(\sqrt{p})=\sqrt{p}$(对$\sqrt{p} \in X-Y$),用归纳法证$|\mathrm{Aut}_{\mathbb{Q}} E|=|P(x)|>|X|$,但$|X|>\aleph_0$.

(4) 如果 $B$ 是 $\mathrm{Aut}_{\mathbb{Q}}F$ 在$\mathbb{Z}_2$上的一组基,则 $B$ 是无限的,并且是不可数的;

(5) $\mathrm{Aut}_{\mathbb{Q}}E$ 中指数为 2 的子群集是无限不可数的;

提示:如果 $b \in B$,则 $B-\{b\}$生成指数为 2 的子群.

(6) 集合$\{L \mid L$ 是$\mathbb{Q}$ 的扩域,$L \subset E$ 且$[L:\mathbb{Q}]=2\}$是可数集;

(7) $\mathrm{Aut}_{\mathbb{Q}}E$ 中指数为 2 的闭子群集是可数的;

(8) $[E:\mathbb{Q}] \leqslant \aleph_0$. 因此$[E:\mathbb{Q}]<|\mathrm{Aut}_{\mathbb{Q}} E|$.

## 8.3 多项式的伽罗瓦群

本节引进多项式的伽罗瓦群,并且给出它的计算方法.

### 8.3.1 多项式的伽罗瓦群的定义和性质

**定义 8.3.1** 设 $K$ 是域,多项式 $f(x) \in K[x]$的伽罗瓦群(Galois group of a polynomial)是群 $\mathrm{Aut}_K F$,其中 $F$ 是 $f$ 在 $K$ 上的分裂域.

**注 8.3.1** 由定理 7.2.2 知,$f(x)$的伽罗瓦群不依赖于分裂域 $F$ 的选取.

**定义 8.3.2** 设 $S_n$ 是 $n$ 阶对称群,$G$ 是 $S_n$ 的子群,如果对任意 $i \neq j$(其中 $1 \leqslant i,j \leqslant n$),存在 $\sigma \in G$,使 $\sigma(i)=j$,我们就称子群是可传递的(transitive).

**定理 8.3.1** 设 $K$ 是域,$f \in K[x]$是一个多项式,$G$ 为其伽罗瓦群,我们有

(1) $G$同构于某个对称群$S_n$的子群；

(2) 如果$f$是次数为$n$的可离(既约)多项式，则$n$整除$|G|$，并且$G$同构于$S_n$的一个可传递子群.

**证明** (1) 如果$u_1,\cdots,u_n$是在某个分裂域$F$中的不同根($1\leqslant n\leqslant \deg f$)，则由定理7.2.1可知，每个$\sigma\in \mathrm{Aut}_K F$诱导出$\{u_1,\cdots,u_n\}$的唯一一个置换. 考虑$S_n$作为$\{u_1,\cdots,u_n\}$的所有置换构成的群，任意$\sigma\in \mathrm{Aut}_K F$，设$\sigma$对应它在$\{u_1,\cdots,u_n\}$中所诱导的置换，则这个对应为$\mathrm{Aut}_K F$到$S_n$的单同态(注意此时$F=K(u_1,\cdots,u_n)$).

(2) $F$在$K$上是伽罗瓦群(定理8.2.1)并且$[K(u_1):K]=n=\deg f$(定理7.1.4). 所以由基本定理8.1.3知，$G$有指数为$n$的子群. 因此，$n$整除$|G|$. 对任意$i\neq j$，存在$K$-同构$\sigma:K(u_i)\to K(u_j)$使得$\sigma(u_i)=u_j$(推论7.1.1)，由定理7.2.6，$\sigma$拓广为$F$的$K$-同构，因此，$G$同构于$S_n$的一个可传递子群.

有了这个定理，以后常把多项式$f(x)$的伽罗瓦群与$S_n$的同构子群等同起来，并且作为$f(x)$的根的置换群来考虑. 进一步，我们将考虑这样的多项式$f(x)\in K[x]$，它的所有根在它的某个分裂域里互不相同. 这意味着$f$的既约因子是可离的. 因此，由定理8.2.1知$f(x)$的分裂域在$K$上是伽罗瓦的. 如果这样的多项式的伽罗瓦群能永远计算出来，则有可能(至少原则上)计算出任一多项式的伽罗瓦群.

**推论 8.3.1** 设$K$是域，$f\in K[x]$是次数为2的既约多项式，其伽罗瓦群为$G$，如果$f(x)$是可离的(当$\mathrm{Char}K\neq 2$时，这永远是成立的)，则$G\cong \mathbb{Z}_2$，否则$G=1$.

**证明** 由于$S_2=\mathbb{Z}_2$，由定义8.2.1和注8.2.1(2)及定理8.3.1可证.

正如定理8.3.1(1)中证明所说的，每个$\sigma\in G=\mathrm{Aut}_K F$限制到$f(x)$的根上得到一个置换$\pi_\sigma$. 反之，每个这样的得到的置换$\pi_\sigma$又可以按自然的方式拓广成$F$的$K$-自同构$\sigma:u\to\pi_\sigma(u)=\psi(\pi_\sigma(u_1),\cdots,\pi_\sigma(u_n))$. 在这个意义下，$\sigma$和$\pi_\sigma$可以不加以区别. 值得注意的是，并不是$S_n$中的每个置换都可以按自然的方式拓广成$F$的$K$-自同构，关于此，有如下的刻画.

**定理 8.3.2** 设$K$为域，$f\in K[x]$是一个多项式，$F$是$f(x)$在$K$上的分裂域，$G=\mathrm{Aut}_K F$为$f(x)$的伽罗瓦群，则置换$\pi\in S_n$属于$G$的充要条件是对每个多项式$g(x_1,\cdots,x_n)\in K[x_1,\cdots,x_n]$，如果$g(x_1,\cdots,x_n)=0$恒有$g(\pi(u_1),\cdots,\pi(u_n))=0$，即$\pi$保持$f(x)$的根之间的代数关系总和不变.

**证明** 必要性. 由$G=\mathrm{Aut}_K F$的定义即可证明.

充分性. 假设$\pi$满足定理的条件. 用$\pi$定义$F$到自身的一个映射$\sigma$如下：对每个$u\in F$，将$u$表示成$u=\psi(u_1,\cdots,u_n)$，其中$\psi(u_1,\cdots,u_n)\in K[x_1,\cdots,x_n]$，规定$\sigma(u)=\psi(\pi(u_1),\cdots,\pi(u_n))$.

首先，我们验证定义与$u$的表示方法无关. 设$u=\varphi(u_1,\cdots,u_n)$为另一种表示方法，$\varphi(x_1,\cdots,x_n)\in K[x_1,\cdots,x_n]$，令$h(x_1,\cdots,x_n)=\psi(x_1,\cdots,x_n)-\varphi(x_1,\cdots,$

$x_n$)，于是 $h(u_1,\cdots,u_n)=0$ 为诸 $u_i$ 的代数关系. 于是，$\sigma(h(u_1,\cdots,u_n))=h(\pi(u_1),\cdots,\pi(u_n))=0$，即 $\psi(\pi(u_1),\cdots,\pi(u_n))-\varphi(\pi(u_1),\cdots,\pi(u_n))=0$. 所以，$\sigma(u)$与 $u$ 的表示方法无关，由 $u$ 唯一确定，即 $\sigma$ 的定义是良好的. 因而 $\sigma$ 是 $F$ 到自身的一个映射，而且保持 $K$ 的元素不动. 仿上容易验证 $\sigma$ 保持 $F$ 的加法和乘法，从而 $\sigma$ 是 $F$ 的 $K$-自同态. 由于 $\sigma(u_1)=\pi(u_1),\cdots,\sigma(u_n)=\pi(u_n)$是 $f(x)$的全部根，在 $K$ 上生成 $F$，故 $\sigma$ 是满射. 又由于 $F$ 是一个域，$\sigma$ 又是映射，所以 $\sigma$ 是 $F$ 的一个 $K$-自同构. 从而 $\sigma\in G=\mathrm{Aut}_KF$，亦即 $\pi=\pi_\sigma\in G$(定理 8.3.1 证明下面的解释).

再回到定理 8.3.1 的内容上来，由定理 8.3.1(2)知次数为 3 的可离多项式的伽罗瓦群称为 $S_3$ 或为 $A_3$，这是因为 $A_3$ 是 $S_3$ 仅有的可传递子群，且 $|S_3|=6$，$|A_3|=3$. 为了得到更进一步的结果，引进下面的概念，作更一般的考虑.

**定义 8.3.3**　设 $K$ 是其特征 $\mathrm{Char}K\neq 2$ 的域，$f(x)\in K[x]$ 是 $f$ 在 $K$ 上某个分裂域 $F$ 里具有 $n$ 个不同根的多项式. 令 $\Delta=\prod\limits_{i<j}(u_i-u_j)=(u_1-u_2)(u_1-u_3)\cdots(u_{n-1}-u_n)\in F$，$f$ 的判别式是元素 $D=\Delta^2$.

**注 8.3.2**　$\Delta$ 是分裂域 $F$ 中一个特殊的元素，所以，$D=\Delta^2$ 也在中. 然而，我们有更进一步的结果，见如下定理.

**定理 8.3.3**　设 $K,f,F$ 与 $\Delta$ 如同定义 8.3.3 中的，则

(1) $f$ 的判别式 $\Delta^2$ 实际上位于 $K$ 中；

(2) 对每个 $\sigma\in\mathrm{Aut}_KF<S_n$，$\sigma$ 是偶(奇)置换当且仅当 $\sigma(\Delta)=\Delta(\sigma(\Delta)=-\Delta)$.

**证明**　先证(2). 我们知道，$f(x)$的根 $u_1,\cdots,u_n$ 的交错群 $A_n$ 是 $S_n$ 的指数为 2 的正规子群(1.5 节习题 6). 因而 $A_n\cap G$ 也是 $G$ 的正规子群(注意这将 $G$ 作为 $S_n$ 的子群)，且指数$[G:(G\cap A_n)]\leqslant 2$，易知指数为 1 的充要条件是 $G\subseteq A_n$，即 $G$ 不含有奇置换. 这与定义 8.3.3 中定义的 $\Delta$ 有关. 将 $u_1,\cdots,u_n$ 看作根的自然顺序，如果 $i<j$，则 $u_j,u_i$ 看作是一个逆序，设置换 $\sigma\in G$ 有 $r$ 个逆序，$\sigma$ 作用在 $\Delta$ 上不难看出

$$\sigma(\Delta)=\prod_{i<j}(\sigma(u_i)-\sigma(u_j))=(-1)^r\prod_{i<j}(\alpha_i-\alpha_j),$$

于是，得 $\sigma(\Delta)=(-1)^r\Delta$. 由于 $\mathrm{Char}K\neq 2$，故易知 $\sigma(\Delta)=\Delta$ 的充要条件是 $\pi$ 为偶置换. 再由一个置换或者为偶的，或者为奇的，但不能既为偶的又为奇的知，$\sigma$ 是奇置换$\Leftrightarrow\sigma(\Delta)=-\Delta$.

再证(1). 对每个 $\sigma\in G=\mathrm{Aut}_KF$，$\sigma(\Delta^2)=\sigma(\Delta)^2=(\pm\Delta)^2=\Delta^2$. 因此，由于 $F$ 在 $K$ 上是伽罗瓦的(定理 8.2.1)，故 $\Delta^2\in K$.

**推论 8.3.2**　设 $K,f,F$ 与 $\Delta$ 与如同定义 8.3.3 中的，考虑 $G=\mathrm{Aut}_KF$ 作为 $S_n$ 的子群，则在伽罗瓦对应(定义 8.1.3)下，子域 $K(\Delta)$对应子群 $G\cap A_n$，特别地，$G$ 由偶置换构成$\Leftrightarrow\Delta\in K$.

**证明**　由定理 8.2.1 知 $F$ 在 $K$ 上是伽罗瓦的. 因此利用 $K(\Delta)'=\{\sigma(\Delta)=\Delta|\sigma\in G\}$及定理 8.3.3(2)即可得证.

**推论 8.3.3** 设 $K$ 是一个域，$f(x)\in K[x]$ 是次数为 3 的(既约)可离多项式，则 $f$ 的伽罗瓦群为 $S_3$ 或 $A_3$. 如果 $\mathrm{Char}K\neq 2$，则它为 $A_3\Leftrightarrow f$ 的判别式是 $K$ 的元素的平方.

**证明** 由定理 8.3.1 和推论 8.3.2 知 $f$ 的伽罗瓦群为 $S_3$ 或 $A_3$. 如果 $\mathrm{Char}\,K\neq 2$. 若 $\sigma$ 为偶置换，则 $\sigma(\Delta)=\Delta$，故 $\Delta\in K$，于是 $D=\Delta^2$ 为 $K$ 中的平方，反之，若 $\Delta\in K$，则对任意 $\sigma\in G$ 有 $\sigma(\Delta)=\Delta$，故由推论 8.3.3(2)知 $\sigma$ 为偶置换.

于是 $G\subseteq A_3$，从而 $G=A_3$.

如果域 $K$ 是实数域的一个子域，则三次多项式 $f(x)\in K[x]$ 的判别式可用来找出 $f(x)$ 有多少实根，即判别式 $D>0\Leftrightarrow f(x)$ 有三个实根；而判别式 $D<0\Leftrightarrow f(x)$ 恰有一个实根(本节习题 4).

假设 $f(x)$ 如同推论 8.3.3 中的，若 $f(x)$ 的伽罗瓦群为 $A_3\cong\mathbb{Z}_3$，则当然没有中间域. 若 $f(x)$ 的伽罗瓦群为 $S_3$，则有 4 个真中间域 $K(\Delta)$，$K(u_1)$，$K(u_2)$ 和 $K(u_3)$，其中 $u_1,u_2,u_3$ 是 $f(x)$ 的根. $K(\Delta)$ 对应于 $A_3$，而 $K(u_i)$ 对应 $S_3$ 的子群 $\{(1),(jk)\}(i\neq j,k)$，秩均为 2，指数为 3.

除特征为 2 的情形外，计算可离三次多项式的伽罗瓦群可归为计算判别式和确定其在 $K$ 中是否为平方数. 下面的结果是有用的.

**定理 8.3.4** 设 $K$ 是其特征不为 2 和 3 的域，如果 $f(x)=x^3+bx^2+cx+d\in K[x]$ 在某个分裂域里有 3 个不同的根，则多项式 $g(x)=f\left(x-\dfrac{b}{3}\right)\in K[x]$ 有形式 $x^3+px+q$，而 $f(x)$ 的判别式为 $-4p^3-27q^2$.

**证明** 设 $F$ 是多项式 $f(x)$ 在 $K$ 上的分裂域，则 $u\in F$ 是 $f(x)$ 的根当且仅当 $u+\dfrac{b}{3}$ 是 $g(x)=f\left(x-\dfrac{b}{3}\right)$ 的根. 这意味着 $f(x)$ 与 $g(x)$ 的判别式是相同的. 于是，

$$\begin{aligned}g(x)=f\left(x-\frac{b}{3}\right)&=\left(x-\frac{b}{3}\right)^3+b\left(x-\frac{b}{3}\right)^2+c\left(x-\frac{b}{3}\right)+d\\&=x^3-bx^2+\frac{b^2}{3}x+\frac{b^3}{27}+bx^2-\frac{2}{3}b^2x+\frac{b^3}{3}+cx-\frac{bc}{3}+d\end{aligned}$$

有形式 $x^3+px+q$(其中，$p,q\in K$). 令 $v_1,v_2,v_3$ 是 $g(x)$ 在 $F$ 中的根，则 $(x-v_1)(x-v_2)(x-v_3)=g(x)=x^3+px+q$，有

$$\begin{aligned}v_1+v_2+v_3&=0,\\v_1v_2+v_1v_3+v_2v_3&=p,\\-v_1v_2v_3&=q.\end{aligned}$$

由于每个 $v_i$ 是 $g(x)$ 的根，$v_i^3=-pv_i-q(i=1,2,3)$. 于是，由定义知 $\Delta^2=(v_1-v_2)^2(v_1-v_3)^2(v_2-v_3)^2$ 和上面方程及 $(v_i-v_j)^2=(v_i+v_j)^2-4v_iv_j$ 经过复杂的计算得 $g$ 的判别式 $\Delta^2$ 为 $-4p^3-27q^2$.

**例 8.3.1** 多项式 $x^3-3x+1\in\mathbb{Q}[x]$，根据整数多项式有理根同多项式的首

项次数及常数项关系知，$x^3-3x+1$ 在 $\mathbb{Q}$ 上是既约的(实际上，如果 $\frac{b}{a}$ 是 $x^3-3x+1$ 的根，则 $a|1,b|1$，但 $\pm1$ 不是 $x^3-3x+1$ 的根，故 $x^3-3x+1$ 在 $\mathbb{Q}$ 中没有根，又因 $x^3-3x+1$ 次数为 3，故至少有一个实根. 因此，$x^3-3x+1$ 在 $\mathbb{Q}$ 上是既约的)又因 $\mathrm{Char}\mathbb{Q}=0$，故它也是可离的. 它的判别式为 $-4(-3)^3-27(1)^2=81=9^2\in\mathbb{Q}$，因此，由推论 8.3.3 知，这个多项式的伽罗瓦群是 $A_3$，即 3 次交错群.

**例 8.3.2**　如果 $x^3+3x^2-x-1\in\mathbb{Q}[x]$，则 $g(x)=f\left(x-\frac{3}{3}\right)=f(x-1)=x^3-4x+2$，由 3.3 节定理 3.3.17(艾森斯坦判别法)知 $g(x)$ 在 $\mathbb{Q}$ 上是既约的. 由定理 8.3.4 知 $f(x)$ 的判别式为 $-4(-3)^3-27(2)^2=148$，它不是 $\mathbb{Q}$ 中的平方数，故 $f(x)$ 的伽罗瓦群为 $S_3$，即三次对称群.

### 8.3.2　四次多项式的伽罗瓦群

本小节讨论域 $K$ 上 4 次多项式的伽罗瓦群. 同上面一样，我们将仅处理那些在某个分裂域 $F$ 中有不同根 $u_1,u_2,u_3,u_4$ 的多项式 $f(x)\in K[x]$，因此 $F$ 在 $K$ 上是伽罗瓦的. 所以，$f(x)$ 的伽罗瓦群可考虑为 $\{u_1,u_2,u_3,u_4\}$ 的置换群和 $S_4$ 的子群. 令子集 $V=\{(1),(12)(34),(13)(24),(14)(23)\}$，容易验证这是 $S_4$ 的正规子群(习题 1.5 中 11 题). 注意 $V$ 同构于四元群 $\mathbb{Z}_2\oplus\mathbb{Z}_2$，而 $V\cap G$ 是 $G=\mathrm{Aut}_KF<S_4$ 的一个正规子群. $V$ 在下面的讨论里起到重要作用.

**引理 8.3.1**　设 $K,f,F,u_i,V$ 和 $G=\mathrm{Aut}_KF<S_4$ 如同上面所给. 如果 $\alpha=(u_1+u_2)(u_3+u_4)$，$\beta=(u_1+u_3)(u_2+u_4)$，$\gamma=(u_1+u_4)(u_2+u_3)\in F$，则在伽罗瓦对应(定理 8.1.3)下，子域 $K(\alpha,\beta,\gamma)$ 对应正规子群 $V\cap G$，因此，$K(\alpha,\beta,\gamma)$ 在 $K$ 上是伽罗瓦的，并且 $\mathrm{Aut}_KK(\alpha,\beta,\gamma)\cong\frac{G}{(G\cap V)}$.

**证明**　显然，$G\cap V$ 中每个元素固定 $\alpha,\beta,\gamma$ 不动，从而固定 $K(\alpha,\beta,\gamma)$ 不动. 根据定理 8.1.3，为完成证明只需要证明在 $G$ 中而不在 $V$ 中的每个元素至少使 $\alpha,\beta,\gamma$ 中一个变动. 例如，如果 $\sigma=(12)\in G$ 且 $\sigma(\beta)=\beta$，则 $u_2u_4+u_1u_3=u_2u_3+u_1u_4$，因此 $u_2(u_3-u_4)=u_1(u_3-u_4)$. 所以，$u_1=u_2$ 或 $u_3=u_4$，不论哪一种情形，均是矛盾的结果. 于是，$\sigma(\beta)\neq\beta$，其他情形可以类似处理.

设 $K,f,F,u_i$ 和 $\alpha,\beta,\gamma$ 如同引理 8.3.1，元素 $\alpha,\beta,\gamma$ 在确定任意四次多项式的伽罗瓦群时起到重要作用. 多项式 $(x-\alpha)(x-\beta)(x-\gamma)\in K(\alpha,\beta,\gamma)[x]$ 称为 $f$ 的预解式(resolvent). 这个预解式实际上是 $K$ 上的多项式.

**引理 8.3.2**　如果 $K$ 是域，$f(x)=x^4+bx^3+cx^2+dx+e\in K[x]$，则 $f(x)$ 的预解式是多项式 $g(x)=x^3-2cx^2+(bd+c^2-4e)x-bcd+b^2e+d^2$.

**证明**　设 $u_1,u_2,u_3,u_4$ 为四次多项式 $f(x)=x^4+bx^3+cx^2+dx+e$ 的根，令

$$\sigma_1=u_1+u_2+u_3+u_4,\quad \sigma_2=u_1u_2+u_1u_3+u_1u_4+u_2u_3+u_2u_4+u_3u_4,$$
$$\sigma_3=u_1u_2u_3+u_1u_2u_4+u_1u_3u_4+u_2u_3u_4,\quad \sigma_4=u_1u_2u_3u_4.$$

为书写方便,$\sigma_1,\sigma_2,\sigma_3$ 分别简记为 $\sigma_1=\sum u_1,\sigma_2=\sum u_1u_2,\sigma_3=\sum u_1u_2u_3$(后面计算用类似的记法). 由根与系数的关系,有 $\sigma_1=-b,\sigma_2=c,\sigma_3=-d,\sigma_4=e.$

设 $f(x)$的(三次)预解式为 $g(x)=x^3-b_1x^2+b_2x-b_3$,而 $\alpha=(u_1+u_2)(u_3+u_4)$,$\beta=(u_1+u_3)(u_2+u_4)$,$\gamma=(u_1+u_4)(u_2+u_3)$为 $g(x)$的根. 由根与系数的关系,有

$$b_1=\alpha+\beta+\gamma=2\sum u_1u_2=2c,$$

$$b_2=\alpha\beta+\alpha\gamma+\beta\gamma=\sum u_1^2u_2^2+3\sum u_1^2u_2u_3+6u_1u_2u_3u_4,$$

$$b_3=\alpha\beta\gamma=\sum u_1^3u_2^2u_3+2\sum u_1^3u_2u_3u_4+2\sum u_1^2u_2^2u_3^2+4\sum u_1^2u_2^2u_3u_4.$$

$b_2$ 与 $b_3$ 可通过 $\sigma_1,\sigma_2,\sigma_3$ 与 $\sigma_4$ 表示为下面的式子:

$$\sigma_2^2=\sum u_1^2u_2^2+2\sum u_1^2u_2u_3+6u_1u_2u_3u_4=c^2;$$

$$\sigma_1\sigma_3=\sum u_1^2u_2u_3+4u_1u_2u_3u_4=bd;$$

$$-4\sigma_4=-4u_1u_2u_3u_4=-4e;$$

$$b_2=\sum u_1^2u_2^2+3\sum u_1^2u_2u_3+6u_1u_2u_3u_4=bd+c^2-4e;$$

$$\sigma_1\sigma_2\sigma_3=\sum u_1^3u_2^2u_3+3\sum u_1^3u_2u_3u_4+3\sum u_1^2u_2^2u_3^2+8\sum u_1^2u_2^2u_3u_4=bcd;$$

$$-\sigma_1^2\sigma_4=-\sum u_1^3u_2u_3u_4-2\sum u_1^2u_2^2u_3u_4=-b^2e;$$

$$-\sigma_3^2=-\sum u_1^2u_2^2u_3^2-2\sum u_1^2u_2^2u_3u_4=-d^2;$$

$$\begin{aligned}b_3&=\sum u_1^3u_2^2u_3+2\sum u_1^3u_2u_3u_4+2\sum u_1^2u_2^2u_3^2+4\sum u_1^2u_2^2u_3u_4\\&=bcd-b^2e-d^2.\end{aligned}$$

于是,$f(x)$的三次预解式为 $g(x)=x^3-2cx^2+(bd+c^2-4e)x-bcd+b^2e+d^2$.

现在,我们计算任意一个(既约)可离四次多项式 $f(x)\in K[x]$的伽罗瓦群. 由于它的伽罗瓦群 $G$ 是 $S_4$ 的可传递子群,并且 4 整除$|G|$(定理 8.3.1). 于是,$|G|$一定是 24,12,8 或 4. 通过计算知,秩为 24,12 和 4 的唯一可传递子群是 $S_4,A_4,V$ $(\cong\mathbb{Z}_2\oplus\mathbb{Z}_2)$与各种由 4-循环置换生成的秩为 4 的循环子群(定理 1.3.10 与习题 1.5 的习题 6 和 10). $S_4$ 的秩为 8 的可传递子群之一是由(1234)和(24)生成的二面体群 $D_4$. 由于 $D_4$ 在 $S_4$ 中不正规及秩为 8 的每个子群是西罗 2-子群. 由第二和第三西罗定理,$S_4$ 恰有 3 个秩为 8 的子群,且每个均同构于 $D_4$.

**定理 8.3.5** 设 $K$ 是一个域,$f(x)\in K[x]$是(既约)可离 4 次多项式,其伽罗群为 $G$(称为 $S_4$ 的子群),令 $\alpha,\beta,\gamma$ 是 $f(x)$的预解式的根,$m$ 为$[K(\alpha,\beta,\gamma):K]$,则

(1) $m=6\Leftrightarrow G=S_4$;

(2) $m=3\Leftrightarrow G=A_4$;

(3) $m=1\Leftrightarrow G\cong V$;

(4) $m=2\Leftrightarrow G\cong D_4$ 或 $G\cong\mathbb{Z}_4$;在这种情况下,若 $f(x)$是 $K(\alpha,\beta,\gamma)$上既约的,则 $G\cong D_4$,否则 $G\cong\mathbb{Z}_4$.

**证明**　由于 $K(\alpha,\beta,\gamma)$是一个三次多项式在 $K$ 上的分裂域,$m$ 的仅有的可能性是 1,2,3 和 6. 据此和本定理前面的讨论,只需证明在每一个情形中"$\Leftarrow$"成立即可. 根据引理 8.3.1,$m=[K(\alpha,\beta,\gamma):K]=|G/G\cap V|$. 如果 $G=A_4$,则 $G\cap V=V$ 且 $m=|G/V|=|G|/|V|=3$. 类似地,$G=S_4$,则 $G\cap V=V$,故 $m=|G/V|=|G|/|V|=24/4=6$. 如果 $G=V$,则 $G\cap V=G$. 于是,$m=|G/G|=1$. 如果 $G\cong D_4$,由于 $V$ 含在 $S_4$ 的每个西罗 2-子群中,故 $G\cap V=V$,从而 $m=|G/V|=|G|/|V|=8/4=2$.

如果 $G$ 是秩为 4 的循环群,则 $G$ 由一个 4-循环生成,其平方一定在 $V$ 中使 $G\cap V=2$,且 $m=|G/G\cap V|=|G|/|G\cap V|=4/2=2$.

由于 $f(x)$或是既约的,或是可约的,且 $D_4\ncong\mathbb{Z}_4$,只需证最后一个结论的逆. 令 $u_1,u_2,u_3,u_4$ 是 $f(x)$在某个分裂域 $F$ 中的根. 假设 $G\cong D_4$,从而 $G\cap V=V$. 由于 $V$ 是可传递群,且 $G\cap V=\mathrm{Aut}_{K(\alpha,\beta,\gamma)}F$(引理 8.3.1),故对每个 $i\neq j(1\leqslant i,j\leqslant 4)$,存在 $\sigma\in G\cap V$,$\sigma$ 诱导同构 $K(\alpha,\beta,\gamma)(u_i)\cong K(\alpha,\beta,\gamma)(u_j)$,使 $\sigma(u_i)=u_j$,且 $\sigma|_{K(\alpha,\beta,\gamma)}$ 是恒等同构的. 因此,对每对 $i\neq j$,$u_i$ 和 $u_j$ 是 $K(\alpha,\beta,\gamma)$上同一既约多项式的根(推论 7.1.1). 于是,$f(x)$在 $K(\alpha,\beta,\gamma)$上是既约的. 另一方面,如果 $G\cong\mathbb{Z}_4$,则 $G\cap V=\mathrm{Aut}_{K(\alpha,\beta,\gamma)}F$ 有秩 2 且不是传递的. 因此,对某个 $i\neq j$,不存在 $\sigma\in G\cap V$ 使 $\sigma(u_i)=u_j$. 但由于 $F$ 是 $K(\alpha,\beta,\gamma)(u_i)$和 $K(\alpha,\beta,\gamma)(u_j)$上的分裂域,若有同构 $K(\alpha,\beta,\gamma)(u_i)\cong K(\alpha,\beta,\gamma)(u_j)$,其在 $K(\alpha,\beta,\gamma)$上限制是恒等,且映 $u_i$ 为 $u_j$,它将是某个 $\sigma\in\mathrm{Aut}_{K(\alpha,\beta,\gamma)}F=G\cap V$ 的限制(定理 7.2.6). 所以,这样的同构不存在. 于是,$u_i$ 与 $u_j$ 不能是 $K(\alpha,\beta,\gamma)$上同一个既约多项式的根(推论 7.1.1). 因此,$f(x)$在 $K(\alpha,\beta,\gamma)$上可约.

**定理 8.3.6**　如果 $p$ 是素数,$f(x)$是有理数域$\mathbb{Q}$上次数为 $p$ 的既约多项式,且它在复数域$\mathbb{C}$上恰有两个非实根,则 $f(x)$的伽罗瓦群为 $S_p$(同构意义下).

**证明**　令 $G$ 为 $f(x)$的伽罗瓦群,故可视为 $S_p$ 的子群. 由于 $p\mid|G|$(定理 8.3.1),$G$ 含有秩为 $p$ 的一个元素 $\sigma$(定理 4.2.1). 由定理 1.4.5 知,$\sigma$ 是 $p$-循环的. 复共轭映射:$a+bi\mapsto a-bi$ 是$\mathbb{C}$的一个$\mathbb{R}$-自同构使每个非实数变动. 所以,由定理 8.1.1,它使 $f(x)$的两个非实根互换,并固定其他根,这蕴涵着 $G$ 含有对换 $\tau=(ab)$. 因为 $\sigma$ 可写为 $\sigma=(aj_2\cdots j_p)$,故 $\sigma$ 的某个幂形如

$$\sigma^k=(abi_3\cdots i_p)\in G.$$

如必要,可变换一下记号,可假设 $\tau=(12)$,$\sigma^k=(123\cdots p)$. 但由习题 1.4 中 16 题知这两个元生成 $S_p$. 所以 $G=S_p$.

### 8.3.3　伽罗瓦群计算例子

**例 8.3.3**　由定理 3.3.17(艾森斯坦判别法)知,多项式 $f(x)=x^4+4x^2+2\in$

$\mathbb{Q}[x]$是既约的. 又由于 $\mathrm{Char}\mathbb{Q}=0$,故 $f(x)$是可离的. 由定理 8.3.2 知,$f(x)$的三次预解式为 $x^3-8x^2+8x=x(x^2-8x+8)$,所以 $\alpha=0,\beta=4-2\sqrt{2},\gamma=4+2\sqrt{2}$,从而$\mathbb{Q}(\alpha,\beta,\gamma)=\mathbb{Q}(\sqrt{2})$在$\mathbb{Q}$上的维数为 2,因此,$f(x)$的伽罗瓦群为 $D_4$ 或$\mathbb{Z}_4$(同构意义下). 在 $f(x)$中用 $z=x^2$ 作替换可将 $f$ 化简为$z^2+4z+2$,易知其根为 $z=-2\pm\sqrt{2}$,因此 $f(x)$的根为 $x=\pm\sqrt{z}=\pm\sqrt{-2-\sqrt{2}}$.

于是,

$$f(x)=\left(x-\sqrt{-2+\sqrt{2}}\right)\left(x-\sqrt{-2+\sqrt{2}}\right)\left(x-\sqrt{-2-\sqrt{2}}\right)\left(x+\sqrt{-2-\sqrt{2}}\right)$$
$$=(x^2-(-2+\sqrt{2}))(x^2-(-2-\sqrt{2}))\in\mathbb{Q}(\sqrt{2})[x].$$

所以,$f(x)$在$\mathbb{Q}(\sqrt{2})$上是可约的. 由定理 8.3.5(4)知 $f(x)$的伽罗瓦群是 4 阶循环群.

**例 8.3.4** 多项式 $x^4-2\in\mathbb{Q}[x]$是既约(艾森斯坦判别法)和可离的($\mathrm{Char}\,\mathbb{Q}=0$). 三次预解式为 $x^3+8x=x(x^2+8)=x(x+2\sqrt{2}\mathrm{i})(x-2\sqrt{2}\mathrm{i})$,于是$\mathbb{Q}(\alpha,\beta,\gamma)=\mathbb{Q}(\sqrt{2}\mathrm{i})$在$\mathbb{Q}$上的维数为 2. 由于$\sqrt{2},\sqrt{2}\notin\mathbb{Q}(\sqrt{2}\mathrm{i})$,故 $x^4-2$ 在$\mathbb{Q}(\sqrt{2}\mathrm{i})$上是既约的,所以由定理 8.3.5(4)知其伽罗瓦群同构于二面体群 $D_4$.

**例 8.3.5** 对于多项式 $f(x)=x^4-10x^2+4\in\mathbb{Q}[x]$,由定理 3.3.16 知,如果 $\dfrac{c}{d}$是 $f(x)$的根(这里 $c,d$ 是互素整数),则 $d|1,c|4$. 因此,$f(x)$的可能有理根为 $\pm1,\pm2,\pm4$. 通过验证,这些均不是 $f(x)$的根,所以 $f(x)$在$\mathbb{Q}[x]$中没有一次和三次因子. 再由定理 3.3.7 知,为验证 $f(x)$在$\mathbb{Q}[x]$中有没有二次因式,只需验证 $f(x)$在$\mathbb{Z}[x]$中没有二次因式,容易验证不存在整数 $a,b,c,d$ 使 $f(x)=(x^2+ax+b)(x^2+cx+d)$. 所以,$f(x)$在$\mathbb{Q}[x]$中是既约的. $f$ 的三次预解式为 $x^3+20x^2+84x=x(x^2+20x+84)$,它的所有根均在$\mathbb{Q}$中. 所以,$m=[\mathbb{Q}(\alpha,\beta,\gamma):\mathbb{Q}]=1$,于是,由定理 8.3.5(3)知 $f(x)$的伽罗瓦群 $G=V\cong\mathbb{Z}_2\oplus\mathbb{Z}_2$.

下面例子说明伽罗瓦群的子群与中间域的对应关系. 确定中间域和可离 4 次多项式的伽罗瓦群的对应子群的三次可离多项式同样复杂得多.

**例 8.3.6** $f(x)=x^4+2x^2+2\in\mathbb{Q}[x]$. $f(x)$的三次预解式为 $g(x)=x^3-4x^2-4x=x(x^2-4x-4)$,所以它的根 $\alpha=0,\beta=2-2\sqrt{2},\gamma=2+2\sqrt{2}$. 于是,$E=\mathbb{Q}(\alpha,\beta,\gamma)=\mathbb{Q}(\sqrt{2})$在$\mathbb{Q}$上的维数是 2. 由定理 3.3.17(艾森斯坦判别法)知$f(x)$在$\mathbb{Q}$上不可约. 故由定理 8.3.5(4)知 $f(x)$的伽罗瓦群为二面体群 $D_4$ 或循环群 $\mathbb{Z}_4$. 由于 $f(x)$没有实根而 $E$ 是实数子域,故 $f(x)$在 $E$ 上只能分解成两个 2 次因式之积,又因为 $f(x)$只含偶次项,故 $f(x)$在 $E$ 上只能分解成如下形式

$$f(x)=(x^2+ax+b)(x^2-ax+b),$$

比较两边的系数得 $b=\pm\sqrt{2},a^2=\pm2\sqrt{2}-2$,由于 $a\in E,a^2>0$,故只能有 $a^2=$

$2\sqrt{2}-2=2(\sqrt{2}-1)$，2 在 $E$ 内能开平方 $2=(\sqrt{2})^2$，但$\sqrt{2}-1$ 不能，因而方程 $a^2=2\sqrt{2}-2$在 $E$ 内无解，所以 $f(x)$在 $E$ 上是既约的，再由定理 8.3.5(4)知 $f(x)$的伽罗瓦群为 $D_4$，下面再具体写出 $D_4\subseteq S_4$.

由于 $f(x)$只有偶次项，如果 $\delta$ 为 $f(x)$的一根，则 $-\delta$ 也是它的根. 因此不妨设 $f(x)$的根为 $\delta,-\delta$ 和 $\omega,-\omega$. 于是 $\delta^2$ 和 $\omega^2$ 为 $x^2+2x+2$ 的根，解出得 $\delta^2=\mathrm{i}-1$，$\omega^2=-\mathrm{i}-1$. 不妨设 $\delta=\sqrt{\mathrm{i}-1}$，$\omega=\sqrt{-\mathrm{i}-1}$，设 $F$ 为 $f(x)$在$\mathbb{Q}$上的分裂域，则$\mathbb{Q}(\delta)$和$\mathbb{Q}(\omega)$为 $F$ 的中间域，且 $F=\mathbb{Q}(\delta,\omega)$，而$\mathbb{Q}(\delta)\cap\mathbb{Q}(\omega)=\mathbb{Q}(\delta^2)=\mathbb{Q}(\omega^2)=\mathbb{Q}(\mathrm{i})$，$[F:Q(\mathrm{i})]=4$，$F$ 的每个自同构都诱导$\mathbb{Q}(\mathrm{i})$的自同构. 反之，$\mathbb{Q}(\mathrm{i})$的每个自同构在 $F$ 上有四个不同的拓广. 另一方面，$\delta$ 和 $\omega$ 在$\mathbb{Q}(\mathrm{i})$上的既约多项式分别为$x^2-(\mathrm{i}-1)$和 $x^2-(-\mathrm{i}-1)$. $\mathbb{Q}(\mathrm{i})$的自同构在 $F$ 上的每一个拓广由 $\alpha$ 和 $\omega$ 的像唯一决定. 下面具体写出 $F$ 的 8 个自同构. 为简单起见，$\delta,-\delta$ 和 $\omega,-\omega$ 分别记为 1,2,3,4.

$\mathbb{Q}(\mathrm{i})$的恒等自同构在 $F$ 上有四个拓广，它们都保持 i 不动，从而也就保持 $x^2-(\mathrm{i}-1)$和 $x^2-(-\mathrm{i}-1)$不动. 因而它们只能引起 $\delta,-\delta$ 之间的置换和 $\omega,-\omega$ 之间的置换，而且这两部分置换是独立的. 所以，这四个拓广用根的置换表示就是 (1)，(12)，(34)，(12)，(34). $\mathbb{Q}(\mathrm{i})$的自同构 $a+b\mathrm{i}\mapsto a-b\mathrm{i}$(其中 $a,b\in\mathbb{Q}$)把 i 变成$-\mathrm{i}$，因而它在 $F$ 上的四个拓广是将 $x^2-(\mathrm{i}-1)$的根和 $x^2-(-\mathrm{i}-1)$的根置换，即把 $\alpha$ 变成 $\omega$ 或 $-\omega$，同时把 $\omega$ 变成 $\delta$ 或 $-\delta$ 而且互补依赖，因而它在 $F$ 上的四个拓广用根的置换表出就是

$$(13)(24),\quad (14)(23),\quad (1324),\quad (1423).$$

这样，$G$ 由上面 8 个置换组成. $G$ 除单位元子群(即恒等元子群)和本身之外还有三个 4 阶子群和五个 2 阶子群. 其中 4 阶子群有

$$V=\{(1),(12)(34),(13)(24),(14)(23)\},$$

$$X=\langle(1324)\rangle\text{和 }V_1=\{(1),(12),(34),(12)(34)\}.$$

而 2 阶子群有

$$\langle(12)\rangle,\quad \langle(34)\rangle,\quad \langle(12)(34)\rangle,\quad \langle(13)(24)\rangle\text{和}\langle(14)(23)\rangle.$$

我们下面找出和上述子群相对应的中间域. 首先，根据上面 $G$ 的构造可知 $\mathbb{Q}(\mathrm{i})\subset V_1'$. 由于$[F:\mathbb{Q}(\mathrm{i})]=|V_1|=4$，根据伽罗瓦理论的基本定理 8.1.3 知，$V_1'=\mathbb{Q}(\mathrm{i})$. 由于 $\delta^2\omega^2=2$，故 $\delta,\omega$ 不妨如此选择，使得 $\delta\omega=\sqrt{2}$. 显然，$\delta\omega=\sqrt{2}$是 $V$ 的不动元，因而$\mathbb{Q}(\sqrt{2})=\mathbb{Q}(\delta\omega)\subseteq V'$. 由于$[F:\mathbb{Q}(\sqrt{2})]=|V|=4$，同理有 $V'=\mathbb{Q}(\sqrt{2})$. 注意(1324)把 i 变成$-\mathrm{i}$，而且把 $\delta\omega=\sqrt{2}$变成$-\delta\omega=-\sqrt{2}$，因而 $\mathrm{i}\cdot\sqrt{2}=\sqrt{-2}$在(1324)下不动. $\sqrt{-2}$是 $X$ 的一个不动元. 于是$\mathbb{Q}(\sqrt{-2})=\mathbb{Q}(\delta\omega(\delta^2-\omega^2))\subseteq X'$. $[F:\mathbb{Q}(\sqrt{-2})]$等于 $X$ 的阶，可知 $X'=\mathbb{Q}(\sqrt{-2})$. 其次确定二阶子群的不动域. 根据伽罗瓦理论基本定理 8.1.3 知，2 阶子群的不动域都是$\mathbb{Q}$上维数为 4 的域(注意$[F:\mathbb{Q}]=8$)，首先有$\langle(12)\rangle=\mathbb{Q}(\omega)$，$\langle(34)\rangle'=\mathbb{Q}(\delta)$. 其次由于$\langle(12)$

$(34)\rangle=V\cap X$，根据基本定理 8.1.3 知$\langle(12)(34)\rangle$的不动域包含 $V$ 和 $X$ 的不动域的复合域$\mathbb{Q}(\sqrt{2})\cdot\mathbb{Q}(\sqrt{-2})=\mathbb{Q}(\sqrt{2},-\sqrt{2})=\mathbb{Q}(\sqrt{2},\mathrm{i})$，而且根据基本定理 8.3.1(1)，$\langle(12)(34)\rangle'=\mathbb{Q}(\sqrt{2},\mathrm{i})$.

最后我们确定出$\langle(12)(34)\rangle$和$\langle(13)(24)\rangle$的不动域. 首先 $\delta+\omega$ 是(13)(24)的不动元，因而，确定一下 $\alpha+\omega$ 的次数即$[\mathbb{Q}(\delta+\omega):\mathbb{Q}]$是多少. 我们有$(\delta+\omega)^2=\delta^2+\omega^2+2\delta\omega=2+2\sqrt{2}=2(1+\sqrt{2})$. 于是，由此可知$\mathbb{Q}(\sqrt{2})\subseteq\mathbb{Q}(\delta+\omega)$. 又因 2 在$\mathbb{Q}(\sqrt{2})$中是一个平方数 $2=(\sqrt{2})^2$，而 $1+(\sqrt{2})$在$\mathbb{Q}(\sqrt{2})$内不能开平方，故 $\delta+\omega\notin\mathbb{Q}(\sqrt{2})$，$[\mathbb{Q}(\delta+\omega):\mathbb{Q}]=[\mathbb{Q}(\delta+\omega):\mathbb{Q}(\sqrt{2})][\mathbb{Q}(\sqrt{2}):\mathbb{Q}]=4$. 所以，$\langle(13)(24)\rangle'=\mathbb{Q}(\delta+\omega)$. 其次令 $\sigma=(1234)$，我们有$(14)(23)=\sigma(13)(24)\sigma^{-1}$，根据基本定理 8.1.3，$\mathbb{Q}(\sigma(\delta+\omega))=\mathbb{Q}(\omega-\delta)$是$\sigma\langle(13)(24)\rangle\sigma^{-1}=\langle(14)(23)\rangle$的不动域.

我们现在把扩张$\mathbb{Q}(\delta,\omega)\supset\mathbb{Q}$与群 $G$ 的子群之间的伽罗瓦对应用图 8.3.1 与图 8.3.2 表示出来，用 1,2,3,4 分别表示 $f(x)$的根 $\delta,-\delta,\omega,-\omega$.

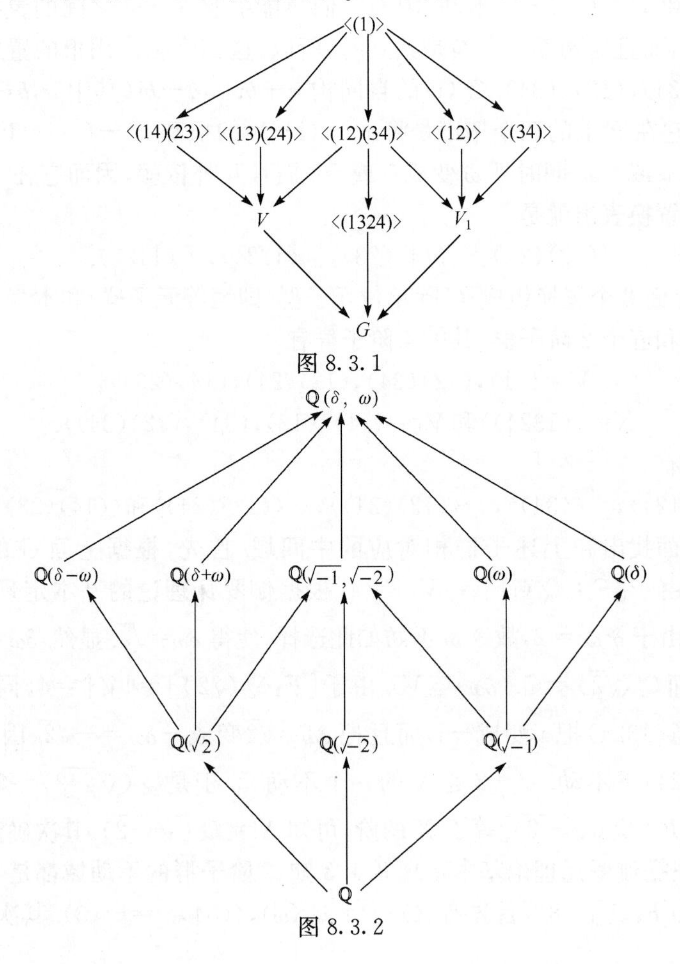


图 8.3.1

图 8.3.2

## 习　题　8.3

1. 设 $K$ 为域，$F$ 为多项式 $f\in K[x]$ 在 $K$ 上的分裂域，如果 $f$ 在 $F$ 上分解为 $f(x)=(x-u_1)^{n_1}\cdots(x-u_k)^{n_k}$，其中这些 $u_i$ 是不同的，$n_i\geqslant 1$，令 $v_0,\cdots,v_k$ 是多项式 $g=(x-u_1)(x-u_2)\cdots(x-u_k)$ 的系数，$E=K(v_0,v_1,\cdots,v_k)$.

证明：(1) $F$ 是 $g$ 在 $E$ 上的分裂域；

(2) $F$ 在 $E$ 上是伽罗瓦的；

(3) $\mathrm{Aut}_E F=\mathrm{Aut}_K F$.

2. 设域 $K$ 的特征 $\mathrm{Char}K\neq 2$，令多项式 $f=x^4+ax^2+b\in K[x]$ 是既约的，$G$ 为 $f$ 的伽罗瓦群，证明：

(1) 如果 $b$ 是 $K$ 的一个平方元素，则 $G$ 与四元群 $\{(1),(12)(34),(13)(24),(14)(23)\}$ 同构；

(2) 如果 $b$ 不是 $K$ 中的平方元素，而且 $b(a^2-4b)$ 是 $K$ 的一个平方数，则 $G$ 是一个循环群；

(3) 如果 $b$ 和 $b(a^2-4b)$ 在 $F$ 内都不是平方数，则 $G$ 与 8 阶二面体群 $D_4$ 同构.

3. 确定 $x^4-2$ 在有理数域 $\mathbb{Q}$ 上的伽罗瓦群及 $x^4-2$ 在 $\mathbb{Q}$ 上的分裂域的所有子域.

4. 设 $K$ 为实数域 $R$ 的子域，$F$ 是 $K$ 的扩域（从而 $F$ 可取为复数域 $C$ 的子域），$f(x)$ 是三次既约多项式，令 $D$ 是 $f$ 的判别式，证明：

(1) $D>0$ 当且仅当 $f$ 有三个实根；

(2) $D<0$ 当且仅当 $f$ 有一个实根.

5. 设 $F$ 是域 $K$ 的扩域，$f$ 是 $K$ 上三次可离多项式，其伽罗瓦群为 $G=S_3$，根 $u_1,u_2,u_3\in F$，证明：扩张 $K\subset F$ 的不同中间域是 $F,K(\Delta),K(u_1),K(u_2),K(u_3),K$. 伽罗瓦群 $G$ 中对应的子群为 1 和 $A_3,T_1,T_2,T_3$ 和 $S_3$，其中 $T_i=\{(1),(jk)\mid j\neq i\neq k\}$.

6. 如果域 $K$ 的特征不为 2 和 3，证明：$x^3+bx^2+cx+d$ 的判别式为 $-4c^3-27d^2+b^2(c^2-4bd)+18bcd$.

7. 如果域 $K$ 的特征不为 2，$f\in K[x]$ 是三次多项式，其判别式是 $K$ 中的平方元素，证明：$f$ 在 $K[x]$ 中是既约的，或者完全分解为一次多项式的乘积.

8. 设 $K$ 是任意一个域，$x^3-3x+1$ 在 $K$ 上是既约的或者分裂的.

9. 证明：$S_4$ 没有阶为 6 的可传递子群.

10. 设 $K$ 为域，$f$ 是 $K$ 上的（既约）可离 4 次多项式，$u$ 是 $f$ 的根，证明：在 $K$ 和 $K(u)$ 之间没有真子域当且仅当 $f$ 的伽罗瓦群是 $A_4$ 或 $S_4$.

11. 确定下列多项式在有理数域 $\mathbb{Q}$ 上的伽罗瓦群.

(1) $x^3-2x+3$；　(2) $x^3-x-1$；　(3) $x^3-3x-1$；

(4) $x^4-4x+5$；　(5) $x^4-10x^2+4$.

12. 计算下列多项式在所给域上的伽罗瓦群(其中$\mathbb{Q}$为有理数域).

(1) $x^4-5$ 在$\mathbb{Q}$上,在$\mathbb{Q}(\sqrt{5})$上,在$\mathbb{Q}(\sqrt{5}\mathrm{i})$上;

(2) $(x^3-2)(x^2-3)(x^2-5)(x^2-7)$在$\mathbb{Q}$上;

(3) $x^3-10$ 在$\mathbb{Q}$及$\mathbb{Q}(\sqrt{2})$上;

(4) $x^5-6x+3$ 在$\mathbb{Q}$上;

(5) $x^4+px+p$ 在$\mathbb{Q}$上(其中 $p$ 为素数).

## 8.4 纯不可离扩域

8.2 节讨论了可离扩域和可离元. 本节将考虑与可离扩域和可离元完全相反的概念——纯不可离扩域和纯不可离元及其相应性质,并进一步讨论研究可离扩域.

### 8.4.1 纯不可离扩域及其性质

我们先介绍域 $K$ 上的纯不可离元和纯不可离扩域,再研究它们的基本性质.

**定义 8.4.1** 设 $F$ 是 $K$ 的扩域,代数元 $u\in F$ 称为在 $K$ 上是纯不可离的(purely inseparable),如果它在 $K[x]$中的既约多项式 $f(x)$在 $F[x]$中分解为 $f(x)=(x-u)^m$. $F$ 称为$K$ 的纯不可离扩域(purely inseparable extension field),如果 $F$ 的每个元在 $K$ 上是纯不可离的.

**注 8.4.1** 元素在 $K$ 上可离,如果它的次数为 $n$ 的既约多项式 $f(x)$在某个分裂域里有 $n$ 个不同的根;$u$ 在 $K$ 上是纯不可离的,如果 $f(x)$恰有一个根. 所以,在 $K$ 上既不可离也不是纯不可离的元素是可能存在的.

**定理 8.4.1** 设 $F$ 是 $K$ 上的扩域,则 $u\in F$ 在 $K$ 上既是可离的,又是纯不可离的,当且仅当 $u\in K$.

**证明** 元 $u\in F$ 在 $K$ 上是可离的和纯不可离的$\Leftrightarrow$它的既约多项式形如$(x-u)^m$,并且在某个分裂域里有 $m$ 个不同根. 显然,这只有当 $m=1$ 时才成立. 于是,$(x-u)\in K[x]$,即 $u\in K$.

如果 $\mathrm{Char}K=0$,则 $K$ 上每个代数元在 $K$ 上是可离的. 所以,定理 8.4.1 蕴涵着 $K$ 上仅有的纯不可离元是$K$ 中元. 因此,如果 $\mathrm{Char}K=0$,则 $K$ 的纯不可离扩张是平凡的. 所以,我们通常把注意力集中在正特征的域扩张上. 我们经常用到:如果 $\mathrm{Char}K=p\neq0$,$u,v\in K$,则对任意正整数 $n$,有$(u\pm v)^{p^n}=u^{p^n}\pm v^{p^n}$.

**引理 8.4.1** 设 $F$ 是$K$ 的扩域且 $\mathrm{Char}K=p\neq0$,如果 $u\in F$ 是$K$ 上代数的,则存在某个正整数 $n$ 使 $u^{p^n}$ 在 $K$ 上是可离的.

**证明** 对 $u$ 在 $K$ 上的次数进行归纳证明. 如果 $\deg u=1$ 或 $u$ 是可离的,引理成立. 如果 $f$ 是次数大于 1 的非可离元 $u$ 的既约多项式,则 $f'=0$. 因此,$f$ 是 $x^p$ 的多项式(习题 3.3 第 9 题). 所以,$u^p$ 是 $K$ 上次数小于 $\deg u$ 的代数元. 因此,由归纳假设,存在某个整数 $m\geqslant 0$,使$(u^p)^{p^m}$ 在 $K$ 上是可离的.

**定理 8.4.2**　设域 $K$ 的特征为 $p\neq 0$,如果 $F$ 是 $K$ 的扩域,则下列叙述是等价的:

(1) $F$ 在 $K$ 上是纯不可离的;

(2) $F$ 上任一元 $u$ 的既约多项式形如 $x^{p^n}-a\in K[x]$;

(3) 如果 $u\in F$,则存在某个整数 $n\geqslant 0$ 使 $u^{p^n}\in K$;

(4) $F$ 在 $K$ 上可离的仅有元素是 $K$ 中的元素;

(5) $F$ 是由纯不可离元的集合在 $K$ 上生成的.

**证明**　(1)⇒(2). 设$(x-u)^m$ 是 $u\in F$ 的既约多项式,令 $m=np^r$ 且$(n,p)=1$,则$(x-u)^m=(x-u)^{p^rn}=(x^{p^r}-u^{p^r})^n$(2.5 节习题 5). 由于$(x-u)^m\in K[x]$,则 $x^{p^r(n-1)}$的系数,即$\pm nu^{p^r}$一定在 $K$ 内. 现在,$(n,p)=1$ 蕴涵着 $u^{p^r}\in K$. 由于$(x-u)^m=(x^{p^r}-u^{p^r})^n$ 是 $K[x]$中的既约多项式,我们一定有 $n=1$. 于是,$(x-u)^m=x^{p^r}-a$,其中 $a=u^{p^r}\in K$.

(2)⇒(3)与(1)⇒(5)是平凡的.

(3)⇒(1). 对任意元素 $u\in F$,存在整数 $n\geqslant 0$ 使 $u^{p^n}\in K$. 令 $a=u^{p^n}$,则 $u$ 是 $x^{p^n}-a$ 的根,而 $x^{p^n}-a=x^{p^n}-u^{p^n}=(x-u)^{p^n}$. 于是,$u$ 在 $K$ 上既约多项式 $f(x)$在 $F[x]$中形如$(x-u)^m$.

(1)⇒(4). 可由定理 8.4.1 得证.

(4)⇒(3). 可由引理 8.4.1 得证.

(5)⇒(3). 由定理 7.1.2(7),不妨设 $u_1,\cdots,u_m$ 是纯不可离的且使 $F=K(u_1,\cdots,u_m)$. 于是,任意 $u\in F$ 有 $u=f(u_1,\cdots,u_m)$,其中 $f$ 是 $K$ 上多元多项式. 对每个 $u_i$,存在整数 $n_i\geqslant 0$ 使 $u_i^{p^{n_i}}\in K$. 令 $n=n_1n_2\cdots n_m$,则 $u^{p^n}=f(u_1^{p^n},\cdots,u_m^{p^n})=f(u_1^{p^{n_1\cdots n_m}},\cdots,u_m^{p^{n_1\cdots n_m}})\in K$.

**推论 8.4.1**　设域 $K$ 的特征为 $\mathrm{Char}K=p\neq 0$,如果 $F$ 是 $K$ 的有限维纯不可离扩域,则存在整数 $n\geqslant 0$,使$[F:K]=p^n$.

**证明**　由定理 7.1.7 知 $F=K(u_1,\cdots,u_m)$. 由假设条件,每个 $u_i$ 在 $K$ 上是纯不可离的$(i=1,\cdots,m)$. 因此,$u_i$ 在 $K(u_1,\cdots,u_{i-1})$上是纯不可离的. 由定理 7.1.4 和定理 8.4.2(2)知在域链

$$K\subset K(u_1)\subset K(u_1,u_2)\subset\cdots\subset K(u_1,\cdots,u_m)=F$$

的每一步有维数 $p$ 的幂. 所以,由定理 7.1.1 知存在整数 $n\geqslant 0$ 使$[F:K]=p^n$.

**引理 8.4.2**　如果 $F$ 是 $K$ 的扩域,$X$ 是 $F$ 的子集使 $F=K(X)$,且 $X$ 的每个元在 $K$ 上是可离的,则 $F$ 是 $K$ 上可离扩域.

**证明**　对任意 $u\in F$,则由定理 7.1.2(7)知,存在 $u_1,\cdots,u_n\in X$,使 $u\in$

$K(u_1,\cdots,u_n)$. 设 $f_i\in K[x]$是 $u_i$ 的既约多项式,$E$ 是$\{f_1,\cdots,f_n\}$在 $K(u_1,\cdots,u_n)$上的分裂域,则 $E$ 也是$\{f_1,\cdots,f_n\}$在 $K$ 上的分裂域. 由定理 8.2.1 知 $E$ 在 $K$ 上是可离的. 因此,$u\in K(u_1,\cdots,u_n)\subset E$ 在 $K$ 上是可离的,从而 $F$ 在 $K$ 上是可离的.

**定理 8.4.3** 设 $F$ 是 $K$ 的代数扩域,$S$ 是 $F$ 在 $K$ 上所有可离的元素构成的集合,$P$ 是 $F$ 在 $K$ 上所有纯不可离元素构成的集合,则

(1) $S$ 是 $K$ 的可离扩域;

(2) $F$ 在 $S$ 上是纯不可离的;

(3) $P$ 是 $K$ 上的一个纯不可离扩域;

(4) $P\cap S=K$;

(5) $F$ 在 $P$ 上可离$\Leftrightarrow F=SP$;

(6) 如果 $F$ 在 $K$ 上是正规的,则 $S$ 在 $K$ 上是伽罗瓦的,$F$ 在 $P$ 上是伽罗瓦的,且 $\mathrm{Aut}_K^S\cong\mathrm{Aut}_P^F=\mathrm{Aut}_K^F$.

**注 8.4.2** 显然 $S$ 是 $F$ 在 $K$ 上可离的唯一最大子域,$S$ 含有在 $K$ 上可离的每个中间域. 类似地,对 $P$ 和纯不可离中间域也成立这些结论. 如果 $\mathrm{Char}K=0$,则 $S=F$与 $P=K$(定理 8.4.1).

**证明** (1) 如果 $u,v\in S,v\neq 0$ 则由引理 8.4.2,$K(u,v)$在 $K$ 上是可离的,所以,$u-v,uv^{-1}$可离,从而均属于 $S$. 故 $S$ 是一个子域.

(2) 由引理 8.4.1 和定理 8.4.2(1),(3)可得证.

(3) 如果 $\mathrm{Char}K=p\neq 0$,任意 $u,v\in P$,则 $K(u,v)$是一个域,由定理 8.4.2(5)知 $K(u,v)$在 $K$ 上是纯不可离的. 故 $u\pm v,uv,uv^{-1}\in K(u,v)$是纯不可离的,从而均属于 $P$. 因此,$P$ 是子域. 如果 $\mathrm{Char}K=0$,则 $P=K$,从而(3)也成立.

(4) 可由定理 8.4.1 得证.

(5) 如果 $F$ 在 $P$ 上可离,则 $F$ 在合成域 $SP$ 上可离,且在 $SP$ 上纯不可离. 所以,由定理 8.4.1,$F=SP$. 反之,如果 $F=SP=P(S)$,则 $F$ 在 $P$ 上是可离的(引理 8.4.2).

(6) 首先证明 $\mathrm{Aut}_K^F$ 的固定域 $K_0$ 实际上是 $P$. 这就蕴涵着 $F$ 在 $P$ 上是伽罗瓦的,且 $\mathrm{Aut}_P^F=\mathrm{Aut}_K^F$. 令 $u\in F$ 在 $K$ 上有既约多项式 $f$,设 $\sigma\in\mathrm{Aut}_K^F$,则 $\sigma(u)$是 $f$ 的根(定理 8.1.1). 如果 $u\in P$,则 $f(x)=(x-u)^m$,因此,$\sigma(u)=u$,所以 $P\subseteq K_0$. 反之,如果 $u\in K_0$ 且 $v\in F$ 是 $f$ 的任一其他根,则存在 $K$-同构 $\tau:K(u)\to K(v)$使得 $\tau(u)=v$(推论 8.1.1),由定理 7.2.6 和定理 8.2.3 知 $\tau$ 拓广为 $F$ 的 $K$-自同构. 由于 $u\in K_0$,有 $u=\tau(u)=v$. 因 $f$ 在 $F[x]$中分裂(由于 $F$ 在 $K$ 上正规),故对某个整数 $m>0$,$f=(x-u)^m$. 所以,$u\in P$ 且 $K_0\subseteq P$,因此 $P=K_0$.

任意 $\sigma\in\mathrm{Aut}_P^F=\mathrm{Aut}_K^F$ 一定把可离元映为可离元(定理 8.1.1). 所以,$\sigma\mapsto\sigma|_S$ 定义了同态 $\theta:\mathrm{Aut}_P^F\to\mathrm{Aut}_K^S$. 由于 $F$ 在 $S$ 上是正规的,故 $\theta$ 是满同态(定理 7.2.6 和定理 8.2.3). 由于 $F$ 在 $P$ 上是伽罗瓦的,故根据定理 8.2.1 知 $F$ 是 $P$ 上可离扩

张. 再由(5)知 $F=SP$,这就蕴涵着 $\theta$ 是单同态. 因此,$\mathrm{Aut}_P^F\cong\mathrm{Aut}_K^S$. 最后,假设 $u\in S$ 由所有 $\sigma\in\mathrm{Aut}_K^S$ 固定不动. 因为 $\theta$ 是满的,故 $u$ 在 $\mathrm{Aut}_P^F$ 的固定域中. 因此,$u\in P\cap S=K$. 所以,$S$ 在 $K$ 上是伽罗瓦的.

**推论 8.4.2**　如果 $F$ 是 $E$ 的可离扩域,$E$ 是 $K$ 的可离扩域,则 $F$ 是 $K$ 上可离扩域.

**证明**　如果 $S$ 如同定理 8.4.3 中的,则 $E\subset S$,且 $F$ 在 $S$ 上是纯不可离的. 但 $F$ 在 $E$ 上是可离的,故 $F$ 在 $S$ 上也是可离的,所以 $F=S$(定理 8.4.1).

**注 8.4.3**　设 $F$ 是 $\mathrm{Char}K=p\neq 0$ 的域,引理 7.4.1 证明了对每个 $n\geqslant 1$,集合 $F^{p^n}=\{u^{p^n}\mid u\in F\}$ 是 $F$ 的一个子域. 由定理 8.4.2(3)知,$F$ 在 $F^{p^n}$ 上是纯不可离的. 因此,$F$ 在任何中间域上也是纯不可离的.

**推论 8.4.3**　设 $F$ 是 $K$ 的代数扩域,$\mathrm{Char}K=p\neq 0$. 如果 $F$ 在 $K$ 上是可离的,则对每个 $n>1$,$F=KF^{p^n}$. 如果$[F:K]$是有限的且 $F=KF^p$,则 $F$ 在 $K$ 上是可离的. 特别地,$u\in F$ 在 $K$ 上是可离的当且仅当 $K(u^p)=K(u)$.

**证明**　令 $S$ 如同定理 8.4.3 中的 $S$,如果$[F:K]$是有限的,则由定理 7.1.7 知 $F=K(u_1,\cdots,u_m)=S(u_1,\cdots,u_m)$. 由于每个 $u_i$ 在 $S$ 上是纯不可离的(定理 8.4.3),故存在整数 $n\geqslant 1$ 使得对每个 $i$,$u_i^{p^n}\in S$. 由于 $F=S(u_1,\cdots,u_m)$,由习题 2.5 中第 5 题和定理 7.1.2 知 $F^{p^n}\subseteq S$. 显然,$S$ 的每个元素在 $F^{p^n}$ 上是纯不可离的,因此,在 $KF^{p^n}$ 上是纯不可离的. 又由于 $S$ 在 $K$ 上是可离的,故在 $KF^{p^n}$ 上可离. 所以,$S=KF^{p^n}$(定理 8.4.1). 根据定理 7.1.2 以及 $\mathrm{Char}K=p$ 知,对任意整数 $t\geqslant 1$,我们有 $F^{p^t}=[K(u_1,\cdots,u_m)]^{p^t}=K^{p^t}(u_1^{p^t},\cdots,u_m^{p^t})$. 因此,任意整数 $t\geqslant 1$,我们有 $F^{p^t}=K(K^{p^t}(u_1^{p^t},\cdots,u_m^{p^t}))=K(u_1^{p^t},\cdots,u_m^{p^t})$. 注意到这个讨论对 $F$ 在 $K$ 上的任意生成元 $u_1,\cdots,u_m$ 都成立. 现在如果 $F=KF^p$,则 $K(u_1,\cdots,u_m)=F=KF^p=K(u_1^p,u_2^p,\cdots,u_m^p)$. 将 $u_i$ 换成生成元 $u_i^{p^t}$ $(t=1,\cdots,n)$,重复讨论可证 $F=K(u_1,\cdots,u_m)=K(u_1^{p^n},\cdots,u_m^{p^n})=KF^{p^n}=S$. 因此,$F$ 在 $K$ 上是可离的. 反之,如果 $F$ 在 $K$ 上是可离的,则 $F$ 在 $KF^{p^n}$ 上既是可离的又是纯不可离的(对任意整数 $n\geqslant 1$). 所以 $F=KF^{p^n}$(定理 8.4.1).

### 8.4.2　域的可离次数和纯不可离次数

现在从向量空间维数角度分析讨论域的可离性和纯不可离性.

**定义 8.4.2**　设 $F$ 是 $K$ 代数扩域,$S$ 是 $F$ 在 $K$ 上可离的最大子域(如同定理 8.4.3 中的)维数$[S:K]$称为 $F$ 在 $K$ 上的可离次数(separable degree),记为$[F:K]_s$. 维数$[F:S]$称为 $F$ 在 $K$ 上的纯不可离次数(inseparable degree),记作$[F:K]_i$.

**注 8.4.4**　(1) $[F:K]_s=[F:K]$且$[F:K]_i=1$ 当且仅当 $F$ 在 $K$ 上是可

离的.

(2) $[F:K]_s=1$ 且$[F:K]_i=[F:K]$当且仅当 $F$ 在 $K$ 上是纯不可离的.

(3) 由定理 7.1.1 知$[F:K]=[F:K]_s[F:K]_i$. 如果$[F:K]<\infty$且 $\mathrm{Char}K=p\neq 0$,则$[F:K]_i$ 是 $p$ 的方幂(推论 8.4.1 和定理 8.4.3(2)).

下面的引理会使我们给出$[F:K]_s$ 的另一种描述,并证明对任中间域 $E$,有$[F:E]_s[E:K]_s=[F:K]_s$.

**引理 8.4.3** 设 $F$ 是 $E$ 的扩域,$E$ 是 $K$ 的扩域,$N$ 是 $K$ 的包含 $F$ 的正规扩域. 如果 $r$ 是不同 $E$-单同态 $F\to N$ 的集合的基数,$t$ 是不同 $K$-单同态 $E\to N$ 的集合的基数,则 $rt$ 是不同 $K$-单同态 $F\to N$ 的集合的基数.

**证明** 为方便不妨假设 $r$ 与 $t$ 均是有限的. 在一般情况下,对符号仅需作些稍许变动,同样的证明也成立. 令 $\tau_1,\tau_2,\cdots,\tau_r$ 是所有不同的 $E$-单同态 $F\to N$,令 $\sigma_1,\sigma_2,\cdots,\sigma_t$ 为所有不同的 $K$-单同态 $E\to N$. 每个 $\sigma_i$ 拓广为 $N$ 的自同构(定理 7.2.6 和定理 8.2.3),仍记为 $\sigma_i$. 每个合成映射 $\sigma_i\tau_j$ 是 $K$-单同态 $F\to N$. 如果 $\sigma_i\tau_j=\sigma_a\tau_b$,则 $\sigma_a^{-1}\sigma_i\tau_j=\tau_b$ 蕴涵着 $\sigma_a^{-1}\sigma_i|_E=1_E$. 所以,我们有 $\sigma_i=\sigma_a$ 且 $i=a$. 由于 $\sigma_i$ 是单射的,$\sigma_i\tau_j=\sigma_i\tau_b$ 蕴涵着 $\tau_j=\tau_b$ 且 $j=b$. 所以,$rt$ 个 $K$-单同态 $\sigma_i\tau_j:F\to N(1\leqslant i\leqslant t,1\leqslant j\leqslant r)$均是不同的. 令 $\sigma:F\to N$ 是任一个 $K$-单同态,则 $\sigma|_E=\sigma_i$ 对某个 $i$ 成立,且 $\sigma_i^{-1}\sigma$ 是 $K$-单同态 $F\to N$,限制在 $E$ 上是恒等映射. 所以,$\sigma_i^{-1}\sigma=\tau_j$ 对某个 $j$ 成立. 因此,$\sigma=\sigma_i\tau_j$. 因此,$rt$ 个不同映射 $\sigma_i\sigma_j$ 是 $F\to N$ 的所有 $K$-单同态.

**定理 8.4.4** 设 $F$ 是 $K$ 的有限维扩域,$N$ 是 $K$ 的包含 $F$ 的正规扩域,则不同的 $K$-单同态 $F\to N$ 的个数恰是$[F:K]_s$,即为 $F$ 在 $K$ 上的分离次数.

**证明** 令 $S$ 是 $F$ 在 $K$ 上可离的极大子域(定理 8.4.3(1)). 每个 $K$-单同态 $S\to N$拓广为 $N$ 的 $K$-自同构(定理 7.2.6 和定理 8.2.3),从而(限制)为 $K$-单同态 $F\to N$. 我们断言不同 $K$-单同态 $F\to N$ 的个数与不同 $K$-单同态 $S\to N$ 的个数一样. 如果 $\mathrm{Char}K=0$,则这是平凡的,因为此时 $F=S$. 所以,令 $\mathrm{Char}K=p\neq 0$. 假设 $\sigma,\tau$ 是 $K$-单同态 $F\to N$ 使得$\sigma|_S=\tau|_S$. 如果 $u\in F$,则存在某个整数 $n\geqslant 0$ 使 $u^{p^n}\in S$(定理 8.4.2 和定理 8.4.3(2)). 所以,$\sigma(u)^{p^n}=\sigma(u^{p^n})=\tau(u^{p^n})=\tau(u)^{p^n}$. 因此 $\sigma(u)=\tau(u)$. 所以,$\sigma|_S=\tau|_S$ 蕴涵着 $\sigma=\tau$,于是断言成立. 因此,只需假设 $F$ 在 $K$ 上是分离的(即 $F=S$). 在此情况下,有$[F:K]=[F:K]_s$,$[F:E]=[F:E]_s$ 且$[E:K]=[E:K]_s$ 对任一个中间域 $E$ 成立.

现在对 $n=[F:K]=[F:K]_s$ 进行归纳证明. $n=1$ 的情况是显然的. 如果$n>1$,选取 $u\in F-K$,则$[K(u):K]=r>1$. 如果 $r<n$,用归纳假设和引理 8.4.3(此时 $E=K(u)$)可证得结论. 如果 $r=n$,则 $F=K(u)$且$[F:K]$是可离既约多项式$f\in K[x]$的次数. 每个 $K$-单同态 $\sigma:F\to K$ 完全由 $v=\sigma(u)$确定. 由于 $v$ 是 $f$ 的根(定理 8.1.1),至多存在$[F:K]=\deg f$ 个这样的 $K$-单同态. 由于 $f$ 在 $N$ 中分裂(正规性)且是可离的,由推论 7.1.1 知恰好存在$[F:K]$个不同的 $K$-单同态$F\to N$.

**推论 8.4.4**　如果 $F$ 是 $E$ 的扩域，$E$ 是 $K$ 的扩域，则

$$[F:E]_s[E:K]_s=[F:K]_s \text{ 与 } [F:E]_i[E:K]_i=[F:K]_i.$$

**证明**　利用引理 8.4.3 和定理 8.4.4 即可得证.

**推论 8.4.5**　设 $f\in K[x]$ 是 $K$ 上既约首 1 多项式，$F$ 是 $f$ 在上的分裂域，$u_1$ 是 $f$ 在 $F$ 中的根，则

(1) $f$ 的每个有重数 $[K(u_1):K]_i$ 使得在 $F[x]$ 中，$f=[(x-u_1)\cdots(x-u_n)]^{[K(u_1):K]_i}$，其中 $u_1,\cdots,u_n$ 是 $f$ 的所有不同的根，且 $n=[K(u_1):K]_s$；

(2) $u_1^{[K(u_1):K]_i}$ 在 $K$ 上是可离的.

**证明**　(1) 由于 $\mathrm{Char}K=0$ 的情况是平凡的. 故我们假设 $\mathrm{Char}K=p\neq 0$. 对任意 $i\geqslant 1$，存在 $K$-同构 $\sigma:K(u_1)\cong K(u_i)$ 使得 $\sigma(u_1)=u_i$. $\sigma$ 拓广为 $F$ 的 $K$-自同构(推论 7.1.1 和定理 7.2.6). 由于 $f\in K[x]$，根据定理 8.1.1，有 $(x-u_1)^{r_1}\cdots(x-u_n)^{r_n}=f=\sigma f=(x-\sigma(u_1))^{r_1}\cdots(x-\sigma(u_n))^{r_n}$. 由于 $u_1,\cdots,u_n$ 是不同的，$\sigma$ 是单的，故 $K[x]$ 中的唯一分解性蕴涵着 $(x-u_i)^{r_i}=(x-\sigma(u_1))^{r_1}$. 因此，$r=r_i$. 这表明 $f$ 的每个根都有重数 $r=r_1$. 所以 $f(x)=(x-u_1)^r\cdots(x-u_n)^r$，且 $[K(u_1):K]=\deg f=nr$. 现在，由推论 7.1.1 和定理 8.1.1 知存在 $n$ 个不同的 $K$-单同态 $K(u_1)\to F$. 因此，由定理 8.4.4 和定理 8.2.3，$[K(u_1):K]_s=n$. 所以

$$[K(u_1):K]_i=\frac{[K(u_1):K]}{[K(u_1):K]_s}=\frac{nr}{n}=r.$$

(2) 由于 $r$ 是 $p=\mathrm{Char}K$ 的方幂，我们有

$$f(x)=(x-u_1)^r\cdots(x-u_n)^r=(x^r-u_1^r)\cdots(x^r-u_n^r).$$

因此，$f(x)$ 是 $x^r$ 的系数在 $K$ 中的多项式. 例如，$f(x)=\sum_{i=1}^{n}a_ix^{ri}$. 所以，$u_1^r$ 是 $g(x)=\sum_{i=0}^{n}a_ix^{r_i}=(x-u_1^r)\cdots(x-u_n^r)\in K[x]$ 的根. 由于 $u_1,\cdots,u_n$ 互不相同，$g(x)\in K[x]$ 是可离的. 所以，$u_1^r=u_1^{[K(u_1):K]_i}$ 在 $K$ 上是可离的.

**定理 8.4.5** (本原定理(primitive element theorem))　设 $F$ 是 $K$ 的有限维扩域，有

(1) 如果 $F$ 在 $K$ 上是可离的，则 $F$ 是 $K$ 的单扩域；

(2) (阿廷(Artin))更一般地，$F$ 是 $K$ 单扩域 $\Leftrightarrow$ $F$ 与 $K$ 之间存在有限多个中间域.

**注 8.4.5**　使得 $F=K(u)$ 的元素 $u$ 称为是本原元(primitive element).

**证明**　引理 8.2.1 证明中第一段(即使 $K$ 是有限域情形也成立)证明了有限维可离扩域仅有有限多个中间域. 因此，只需证明(2). 因为当 $|K|<\infty$ 时，由推论 7.4.4知(2)显然成立，所以假设 $|K|=\infty$. 此时由引理 8.2.1 知"$\Leftarrow$"已证. 反之，假设 $F=K(u)$ 且 $u$ 在 $K$ 上是代数的(因为 $[F:K]<\infty$). 令 $E$ 是中间域，$g\in$

$E[x]$是 $u$ 在 $E$ 上的既约首 1 多项式. 如果 $g(x)=x^n+a_{n-1}x^{n-1}+\cdots+a_1x+a_0$,则$[F:E]=n$. 由于 $K(a_0,\cdots,a_{n-1})\subseteq E$,故 $g(x)$在 $K(a_0,\cdots,a_{n-1})[x]$中是既约首 1 的. 所以,$[F:K(a_0,\cdots,a_{n-1})]=[K(u):K(a_0,\cdots,a_{n-1})]=[K(a_0,\cdots,a_{n-1})(u):K(a_0,\cdots,a_{n-1})]=n$. 又因为$[F:K(a_0,\cdots,a_{n-1})]=[F:E][E:K(a_0,\cdots,a_{n-1})]$,所以,$[E:K(a_0,\cdots,a_{n-1})]=1$. 从而 $E=K(a_0,\cdots,a_{n-1})$. 因此,每个中间域 $E$ 可由 $u$ 在 $E$ 上的首 1 既约多项式 $g$ 唯一决定. 如果 $f(x)$是 $u$ 在 $K$ 上的首 1 既约多项式,则 $g|f$(定理 7.1.4). 由于 $f(x)$在任一分裂域上均有唯一的因式分解,故 $f(x)$仅有有限多个不同的首 1 因子,从而 $F$ 与 $K$ 之间仅有有限多个中间域.

## 习 题 8.4

1. 设 $K$ 是域且 $\mathrm{Char}K=p\neq0$,令 $n$ 是大于 0 的整数使得$(p,n)=1$. 如果 $F$ 是 $K$ 的扩域,$v\in F$ 且 $mv\in K$,证明:$v\in K$.

2. 设 $F$ 是域 $K$ 的扩域,如果 $u\in F$ 在 $K$ 上是纯不可离的,证明:$u$ 在任何中间域 $E$ 上也是纯不可离的. 进一步证明:如果 $F$ 在 $K$ 上是纯不可离的,则 $F$ 在 $E$ 上也是纯不可离的.

3. 设 $F$ 是域 $K$ 的扩域,如果在中间域 $E$ 上是纯不可离的,$E$ 在 $K$ 上是纯不可离的,证明:$F$ 在域 $K$ 上是纯不可离的.

4. 设 $F$ 是域 $K$ 的扩域,$u$ 和 $v$ 分别是 $F$ 中可离元素和纯不可离元素,证明:

(1) $K(u,v)=K(u+v)$;

(2) 当 $u\neq0,v\neq u$ 时,$K(u,v)=K(uv)$.

5. 设域 $K$ 的特征为素数 $p$,证明:若 $a\in K$,但 $a\notin K^p$,则 $x^{p^n}-a(n\geqslant1)$是 $K$ 上既约多项式.

6. 设域 $K$ 的特征为素数 $p$,$F$ 为 $K$ 的扩域,证明:$F$ 中元素 $a$ 在 $K$ 上是代数的而且可离的充要条件是 $K(a)=K(a^{p^n})$对所有 $n\geqslant1$ 都成立.

7. 证明:域 $K$ 上有限维扩域 $F$ 是 $K$ 上纯不可离的充要条件是 $F$ 到 $F$ 的正规闭包的 $K$-单同态只能是恒等同态.

8. 设 $K$ 为域,如果 $f\in K[x]$是首 1 既约的,$\deg f\geqslant2$,并且 $f$ 的所有根均相等(在某个分裂域里),则 $\mathrm{Char}K\neq0$,对某个 $n\geqslant1$,有 $f(x)=x^{p^n}-a$,且$a\in K$.

9. 设 $F$ 是 $K$ 的扩域,如果 $\mathrm{Char}K=p\neq0$,$[F:K]<\infty$且 $p\nmid[F:K]$,证明:$F$ 在 $K$ 上是可离的.

10. 令 $F,K,S,P$ 如同定理 8.4.3 中的,设 $E$ 是中间域,证明:

(1) $F$ 在 $K$ 上是纯不可离的当且仅当 $S\subseteq E$;

(2) 如果 $F$ 在 $E$ 上是可离的,则 $P\subseteq E$;

(3) 如果 $E\cap S=K$,则 $E\subseteq P$.

11. 设 $K$ 为域, $\mathrm{Char}K=p\neq0$, $f\in K[x]$是 $n$ 次既约多项式, 令 $m$ 是最大非负整数, 使得 $f$ 是 $x^{p^m}$ 的多项式, 但不是 $x^{p^{m+1}}$ 的多项式, 证明 $n=n_0p^m$. 如果 $u$ 是 $f(x)$的根, 则$[K(u):K]_s=n_0$, $[K(u):K]_i=p^m$.

12. 设 $K$ 为域. 如果 $f\in K[x]$是 $m(>0)$次既约的, $\mathrm{Char}K\nmid m$, 证明: $f(x)$是可离多项式.

13. 设 $F$ 是 $K$ 的扩域, 证明 $F$ 在 $K$ 上是纯不可离的当且仅当 $F$ 在 $K$ 上是代数的, 并且对 $K$ 的任一扩域, 包含映射 $F\hookrightarrow E$ 是唯一的 $K$-单同态($F\to E$).

14. 如果域 $F=K(u,v)$, 其中 $u,v$ 在 $K$ 上是代数的, 且 $u$ 在 $K$ 上是可离的, 证明: $F$ 是 $K$ 的单扩域.

15. (a)域 $K$ 上的下列条件等价:

(1) $K[x]$中每个既约多项式是可离的;

(2) $K$ 的每个代数闭包 $\overline{K}$ 是上伽罗瓦的;

(3) $K$ 的每个代数扩域是 $K$ 上可离的扩域;

(4) 或者 $\mathrm{Char}K=0$, 或者 $\mathrm{Char}K=p$ 且 $K=K^p$.

**注 8.4.5**　满足(1)—(4)条件的域称为是完全的(perfect).

(b) 证明: 每个有限域是完全域.

16. 设 $K$ 为域, $\mathrm{Char}K=p\neq0$. 令 $F=K(u,v)$, 其中 $u^p\in K$, $v^p\in K$, $[F:K]=p^2$. 证明: $F$ 不是 $K$ 的单扩域. 找出无限多个中间域.

17. 设 $F$ 是 $K$ 的代数扩域使得 $K[x]$中的每个多项式在 $F$ 中有根. 证明: $F$ 是 $K$ 的代数闭包.

# 8.5　迹与范数

迹与范数是域论与代数中经常遇到的概念, 有许多重要性质可以通过迹与范数反映出来.

### 8.5.1　迹与范数及其性质

设 $K$ 是一个域, $F$ 是 $K$ 的有限维扩域. 如同 7.1 节, 可将 $F$ 看作是域 $K$ 上的有限维向量空间(或线性空间), 利用域的乘法可以得到域 $F$ 的一个矩阵表示. 设$[F:K]=n$, 取定 $F$ 在 $K$ 上的一组基 $u_1,u_2,\cdots,u_n$, 则 $F$ 的每个元素 $u$ 通过乘法在 $K$ 上诱导出一个线性变换: $\varphi_u: x\mapsto ux$, $x\in F$, $\varphi_u$ 在基 $u_1,u_2,\cdots,u_n$ 下的矩阵记为 $A=(a_{ij})$, 则有

$$\varphi_u(u_1,u_2,\cdots,u_n)=(uu_1,uu_2,\cdots,uu_n)=(u_1,u_2,\cdots,u_n)A.$$

用 $\lambda$ 表示 $K$ 上一个未定元, $E$ 表示 $n\times n$ 的单位矩阵, 则 $\lambda E-A$ 称作 $u$ 在基 $u_1$, $u_2,\cdots,u_n$ 下的矩阵, 行列式 $f(\lambda)=|\lambda E-A|$ 叫做 $u$ 的特征多项式, $a_{11}+a_{22}+\cdots+$

$a_{nn}$和$|A|$分别称为$u$的迹(trace)和范数(norm). 记成

$$T_K^F(u)=a_{11}+a_{22}+\cdots+a_{nn}与N_K^F(u)=|A|.$$

如果将$f(\lambda)$写成$f(\lambda)=\lambda^n+a_1\lambda^{n-1}+\cdots+a_n$,则$T_K^F(u)=-a_1$,$N_K^F(u)=(-1)^n a_n$. 根据高等代数中的线性变换与矩阵理论知,$u$的特征多项式是不依赖于基的选取的,从而$u$的迹和范数也不依赖于基的选取. 而且,在同一组基下,如果$F$中的元素$u$和$v$所对应的矩阵分别为$A$和$B$,则对任意$a,b\in K$,元素$au+bv$和$uv$所对应的矩阵分别为$aA+bB$和$AB$. 因此,我们得到迹和范数的基本性质如下.

**定理 8.5.1** 设$F$是域$K$的有限维扩域,则有

(1) 对任何$a,b\in K$与$u,v\in F$,成立$T_K^F(au+bv)=aT_K^F(u)+bT_K^F(v)$;

(2) 对任何$u,v\in F$,成立$N_K^F(uv)=N_K^F(u)N_K^F(v)$;

(3) 对任何$a\in K^*=K\setminus\{0\}$与$u\in F$,成立$N_K^F(au)=a^nN_K^F(u)$,这里$n=[F:K]$;

(4) $N_K^F(0)=0$与$N_K^F(1)=1$.

**证明** 由迹与范数的定义及定理 8.5.1 前面的讨论即可得证.

**例 8.5.1** 令数域$\mathbb{C}=\mathbb{R}(\mathrm{i})$是实数域$\mathbb{R}$的二维扩域,$\{1,\mathrm{i}\}$是$\mathbb{C}$在$\mathbb{R}$上的一组基,于是$u=a+b\mathrm{i}\in\mathbb{C}$,$\varphi_u:x\mapsto ux$,$u\in\mathbb{C}$在$\{1,\mathrm{i}\}$下的矩阵为$A=\begin{pmatrix}a&-b\\b&a\end{pmatrix}$,因此

$$T_{\mathbb{R}}^{\mathbb{C}}(a+b\mathrm{i})=2a,N_{\mathbb{R}}^{\mathbb{C}}(a+b\mathrm{i})=\begin{vmatrix}a&-b\\b&a\end{vmatrix}=a^2+b^2.$$

**定理 8.5.2** 设$F$是$K$的有限维扩域,$T_K^F$是$F$作为$K$上线性空间到$K$的线性映射(或看成线性函数). 特别地,$T_K^F$是加群$F$到加群$K$的同态. 它或者是一个满同态,或者是一个零同态. $N_K^F$是乘法群$F^*$到乘法群$K^*$的一个同态,这里$F^*=F\setminus\{0\}$,$K^*=K\setminus\{0\}$.

**证明** 由定理 8.5.1(1)知$T_K^F$是一个线性映射. 只需证明,如果$T_K^F$不是零同态,则它是一个满同态. 因为存在一个元素$u\in F$使$T_K^F(u)=a\neq0$,其中$a\in K$. 于是,对任意$x\in K$,我们有等式$T_K^F(xu)=xT_K^F(u)=xa$. 所以,$K$在$T_K^F$下的像为$Ka=K$. 因此,$T_K^F$是满同态. 由定理 8.5.1(2)知$N_K^F$是$F^*$到$K^*$的群同态.

由迹与范数的定义,$u\in F\supset K$的迹与范数需在$F\supset K$内计算. 但下面的方法说明只要在$K(u)\supset K$内计算就够了. 利用迹和范数与基的选取无关这一特点,我们取定$F$对$K(u)$的一组基$v_1,v_2,\cdots,v_r$,又取定$K(u)$对$K$的一组基$w_1,w_2,\cdots,w_s$. 于是$v_iw_j$就构成$F$对$K$的一组基,令

$$uw_j=\sum_{k=1}^{s}a_{kj}w_k\quad(j=1,2,\cdots,s),\tag{8.5.1}$$

$A_1=(a_{kj})$，于是，在 $K(u)$ 关于 $K$ 的一组基 $w_1,w_2,\cdots,w_s$ 下，$u$ 所对应的矩阵为 $A_1$. 因而我们有

$$T_K^{F_1}(u)=\sum_{i=1}^{s}a_{ii},\quad N_K^{F_1}(u)=|A_1|.$$

其中 $F_1=K(u)$，将 $v_i$ 乘(8.5.1)得

$$uw_jv_i=\sum_{k=1}^{s}a_{kj}w_kv_i\quad (j=1,2,\cdots,s,i=1,2,\cdots,r).$$

于是在 $F$ 关于 $K$ 的一组 $w_1v_1,\cdots,w_sv_1,w_1v_2,\cdots,w_sv_2,\cdots,w_1v_r,\cdots,w_sv_r$ 下，对应的矩阵为准对角矩阵

$$A=\begin{pmatrix} A_1 & 0 & \cdots & 0 \\ 0 & A_1 & \cdots & 0 \\ \vdots & \vdots & & \vdots \\ 0 & 0 & \cdots & A_1 \end{pmatrix}.$$

由此得到迹与范数的如下公式

$$T_K^F(u)=rT_K^{F_1}(u),\quad N_K^F(u)=N_K^{F_1}(u)^r,\quad 其中\ r=[F:F_1]=[F:K(u)]. \tag{8.5.2}$$

令 $f_1(\lambda)=|\lambda E_s-A_1|$，其中 $E_s$ 为 $s\times s$ 单位矩阵，则 $f_1(\lambda)$ 为 $u$ 作为 $F_1\supset K$ 的元素的特征多项式. 而 $f(\lambda)=|\lambda E-A|$ 是 $u$ 作为 $F\supset K$ 的元素的特征多项式，它们的关系为

$$f(\lambda)=f_1(\lambda)^r,\quad 其中\ r=[F:F_1]=[F:K(u)]. \tag{8.5.3}$$

所以，根据上面的讨论，在任意有限扩张中迹与范数的计算归结为在单代数扩张中本原元素的迹与范数的迹算.

### 8.5.2　迹与范数同伽罗瓦群的联系

本小节研究迹与范同扩域的伽罗瓦群里的自同构的关系，首先有下面的引理.

**引理 8.5.1**　设 $F$ 是域 $K$ 的单代数扩域 $F=K(u)$，$f(x)$ 为 $u$ 的既约多项式且 $\deg f(x)=n$，并设在 $f(x)$ 的分裂域 $E$ 内 $f(x)=(x-u_1)(x-u_2)\cdots(x-u_n)$. 又设 $\sigma_i$ 为 $F$ 到 $E$ 的 $n$ 个 $K$-单同态，使得 $\sigma_i(u)=u_i$（这里，如果 $u_i$ 为 $r$ 重根，则 $\sigma_i$ 重复 $r$ 次. 因此，$\sigma_1,\sigma_2,\cdots,\sigma_n$ 可能有相同的）. 于是，对任意 $v\in F$，有

$$\begin{aligned} T_K^F(v)&=\sigma_1(v)+\sigma_2(v)+\cdots+\sigma_n(v), \\ N_K^F(v)&=\sigma_1(v)\sigma_2(v)\cdots\sigma_n(v). \end{aligned} \tag{8.5.4}$$

**证明**　我们能证明 $v=u$ 时，引理结论成立.

设 $f(x)=x^n+a_1x^{n-1}+\cdots+a_n$. $u$ 在 $F$ 于 $K$ 上的一组基 $1,u,\cdots,u^{n-1}$ 下对应

的矩阵为

$$A=\begin{pmatrix} 0 & 0 & \cdots & 0 & -a_n \\ 1 & 0 & \cdots & 0 & -a_{n-1} \\ 0 & 1 & \cdots & 0 & -a_{n-2} \\ \vdots & \vdots & & \vdots & \vdots \\ 0 & 0 & \cdots & 1 & -a_1 \end{pmatrix}$$

由此计算得 $u$ 的特征多项式为 $f(\lambda)=|\lambda E-A|=\lambda^n+a_1\lambda^{n-1}+\cdots+a_n$. 于是,我们得 $T_K^F(u)=-a_1, N_K^F(u)=(-1)^n a_n$,再根据多项式根与系数关系的韦达定理,我们就得到公式(8.5.4).

其次,设 $v\in F$ 为任意元素. 令 $F_1=K(v)$, $f_1(x)$ 为 $v$ 的既约多项式,并在 $E$ 内分解成 $f_1(x)=(x-v_1)(x-v_2)\cdots(x-v_s)$,这里 $r=\dfrac{n}{s}$. 设 $\tau_i$ 为 $F_1$ 到 $E$ 的 $K$-单同态,使得 $\tau_i(v)=v_i$. 于是,根据上述讨论,有

$$T_K^{F_1}(v)=\tau_1(v)+\tau_2(v)+\cdots+\tau_s(v),$$
$$N_K^{F_1}(v)=\tau_1(v)\tau_2(v)\cdots\tau_s(v).$$

根据本引理前面的公式(8.5.2),得

$$T_K^F(v)=r(\tau_1(v)+\tau_2(v)+\cdots+\tau_s(v)),$$
$$N_K^F(v)=(\tau_1(v)\tau_2(v)\cdots\tau_s(v))^r. \tag{8.5.5}$$

另一方面,每个 $\sigma_i$ 是某个 $\tau_j$ 在 $F$ 上的拓广,因而 $\sigma_i(v)$ 是 $f_1(x)$ 的根. 令 $g(x)=\prod_{i=1}^{n}(x-\sigma_i(v))$,则 $g(x)\in K[x]$,而且 $g(x)$ 的每个根都是既约多项式 $f_1(x)$ 的根. $g(x)$ 只能是 $f_1(x)$ 的一个方幂,比较次数得 $g(x)=(f_1(x))^r$. 由此可知

$$\sum_{i=1}^{n}\sigma_i(v)=r\sum_{i=1}^{s}\tau_i(v) \quad 与 \quad \prod_{i=1}^{n}\sigma_i(v)=\prod_{i=1}^{s}\tau_i(v)^r$$

与式(8.5.5)联系起来就得到式(8.5.4). 于是引理的一般性成立.

**定理 8.5.3** 设 $F$ 是 $K$ 的有限维扩域,$\overline{K}$是 $K$ 的含有 $F$ 的代数闭包,令 $\sigma_1$, $\sigma_2,\cdots,\sigma_r$ 是所有不同的 $K$-单同态 $F\to\overline{K}$. 如果 $u\in F$,则

$$T_K^F(u)=[F:K]_i(\sigma_1(u)+\sigma_2(u)+\cdots+\sigma_r(u)),$$
$$N_K^F(u)=(\sigma_1(u)\sigma_2(u)\cdots\sigma_r(u))^{[F:K]_i}.$$

**证明** 首先,记 $\overline{N_K^F}(u)=(\sigma_1(u)\sigma_2(u)\cdots\sigma_r(u))^{[F:K]_i}$.

因 $F$ 是 $K$ 的有限维扩域,故 $u\in F$ 在 $K$ 上是代数的. 设 $u$ 的既约多项式为 $f(x)\in K[x]$. 由于 $\sigma_1(u),\sigma_2(u),\cdots,\sigma_r(u)$ 在 $f(x)$ 于 $K$ 上的分裂域 $M$ 内(定理 8.1.1),且在范数的计算中只涉及诸 $\sigma_i(u)$,故不妨将诸 $\sigma_i$ 看成是 $E=K(u)(\subset F)$ 到 $f(x)$ 在 $K$ 上的分裂域 $M$ 中的 $K$- 单同态. 由引理 8.4.3 及其证明,设 $\tau_1,\tau_2,\cdots,\tau_n$ 是所有不同的 $E$- 单同态 $F\to N$(这里取 $N=\overline{K}$),$\sigma_1,\sigma_2,\cdots,\sigma_t$ 为所有不同的 $K$-

同态 $E \to N$，每个 $\sigma_i$ 拓广为 $N$ 的 $K$- 自同构(定理 7.2.6 和定理 6.2.3)，仍记为 $\sigma_i$，于是，诸 $\sigma_i\tau_j$ 就是所有 $F$ 到 $N$ 的 $K$- 单同态. 于是，$\overline{N}_K^F(u) = \left(\prod \sigma_k\tau_j(u)\right)^{[F:K]_i}$. 由定理 8.4.4，$n = [F:E]_s$. 故由 $u \in F = K(u)$ 知 $\tau_j(u) = u$. 因此，我们有

$$\overline{N}_K^F(u) = \left(\prod_{k=1}^{t}\prod_{j=1}^{n} \sigma_k\tau_j(u)\right)^{[F:K]_i} = \left(\prod_{k=1}^{t} \sigma_k(u)\right)^{n[F:K]_i}.$$

再由推论 8.4.4 知 $[F:K]_i = [F:E]_i\ [E:K]_i$ 及公式 $[F:E] = [F:E]_s [F:E]_i$，有

$$\overline{N}_K^F(u) = \left(\prod_{k=1}^{t} \sigma_k(u)\right)^{[F:E]_s[F:E]_i[E:K]_i} = \left(\prod_{k=1}^{t} \sigma_k(u)\right)^{[F:E][E:K]_i}.$$

另一方面，设在分裂域 $M$ 内 $f(x) = (x-u_1)(x-u_2)\cdots(x-u_m)$. 令 $\delta_i$ 为 $E$ 到 $M$ 的 $K$-单同态使 $\delta_i(u) = u_i (u = 1, 2, \cdots, m)$. 如果 $u_i$ 在这里是 $t_i$ 重根，则 $\delta_i$ 重复 $t_i$ 次. 由推论 8.4.5，对于所有 $i$，有 $t_i = t_1 = [K(u):K]_i = [E:K]_i$. 于是，如果只考虑 $\delta_1, \delta_2, \cdots, \delta_m$ 中互不相同的 $K$-单同态，则 $E$ 到 $M$ 的 $K$-单同态只有 $\sigma_1, \sigma_2, \cdots, \sigma_t$，即集合 $\{\delta_1, \delta_2, \cdots, \delta_m\} = \{\sigma_1, \sigma_2, \cdots, \sigma_t\}$. 于是，由引理 8.5.1 知

$$N_K^E(u) = \delta_1(u)\delta_2(u)\cdots\delta_m(u) = (\sigma_1(u)\sigma_2(u)\cdots\sigma_t(u))^{[E:K]_i}.$$

再由公式(8.5.2)得 $N_K^F(u) = (N_K^E(u))^{[F:E]} = (\sigma_1(u)\sigma_2(u)\cdots\sigma_t(u))^{[F:E][E:K]_i} = \overline{N}_K^F(u)$. 所以，$N_K^F(u) = (\sigma_1(u)\sigma_2(u)\cdots\sigma_r(u))^{[F:K]_i}$.

同理可证 $T_K^F(u) = [F:K]_i(\sigma_1(u) + \sigma_2(u) + \cdots + \sigma_r(u))$.

**推论 8.5.1**　如果 $F$ 是 $K$ 的有限维伽罗瓦扩域，且 $\mathrm{Aut}_K^F = \{\sigma_1, \sigma_2, \cdots, \sigma_n\}$，则对任意 $u \in F$，有

$$N_K^F(u) = \sigma_1(u)\sigma_2(u)\cdots\sigma_n(u),$$
$$T_K^F(u) = \sigma_1(u) + \sigma_2(u) + \cdots + \sigma_n(u).$$

**证明**　令 $\overline{K}$ 是 $K$ 的含有 $F$ 的代数闭包. 由于 $F$ 在 $K$ 上是正规的(推论 8.2.1). 由定理 8.2.3 知，$K$-单同态 $F \to \overline{K}$ 恰为 $\mathrm{Aut}_K^F$ 中的元素. 由于 $F$ 在 $K$ 上是可离的(推论 8.2.1)，故 $[F:K]_i = 1$. 于是由定理 8.5.3 知结论成立.

如果 $F$ 在 $K$ 上是伽罗瓦的，且 $\mathrm{Aut}_K^F = \{\sigma_1, \sigma_2, \cdots, \sigma_n\}$，因 $\mathrm{Aut}_K^F$ 是群，故对于任意固定元 $u \in F$，元素 $\sigma_i\sigma_1, \sigma_i\sigma_2, \cdots, \sigma_i\sigma_n$ 即是 $\sigma_1, \sigma_2, \cdots, \sigma_n$ 的一个不同次序排列，这就蕴涵着对任意 $u \in F$，$N_K^F(u)$ 与 $T_K^F(u)$ 为每个 $\sigma_i \in \mathrm{Aut}_K^F$ 所固定. 所以 $N_K^F(u)$ 和 $T_K^F(u)$ 一定在 $K$ 内. 下面的定理证明了，即便 $F$ 在 $K$ 上不是伽罗瓦的，这也是对的.

**定理 8.5.4**　设 $F$ 是 $K$ 的有限维扩域. 对任意 $u \in F$，我们有

(1) 如果 $u \in K$，则 $N_K^F(u) = u^{[F:K]}$ 与 $T_K^F(u) = [F:K]u$；

(2) $N_K^F(u)$ 和 $T_K^F(u)$ 均是 $K$ 中元素. 更确切地，

$$N_K^F(u) = ((-1)^n a_n)^{[F:K(u)]} \in K \quad 且 \quad T_K^F(u) = -[F:K(u)]a_1 \in K,$$

其中 $f(x)=x^n+a_1x^{n-1}+\cdots+a_{n-1}x+a_n\in K[x]$是 $u$ 的既约多项式；

(3) 如果 $E$ 是中间域，则 $N_K^E(N_E^F(u))=N_K^F(u)$ 且 $T_K^E(T_E^F(u))=T_K^F(u)$.

**证明** (1) 由定理 8.5.3 和 $r=[F:K]_s$ 与 $[F:K]_s[F:K]_i=[F:K]$ 即可得证.

(2) 设 $E=K(u)$. $K$ 的包含 $F$ 的代数闭包 $\overline{K}$ 也是 $E$ 的代数闭包. 由引理 8.4.3的证明，不同的 $K$-单同态 $F\to\overline{K}$ 恰是映射 $\sigma_k\tau_j\,(1\leqslant k\leqslant t,1\leqslant j\leqslant r)$，其中诸 $\sigma_k$ 是 $\overline{K}$ 的所有 $K$-自同构，其到 $E$ 的限制不相同，诸 $\tau_j$ 是 $F\to\overline{K}$ 的所有不同 $E$-单同态. 因此，由推论 8.4.4 知 $t=[E:K]_s$. 所以，再由推论 8.4.4 知 $n=[E:K]=t[E:K]_i$.

由定理 8.5.3 的前一部分证明知 $N_K^F(u)=\left(\prod\limits_{k=1}^{t}\sigma_k(u)\right)^{[F:E][E:K]_i}$. 类似地，我们有 $T_K^F(u)=[F:E][E:K]_i\left(\sum\limits_{k=1}^{n}\sigma_k(u)\right)$. 由于 $\sigma_i:K(u)\cong K(\sigma_i(u))$，故由推论 7.1.1 知 $\sigma_1(u),\cdots,\sigma_t(u)$ 是 $f$ 的所有不同的根. 由推论 8.4.5 知

$$\begin{aligned}f(x)&=[(x-\sigma_1(u))(x-\sigma_2(u))\cdots(x-\sigma_t(u))]^{[E:K]_i}\\&=x^t-\left(\sum_{k=1}^{t}\sigma_k(u)\right)x^{t-1}+\cdots+\left[(-1)^t\prod_{k=1}^{t}\sigma_k(u)\right]^{[E:K]_i}.\end{aligned}$$

如果$[E:K]_i=1$，则 $n=t$. 结论是显然的. 如果$[E:K]_i>1$，则$[E:K]_i$是 $p=\operatorname{Char}K$ 的正幂. 容易算出 $a_1=0=T_K^F(u)$，而 $a_n=(-1)^t\prod\limits_{k=1}^{t}\sigma_k(u)^{[E:K]_i}$. 于是由 $N_K^F(u)=\left(\prod\limits_{k=1}^{t}\sigma_k(u)\right)^{[F:E][E:K]_i}$ 及 $n=t[E:K]_i$ 知 $N_K^F(u)=((-1)^na_n)^{[F:K(u)]}$.

(3) 用(2)的证明的第一段符号，$E$ 为中间域，利用定理 8.5.3 和推论 8.4.4 即可得证(3).

**引理 8.5.2** 设 $F$ 是域 $K$ 的单扩张，$u$ 是一个本原元(而 $F=K(u)$)，则

(1) 如果 $F$ 是 $K$ 的不可离扩域，则 $T_K^F(u)=0$；

(2) 如果 $F$ 是 $K$ 的可离扩域，则 $T_K^F(u^i)$，$i=0,1,2,\cdots$不全为 0.

**证明** 设 $f(x)$为 $u$ 的既约多项式，在分裂域 $M$ 中 $f(x)=(x-u_1)(x-u_2)\cdots(x-u_n)$. 诸 $\sigma_i$ 为 $F$ 到 $M$ 中的 $K$-单同态使 $\sigma_i(u)=u_i$.

(1) 设 $F$ 是 $K$ 的不可离扩域，则 $\operatorname{Char}K=p\neq0$，而且 $u$ 在 $K$ 上是不可离的. 于是，$f(x)$可写成 $f(x)=g(x^{p^t})$，其中 $g(x)\in K[x]$为 $r$ 次既约多项式. 因此，$f(x)$只有 $r$ 个不同的根，记为 $u_1',u_2',\cdots,u_r'$. 每个 $u_i'$是 $p^t$ 重根. 根据引理 8.5.1，我们有

$$T_K^F(u)=\sigma_1(u)+\cdots+\sigma_n(u)=u_1+\cdots+u_n=p^t(u_1'+\cdots+u_r')=0.$$

(2) 设 $F$ 是 $K$ 的可离扩域，则 $f(x)$ 是可离多项式，它的根 $u_1,u_2,\cdots,u_n$ 两两互不相同. 于是

$$T_K^F(u^i)=\sigma_1(u^i)+\cdots+\sigma_n(u^i)=\sigma_1(u)^i+\cdots+\sigma_n(u)^i$$
$$=u_1^i+\cdots+u_n^i,\quad i=0,1,2,\cdots.$$

反证法. 如果 $T_K^F(u^i)(i=0,1,\cdots)$ 全为 0，于是将有

$$u_1^i+u_2^i+\cdots+u_n^i=0,\quad i=1,2,\cdots,n-1.$$

从而推出范德蒙德行列式 $|u_j^i|=0$，但 $u_1,u_2,\cdots,u_n$ 两两不相等，这是一个矛盾. 所以，$T_K^F(u^i)(i=0,1,\cdots,n-1)$ 不能全为 0.

**定理 8.5.5**　设 $F$ 是域 $K$ 的有限维扩域，则迹映射 $T_K^F:F\to K$ 是满同态当且仅当 $F$ 是 $K$ 的可离扩域.

**证明**　如果 $F$ 是 $K$ 的可离扩域，由引理 8.2.1 及推论 7.4.2，$F$ 是 $K$ 的单扩域，即存在 $u\in F$ 使 $F=K(u)$. 根据引理 8.5.2，$T_K^F(u^i)(i=0,1,2,\cdots)$ 不全为 0，因而 $T_K^F$ 不是零同态. 再根据定理 8.5.2，$T_K^F$ 是一个满同态.

反过来，如果 $F$ 是 $K$ 的不可离扩域，要证 $T_K^F$ 是一个零同态. 我们对维数 $[F:K]$ 应用数学归纳法. 假设 $[F:K]<n$ 时 $T_K^F$ 是零同态. 设 $[F:K]=n$，由于 $F$ 是 $K$ 的不可离扩域，故 $\mathrm{Char}K=p$ 为素数. 显然，我们有 $p\mid[F:K]$. 因此，对于 $K$ 的每个元素 $u$，有 $T_K^F(u)=na=0$. 设 $u\in F\backslash K$，令 $F_1=K(u)$，则 $[F_1:K]>1$，$[F:F_1]<n$. 于是，应用公式 (8.5.2)，我们有 $T_K^F(u)=rT_K^{F_1}(u)$，其中 $r=[F:F_1]$. 由于 $F$ 是 $K$ 的不可离扩域，故 $F_1$ 在 $K$ 上及 $F$ 在 $F_1$ 上必有一个不可离 (否则，$F$ 是 $K$ 的可离扩域). 如果 $F_1$ 在 $K$ 上是不可离的，则由引理 8.5.2，$T_K^{F_1}(u)=0$，因而 $T_K^F(u)=0$；如果 $F$ 是 $F_1$ 的不可离扩域，则 $p\mid r$，因而也有 $T_K^F(u)=0$. 总之，$T_K^F(u)=0$. 因此，对 $F$ 的所有元素 $u$，有 $T_K^F(u)=0$. 所以，$T_K^F$ 是一个零同态.

## 习　题　8.5

1. 设 $F$ 是有限域 $K$ 的有限维扩域，证明：范数 $N_K^F$ 和迹 $T_K^F$ (看成 $F$ 到 $K$ 的映射 $F\to K$) 是满的.

2. 设 $F=\mathbb{Q}(\sqrt{-1})$，这里 $\mathbb{Q}$ 是有理数域，试确定 $F$ 到 $\mathbb{Q}$ 的范数群 $N_{\mathbb{Q}}^F(F^*)=\{N_{\mathbb{Q}}^F(u)\mid u\in F^*\}$.

3. 设 $K$ 为有限域且 $|K|=p^n$，$p$ 为素数，证明：$K$ 到子域 $\mathbb{Z}_p$ 的范数群 $N_{\mathbb{Z}_p}^K(F^*)=\mathbb{Z}_p^*$.

4. 证明：复数域 $\mathbb{C}$ 到实数域 $\mathbb{R}$ 的范数群 $N^{\mathbb{C}}{}_{\mathbb{R}}(\mathbb{C}^*)=\mathbb{R}^+=\{u\in\mathbb{R}\mid u>0\}$.

5. 如果在定理 8.5.3 中，将 $\overline{K}$ 换为 $K$ 包含 $F$ 的正规扩域 $N$，其他条件不变，证明该定理的结论也成立.

# 8.6 循环扩域

本节主要刻画这样的有限维伽罗瓦扩域,其伽罗瓦群是有限循环群.

## 8.6.1 循环扩域及其性质

首先给出循环扩域的概念,然后再讨论它的基本性质.

**定义 8.6.1** 设 $K$ 是一个域,$K$ 的一个扩域 $F$ 称为是 $K$ 的循环扩域(cyclic extension field)(或阿贝尔扩域(abelian extension field)),如果 $F$ 在 $K$ 上是代数的和伽罗瓦的,且 $\mathrm{Aut}_K^F$ 是循环群(或阿贝尔群). 在这个情况下,如果 $\mathrm{Aut}_K^F$ 是秩 $n$ 的有限循环群,就称 $F$ 是域 $K$ 的 $n$ 次的循环扩域.

**定理 8.6.1** 如果 $F$ 是有限域 $K$ 的有限维扩域,则 $F$ 是 $K$ 的循环扩域.

**证明** 设 $\mathrm{Char}K=p$,则 $\mathbb{Z}_p$ 是 $K$ 的素域. 于是,由定理 7.1.1 知 $F$ 是 $\mathbb{Z}_p$ 的有限维扩域. 不妨设 $[F:\mathbb{Z}_p]=n$,故 $|F|=p^n$. 由定理 7.4.3 知 $F$ 是 $x^{p^n}-x$ 在 $\mathbb{Z}_p$ 上的分裂域. 从而 $F$ 是 $x^{p^n}-x$ 在 $K$ 上的分裂域,且 $x^{p^n}-x$ 的根互不相同. 再由定理 8.2.1知 $F$ 在 $K$ 上是伽罗瓦的. 由引理 7.4.1 知映射 $\varphi(u)=u^p$ 是 $F$ 的 $\mathbb{Z}_p$-自同构. 容易验证 $\varphi^n$ 是 $F$ 的恒等自同构. 但对任意 $k<n$,$\varphi^k$ 不是恒等的(这是因为 $x^{p^n}-x$ 在 $F$ 中有 $p^n$ 个不同的根($k<n$),这与定理 3.3.14 的推论矛盾). 因为由定理 8.1.3 知 $|\mathrm{Aut}_{\mathbb{Z}_p}^F|=n$,故 $\mathrm{Aut}_{\mathbb{Z}_p}^F$ 一定是由 $\varphi$ 生成的循环群. 由于 $\mathrm{Aut}_K^F$ 是 $\mathrm{Aut}_{\mathbb{Z}_p}^F$ 的子群,故由定理 1.4.3 知,$\mathrm{Aut}_K^F$ 是循环群,从而 $F$ 是 $K$ 的循环扩域.

**定义 8.6.2** 设 $S$ 是域 $F$ 的非空自同构集. $S$ 称为是线性无关的,若对任意 $a_1,\cdots,a_n\in F$ 和 $\sigma_1,\cdots,\sigma_n\in S(n\geqslant 1)$ 及任意 $u\in F$ 有 $a_1\sigma_1(u)+a_2\sigma_2(u)+\cdots+a_n\sigma_n(u)=0$,则对任意 $i$,均有 $a_i=0$.

**引理 8.6.1** 如果 $S$ 是域 $F$ 的相互不同的自同构组成的集合,则 $S$ 是线性无关的.

**证明** 如果 $S$ 不是线性无关的,则存在非零元 $a_i\in F$ 和不同 $\sigma_i\in S$,使对任意 $u\in F$,有

$$a_1\sigma_1(u)+a_2\sigma_2(u)+\cdots+a_n\sigma_n(u)=0. \tag{8.6.1}$$

在所有这种"相关关系"中,选取一个正整数 $n$ 使其最小. 显然 $n>1$. 由于 $\sigma_1$ 与 $\sigma_2$ 不相同,故存在 $v\in F$ 使 $\sigma_1(u)\neq\sigma_2(u)$,将式(8.6.1)应用到元素 $uv$,得

$$a_1\sigma_1(u)\sigma_1(v)+a_2\sigma_2(u)\sigma_2(v)+\cdots+a_n\sigma_n(u)\sigma_n(v)=0. \tag{8.6.2}$$

用 $\sigma_1(v)$ 乘式(8.6.1)得

$$a_1\sigma_1(u)\sigma_1(v)+a_2\sigma_2(u)\sigma_1(v)+\cdots+a_n\sigma_n(u)\sigma_1(v)=0. \tag{8.6.3}$$

于是,式(8.6.2)与(8.6.3)的差为关系

$a_2(\sigma_2(v)-\sigma_1(v))\sigma_2(u)+a_3(\sigma_3(v)-\sigma_1(v))\sigma_3(u)+\cdots+a_n(\sigma_n(v)-\sigma_1(v))\sigma_n(u)=0$ 对所有 $u\in F$ 成立. 由 $a_2\neq 0,\sigma_2(v)\neq\sigma_1(v)$，故不是所有的素数均为 0，这与 $n$ 的最小性矛盾.

**定理 8.6.2**　设 $F$ 是 $K$ 的 $n$ 次循环扩域，$\sigma$ 是 $\mathrm{Aut}_K^F$ 的生成元，$u\in F$，则

(1) $T_K^F(u)=0$ 当且仅当对某个 $v\in F$，有 $u=v-\sigma(v)$.

(2)（希尔伯特定理 90）$N_K^F(u)=1$ 当且仅当对某个非零的 $v\in F$，有 $u=v\sigma(v)^{-1}$.

**证明**　为方便，记 $\sigma(x)=\sigma x$. 由于 $\sigma$ 生成 $\mathrm{Aut}_K^F$，故它有秩 $n$，并且 $\sigma,\sigma^2,\sigma^3,\cdots,\sigma^{n-1},\sigma^n=1_F=\sigma^0$ 是 $F$ 的 $n$ 个不相同的自同构. 由推论 8.5.1，$T(u)=u+\sigma u+\sigma^2u+\cdots+\sigma^{n-1}u$，$N(u)=u(\sigma u)(\sigma^2u)\cdots(\sigma^{n-1}u)$.

(1) 如果 $u=\nu-\sigma(\nu)$，则 $T(u)=T(\nu-\sigma\nu)=T(\nu)-T(\sigma\nu)$. 因为 $T(\nu)=\nu+\sigma\nu+\sigma^2\nu+\cdots+\sigma^{n-1}\nu$ 与 $T(u)=T(\nu-\sigma\nu)=T(\nu)-T(\sigma\nu)$，故由 $\sigma^n\nu=\nu$ 知 $T(u)=0$. 反之，假设 $T(u)=0$，选取 $w\in F$ 使得 $T(w)=1_K$ 如下.

由引理 8.6.1，因 $1_K\neq 0$，故存在 $z\in F$ 使得 $0\neq 1_Fz+\sigma z+\sigma^2z+\cdots+\sigma^{n-1}z=T(z)$. 根据定理 8.5.4(2)知 $T(z)\in K$. 于是有 $\sigma(T(z)^{-1}z)=T(z)^{-1}\sigma(z)$. 因此，如果 $w=T(z)^{-1}z$，则我们有

$$T(w)=T(z)^{-1}z+T(z)^{-1}\sigma z+T(z)^{-1}\sigma^2z+\cdots+T(z)^{-1}\sigma^{n-1}z=T(z)^{-1}T(z)=1_K.$$

现在，我们设

$$\begin{aligned}\nu=&uw+(u+\sigma u)(\sigma w)+(u+\sigma u+\sigma^2u)(\sigma^2w)\\&+(u+\sigma u+\sigma^2u+\sigma^3u)(\sigma^3w)+\cdots+(u+\sigma u+\sigma^2u+\cdots+\sigma^{n-2}u)(\sigma^{n-2}w).\end{aligned}$$

由于 $\sigma$ 是 $K$- 自同构，故有 $T(u)=u+\sigma u+\sigma^2u+\cdots+\sigma^{n-1}u=0$，从而 $u=-(\sigma u+\sigma^2u+\cdots+\sigma^{n-1}u)$. 于是，由于

$$\begin{aligned}\sigma\nu=&\sigma u\cdot\sigma w+(\sigma u+\sigma^2u)(\sigma^2w)+(\sigma u+\sigma^2u+\sigma^3u)(\sigma^3w)+(\sigma u+\sigma^2u\\&+\sigma^3u+\sigma^4u)(\sigma^4w)+\cdots+(\sigma u+\sigma^2u+\sigma^3u+\cdots+\sigma^{n-1}u)(\sigma^{n-1}w),\end{aligned}$$

所以

$$v-\sigma v=uw+u(\sigma w)+u(\sigma^2w)+u(\sigma^3w)+\cdots+u(\sigma^{n-1}w)=uT(w)=u1_K=u.$$

(2) 假设 $u=v(\sigma\nu)^{-1}$. 由于 $\sigma$ 是秩为 $n$ 的同构，故 $\sigma^n(\nu^{-1})=\nu^{-1}$，$\sigma(\nu^{-1})=\sigma(\nu)^{-1}$. 于是，对每个 $1\leqslant i\leqslant n-1$，有 $\sigma^i(\nu\sigma(\nu^{-1}))=\sigma^i(\nu)\sigma^{i+1}(\nu)^{-1}$. 因此有

$$N(u)=(\nu\sigma(\nu)^{-1})(\sigma\nu\sigma^2(\nu)^{-1})(\sigma^2\nu\sigma^3(\nu)^{-1})\cdots(\sigma^{n-1}\nu\sigma^n(\nu)^{-1})=1_K.$$

反之，如果 $N(u)=1_K$，则 $u\neq 0$. 由引理 8.6.1，存在 $y\in F$ 使得元素 $\nu$ 为

$$\nu=uy+(u\sigma u)\sigma y+(u\sigma u\sigma^2u)\sigma^2y+\cdots+(u\sigma u\cdots\sigma^{n-2}u)\sigma^{n-2}y+(u\sigma u\cdots\sigma^{n-1}u)\sigma^{n-1}y,$$

非零. 由于 $\nu$ 的最后项是 $N(u)\sigma^{n-1}y=1_K\sigma^{n-1}y=\sigma^{n-1}y$ 以及

$$\sigma\nu=\sigma u\sigma y+(\sigma u\sigma^2u)\sigma^2y+\cdots+(\sigma u\sigma^2u\cdots\sigma^{n-1}u)\sigma^{n-1}y+\sigma(\sigma^{n-1}y),$$

故 $u\sigma\nu=\nu$. 因 $\nu\neq 0$，故 $\sigma(\nu)\neq 0$，从而 $u=\nu(\sigma\nu)^{-1}$.

### 8.6.2 循环扩域的构造

现在已经有了分析循环扩张的必备条件,可把问题进行简化.

**定理 8.6.3** 设 $F$ 是域 $K$ 的 $n$ 次循环扩域,如果 $n=mp^t$,其中 $0\neq p=\mathrm{Char}K$ 且 $(m,p)=1$,则存在中间域链

$$F\supset E_0\supset E_1\supset\cdots\supset E_{t-1}\supset E_t=K,$$

使得 $F$ 是 $E_0$ 的 $m$ 次循环扩域,且对每个 $0\leqslant i\leqslant t$,$E_{i-1}$ 是 $E_i$ 的 $p$ 次循环扩域.

**证明** 由假设,域 $F$ 在 $K$ 上是伽罗瓦的,$\mathrm{Aut}_K^F$ 是循环群. 所以,它的每个子群均是正规的. 由于循环群的每个子群都是循环的,故由定理 8.1.3 知:对任意一个中间域 $E$,$F$ 在 $E$ 上是循环的,$E$ 在 $K$ 上是循环的. 于是,对任意一对中间域 $L$ 和 $M$,且 $L\subset M$,则 $M$ 是 $L$ 的循环扩域. 特别地,$M$ 在 $L$ 上是伽罗瓦的.

令 $H$ 是 $\mathrm{Aut}_K^F$ 中阶为 $m$ 的唯一循环群(习题 1.4 第 8 题). 设 $E_0$ 是它的固定域. 此时,$H=H''=E_0'=\mathrm{Aut}_{E_0}^F$,则 $F$ 在 $E_0$ 上是 $n$ 次循环的,$E_0$ 在 $K$ 上是 $p'$ 次循环的. 因为 $\mathrm{Aut}_K^{E_0}$ 是 $p^t$ 阶循环群,故它有子群链

$$1=G_0<G_1<\cdots<G_{t-1}<G_t=\mathrm{Aut}_K^{E_0}.$$

其中 $|G_i|=p^i$,$[G_i:G_{i-1}]=p$,且 $G_i/G_{i-1}$ 是 $p$ 阶循环的. 对每个 $i$,设 $E_i$ 是 $G_i$ 的固定域(相对 $E_0$ 和 $\mathrm{Aut}_K^{E_0}$),则由定理 8.1.3,我们得

(1) $E_0\supset E_1\supset\cdots\supset E_{t-1}\supset E_t=K$;

(2) $[E_{i-1}:E_i]=[G_i:G_{i-1}]=p$;

(3) $\mathrm{Aut}_{E_i}^{E_{i-1}}\cong G_i/G_{i-1}$. 所以,$E_{i-1}$ 是 $E_i$ 上的 $p$ 次循环扩域($0\leqslant i\leqslant t-1$).

**注 8.6.1** 设 $F$ 是 $K$ 上的 $p$ 次循环扩域,由上面定理 8.6.3,至少原则上可把注意力集中在如下两个情形上:

(1) $n=\mathrm{Char}K=p\neq 0$;

(2) $\mathrm{Char}K=0$,或 $\mathrm{Char}K=p\neq 0$ 且 $(p,n)=1$(即 $\mathrm{Char}K\nmid n$).

**定理 8.6.4** 设 $K$ 是其 $\mathrm{Char}K=p\neq 0$ 的域,则 $F$ 是 $K$ 上的 $p$ 次循环扩域的充分必要条件如下:$F$ 为形如 $x^p-x-a\in K[x]$ 的既约多项式在 $K$ 上的分裂域. 在这个情形下,$F=K(u)$,其中 $u$ 是 $x^p-x-a$ 的任一个根.

**证明** 必要性. 如果 $\sigma$ 是循环群 $\mathrm{Aut}_K^F$ 的生成元,则由定理 8.5.4(1)知 $T_K^F(1_K)=[F:K]1_K=p1_K=0$. 因此,由定理 8.6.2(1)知,对某个 $v\in F$,有 $1_K=v-\sigma(v)$. 如果 $u=-v$,则 $\sigma(u)=u+1_K\neq u$. 于是 $u\notin K$. 由于 $[F:K]=p$,故不存在中间域,一定有 $F=K(u)$. 注意到 $\sigma(u^p)=(u+1_K)^p=u^p+1_K^p=u^p+1_K$. 这就意味着 $\sigma(u^p-u)=(u^p+1_K)-(u+1_K)=u^p-u$. 由于 $F$ 在 $K$ 上是伽罗瓦的,且 $\mathrm{Aut}_K^F=\langle\sigma\rangle$,故 $a=u^p-u$ 一定在 $K$ 内. 所以,$u$ 是 $x^p-x-a$ 的根. 由于 $u$ 在 $K$ 上的次数为 $[K(u):K]=[F:K]=p$,所以,$x^p-x-a$ 一定是 $u$ 在 $K$ 上的既约多项

式.

$K$ 的素子域是由 $p$ 个互不相同的元素 $0,1=1_K,2=1_K+1_K,\cdots,p-1=1_K+\cdots+1_K$ 构成的. 定理 7.4.3 中的第一段证明了对所有 $i\in\mathbb{Z}_p, i^p=i$. 由于 $u$ 是 $x^p-x-a$ 的根,故对每个 $i\in\mathbb{Z}_p$,我们有 $(u+i)^p-(u+i)-a=u^p+i^p-u-i-a=(u^p-u-a)+(i^p-i)=0+0=0$. 因此,$u+i\in K(u)=F$ 是 $x^p-x-a$ 的根,这里 $i\in\mathbb{Z}_p$. 因此,$F$ 包含 $x^p-x-a$ 的个互不相同的根. 所以,$F=K(u)$是 $x^p-x-a$ 在 $K$ 上的分裂域. 最后,如果 $u+i(i\in Z_p\subset K)$ 是 $x^p-x-a$ 的任一根,则显然 $K(u+i)=K(u)=F$.

充分性. 假设 $F$ 是 $x^p-x-a\in K[x]$在 $K$ 上的分裂域. 不妨进一步假设 $x^p-x-a$ 是既约的,我们下面的证明比定理中所叙述的要多些. 如果 $u$ 是 $x^p-x-a$ 的根,则前段证明了 $K(u)$ 含有 $K(u)$ 的 $p$ 个不同的根: $u,u+1,\cdots,u+(p-1)\in K(u)$. 但 $x^p-x-a$ 在 $F$ 中至多有 $p$ 个根. 这些根在 $K$ 上生成 $F$. 所以,$F=K(u)$. $x^p-x-a$ 的既约因子是可离的. $F$ 在 $K$ 上是伽罗瓦的(定理 8.2.1). 每个 $\tau\in \mathrm{Aut}_K^F=\mathrm{Aut}_K^{K(u)}$ 完全由 $\tau(u)$确定. 由定理 8.1.1 知,对某个 $i\in\mathbb{Z}_p\subset K, \tau(u)=u+i$. 所以,$\tau\mapsto i$ 定义了一个群同态: $\mathrm{Aut}_K^F\rightarrow\mathbb{Z}_p$. 因此,$\mathrm{Aut}_K^F\cong\mathrm{Im}\theta$ 或为 1 或为 $\mathbb{Z}_p$. 如果 $\mathrm{Aut}_K^F=1$,则$[F:K]=1$(定理 8.1.3). 因此,$u\in K$, $x^p-x-a$ 从而在 $K[x]$中分裂. 所以,如果 $x^p-x-a$ 在 $K$ 上既约,我们一定有 $\mathrm{Aut}_K^F\cong\mathbb{Z}_p$. 在这个情形下,$F$ 在 $K$ 上是 $p$ 次循环扩域.

**推论 8.6.1**　设 $K$ 是域,如果 $\mathrm{Char}K=p\neq 0$ 且 $x^p-x-a\in K[x]$,则 $x^p-x-a$ 或者是既约的,或者在 $K[x]$中分裂.

**证明**　利用定理 8.6.4 的记号. 由其证明的最后一段,只需证明:若 $\mathrm{Aut}_K^F\cong\mathrm{Im}\theta=\mathbb{Z}_p$,则 $x^p-x-a$ 是既约的. 如果 $u$ 和 $\nu=u+i(i\in\mathbb{Z}_p\subset K)$是 $x^p-x-a$ 的根,则存在 $\tau\in\mathrm{Aut}_K^F$ 使得 $\tau(u)=\nu$. 因此,$\tau: K(u)\cong K(\nu)$(选取 $\tau$ 使 $\theta(\tau)=i$). 所以,$u$ 和 $\nu$ 是 $K[x]$中同一既约多项式的根(定理 8.1.1). 由于 $\nu$ 是任意的,这蕴涵着 $x^p-x-a$ 是既约的.

定理 8.6.4 完全描述了前面所提及的第一型循环扩张的结构,为确定第二型 $n$ 次循环扩张的结构,需要对域 $K$ 附加一些条件.

设 $K$ 是域,$n$ 为正整数,$K$ 中一个元素称为是 $n$ 次单位根,如果 $\xi^n=1_K$,即 $\xi$ 是 $x^n-1_K\in K[X]$的根. 易知,$K$ 中 $n$ 次单位根集构成的乘法群是 $K^*=K/\{0\}$的一个乘法子群. 由定理 7.4.2 知,这个群是循环的. 因 $x^n-1_K$ 是 $n$ 次多项式,故这个群的阶至少是 $n$.

我们称 $\xi\in K$ 是本原 $n$ 次单位根(primitive $n$th root of unity),如果 $\xi$ 是 $n$ 次单位根,且 $\xi$ 在 $n$ 次单位根的乘法子群中的阶为 $n$. 显然,一个本原 $n$ 次单位根生成这个子群.

**注 8.6.2**　如果 $\mathrm{Char}K=p$ 且 $p\mid n$,则 $n=p^km$ 且 $(p,m)=1, m<n$. 于是,$x^n-$

$1_K=(x^m-1_K)^{p^k}$. 因此,$K$ 中 $n$ 次单位根集与 $K$ 中 $m$ 次单位根集相同. 由于 $m<n$,$K$ 中不可能存在 $n$ 次本原单位根. 反之 $\mathrm{Char}K\nmid n$,特别地,若 $\mathrm{Char}K=0$,则 $nx^{n-1}\neq 0$. 因此,$x^n-1_K$ 与它的导数 $nx^{n-1}$ 互素. 所以 $x^n-1_K$ 在 $K$ 上的任一个分裂域里有 $n$ 个不同的根. 因此,$F$ 中 $n$ 次单位根构成的循环群有 $n$ 阶,且 $F$ 含有本原 $n$ 次单位根. 注意,如果 $K$ 含有 $n$ 次单位根,则 $K$ 含有 $x^n-1_K$ 的 $n$ 个不同的根. 所以 $F=K$.

**例 8.6.1** 对所有正整数 $n\geqslant 1$,$1_K$ 是域 $K$ 内的 $n$ 次单位根. 若 $\mathrm{Char}K=p\neq 0$,则 $1_K$ 是 $K$ 内唯一的 $n$ 次单位根.

**例 8.6.2** 复数域 $\mathbb{C}$ 的子域 $\mathbb{Q}(\mathrm{i})$ 含有两个本原 4 次单位根 i 和 $-$i. 但除 1 外,不含有 3 次单位根 $\left(\text{其他三次单位根为}-\dfrac{1}{2}\pm\dfrac{\sqrt{3}}{2}\mathrm{i}\right)$. 对每个 $n>0$,$\mathrm{e}^{\frac{2\pi}{n}\mathrm{i}}\in\mathbb{C}$ 是本原 $n$ 次单位根;

为刻画循环扩域,我们还需要如下引理.

**引理 8.6.2** 设 $n$ 是正整数,$K$ 是含有本原 $n$ 次单位根 $\xi$ 的域,我们有

(1) 如果 $d\mid n$,则 $\xi^{\frac{n}{d}}=\eta$ 是 $K$ 中本原 $n$ 次单位根;

(2) 如果 $d\mid n$,$u$ 是 $x^d-a\in K[X]$ 的非零根,则 $x^d-a$ 有 $d$ 个不同的根,亦即 $u,\eta u,\eta^2u,\cdots,\eta^{d-1}u$,其中 $\eta\in K$ 是本原 $d$ 次单位根. 进一步,$K(u)$ 是 $x^d-a$ 在 $K$ 上的分裂域,并且在 $K$ 上是伽罗瓦的.

**证明** (1) 由定义,$\xi$ 生成秩为 $n$ 的乘法群. 如果 $d\mid n$,则由 1.4 节循环群的性质知 $\eta=\xi^{\frac{n}{d}}$ 的周期为 $d$,所以,$\eta$ 是本原 $d$ 次单位根.

(2) 如果 $u$ 是 $x^d-a$ 的根,则 $\eta^i u$ 也是 $x^d-a$ 的根. 则由 1.4 节循环群的性质知 $\eta^0=1_K,\eta,\cdots,\eta^{d-1}$ 是不相同的. 由于 $\eta\in K$,$x^d-a$ 的根 $u,\eta u,\cdots,\eta^{d-1}u$ 是 $K(u)$ 的不相同的元素,所以 $K(u)$ 是 $x^d-a$ 在 $K$ 上的分裂域. $x^d-a$ 的既约因子是可离的. 因为所有的根互不相同,所以,由定理 8.2.1 知,$K(u)$ 在 $K$ 上是伽罗瓦的.

**定理 8.6.5** 设 $n$ 是一个正整数,$K$ 是包含一个本原 $n$ 次单位根 $\xi$ 的域,则在 $K$ 的扩域 $F$ 上,下列条件等价:

(1) $F$ 是 $K$ 上的 $d$ 次循环扩域,其中 $d\mid n$;

(2) $F$ 是形如 $x^n-a\in K[x]$ 的多项式在 $K$ 上的分裂域(在这个情形下,对 $x^n-a$ 的任一个根 $u$,有 $F=K(u)$);

(3) $F$ 是形如 $x^d-b\in K[x]$ 的既约多项式在 $K$ 上的分裂域(在这个情形下,对 $x^d-b$ 的任一个根 $v$,有 $F=K(v)$).

**证明** (2)$\Rightarrow$(1). 由引理 8.6.2 知 $F=K(u)$,这里 $u$ 为 $x^n-a$ 的任一个根,从而 $F$ 在 $K$ 上是伽罗瓦的. 如果 $\sigma\in\mathrm{Aut}_K^F=\mathrm{Aut}_K^{F(u)}$,则 $\sigma$ 由 $\sigma(u)$ 完全确定,$\sigma(u)$ 为

$x^n-a$ 的根(定理 8.1.1). 由引理 8.6.2,对某个 $i(0\leqslant i\leqslant n-1)$,$\sigma(u)=\xi^i u$,容易验证 $\sigma\mapsto\xi^i$ 定义了 $\mathrm{Aut}_K^F$ 到 $K$ 的 $n$ 次单位根的乘法循环群的一个单同态. 于是,$\mathrm{Aut}_K^F$是循环群,其秩整除 $n$. 所以,$F$ 是 $K$ 上 $d$ 次循环扩域.

(1)⇒(3). 由假设,$\mathrm{Aut}_K^F$是阶为 $d=[F:K]$的循环群,$\sigma$ 为其生成元. 设 $\eta=\xi^{\frac{n}{d}}\in K$ 是本原$d$ 次单位根. 由于 $N_K^F(\eta)=\eta^{[F:K]}=\eta^d=1_K$,故由定理 8.6.2(2)知,存在 $w\in F$ 使 $\eta=w\sigma(w)^{-1}$. 如果 $\nu=w^{-1}$,则 $\sigma(v)=\eta v$,且 $\sigma(v^d)=(\eta v)^d=\eta^d v^d=v^d$. 由于 $F$ 在 $K$ 上是伽罗瓦的,$v^d=b$ 一定在 $K$ 内使得 $v$ 是 $x^d-b\in K[x]$ 的根. 由引理 8.6.2,$K[\nu]\subset F$ 且 $K[v]$是 $x^d-b$ 在 $K$ 上的分裂域,它的不同根为 $v,\eta v,\cdots,\eta^{d-1}v$. 进一步,对每个 $i(0\leqslant i\leqslant d-1)$,$\sigma^i(v)=\eta^i v$ 使 $\sigma^i:K(u)\cong K(\eta^i v)$. 由推论 7.1.1 知 $v$ 和 $\eta^i v$ 是 $K$ 上同一既约多项式的根. 因此,$x^d-b$ 在 $K[x]$中是既约的. 所以,$[K(v):K]=d=[F:K]$,因而 $F=K(v)$.

(3)⇒(2). 如果 $v\in F$ 是 $x^d-b\in K[x]$的根,则由引理 8.6.2,$F=K[v]$. 现在,$(\xi v)^n=\xi^n v^n=1_K v^{d\left(\frac{n}{d}\right)}=b^{\frac{n}{d}}\in K$ 使得 $\xi v$ 是 $x^n-a\in K[x]$的根,其中 $a=b^{n/d}$. 由引理 8.6.2,$K(\xi v)$是 $x^n-a$ 在 $K$ 上的分裂域,但 $\xi\in K$ 蕴涵着 $F=K(v)=K(\xi v)$.

显然,本原 $n$ 次单位根在以上结果的证明中起到重要作用. 当 $K$ 不含有本原根时,形如 $x^n-a\in K[x]$的多项式的分裂域的刻画是很困难的. 当 $a=1_K$ 时,我们将在 8.7 节讨论.

## 习　题　8.6

1. 如果域 $F$ 是有理数域$\mathbb{Q}$ 的有限维扩域,证明:$F$ 只含有有限多个单位根.

2. 如果 $n$ 是一个奇整数使得域 $K$ 含有本原 $n$ 次单位根,且 $\mathrm{Char}K\neq 2$,证明:域 $K$ 也含有本原 $2n$ 次单位根.

3. 设 $F$ 是域 $K$ 上的 $p^n$($p$ 为素数,$n\geqslant 1$)次循环扩域,又设 $L$ 是 $F$ 与 $K$ 之间的中间扩域使得 $[F:L]=p$ . 证明:如果 $F$ 可由元素 $u$ 在 $K$ 上生成,则 $F$ 也可由元素 $u$ 在 $K$ 上生成.

4. 设域 $K$ 的特征 $\mathrm{Char}K=p$ 为素数,令 $F$ 是域 $K$ 上的一个 $p^n(n\geqslant 1)$循环扩域,并且 $\mathrm{Aut}_K^F=\langle\sigma\rangle$. 证明:

(1) 存在 $F$ 的元素 $u$ 使得 $T_K^F(u)=1$. 对 $u$,又存在 $F$ 的元素 $v$ 使得 $\sigma(v)=v=u^p-u$;

(2) 设 $v$ 如(1)作出的,则 $x^p-x-v$ 在 $F$ 上是既约的;

(3) 添加 $x^p-x-v$ 的一个根 $w$ 到 $F$ 得到的扩域 $F(w)$是 $K$ 上的 $p^{n+1}$次伽罗瓦扩域. 注意:$F(w)$是 $K$ 上的伽罗瓦扩域,其充要条件是 $x^p-x-\sigma(v)$的根都在 $F(w)$中;

(4) $F(w)$ 有一个 $K$-自同构 $\tau$ 使得 $\tau(w)=w+u$,而且 $\tau$ 的阶为 $p^{n+1}$;

(5) 如果在域 $K$ 上存在 $p$ 次循环扩域,则在 $K$ 上存在任意 $p^n$ 次循环扩域. 反之亦然.

5. 设$\overline{\mathbb{Q}}$是有理数域$\mathbb{Q}$ 的一个(固定)代数闭包,并且 $v\in\overline{\mathbb{Q}}$但 $v\notin Q$,令 $E$ 是$\overline{\mathbb{Q}}$的关于条件 $v\notin\overline{E}$的极大子域. 证明:$E$ 的每个有限维扩域是循环的.

6. 设 $K$ 为域, $\overline{K}$ 是 $K$ 的代数闭包, 并且 $\sigma\in\mathrm{Aut}_K\overline{K}$. 令 $F=\{u\in\overline{K}\mid\sigma(u)=u\}$. 证明:$F$ 是一个域,并且 $F$ 的每个有限维扩域均是循环的.

7. 如果 $F$ 是域$K$ 的 $p^n$ 次循环扩域(这里 $p$ 为素数,$n>1$ 为整数),且 $L$ 是中间域使得 $F=L(u)$,设 $L$ 是 $K$ 上 $p^{n-1}$次循环扩域,证明:$F=K(u)$.

8. 什么样的单位根包含在下列域里:$\mathbb{Q}(i)$,$\mathbb{Q}(\sqrt{2})$,$\mathbb{Q}(\sqrt{3})$,$\mathbb{Q}(\sqrt{5})$,$\mathbb{Q}(\sqrt{-2})$,$\mathbb{Q}(\sqrt{-3})$? 其中$\mathbb{Q}$为有理数域.

9. (1) 令 $p$ 为素数,假设①$\mathrm{Char}K=p$,②$\mathrm{Char}K\neq p$ ,但 $K$ 含有本原 $p$ 次单位根,证明:$x^p-a\in K[x]$ 或是既约的,或在 $K[x]$中是分裂的.

(2) 如果 $\mathrm{Char}K=p\neq 0$,证明:对 $x^p-a\in K[x]$ 的任一个根 $u$,$K(u^p)\neq K(u)$当且仅当$[K(u):K]=p$.

10. 如果 $\mathrm{Char}K=p\neq 0$,令 $K_P=\{u^p-u\mid u\in K\}$,证明:存在 $K$ 的 $p$ 次循环扩域$\Leftrightarrow K\neq K_p$.

## 8.7 分圆扩域

本节讨论多项式 $x^n-1_K$ 的分裂域,特别关注 $K=\mathbb{Q}$ 为有理数域的情况,这些分裂域一定是阿贝尔扩域,其伽罗瓦群是众所周知的.

### 8.7.1 分圆扩域及其性质

先给出分圆扩域的概念,再讨论它的性质.

**定义 8.7.1** 设$K$ 为一个域,$x^n-1_K\in K[x]$,其中 $n\geqslant 1$,在 $K$ 上的分裂域称为秩 $n$ 的分圆扩域(cyclotomic extension field of order $n$).

**注 8.7.1** 如果 $\mathrm{Char}K=p\neq 0$,$n=mp^t$,且$(p,m)=1(p,m)=1$,则 $x^n-1_K=(x^m-1_K)^{p^t}$. 于是,秩 $n$ 的分圆扩域与秩 $m$ 的分圆扩域相同,因此,我们通常假设 $\mathrm{Char}K\nmid n$,即 $\mathrm{Char}K=0$ 或其与 $n$ 互素.

秩 $n$ 的分圆扩域的维数与初等数论的欧拉(Euler)函数有关. 回顾一下第 1 章的欧拉函数 $\varphi$ 的定义:对每个正整数 $n$,让它与满足 $1\leqslant i\leqslant n$ 且$(i,n)=1$ 的整数 $i$ 的个数$\varphi(n)$对应.

**例 8.7.1** $\varphi(6)=2$,$\varphi(p)=p-1$ ($p$ 为任意的素数).

设$\bar{i}$是$i\in\mathbb{Z}$ 在典型映对$\mathbb{Z}\to\mathbb{Z}_n=\mathbb{Z}/(n)$下的像,易证$(i,n)=1$ 当且仅当$\bar{i}$时

环$\mathbb{Z}_n$中的单位(即$\bar{i}$是$\mathbb{Z}_n$中的可逆元). 所以$\mathbb{Z}_n$中单位全体组成的乘群有秩$\varphi(n)$.

**定理 8.7.1**　设$n$为一个正整数,$K$为域且$\mathrm{Char}K\nmid n$,$F$是$K$的秩为$n$的分圆扩域,则

(1) $F=K(\xi)$,其中$\xi\in F$是本原$n$次单位根;

(2) $F$是维数为$d$的阿贝尔扩域,其中$d\mid\varphi(n)$($\varphi$为欧拉函数),如果$n$是素数,则$F$是一个循环扩域;

(3) $\mathrm{Aut}_k^F$同构于$\mathbb{Z}_n$的秩为$d$的单位乘群的一个子群.

**注 8.7.2**　$F$在$K$上的维数可能严格小于$\varphi(n)$.

**例 8.7.2**　如果$\xi$是复数域$\mathbb{C}$中本原5次单位根,则实数域$\mathbb{R}\subset\mathbb{R}(\xi)\subseteq\mathbb{C}$,于是$[\mathbb{R}(\xi):\mathbb{R}]=2<4=\varphi(5)$.

**定理 8.7.1 的证明**　(1) 注 8.6.2 表明$F$含有本原$n$次单位根,由定义,$1_K$,$\xi,\cdots,\xi^{n-1}\in K(\xi)$是$x^n-1_K$的$n$个不同根. 因此,$F=K(\xi)$.

(2)与(3). 由于$x^n-1_K$的既约因子显然是可离的,故由定理 8.2.1 知$F$在$K$上是伽罗瓦的.

如果$\sigma\in\mathrm{Aut}_K^F$,则$\sigma$完全由$\sigma(\xi)$确定. 由定理 8.1.1 知,存在$i(1\leqslant i\leqslant n-1)$使$\sigma(\xi)=\xi^i$. 类似地,$\sigma^{-1}(\xi)=\xi^j$,从而$\xi=\sigma^{-1}\sigma(\xi)$. 由 1.4 节循环群的性质(4)知$n\mid(ij-1)$i. e. $ij\equiv1\pmod n$. 因此,$\bar{i}\in\mathbb{Z}_n$是单位(这里$\bar{i}$是在典型映射$\mathbb{Z}\to\mathbb{Z}_n(i\mapsto\bar{i})$下的像). 容易验证$\sigma\mapsto\bar{i}$定义了一个从$\mathrm{Aut}_K^F$到环$\mathbb{Z}_n$的单位乘群的单同态$f$. 所以,$\mathrm{Aut}_K^F\cong\mathrm{Im}f$是阿贝尔群,且其秩$d\mid\varphi(n)$. 因此,由基本定理 8.1.3 知,$[F:K]=d$. 如果$n$是素数,则$\mathbb{Z}_n$是域,$\mathrm{Aut}_K^F\cong\mathrm{Im}f$是循环的(定理 7.4.2).

**定义 8.7.2**　设$n$为正整数,$K$为域且$\mathrm{Char}K\nmid n$,$F$是$K$的秩为$n$的分圆扩域,则$K$上$n$分圆扩域(nth cyclotomic polynomial)是首1多项式$g_n(x)=(x-\xi_1)(x-\xi_2)\cdots(x-\xi_r)$,其中$\xi_1,\cdots,\xi_n$是$F$中所有互不相同的本原$n$次单位根.

**例 8.7.3**　对任意域$K$,有$g_1(x)=x-1_K$,$g_2(x)=(x-(-1_K))=x+1_K$. 如果$K$为有理数域$\mathbb{Q}$,则

$$g_3(x)=\left(x-\left(-\frac{1}{2}+\frac{\sqrt{3}}{2}\mathrm{i}\right)\right)\left(x-\left(-\frac{1}{2}-\frac{\sqrt{3}}{2}\mathrm{i}\right)\right)=x^2+x+1,$$

$$g_4(x)=(x-\mathrm{i})(x+\mathrm{i})=x^2+1.$$

**定理 8.7.2**　设$n$是正整数,$K$为域且$\mathrm{Char}K\nmid n$,$g_n(x)$为$K$上的$n$次分圆扩域,则有

(1) $x^n-1_K=\prod\limits_{d\mid n}g_d(x)$;

(2) $g_n(x)$的系数在$K$的素子域$P$内,如果$\mathrm{Char}K=0$,则$P$与有理数域一致,系数实际上为整数;

(3) $\mathrm{Deg}g_n(x)=\varphi(n)$,其中$\varphi$是欧拉函数.

**证明** (1) 设 $F$ 是 $K$ 的秩为 $n$ 的分圆扩域，$\xi\in F$ 是本原 $n$ 次单位根. 引理 8.6.2 表明所有 $n$ 次单位根的循环群 $G=\langle\xi\rangle$ 含有所有 $d$ 单位根，这里 $d$ 是 $n$ 的因子. 显然，$\eta\in G$ 是本原 $d$ 次单位根（其中 $d\mid n$）$\Leftrightarrow |\eta|=d$. 所以，对 $n$ 的每个因子 $d$，

$$g_d(x)=\prod_{\eta\in G,\ |\eta|=d}(x-\eta),$$

且

$$x^n-1_K=\prod_{\eta\in G}(x-\eta)=\prod_{d,d|n}\left(\prod_{\eta\in G,\ |\eta|=d}(x-\eta)\right)=\prod_{d,d|n}g_d(x).$$

(2) 对 $n$ 用归纳法证明第一个叙述. 显然，$g(x)=x-1_K\in P[x]$，假设对所有 $k<n$，(2) 成立. 令 $f(x)=\prod\limits_{d|n,d<n}g_d(x)$，则由归纳假设，$f\in P[x]$. 由(1)，在 $F[x]$ 内，$x^n-1_K=f(x)g_n(x)$. 另一方面，$x^n-1_K\in P[x]$，且 $f$ 是首 1 的. 因此，$P[x]$ 中的带余除法蕴涵着 $x^n-1=fh+r(h,r\in P[x]\subseteq F[x])$. 所以由商和余数的唯一性，有 $r=0$，且 $g_n(x)=h(x)\in P[x]$. 归纳证毕. 如果 $\mathrm{Char}K=0$，则 $P=\mathbb{Q}$，利用 $\mathbb{Z}[x]$ 中与 $\mathbb{Q}[x]$ 中的带余除法及相似的归纳论证，可证得 $g_n(x)\in\mathbb{Z}[x]$.

(3) $\deg g_n$ 显然是本原 $n$ 次单位根的个数. 令 $\xi$ 是一个本原根使得每个其他（本原）根是 $\xi$ 的幂，则 $\xi^i\,(1\leqslant i\leqslant n)$ 是一个本原 $n$ 单位根（i. e. $G$ 的生成元）$\Leftrightarrow (i,n)=1$. 由定义，这样的 $i$ 的个数恰好是 $\varphi(n)$.

**注 8.7.3** 定理的部分(1)给出了确定 $g_n(x)$ 的迭代方法. 因为

$$g_n(x)=\frac{x^n-1_K}{\prod\limits_{d\mid n,d<n}g_d(x)}.$$

**例 8.7.4** 如果 $p$ 为素数，则

$$\begin{aligned}g_p(x)&=(x^p-1_K)/g_1(x)=(x^p-1_K)/(x-1_K)\\&=x^{p-1}+x^{p-2}+\cdots+x+1_K.\end{aligned}$$

对于 $K=\mathbb{Q}$，有

$$\begin{aligned}g_6(x)&=(x^6-1_K)/g_1(x)g_2(x)g_3(x)\\&=(x^6-1_K)/(x-1)(x+1)(x^2+x+1)\\&=x^2-x+1.\end{aligned}$$

类似地，$g_{12}(x)=(x^{12}-1)/(x-1)(x+1)(x^2+x+1)(x^2+1)(x^2-x+1)=x^4-x^2+1$.

### 8.7.2 有理数域上的分圆扩域

当域 $K$ 为有理数域 $\mathbb{Q}$ 时，前面的结果可进一步加强.

**定理 8.7.3** 设 $F$ 是有理数域 $\mathbb{Q}$ 的秩为 $n$ 的分圆扩域，$g_n(x)$ 是 $\mathbb{Q}$ 上 $n$ 次分圆多项式，则有

(1) $g_n(x)$在$\mathbb{Q}[x]$中是既约的；

(2) $[F:Q]=\varphi(n)$，其中 $\varphi$ 是欧拉函数；

(3) $\mathrm{Aut}_{\mathbb{Q}}^F$ 同构于环$\mathbb{Z}_n$的单位乘群.

**证明**　(1) 由定理 3.3.7 知，整系数本原多项式 $f(x)$在$\mathbb{Q}[x]$中既约当且仅当 $f(x)$在$\mathbb{Z}[x]$中既约. 因此，只需证明首 1 多项式 $g_n(x)$在$\mathbb{Z}[x]$中既约. 令 $h$ 是 $g_n(x)$在$\mathbb{Z}[x]$中的既约因子且 $\deg h\geqslant 1$，则 $g_n(x)=f(x)h(x)$，$f,h\in\mathbb{Z}[x]$且均是首 1 的. 令 $\xi$ 是 $h$ 的一个根，$p$ 是任一个使$(p,n)=1$ 的素数.

首先证明 $\xi^p$ 也是 $h$ 的单位根. 由于 $\xi$ 是 $h$ 的一个根，$\xi$ 是本原 $n$ 次单位根，定理 8.7.2(3) 的证明蕴涵着 $\xi^p$ 也是本原 $n$ 次单位根. 所以，$\xi^p$ 是 $f$ 或 $h$ 的根. 假设 $\xi^p$ 不是 $h$ 的根，则 $\xi^p$ 是 $f(x)=\sum\limits_{i=0}^{r}a_ix^i$ 的根，从而 $\xi$ 是 $f(x^p)=\sum\limits_{i=0}^{r}a_ix^{ip}$ 的根. 由于 $h$ 在$\mathbb{Q}[x]$中是既约的，并以 $\xi$ 作为一个根，$h$ 一定整除 $f(x^p)$(定理 7.1.4). 不妨设 $f(x^p)=h(x)k(x)$，其中 $k\in\mathbb{Q}[x]$. 由$\mathbb{Z}[x]$中的带余除法，$f(x^p)=h(x)k_1(x)+r_1(x)$，其中 $k_1,r_1\in\mathbb{Z}[x]$，$\mathbb{Q}[x]$ 中带余除法的唯一性表明 $k(x)=k_1(x)\in\mathbb{Z}[x]$. 由于$\mathbb{Z}$到$\mathbb{Z}_p$的典型映射$(b\mapsto\bar{b})$诱导了一个环满同态$\mathbb{Z}[x]\to\mathbb{Z}_p[x]$：$g=\sum\limits_{i=0}^{t}b_ix^i\mapsto\bar{g}=\sum\limits_{i=0}^{t}\bar{b}_ix^i$，故在$\mathbb{Z}_p[x]$中，$\bar{f}(x^p)=\bar{h}(x)\bar{k}(x)$. 但在$\mathbb{Z}_p[x]$中，$\bar{f}(x^p)=\bar{f}(x)^p$(因 $\mathrm{Char}\mathbb{Z}_p=p$)，所以，$\bar{f}(x)^p=\bar{h}(x)\bar{k}(x)\in\mathbb{Z}_p[x]$. 因此，$\bar{h}$ 的某个正次数的既约因子一定整除 $\bar{f}(x)^p$，从而在$\mathbb{Z}_p[x]$中整除 $\bar{f}(x)$. 另一方面，由于 $g_n(x)$ 是 $x^n-1$ 的因子，有 $x^n-1=g_n(x)r(x)=f(x)h(x)r(x)$，其中 $r(x)\in\mathbb{Z}[x]$. 因此，在$\mathbb{Z}_p[x]$中，$x^n-\bar{1}=\overline{x^n-1}=\bar{f}(x)\bar{h}(x)\bar{r}(x)$. 由于 $\bar{f}$ 与 $\bar{h}$ 有公因子，故 $x^n-\bar{1}\in\mathbb{Z}_p[x]$一定有重根，这与 $x^n-\bar{1}$ 的根均是不同的矛盾(因为$(p,n)=1$). 所以，$\xi^p$ 是 $h(x)$ 的根.

如果 $r\in\mathbb{Z}$是使得 $1\leqslant r\leqslant n$ 且$(r,n)=1$ 的数，则 $r=p_1^{k_1}\cdots p_s^{k_s}$，其中 $k_i>0$，每个 $p_i$ 是使得$(p_i,n)=1$ 的素数. 重复利用 $\xi^p$ 是 $h$ 的根的事实(当 $\xi$ 是根时)，验证 $\xi^r$ 是 $h(x)$ 的根. 但由定理 8.7.2(3) 的证明知 $\xi^r(1\leqslant r\leqslant n$ 且$(r,n)=1)$ 恰为所有的本原 $n$ 次单位根. 因此，$h(x)$ 为 $\prod\limits_{\substack{1\leqslant r\leqslant n\\(r,n)=1}}(x-\xi^r)=g_n(x)$ 整除，因而 $g_n(x)=h(x)$. 所以，$g_n(x)$ 是既约的.

(2) 由引理 8.6.2 知 $F=\mathbb{Q}[(\xi)]$，因此$[F:\mathbb{Q}]=[\mathbb{Q}(\xi):\mathbb{Q}]=\deg g_n=\varphi(n)$(定理 8.7.2 和(1)).

(3) 是(2)与定理 8.7.1 的推论.

## 习　题　8.7

1. 如果 $i\in\mathbb{Z}$，令 $\bar{i}$ 表示 $i$ 典型映射$\mathbb{Z}\to\mathbb{Z}_n$下的像. 证明 $\bar{i}$ 在环$\mathbb{Z}_n$中为单位当且

仅当$(i,n)=1$. 所以,$\mathbb{Z}_n$中单位乘法群有阶$\varphi(n)$. 这里$\mathbb{Z}$为整数环.

2. 设$\varphi$是欧拉函数,证明:

(1) $\varphi(n)$对每个$n>2$均为偶数;

(2) 寻找所有使得$\varphi(n)=2$的正整数$n$;

(3) 寻找所有使得$\varphi(n)=\dfrac{n}{p}$的偶对$(n,p)$(这里$n,p>0$且$p$为素数).

3. 对所有$n\leqslant 20$的正整数$n$,计算有理数域$\mathbb{Q}$上的$n$次分圆多项式.

4. (1) 如果$p$是一个奇素数且$n>0$,则环$\mathbb{Z}_{p^n}$中的单位群是$p^{n-1}(p-1)$阶循环的;

(2) 如果$1\leqslant n\leqslant 2$且$p=2$,则(a)的结论成立;

(3) 如果$n\geqslant 3$,则环$\mathbb{Z}_{p^n}$中单位群同构于$\mathbb{Z}_2\oplus\mathbb{Z}_{2^{n-2}}$.

5. 设$F$是有理数域$\mathbb{Q}$上的$n$次分圆扩域,对每个$n$,确定$\mathrm{Aut}_{\mathbb{Q}}^{F_n}$的结构.

提示:如果用$U_n^*$表示$\mathbb{Z}_n$中单位乘法群,则证明$U_n^*=\prod\limits_{i=1}^{r}U_{p_i^{n_i}}^*$,这里$n$有素分解$n=p_1^{n_1}\cdots p_r^{n_r}$,再应用上面第4题.

6. 设$F_n$是有理数域$\mathbb{Q}$上的$n$次分圆扩域,

(1) 确定$\mathrm{Aut}_{\mathbb{Q}}^{F_5}$和所有中间域;

(2) 确定$\mathrm{Aut}_{\mathbb{Q}}^{F_8}$和所有中间域;

(3) 确定$\mathrm{Aut}_{\mathbb{Q}}^{F_7}$和所有中间域;如果$\xi$是本原7次单位根,求$\xi+\xi^{-1}$在$\mathbb{Q}$上的既约多项式.

7. 如果$n>2$,$\xi$是有理数域$\mathbb{Q}$上本原$n$次单位根,则$[\mathbb{Q}(\xi+\xi^{-1}):\mathbb{Q}]=\varphi(n)/2$.

8. 设$\varphi$是欧拉函数,证明:

(1) 如果$p$为素数,$n>0$为正数,则$\varphi(p^n)=p^n\left(1-\dfrac{1}{p}\right)=p^{n-1}(p-1)$;

(2) 如果$(m,n)=1$,则$\varphi(mn)=\varphi(m)\varphi(n)$;

(3) 如果$n=p_1^{k_1}p_2^{k_2}\cdots p_r^{k_r}$,其中$p_i$是互不相同的素数,$k_i>0$为正数,则

$$\varphi(n)=n\left(1-\frac{1}{p_1}\right)\left(1-\frac{1}{p_2}\right)\cdots\left(1-\frac{1}{p_r}\right);$$

(4) $\sum\limits_{d|n}\varphi(n)=n$;

(5) $\varphi(n)=\sum\limits_{d|n}d\mu(n/d)$,这里$\mu$是Möbius函数,定义如下:

$$\mu(n)=\begin{cases}1, & n=1,\\(-1)^t, & n\text{为}t\text{个不同素数之积},\\0, & \text{对某个素数}p,p^2\text{整除}n.\end{cases}$$

9. 证明：

(1) 环$\mathbb{Z}_{2^n}=\mathbb{Z}/\mathbb{Z}_{(2^n)}$，$n>2$ 的单位乘法群$(\mathbb{Z}_{2^n})^*$是一个 $2^{n-2}$ 阶循环群$\langle 5\rangle$，(5 简单表示以 5 为代表 mod$2^n$ 的陪集)和一个 2 阶子群$\langle -1\rangle$的直积；

(2) 设 $n>2$ 为整数，则 $2^n$ 阶分圆扩域$\mathbb{Q}(\xi_{2^n})$在$\mathbb{Q}$上的伽罗瓦群与直积$\langle 5\rangle\times\langle -1\rangle$同构，其中$\langle 5\rangle$和$\langle -1\rangle$如(1)中所定义.

10. 设 $p$ 为一个奇素数，证明：

(1) $\mathbb{Z}_{p^n}=\mathbb{Z}/(p^n)(n\geqslant 1)$的单位乘法群$(\mathbb{Z}_{p^n})^*$是一个$(p-1)p^{n-1}$阶循环群；

提示：首先指出 $1+p$ 在$(\mathbb{Z}_{p^n})^*$中代表一个 $p^{n-1}$阶元，其次，设 $g_1$ 为模 $p$ 的一个原根，而且令 $g_1^{p^{n-1}}\equiv g(\mathrm{mod}\,p^n)$，$1\leqslant g<p^n$，则 $g$ 在$(\mathbb{Z}_{p^n})^*$中代表一个 $p-1$ 阶元).

(2) 设 $n\geqslant 1$ 为整数，$p^n$ 阶分圆扩域$\mathbb{Q}(\xi_{p^n})$是$\mathbb{Q}$上的$(p-1)p^{n-1}$次循环扩域.

## 8.8　根扩域

本节将讨论域 $K$ 上任一无重根多项式 $f(x)$的伽罗瓦群与 $f(x)$的根可用根式解之间的联系.

### 8.8.1　根扩域及其性质

为研究多项式的根式求解问题，先给出根扩域的概念.

**定义 8.8.1**　设 $K$ 是一个域，$F$ 是 $K$ 的单扩域 $F=K(u)$，且 $u^n=a\in K$，这里 $n=[F:K]$，则称 $F$ 是 $K$ 的单根式扩域(simple radical extension field). 进一步，如果 $F$ 与 $K$ 之间存在域塔(链)

$$K=K_0\subset K_1\subset\cdots\subset K_t=F,\tag{8.8.1}$$

使得 $K_i$ 是 $K_{i-1}$的单根式扩域$(i=1,2,\cdots,t)$，则称 $F$ 是 $K$ 的根扩域(radical extension field)，而式(8.8.1)称为 $F$ 在 $K$ 上的一个根扩域塔(链)(tower (chain) of radical extension fields).

**定义 8.8.2**　如果域 $K$ 上的一个多项式 $f(x)$的分裂域 $E$ 包含在 $K$ 上一个根扩域 $F$ 中，即有 $K\subset E\subset F$，则称 $f(x)$的根在 $K$ 上可用根式解或根可解(solvable by radicals).

**例 8.8.1**　有理数域$\mathbb{Q}$上二次多项式 $f(x)=x^2-3x+5$ 的两个根 $x_1=\frac{1}{2}(3+\sqrt{-11})$与 $x_2=\frac{1}{2}(3-\sqrt{-11})$全包含在扩域 $F=\mathbb{Q}(\sqrt{-11})$中. 因此，$F$ 是$\mathbb{Q}$的一个单根式扩域，因而 $f(x)$的根不论按通常意义还是按现定义均是可用根式求解的.

**例 8.8.2**　例 8.3.6 中的 $f(x)=x^4+2x^2+2$ 的四个根为 $\delta,-\delta,\omega,-\omega$，而$\delta=\sqrt{\sqrt{-1}-1}$和 $\omega=\sqrt{-\sqrt{-1}-1}$，且 $\delta^2\omega^2=2$. 约定 $\delta\cdot\omega=\sqrt{2}$，于是 $\omega=\sqrt{2}\delta^{-1}$. $f(x)$

的分裂域 $E=\mathbb{Q}(\delta,\omega)=\mathbb{Q}(\sqrt{-1},\sqrt{2},\delta)$，它本身是一个根扩域，因为 $E$ 与$\mathbb{Q}$之间有如下域塔(链)

$$\mathbb{Q}\subset\mathbb{Q}(\sqrt{-1})=K_1\subset K_2=K(\sqrt{2})\subset K_3=K_2(\delta)=E$$

因而 $f(x)$的根在现在意义下是可用根式求解的.

一般地，如果域 $K$ 上一个多项式 $f(x)$的每个根可以从 $K$ 的元素出发经过有限步的五种运算加、减、乘、除及开任意次方而得到，那么，容易说明 $f(x)$的全部根包含在比定义 8.8.1 弱一点的根扩域塔(链)

$$K=L_0\subset L_1\subset\cdots\subset L_s=L \tag{8.8.2}$$

中，其中 $L_i=L_{i-1}(v_i)$，$v_i^{m_i}=b_{i-1}\in L_{i-1}$，这里不要求 $m_i=[L_i:L_{i-1}]$，$i=0,1,\cdots,s-1$.

但是，下面将得到 $f(x)$的全部根可以包含在满足定义 8.8.1 的条件的根扩域中. 反之，如果多项式 $f(x)$的全部根包含在根扩域 $F$ 里，且 $F$ 与 $K$ 之间有一个根扩域塔(式(8.8.1))，设 $K_i=K_{i-1}(u_i)$，$u_i^{n_i}=a_{i-1}\in K_{i-1}$，$n_i=[K_i:K_{i-1}]$，那么 $u_t$ 可表为$\sqrt[n_t]{a_{t-1}}$的形式，因而 $F$ 的元素可表成 $1,\sqrt[n_t]{a_{t-1}},\cdots,(\sqrt[n_t]{a_{t-1}})^{n_t-1}$的线性组合，系数在 $K_{i-1}$中. 对 $t$ 作归纳法可知 $F$ 的元素可以从 $K$ 的元素出发经过有限多次加、减、乘、除和开方(开 $n_i$ 次方，$i=1,\cdots,t$)而得到，因而 $f(x)$的每个根都如此，所以现在根式解的含义和通常是相同的.

经过前面的讨论，域 $K$ 的根扩域定义可重述如下.

**定义 8.8.1′**　域 $K$ 的扩域 $F$ 称为是 $K$ 的根扩域，如果 $F=K(u_1,\cdots,u_t)$，$u_i$ 的某个幂位于 $K$ 中，且对于 $i\geqslant 2$，$u_i$ 的某个幂位于 $K(u_1,\cdots,u_{i-1})$中.

**注 8.8.1**　如果 $u_i^m\in K(u_1,\cdots,u_{i-1})$，则 $u_i$ 是 $x^m-u_i^m\in K(u_1,\cdots,u_{i-1})[x]$的根，因此，$K(u_1,\cdots,u_i)$是 $K(u_1,\cdots,u_{i-1})$上的有限维代数(定理 7.1.8). 所以，域 $K$ 的每个根扩域是 $K$ 上的有限维代数扩域(定理 7.1.1 和定理 7.1.7).

对于一个单根式扩域 $F=K(u)$，$u^n=a\in K$，如果次数 $n$ 是一个复合数 $n=rs$，$r>1,s>1$，则在 $F$ 与 $K$ 之间插入中间域 $L=K(u^r)$使得 $K\subset L\subset F$ 为一个根扩域塔，且$[L:K]=r$，$[F:L]=s$. 因此，定义 8.8.1 的式(8.8.1)中适当插入一些中间域可使式(8.8.1)仍然保持是 $F$ 与 $K$ 之间的一个根扩域塔，而且每个$[K_i:K_{i-1}]$都是素数.

**引理 8.8.1**　如果 $F$ 是域 $K$ 的根扩域，$N$ 是 $F$ 在 $K$ 上的正规闭包(定理 8.2.4)，则 $N$ 是域 $K$ 的根扩域.

**证明**　引理的证明由两个事实组成:①如果 $F$ 是 $K$ 的任一个有限维扩域(不一定是根的)，$N$ 是 $F$ 在 $K$ 上的正规闭包，则 $N$ 是合成域 $E_1E_2\cdots E_r$，其中每个 $E_i$ 是 $N$ 的子域且与 $F$ 是 $K$-同构的. ②如果 $E_1\cdots E_r$ 是 $K$ 的根扩域(因 $F$ 是根的，这里的情况正是如此)，则合成域 $E_1E_2\cdots E_r$ 是 $K$ 的根扩域.

(1)与(2)的证明如下：

(1) 令$\{w_1, w_2, \cdots, w_n\}$是$F$在$K$上一组基，$f_i$是$w_i$在$K$上既约多项式，定理 8.2.4 的证明表明$N$是$\{f_1, \cdots, f_n\}$在$K$上的分裂域. 设$v$是$f_j$在$N$中的任一个根，则存在$K$-同构$\sigma: K(w_j) \cong k(v)$使得$\sigma(w_j) = v$(定理 7.1.5). 由定理 7.2.6，$\sigma$拓广为$N$的$K$-自同构$\tau$. 显然，$\tau(F)$为$N$的与$F$是$K$-同构的子域，而且还包含$\tau(w_j) = \sigma(w_j) = v$，以这种方式对$f_j$的每个根$v$，能够找到$N$的一个子域$E$使得$v \in E$且$E$与$F$是$K$-同构的. 如果$E_1, \cdots, E_r$是这样得到的子域，则$E_1 E_2 \cdots E_r$是$N$的包含$f_1 f_2 \cdots f_n$的所有根的子域. 因此，$E_1 \cdots E_r = N$.

(2)假设$r = 2$，$E_1 = K(u_1, \cdots, u_k)$和$E_2 = K(v_1, \cdots, v_m)$(定义 8.8.1′)，则$E_1 E_2 = K(u_1, \cdots, u_k, v_1, \cdots v_m)$显然是$K$的根扩域，一般的情况是类似的.

### 8.8.2 根扩域上的伽罗瓦群

本小节讨论根扩域和它的伽罗瓦群的性质，得到了根扩域的伽罗瓦群是可解的，并进一步研究了这个定理的逆命题是否成立问题.

**定理 8.8.1** 如果$F$是域$K$的根扩域，$E$是中间域，则$\mathrm{Aut}_K E$是可解群.

**证明** 如果$K_0$是$E$的相对于$\mathrm{Aut}_K E$的固定域，则$E$在$K_0$上是伽罗瓦群. 于是，有$\mathrm{Aut}_{K_0} E = \mathrm{Aut}_K E$且$F$是$K_0$的根扩域. 因此可假设$E$在$K$上是伽罗瓦的. 令$N$是$F$在$K$上的正规闭包(定理 8.2.4)，则由引理 8.8.1，$N$是$K$的根扩域. 由引理 8.1.6，$E$是稳定中间域. 因此，限制$(\sigma \mapsto \sigma/E)$诱导同态$\theta: \mathrm{Aut}_K N \to \mathrm{Aut}_K E$. 由于$N$是$K$上的分裂域(因而是$E$上的分裂域)，每个$\sigma \in \mathrm{Aut}_K E$拓广为$N$的$K$-自同构(定理 7.2.6). 所以$\theta$是满的. 由于可解群的同态像是可解的(定理 4.4.7)，只需证明$\mathrm{Aut}_K N$是可解的. 如果$K_1$是$N$的相对于$\mathrm{Aut}_K N$的固定域，则$N$是$K_1$的根的伽罗瓦扩域，且$\mathrm{Aut}_{K_1} N = \mathrm{Aut}_K N$. 所以，可回到原先的记号上，不失一般性，假设$F = E$且$F$是$K$的伽罗瓦根扩域.

如果$F = K(u_1, \cdots, u_n)$，其中$u_1^{m_1} \in K$且$u_i^{m_i} \in K(u_1, \cdots, u_{i-1})$(对$i \geqslant 2$)，则可假设$\mathrm{Char}K \nmid m_i$. 若$\mathrm{Char}K = 0$，这是显然的. 若$\mathrm{Char}K = p \neq 0$，且$m_i = rp^t$，其中$r$与$p$满足$(r, p) = 1$，则$u_i^{rp^t} \in K(u_1, \cdots, u_{i-1})$，从而$u_i^r$在$K(u_1, \cdots, u_{i-1})$上是纯不可分离的. 但$F$是伽罗瓦的，因而$F$在$K$是可离的(定理 8.2.1). 于是，$F$在$K(u_1, \cdots, u_{i-1})$上是可离的. 所以，$u_i^r \in K(u_1, \cdots, u_{i-1})$(定理 8.4.1). 我们可假设$m_i = r$.

如果$m = m_1 m_2 \cdots m_n$，则由前段，$\mathrm{Char}K \nmid m$. 考虑$F$的分圆扩域$F(\xi)$，其中$\xi$是本原$m$次单位根(定理 8.7.1). 于是，有如图 8.8.1 的情形：

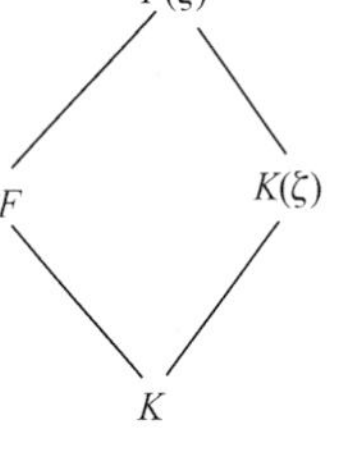

图 8.8.1

其中$F(\xi)$在$F$上是伽罗瓦的(定理 8.7.1). 因此，$F(\xi)$在$K$上也是伽罗瓦的. 由基本定理 8.1.3，有$\mathrm{Aut}_K F \cong \mathrm{Aut}_K F(\xi) /$

$\mathrm{Aut}_F F(\xi)$. 因此,根据定理 4.4.7,只需证明 $\mathrm{Aut}_K F(\xi)$是可解的. 由于 $K(\xi)$是 $K$ 的阿贝尔的与伽罗瓦的扩张(定理 8.7.1),故根据基本定理 8.1.3,有 $\mathrm{Aut}_K F(\xi)\cong \mathrm{Aut}_K F(\xi)/\mathrm{Aut}_{K(\xi)} F(\xi)$. 如果我们知道 $\mathrm{Aut}_{K(\xi)} F(\xi)$是可解的,则由定理 4.4.7 知 $\mathrm{Aut}_K F(\xi)$是可解的(因为 $\mathrm{Aut}_K K(\xi)$是阿贝尔的,从而是可解的). 因此,仅需证明 $\mathrm{Aut}_{K(\xi)} F(\xi)$是可解的.

由假设,$F(\xi)$在 $K$ 上是伽罗瓦的. 因此,$F(\xi)$在任一个中间域上是伽罗瓦的. 令 $E_0=K(\xi)$,且 $E_i=K(\xi,u_1,\cdots,u_i)$ $(i=1,2,\cdots,n)$使 $E_n=K(\xi,u_1,\cdots,u_n)=F(\xi)$. 令 $H_i=\mathrm{Aut}_{E_i} F(\xi)$为在伽罗瓦对应下 $\mathrm{Aut}_{K(\xi)} F(\xi)$的对应子群,有

$$
\begin{array}{rcl}
F(\xi)=E_n & \mapsto & H_n=1 \\
\vdots & & \vdots \\
E_i & \mapsto & H_i=\mathrm{Aut}_{E_i} F(\xi) \\
\cup & & \\
E_{i-1} & \mapsto & H_{i-1}=\mathrm{Aut}_{E_{i-1}} F(\xi) \\
\vdots & & \vdots \\
K(\xi)=E_0 & \mapsto & H_0=\mathrm{Aut}_{K(\xi)} F(\xi)
\end{array}
$$

由引理 8.6.2(1)知对每个 $i$,$K(\xi)$含有本原 $m_i$ 次单位根$(i=1,2,\cdots,n)$. 由于 $u_i^{m_i}\in E_{i-1}$ 且 $E_i=E_{i-1}(u_i)$,故每个 $E_i$ 是 $E_{i-1}$的循环扩域(引理 8.6.1(2),(此时 $d=m_i$)与定理 8.6.5(2)(此时 $n=m_i$)). 特别地,$E_i$ 在 $E_{i-1}$上是伽罗瓦的. 对每个 $i=1,2,\cdots,n$,由基本定理 8.1.3,$H_i$ 是 $H_{i-1}$的正规子群即 $H_i \lhd H_{i-1}$,并且还有 $H_{i-1}/H_i\cong \mathrm{Aut}_{E_{i-1}} E_i$. 因此,$H_{i-1}/H_i$ 是循环阿贝尔的. 所以

$$1=H_n<H_{n-1}<\cdots<H_0=\mathrm{Aut}_{K(\xi)} F(\xi)$$

是可解序列(定义 4.4.5). 于是,根据定理 4.4.9,$\mathrm{Aut}_{K(\xi)} F(\xi)$是可解的.

**推论 8.8.1** 设 $K$ 是域且 $f(x)\in K[x]$,如果 $f(x)=0$ 是根可解的,则 $f(x)$ 的伽罗瓦群是可解群.

**证明** 由定理 8.8.1 和定义 8.8.2 可得证.

**例 8.8.3** 多项式 $f(x)=x^5-4x+2\in\mathbb{Q}[x]$有伽罗瓦群 $S_5$,而 $S_5$ 不是可解群(定理 4.4.7 的推论 4.4.2). 所以,$x^5-4x+2=0$ 不能用根式求解,即不是根可解的.

**注 8.8.2** 基域在此起到重要作用,多项式 $x^5-4x+2=0$ 在有理数域$\mathbb{Q}$上不能用根式求解,但在实数域$\mathbb{R}$ 上用根式是可求解的. 事实上,$\mathbb{R}$ 上每个多项式方程都可用根式求解,因为所有的解都在代数闭包$\mathbb{C}=\mathbb{R}[\mathrm{i}]$内,而$\mathbb{C}=\mathbb{R}[\mathrm{i}]$是$\mathbb{R}$ 的根扩域.

下面考虑定理 8.8.1 的逆,如果 $\mathrm{Char}K=0$,则没有什么困难. 但如果 $\mathrm{Char}\,K=p>0$,则需要对域 $K$ 加上一些条件.

**定理 8.8.2** 设 $E$ 是域 $K$ 的有限维伽罗瓦扩域,并且 $E$ 在 $K$ 上的伽罗瓦群

$\mathrm{Aut}_K E$ 是可解的，如果 $\mathrm{Char}K\nmid[E:K]$，则存在 $K$ 的根扩域 $F$ 使 $F\supset E\supset K$.

**注 8.8.3**　条件“$E$ 在 $K$ 上是伽罗瓦的”是必要的(本节习题第 2 题).

**证明**　由于 $\mathrm{Aut}_K E$ 是有限的且是可解的，故根据定理 4.4.10，它有素指数 $p$ 的正规子群 $H$. 由于 $E$ 在 $K$ 上是伽罗瓦的，由基本定理 8.1.3 知 $|\mathrm{Aut}_K E|=[E:K]$. 因此，$\mathrm{Char}K\nmid p$，即 $\mathrm{Char}K\neq p$. 令 $N=E(\xi)$ 是 $E$ 的分圆扩域，其中 $\xi$ 是本原 $p$ 次单位根(定理 8.7.1)，设 $M=K(\xi)$，则有图 8.8.2，$N$ 是 $E$ 上有限维伽罗瓦的(定理 8.7.1)，故 $N$ 在 $K$ 上也是伽罗瓦的. 现在，$M$ 显然是 $K$ 的根扩域. 因此，只需证明存在 $M$ 的根扩域包含 $N$.

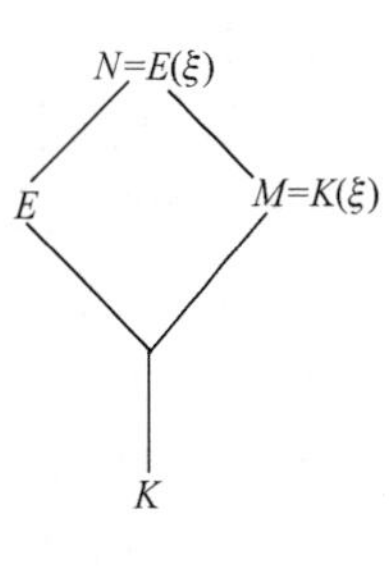


图 8.8.2

首先，$E$ 是 $N$ 和 $K$ 的稳定中间域(引理 8.1.6). 因此，限制映射($\sigma\mapsto\sigma|_E$)诱导同态 $\theta:\mathrm{Aut}_M N\to\mathrm{Aut}_K E$. 如果 $\sigma\in\mathrm{Aut}_M N$，则 $\sigma(\xi)=\xi$. 所以，如果 $\sigma\in\mathrm{Ker}\theta$，有 $\sigma=1_N$. 故 $\theta$ 是单同态.

现在用归纳法对 $n=[E:K]$ 证明定理. 情形 $n=1$ 是平凡的. 归纳假设定理对 $k<n$ 的所有扩域是对的. 考虑两种可能：

(1) $\mathrm{Aut}_M N$ 在 $\theta$ 下与 $\mathrm{Aut}_K E$ 的一个真子群同构；

(2) $\theta:\mathrm{Aut}_M N\cong\mathrm{Aut}_K E$.

在每一个情形里，$\mathrm{Aut}_M N$ 是可解群(定理 4.4.7)，$N$ 是 $K$ 的有限维伽罗瓦扩域，从而是 $M$ 的有限维伽罗瓦扩域. 在情形(1)中，$[N:M]=|\mathrm{Aut}_M N|<|\mathrm{Aut}_K E|=[E:K]=n$. 因此，由归纳假设，存在 $M$ 的根扩域包含 $N$，再由第一段的注(即第一段最后一句叙述)，这就证明了情形(1)下的定理.

在情形(2)中，设 $J=\theta^{-1}(H)$. 由于 $H$ 是 $\mathrm{Aut}_K E$ 中指数为 $p$ 的正规子群，$J$ 在 $\mathrm{Aut}_M N$ 中是指数为 $p$ 的正规子群. 进一步，由定理 4.4.7，$J$ 是可解群. 如果 $P$ 是 $J$ 的固定域(相对于 $\mathrm{Aut}_M N$)，则有

$$\begin{array}{ccc} N & \longleftrightarrow & 1 \\ \cup & & \Delta \\ P & \longleftrightarrow & J=\mathrm{Aut}_P N. \\ \cup & & \Delta \\ M & \longleftrightarrow & \mathrm{Aut}_M N \end{array}$$

再由基本定理 8.1.3，$P$ 在 $M$ 上是伽罗瓦的，并且 $\mathrm{Aut}_M P\cong\mathrm{Aut}_M N/J$. 但由构造知 $[\mathrm{Aut}_M N:J]=p$. 因此，$\mathrm{Aut}_M P\cong\mathbb{Z}_p$. 所以，$P$ 是 $M$ 的循环扩域，且 $P=M(u)$，其中 $u$ 是既约多项式 $x^p-a\in M[x]$(定理 8.6.5)的根，故 $P$ 是 $M$ 的根扩域，并且 $[N:P]<[N:M]=[F:K]=n$. 由于 $\mathrm{Aut}_P N=J$ 是可解的，故由基本定理 8.1.3 知 $N$ 在 $P$ 上是伽罗瓦的. 再由归纳假设，存在 $P$ 的根扩域 $F$ 包含 $N$，$F$ 显然是 $M$ 的根扩域.

**推论 8.8.2** 设 $K$ 是域，$f(x)\in K[x]$为次数 $n>0$ 的多项式，其中 $\mathrm{Char}K\nmid n!$（当 $\mathrm{Char}K=0$ 时，总是成立的），则方程 $f(x)=0$ 是根可解的$\Leftrightarrow f(x)$的伽罗瓦群是可解的.

**证明** 充分性. 设 $E$ 是 $f(x)$在 $K$ 上的分裂域，根据定理 8.8.2，仅需证明 $E$ 在$K$ 上是伽罗瓦的，并且 $\mathrm{Char}K\nmid[E:K]$. 由于 $\mathrm{Char}K\nmid n!$，由定理 3.3.15 的推论及习题 3.3 中第 9 题知，$f(x)$的既约因子是可离的. 因此，$E$ 在 $K$ 上是伽罗瓦的（定理 8.2.1）. 由于整除$[E:K]$的每个素数一定整除 $n!$（定理 7.2.1），故有 $\mathrm{Char}K\nmid[E:K]$.

必要性. 由推论 8.8.1 可得证.

下面讨论循环扩域和根扩域的关系.

**定理 8.8.3** 设 $p$ 为一素数，若域 $K$ 包含 $p$ 个不同的 $p$ 次单位根，则 $K$ 上任一个 $p$ 次循环扩域 $F$ 都是根扩域.

**证明** 由假设，$K$ 包含 $p$ 个不同的 $p$ 次单位根，则 $x^p-1\in K[x]$是一个可离多项式，它与导数$(x^p-1)'=px^{p-1}$互素，从而 $p\neq 0$. 由此可知 $K$ 的特征为 0，或者为一个素数. 若为后者，则 $K$ 的特征必与 $p$ 是互素的. 这 $p$ 个 $p$ 次单位根可由一个本原的 $p$ 次单位根 $\xi$ 生成：$1,\xi,\xi^2,\cdots,\xi^{p-1}$. 其次，由假设，$F$ 是 $K$ 的 $p$ 次循环扩域，则 $G=\mathrm{Aut}_K^F$是一个 $p$ 阶循环群，设由 $\sigma$ 生成. 由于$[F:K]=p$ 为素数，$F$ 可由 $K$ 外的任一元素 $u$(i. e. $u\in F\backslash K$)生成. 由于$[K(u):K]>1$ 且整除 $p$，故$[K(u):K]=p$，从而 $F=K(u)$. 以下是证明的关键，应用拉格朗日的预解式，就是利用 $p$ 次单位根从 $u$ 作出一个新的生成元使得它的 $p$ 次方属于 $K$. 令 $1,\xi,\xi^2,\cdots,\xi^{p-1}$ 依次与 $u,\sigma(u),\sigma^2(u),\cdots,\sigma^{p-1}(u)$相乘后求和，得

$$(\xi,u)=u+\xi\sigma(u)+\cdots+\xi^{p-1}\sigma^{p-1}(u).$$

这个和数叫做拉格朗日预解式(Lagrange's resolvent). 它有如下特性：用 $\sigma$ 作用于$(\xi,u)$，注意 $\xi$ 在 $\sigma$ 下不动，

$$\begin{aligned}\sigma(\xi,u)&=\sigma(u)+\xi\sigma^2(u)+\cdots+\xi^{p-1}\sigma^p(u)\\&=\sigma(u)+\xi\sigma^2(u)+\cdots+\xi^{p-1}u\\&=\xi^{-1}(\xi,u).\end{aligned}$$

假如$(\xi,u)\neq 0$. 由于 $\xi\neq 1$，故有 $\sigma(\xi,u)\neq(\xi,u)$. 由此可知$(\xi,u)$不属于 $K$. 所以，$(\xi,u)$是 $F$ 的一个生成元，而且$(\xi,u)$的 $p$ 次方属于 $K$. 这是因为

$$\sigma(((\xi,u)^p)=(\sigma(\xi,u))^p=(\xi^{p-1}(\xi,u))^p=(\xi,u)^p.$$

于是，$(\xi,u)^p$ 是 $\sigma$ 的也是 $G=\mathrm{Aut}_KF$ 的一个不动元. 根据伽罗瓦扩域的定义知$(\xi,u)^p$ 属于 $K$. 由此可知 $F$ 是 $K$ 上的一个根扩域.

为保证至少有一个拉格朗日预解式$(\xi,u)$不等于 0，考察 $p-1$ 个拉格朗日预解式$(\xi,u),(\xi^2,u),\cdots,(\xi^{p-1},u)$，还加上一个$(1,u)=u+\sigma(u)+\cdots+\sigma^{p-1}(u)$，注意这个元素属于 $K$. 具体写出就是

$$(\xi^i,u)=u+\xi^i\sigma(u)+\cdots+\xi^{i(p-1)}\sigma^{p-1}(u), \tag{8.8.3}$$

这里 $i=0,1,\cdots,p-1,\sigma(\xi^i,u)=\xi^{-i}(\xi,u)$，对式(8.8.3)两端求和，注意$\sigma^j(u)$的系数 $a_j=1+\xi^j+\xi^{2j}+\cdots+\xi^{(p-1)j}$，这里 $j=1,2,\cdots,p-1$ 时，$a_j=1+\xi+\cdots+\xi^{p-1}=0$ 而 $a_0=p$，所以，$(1,u)+(\xi,u)+\cdots+(\xi^{p-1},u)=pu$. 由于 $\mathrm{Char}K=0$ 或 $(p,\mathrm{Char}K)=1$，因而 $p\neq0$. 假设$(\xi,u),\cdots,(\xi^{p-1},u)$全为 0，则 $u=\frac{1}{p}(1,u)\in K$，矛盾. 所以，至少有一个$(\xi^i,u)$不等于 $0(1\leqslant i\leqslant p-1)$，这就完成了定理的证明.

### 习　题　8.8

1. 如果 $F$ 是域 $K$ 的根扩域，$E$ 是中间域，证明：$F$ 是 $E$ 的根扩域.

2. 设 $K$ 是一个域，$f(x)\in K[x]$是次数 $n\geqslant5$ 的既约多项式，$F$ 是 $f(x)$在 $K$ 上的分裂域，如果 $\mathrm{Aut}_KF\cong S_n$，令 $u$ 是 $f(x)$在 $F$ 中的根，证明：

(1) $K(u)$在 $K$ 上不是伽罗瓦的；$[K(u):K]=n$ 且 $\mathrm{Aut}_KK(u)=1$；

(2) 域 $K$ 上每个含 $u$ 的正规闭包均含一个与 $F$ 同构的域；

(3) 不存在 $K$ 的根扩域 $E$ 使得 $E\supset K(u)\supset K$.

3. 如果 $F$ 是 $E$ 的根扩域，$E$ 是 $K$ 的根扩域，则 $F$ 是 $K$ 的根扩域.

4. 举例证明：存在有理数域$\mathbb{Q}$上的一个根扩域塔(链)$\mathbb{Q}=K_0\subset K_1\subset\cdots\subset K_r=F$，但是 $F$ 与$\mathbb{Q}$之间有一个中间域 $L$ 使得 $L$ 与$\mathbb{Q}$之间不存在根扩域塔(链).

5. 设 $E$ 是域 $K$ 上一个 $p$ 次循环扩域，这里 $p$ 为素数，$L$ 是 $K$ 上任一扩域. 证明：合成域 $EL$ 或者是 $L$ 上的 $p$ 次循环扩域，或者 $EL=L$. 若为前者，$EL$ 有可能还是域 $L$ 上一个根扩域.

6. 假设“根扩域”如下方式定义. $F$ 是域 $K$ 的根扩域，如果存在域的有限塔(链)$K=E_0\subset E_1\subset\cdots\subset E_n=F$，使得对每个 $1\leqslant i\leqslant n,E_i=E_{i-1}(u_i)$，且下面的二者之一成立：①对某个整数 $m>0,u_i^{m_i}\in E_{i-1}$；②$\mathrm{Char}K=p$ 且 $u^p-u\in E_{i-1}$.

请给出与定理 8.8.1、定理 8.8.2 和推论 8.8.2 的类似叙述并对其证明.

## 8.9　一般 $n$ 次代数方程

本节讨论域 $K$ 上一般 $n$ 次方程. 为方便讨论，首先介绍一些有关对称有理函数的知识. 然后讨论域 $K$ 上一般 $n$ 次方程公式求解问题.

### 8.9.1　对称有理函数

令 $K$ 为域，$K[x_1,\cdots,x_n]$为多项式环，$K(x_1,\cdots,x_n)$为有理函数域，当然是 $K[x_1,\cdots,x_n]$的商域，因此，有 $K[x_1,\cdots,x_n]\subset K(x_1,\cdots,x_n)$(这里把 $f$ 与 $f/1_K$ 看作是相同的). 令 $S_n$ 是 $n$ 个字母的对称群. 一个有理函数 $\varphi\in K(x_1,\cdots,x_n)$称为在

$K$ 上关于 $x_1,\cdots,x_n$ 是对称的,如果对每个 $\sigma\in S_n$,$\varphi(x_1,x_2,\cdots,x_n)=\varphi(x_{\sigma(1)},x_{\sigma(2)},\cdots,x_{\sigma(n)})$. 显然,每个常数多项式都是对称的函数. 如果 $n=4$,则多项式 $f_1=x_1+x_2+x_3+x_4$,$f_2=x_1x_2+x_1x_3+x_1x_4+x_2x_3+x_2x_4+x_3x_4$,$f_3=x_1x_2x_3+x_1x_2x_4+x_1x_3x_4+x_2x_3x_4$ 和 $f_4=x_1x_2x_3x_4$ 均是对称函数. 更一般地,$K$ 上 $x_1,\cdots,x_n$ 的初等对称函数(elementary symmetric function)为如下多项式:

$$f_1=x_1+x_2+\cdots+x_n=\sum_{i=1}^{n}x_i;$$

$$f_2=\sum_{1\leqslant i<j\leqslant n}x_ix_j;$$

$$f_3=\sum_{1\leqslant i<j<k\leqslant n}x_ix_jx_k;$$

$$\vdots$$

$$f_k=\sum_{1\leqslant i_1<i_2<\cdots i_k\leqslant n}x_{i_1}x_{i_2}\cdots x_{i_k};$$

$$\vdots$$

$$f_n=x_1x_2\cdots x_n.$$

这些 $f_i\ (i=1,2,\cdots,n)$ 是对称的函数来自如下的事实:它们是 $g(y)\in K[x_1,\cdots,x_n](y)$ 中 $y$ 的系数,这里

$$\begin{aligned}g(y)&=(y-x_1)(y-x_2)(y-x_3)\cdots(y-x_n)\\&=y^n-f_1y^{n-1}+f_2y^{n-2}-\cdots+(-1)^{n-1}f_{n-1}y+(-1)^nf_n.\end{aligned}$$

如果 $\sigma\in S_n$,则 $x_i\mapsto x_{\sigma(i)}\ (i=1,2,\cdots,n)$ 和

$$f(x_1,\cdots,x_n)/g(x_1,\cdots,x_n)\mapsto f(x_{\sigma(1)},\cdots,x_{\sigma(n)})/g(x_{\sigma(1)},\cdots,x_{\sigma(n)})$$

定义了域 $K(x_1,\cdots,x_n)$ 的一个 $K$-自同构,仍然记为 $\sigma$(本节习题 1). 由 $\sigma\mapsto\sigma$ 给出的映射 $S_n\to\mathrm{Aut}_KK(x_1,\cdots,x_n)$ 显然是群的单同态. 因此,$S_n$ 可以考虑为伽罗瓦群 $\mathrm{Aut}_KK(x_1,\cdots,x_n)$ 的一个子群. 显然,$S_n$ 在 $K(x_1,\cdots,x_n)$ 中的固定域 $E$ 恰由对称函数构成. 即所有对称函数集是 $K(x_1,\cdots,x_n)$ 含 $K$ 的一个子域,所以,由阿廷定理 8.1.6 知 $K(x_1,\cdots,x_n)$ 是 $E$ 的维数为 $|S_n|=n!$ 的伽罗瓦扩域,其伽罗瓦群为 $S_n$.

**定理 8.9.1** 如果 $G$ 是有限群,则存在一个伽罗瓦扩域,其伽罗瓦群与群 $G$ 同构.

**证明** 由定理 1.4.7(凯莱定理),对 $n=|G|$,$G$ 与 $S_n$ 的一个子群同构,仍记为 $G$. 令 $K$ 是任一个域,$E$ 是 $K(x_1,\cdots,x_n)$ 中对称有理函数的子域,由本定理前面的讨论知 $K(x_1,\cdots,x_n)$ 是 $E$ 的伽罗瓦扩域,且其伽罗瓦群为 $S_n$. 再由基本定理 8.1.3知 $K(x_1,\cdots,x_n)$ 是 $G$ 的使 $\mathrm{Aut}_{E_1}K(x_1,\cdots,x_n)=G$ 的固定域为 $E_1$ 的伽罗瓦扩域.

在下面讨论中，仍假设 $K$ 是任意域，$n$ 为正整数，$E$ 为 $K(x_1,\cdots,x_n)$ 中对称有理函数构成的子域，$f_1,\cdots,f_n\in E$ 是 $K$ 上 $x_1,\cdots,x_n$ 的初等对称函数，有如下域塔(链)：

$$K\subset K(f_1,\cdots,f_n)\subset K(x_1,\cdots,x_n).$$

在下面的定理 8.9.2 中，将证明 $E=K(f_1,\cdots,f_n)$，即 $E$ 为由 $f_1,\cdots,f_n$ 在 $K$ 上生成的.

如果 $u_1,\cdots,u_r\in K(x_1,\cdots,x_n)$，则 $K(u_1,\cdots,u_r)$ 的每个元素形如

$$f(u_1,\cdots,u_r)/h(u_1,\cdots,u_r),$$

其中 $g,h\in K[x_1,\cdots,x_n]$. 因此，$K(u_1,\cdots,u_r)$ 的元素通常称为域 $K$ 上的有理函数. 因此，$E=K(f_1,\cdots,f_n)$ 可重述为：每个有理对称函数是域 $K$ 上的初等对称函数 $f_1,\cdots,f_n$ 的有理函数. 为证明这个结论，还需要如下引理.

**引理 8.9.1**　设 $K$ 是域，$f_1,\cdots,f_n$ 是 $K$ 上 $x_1,\cdots,x_n$ 的初等对称函数，$k$ 为正整数且 $1\leqslant k\leqslant n-1$，如果 $h_1,\cdots,h_k\in K[x_1,\cdots,x_n]$ 是 $x_1,\cdots,x_n$ 的初等对称函数，则每个 $h_j$ 可写为 $K$ 上 $f_1,\cdots,f_n$ 和 $x_{k+1},\cdots,x_n$ 的多项式.

**证明**　当 $k=n-1$ 时，定理显然成立. 因为此时，$h_1=f_1-x_n$，$h_j=f_j-h_{j-1}x_n$ $(2\leqslant j\leqslant n)$. 我们反次序利用归纳法证明. 假设 $k=r+1$ 且 $r+1\leqslant n-1$ 时定理成立. 令 $g_{r+1},\cdots,g_n$ 是 $x_1,\cdots,x_{r+1}$ 的初等对称函数，$h_1,\cdots,h_r$ 是 $x_1,\cdots,x_r$ 的初等对称函数. 由于 $h_1=g_1-x_{r+1}$，$h_j=g^j-h_{j-1}x_{r+1}(2\leqslant j\leqslant r)$，于是定理对 $k=r$ 也成立，从而定理得证.

**定理 8.9.2**　设 $K$ 为域，$E$ 是 $K(x_1,\cdots,x_n)$ 中所有对称有理函数构成的子域，$f_1,\cdots,f_n$ 是 $x_1,\cdots,x_n$ 的初等对称函数，则 $E=K(f_1,\cdots,f_n)$.

**证明**　由于 $[K(x_1,\cdots,x_n):E]=n!$ 与 $K(f_1,\cdots,f_n)\subset E\subset K(x_1,\cdots,x_n)$，故根据定理 7.1.1，只需证明 $[K(x_1,\cdots,x_n):K(f_1,\cdots,f_n)]\leqslant n!$ 就可得证 $E=K(f_1,\cdots,f_n)$.

令 $F=K(f_1,\cdots,f_n)$，考虑域塔(链)：

$$F\subset F(x_n)\subset F(x_{n-1},x_n)\subset\cdots\subset F(x_2,\cdots,x_n)\subset F(x_1,\cdots,x_n)\subseteq K(x_1,\cdots,x_n),$$

由于 $F(x_k,x_{k+1},\cdots,x_n)=F(x_{k+1},\cdots,x_n)(x_k)$，由定理 7.1.1 和定理 7.1.4 知，只需证明 $x_n$ 在 $F$ 上是代数的且其次数不大于 $n$，并且对每个 $k<n$，$x_k$ 是 $F(x_{k+1},\cdots,x_n)$ 上次数不大于 $k$ 的代数元. 为此，令 $g_n(y)\in F[y]$ 是如下多项式

$$g_n(y)=(y-x_1)(y-x_2)\cdots(y-x_n)=y^n-f_1y+f_2y^2-\cdots+(-1)^nf_n.$$

由于 $g_n\in F[y]$ 有次数 $n$，$x_n$ 是 $g_n$ 的根，$x_n$ 是域 $F=K(f_1,\cdots,f_n)$ 上次数至多是 $n$ 的代数元(定理 7.1.4). 现在，对每个 $k(1\leqslant k<n)$，定义首 1 多项式

$$g_k(y)=g_n(y)/(y-x_{k+1})\cdots(y-x_n)=(y-x_1)(y-x_2)\cdots(y-x_k).$$

显然，每个 $g_k(y)$ 有次数 $k$，$x_k$ 是 $g_n$ 的根，$g_k(y)$ 的系数恰恰是 $x_1,\cdots,x_k$ 的初等对称多项式. 由定理 8.9.1 知，每个 $g_k$ 属于 $F(x_{k+1},\cdots,x_n)[y]$. 因此，$x_k$ 是 $F(x_{k+1},\cdots,$

$x_n$)上次数至多是 $k$ 的代数元.

下面将进一步证明:域 $K$ 上 $x_1,\cdots,x_n$ 的对称多项式,事实上为 $K$ 上初等对称多项式 $f_1,\cdots,f_n$ 的多项式,即 $K[x_1,\cdots,x_n]$中每个对称多项式属于 $K[f_1,\cdots,f_n]$.

**引理 8.9.2** 设 $K$ 是域,$E$ 是 $K(x_1,\cdots,x_n)$中所有对称函数的子域,则集合 $\{x_1^{i_1}x_2^{i_2}\cdots x_n^{i_n}\mid 0\leqslant i_k\leqslant k$,对每一个 $k\}$是 $K(x_1,\cdots,x_n)$在 $E$ 上的一组基.

**证明** 由于$[K(x_1,\cdots,x_n):E]=n!$ 和$|X|=n!$,只需证 $X$ 张成 $K(x_1,\cdots,x_n)$. 考虑域塔(链)

$$E\subset E(x_n)\subset E(x_{n-1},x_n)\subset\cdots\subset E(x_1,\cdots,x_n)\subset K(x_1,\cdots,x_n).$$

由于 $x_n$ 是 $E$ 上次数不大于 $n$ 的代数元(定理 8.9.1 的证明),集合 $\{x_n^j\mid 0\leqslant j<n\}$在 $E$ 上张成 $E(x_n)$(定理 7.1.4),由于 $E(x_{n-1},x_n)=E(x_n)(x_{n-1})$, $x_{n-1}$是 $E(x_n)$上次数不大于 $n-1$ 的代数元,集$\{x_{n-1}^i\mid 0\leqslant i<n-1\}$在 $E(x_n)$上张成 $E(x_{n-1},x_n)$. 与定理 7.1.1 的证明类似,可证集$\{x_{n-1}^ix_n^j\mid 0\leqslant i<n-1,0\leqslant j<n\}$在 $E$ 上张成 $E(x_{n-1},x_n)$并为其一组基. 继续这样讨论,利用数学归纳法可证明本引理.

**定理 8.9.3** 设 $K$ 是域,$f_1,\cdots,f_n$ 是 $K(x_1,\cdots,x_n)$中初等对称函数,有

(1) $K[x_1,\cdots,x_n]$中每个多项式可唯一地写成 $n!$ 个元素 $x_1^{i_1}x_2^{i_2}\cdots x_n^{i_n}(0\leqslant i_k<k$,对每一个 $k$)且系数在 $K[f_1,\cdots,f_n]$的线性组合;

(2) $K[x_1,\cdots,x_n]$中每个对称多项式均属于 $K[f_1,\cdots,f_n]$.

**证明** 令 $g_k(y)(k=1,2,\cdots,n)$如同定理 8.9.1 中所定义的多项式,那里已经证明了 $g_k(y)$的系数是 $K$ 上 $f_1,\cdots,f_n$ 和 $x_{k+1},\cdots,x_n$ 的多项式. 由于 $g_k$ 是次数为 $k$ 的首 1 多项式且 $g_k(x^k)=0$,故 $x_k^k$ 可表示为 $f_1,\cdots,f_n,x_{k+1},\cdots,x_n$ 和 $x_k^i(i\leqslant k-1)$在 $K$ 上的多项式. 如果从 $k=1$ 开始一步一步地将 $x_k^k$ 的这个表达式代到多项式 $h\in K[x_1,\cdots,x_n]$中,就会得到关于 $f_1,\cdots,f_n,x_1,\cdots,x_n$ 的一个多项式,其中每个 $x_k$ 的最高指数是 $k-1$,换言之,$h$ 是系数属于 $K[f_1,\cdots,f_n]$的 $n!$ 个元素 $x_1^{i_1}x_2^{i_2}\cdots x_n^{i_n}(i_k<k$,对于每个 $k$)的线性组合. 此外,这些系数多项式是唯一确定的. 因为由定理 8.9.1,$\{x_1^{i_1}x_2^{i_2}\cdots x_n^{i_n}\mid 0\leqslant i_k<k$,对每个$k\}$在 $E=K(f_1,\cdots,f_n)$上是线性无关的,这就证明了结论(1). 同时,也证明了如果多项式 $h\in K[x_1,\cdots,x_n]$是系数属于 $K(f_1,\cdots,f_n)$的 $x_1^{i_1}\cdots x_n^{i_n}(i_k<k)$的线性组合,则其系数事实上为 $E=K[f_1,\cdots,f_n]$中的多项式. 特别地,如果 $h$ 为对称多项式(即 $h\in E=K(f_1,\cdots,f_n)$),则 $h=hx_1^0x_2^0\cdots x_n^0$一定在 $K[f_1,\cdots,f_n]$里,这就证明了(2)的结论.

### 8.9.2 一般 $n$ 次代数方程的公式求解

设 $K$ 是其特征不为 2 的域,不失一般性,考虑域 $K$ 上首 1 多项式. 如果 $t_1$ 和 $t_2$ 是未定的,则 $t_1$ 与 $t_2$ 的有理函数域 $K(t_1,t_2)$上的方程 $x^2-t_1x+t_2=0$ 称为 $K$ 上一般二次方程,$K$ 上任意首 1 二次方程可通过将一般二次方程中的 $t_1$ 与 $t_2$ 用 $K$

中适当元素替换得到. 容易验证,一般二次方程的解(在 $K(t_1,t_2)$ 的代数闭包中)由下式

$$x=\frac{t_1\pm\sqrt{t_1^2-4t_2}}{2}$$

给出,其中 $n=n1_K(n\in\mathbb{Z})$. 因此,一般二次方程的解在根扩域 $K(t_1,t_2)(u)$ 里,其中 $u^2=t_1^2-4t_2$,要求 $x^2-bx+c=0$(这里 $b,c\in K$)的解,仅需将 $t_1,t_2$ 换成 $b,c$. 显然所求得的解在根扩域 $K(u)$ 里,其中 $u=b^2-4c\in K$. 现在,把这些想法推广到任意次数方程上.

令 $K$ 是域,$n$ 为正整数,考虑域 $K$ 上未定元 $t_1,t_2,\cdots,t_n$ 的有理函数域 $K(t_1,\cdots,t_n)$. 多项式 $P_n(x)=x^n-t_1x^{n-1}+t_2x^{n-2}+\cdots+(-1)^{n-1}t_{n-1}x+(-1)^n t_n\in K(t_1,\cdots,t_n)[x]$ 称作是域 $K$ 上次数为 $n$ 的一般多项式(general polynomial of degree $n$),方程 $P_n(x)=0$ 称作是域 $K$ 上次数为 $n$ 的一般方程(general equation of degree $n$). 显然,$K[x]$ 中次数为 $n$ 的任意首 1 多项式 $f(x)=x^n-a_{n-1}x^{n-1}+\cdots+a_{n-1}x+a_n$ 可由一般多项式通过对 $t_i$ 替换 $(-1)^i a_i$ 得到.

前面的讨论使下面的定义是很自然的. 我们说存在次数为 $n$ 的一般方程的解公式(formula),如果这个方程在域 $K(t_1,\cdots,t_n)$ 上是根可解的. 如果 $P_n(x)=0$ 是根可解的,则 $K$ 上任何次数为 $n$ 的首 1 多项式方程的解可通过在 $P_n(x)=0$ 的解中做适当的替换得到.

**定理 8.9.4**(阿贝尔(Abel)) 设 $K$ 是域,$n$ 为一个正整数,次数为 $n$ 的一般方程是根式可解的仅当 $n\leqslant 4$.

**注 8.9.1** 当 Char$K=0$ 时,“仅当”可替换为“当且仅当”,如果根扩域如同 8.8 节习题 6 所定义的,则“仅当”可对任意特征的域都替换为“当且仅当”,次数为 $n$ 的一般方程对 $n\geqslant 5$ 不能用根式求解的事实不排除次数$\geqslant 5$ 的域 $K$ 上特殊多项式方程是根可解的可能性.

**证明** 令记号如上所示,$u_1,\cdots,u_n$ 是 $P_n(x)$ 在某个分裂域 $F=K(t_1,\cdots,t_n)(u_1,\cdots,u_n)$ 中的根. 由于 $P_n(x)=(x-u_1)(x-u_2)\cdots(x-u_n)\in F[x]$,于是有

$$t_1=\sum_{i=1}^n u_i,t_2=\sum_{1\leqslant i<j\leqslant n}u_iu_j,\cdots,t_n=u_1u_2\cdots u_n.$$

即 $t_i=f_i(u_1,\cdots,u_n)$,其中 $f_1,\cdots,f_n$ 是 $n$ 个未定元的初等对称多项式. 于是 $F=K(u_1,\cdots,u_n)$,现在考虑一组新的未定元 $x_1,\cdots,x_n$ 与域 $K(x_1,\cdots,x_n)$. 令 $E$ 是 $K(x_1,\cdots,x_n)$ 中所有对称有理函数的子域. 证明的基本想法是构造域同构 $F\cong K(x_1,\cdots,x_n)$ 使 $K(t_1,\cdots,t_n)$ 映到 $E$ 上,从而 $P_n(x)$ 的伽罗瓦群 $\mathrm{Aut}_{K(t_1,\cdots,t_n)}F$ 同构于 $\mathrm{Aut}_E K(x_1,\cdots,x_n)$,但 $\mathrm{Aut}_E K(x_1,\cdots,x_n)$ 同构于对称群 $S_n$(本节对称有理函数部分,定理 8.9.1 前面一段),由定理 4.4.7 的推论及习题 4.4 中的第 6 题知 $S_n$ 是可解群当且仅当 $n\leqslant 4$. 如果 $P_n(x)=0$ 是根式可解的,则 $n\leqslant 4$(推论 8.8.1). 反过

来,如果$n\leqslant 4$,并且$\mathrm{Char}K=0$,则$P_n(x)=0$是根式可解的(推论 8.8.2).

为构造同构$F\cong K(x_1,\cdots,x_n)$,首先观察$K(x_1,\cdots,x_n)$的子域$E$恰为$K(f_1,\cdots,f_n)$(定理 8.8.2),其中$f_1,\cdots,f_n$是初等对称函数;其次建立环同构$K[t_1,\cdots,t_n]\cong K[f_1,\cdots,f_n]$如下,易证,对应$g(t_1,\cdots,t_n)\mapsto g(f_1,\cdots,f_n)$(特别$t_i\mapsto f_i$)定义了环满同态:

$$\theta:K[t_1,\cdots,t_n]\to K[f_1,\cdots,f_n].$$

假设$g(t_1,\cdots,t_n)\mapsto 0$,则在$K[f_1,\cdots,f_n]\subset K[x_1,\cdots,x_n]$中,$g(f_1,\cdots,f_n)=0$,由于

$$f_k=f_k(x_1,\cdots,x_n)=\sum_{1\leqslant i_1<i_2<\cdots<i_k\leqslant n}x_{i_1}x_{i_2}\cdots x_{i_k},$$

有$0=g(f_1,\cdots,f_n)=g(f_1(x_1,\cdots,x_n),\cdots,f_n(x_1,\cdots,x_n))$. 因为$g(f_1,\cdots,f_n)$是$K$上未定元$x_1,\cdots,x_n$的多项式,且$F=K(u_1,\cdots,u_n)$是含有$K$的域,用$u_i$代替$x_i$,就得$0=g(f_1(u_1,\cdots,u_n),\cdots,f_n(u_1,\cdots,u_n))=g(t_1,\cdots,t_n)$. 因此,$\theta$是单同态,从而$\theta$是同构的. 进一步,$\theta$拓广为商域同构$\theta:K(t_1,\cdots,t_n)\cong K(f_1,\cdots,f_n)=E$(习题 2.4 中 18 题). 现在$F=K(u_1,\cdots,u_n)$是$P_n(x)$在$K(t_1,\cdots,t_n)$上的分裂域. 在$\theta$诱导的映射下,有

$$P_n(x)\mapsto\overline{P_n}(x)=x^n-f_1x^{n-1}+\cdots+(-1)^nf_n=(x-x_1)(x-x_2)\cdots(x-x_n),$$

见本节对称有理函数部分. 显然$K(x_1,\cdots,x_n)$是$\overline{P_n}(x)$在$K(f_1,\cdots,f_n)=E$的分裂域. 所以,由定理 7.2.6,同构$\theta$拓广为同构$F\cong K(x_1,\cdots,x_n)$,由构造,映$K(t_1,\cdots,t_n)$到$E$上,这正是所要证的.

下面讨论域$K$上三次和四次一般方程的根式解.

**例 8.9.1** $f(x)=x^3-t_1x^2+t_2x-t_3$,$\mathrm{Char}K\neq 2,3$.

**解** 因为$\mathrm{Char}K\neq 3$,作替换$x=y+\dfrac{t_1}{3}$,于是

$$f\left(y+\frac{t_1}{3}\right)=g(y)=y^3+py+q,$$

其中

$$p=-\frac{1}{3}t_1{}^2+t_2,\quad q=-\frac{1}{27}(t_1^3-9t_1t_2+27t_3),$$

$p$和$q$在$K$上代数无关. 令$K_1=K(t_1,t_2,t_3)$,$g(y)$和$f(x)$在$K_1$上有相同的分裂域$E$,因而它们的伽罗瓦群是同构的. 仍用$S_3$表示$g(y)$的伽罗瓦群,$\beta_1,\beta_2,\beta_3$表示$g(y)$的根,$S_3=\langle\sigma,\tau\rangle$,$\sigma=(123)$,$\tau=(1,2)$,$g(y)$的判别式$D=-4p^3-27q^2$. 由于$\mathrm{Char}K\neq 2$,根据定理 8.3.3 和推论 8.3.2,与$K_2=K_1(\sqrt{D})$对应$S_3$的子群是$A_3=\langle\sigma\rangle$以及$\mathrm{Aut}_{K_2}^E=A_3$,因而$E$是$K_2$上一个 3 次循环扩域. 由定理 8.8.3,求解 3 次循环扩域,需要添加 3 次单位根到基域$K_2$. 由于$\mathrm{Char}K\neq 2,3$,本原 3 次单位根

$\omega$ 可用根式表出 $\omega=\frac{1}{2}(-1+\sqrt{3})$，另一根为 $\omega^2$，将 $\omega$ 添加到 $K_2$. 于是，$E(\omega)$ 仍是 $K_2(\omega)$ 上的 3 次循环扩域，而且 $E(\omega)=K_2(\beta_1,\beta_2,\beta_3)(\omega)=K_2(\omega)(\beta_1,\beta_2,\beta_3)=K_2(\omega)(\beta_1)$. 于是，应用定理 8.8.3，作拉格朗日预解式，

$$(\omega,\beta_1)=\beta_1+\omega\sigma(\beta_1)+\omega^2\sigma^2(\beta_1)=\beta_1+\omega\beta_2+\omega^2\beta_3,$$
$$(\omega^2,\beta_1)=\beta_1+\omega^2\sigma(\beta_1)+\omega\sigma^2(\beta_1)=\beta_1+\omega^2\beta_2+\omega\beta_3,$$
$$(1,\beta_1)=\beta_1+\sigma(\beta_1)+\sigma^2(\beta_1)=\beta_1+\beta_2+\beta_3=0.$$

已知 $(\omega,\beta_1)^3,(\omega^2,\beta_1)^3\in F_2(\omega)$，应用恒等式 $X^3+Y^3=(X+Y)(X+\omega Y)(X+\omega^2 Y)$，计算，

$$(\omega,\beta_1)^3+(\omega^2,\beta_1)^3=3\beta_1\cdot 3\omega^2\beta_3\cdot 3\omega\beta_2=27\times(-q)=-27q.$$

$$(\omega,\beta_1)^3\cdot(\omega^2,\beta_1)^3=[(\omega,\beta_1)(\omega^2,\beta_1)]^3=[\beta_1^2+\beta_2^2+\beta_3^2-\beta_1\beta_2-\beta_2\beta_3-\beta_3\beta_1]^3=(-3p)^3.$$

因而 $(\omega,\beta_1)^3$ 和 $(\omega^2,\beta_1)^3$ 适合二次方程 $x^2+27qx-(-3p)^3$. 所以

$$(\omega,\beta_1)^3=-\frac{27}{2}q+\frac{3}{2}\sqrt{-3D},$$
$$(\omega^2,\beta_1)^3=-\frac{27}{2}q-\frac{3}{2}\sqrt{-3D}. \tag{8.9.1}$$

$(\omega,\beta_1)$ 和 $(\omega^2,\beta_1)$ 分别是上两式右端的立方根，各有三个值，可以配成九对，但是 $(\omega,\beta_1)$ 的值和 $(\omega^2,\beta_1)$ 的值配成的对必须满足代数关系：$(\omega,\beta_1)\cdot(\omega^2,\beta_1)=-3p$. 满足这种关系的只有三对值，任取其中一对，代入下式

$$\begin{aligned}\beta_1&=(\omega,\beta_1)+(\omega^2,\beta_1),\\ \beta_2&=\omega^{-1}(\omega,\beta_1)+\omega^{-2}(\omega^2,\beta_1),\\ \beta_3&=\omega^{-2}(\omega,\beta_1)+\omega^{-2}(\omega^2,\beta_1),\end{aligned} \tag{8.9.2}$$

就得到 $g(y)$ 的三个根. 若取其他两对代入上式得到的三根只差一个轮换，最后得到 $f(x)$ 的三根 $\alpha_i=\beta_i+\frac{t_1}{3}$，$i=1,2,3$，式(8.9.1)和(8.9.2)就是 3 次方程的公式解.

**例 8.9.2**　$f(x)=x^4-t_1x^3+t_2x^2-t_3x+t_4$. $\mathrm{Char}K\neq 2,3$.

**解**　因 $\mathrm{Char}K\neq 2$，作替换 $x=y+\frac{1}{4}t_1$ 代入 $f(x)$，得

$$f\left(y+\frac{1}{4}t_1\right)=g(y)=y^4+py^2+qy+r,$$

其中 $p=-\frac{3}{8}t_1^2+t_2$，$q=-\frac{1}{8}t_1^3+\frac{1}{2}t_1t_2-t_3$，$r=-\frac{3}{256}t_1^4+\frac{1}{16}t_1^2t_2-\frac{1}{4}t_1t_3+t_4$. 令 $K_1=K(t_1,t_2,t_3,t_4)$，$f(x)$ 和 $g(y)$ 在 $K_1$ 上有相同的分裂域 $F$，因而 $g(y)$ 在 $K_1$ 上的伽罗瓦群仍为 $S_4$. $g(y)$ 的根记作 $u_1,u_2,u_3,u_4$. $S_4$ 中 4 阶正规群 $V$ 由 $\sigma=(12)$

(34), $\tau=(13)(24)$生成,在伽罗瓦对应下与子群 $V$ 对应的. $F$ 与 $K_1$ 之间的域是 $K_1$ 上 6 次扩域, 它由 $\alpha_1=(u_1+u_2)(u_3+u_4)$, $\alpha_2=(u_2+u_3)(u_1+u_4)$, $\alpha_3=(u_1+u_3)(u_2+u_4)$生成, 记为$E=K_1(\alpha_1,\alpha_2,\alpha_3)$. $\alpha_i$ 所适合的 3 次多项式为 $h(y)=y^3+b_1y^2+b_2y+b_3$,其中, $b_1=-2p$, $b_2=p^2-4r$, $b_3=q^2$, $h(y)$就是$g(y)$的 3 次预解式. 以上的讨论在 $\mathrm{Char}K\neq2$ 下都有效. 为了能用根式求解 $h(y)$的根,还需假设 $\mathrm{Char}K\neq2,3$,这时可应用例 8.9.1 得到$h(y)$的根式解,即将$\alpha_1,\alpha_2,\alpha_3$ 用根式表出. 假设 $\alpha_1,\alpha_2,\alpha_3$ 已经用根式表出,下面的问题是如何将 $g(y)$的根用$\alpha_i$ 和它们的根式表出. $F$ 在 $E$ 上的伽罗瓦群是 $V$. 在 $F$ 中取一个根函数,它在 $V$ 下是二值的,如 $u_1+u_2$ 就是这样的函数: $\sigma(u_1+u_2)=u_1+u_2$, $\tau(u_1+u_2)=u_3+u_4$, $\sigma\tau(u_1+u_2)=u_4+u_3$, $u_1+u_2$在 $V$ 下只有两个值 $u_1+u_2$ 和 $u_3+u_4$,它们适合方程 $x^2+\alpha_1=0$(因为 $u_1+u_2+u_3+u_4=0$),解出根为

$$u_1+u_2=\sqrt{-\alpha_1},\quad u_3+u_4=-\sqrt{-\alpha_1}.$$

同理得

$$\begin{aligned}u_2+u_3&=\sqrt{-\alpha_2},\quad u_1+u_4=-\sqrt{-\alpha_2}.\\u_1+u_3&=\sqrt{-\alpha_3},\quad u_2+u_4=-\sqrt{-\alpha_3}.\end{aligned}\tag{8.9.3}$$

$\sqrt{-\alpha_1}$, $\sqrt{-\alpha_2}$与$\sqrt{-\alpha_3}$各有两个值,如何匹配才能得到正确的 $u_i+u_j(i\neq j)$的值,这需要考察 $u_1+u_2$, $u_2+u_3$, $u_1+u_3$ 在 $E$ 上的代数关系,由计算

$$\begin{aligned}&(u_1+u_2)(u_2+u_3)(u_1+u_3)=-(u_1+u_2)(u_1+u_4)(u_1+u_3)\\&=-[u_1^3+u_1^2(u_2+u_3+u_4)+u_1(u_2u_3+u_2u_4+u_3u_4)+u_1u_2u_4],\end{aligned}$$

注意 $u_1+u_2+u_3=-u_4$(因 $u_1+u_2+u_3+u_4=0$). 故我们有

$$\begin{aligned}&(u_1+u_2)(u_2+u_3)(u_1+u_3)\\&=-(u_1u_2u_3+u_1u_2u_4+u_1u_3u_4+u_2u_3u_4)=q,\end{aligned}$$

所以, $\sqrt{-\alpha_1}$, $\sqrt{-\alpha_2}$, $\sqrt{-\alpha_3}$的取值应满足$\sqrt{-\alpha_1}\cdot\sqrt{-\alpha_2}\cdot\sqrt{-\alpha_3}=q$,然后从式(8.9.3)解出 $u_1,u_2,u_3,u_4$ 如下:

$$u_1=\frac{1}{2}(\sqrt{-\alpha_1}-\sqrt{-\alpha_2}+\sqrt{-\alpha_3}),$$

$$u_2=\frac{1}{2}(\sqrt{-\alpha_1}+\sqrt{-\alpha_2}-\sqrt{-\alpha_3}),$$

$$u_3=\frac{1}{2}(-\sqrt{-\alpha_1}+\sqrt{-\alpha_2}+\sqrt{-\alpha_3}),$$

$$u_4=\frac{1}{2}(-\sqrt{-\alpha_1}-\sqrt{-\alpha_2}-\sqrt{-\alpha_3}).$$

代回即得 $f(x)$的四个根 $x_i=u_i+\frac{1}{4}t$, $i=1,2,3,4$.

**注 8.9.2**　一些特殊的 3 次和 4 次方程有其特殊的解法,不必套用公式.

## 习　题　8.9

1. 如果 $\sigma \in S_n$,证明:由

$$\frac{f(x_1,\cdots,x_n)}{g(x_1,\cdots,x_n)} \mapsto \frac{f(x_{\sigma(1)},\cdots,x_{\sigma(n)})}{g(x_{\sigma(1)},\cdots,x_{\sigma(n)})}$$

给出的映射 $\theta: K(x_1,\cdots,x_n) \to K(x_1,\cdots,x_n)$ 是 $K(x_1,\cdots,x_n)$ 的 $K$-自同构.

2. 证明:域 $K$ 上既约多项式的伽罗瓦群是可传递的.

3. 证明:如果 $p$ 为素数,则 $\{1,2,\cdots,p\}$ 的任一个可传递群只要含有一个对换,如(12),就必为对称群 $S_p$.

4. 设 $p$ 为素数,如果有理数域$\mathbb{Q}$上一个 $p$ 次既约多项式恰有 $p-2$ 个实根,则其伽罗瓦群为对称群 $S_p$.

5. 请在有理数域$\mathbb{Q}$上写出若干个五次方程使它们均不能用根式求解.

# 参 考 文 献


[1] Hungerford T W. Algebra. Beijing: World Publishing Corporation China, 2003.

[2] Kasch F. Modules and Rings(A translation of Moduln und Ringe, New York: Academic Press, 1982.

[3] Anderson F, Fuller K. Rings and Categories of Modules. Berlin: Springer-Verlag, 1974.

[4] 刘绍学,郭晋云,朱彬,等.环与代数.北京:科学出版社,2009.

[5] 谢邦杰.抽象代数学.上海:上海科学技术出版社,1982.

[6] 聂灵沼,丁石孙.代数学引论.北京:高等教育出版社,1988.

[7] 胡冠章,王殿军.应用近世代数.3版.北京:清华大学出版社,2006.

[8] 张禾瑞.近世代数基础(修订版).北京:高等教育出版社,1978.

[9] 吴品三.近世代数.北京:人民教育出版社,1979.

[10] Krull W. Galoissche theorie der unendlichen algebraischen erweiterungen. Math. Ann., 1928, 100: 687—698.

[11] McCarthy P J. Algebraic Extension of Fields. Waltham: Blaisdell Publishing Company, 1966.

[12] Bergman G. A ring primitive on the right but not on the Left. Proc. Amer. Math. Soc., 1964, (15): 473—475, 1000.

[13] Sasiada E, Cohn P M. An Example of a Simple Radical Ring. J. Algebra, 1967, (5): 373—377.

[14] Kasch F. Moduln und Ringe, B. G. Teubner BmbH, Stuttgart, 1978.

[15] Newman M. Integral Matrices. New York: Academic Press, 1972.

[16] Herstein I. Topics in Algebra. Walham: Blaisdell Publishing Company, 1946.

[17] Oscar C. A principal ideal domain that is not a Euclidean domain. American Mathematical Monthly, 1988, (95): 868—871.

# 索　　引

**S**

## 其　他